ciscopress.com

思科ACI部署完全指南

Deploying ACI

The complete guide to planning,
configuring, and managing
Application Centric Infrastructure

[美] 弗兰克·达根哈特（Frank Dagenhardt）CCIE #42081

[德] 约瑟·莫雷诺（Jose Moreno）CCIE #16601　　著

[美] 比尔·杜弗雷斯尼（Bill Dufresne）CCIE #4375

皮克斯　何天堂　李婷婷　译

周大为　审校

人民邮电出版社

北京

图书在版编目（CIP）数据

思科ACI部署完全指南 ／（美）弗兰克·达根哈特
(Frank Dagenhardt)，（德）约瑟·莫雷诺
(Jose Moreno)，（美）比尔·杜弗雷斯尼
(Bill Dufresne) 著；皮克斯，何天堂，李婷婷译. --
北京：人民邮电出版社，2020.1（2023.3 重印）
　ISBN 978-7-115-52430-0

　Ⅰ．①思… Ⅱ．①弗… ②约… ③比… ④皮… ⑤何
… ⑥李… Ⅲ．①数字技术－指南 Ⅳ．①TP3-62

中国版本图书馆CIP数据核字(2019)第284434号

版权声明

- ◆　著　　　　[美] 弗兰克·达根哈特（Frank Dagenhardt）
　　　　　　　　[德] 约瑟·莫雷诺（Jose Moreno）
　　　　　　　　[美] 比尔·杜弗雷斯尼（Bill Dufresne）
　　译　　　　皮克斯　何天堂　李婷婷
　　审　　校　周大为
　　责任编辑　陈聪聪
　　责任印制　焦志炜
- ◆　人民邮电出版社出版发行　　北京市丰台区成寿寺路 11 号
　　邮编　100164　　电子邮件　315@ptpress.com.cn
　　网址　http://www.ptpress.com.cn
　　北京七彩京通数码快印有限公司印刷
- ◆　开本：800×1000　1/16
　　印张：36.75　　　　　　　　2020 年 1 月第 1 版
　　字数：812 千字　　　　　　2023 年 3 月北京第 3 次印刷
　　著作权合同登记号　图字：01-2018-7657 号

定价：139.00 元

读者服务热线：(010)81055410　印装质量热线：(010)81055316
反盗版热线：(010)81055315
广告经营许可证：京东市监广登字20170147号

内容提要

　　本书是一本讲述部署和管理思科 ACI 解决方案的权威指南，由 3 位思科架构师和工程师撰写。本书将帮助读者顺利学习思科的 VXLAN 解决方案。全书内容涵盖了 ACI 基础入门知识，整合虚拟化和外部路由技术、APIC 集中和简化策略管理、ACI 基础架构故障排除等内容。

　　本书可供网络技术相关领域的研发人员、市场人员以及数据中心设计、运维人员参考，也可作为大专院校教材使用。

中文版推荐序一

IT 行业的热点总是此起彼伏。曾几何时，言必谈及的数据通信行业创新热点 SDN（软件定义网络），似乎已经被新的话题——区块链的光环所覆盖。在各种峰会及论坛上，区块链的话题已经成为"保留节目"，SDN 似乎已经成为过去时。当年的 SDN 弄潮儿、新名词、新概念，也逐渐销声匿迹，淡出了人们的视野。究其原因，大家一般都认为，SDN 可能更适合于开发型的互联网公司，而对于大部分企业来说，SDN 还是太遥远、无法落地。但事实上，作为最早推出 SDN 商业解决方案的厂家，思科以应用为中心的基础架构（ACI），已经从牙牙学语的孩子成长为步履稳健的青年。2015 年出版的《策略驱动型数据中心 ACI 技术详解》一书见证了这一过程的开始，而现在《思科 ACI 部署完全指南》一书，又标志着这一技术进入到成熟和大规模部署阶段。

在这两本书相隔四年的时间里，ACI 经过了多个硬件芯片更新和软件版本迭代，从创新的试点逐步变成日常的项目。ACI 扛起了 SDN 产品化的大旗，打消了市场对 SDN 落地的疑虑。事实证明，ACI 是成功落地的 SDN 商用解决方案，而不只是 PPT 上的蓝图。"存在即合理"，ACI 目前已经为业内广泛接受，度过了"为什么要用 ACI"的阶段；随后，如何用好 ACI 就成为业内广泛关注的话题。历史证明，如何用好一门新技术并为客户所接受，这将是普及该技术，或者说是提高该技术生命力的关键。

作为数据通信网络行业的领导者，思科的一举一动备受关注，尤其是客户的关注。大家想知道，我是不是在用一个实验品？我用的产品是不是技术发展的方向？本书的出版正式给出了答案。ACI 不是昙花一现，也不是浅尝辄止，而是思科的长期承诺和职责所在。

本书作为 ACI 的第 2 本书，从第 1 本书的侧重于理论，转向了实践。书中系统地介绍了如何实施和部署 ACI。本书从 ACI 开机初始化入手，从基本的内部通信和外部连接，到复杂的多租户和 4～7 层集成服务，再到高阶的多站点设计，以及故障排除与可编程性，涵盖了目前 ACI 的方方面面。就像是 20 多年前思科普及路由器操作的专著 *Introduction to Cisco Router Configuration*（ICRC）一样，相信本书也会成为网络工程师普及 SDN 的专著。

感谢本书中文版的译者和审校人员，他们是来自思科服务部门和产品部门的资深专家。他们的扎实工作推动了 ACI 的普及，并为读者带来了一次 ACI 实践的全面阅读体验。

曹图强
思科全球副总裁
大中华区首席技术官

中文版推荐序二

当大家都谈"云"的时候，数据中心的话题被冷淡了，好像那是古老的话题。实际上，作为我们的客户，很多企业（尤其是大型企业）一直在和 IT 厂商探索着他们极其重要的资产——数据与数据中心的演化和变迁。软件定义网络（SDN）很早就被热捧，而真正商用则是另一个话题。

ACI 作为最早商用的 SDN 数据中心网络之一，已经从早期的尝试进入大规模部署阶段。很多项目都已证明，ACI 是迄今为止极为成功的 SDN 商用产品。从传统的裸机到虚拟机，再到现在的容器和微服务，ACI 支撑着不同业态的应用架构和信息流量模型，使数据中心得以平滑地演进其网络矩阵架构，从而在一定程度上模糊了数据中心与云的边界，使其有机地成为一个整体。

在 ACI 的普及过程中，我们也感受到我们的客户对于新技术适应的挑战：这终究是一个跨越式的技术变革，以前延续多年的设计、实施和运维习惯都要产生很大变化；无论是客户，还是合作伙伴，均需要"实战手册"以加快部署，从而最大限度地享受新技术带来的收益。正是在这样的呼声和背景下，本书应运而生。本书的出版，不仅标志着 ACI 的进一步落地，而且表明思科是在认真做一个对客户有用的产品，而不是在当年 SDN 风口上的昙花一现或者浅尝辄止，这也是思科对客户投资一贯负责的精神体现。作为以介绍 ACI 理论为主的图书——《策略驱动型数据中心 ACI 技术详解》的姐妹书，本书以 13 章的篇幅，系统地介绍了如何实施和部署 ACI。本书包括了 ACI 开机初始化，基本的连通内部和外部的配置，复杂的多租户，集成 4~7 层服务和多站点设计，以及故障排除和 ACI 可编程性问题。

本书中文版的译者是思科服务部门和产品部门的资深专家。他们的辛勤工作将为读者提供一次完整和绝佳的 ACI 实施之旅。

苏哲
思科大中华区副总裁
大客户事业部技术总经理

中文版推荐序三

ACI 的正式开发始于 2012 年 1 月，而引发思考并最终带来 ACI 的初心却可以追溯到 12 年前。2000 年，我们一伙人进行了思科史上的首次内部创业——Andiamo Systems，开发光纤通道交换机 MDS 系列。这是一个非常有意思的项目，它引入了若干崭新的思路。此前，我们设计了思科 Catalyst 5000、Catalyst 6000 和 Catalyst 6500 这些传统的以太网交换机。但与以太网不同，光纤通道网络是具备结构化寻址、多路径且无损耗的二层网络。那时候，虽然这些概念在以太网上并不存在，但其价值却是显而易见的。

Andiamo 之后，我们几个人继续开发思科的 Fabric Path 技术，以及 IETF 的 TRILL，时间是 2003—2011 年。当时，我们利用叠加网络，将多路径技术引入到二层以太网。Fabric Path 采用专有封装，TRILL 则更多基于标准的技术路线。我们还带来了所谓的融合以太网，它同时支持无损与有损流量类别以及 Fabric Path。TRILL 引入了我们都很喜欢的协议学习，但不幸的是，它在市场上并不是很成功。在那段时间，我们还同 VMWare 定义了 VXLAN 包格式，它源于 LISP 及 DCI 技术的相关工作。

2012 年 1 月，我们开创了 Insieme Networks，致力于整合 Fabric Path、融合以太网、VXLAN，以及刚崭露头角的软件定义网络（SDN），来开发新一代的数据中心网络。在进行这些工作时，一个灵感击中了我们：网络配置与管理的方式同样需要根本性转变，以降低数据中心的运营成本，提升灵活性，改进安全性，并减少人为失误。最终的产物现在大家都知道了，就是以应用为中心的基础设施 ACI 及基于意图的网络 IBN。

在整合之初，我们解构了其中每一项技术，试图理解基础组件都有什么，它们实现了什么目的，以及其如何支撑最终的解决方案。我们提出了成百上千个问题，诸如"到底什么是三层转发？""为何二层网络的配置要少得多？""为什么要泛洪 ARP？"等。每个问题，都为我们最终保留或放弃某个组件提供了深层见解。我们希望获得三层网络、二层网络、叠加网络的所有好处，但拒绝它们的缺点。我们期待一个系统可以轻松扩展至最大型数据中心的规模，同时也适用于最小规模的数据中心。我们还期待这个系统的使用者不太容易因犯错而造成"死机"，也没有单点故障，还能与现有环境融洽相处。

我们早期讨论的关键问题之一就是如何扩展叠加网络。从一开始我们就认识到，在 TOR 交换机上实现 VXLAN 与那时刚出现的纯软件方案相比有着巨大的优势。服务器大概是数据中心的交换机的 40 倍，这是一个经典的分布式系统问题，因为扩展紧耦合元件的数量是比较难的。在这个问题上，我们的执行管理层密切关注。过去有许多案例，当产品最终交付时，其原始的可扩展性目标就已经不能满足要求了。管理层追问我们是否还能做得更好；同时，

我们也开始听说，在这个问题上，一些初创公司或许实现不了其野心勃勃的目标。在经过 6
个月的开发尝试后，我们停掉手头的一切，推倒之前的全部工作——我们 8 个人努力了整整
一个月，重新设计了所有的硬件。我们苦苦思索着决定系统规模的网络状态处理机制。为维
持系统的正常运行，必须进行众多网络状态的同步；而在分布式系统中，状态的规模是一个
函数，它与状态同步的数量大小、地方多少、频率高低及其机制的健壮程度都有关系。我们
开发的方案将全局状态分成两类：端点位置与策略。端点位置可以较快地发生变化，以适配
应用的移动、服务器的上下线以及网络元件的失效。我们将这类状态尽可能减少，只需要在
两个地方同步即可保障其行为正常，并与网络的大小无关；而当发生错误时，它完全能够自
我修正。策略的状态比端点位置的状态复杂得多，但它不常变化，即使变化也更好预测，而
且无须扩散至整个系统。结合这两种状态的处理机制，我们最终得到了一个好得多、快得多、
健壮得多的可扩展性方案。对于这一问题的完美解决，我们尤为自豪。

该方案的另一大重要组件是 APIC 控制器。那个时候，SDN 网络的呼声很高，有些人宣称集
中式控制器可以解决所有的网络问题。大家都来问思科的 SDN 策略是什么，还有一些人预
言它会"终结"思科。我们看到集中式控制器的优点，是它提供了对网络的单点联络，保障
了整个矩阵配置的一致性；将网络整体视为单一组件，而并非网络设备的堆砌，所有这些都
将大幅降低运营成本，并提升灵活性与可用性。然而，控制器也引入了单点故障，或者说它
必须足够可靠，最终至少达到与此前的无控制器网络同等的可靠性。我们的方案是在任何关
键路径上移除控制器。这样，即便控制器由于某种原因离线，网络也能继续工作。另外，从
管理视角而言，它仍然可作为单一的联络点。这意味着控制器性能并不会降低，反而增强了
网络的可用性。最大限度的可用性是我们的首要目标，而将控制器从关键路径上移除的同时，
还使软件的升级更容易并且控制器的规模更大。方便的升级过程与更好的规模，已显著加速
并将持续加速我们的开发周期。

我们为 ACI 开发的策略模型，对整体方案而言是一个关键组件。由于这是在网络管理领域
引入了一个全新范式，因此这对我们而言极具挑战。我喜欢这样来描述它：传统网络有自己
的语言来配置并操作；数据中心网络是承载应用的，而应用也有自己的语言。IT 专业的主
要工作就是将应用的语言翻译成网络的语言，而恰恰就是这个环节产生了错误、丢失了信息、
浪费了金钱。我们试图用 ACI 的策略模型来变革网络的语言，使其更贴近应用的语言，以
减少错误、缩短时间、降低成本。ACI 策略描述的是服务器之间的对话，与它们在网络上的
位置、桥接，以及路由、数量的多少都无关，并尽最大可能与其 IP 地址解耦。这带来了一
种更加自动化的、更为安全地配置并管理数据中心网络的方式。今天，我们把这种机制称为
基于意图的网络——IBN。

一路走来，ACI 的开发和投产已经过去了多年时间，我们学到了很多。我们的客户在利用程
式化或 API 驱动的网络管理方面，比我们所预想的困难得多。这个技能上的鸿沟虽然在缩
小，但仍存在于许多客户之间。我们可能会更快地提供一个纯软件版本的 ACI，这样就能尽

早地部署到更多环境。我们的对象模型并不完美：它很强大，然而要花许多时间来学习。虽然不是刻意为之，但是我们基本上让 VXLAN 的叠加消失了——管理员不需要刻意地配置并管理它。这一点可能比许多人意识到的更加重要、更有价值。我认为对于在网络上植入 4～7 层服务，我们提供的支持已经超过了实际需求。我们或许应该引导业界，采纳少量的标准方式即可导入这些服务。这耗费了我们过多的工程资源。

这么多年来，开发 ACI 的相关技术与 ACI 本身，给我们带来了无穷无尽的技术挑战、无数问题解决时的惊险与激动、改变行业的成就感，以及其对同事和客户所产生的积极影响。

Tom Edsall
思科院士/ACI 创始人

作者简介

Frank Dagenhardt（CCIE #42081）是思科公司中专注于下一代数据中心架构的技术解决方案架构师。Frank 拥有超过 22 年的信息技术经验，并拥有 HP、Microsoft、Citrix 以及思科的行业认证。作为工作超过 11 年的资深员工，他每天都与客户合作设计、实施并支持端到端的体系结构和解决方案。近几个月来，他一直专注于策略、自动化和分析技术。Frank 长期致力于并将继续参与有关思科产品的出版物，他也定期在 Cisco Live 上发表数据中心主题演讲。他与妻子及 4 个可爱的孩子生活在密歇根州。

Jose Moreno（CCIE #16601）曾先后就读于马德里理工大学和米兰理工大学。他毕业后在德国大型数据中心 Amadeus Data Processing 开始了网络架构师的职业生涯。2007 年，他加入思科并担任数据中心系统工程师。从那时起，他一直在思科数据中心领域许多不同的技术方向上开展工作，包括 UCS（统一计算系统）和 Nexus 系列交换机。自 2014 年以来，作为技术解决方案架构师，Jose 一直专注于 ACI。Jose 已经在 Cisco Live 上发表过多次演讲。他同妻子和孩子们居住在德国的慕尼黑。

Bill Dufresne（CCIE #4375）是思科公司的杰出系统工程师，数据中心/云团队的成员。他经常在复杂的技术设计上与客户合作，同时领导各领域的全球团队。自 1996 年以来，他一直在思科公司工作并有超过 31 年的 IT 行业丰富经验。Bill 拥有多项行业认证，包括超过 19 年的思科 CCIE、VMware VCP、CISSP、Microsoft 甚至 Banyan Vines。他是路由交换、数据中心计算基础设施、软件定义网络、虚拟网络、分析技术，以及重要的系统、应用和云化专家。Bill 经常在众多行业会议上发表演讲，包括 Cisco Live、VMWorld、VMware Partner Exchange、VMware User Groups、EMC World 及其他活动。他曾与许多垂直行业的客户合作，如全球金融、交通、零售、医疗保健、州/地方和国家政府，以及高等教育等客户。Bill 和他美丽的妻子住在纳什维尔南部，享受着他们的"空巢"岁月。

技术审稿人简介

Lauren Malhoit 在 IT 行业工作超过 15 年。她从系统工程师起步，转过售前和售后，后来在思科公司担任 INSBU 技术营销工程师多年。她目前是思科 TechWiseTV 系列的首席技术专家和共同主持人。

Sadiq Memon 已经在思科公司工作了 10 年，在整个 IT 行业拥有 26 年的多样化经验。他一直是思科高级服务部门的首席架构师，为许多汽车和制造业客户主持其全球数据中心项目。作为思科高级服务部门为数不多的解决方案架构师之一，Sadiq 在产品孵化期即致力于 ACI 技术。他曾在 Cisco Live 上发表演讲并活跃在各种博客和 GitHub 上。Sadiq 毕业于计算机系统工程专业并拥有多项行业认证，包括思科的 CCIE 和 CCNA，以及 VMware VCP-DCV、Citrix CCA 和 Microsoft MCSE。

献辞

Frank Dagenhardt

谨以本书献给爱妻 Sansi 和我们的 4 个孩子：Frank、Everett、Cole 和 Mia。Sansi 的陪伴和鼓励永远是我获得成功的关键，感谢她的爱和支持。接下来要将本书献给我的父母 Jim 和 Patty，他们的培养和抚育成就了现在的我，并鼓励我任何事情都要用心做好。

Jose Moreno

谨以本书献给 Yolanda，感谢她让我成为了最好的自己。

Bill Dufresne

首先，感谢家人。在这个充满挑战的领域中，如果没有他们对我的支持，那么这一切都不可能实现，特别是一直支持我的爱妻 Jill。她总是那么善解人意，因为我常常需要乘坐飞机出差，甚至是通过 WebEx 电话会议或 Telepresence 视频会议来跨时区工作。此外，还要感谢我的外祖父母，他们灌输给我谦卑及帮助他人解决其面临的挑战的思想。思科内部有太多的人我应该单独表示感谢，其实只要在一起工作，你们就已经在用某种方式激励着我。还要感谢职业生涯中的无数客户，每次交流我都会学到一些有助于未来事业的东西，希望我们的交流也为他们带来了同样的价值——学无止境。

致谢

Frank Dagenhardt：我想对 Mark Stanton 表示感谢，他在多年前设法找到并雇用了我。

感谢 Jim Pisano 和 James Christopher，让我成为了思科最佳团队的一员。没有过去几年的经验，这本书是不可能完成的。

感谢研发团队所有产品经理和技术营销工程师，让我能访问产品信息和技术文档，以及多年来慷慨提供的所有咨询——尤其是 Vipul Shah 和 John Weston。

Mary Beth Ray，感谢你在这一过程中的不懈支持和耐心，尤其在我错过日期节点的时候。

Chris Cleveland，很高兴我们能再次合作。Chris 惊人的专家技能、职业精神、对细节的关注与跟进一如既往，感谢他所做的这一切。

感谢技术编辑 Lauren Malhoit 和 Sadiq Memon，作为曾经的技术编辑，对于他们在本书中所付出的努力以及对本书的贡献，我比大多数人都了解得更多。没有他们精深的技术，以及诚恳、精确的反馈，我们不可能做到这一点。

感谢本书的整个制作团队。

感谢我的合著者 Jose Moreno 和 Bill Dufresne。我非常喜欢在这个项目上与 Jose 一起工作。虽然相距半个地球那么远，但我们依然取得了很多成就。Jose 是我心目中非常出色的工程师。感谢 Bill 对本书的贡献。每次合作，我都会从 Bill 那里学到一些东西。能与 Bill 和 Jose 这样的同事共同工作是我热爱这份工作的原因之一。

最后，再次感谢让我有机会做自己喜欢的事情并得到家庭的支持，无法再要求更多。

Jose Moreno：感谢 Uwe Müller，让我在比较困难的情况下进入了思科软件定义网络的迷人世界。还要感谢 Luciano Pomelli、James Christopher 和 Matt Smorto，让我有机会加入专注于 ACI 的团队。

特别感谢 Juan Lage，他一直是我的人生"灯塔"，拥有精深的专业知识以及无关乎技术的睿智——除分享他眼中最好的足球队之外。

非常感谢本书的出版制作团队。同 Mary Beth Ray 和 Chris Cleveland 的专业合作一直非常愉快，我认为不可能再找到一个比他们更好的团队了。同样感谢 Bart Reed 和 Mandie Frank，他们经历了纠正我西班牙式英语的痛苦。

使本书成为现实的一项重要工作是由技术编辑 Lauren Malhoit 和 Sadiq Memon 完成的。很高兴看到他们在每一行文字上的精益求精，真是太棒了。

最后，感谢我的合著者 Bill Dufresne 和 Frank Dagenhardt，感谢他们致力于使本书成为可能并为我提供了参与该项目的机会，与他们合作非常荣幸。

中文版致谢

在这里要感谢众多同事的全力支持：张能（Edmund Zhang）、王智刚（David Wang）、梁琪（Qi Liang）、Devendra Malladi、Narasimhan Velappan Pillai 等，特别是温宏（Hong Wen）先生，本书的出版离不开他们的帮助。同时要感谢周大为（David Zhou）先生的审校把关，保障了本书的质量。此外，在本书的翻译过程中，卓超（Chao Zhuo）、魏航（Hang Wei）、钱峻（Jun Qian）、蔡烽（Feng Cai）分别对本书的部分章节给出了宝贵建议，在此一并表示衷心的感谢。最后必须感谢人民邮电出版社专业的编辑团队，为本书增色添彩。

前言

与几年前相比，现在是一个数据中心的全新世界。一些工程师可能会质疑，是否应继续称其为数据中心，或者更应该称为云（私有）边缘。新的数据中心在不断建设及改进，其性能、冗余度、安全性、可视性、4~7 层服务、自动化和运营效率等方面均在持续增强。考虑到这些目标，思科推出了以应用为中心的基础设施（ACI），作为其首要的数据中心 SDN（软件定义网络）平台来满足这些变化和需求，并为下一代数据中心提供所期待的可扩展性、可靠性，以及更为全面的功能整合。

本书可为还不太熟悉 ACI 的 IT 专业人员提供指导。它旨在作为一个设计参考手册，以及关于 ACI 常用知识的简洁介绍。

目标和方法

本书的目标是为设计并部署 ACI 提供现场指导。通过解释为什么要遵循自己的方式，本书还试图填补传统网络架构与 ACI 之间的鸿沟。作者尝试将这些信息汇总到一起，并进行了深入解析。身为网络管理员，特别是在新技术方面寻找相关且准确的信息方面，我们也意识到其压力和挑战。希望本书可以作为网络管理员优先涉猎的资源。虽然可能有不止一种方法来实现某种网络需求，但本书着重讨论了如何最大限度地减少操作的复杂性，并让可支持性最大化。即使意识到并承认可能无法面面俱到，作者仍然衷心希望本书能够解决绝大多数常见的部署问题。

哪些人需要阅读本书

本书的目标读者，是需要将思科数据中心技术整合至其组织业务的网络工程师——更具体地说，是希望了解思科面向下一代的数据中心 SDN 架构，以及思科是如何应对这一市场趋势的专业人士。

此外，也期望那些愿意深化网络知识的虚拟化专业人员，能够在本书中找到部分有价值且易遵循的内容——尤其是第 4 章，其中涉及 ACI 与虚拟化技术集成。

最后，对于那些想要在部署思科 Nexus 9000 产品和解决方案之前就能扎实掌握其基础概念的技术人员，本书也极具价值。

本书结构

本书的组织方式与读者在部署数据中心网络时可能会先后遇到的各个决策点相关联。首先，本书从介绍 ACI 开始，着重于矩阵的构建或设计。做出设计决策之后需要初次启动矩阵并与虚拟化平台集成，然后介绍 ACI 网络及其外部连接。接下来比对传统网络，研究如何管理好 ACI。随着微分段技术的发展，对可见性及控制的需求不断提高，书中继续探索了如何迁移至以应用为中心的网络。在转到下一个主题之前，本书详细介绍了多租户及 4~7 层服务集成，以期将这些服务设备快速、方便地植入到应用的数据流之中。由于大多数组织非常关注冗余度与高可用性，因此接下来考查 ACI 的 Multi-Site 设计。如果本书只帮助读者去设计和实施 ACI 矩阵而忽略了如何排除故障及运营监控，那么它将是不完整的。最后一章概要介绍了可编程性与自动化。许多组织在尝试构建自己的私有云，本书也将探究 ACI 已经具备的各项特性与能力，以帮助客户网络像云一样高效运营。

具体而言，第 1 章~第 13 章将涵盖以下主题。

■ **第 1 章**为读者提供背景知识，帮助读者理解当前推动数据中心部署 ACI 的趋势性因素。此外，本章还提供了对 ACI 功能的高阶概述。

■ **第 2 章**介绍在设计与构建 ACI 矩阵时的常见决策点。

■ **第 3 章**将深入探讨 ACI 部署的基本需求以及如何与设备交互，以实现矩阵的初次启动。

■ **第 4 章**介绍如何与 ACI 集成及选择哪些虚拟化技术，本章提供了这些决策制定所需的信息。

■ **第 5 章**介绍如何在 ACI 矩阵内部实现网络连接，及其与过去传统方式的不同之处。

■ **第 6 章**介绍如何从 2 层及 3 层视角，将外部的网络和设备连接到 ACI。

■ **第 7 章**针对传统网络管理与 ACI 之间的显著差异，提供了作者的深入见解。传统网络即典型的逐个交换机单独管理；ACI 则是内嵌租户及应用策略的一体化矩阵。

■ **第 8 章**探讨了基于应用及其功能，配置精细化策略带来的优势。

■ **第 9 章**介绍了在 ACI 网络上创建租户隔离的功能，并探讨该功能的若干用例及其对网络、安全与服务资源的影响。

■ **第 10 章**将深入研究将服务集成至 ACI 矩阵的细节，并探讨不同的设备类型、设计场景以及如何实施。

■ **第 11 章**介绍 ACI Multi-Site 设计。基于彼此独立的矩阵，ACI 可以满足冗余性或业务连续性的需求，本章概要介绍了这些不同方式。

■ **第 12 章**介绍了 ACI 内置的故障排除及运营监控工具，以帮助查找并解决 ACI 矩阵或其所连接设备的问题。

■ **第 13 章**提供了自动化与可编程性方面的介绍，以及如何利用它们来提高 ACI 的运营效率。

资源与支持

本书由异步社区出品，社区（https://www.epubit.com/）为您提供相关资源和后续服务。

提交勘误

作者和编辑尽最大努力来确保书中内容的准确性，但难免会存在疏漏。欢迎您将发现的问题反馈给我们，帮助我们提升图书的质量。

当您发现错误时，请登录异步社区，按书名搜索，进入本书页面，点击"提交勘误"，输入勘误信息，点击"提交"按钮即可。本书的作者和编辑会对您提交的勘误进行审核，确认并接受后，您将获赠异步社区的 100 积分。积分可用于在异步社区兑换优惠券、样书或奖品。

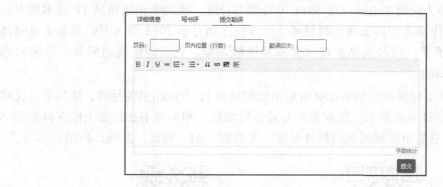

扫码关注本书

扫描下方二维码，您将会在异步社区微信服务号中看到本书信息及相关的服务提示。

与我们联系

我们的联系邮箱是 contact@epubit.com.cn。

如果您对本书有任何疑问或建议，请您发邮件给我们，并请在邮件标题中注明本书书名，以便我们更高效地做出反馈。

如果您有兴趣出版图书、录制教学视频，或者参与图书翻译、技术审校等工作，可以发邮件给我们；有意出版图书的作者也可以到异步社区在线提交投稿（直接访问 www.epubit.com/selfpublish/submission 即可）。

如果您是学校、培训机构或企业，想批量购买本书或异步社区出版的其他图书，也可以发邮件给我们。

如果您在网上发现有针对异步社区出品图书的各种形式的盗版行为，包括对图书全部或部分内容的非授权传播，请您将怀疑有侵权行为的链接发邮件给我们。您的这一举动是对作者权益的保护，也是我们持续为您提供有价值的内容的动力之源。

关于异步社区和异步图书

"异步社区" 是人民邮电出版社旗下 IT 专业图书社区，致力于出版精品 IT 技术图书和相关学习产品，为作译者提供优质出版服务。异步社区创办于 2015 年 8 月，提供大量精品 IT 技术图书和电子书，以及高品质技术文章和视频课程。更多详情请访问异步社区官网 https://www.epubit.com。

"异步图书" 是由异步社区编辑团队策划出版的精品 IT 专业图书的品牌，依托于人民邮电出版社近 30 年的计算机图书出版积累和专业编辑团队，相关图书在封面上印有异步图书的 LOGO。异步图书的出版领域包括软件开发、大数据、AI、测试、前端、网络技术等。

异步社区

微信服务号

目录

第 1 章

ACI 客户指南

现在，您已经决定走上以应用为中心的基础设施（ACI）这条道路。读者可能想知道现在该怎么办或者从哪里开始。虽然每个新项目都会遇到类似问题，但 ACI 将它们提升到了不同的层面，因为在网络史上，客户将第一次以一种全新的方式来建设和运营其基础设施。接下来，读者将在本书中了解这些基础性转变。

1.1 产业趋势与变革

为什么大家会开始考虑 ACI？产业的变化正在影响 IT（信息技术）的方方面面。应用发生着巨大的变化，可以看到它们的生命周期被分解成越来越窄的窗口，因为应用本身变得不那么结构化了。通过 Hypervisor 实现虚拟化，网络用于控制和保护的内容也发生了很大变化。随着容器和微服务的部署更加容易，变革的速度正在逐步加快。

回想一下，从"物理"到"虚拟"的应用负载转移对数据中心内的业务流到底意味着什么。那些长久以来的南北向数据流被明显地扰乱，更多地转移到东西向。暂且假定从物理到虚拟迁移的虚拟化比例是 1∶30，想象一下，现在使用容器时这一比例将可能高达 1∶300，同时观察这种新的东西向模式带来的影响。当考量这些新的流量模型时，还必须兼顾许多数据中心内仍然包含的大型机及其他传统计算元素，以及基于 X86 的裸机服务器、Hypervisor、容器、微服务甚至任何可能的下一个。这就是 ACI 最终胜出的地方：它可以同时且一致地支持多种工作负载及平台。

这种更快的节奏需要变革传统网络的建设、维护和运营方式。它还需要从根本上改变网络通过分段技术提供安全性的方式。单靠防火墙是跟不上节奏的，手工地逐个配置设备更是难以为继。无论复制/粘贴得多么好，您最终都会犯错误——某个将会影响到整个网络稳定性的错误。

现在是进化系统和网络可用性的时候了，也是拥抱策略驱动的时候了。

1.2 下一代数据中心

静态数据中心的时代结束于 2000 年前后的 X86 虚拟化，然而，这并不是负载敏捷性故事的终结。正如我们的个人通信设备变得更强大和更易于使用一样，应用的架构也是如此。毫无疑问，容器和微服务正在成为现实，因为虚拟化工作负载的敏捷性、相对可用性和规模与业务的发展相比总显得力不从心。正是考虑到这一点，客户之前所谓的数据中心正纷纷被改建成私有云。总而言之，这是一个积极的变革，因为它使基础设施更加面向应用的需求，而不是反过来强制应用去适应系统的工作模式。

新应用模式的出现对网络的影响表现为更多东西向业务流的转变。使用 Hypervisor 来托管应用工作负载开启了这种新的流量范式。如果考虑到 Hypervisor 上每个宿主机的工作负载密度，那么作为虚拟化方式之一的容器可以提供更高的密度，这是因为每个容器中包含的只有应用本身而不是整个操作系统。因此，网络建设需要响应这种转变带来的影响，在各种应用负载的构件之间分发这些新范式的流量。还必须考虑的一个事实是，裸机、Hypervisor、容器以及基于微服务的工作负载将继续并存于同一个网络基础设施。

这意味着网络现在需要像其支持的应用一样灵活并且可以调整（缩小或扩展）。也就是说，无论基于裸机、虚拟化、容器还是微服务，与工作负载无关的网络策略才能真正让 IT 具备提供私有云的能力。如果没有这种一致化的策略，那么同时管理不同类型的工作负载（可能用于同一个应用）的必要性将变成巨大的负担。如果说基础设施成本的 60%～70% 是管理成本（即其操作人员），那么降低成本就是我们首先应该关注的。此外，使用网络策略最终可以在私有云（包括多个地点）和公有云之间转移工作负载，从而实现混合云。

1.2.1 新的应用类型

前面简要介绍了新的应用模型。伴随着应用设计的变化，我们通过各种智能设备进行的沟通也正变得更加高效。尽管传统上仅限于数据中心内部，但现在的应用（或其构件）也可以驻留在云端或者智能设备本身。考查一下众所周知的智能设备应用设计模式：它的尺寸必须紧凑，并且能够有规律地进行版本控制。显而易见，智能设备的某些应用每天都在更新。传统数据中心要适应这种应用开发及维护的新模式，以逐步转变成私有云的基础设施。

如何将智能设备的类似应用所采用的设计惠及企业资源规划（ERP）风格的应用？考虑 ERP 应用的所有动态部分：表示层构件、若干数据库构件，以及多种应用逻辑，如客户联系人、项目和产品等。先处理常见的表示层（本质上是 Web 前端），并将其演化为智能设备类型的构件，但在传统的基于 X86 的笔记本计算机和台式机上，某种级别的访问还要并存。在最近的应用（许多被称为传统应用）里，这些 Web 服务器通过多个端口和协议向浏览器传送内容，比如 TCP-80、TCP-443、TCP-8080、TCP-8443 和 UDP-FTP 等。用户可以通过添加更多配置完全相同的 Web 服务器来实现扩展。

读者可能会认为有 10 个或更多配置完全一致的 Web 服务器就足够了。然而，考虑到 SSL 上最新的安全漏洞（最终涉及多个 TCP 端口，如 443、8443 等），现在不得不对每个服务器进行修补，这就可能会让应用停止服务，或出现严重的漏洞。相反，现代应用的设计将这些构件分解为它们所提供内容的本质——微服务。想象一下，通过创建表示层的新操作构件（包含端口 443 和 8443 的 SSL 修补程序）并进行部署，同时不触及端口 80 和 8080 上的微服务，是否也可以修补 SSL 漏洞？当讨论涉及应用的规模时，需要考虑这一点。

读者应该知道零售业中的一个术语——looks to book。换句话说，浏览信息或产品的人是"look"，而想要执行安全交易的用户则是"book"，他们其实对应着应用层面的不同端口。如果发现了 look 相关流量达到峰值，那么是否也应该扩展应用层面的 SSL 部分？这并不是基础设施资源最有效的利用方式。基于此，微服务设计提供了比单个传统应用更有效地扩展、修补、更新以及休眠任何应用构件的自由。然而，为了更好地支持应用，基础设施也需要感知这种规模上的缩放。在浏览本书时，读者将会看到其实现方式。

1.2.2　自动化、编排和云

前面只简单地介绍了一些云的概念。然而，随着应用模式的变化，云（公有、私有和混合模式）对于任何规模和复杂性的客户来说都已是常态了。因此，对于成功的云部署和云运营而言，其模块构建要从一个灵活的基础设施开始，并在一定程度上提供基于策略的配置。为最终实现私有云及混合云，所有的基础设施元素都必须成为资源池。回想一下思科 UCS（统一计算系统）Manager 如何有效地利用了一系列的 X86 计算资源，并通过策略为应用提供了易于扩展、管理和维护的池化计算。现在需要将同样的方式拓展到网络。思科 ACI 策略提供了类似于 UCS Manager 的规模、管理以及维护上的简易性。然而，这些还仅仅是云的构建模块而已。

自动化和编排是工具，它们可以为业务以及运行业务的应用提供自助服务的灵活性乃至更多潜力。首先要更好地定义自动化和编排这两个术语，因为它们常倾向于互换使用。注意，根据定义，自动化是指在没有（或很少）人为交互的情况下使流程正常工作的能力。能否通过像 Puppet 或 Chef 这样的工具自动化部署包括操作系统和补丁在内的计算元素配置呢？当然可以。可能会有人争论说，思科 UCS Manager 是计算硬件的配置自动化，ACI 策略模型其实是网络以及 4~7 层的服务自动化。这两种观点作者均同意，然而编排意味着将这些基础设施元素自动化，并将它们结合起来形成一个更有意义的动作，以实现某种最终结果。

因此，编排工具必须针对基础设施的多个领域，还可以涵盖基础设施内嵌或其输出的功能。

良好的编排示例有思科 UCS Director、思科 CloudCenter、思科 Process Orchestrator、VMware vRealize Orchestrator、OpenStack 项目 Heat 等。这些示例在不同程度上允许将任务和进程串联起来，从而为应用从部署到退出以及用户的上下线等提供自助服务能力。这里的关键是自动化本身可以降低数据中心基础设施 60% ~ 70% 的管理成本，与此同时，编排则提供了在私有云、公有云以及混合云环境下获取基础设施灵活性和实时性的工具。如果没有自动化和编排，就无法实现真正的云运营。

1.2.3 端到端安全性

"坏人"睡过觉吗？当我们开始明白谁是"坏人"时，这个问题便得到了最好的回答。因为我们无法识别出基础设施或公司面临的所有直接风险——而且，即便头条新闻也可能会严重影响业务运转，我们也必须尽全力保障基础设施免受伤害，无论它来自外部还是内部。即使有无限的预算，安全方面也不能被视为绝对安全或"铜墙铁壁"。然而，如果基础设施足够灵活——或许，甚至网络本身即提供可扩展且灵活的安全性，那么这种环境就不那么"好客"或包容所谓的"坏人"了。

基于此，让我们重新关注网络。在 ACI 问世之前，网络的口号一直是"自由且开放的"，作者记得这是从几位大学客户那里听到，但他们也被迫改变了观点。传统网络拥有自由且开放的访问权限，这就需要使用防火墙，只打开适当的端口和协议以允许应用正常运行并提供协议检查。这是防火墙最初的设计目的。然而，防火墙最初从未计划用来充当网络内的路由节点。由于需要确保网络分段的安全并提供堡垒或边缘安全，我们迫使防火墙成为路由器，因此它们对传统网络的路由性能及功能形成了严重制约。

再回到 ACI 网络，正如读者可能已经听到的那样，白名单安全策略已经就位。除非网络策略明确允许，否则任何通信都无法进行。这是否很像防火墙？好吧，也不尽如此。尽管思科 ACI 的白名单模式确实改变了通信范式，实际上它更类似于交换机或路由器上的访问控制列表（TCP / UDP 级、状态 ACL），但对于传统或黑名单模式而言则是烦琐的。仍然会有深度协议检查和监测的需求，然而这些防火墙和入侵防御系统（IPS）原本就做得很好。因此，让这些设备都回到它们"擅长"的地方，由 ACI 来负责转发以及基于 ACL 的安全性。正如读者在本书中将要看到的那样，可以利用 ACI 的服务视图（Service Graph）来实现 IPS 及该类网络服务设备的自动植入（可参阅第 10 章）。

读者是否看到过完全正确的防火墙配置？读者是否也从来没发现过令人讨厌的遗留配置或已下线很久的应用？答案可能是否定的，这里的直接原因是，大多数应用和它们所需的通信协议及端口并没有被真正了解。那么这种误解的后果通常是什么？后果将是一个非常开放的防火墙策略。最终，以这种方式配置的防火墙，其背后的安全思想就像敞开的大门一样徒有其表或形同虚设，也只有这样，防火墙才不至于影响应用的正常通信，因此在这里对易用性的诉求"碾压"了安全性。

最后，如何处理对各种应用的不恰当访问或在其彼此之间实现安全隔离？答案是进行有效的细分，在此 ACI 为客户提供了业界领先的方式。当入侵被发现时，从多租户及端点组（EPG）的隔离，到对单个工作负载分段的修复或重建，ACI 都可以采取有针对性的行动，以处理任何类型的工作负载——裸机或虚拟化。此外，ACI 还可以通过 TrustSec 提供在数据中心以外启动的增强分段。基于设备或用户证书，该功能仅允许数据包流入 ACI 矩阵内的特定分段，这将有效地把诸如工资系统或销售数据的用户，同托管在 ACI 其他应用元素上的端点分割开来，包括防火墙、IPS 以及其他相关的 4 ~ 7 层服务。

1.3　主干—叶（Spine-Leaf）架构

那么这一切是如何发生的？仅为现有的网络架构创建新的转发范式难道不能继续下去？总之，在过去 10 年左右时间里的一个重大影响是虚拟化。这导致数据中心内的业务流发生了巨大的变化，更进一步，如果计划基于微服务来构建云原生的应用，那么这种影响将会更大。因此，改变设计是必要的，坦白地说，是时候改变了。数据中心网络由"核心、分发、接入"模型定义的日子已经过去了。一种新的强鲁棒性模型，在保持可达性的同时无中断地进行东西向扩展，可以为用户带来新的能力以及所需的流量感知。主干—叶架构是这个新模型的名字。它允许在跨整个数据中心矩阵的确定路径上简单地实现真正的可达性。这正是 ACI 的基础，当然还有更多额外的功能和创新。

当我们提及 ACI 有额外的功能时，基本上是指主干—叶架构已成为任何现代数据中心网络设计的新基础设施。无论用户与哪个数据中心供应商交流（思科、Arista、Juniper 或 VMware），均是在建造下一代的数据中心。控制平面协议可能因具体设计而异，但实质上主干—叶架构这种高度可扩展的二阶设计都是其构建的关键基础。ACI 的额外功能及创新包括白名单分段、基于 VXLAN 的叠加网络、集中式策略配置等。

为什么要使用基于 VXLAN 的叠加技术？叠加在网络领域并不是新鲜事物，它至少从 MPLS 发明的时代就已存在。暂且考虑这个对比：最初，MPLS 是为了让服务供应商网络更便宜而创建的（尽管目前的适用性远远超出了最初的目标）。接入客户的边缘网络设备（在 MPLS 术语中称为供应商边缘或 PE 设备）通过隧道互相通信。核心网络路由器（称为供应商或 P 设备）仅提供 PE 设备之间的连通性，并且会忽略 PE 设备在隧道内传输的任何信息。因此，它们不需要学习每一条客户路由，仅仅有一组内网前缀就够了。这样就允许具有较少硬件资源的设备作为 P 路由器。

ACI 基于 VXLAN 的叠加技术遵循同样的主旨：叶交换机（可认为是 PE 设备）彼此基于 VXLAN 建立穿越主干层的隧道。主干交换机（类似 P 路由器）提供可扩展的大规模 IP 连接，但也不会太大（有一个值得注意的例外，在本节末尾将会看到）。因此，所有的智能都需要在隧道终端，也就是叶交换机上交付。注意，在将 VXLAN 矩阵与传统网络相比较时，存在一个巨大的概念差异：在传统网络中，大多数智能（通常情况下）驻留在两个高度关键的核心设备上，但在 VXLAN 叠加网络中，智能则分布在叶交换层，从而使矩阵更具弹性和可扩展性。

读者可能会关心是否存在与主干—叶架构设计相关的价格上涨：毕竟，过去在包含分发层的传统网络中只有两个智能设备，而如今在叶节点层可能有数十个（如果不是数百个）智能（并且很可能是昂贵的）设备。这样会不会增加主干—叶架构的整体成本？这个问题的答案取决于两方面因素：一方面，可以在相对便宜的专用集成电路（ASIC）上程式化叶交换层的智能，这正是 ACI 的硬件基础——思科 Nexus 9000 的一个重大优势；另一方面，由于智能如今分布在网络边缘而不是集中在一处，因此叶交换机不需要知道整个网络的每一个细节。

稍微反思一下。听起来可能很明显，但这确实为网络专业人士带来了另一种范式上的转变：网络的可扩展性不再取决于单个交换机，而在于网络的整体设计。比如，在思科官网上查看"Verified Scalability Guide for Cisco APIC"时，会发现该文档的主要内容分成两列：叶节点级别与矩阵级别。在本章后面也会看到桥接域 BD 的数量，BD 大致等同于 VLAN 的概念。每个 ACI 叶交换机在传统模式下最多支持 3 500 个桥接域（关于传统模式的更多信息，可参阅第 8 章），而单一 ACI 矩阵则可支持多达 15 000 个桥接域。

在传统网络中，需要将每个 VLAN 都配置在所有地方，因为不可能预知某特定 VLAN 的工作负载将连接到网络的哪个地方。但现在要意识到资源问题，因为无法在任何一个叶交换机上部署 15 000 个桥接域。幸运的是，ACI 会自动负责网络资源的合理配置，只部署在需要的地方。比如，在某个 ACI 叶交换机上，如果没有任何特定桥接域的工作负载连接需求，那么它不会为该桥接域消耗资源，即不会程式化到该叶交换机的硬件层面。

这种新的可扩展性设计模式还有一个隐式的额外含义：不应该在单个叶交换机上放置太多的工作负载，因其可扩展性是有限的。比如，考虑将一组叶节点扩展交换机（FEX）连接到叶交换机，如果再通过 Hypervisor 附着到叶节点扩展交换机端口的方式来建立 ACI 矩阵，那么试想一下，最终会有多少个虚拟机连接到单个叶交换机？这是否仍在它的可扩展范围之内？还是说用多个叶交换机去替代叶节点扩展交换机会更经济？显然，这些问题的答案取决于许多参数，比如服务器的虚拟化比例，或每个 VLAN 上虚拟机的平均数量。第 2 章将深入探讨这些主题。

叶节点是所有网络魔术发生的地方。传统的 2 层和 3 层转发操作在叶节点上执行。具有动态可达性的边缘路由协议，如 BGP、OSPF 及 EIGRP，在提供外部访问的端口上将所在的叶节点转换为边界叶节点。这不是一个特殊的定义或交换机的硬件类型，它只是一个矩阵术语，用于命名扮演着特定角色的边界叶交换机。读者还会注意到整个矩阵是一个路由网络，因而可能会问："如果全是路由，那么如何实现 2 层应用的可达性或邻接性？"答案很简单：跨越整个主干—叶、基于 VXLAN 封装的 ACI 网络。为应对数据中心网络上传统 VLAN 技术以及 STP 带来的挑战，VXLAN 提供了一个解决方案。ACI 矩阵是在 VXLAN 上构建的，但它的配置经过了策略的抽象及简化。虚拟隧道端点（VTEP）上的进程和流量转发，已经由应用策略基础设施控制器（APIC）根据其策略配置进行了程式化。这应该是个好主意：如果要操作一个 ACI 主干—叶矩阵，那么读者有必要了解 VXLAN 传输的基本原理。

回到主干交换机，本质上其主要功能是提供充裕的带宽从而互连叶交换机。对 ACI 而言，它们还包含一个额外功能：ACI 矩阵上每个连接到叶交换机（包括物理的及虚拟的）端点的精确映射。在这个模型中，除作为某些 BGP 路由反射器及组播汇聚点的角色外，可以将主干看作"端点可达性信息的权威"。下面用一个示例来描述整个过程：当一个叶交换机收到指向某目的地（如某 IP 地址）的流量时，它会查看自己的转发表。如果不知道应该向哪个叶交换机转发，那么它只会将第 1 个数据包上传给任意一个主干（注意，这并不意味着网络中额外的一跳，因为主干总是位于任意两个给定的叶交换机之间）。主干将拦截该数据包，在它的端点连通性目录中进行查找，再将其转发到目标端点（此 IP 地址）所连接的叶交换机。当返回流量抵达始发叶交换机时，它会用如何直通此 IP 地址的信息来更新其转发表。

> **注意**　ACI 采用的 VXLAN 解决方案是 VXLAN EVPN。

现有基础设施与 ACI

读者可能会认为数据中心内只需要一个 ACI 矩阵，这并非完全正确。实际上，如果回想一下前面提到的边界叶节点，读者就会开始意识到 ACI 并不打算成为数据中心的 WAN 或 Internet 边缘。即便有运营商的以太网接续，也仍然需要部署 WAN 和 Internet 路由器。这不仅是良好的安全设计，而且它允许 ACI 矩阵具有明确的边缘，而不是作为 WAN、Internet、园区网等之间的中转网络。

考虑一下，将应用与工作负载迁移到新 ACI 矩阵的需求。为正确实现这一点并最小化对现有或新 ACI 基础设施的影响，需要明确界定 2 层及 3 层的连接和转发边界。可以使用新的路由器来实现这一点，或者现有的如 Nexus 7000/6000 系列交换机，均可以满足这种迁移要求的全部功能。此外，Nexus 7000 系列还支持 MPLS、LISP、用于传统 WAN 终端的 L2-over-L3 传输、基于工作负载位置的智能转发等广域网技术以及数据中心互连技术。第 6 章将详细介绍其外部连通性。

可以通过多种方法在内部部署的数据中心之间互连 ACI。对于此类互连，Multi-Pod 和 Multi-Site 是两种不同的选项。这两种选项不同于叶交换机之间的普通 2/3 层连接，它们实际上互连的是 ACI 矩阵的主干。Pod 或站点之间的这种互连只需要 3 层传输，就可以形成合适的转发机制并扩展逻辑上的 VXLAN 叠加网络。Multi-Pod 和 Multi-Site 之间的主要区别在于管理平面。Multi-Pod 从逻辑上将一个 APIC 集群扩展到所有 Pod 矩阵所在的位置，而 Multi-Site 则使用 Multi-Site 控制器来统合相互隔离的各个 APIC 集群。如果读者熟悉适用于多 UCS 域的思科 UCS Central 模型，那么对这里的理解会变得非常容易。第 11 章将进一步阐述这些不同选项。

1.4 ACI 概述

思科以应用为中心的基础设施 ACI，其核心是软件定义且基于策略的网络基础设施。然而，它还具备更多的附加功能及可扩展性（通过南北向应用程序编程接口 API），超出了当今大多数客户网络所需的灵活性和基础设施规模，更与未来的系统演进相关联。ACI 不再是“向所有人提供开放式访问的网络”。现在，它能够为任何应用的设计、模型和工作负载类型提供定制的基础设施，并兼顾可视性、服务和安全。

这种新的基础设施需要以新的方式来操作网络矩阵以及提供 4 ~ 7 层服务的设备。如上所述，ACI 实质上是软件定义网络（SDN），但具有比传统意义上 SDN 更多的功能。随着业务对 IT 要求的不断提高，以及不断提高的效率、敏捷性和规模要求，传统对网络元素的逐设备配置（也可能是脚本化的）已无法满足业务需求的节奏或规模。

对于传统意义的网络专家而言，这种文化上的转变起初似乎令人畏惧，但其配置和即时状态数据的易用性使这种转变极具价值。即时了解特定应用的网络状态将起到如下关键作用：最小化应用服务的恢复时间、执行主动性维护以及消除此起彼伏的服务台呼叫噩梦，如“为什么我的应用变得这么慢？”。借助 ACI 和应用策略基础设施控制器（APIC）集群，具有适当访问权限的 IT 人员可以确定矩阵是否存在故障、在哪里以及是什么，然后快速修复问题或者果断指出：该问题并不在 ACI 的矩阵之内。

ACI 对用户不同采购中心团队的益处如下。

- 云管理员：作为应用的一部分，具有通过 API 或平台即服务（PaaS）等可选方式构建和使用网络基础设施的能力。

- 应用的所有者：支撑应用的网络元素，其生命周期的灵活性与应用本身保持一致。

- 安全运维人员：通过内置的访问控制列表（合约）改进工作负载到工作负载，或从外界到应用的通信控制。此外，能够以自动化的方式实现分段或隔离，以防止恶意软件及勒索软件传播。

- 运营团队：一个控制台即可轻松了解数据中心网络矩阵及其组件的运行状况，包括控制器、主干交换机和叶交换机。

- 服务器/系统团队：改进物理与虚拟网络的集成以提高其可靠性和灵活性。此外，如果需要，那么可以在原生 Hypervisor 内提供策略执行以及工作负载隔离的改进机制。

1.5 ACI 功能组件

如本节所述，以应用为中心的基础设施仅需 3 个基本的操作组件。

1.5.1 Nexus 9500

Nexus 9500 是用于私有云数据中心的 Nexus 模块化旗舰交换机。无论是基于像 ACI 这样的策略模型、利用更多工具实现的可编程模型，还是标准的 NX-OS CLI，该交换机都提供了现有 ASIC 所不具备的可扩展性。机箱型号包含 4 个、8 个和 16 个不同的插槽选项，它们都使用相同的线卡、机箱控制器、主控引擎以及 80%效率的电源。基于特定机箱的个性化部件是风扇托盘和矩阵模块。机箱中看不到任何类型的中板或背板，每个线卡都直接连接到所有的交换矩阵模块，因而不需要这些限制性的设计元素。外部的可伸缩主干—叶架构也延伸到了 9500 机箱内部：读者可以对比单个 Nexus 9500 机箱内部的架构与整个矩阵的主干—叶，其中线卡起到叶节点的作用，而矩阵模块则相当于主干。

线卡上的物理端口包括基于 1/10Gbit/s 的双绞铜线端口，用于 1/10/25/40/50/100Gbit/s 速率的 SFP、QSFP 光纤端口。所有端口都是线速的，并且除上层运行的软件外，其功能并不依赖于线卡的类型。有些线卡仅限于 NX-OS（94xx 系列、95xx 系列、96xx 系列），有些仅限于 ACI 主干（96xx 系列），还有一些（截至本书英文版出版时，97xx-EX 系列的最新版本）可运行两种操作系统软件，但不是同时的。还有适用于不同规模的 3 种型号矩阵模块：FM、FM-S 和 FM-E。显然，如果设计上需要 100Gbit/s 的速率支持，那么 FM-E 是机箱内首选的矩阵模块。

1.5.2 Nexus 9300

读者是否还记得 ACI 所有的"神奇之处"是如何发生在叶节点上的？这意味着 9300 系列叶交换机是负责大部分网络功能的设备：以线速交换 2/3 层、支持 VXLAN 的 VTEP 操作、路由协议［如 BGP、OSPF、EIGRP、组播、"任播网关"（Anycast Gateway）以及更多］。

它们还支持丰富的接口速率，以适应在数据中心内可以找到的各种现代和非现代工作负载：低至 100Mbit/s 的传统数据中心组件，高达 100Gbit/s、连接数据中心网络其余部分（取决于交换机型号、上行链路模块或端口）的上行链路。其尺寸从 1~3 个机架单位高度不等，带有可选择的冷却气流走向，以便与任何数据中心内部的物理布局、电缆端接及气流设计相匹配。

此外，Nexus 9300 系列以合理的价格提供了丰富的功能与极高的性能，因为在主干—叶架构的成本结构中，最大的单项可能就是叶交换机。

1.5.3　以应用为中心的基础设施控制器

最后是解决方案的"大脑"：以应用为中心的基础设施控制器——APIC。这些单机架设备基于 UCS C 系列 X86 服务器，并且始终以奇数量安装。读者可能会问为什么，难道其高可用性（HA）模型不是基于偶数元素？或者说它必须是 $N+1$？其实，这两种考虑都会有一点。最后，所有的策略都存储在数据库中。该数据库将策略元素拆解为分片，并将其副本发布到其余任意两台 APIC。

APIC 带有 GUI 访问机制以及一个完全公开的 API 集，从而为用户提供了一套丰富的工具来配置并操作 ACI 矩阵。

> **提示**　关注 GitHub 并试用各种基于 APIC API 开发的便利程序。读者还可以尝试为该 APIC API 用户社区做出贡献。

APIC 负责将叶及主干元素添加到矩阵或从矩阵中删除。这也是它们获得固件更新及补丁的方式。不再有更多的逐个设备操作或脚本，APIC 通过几次简单的鼠标单击或那些开放的 API 即可执行所有操作。

读者有没有考虑过一个问题："我的网络现在是如何配置的？"。也许只有当帮助台电话响起时才会想到。大家都知道网络是罪魁祸首，除非另有证明。构成 ACI 矩阵的 Nexus 9500 和 Nexus 9300 中那些神奇的思科 ASIC，它们也会报告有关矩阵健康状况及配置、精确到秒级的关键细节。读者可以丢掉那些墙壁大小、昂贵且过时的网络图了，开始利用 APIC GUI 来查看网络的运行状况——如果有任何影响，那么也可以实现比以往更快的服务恢复。实质上，APIC 知道矩阵在做什么：它是 ACI 的核心"权威"。从运营的角度来讲，这都是基于控制器的策略网络可以提供的。第 7 章将详细论述 APIC 实施的集中化策略所带来的诸多好处。

1.6　激活 ACI 矩阵协议

到目前为止读者可能会断定，凭借所有这些先进功能，ACI 必须基于一套全新的思科专有协议。这种想法其实是有缺陷的。实际上，ACI 完全基于一套现有且不断发展的标准，就可以呈现独特而又强大的功能，并提供真正灵活、自动化、可扩展的现代化网络来支撑上层应用。

1.6.1　数据平面协议

如上所述，跨 ACI 矩阵的转发完全封装在 VXLAN 里。让我们回归现实：现在是时候从网络策略层面改进网络分段的方式了。从历史上来看，VLAN 和 IP 子网允许用户在交换基础设施上划分业务,但这种分段方式并没有继续演进以更有效地应对最新的应用架构及安全威胁。考虑到以上因素,必须从网络策略和安全的角度开始缩小这些 2 层域。不是要让子网内所有的虚拟和物理服务器都能够互相通信,而是要尽可能提高隔离性,甚至去实现:即便在同一个子网内,也可以定义哪些服务器在哪些协议上能或不能与其邻居通信。

显然,VLAN 无法满足这些需求;此外,因标准协议使用过程的种种问题,数据中心之间的 802.1Q 令人担忧。而 VXLAN 是一种允许故障域最小化的协议,可以跨 3 层边界延伸并支持直接转发的非广播控制平面(BGP-EVPN)。它还可以提供 3 层隔离以及附着在叶节点上元素之间的 2 层邻接,这些元素可能位于矩阵的另一个叶节点。

在整个 ACI 矩阵里,VXLAN 在主干与叶交换机,甚至是通过 Hypervisor 连接到矩阵的各种虚拟交换机之间得到普遍应用。然而,802.1Q VLAN 仍存在于 ACI 的策略模型中,因为当前对于任何虚拟化的工作负载以及裸机服务器,它们的 NIC 实际上都不支持 VXLAN 的本地封装。因此,802.1Q 网络依然出现在 ACI 的策略中,并作为提供承载 NIC 上的一种有效转发方式。

1.6.2 控制平面协议

几个很好理解与测试的协议形成了 ACI 的控制平面。让我们从新 ACI 交换机开箱后,这些矩阵元素第一次上线时开始介绍。连接到矩阵的每个新的叶节点或主干会在 LLDP 信令流中利用特定的 TLV 上报 APIC,从而将自身注册为该矩阵的潜在新增部分。直到人工或某种自动化方式添加该新叶节点或主干元素时,才允许它加入矩阵。这就防范了用于恶意目的交换机的注册风险。

通过单一区域链路状态内部网关协议,更具体地说是 IS-IS,实现了跨矩阵的转发及可达性。这有助于大规模扩展,该设计的核心就是简单。

为与矩阵边缘的外部路由设备通信,ACI 支持各种内部网关协议(I-BGP、OSPF、EIGRP以及静态路由),这些都是用于矩阵本身终结和始发 IP 通信的选项。上述协议只在边界叶节点上运行并将相邻物理网络连接到矩阵。边界叶节点不是特殊的设备配置,它只是相邻网络连接到 ACI 矩阵的边缘标识。

由于 ACI 矩阵的数据平面是 VXLAN,因此控制平面从 3.0 版开始采用带 EVPN 的 MP-BGP。这针对性地改进了先前所采用的组播方式,以应对跨越 VXLAN 矩阵 BUM(广播、未知单播和组播)业务的控制平面需求。

Council of Oracle Protocol(COOP)关乎如何将可达性信息从叶节点传递到主干交换机,以追踪通过叶节点附着到矩阵的各个元素。COOP 使用 MD5 认证的 ZeroMQ 消息队列来实现该控制平面通信。

OpFlex 是 ACI 使用的另一种新控制平面协议。虽然它还是预标准的，但思科及其生态系统合作伙伴已提交了正式标准等待审批。OpFlex 是一种协议，它被设计用于从 APIC 传递策略意图，以及从附着到 ACI 矩阵的策略执行元素的合规或不合规。在 Internet 工程任务组（IETF）批准之前，OpFlex 协议已被用来在 APIC 与应用虚拟交换机（AVS）之间传递策略。这不仅演示了 OpFlex 的用途，而且允许 ACI 策略进入服务器宿主机上的 Hypervisor，以执行 APIC 所定义的策略，第 4 章将有详细描述。

1.7 与 ACI 交互

到这里读者可能想知道"我该如何与这个令人惊叹的新基础设施一起工作？"。是时候把 ACI 之类的产品看作更大拼图的一部分了。这意味着集成将是如何使用 ACI 以及 APIC 的关键性因素。当谈到集成时，可能会有这样的表述："关于这个我们有 API"。是的，ACI 通过 API 发布了其 100%的原生能力。然而，开放的 API 也使 ACI 可以通过几种不同的方式来集成。接下来回顾一下这些机制分别是什么。

1.7.1 GUI

ACI 支持 APIC 自身的 HTML 5 用户界面。对于那些可能不需要通过外部手段来实现矩阵可编程性或自动化的用户而言，这个接口将非常有用。它还为日常操作提供了一个很好的工具，来查看和解释整个 ACI 环境的健康状况。

APIC 的图形用户界面也是矩阵在任何时间点上，关于其配置和表现的"权威真相来源"。另外，GUI 也为矩阵本身提供了几个故障排除工具。然而，APIC GUI 的所有功能和元素均由 API 实现，以便通过其他方式亦可进行类似的调用。

读者可能已经听说过，网络模式和应用模式是部署 ACI 的两种操作模式。先澄清一下：它们仅仅是跨矩阵创建策略描绘特定 ACI 构造的不同方式，两者同时在 APIC 以及同一个 ACI 矩阵上运行。大多数客户起始于以网络为中心的观点来定义其 ACI 策略，因为这最接近他们今天所使用的数据中心网络。第 8 章将详细地介绍这些操作模式，以及如何从以网络为中心的部署迁移到以应用为中心的部署。

1.7.2 NX-OS CLI

前面讨论了为何 SDN 是网络建设的方向，而不管所采用的控制器机制是什么。这也是许多网络管理员和操作者所面临的主要业务变化。那么思科是如何解决这一学习差距的？完全开放的 API 使 CLI 这一选项也被开发出来，其功能近似于 NX-OS。如果读者擅长使用#conf t，那么这就是一个完全可行的 ACI 操作接口。它还允许做更深入的故障排查，类似于思科 UCS。

1.7.3 开放式 REST API

如上所述，ACI 拥有一组非常开放并公开的 API。这允许开发很多有趣的方式来与 APIC 交互、驱动配置任务并在 ACI 的矩阵和策略模型中实现其他功能。一些已有工作的推荐示例可以通过 GitHub 仓库获得。读者会在这里找到若干范例，但其中时间最早的是 ACI Toolkit。自 ACI 推出以来，这个项目一直在不断发展，并拥有众多的贡献者。该工具包取得了巨大成功，它实质上是一组作用于 ACI 控制器的 Python 脚本。工具包也是一种便捷的手段，可用于编写大型配置元素，如 ACI 策略模型中的多个工作负载组、EPG 或租户。这只是一个利用开放 API 模型的例子，它扩展了 ACI 的能力。

如果读者对整个 API 的游戏很陌生，那么工具包肯定是一种入门方式。另一个是 API 监视器，它内置在 APIC GUI 中。这使得任何访问它的人能够快速确定 API 调用的格式，以执行与在 GUI 中操作相同的功能。这不仅是熟悉 API 的一个好方法，而且它本身也是一个很好的工具。当 API 无法根据格式返回所需的或预期的结果（或完全失败）时，它可以用于诊断 APIC 上的这些 API 调用问题。读者可参阅第 13 章，以了解更多关于 REST API 或 ACI 自动化的信息。

1.8 策略模型简介

下面将简要介绍 ACI 的策略模型元素。这些元素将在本书后续详细介绍，这里先对构成 ACI 矩阵配置的基本概念进行简单介绍。

1.8.1 应用配置描述（AP）和端点组（EPG）

应用配置描述（Application Profile，AP）是 ACI 策略定义的顶级结构，该结构下包含构成策略的其他所有项目。这些策略旨在支撑跨 ACI 矩阵的应用，无论是 4～7 层服务、矩阵外访问，还是共享服务器资源，如活动目录（AD）、DNS 或 DHCP。

应用配置描述包含 EPG，用于定义附着到矩阵上具有相同特征的元素。比如，特定应用的 Web 服务器、使用相同端口组的 Hypervisor 客户，甚至是关联到相同 VLAN / VXLAN 的任意类型工作负载，这些都是 EPG 的例子。鉴于租户是 ACI 策略中的顶级结构，EPG 则是最小的结构。正如前面提到的，ACI 矩阵就像白名单防火墙，使通信成为可能的是每对 EPG 之间的另一个策略结构：合约。

合约被定义为两个或多个对象之间的了解程度。就 ACI 而言，这些对象就是 EPG。EPG 之间的合约规范转发行为包括 ACL 以及 4～7 层服务视图。

1.8.2　VRF 和桥接域（BD）

VRF 表已经在交换平台上得到了很好的应用。ACI 应用策略也将 VRF 构件考虑进来。在一个策略中可以包含多个 VRF，像其他交换机一样在 VRF 之间转发流量。因此，必须注意到，在 ACI 应用配置描述中的内部以及跨 VRF 寻址。

与 VRF 这样的 3 层结构相对应的 2 层结构是什么？BD 其实就是 2 层的基础。因此，每个 VRF（也称为 Context）可以包含与其相关联的多个 BD。这里应关注 IP 寻址，因为 VRF 将在关联到它的各个 BD 之间转发流量。ACI 策略模型中的绝对顶级结构是租户，通过每个租户中包含的 VRF，在共享的 ACI 矩阵上实现了隔离，并可以复用 2 层、3 层域和地址。因此，默认情况下租户之间的 VRF 不转发流量。每个租户都需要自己的 2 层和 3 层外部连通性。替代方案是，如果在公共边界叶节点上利用共享的端口，那么就要对外部网络设备应用标准的转发规则（即考虑 IP 地址重叠、必要的 NAT 以及其他此类规则，以维护可达性和转发路径）。

1.9　矩阵拓扑

秉承灵活网络设计的理念，即便是 ACI 矩阵也可以在不同的规模、转发、多样性和管理等模式之间进行选择。本节简要讨论 3 个主要选项。这些选项关乎用户如何操作 ACI 矩阵，在地点的多样性以及数据、控制和管理平面的故障域方面存在关键差异。

1.9.1　单站点模型

简单且广泛部署的 ACI 矩阵之一是单站点模型，其中的单一矩阵仅位于一个物理位置。因此，所有的矩阵元素——APIC 和设备，均位于短距光纤的覆盖范围内。这种模型可以拥有多达 6 个主干和 80 个叶交换机的规模化能力，仍由 3 个 APIC 进行控制和管理。要记住一点，单一矩阵的每片叶交换机连通每一个主干，主干之间或叶交换机之间没有交叉连接。这是一个真正的 CLOS 矩阵。单一矩阵拥有很大的规模，并能够跨越极大的环境差异并在租户级别进行逻辑隔离，这也说明了用户在其数据中心部署 ACI 将是个非常明智的选择。如果在一个物理位置需要 80 个以上节点，那么当前规模已允许扩展到 200 个叶交换机并最多包含 6 个主干，但此时需要一个 5-APIC 的集群。

1.9.2　Multi-Pod 模型

ACI 矩阵可以部署在 Pod 中，单个 APIC 集群共享同一个公共管理平面。但在每个 Pod 的主干与叶交换机之间，MP-BGP 和 COOP 控制平面以及转发平面都是独立的。这允许在非常大的矩阵内部对控制平面进行分割或满足合规性要求。Multi-Pod 模型在 Pod 之间采用 MP-BGP

EVPN，以及单独的 IP 传输网络。该中转网络实际上是连通每个 Pod 中的每个主干。此外，连接带宽将是 40Gbit/s 或 100Gbit/s 的水平，具体取决于每个 Pod 中的主干—叶矩阵。

读者可能想知道允许连接多少个 Pod。可以有 3 个或 3 个以上的 Pod，但考虑到集群中推荐的 APIC 数量是 3 个，这表明 3 是正确答案。这里仍然有 50ms 的往返时间（RTT）要求，在单个数据中心内这不是问题。顺便提一下，往返时间是从主干到主干跨中转网络测量的。

1.9.3 Multi–Site 模型

除了 Multi-Pod，连接和操作多个 ACI 矩阵的方式还有 Multi-Site 模型。实质上，Multi-Pod 和 Multi-Site 共享矩阵及物理位置之间连通性的诸多属性。这两个模型均采用 MP-BGP，通过基于 EVPN 的 IP 网络互连每个矩阵的主干。连接 Pod 和站点网络的往返延迟及端口速率也是这两个选项的共同要求。明显的不同是，Multi-Site 实际上是在每个矩阵上启用单独的 APIC 集群。为实现它们之间的一致性，需要引入 ACI Multi-Site 控制器。这成为在 Multi-Site 部署中同步各 ACI 矩阵之间策略配置的要素。Multi-Pod 与 Multi-Site 的主要区别就在于矩阵间的控制和管理平面分离——在 Multi-Pod 设计中所有的 Pod 共享同一个 APIC 集群；而 Multi-Site 架构中的每个站点都拥有自己的 APIC 集群。如果真正的物理位置及矩阵隔离是客户数据中心运营的关键，那么 Multi-Site 模型将是针对一个以上矩阵或物理位置的正确设计。

1.10 小结

关于 ACI 的技术及要素介绍大概就是这些。现在是时候进行深入研究，并逐章地挖掘这些要素中所包含的"金块"了。阅读本书时最好手边就有可用的 ACI 矩阵或模拟器，以便围绕以应用为中心的基础设施，随时随地熟练各种命令并完善各项技能。

第 2 章

矩阵构建

在构建一个新网络时，需要考虑诸多依赖性因素及需求。大部分网络工程师从未实施过 CLOS 架构，或者软件定义网络（SDN）的解决方案。在设计一个以应用为中心的基础设施（ACI）网络时，本章对将会遇到的常见决策点提供了指导建议，并涵盖以下主题。

- 逻辑与物理矩阵的考量。

- 向 ACI 迁移的策略。

- 基于工作负载类型、租户及安全的分段。

- 与虚拟机管理器（VMM）的集成。

- 集成 4 ~ 7 层服务。

- Multi-Site 的考量。

2.1 构建一个更好的网络

当今正处于一个 IT 的新时代。下一代数据中心网络的终极目标无论是虚拟的还是物理的，均是基于策略的网络管理与运营自动化。利用并重利用"已知且良好"的策略，可以让 IT 更快速地部署、变更、保护以及排障任意工作负载——虚拟化的、容器的和/或裸机的。正如在第 1 章中讨论的，这是由应用与业务的双重需求所驱动。IT 组织被要求更加"云化"，或者采用有能力实现业务需求的云运营模式。网络架构也从三级变成两级，以满足应用所需要的高性能、低延迟，并能够保障东西向流量安全。在数据中心中，制造商正在摆脱那种严重依赖于网络中心大型设备的设计，转而利用标准协议，将冗余与性能分布于整网的多个设备。这允许网络非常容易地进行横向扩展，让性能与安全更贴近服务器，并能够充分利用现代的硬件与协议所内置的冗余及效率。这样的网络也被视为一种矩阵，而不是基于逐个交换机的单独管理。这使工程师可以摆脱单个设备，进而更有效地基于策略、把网络作为一个整体进行管理。在这个模型中，应用策略基础设施控制器（APIC）能够完全基于开放的标准协议、关联分析源自整个矩阵的信息，来提供洞察力与安全性，并以前所未有的方式避免"亡羊补牢"的事情发生。这个网络可以告诉客户生产中各个应用的健康状况。它可以感知应用，并将正确的配置及安全策略应用到端口或负载。它还可以自动地配置虚拟及物理的 4～7 层设备。本章将探讨在设计与构建一个更好的网络时，将会遇到的若干决策点。

2.1.1　关于矩阵的考量

合适的网络设计需要工程师考虑诸多因素，包括但不限于应用需求、集成到现有网络的切入点、物理场所、Multi-Site、连接到网络的主机类型、安全性需求以及对该设计中架构的可扩展性约束。这些因素中的每一个都会影响网络的规划，以及设计中所采用设备的类型与数量。为更合理地设计一个 ACI 矩阵，关于工程师需要考量的决策点，本章的信息可以作为其高阶参考。后续章节会回顾并更深入地讨论本章涉及的诸多话题。

1．叶节点的角色

许多工程师之前从未使用过主干—叶这样的架构。新的概念和命名约定常与新技术相伴相生。从物理视角来看，该架构中的 ACI 叶交换机主要用于连通外部的网络或设备，以提供不同类型的、物理或虚拟的连通性与容量。这与以前的体系结构有所不同。如图 2-1 所示，

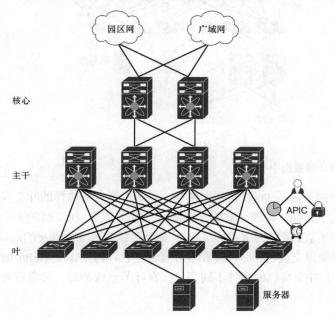

图 2-1　不正确的 ACI 设计

刚开始接触这种架构时，许多工程师试图将其现有网络直通 ACI 主干。

基于过去十几年的实践，这种物理连接设备的方法似乎自然而然地形成了，但它并不正确。通常，所有的流量都通过叶节点进入及离开 ACI 矩阵。图 2-2（a）是传统网络中的物理连接；图 2-2（b）展示了当进出叶节点时，现在这一切如何因 ACI 而变。

在讨论 ACI 叶交换机的话题时，还有以下几点需要注意。

- ACI 叶交换机仅连接主干交换机，主干交换机也仅连接叶交换机。
- ACI 叶交换机不直接互连，主干交换机也不直接互连。
- 基于机箱的模块化交换机（Nexus 9500）不能用于 ACI 的叶节点。
- 所有的 ACI 叶交换机应该被连接到每一个主干节点。

> **提示**　与任何技术一样，这些规则都有一两个例外，这将在后续章节介绍。在某些设计中，不是所有的 ACI 叶交换机都连接到了每一个主干，在这种情况下，数据流的路由将有可能不是最有效的。

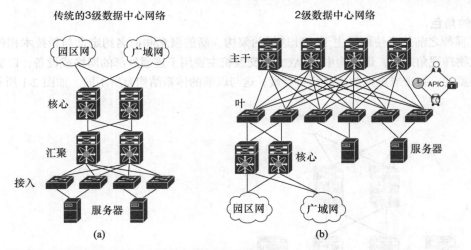

图 2-2　传统的 3 级数据中心网络与 2 级数据中心网络

ACI 的叶节点可以采用多种型号的 Nexus 9000 系列交换机。实施中客户所选择的叶交换机应符合设备类型与网络架构的如下方面：物理介质的连接特性、端口密度、所支持的速率或特定功能集。比如，如果叶交换机直通数据中心的核心层，那么可能需要 40Gbit/s 的端口。另外，如果将裸机服务器连接到架顶交换机，那么读者很可能希望它具备 1/10/25Gbit/s 的支持能力。这两个例子将决定 ACI 叶交换机的两种不同型号。在叶节点选型时，读者可考虑以下几个方面。

- **端口速率与介质类型**：最新的 ACI 叶节点允许高达 25Gbit/s、40Gbit/s 或 50Gbit/s 的接入链路到服务器，以及 100 Gbit/s 的上行链路到主干。

■ **缓冲与队列管理**：所有的 ACI 叶节点均提供了多种高级功能以支持小流，从而使流量的负载均衡更加精确，包括根据拥塞情况动态分发流量以及动态的包优先级——首先考虑存活时间短、延迟敏感型的流（有时称为"老鼠流"）；其次考虑存活时间长、带宽密集型的流量（也称为"大象流"）。最新的硬件还引入了更精密的方法来追踪和测量"大象流"与"老鼠流"并区分优先级，以及更有效的缓冲区处理方式。

■ **策略 CAM 的大小与处理**：策略 CAM 是允许过滤 EPG（EPG）之间流量的硬件资源。它基于 TCAM，其中 ACL 表示某个 EPG（安全区域）可以与哪个 EPG（安全区域）对话。策略 CAM 的大小取决于硬件，它对第 4 层操作及双向合约的处理方式也因硬件而异。

■ **叠加层的组播路由支持**：取决于叶节点的型号，ACI 矩阵可为租户流量提供组播（叠加层上的组播路由）。

■ **对分析的支持**：最新的叶交换机与主干板卡为分析以及应用的依赖关系映射提供了基于流的测量能力。这些功能在当前的软件版本中可能尚未启用。

■ **支持链路级加密**：最新的叶交换机与主干板卡提供线速 MAC 安全（MACsec）加密。ACI 2.3 尚未启用该功能。

■ **端点规模**：ACI 的关键特性之一是映射数据库，该数据库维护关于某个端点映射到哪个 VXLAN 的隧道端点（VTEP）、在哪个 BD 等信息。最新的硬件带有更大的 TCAM 表。这意味着该映射数据库的潜在存储容量会更高，即便软件可能还没有充分利用此额外容量。

■ **以太网光纤通道（FCoE）**：取决于叶节点型号，可以附着支持 FCoE 的端点，并将叶交换机用作 FCoE 的 N 端口虚拟化设备。

■ **支持 4～7 层服务重定向**：自 ACI 软件第 1 版发布以来，4～7 层服务视图（Service Graph）就是一项可用的功能，可工作在所有叶节点。4～7 层服务视图的重定向选项允许基于协议将流量重定向至 4～7 层设备。它适用于各代硬件，但对不同的叶交换机会有某些限制。

■ **微分段或 EPG 的分类功能**：微分段是指能够隔离 EPG 内的流量（该功能类似或等同于私有 VLAN），并可根据虚拟机属性、IP 地址和 MAC 地址等对流量分段。矩阵提供的上述第 2 种功能取决于软件和硬件。经由虚拟化服务器上某个支持 OpFlex 协议的软件交换机，流量进入一个叶节点并可根据多种参数，诸如 IP 地址、MAC 地址、虚拟机属性等被分类到不同的 EPG。从物理服务器进入叶交换机的流量，可以基于 IP 地址或 MAC 地址划分 EPG——需要特定的硬件以提供这种能力。对于从一个不支持 OpFlex 协议的软件交换机（运行于某个虚拟化服务器）流入叶节点的流量，也将需要该叶节点为微分段提供硬件支持。

第 1 代 ACI 叶交换机是 Nexus 9332PQ、9372PX-E、9372TX-E、9372PX、9372TX、9396PX、9396TX、93120TX 及 93128TX。第 2 代 ACI 叶交换机是 Nexus 9300-EX 与 9300-FX 平台交换机。表 2-1 总结了当前的若干型号并突出其特性差异。

本章之前曾提到过，基于其物理功能或位置，ACI 的叶交换机将在网络中担任不同角色。在物理与逻辑上均如此。不仅 CLOS 矩阵分成主干与叶，而且通常会根据其特定角色来表征 ACI 的叶交换机。以下是读者经常遇到的。

- **边界叶节点**：用于外部网络连通性的一对或多对冗余的叶交换机。这些连接可以是 2 层、3 层的，或两者兼具的。这些叶交换机是出入矩阵时的策略执行点。它们还支持 10Gbit/s、40Gbit/s 和 100Gbit/s 的连接速率，多种路由协议，以及高级特性集，因而能够对进入与离开数据中心的流量提供额外的安全性与可视性。

表 2-1　　　　　　　　　　　　　　　ACI 矩阵的硬件选型示例

	端口数量	主机侧端口类型	角色（叶/主干）	策略 TCAM	上行链路模块	基于 IP 的 EPG
9396PX	48×1/10Gbit/s 端口及 12×40Gbit/s 端口	10G SFP+	叶	常规 TCAM 配备 M12PQ	更大的 TCAM 配备 M6PQ 或 M6PQ-E	支持，配备 M6PQ-E
9396TX	48×1/10Gbit/s 端口及 12×40Gbit/s 端口	10G Base-T	叶	常规 TCAM 配备 M12PQ	更大的 TCAM 配备 M6PQ 或 M6PQ-E	支持，配备 M6PQ-E
93128TX	96×1/10Gbit/s 端口及 6×40Gbit/s 端口	10G Base-T	叶	常规 TCAM 配备 M12PQ	更大的 TCAM 配备 M6PQ 或 M6PQ-E	支持，配备 M6PQ-E
9372PX	48×1/10Gbit/s 端口及 6×40Gbit/s 端口	10G SFP+	叶	更大的 TCAM		不支持
9372TX	48×1/10Gbit/s 端口及 6×40Gbit/s 端口	10G Base-T	叶	更大的 TCAM		不支持
93120TX	96×1/10Gbit/s 端口及 6×40Gbit/s 端口	10G Base-T	叶	更大的 TCAM		不支持
9332PQ	32×40Gbit/s 端口	40G QSFP+	叶	更大的 TCAM		不支持
9372PX-E	48×1/10Gbit/s 端口及 6×40Gbit/s 端口	10G SFP+	叶	更大的 TCAM		支持
9372TX-E	48×1/10Gbit/s 端口及 6×40Gbit/s 端口	10G Base-T	叶	更大的	TCAM	不支持
9336PQ	36×40Gbit/s 端口	40G QSFP+	主干	不适用		不适用

续表

	端口数量	主机侧端口类型	角色（叶/主干）	策略 TCAM	上行链路模块	基于 IP 的 EPG
9504	配备 9736PQ：36×40 Gbit/s 端口/板卡	40G QSFP+	主干	不适用		不适用
9508	配备 9736PQ：36×40 Gbit/s 端口/板卡	40G QSFP+	主干	不适用		不适用
9516	配备 9736PQ：36×40 Gbit/s 端口/板卡	40G QSFP+	主干	不适用		不适用

- **服务叶节点**：用于连通虚拟或物理 4～7 层服务的一对或多对冗余的叶交换机。这类交换机是可选项，除非将要实现的功能只有新硬件支持。此前，设备必须放置在具备所需能力的硬件下面才能使用该功能。在这种情景下，为避免升级矩阵中的所有交换机，客户只需要购买少量具备所需功能的设备，然后在这些叶交换机下对服务进行分组。一些客户发现对于较大的网络，在给定的机架中将设备在服务叶节点下分组，将更具运营效率。其余客户不部署服务叶节点，并允许其虚拟的 4～7 层服务在任何时间存在于任何机架（虚拟或物理的）的任何服务器上（如果是虚拟的）。

- **中转叶节点**：用于连通跨多个地理位置的主干交换机的一对或多对冗余叶交换机。这些类型的 ACI 设计被称为 Stretched Fabric 或伪线。其结果是，具有单个管理域的单一矩阵可以跨多个不同的地理站点存在。这些站点之间所允许的距离取决于可用的技术、带宽以及往返时间。后续章节将更深入地探讨这个话题；然而，在连接其他地理位置的主干时，中转叶交换机发挥着关键作用。因此，推荐的实践操作是让它们只负责这一件事。

- **存储叶节点**：用于连通虚拟或物理的 IP 或 FCoE 存储服务的一对或多对冗余叶交换机。与服务叶节点类似，这些叶交换机也是可选项，除非将要实现的功能只有新硬件支持。通常，在将策略应用到基于 IP 的存储设备时，客户会利用基于 IP 的 EPG 功能。该功能允许 ACI 专注于存储流量，以确保其安全性、优先级和可见性。借助于 ACI 的内置功能，采用与光纤通道存储矩阵分区的类似方式，客户得以创建安全区域。工程师可以定义策略，指定只有特定的主机或发起者才能通过 iSCSI 访问特定的存储设备或目标。设计这种策略的另一个好处是，对于任何已创建了策略的存储流量，现在能够看到其健康与流量的统计信息。ACI 的存储策略详情如图 2-3 所示。

以太网光纤通道（FCoE）是另一种被广泛部署的数据中心技术。截至本书英文版出版，ACI EX 硬件的 N 端口虚拟化模式支持第 1 跳 FCoE。基于当前的 ACI 实现，FCoE 通过以太网传输来支持，这意味着 FCoE 流量将从主机抵达 ACI 叶节点，然后通过以太网媒介代理到另一个光纤通道交换机，届时将可以解封并进入原生的光纤通道，如图 2-4 所示。

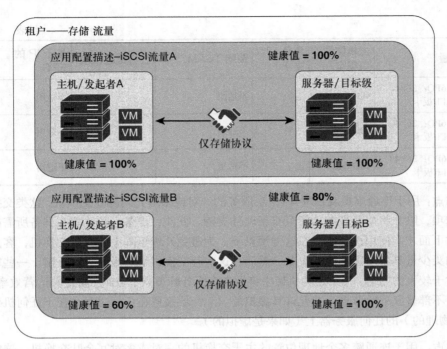

图 2-3　ACI 的存储策略

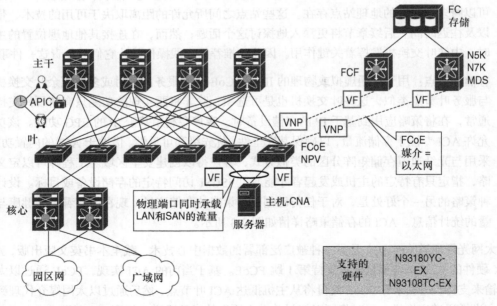

图 2-4　ACI 的 FCoE 拓扑

如果是一个 ACI 的存量升级，那么客户只需要购买几台 EX 交换机并在下面部署主机，从而创建物理的存储叶交换机。如果是一个 ACI 的新建部署，鉴于所有的 9300 EX 叶交换机已支持该功能，又考虑到管理与运营效率，那么此时读者需要判断是否创建逻辑上的存储叶交换机（判断哪种情况更为合理）。

图 2-5 展示了不同类型的 ACI 叶交换机及其在矩阵中的角色。

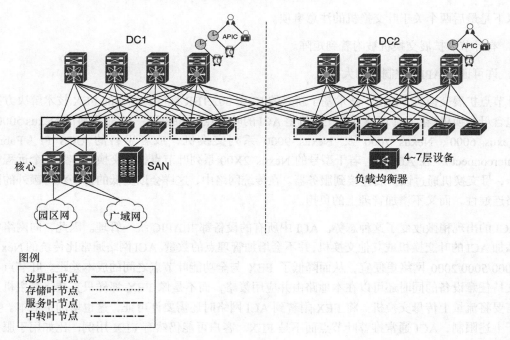

图 2-5　逻辑的叶节点名称

网络工程师也许不会在每次实施中都遇到叶节点的所有类型。ACI 叶交换机的数量与类型会因网络架构、实施规模、特性需求而异。比如，Stretched Fabric 是唯一需要中转叶交换机的架构。即便没有技术或资源上的限制需要这么做，工程师也可能会基于功能对 ACI 的叶交换机在逻辑上进行分组，以减少操作或配置层面的复杂性。日新月异的硬件会给交换机平台带来全新能力，而且这些新能力只有新的硬件才能提供。在这种情况下，客户可以选择添加一些新的交换机到现有矩阵，并将主机附着其上以善用这些新能力，这也就有效构建了服务叶交换机或存储叶交换机。总的来说，在进行新建部署时，考虑到客户很可能会购买具备全部功能的最新硬件，因而这些角色主要是逻辑性的指定；而对于已有的 ACI 存量部署，这些角色可能将转化为基于全新功能集的物理性需求。

边界叶节点总会被用到。无论网络的大小和复杂度如何，指定一些交换机专用于边界叶的功能一直是推荐的实践操作。

ACI 叶交换机担任的角色还包括本地路由交换以及策略执行，这也是矩阵中策略被应用于流量的地方。除转发流量外，叶节点也负责发现端点并将其映射到 VXLAN 网络，以及向主干交换机通告本地所发现的端点。

叶交换机位于矩阵的边缘，提供 VXLAN 的隧道端点（VTEP）功能。它们还负责路由或桥接租户的数据包并应用网络策略。叶节点能够将 IP 或 MAC 地址映射到目的地 VTEP。

以下是最后两个关于叶交换机的注意事项。

■ 有叶节点扩展交换机被附着到矩阵。

■ 许可证与 APIC 控制器的大小。

叶节点扩展交换机（FEX）技术基于新兴的 IEEE 802.1BR 标准。思科的 FEX 技术解决方案包含母交换机，在 ACI 环境下母交换机是 ACI 的叶节点，但传统上一直是思科的 Nexus 5000、Nexus 6000、Nexus 7000 及 Nexus 9000 系列交换机，或者思科的 UCS FI（Fabric Interconnect）。在 ACI 中，若干型号的 Nexus 2X00 系列叶节点扩展交换机作为一个远程板卡，母交换机通过该扩展连接到服务器。在传统网络中，这样会以更低的价格获得额外的网络连通性，而又不增加管理上的负担。

ACI 的出现稍微改变了这种态势。ACI 中所有的设备都由 APIC 统一管理。因此，向网络中添加 ACI 的叶交换机或其他交换机，并不会增加管理点的数量。ACI 网络通常比传统的 Nexus 7000/5000/2000 网络更便宜，从而降低了 FEX 与全功能叶节点之间的成本差距。叶节点在支持任意设备的同时还可以在本地路由并应用策略，而不是像 FEX 那样只支持终端主机且需要将流量上传母交换机。将 FEX 附着到 ACI 网络时还需要许可证，这也增加了成本。鉴于上述限制，ACI 通常推荐叶节点而不是 FEX。客户可能仍然有 FEX 用例，比如用于服务器的 LOM 端口，或者他们可能希望迁移现网已有的 FEX 以保护投资，这也都是一种有效设计。

一旦决定了 ACI 叶节点的设计，最后要考虑的就是许可证与 APIC 控制器的大小。每一台 ACI 叶交换机和 FEX 都需要许可证，APIC 控制器也需要。要根据 ACI 矩阵中的物理端口数量来确定 APIC 的大小。截至本书英文版出版，大型 APIC 控制器用于 1000 端口以上的配置，中型 APIC 用于 1000 端口以下。这些控制器是在 UCSC 系列服务器上运行的物理装置，以至少 3 个、最多 5 个为一组出售。买一台大型或中型 APIC 控制器也就意味着在购买一台具有较多或较少资源的服务器，用于处理 APIC 控制器从矩阵接收的信息。购买 3 个以上控制器的原因是为了冗余，或解决在某些配置下的性能问题。

2. 固定配置与模块化的主干
在早期设计中，网络工程师面临的第 2 个决策点是为主干选择固定配置还是模块化的机箱。

主干节点为主干—叶网络提供冗余、带宽以及可扩展性。然而，带宽与冗余的优势通常来自于向网络中添加新的设备，而不是增强现有的设备。换句话说，以横向扩展实现带宽与冗余，而不是靠纵向扩展已有设备。这与过去解决这些问题时的手段有所不同。以前，为实现设备间的冗余，可以向端口通道（Port Channel）中添加更多的成员端口、跨多个板卡以实现链路的多样化。这样做的原因在于，协议所支持的设备和/或活动路径的数量是有限的，只能通过硬件实现冗余，并寄希望于永不失效。有了 ACI，可实现的扩展远远超过从前的局限，还能够充分利用协议的进步所带来的便利。在设计网络时，某一部分很可能会出问题，一旦发生，这种失效将很平滑，对生产的影响即便有也是微乎其微的。ACI 的叶交换机与主干之间的链路是多活的。因为连接 ACI 叶交换机与主干的链路是 3 层的，从而能够智能地进行均衡负载或导引流量以获得更好的性能，抑或规避网络上的问题。通过向模块化的交换机上添加额外的板卡或者利用固定配置的交换机上的附加端口，均可以增加带宽。然而，这只会提供额外的带宽，而不会像增加一台全新的交换机那样，能够提供额外的更高级别硬件冗余。这种加板卡的方法也限制了矩阵的可扩展性。在达到矩阵中 ACI 叶交换机的可扩展性限制之前，可能就已经耗尽了主干上的所有端口。

在 ACI 矩阵中，我们追踪矩阵里的每一台主机。ACI 矩阵基于主机查找来转发流量，映射数据库存储每个 IP 地址所处的叶交换机信息。该信息存储在主干交换机的矩阵卡上。如上所述，主干交换机有两种形态：固定配置与模块化的机箱。不同形态在映射数据库中能够保存的端点数量也不一样，这取决于交换机的类型或所安装的矩阵卡数量。以下是各类硬件的可扩展性数字（截至本书英文版出版）。

- 固定形态的思科 Nexus 9336PQ：多达 200 000 个端点。

- 配备 6 个矩阵模块的模块化交换机能够处理以下数量的端点。

  - 4 槽位模块化交换机：多达 300 000 个端点。

  - 8 槽位模块化交换机：多达 600 000 个端点。

  - 16 槽位模块化交换机：多达 1 200 000 个端点。

> **提示** 可以混用不同类型的主干交换机，但整个 ACI 矩阵所支持端点的总数是其最小公分母。部署时要注意软件的测试上限会在 APIC GUI 的容量仪表板上显示。截至本书英文版出版，矩阵可以支持的最大端点数为 180 000。

截至本书英文版出版，可采用的固定形态主干交换机包括以下几种。

- 思科 Nexus 9336PQ 交换机。

- 思科 Nexus 9364C 交换机（需要配套软件 ACI 3.0 或更高）。

> **提示** 截至本书英文版出版，叶交换机的主机连通性由以下板卡提供。

- N9K-X9736PQ 板卡。

- N9K-X9732C-EX 板卡。

- N9K-X9736C-FX 板卡（需要配套软件 ACI 3.0 或更高）。

如需了解更多 Nexus 系列固定形态主干交换机之间的差别，可参考思科官网中的"Cisco Nexus 9300 ACI Fixed Spine Switches Data Sheet"。

这些主干交换机与线卡的差别如下。

- **端口速率**：Nexus 9364C 交换机以及 9732C-EX 与 9736C-FX 板卡，使得 40Gbit/s 和 100Gbit/s 的链路上行成为可能。

- **板卡模式**：较新板卡所采用的硬件，既支持 NX-OS 模式，又可支持 ACI 模式。

- **对分析的支持**：尽管这主要是叶节点的功能且不是主干所必需的，但将来主干交换机的某些特性也可能需要这种能力。Nexus 9732C-EX 与 9376C-FX 板卡均支持该硬件特性。

- **支持链路级加密**：Nexus 9364C 交换机及 N9K-X9736C-FX 板卡均支持 MACsec 加密。

- **支持 ACI Multi-Pod 与 Multi-Site**：上述所有主干交换机均支持 ACI Multi-Pod，但截至本书英文版出版，对应 Nexus 9364C 交换机的软件版本尚未发布；ACI Multi-Site（采用 ACI 3.0 或更高版本）需要配备 Nexus 9700-EX 或 9700-FX 主干板卡。更多相关信息，可参阅 ACI Multi-Pod 和 Multi-Site 的特定文档及发行说明。

3．集成规划和注意事项

一旦确定了主干—叶架构的硬件设计，接下来就要继续讨论在规划 ACI 实施的不同阶段需要考虑的若干功能。以下部分将介绍在 ACI 中读者可以选择启用的不同安全特性的意义。本节还会讨论矩阵的多租户支持对设计所产生的影响。在安全性的议题之后，将研究开启 ACI 之旅的简单方式，以及许多客户正在迈向的中间过渡及最终形态。

4．安全性考量

ACI 的设计和构建从一开始就在矩阵中内置了安全性。整个 ACI 矩阵是一个零信任架构。这意味着，默认情况下，连接到 ACI 的设备是不允许通信的，直到读者定义了策略并将其应用于工作负载或端口之后。如果流量不被策略所允许，那么它将可能在物理端口的出向或者入向以线速被丢弃（虚拟机流量在虚拟交换机上丢弃）。这与传统网络的设计相去甚远。在传统网络中，只要端口被启用，连接到该端口的设备就可以访问所配置的 2 层域（如 VLAN 1）内的任何位置，或 3 层路由通往的任何地方。ACI 矩阵有能力作为一个 4 层防火墙，这就允许读者更好地考量哪些流量安全由矩阵处理，哪些流量需要发送到功能更强的 4~7 层设备。任何端口都是一个 10Gbit/s 或 40Gbit/s 的防火墙，得益于主干—叶这样的矩阵，只需要两跳或更少就可以访问任何资源。随着后续章节关于策略定义的更多介绍，读者将能够指定其安全策略所期望的开放程度或粒度。另一个决策点是如何在数据中心矩阵内连接并利用 4~7 层设备。ACI 支持 3 种主要的集成模式。

■ **利用设备包来集成 4~7 层设备或服务策略模式**：这是由 4~7 层设备供应商利用 ACI 的开放 API 进行开发并维护的集成，以允许 APIC 控制器去水平编排与管理 4~7 层装置。通过 ACI 的策略模型以及重用已知其良好的策略，对应设备将被调用。该设备也会在策略或应用被删除时自动下线。

■ **服务管理器模式**：该集成与上一个集成类似，因为它也需要设备包。但在这种模式下，由防火墙或负载均衡器的管理员来定义 4~7 层策略，同时 ACI 配置矩阵以及 4~7 层设备的 VLAN，APIC 管理员则负责将 4~7 层策略与网络策略相关联。

■ **无设备包或网络策略模式**：4~7 层设备已连接到矩阵。基于策略向设备发送并接收流量，但不会编排设备的上线或下线。IT 或安全部门将继续用以往的方式来管理 4~7 层设备。与设备包相比，可用的功能较少，但与此前基于 VRF 以及 VLAN 拼接的做法相比，它提供了一个容易得多的方式来将流量推送到设备。这也帮助企业维系了部门之间的管理边界。

另一个 ACI 内置的重要安全特性是多租户概念。租户的构造与传统 NXOS 产品中的一个特性相类似——称为虚拟设备 Context（VDC），用于将单个交换机分成多个逻辑设备。ACI 不是用 VDC，而是借助其租户功能将此概念提升到了一个新的层面。与 VDC 虚拟分割单个设备相区别，ACI 是基于同一个物理网络或矩阵，再将其划分为多个逻辑的网络与管理域，如图 2-6 所示。在这种情况下，读者可以让两个网络在同一个矩阵上运行，并通过单独的策略来分别管理，就像夜航的船只一样。租户实现的方式有很多。租户可用于逻辑地隔离运行在同一个物理矩阵上的两家企业。它也可以用来隔离业务单元、安全区域、开发环境，甚至内部的生产网络与外部的 DMZ 网络。一个租户就是矩阵内一个独立的数据与管理平面。租户内的资源及策略的管理与可见性，可以通过基于角色的访问控制来约束并限定到个人用户或群组。读者可以构建一个 ACI 矩阵并带有一个或者多个租户，这完全取决于客户的业务需求。经由公共租户，ACI 也能够在租户之间分享已知且良好的策略与资源。放置在公共租户里的项目可以被任何租户调用。

正如读者所见，租户这一结构非常强大，后续章节会进行更深入的探讨。很清楚的一点是，以 ACI 为蓝本，网络工程师可以在数据中心构建更为完整的安全解决方案。

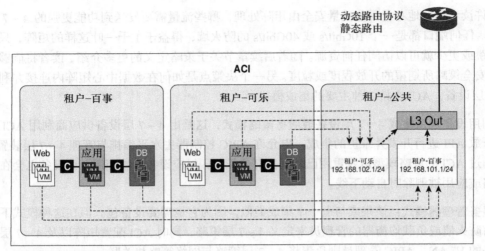

策略及可被其他租户调用的资源：

- 安全策略
- 网络策略
- 4~7层资源

图 2-6　公共租户

2.1.2　分阶段向 ACI 迁移

ACI 可以作为一个新建解决方案来实施，但更多的是把它集成进一个现有的存量网络。ACI 中存在大量的新功能，但大多数时候人们都是从基本模式入手，随着时间的推移再逐渐转向更复杂的部署。基本模式之一被称为以网络为中心的模式，它主要涉及通过逐个 VLAN 的迁移将当前网络迁移到 ACI。

本节将探索客户在实施以网络为中心的模式时，所对应不同层面的安全性。可以基于单租户或多租户来实施以网络为中心的模式。ACI 还具备从单租户开始、之后再扩展到更多租户的能力。本章将在后面探讨这样做的若干考量。

以下将讨论若干 ACI 的特性，让读者能够挑选哪些用户、资源及策略可以在租户之间共享。大多数企业希望能够最终实现以应用为中心的模式，或者基于微分段的零信任矩阵。基于这种配置，不是逐个 VLAN 应用安全性或者获取可视性，而是可以得到更精细与更安全的单个设备、应用或多级应用，以及查看它们所关联的健康指数。以应用为中心的模式，还可以逐级或者逐个设备地管理并自动植入 4~7 层服务，为读者提供更强的能力来应用这些服务。最后，术语"混合模式"被用于描述主要基于以网络为中心的模式，但会穿插利用若干以应用为中心模式的特性，比如 4~7 层服务控制。图 2-7 展示了这些模式及其投入生产的阶段。下文将详细地阐述这些模式及其考量。

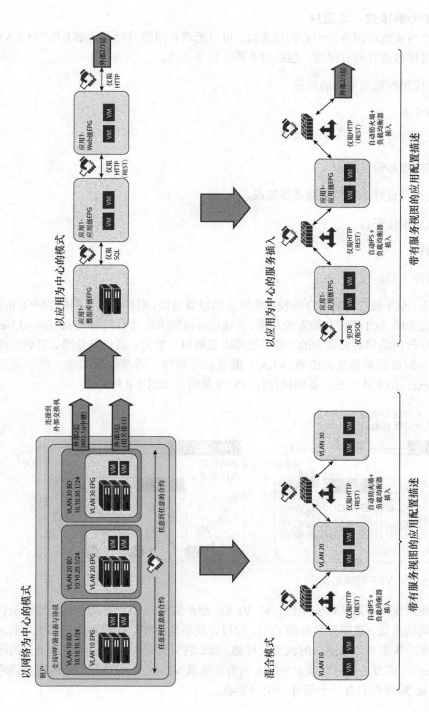

图2-7 ACI的实施模式

1. 以网络为中心的模式：单租户

在单个租户内实施以网络为中心的模式时，可以把现有网络原封不动地（逐个 VLAN）复制到 ACI。这样做的好处有很多，包括但不限于以下几点。

■ 更好的应用性能与更低的延迟。

■ 零接触开通。

■ 全矩阵固件管理。

■ 全矩阵配置备份与回滚。

■ 通过已知且良好的配置重用减少错误。

■ 集成至虚拟化平台。

■ 健康指数。

■ 高级排障工具。

默认情况下，ACI 通过策略与合约控制矩阵上的设备通信，而在部署以网络为中心的模式时，某些客户会关闭 ACI 所固有的安全功能，这就是所谓的策略放行网络（Unenforced Network）。一个策略放行网络只需要较少的工作，就可以获取以下能力：将设备分组，集成至现有的虚拟化平台，并得到对独立的组或 VLAN 健康的可视性。需要注意的是，对于设备所属的VRF/Context，ACI 并未在设备间执行任何安全策略，如图 2-8 所示。

• 策略执行：无合约不通信
• 策略放行：允许所有通信

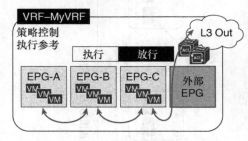 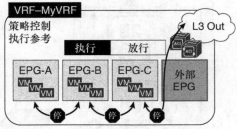

图 2-8　安全性：VRF 的策略执行

而一些企业则保留了默认的安全性，将 VLAN 组添加到 ACI，并简单地配置安全合约以允许设备之间的流量。这需要额外的工作，但可以使后期向零信任矩阵的迁移更加容易。这是因为如果客户决定在以后某个时间点这样做，那么将只需要对现有合约添加更多的限制性过滤器（filter）。该方法还可以减少中断，因为在组或 VLAN 之间进行单独的安全策略变更时（见图 2-9），矩阵将只有一小部分会受到影响。

- 左：任意到任意合约的策略执行
- 右：混合颗粒度的策略执行

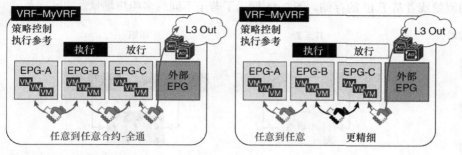

图 2-9 安全性：策略执行

当基于单租户设计矩阵时，在 ACI 矩阵与现有核心网络之间需要有 3 层和/或 2 层的出向连接。这些连接提供了将 2 层连通性引入矩阵或分享到矩阵之外的能力，抑或通过 3 层连接对出入矩阵的流量进行通告与路由的能力。这些由客户所创建的连接通常位于单个租户内部。对于每一种类型，客户还能够创建多个连接，并控制哪些连接可以被哪些 VLAN 或组调用。如果将来有机会创建别的租户，那么读者也可以考虑将 L2 Out 和/或 L3 Out 放置在公共租户中。这样可以避免以后再重新设计并重新配置。图 2-10 展示了上述配置。注意，广域网集成将在后续章节深入介绍。

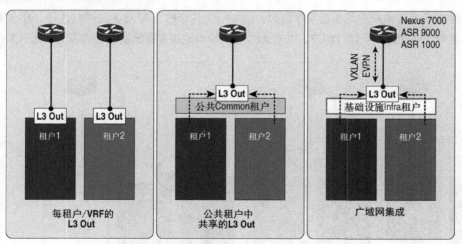

图 2-10 外部连通性/租户的设计考量

2. 以网络为中心的模式：多租户

当工程师听到多租户（Multitenancy）这个词时，他们通常会立即联想到在同一个网络上托管多家公司。这当然是一个有效的用例。与此同时，单个企业或业务内部的多租户用例甚或更加令人兴奋。比如，客户的生产环境与开发环境均可以拥有单独的网络，或者生产与 DMZ

的单独网络。客户的各个业务单元或不同的服务也可以拥有单独的网络，比如基于不同虚拟化厂商的流量或者基于 IP 的存储。图 2-11 展示了若干不同的多租户场景。

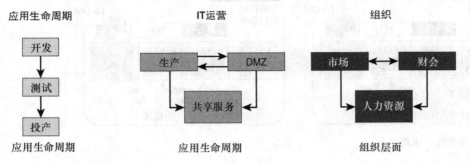

图 2-11 多租户的途径

当读者开始规划多租户的场景时，可以选择让租户之间完全隔离，或者允许它们互相通信并共享资源。如果租户之间的运营原本就没什么交集，那么设计的约束就很少。读者还有诸如复用 IP 寻址方案或者复制网络之类的机会。这也为战略收购或研究团队的测试提供了灵活性，但如果不借助某些网络地址转换设备，上述网络将永远无法在矩阵上通信。

提示 截至本书英文版出版，ACI 不原生支持网络地址转换（NAT）。

如果设计是在所有的租户之间整合共享资源，诸如一个共享的 3 层或 2 层网络连接，那么需要读者以不重叠子网的方式来设计租户，以便 ACI 可以恰当地决定将流量发送到哪里（见图 2-12）。

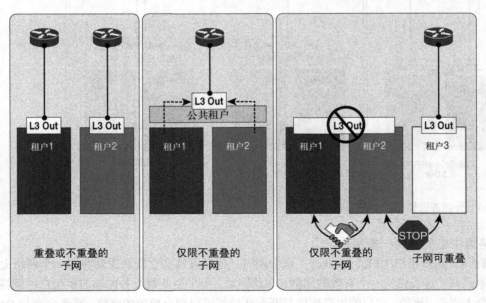

图 2-12 租户 IP 寻址的考量

通过剔除并选取哪些租户可以与其他租户中的设备进行通信，读者将能够按需优化租户之间的流量，如图 2-12 所示。

（1）租户独有资源

租户在 ACI 内部提供管理与数据处理功能的隔离。租户是归属于一个特定实体的配置集合，比如图 2-13 所示的开发环境，并将这些配置的管理与其他租户的管理相分离。

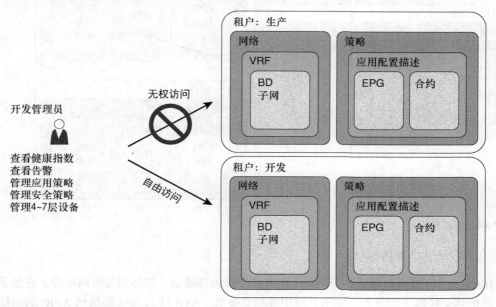

图 2-13　租户管理

租户还通过 VRF 实例（私有网络）与 BD 来实现数据平面的隔离。每个租户都可以拥有单独的资源，诸如进出矩阵的 3 层和 2 层连接，以及对 4 ~ 7 层服务的访问与控制。包括应用策略与组的健康状况，以及事件警报在内的健康指数，均是以每个租户为基础进行报告并跨整个矩阵相关联。利用基于角色的访问控制（RBAC）来约束对于租户的访问。仅有一个租户权限的用户不能看到另一个租户中的策略及资源，除非它们也被授予了额外的租户访问权限。这里的公共租户是一个例外，将在下文讨论。

（2）共享公共资源

ACI 的设计从一开始就考虑了安全性、多租户和效率。在定义 ACI 的策略时，这些都将显而易见。ACI 的策略基本建立在重用已知且良好的配置、策略以及资源的思想上。图 2-14 展示了两个租户，一个名为"市场"，另一个名为"财会"，都托管着 Web 服务器。IT 部门需要确保，两个业务部门都将遵守企业的安全与配置策略。这可以根据企业的良好实践，通过首先在公共租户中定义策略，然后在上述两个租户内复用该策略来完成。这样不仅对任意数量的租户实现了一次创建、多次应用，还可以消除配置漂移，以及基于已知且良好的配置复用来避免潜在的人为错误。

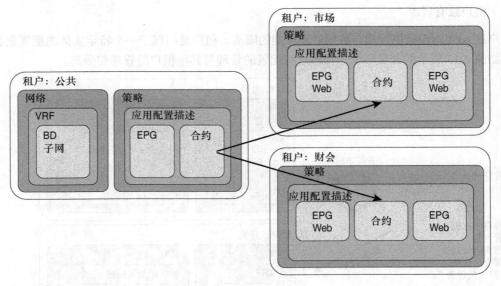

图 2-14   策略重用

ACI 包含以下 3 个默认租户。

■ **Infra 租户**：是基础设施租户，用于所有的矩阵内部通信，如隧道与策略部署。它包括交换机到交换机［叶节点、主干、应用虚拟交换机（AVS）］以及交换机到 APIC 的通信。基础设施租户不会暴露于用户空间（租户），它拥有自己专用的网络空间与 BD。矩阵功能如矩阵发现、映像管理以及 DHCP 全部在该租户内进行处理。

■ **MGMT 租户**：为矩阵节点的接入策略配置提供了便利。虽然矩阵节点可以通过 APIC 来访问并配置，但也可以通过带内与带外连接直接访问。

■ **Common 租户**：是为 ACI 矩阵中的其他租户提供"公共"服务的一个特殊租户。全局重用是该租户的一个核心原则。以下是若干公共服务的例子。

  ● 共享的 L3 Out。

  ● 共享的私有网络。

  ● 共享的 BD。

  ● 共享的应用服务，如 DNS、DHCP 以及活动目录。

  ● 共享的 4～7 层服务。

2.1.3 向以应用为中心的模式演进

相信读者现在已熟悉了以网络为中心的模式，本书接下来将深入挖掘安全分段与应用级可见性。正如前文所探讨的，客户通常从以网络为中心的模式开始，一旦对其网络的日常管理与维护感到满意，就可以转向更加细化的可视性及安全性。与以网络为中心的模式一样，在客户网络中实施分段有多种方法。比较简单的一种是根据应用对服务器分段，而不是它们当前所关联的 VLAN 或 IP 地址。因为创建零信任网络时比较困难的部分是理解应用之间的依赖关系，本节的阐述就从这里开始。仔细想想，创建一个零信任网络基本上等同于在每台服务器之间植入一个防火墙。如果从整个应用的分段开始，就可以更容易地实现额外的安全性与可视性价值，而不必了解每个服务器的所有依赖关系。

在下面的例子中，原本所有的服务器都放置在 VLAN 10 中。这个客户不区分服务器的类型或功能，因而所有的服务器都在 VLAN 10。客户 A 最近从以网络为中心的模式迁移到 ACI，这意味着其基于子网和默认网关为 VLAN 10 创建了一个 BD，以及一个称为"VLAN 10"的 EPG。准备就绪后，就可以在同一个 BD 内创建额外的组，但会依据这些服务器所属的应用来命名这些新组。然后，这些服务器将从那个名为 VLAN 10 的组移出，并将放入到名为"Exchange 服务器"的组中，同时无须变更任何 IP 寻址信息。所有的 Exchange 服务器被放置在同一个组中，默认情况下，它们可以彼此自由通信。这样，客户就不必了解其依赖性——每个 Exchange 服务器如何与其他 Exchange 服务器对话。然而，客户仍然可以控制其他服务器及终端用户与 Exchange 服务器这一群组的通话方式。客户还可以查看 Exchange 服务器相对于 VLAN 10 中现有服务器的健康状况。相关示例如图 2-15 所示。

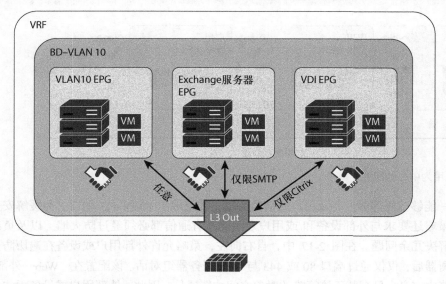

图 2-15　基本的应用分段

这种方法允许客户将若干或大量应用缓慢地迁移到一个更为安全的环境，与此同时，仍保持"VLAN 10"组中的其他设备不变。这也为迈入更细化的零信任环境或微分段铺平了道路，如同大多数客户所预见的。接下来将讨论上述问题。

1. 微分段

微分段（Microsegmentation）是当今数据中心领域的热门话题。许多企业在试图减少易受攻击的薄弱环节，并试图降低面临数据中心内外威胁的关键资产暴露的风险。尽管过去我们有能力创建非常安全的网络，但随着安全级别的提升，复杂性也随之增加；与此同时，应化能力与客户体验普遍恶化了。有了 ACI，所有这些都将成为过去。APIC 控制器有能力照看整个矩阵、关联配置，并能与设备集成，以帮助管理并维护企业所定义的安全策略。读者可以看到矩阵中的每一台物理或虚拟设备、保持策略的一致性并识别策略执行的时机。区别于传统基于信任的网络（默认情况下允许所有流量），ACI 矩阵自身扮演一个零信任的 4 层防火墙（默认情况下拒绝所有流量）。这意味着如果没有策略的定义与应用，设备就不能在网络上通话。由于设计者开始在网络中定义并获取各个应用的可见性，数据中心也从以网络为中心模式下的非常开放转向拥有更多的限制。当讨论最高级别的可视性与最为严格的安全功能时，它不仅可以识别单个应用，而且能够识别各个应用的功能角色或层级，以及这些角色或层级中的每一个所具有的独特安全需求。这些统称为应用配置描述（Application Profile）。图 2-16 定义了一个 vanilla 网页应用配置描述。该应用由 3 个功能层级组成：Web、应用和数据库。客户需要基于该应用中的各个层级或角色来保障其安全性。

> **提示** 合约是一个 ACI 策略，用于定义两组设备之间允许的通信。

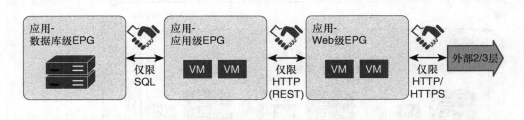

图 2-16 以应用为中心的配置

Web 级是唯一能够与外部的设备及用户通信的层级，并仅限于 80 和 443 端口。为缓解安全担忧，企业策略还要求与外部设备和/或用户之间的所有通信都必须经过防火墙，以及负载均衡器用于解决冗余问题。在图 2-17 中，自右向左，策略允许外部用户或设备在遍历防火墙与负载均衡器后，仅仅通过端口 80 或 443 与 Web 服务器组对话。该配置在"Web—外部"的合约或策略中定义。只有基于该策略的对象之间才能通信；因此，外部用户或设备无法与应用级及数据库级对话。下一步将定义 Web 级与应用级之间的策略或合约。在本合约中，只允许这两个组基于端口 80 到应用级的 REST 调用通信，同时仍要求将流量发送到入侵防御系统（IPS）以及负载均衡器。最后定义应用级与数据库级之间的策略或合约，用以放行在无服务植入情况下的端口 1433 或 SQL 通信。

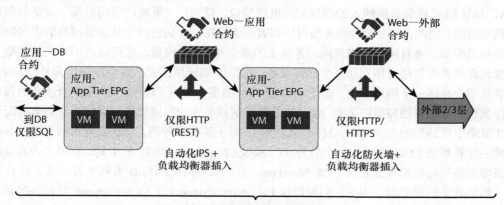

图 2-17　以应用为中心的服务植入

注意，Web 级将无法与数据库级直接对话，因为合约不允许。此外，由于在应用级与数据库级之间没有集成 4～7 层服务，因此矩阵本身将充当无状态的 4 层防火墙，以线速实施安全策略。从本例可以看出，应用在每个层级之间都非常安全，并在每个层级上都实现了安全控制与服务集成。在该策略制定后，就可以在整个矩阵范围内追踪这个应用的健康状况。如果应用遇到问题，特别是与数据库 EPG 相关时，那么此 EPG 及其顶层应用配置描述的健康指数就会立即下降。这将使读者能够在问题出现时快速确定并解决它们，如图 2-18 所示。

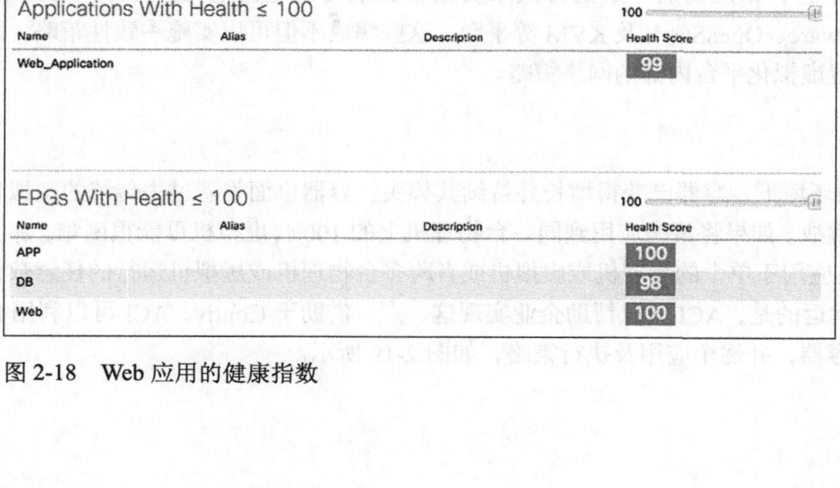

图 2-18　Web 应用的健康指数

2．裸机的工作负载

ACI 旨在简化客户网络，因此策略的一次性创建、可实施于任何虚拟或物理工作负载就非常重要。为创建或应用策略，首先需要将设备分组。ACI 可以为裸机或物理的工作负载分组，根据其 VLAN 标识符、VXLAN、NVGRE（基于通用路由封装的网络虚拟化）、IP 地址、MAC 地址和/或该设备所插入的物理交换机或端口。请牢记，策略的应用是基于设备如何连接到网络的。因此，单个物理服务器可以拥有多个策略，分别应用于其连通网络的不同物理或虚拟适配器。来自同一个物理网络连接上的多个 IP 地址流量，也可以应用不同的策略。这就允许读者将策略应用到同一个存储设备、多重 IP 地址所代表的多个逻辑单元号（LUN）；或者是整合在同一个物理 NIC、基于多重 IP 地址的多个应用（即网站）。根据所涉及的裸机工作负载类型，可能需要将某些 ACI 的策略复制到单独的物理设备。裸机工作负载需配置 ACI 策略中所预期的参数（VLAN、LACP 等）。对于某些服务器，这些配置可被自动化。思科统一计算系统（UCS）带有一个名为 ACI Better Together（B2G）的工具，它可以查看 ACI 的策略并将所需的配置复制到 UCS Manager。这一策略可应用到 B 系列（刀片式）与 C 系列（机架式）的服务器，因为它们可以被 Fabric Interconnect 及 UCS Manager 管理。这是开放性与可编程设备的一个主要优势，思科已为企业完成了整合。

提示　关于 B2G 工具的更多信息，请参考思科官网 communities 站点的 DOC-62569 文档。

3．虚拟化的工作负载

本章接下来将在高阶层面描述 ACI 如何与不同的服务器虚拟化以及 Linux 容器平台进行集成，因为这往往是设计并构建 ACI 矩阵时首先需要考虑的问题之一。第 4 章将提供有关这一方面更为全面和深入的细节。

虚拟化平台已经成为数据中心的一个重要组成部分。某些企业选定了单一虚拟化供应商，而其他企业则支持多种虚拟化平台，以实现最佳的特性、成本、应用需求，或者是避免供应商锁定。无论哪种方式，重要的是能够匹配企业今天所决定的或未来将集成的任何虚拟化战略。能够横跨这些平台，采用前后一致的方式来实施企业策略也至关重要。ACI 可以集成至 Microsoft、VMware、OpenStack 及 KVM 等平台。这些集成不但可以实施一致性策略，而且可以自动化配置虚拟化平台内部的网络策略。

4．容器

在诸多 IT 应用环境下，容器已获得增长并持续其势头。容器也面临着过去传统的虚拟化工作负载同样的挑战。如果将策略应用到同一台物理机上的 100 台虚拟机可能很困难，那么试想一下，将策略应用于单个的物理机或虚拟机或者跨多台物理机或虚拟机运行的任意数量容器又将怎样。幸运的是，ACI 可以帮助企业实现这一点。借助于 Contiv，ACI 可以利用 EPG 来识别单独的容器，并逐个应用及执行策略，如图 2-19 所示。

> **提示**　关于 Contiv 的更多信息，请阅读第 4 章或访问 GitHub 的 contiv 站点。

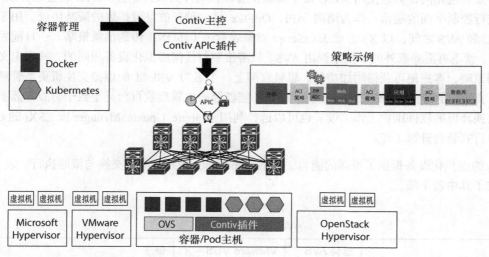

图 2-19　ACI+Contiv（ACI 模式）

2.2　与虚拟机管理器（VMM）的集成

本节将从高阶层面探讨前面所提到的虚拟化概念在 ACI 中是如何实施的。具体而言，将研究 ACI 与虚拟化技术集成选项，以便读者在设计及部署新的 ACI 网络时，可以根据自身的环境作出明智决策。

值得注意的是，如果读者没有将 ACI 集成到虚拟化平台，或集成的最低要求不能满足，那么 ACI 仍然可以支持上述虚拟化的平台网络。如果没有进行集成，那么读者会继续像当前一样与这些服务器交互，将 VLAN 分别中继到下行宿主机。对无集成虚拟化服务器的处理方式，将类似于矩阵上的裸机工作负载。

2.2.1　AVS

思科应用虚拟交换机（AVS）是一个驻留在 Hypervisor 的分布式虚拟交换机，专为 ACI 设计并由 APIC 管理。购买 ACI 时即包含 AVS 软件，使用该功能不需要额外的许可证或支持成本。

思科的 AVS 与 ACI 集成在一起。它基于非常成功的 Nexus 1000V 交换机，该交换机是业界领先的首款多 Hypervisor 虚拟交换机。Nexus 1000V 的管理类似于模块化交换机，基于专用

的虚拟管理模块（VSM）。AVS 与 Nexus 1000V 的虚拟以太网模块（VEM）所采用的 vSphere
软件安装包相同，但它使用 APIC 而不是虚拟管理模块作为其控制器。AVS 通过 OpFlex 协
议进行控制平面的通信。作为南向 API，OpFlex 是一种开放且可扩展的策略协议，用于在
APIC 和 AVS 之间，以 XML 或 JavaScript 对象表示法（JSON）传送抽象策略。一旦配置好
AVS，就不再需要额外的步骤来调用 AVS。只需按照与任何虚拟化设备相同的方式来定义并
应用策略，客户便可获得附加功能。思科官网上一个名为 VSUM 的虚拟交换机更新管理免
费工具可以管理 AVS 的安装与升级。VSUM 能够轻松地管理数百台甚至数千台服务器上虚
拟交换环境的软件维护工作。读者也可以选择利用 vSphere Update Manager 或 ESXi 的 CLI
来执行安装与升级工作。

AVS 为虚拟化设备提供了增强的能力，包括 Hypervisor 级别的本地交换与策略执行。表 2-2
总结了其中若干项。

表 2-2   AVS 的增强能力

特性	思科 AVS	VMware VDS	备注
基于属性的 EPG（微分段）	支持	EX 及更新硬件支持	利用 VM 或网络属性细化 EPG 的定义
TCP 连接跟踪（DFW）	支持	不支持	帮助阻止基于 TCP 的攻击
FTP 流量处理（DFW）	支持	不支持	帮助阻止基于 FTP 的攻击
基于熟悉的工具集中化故障排队	支持	不支持	可以从 APIC 进行更好的排障
无本地交换的 VXLAN 封装模式	支持	不支持	为更好地遥测，矩阵具备对所有 VM 流量的可见性
带本地交换的 VXLAN 封装模式	支持	不支持	为刀片服务器、IPv6 租户以及超大规模环境简化配置
主机与叶节点之间有多个 2 层跃点	支持	不支持	通过将 ACI 扩展到现有的虚拟与物理网络来实现投资保护
独立于 CDP/LLDP 的支持	支持	不支持	用于刀片交换机不支持 CDP/LLDP 时
VM 流量统计的遥测报告	支持	不支持	OpFlex 用于遥测报告

在 ACI 早期的软件与硬件版本中，借助于 AVS 才能对 VMware 虚拟化工作负载实施基于属
性的微分段。虽然 AVS 还提供了许多附加优势，但 ACI 现在有能力跳过 AVS，实施 VMware
工作负载的微分段。以下是有关 AVS 的若干特性及其依赖关系。

■ APIC 已安装。

■ 所有交换机都已注册。

- 对于 VXLAN 封装，需要在 ACI 矩阵与 AVS 之间的路径的所有的中间设备（包括刀片交换机）上，将最大传输单元（MTU）设置为大于或等于 1 600。为优化性能，MTU 应设置为 ACI 矩阵与 AVS 之间路径上全部中间设备所支持的最大尺寸。

- 在通过 AVS 将其他 VMware 的 ESXi 主机添加到 VMM 域时，需要确保 ESXi 的版本，与已部署在 vCenter 中的 VDS 版本兼容。

在设计与规划的过程中，应重新回顾任何有关微分段、性能及可靠性的需求。并根据这些需求，评估所对应的 ACI 最低版本以及是否需要 AVS。如果一个企业拥有 EX 硬件，它可能就不需要利用 AVS 来微分段。然而，如果一个企业想在 Hypervisor 或 4 层状态防火墙中进行本地交换，就需要部属 AVS。

2.2.2　VMware

APIC 与 VMware vCenter 实例集成，可以将 ACI 的策略框架透明地整合到 vSphere 的工作负载中。APIC 所创建的 VDS 被映射至 ACI 环境，同时将上行链路［物理网络接口卡（pNIC）］添加到 VDS。APIC 管理 VDS 上所有应用的基础架构组件与构造。网络管理员在 APIC 上所创建的应用配置描述，包含一个或多个 EPG（EPG）；然后，APIC 将它们作为 VDS 上的端口组（Port group）推送到 vCenter。接下来，服务器管理员就可以将虚拟 NIC（vNIC）分配给某个特定的端口组，以提供虚拟机的连通性。如果进行微分段，那么系统还可以基于诸多属性对设备自动分组。

在这里客户有两种选择：VMware vSphere 分布式交换机（VDS）与思科应用虚拟交换机（AVS）。尽管 ACI 可以与原生的 VMware VDS 配合，但 AVS 还提供了附加优势：包括更灵活地附着到矩阵、更高链路冗余度以及增强的安全能力——所有这一切不会给客户带来任何额外成本。

这种集成也为虚拟化基础架构的日常管理提供了重大运营优势。以前，日常工作经常要配置从交换机到服务器的 VLAN Trunk，现已不再需要，而改由策略处理。在 ACI 中，读者可以分配一个动态的 VLAN 池，ACI 将利用它来自动创建这些配置并完成工作。如果是 AVS，那么还可以选择将 VXLAN 网络向下扩展至宿主机，从而进一步简化配置，并减少第三方设备（如刀片服务器及其交换机）上的 VLAN 蔓延。

基于全面的物理与虚拟策略执行能力，意味着 ACI 能够真正为客户提供一个管理其虚拟环境流量的整体性方法。ACI 不但关注虚拟机如何与网络上的设备（虚拟或物理）通信，而且包括虚拟机所驻留物理主机的安全、性能及冗余。比如，在集成 vCenter 时，系统可被配置为逐个集群地应用安全与性能保证。利用该模型，企业可以分别定义并实施如下流量的服务级别协议（SLA）：管理、vMotion 以及 NFS 或存储；同时还能以集群为单位，维护其可见性与性能指标。然后，客户可以根据任意数量的虚拟机属性来应用其微分段策略，如图 2-20 所示。

ACI 还具备北向集成至客户现有编排平台（如 VMware vRealize）的能力。ACI 可以随时利用该集成，将预定义蓝本内置到 vRealize 编排器的工作流之中并与 ACI 交互，从而自动化编排网络策略。

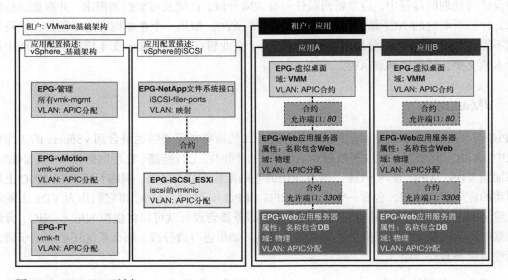

图 2-20　VMware 示例

在设计 ACI 与 VMware 环境进行交互的架构时，以下是需要规划的若干项目摘要。

■ 想与 VMware 环境集成吗？是否有正确的 VMware 许可证以支持分布式虚拟交换？

■ 通过带外管理（推荐）还是带内（跨矩阵）管理与 vCenter 交互？APIC 将需要该交互权限。

■ 采用 AVS 还是默认的 VDS 集成？如果是 AVS，那么如何管理 AVS 的安装与升级？是 VLAN 模式还是 VXLAN（仅限 AVS）模式？在 VLAN 模式下，需要有一个未被使用的 VLAN 池（建议包含大约 200 个 VLAN）。在 VXLAN 模式下，读者则需要考虑服务器上的 MTU，以及服务器/任何中间交换机对 VXLAN 的硬件支持。

2.2.3　Microsoft

应用策略基础设施控制器 APIC 与 Microsoft 的 VM 管理系统集成，增强了平台的网络管理功能。ACI 的集成模式有两种，可以根据读者的部署需求选择其中之一。

- ACI 与 Microsoft System Center Virtual Machine Manager（SCVMM）的集成。
- ACI 与 Microsoft Windows Azure Pack 的集成。

与 ACI 集成后，SCVMM 将启用 ACI 与 SCVMM 之间的通信以进行网络管理。EPG（EPG）在 APIC 中创建后即作为被 SCVMM 所创建的 VM 网络。计算节点在 SCVMM 中上线，并且可以消费这些网络。

与 vCenter 的集成情况类似，ACI 与 SCVMM 协同工作可以解除虚拟网络日常的开通作业。利用动态的 VLAN 与 OpFlex 协议组合，一旦被启用的策略进入虚拟化 Microsoft 环境，逻辑交换机就会自动创建 VM 网络。ACI 提供对虚拟与物理环境的全面控制，可以同时为物理机和虚拟机定义策略。ACI 还能够为支撑控制流量，以及虚拟工作负载的数据流量定义策略。

ACI 与 Microsoft Windows Azure Pack 集成可以为租户提供自助式服务体验。Windows Azure Pack 中的 ACI 资源提供者能驱动 APIC 进行网络管理。网络在 SCVMM 中被创建，并在 Windows Azure Pack 中为相应的租户提供。ACI 的 4~7 层功能，包括 F5、Citrix 负载均衡器及无状态防火墙，也一并向租户提供。

面向 Windows Server 的 Windows Azure Pack 是 Microsoft Azure 技术的一个集合，供 Microsoft 客户免费安装至其数据中心。它运行在 Windows Server 2012 R2 及 System Center 2012 R2 之上，并通过 Windows Azure 技术的应用，使客户能够提供与公共的 Windows Azure 体验相一致的、内容丰富的自助式多租户云。

Windows Azure Pack 包含如下能力。

- **租户管理门户**：用于配置、监控并管理网络、BD、VM、防火墙、负载均衡器及共享服务的一个定制化自助服务门户。

- **管理员管理门户**：管理员可以配置并管理资源云、用户账户、租户优惠、配额、定价、网站云、虚拟机云及服务总线云的一个门户。

- **服务管理 API**：一个帮助客户实现一系列集成场景的 REST API，包括自定义门户与计费系统。

2.2.4 OpenStack

ACI 被设计为可通过 API 接口进行程式化管理，并能够直接集成到包括 OpenStack 在内的诸多编排、自动化以及管理工具之中。在将 ACI 与 OpenStack 集成后，由 OpenStack 的需求驱动可以动态创建网络构件，与此同时，从 ACI APIC 向下到单个的 VM 实例均能提供额外的可见性。

OpenStack 为创建云计算环境定义了一个灵活的软件架构。OpenStack 的参考软件实现允许多种 2 层传输，包括 VLAN、GRE 及 VXLAN。OpenStack 的 Neutron 项目可提供基于软件的 3 层转发。当 OpenStack 与 ACI 协同工作时，ACI 矩阵提供一个基于 VXLAN 叠加能力、集成的 2 层与 3 层网络，并可将网络封装的处理从 OpenStack 计算节点卸载到架顶式 ACI 叶交换机上。该架构既提供了软件叠加网络的灵活性，又兼具基于硬件网络的性能与运营优势。

2.3 4~7 层服务

正如本书一直在讨论的，多年来，网络工程师必须使出浑身解数，才能将 4~7 层设备集成到网络。工程师利用诸如 ACL、VLAN ACL、基于策略的路由以及 VRF 等功能，来让流量按照客户需要进行转发。尽管很多时候结果是成功的，但效率极其低下。当只想检查或阻止其中某几个服务器时，整个 VLAN 的所有流量都必须被发送到防火墙。当涉及虚拟化时，一切将变得更加复杂——数据可能在同一台物理主机上的两个虚拟服务器之间流动，但仍要符合安全策略。ACI 就不一样了。ACI 能根据具体情况将安全性应用到整个矩阵中的任何流。合适的话，矩阵可以用于 4 层检测，或者在必要时，选择性地将流量发送到某个更高阶的 4~7 层设备——可以是任何供应商虚拟化平台上的物理或虚拟设备。ACI 的任何端口也都可以作为一台高速防火墙、负载均衡器或 IDS/IPS 设备。ACI 的另一大优势是简化客户运营，在纳管模式下，能够与生态系统合作伙伴的设备进行水平集成。这种集成允许 ACI 自动协商并配置设备的连接、在设备上编写策略、向设备发送流量以及监控策略在 ACI 内部的有效性。当移走或删除策略时，配置将被移除，且资源将自动为客户停用。该集成可能需要改变企业内部的运维流程，因而并不适用于每一个客户，抑或企业所拥有的设备，并不是 ACI 所支持的 60 种水平集成之一。在这种情况下，选择非纳管模式，客户可以继续用此前的方式来管理设备，而 ACI 只负责将流量发送到那里，这样就简单多了。下文将详细地探讨其中的每一种模式。

> **提示** 生态系统合作伙伴是指与思科及 ACI 的开放架构合作，共同开发解决方案的合作伙伴，致力于帮助客户将其现有的 IT 资产部属、定制并扩展到 ACI。这些生态系统合作伙伴包括 Check Point、Palo Alto、Citrix 及 F5 等，此处仅列举其一二。

2.3.1 纳管模式（Managed Mode）

4~7 层设备的纳管模式是 ACI 改变游戏规则的地方，以解决数据中心环境下的服务集成与运维难题。通过 APIC 与这些 4~7 层设备的集成，企业可以按需创建"已知且良好"的策略，并重用该策略来消除人为错误以及配置漂移。基于预定义的模板与资源（诸如自适应安全设备 ASA、Palo Alto 以及 Check Point 防火墙），对环境变更可以快速实现。这就允许客户一次性安装防火墙，再将其多次部署到不同的逻辑拓扑。任何设备都能够通过两跳或更少的跳数之内到达其他设备，基于该事实，这些虚拟或物理设备就可以在矩阵的任意位置上被无损地调用。纳管设备集成的优势如下。

- 多次重复使用某个配置模板。

- 更合乎逻辑/与应用相关的服务视角。

- 可跨多个部门共享的设备上线。

- 由 ACI 管理 VLAN 分配。

- 由 ACI 从设备收集健康指数。

- 由 ACI 从设备收集统计数据。

- 基于端点发现，ACI 可以自动更新 ACL 与资源池。

目前，超过 65 个不同的生态系统合作伙伴与 ACI 完成了整合。在以纳管模式调用其设备之前，该生态系统合作伙伴必须开发一个设备包。设备包是一个包含如下两项的 .zip 文件。

- 一个定义设备功能的 XML 文件。

- 告知 APIC 如何与设备交互的 Python 脚本。

这些设备包由各供应商分别更新与维护。由于各供应商完全控制了设备包的开发，因此这些软件包的开发方式将允许它们利用供应商设备里面的特性，以使其独一无二。

在读者设计矩阵时，必须确定 IT 运营或组织模式是否支持纳管设备的集成。比如，或许安全部门希望继续利用现有工具，而不是由 ACI 来编排他们所负责的防火墙。通常情况下，对于数据中心内部的东西向流量，可以采用纳管设备来植入 4~7 层服务；而边缘防火墙等设备仍处于非纳管状态。另一项需要考虑的是 APIC 对其纳管设备上策略配置的监控。APIC 将连接到该设备，并确保一旦策略生效那么正确的配置也会就位。如果该 4~7 层设备具备虚拟化特性，那么建议它为 ACI 提供自己可被纳管的设备切片或 Context。这也为管控提供了一个清晰的界限，以降低 APIC 覆盖掉管理员登录设备所做配置变更的可能性。在这种情景下，许多企业采用虚拟设备而不是较大的物理设备，以避免对资源的争用。工程师可能需要考虑图 2-21 所示的决策流程，以决定哪些设备将用于纳管模式或非纳管模式。

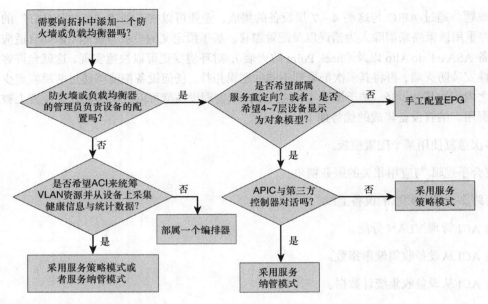

图 2-21 服务植入的决策树

2.3.2 非纳管模式（Unmanaged Mode）

ACI 支持与超过 60 个生态系统合作伙伴的深度集成。其中一些集成通过设备包，另外一些则是与合作伙伴的控制平面集成如 Infoblox，或者像 Firepower 以及身份服务引擎（ISE）等解决方案。无论部署哪种服务，ACI 都能够与客户环境中的任何设备进行集成。有些客户则要求 ACI 只负责服务设备的网络自动化。这些客户有现成的编排器或者工具来配置 4 ~ 7 层的服务提供设备，或该 4 ~ 7 层设备没有对应的设备包。在这种情况下，可以选择非纳管模式或仅网络交换模式。非纳管模式的优势如下。

- 仅网络交换的特性增加了客户对服务提供设备实现网络自动化的灵活性。4 ~ 7 层设备的配置仍由客户完成，就可以保留当前的 4 ~ 7 层设备配置与管理工具。

- 不再需要设备包。

客户可以将非纳管模式作为迈向 ACI 的第 1 步。如前所述，无须改变客户组织的流程、工具或人员职责，即可享受便捷并获得去往设备的优化业务流。如果稍后客户想要发挥设备包或其他集成方式的全部威力，那么可以再随时启用这些功能。

2.4 其他 Multi-Site 配置

本章已经研究了在单个数据中心内部设计 ACI 矩阵时所需考虑的诸多决策点。多数客户必须提供一个持续可用的数据中心环境——他们希望即便整个数据中心都失效了，应用还能够始终在线。

企业通常还需要将工作负载放置于任何计算能力所处的数据中心，并且通常也会跨多个数据中心位置分置同一集群的成员，以在某个数据中心发生故障时提供持续可用性。为实现这一持续可用且高度灵活的数据中心环境，企业与服务提供商开始寻求一种双活的体系结构。

在规划一个双活架构时，需要同时考虑双活数据中心与双活应用。没有双活的数据中心，就不会有双活的应用。同时拥有这两者，企业就有能力提供一个持续可用的环境来支撑新的服务水平。一个持续可用、双活、弹性的环境可为业务提供如下多重优势。

- 延长运行时间：单个位置的故障，不会影响应用在另一个位置上继续执行的能力。

- 避灾：摆脱灾难恢复的压力，从源头防止停机对业务的影响。

- 更易维护：关闭站点（或站点的部分计算基础设施）进行维护会更容易，因为虚拟的或基于容器的工作负载可以迁移到其他站点；同时在迁移期以及该站点停止运行期间，业务能够继续提供无中断的服务。

- 灵活的工作负载放置：站点上的所有计算资源都被视为资源池，允许自动化、编排及云管理平台将工作负载置于任何地方，从而更充分地利用资源。通过在编排平台上设置关联性规则，以便工作负载可以共站或强制异站。

- 极低的恢复时间目标（RTO）：零或接近零的 RTO，可以减少或消除所发生的任何故障对业务的致命影响。

在两个（或更多）数据中心部署 ACI 时，读者可以在 4 种主要的部署模型之中进行选择，以实现数据中心互连（见图 2-22）。

- 在两地之间延伸一个 ACI 矩阵。

- 采用 Multi-Pod 架构。

- 部署独立的 ACI 矩阵，每站点一个并将其互连。

- 采用 Multi-Site 架构。

ACI 已经将 Stretched Fabric 与独立矩阵的设计演化为被称作 Multi-Pod 与 Multi-Site 的新架构。本书将在后续章节深入介绍这些设计。作为所列举设计的演进，以下的设计考量对它们也适用。

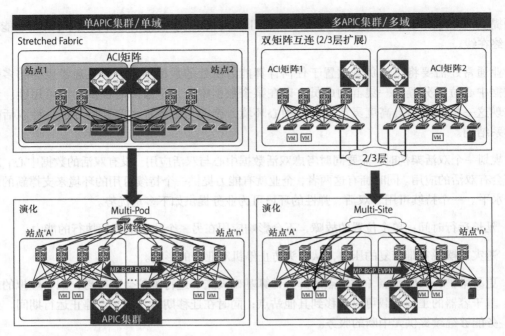

图 2-22 互连 ACI 矩阵：设计选项

2.4.1 ACI Stretched Fabric

ACI Stretched Fabric 是一种部分网状设计，用于连接分布在不同位置的 ACI 叶节点与主干交换机（见图 2-22 左上角）。Stretched Fabric 在功能上仍是单一 ACI 矩阵。基于 IS-IS 协议、端点—位置映射信息维护的协议（COOP）和 MP-BGP，互连站点成为一个管理域以及带有共享控制平面的一个可用区。作为一个实体，管理员最多可以管理 3 个站点；在任何 APIC 节点上所做的配置变更，都将被跨站点应用于设备。

Stretched Fabric 被单一 APIC 集群管理，由 3 个 APIC 控制器组成，其中两个部署在一站点，第 3 个部署在另一站点。基于跨所有站点的单一 APIC 集群、在两个站点主干交换机上保持同步的共享端点数据库，以及分享的控制平面（IS-IS、COOP 和 MP-BGP）共同定义并表征了这一 ACI 的 Stretched Fabric 部署。

2.4.2 ACI Multi-Pod

Multi-Pod 支持构建一个更容错的矩阵，它由具有隔离控制平面协议的多个 Pod 所组成。此外，借助于叶交换机与主干交换机之间的全连接，Multi-Pod 提供了更大的灵活性。举例而言，如果叶交换机分布在不同的楼层或不同的楼宇，那么 Multi-Pod 就是为每一个楼层或楼宇设置 Pod，并通过主干交换机提供各个 Pod 之间的连通性。

在不同 Pod 的 ACI 主干交换机之间，Multi-Pod 利用 MP-BGP EVPN 作为控制平面的通信协议。Pod 之间的通信，经由一个称为"Pod 间网络"进行传输。

Multi-Pod 可以跨整个矩阵提供完整的 ACI 功能。该设置会为整个 Multi-Pod 矩阵构建同一 APIC 集群下的单一可用区域，并提供一个中心管理点。支持 Pod 内或者跨 Pod 的虚拟机热迁移。可扩展性限制与单个矩阵的情况类似，全面支持跨 Pod 的 4~7 层服务。

2.4.3　ACI Multi-Site

Multi-Site 设计是将多个 APIC 集群域与其所关联 Pod 互相连接的架构。Multi-Site 设计也可以称作"多矩阵"设计，因为它将单独的可用区（矩阵）互连起来——其中每一个都可以部署为单 Pod 或者 Multi-Pod（Multi-Pod 矩阵设计时）。租户、应用、VRF、BD、子网、EPG（包含微分段）及策略可以跨这些可用区域扩展。支持站点内与站点间的 VM 热迁移（vSphere 6 及以上），并支持跨站点的 IP 移动性。Multi-Site 可以选择性地将配置变更推送到指定站点，从而在保留租户隔离的同时执行灰度/验证。该设置支持站点本地的 4~7 层拼接。Multi-Site 支持全站的双活或主备部署，甚至可以跨大洲定义并执行端到端的策略。

ACI 的 Multi-Pod 与 Multi-Site 架构可以组合使用，以满足两种不同的需求。客户可以创建一群灵活的 ACI"孤岛"——基于传统的双活模型，这些"孤岛"可被视为单一的单逻辑实体（矩阵）与功能来运营。此后，客户还能可靠地互连并扩展这些矩阵。

2.4.4　ACI 双矩阵设计

在 ACI 双矩阵设计中，每个站点都拥有各自的 ACI 矩阵并彼此独立，同时具备单独的控制平面、数据平面与管理平面（见图 2-22 右上角）。这些站点由两个（或更多）管理域，以及两个（或更多）具有独立控制平面（基于 IS-IS、COOP 和 MP-BGP）的可用区所组成。因此，管理员需要分别管理这些站点，并且在一个站点上对 APIC 所做的配置变更，不会被自动传播到其他站点上的 APIC。客户可以部署一个外部的工具或编排系统，以同步站点之间的策略。

双矩阵设计中的每个站点都有一个 APIC 集群，每集群包含 3 个（或更多）APIC 控制器。一个站点的 APIC 与其他站点的 APIC 之间没有直接的关系或通信。ACI 双矩阵设计的特点：每个站点所部署的 APIC 集群是相互独立的，均具有独立的端点数据库以及独立的控制平面（基于 IS-IS、COOP 与 MP-BGP）。

2.4.5　分布式网关（Pervasive Gateway）

然而，双矩阵设计会带来一个问题：如果归属于同一 IP 子网的端点可以跨单独的 ACI 矩阵部署，那么当流量需要路由到归属于其他 IP 子网的终端时，默认网关应该放在哪里？

ACI 采用了一个任播网关（Anycast Gateway）的概念，也就是说，每一个 ACI 叶节点都可以作为本地所连接设备的默认网关。在双矩阵设计部署时，读者需要在整个系统（分布式网关）上启用任播网关的功能，与该矩阵是否具有端点连接无关。

这一做法的目标是，确保给定端点始终可以在其所连接的 ACI 叶节点上享受本地的默认网关功能。为支持该模式，每个 ACI 矩阵都必须提供相同的默认网关、具有相同的 IP 地址（图 2-23 中的公共虚拟 IP 地址 100.1.1.1）以及相同的 MAC 地址（通用虚拟 MAC 地址）。如果要在不同 ACI 矩阵之间支持端点的实时移动性，后者将不可或缺，因为移动中的虚拟机在其本地缓存保留了默认网关的 MAC 与 IP 地址信息。

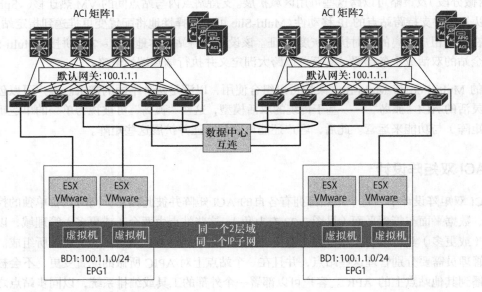

图 2-23　ACI 的分布式网关

> **提示**　想要在 Multi-Site 上实现激活默认网关的功能，需要 ACI 软件版本 1.2（1i）或更高。

2.4.6　虚拟机管理器的考量

为在物理基础设施与虚拟端点之间提供紧密协同，ACI 可以与 Hypervisor 的管理服务器（截至本书英文版出版，包括 VMware vCenter、Microsoft SCVMM、KVM 及 OpenStack）进行集成。这些 Hypervisor 管理者通常称为虚拟机管理器或 VMM。通过在 VMM 与 APIC 控制器之间建立关系，读者可以创建一个或多个 VMM 域。

在单矩阵或 Multi-Pod 设计中，VMM 的集成不是问题。在单矩阵情况下，由于多个站点归属于同一矩阵，因此可采用单一 APIC 集群。基于策略，各个 VMM 的集成都可以被这一 Stretched Fabric 所属的任何数据中心同等地调用，这是因为 Stretched Fabric 提供了单一的控制平面与数据平面。因此，在多个数据中心共用同一个 VMM 环境是可行的。如果读者选择创建多个 vCenter 集群，那么跨 vCenter 迁移等技术也可以使用——该技术在 VMware vSphere 6.0 版本中开始支持。

双矩阵或 Multi-Site 的解决方案均是部署单独的 APIC 集群来管理不同的 ACI 矩阵，因此，不同站点必须创建不同的 VMM 域。取决于特定的部署实例，读者可能想要允许跨数据中心的端点移动性，这就要求跨 VMM 域转移工作负载。截至本书英文版出版，唯一可行的解决办法是将 APIC 与 VMware vSphere 6.0 相集成，因为对于不同 vCenter 服务器所管理的 VMware ESXi 主机，该版本引入在这些宿主机之间进行热迁移的支持。

ACI 11.2 版本引入了与 vCenter 6.0 的集成，因此为支持跨双矩阵部署的热迁移，它是所需的最低推荐版本。另外需要注意的是，只有在部署 VMware vSphereVDS 时，ACI 11.2 版本才能支持实时移动性。

2.5 小结

功能多样的 ACI 为数据中心提供了一个可扩展、适应性强的基础。一旦企业决定使用某些特性，向 ACI 迁移的工作可逐步进行。无论是单数据中心还是多数据中心，ACI 均有能力随企业数据中心业务需求的增长而不断变强。本章介绍了以下主题。

- 主干—叶网络是专门为当下的应用而建造的。ACI 叶交换机提供容量、特性和连接。主干交换机提供冗余和带宽。

- 叶交换机能执行多种功能，比如存储、服务、中转和边界功能。叶交换机通常根据其功能分组。

- 许可证基于控制器以及 ACI 叶交换机和叶节点扩展交换机（FEX）的数量。控制器的大小根据矩阵中 ACI 叶交换机及其端口的数量来确定。

- 从研发时开始，ACI 的建造时刻考虑安全性。ACI 使用诸如 RBAC、租户、零信任矩阵和服务集成等特性以执行安全性。

- 许多企业分阶段部署 ACI 矩阵。以网络为中心的模式开始，然后是混合模式，最后是以应用为中心的模式。

- 公共租户中的策略和资源可以创建一次，并在多个租户中重复使用多次。

- ACI 可以提供应用级别的可见性并以健康指数予以监控。

- 为应用创建的策略可应用于物理、虚拟和容器资源。

- 4 ~ 7 层服务可通过设备包或纯网络模式集成到 ACI 并被 ACI 管理。

- ACI 是一种灵活的架构，它可以适应任何单个或多个数据中心的需求。

- ACI 还支持双活和主备的数据中心环境，同时支持云操作模式。

凭借 Nexus 9000 上的 ACI，思科提供了一个基于标准的主干—叶技术的高可用实施，并在此基础上推出满足当今数据中心特定需求的更多创新。

第 3 章

矩阵上线

第 1 次设置一个网络可能会令人望而生畏。尽管 ACI 简化了网络的部署，但这与工程师以往的组网经验仍不尽相同。本章将带领读者了解首次设置 ACI 时所需要的信息以及会遇到的情况，包含以下主题的讨论。

- 逻辑与物理矩阵的考量。
- 与 GUI 的交互。
- 矩阵构建。
- 高级模式。
- 固件管理。
- 配置管理。

3.1 开箱并初始化

客户首先要开箱并正确设置，然后才能享用所设计的新网络上的便利。本章将探索设置并开启常见服务时的若干基本要求，并研究读者管理 ACI 时需要考虑的决策点。与管理传统思科交换机类似，设置脚本有助于快速完成任务。在正确配置控制器之后，本章将阐述与 GUI 交互的不同模式，并考察其中的差异。传统网络管理中极为重要却又乏味的两项任务是固件的管理与配置的备份，而 APIC 控制器有更好的处理方式。本章将研究如何启用这些特性，以缩短维护窗口并使网络总有备份。

3.1.1 建议开启的服务

ACI 既可以作为一个自治的数据中心矩阵运行，又可以集成至数据中心的现有服务。ACI 可以接收此类服务的信息，并利用基于角色的访问控制（RBAC）来实施网络安全策略。ACI 还采用 NTP 等服务，为网络上可能发生的事件提供准确的时间戳，和/或对跨矩阵的多重设备事件进行关联。针对许多客户既有的网管工具类投资，他们希望 ACI 能够从中提取信息或向其发送信息。本节将考察若干推荐服务，可以与 ACI 搭配使用。

企业在考虑 ACI 与这些服务的集成时，需要决定其管理网络是基于带内还是带外。带内网络是现有 ACI 矩阵所创建的管理网络，用以承载管理流量；而带外网络则依赖于一个完全独立的网络。本章会详细介绍这两种类型的管理网络，但一个完整的带外网络通常是最佳实践。带外（OOB）网络的好处是当矩阵遭遇生产问题且不可用时，管理者还能访问设备。所有的 ACI 设备（控制器与交换机）都需要将其 management 0 端口连接到带外网络，带外管理才能实现。应用策略基础设施控制器（APIC）带有 CIMC，在管理网络上连线、配置并设定 IP 地址后，即可进行远程管控。下面所讨论的服务，也需要通过带外网络访问。

- **DNS**：如果用域名来指定 ACI 配置中的设备，就需要启用 DNS 服务，以便将这些名称解析为 IP 地址。DNS 服务极其有用，因为要解析的是域名而不是 IP 地址。如果后续改变所引用设备的 IP 地址，则不会影响 ACI 的配置。如果遇到问题，那么应该考虑 DNS 的影响。假如读者发现 NTP 服务器出现问题，而实际情况是 NTP 服务器的 DNS 名称未被正确解析——因此即便 NTP 服务器已启动并运行，ACI 也并不知道如何去联系这些服务器。

- **NTP**：这里面最有价值的一项服务，是接下来要研究的 NTP。对数据中心环境而言，NTP 并不陌生。多年以来，网络设备一直通过 NTP 将其内部的系统时间同步到被视为参考时钟的设备或"服务器"。如果设备时钟都是手工设置，就会带来矩阵内设备之间的时间偏移，而 NTP 服务器将有助于消除这一问题。因为或多或少会自然偏离基准，所以通过定期联系 NTP 服务器，设备时间得以重新同步。当跨矩阵各设备的时间都同步了，APIC 就可以关联整个矩阵所收集的信息，以确定其健康状况。ACI 矩阵还将利用该时间信息，对事件与审计的日志添加时间戳。

- 一个设备或多个设备之间的时间偏移，会妨碍正确地诊断与解决多种常见的操作问题。另外，时钟同步后，就可以充分利用 ACI 内置原子计数器的能力，应用的健康指数有赖于此。因此，在部署整个矩阵的业务或应用之前，就应该配置好时间同步，以便适时启用这些特性。基于上述种种理由，即便一个矩阵可以不配置 NTP，最佳实践还是将其视为一项必备的服务。

- **SNMP**：多年以来，企业一直使用 SNMP 来管理其基础设施环境。ACI 提供了广泛的

SNMPv1、SNMPv2 及 SNMPv3 支持，包括 MIB 与 Trap。通过标准的 SNMP，支持各种 MIB 的任何第三方应用，都可以管理并监控 ACI 矩阵。矩阵的管理和监控对象包括 ACI 主干交换机、叶交换机及 APIC。该功能主要用于集成到工程师用于监控其环境的现有监控系统之中。展望未来，企业及其生态系统合作伙伴想利用 ACI 的应用程序编程接口（API）来监控矩阵并与之交互。

- **RBAC**：基于角色的访问控制（RBAC）是当今大部分数据中心环境里面的必需品。企业通常在一个中心化的目录中，为单个用户创建其 ID 与密码。这样就允许 IT 工程师在同一个地方创建、维护以及销毁用户 ID。对于一个网络设备而言，它还负责审核单个用户与设备的交互并给用户分配特定角色——这与每个人都用默认的用户名和/或密码来访问矩阵的做法完全相反。在后一种情况下，每个用户对系统而言都是完全相同的，因此根本无法审核变更。类似地，如果每个用户都使用管理员的身份与密码，访问控制就将变得更为困难。

  APIC 通过策略来管理 ACI 矩阵的访问、身份验证与记录（AAA）功能。用户权限、角色以及带有访问权限继承的域，这三者的组合使得管理员能够以非常精细的方式在管理对象级别配置 AAA 功能。APIC 内部的一个核心数据访问控制系统提供多租户隔离，以防止私有信息在不同租户之间泄露。读/写限制可防止任何租户查看其他租户的配置、统计信息、故障或数据。除非管理员分配权限，否则租户无法读取矩阵的配置、策略、统计信息、故障或事件。RBAC 允许 APIC 利用环境中现有的外部身份验证设施，诸如 RADIUS、TACACS+或 LDAP/活动目录服务器等，来验证身份。一旦通过，用户所属的范围与角色将由外部身份验证服务器所预设的思科 AV-Pair 来定义。安全范围与角色会定义用户管理 ACI 网络的权限。为避免外部认证服务器不可达，还必须保留内部数据库作为一种后备的认证方法。

- **电子邮件/Call Home**：Call Home 是许多思科产品拥有的特性，针对重要事件，通过电子邮件或 Web 提供不同格式的通知警报。管理员因而能及早得知并解决问题，以防止网络中断。Call Home 为重要系统策略提供了基于电子邮件的通知。一系列不同的消息格式可供选择，以兼容寻呼服务以及基于 XML 的自动解析应用。可以利用该功能寻呼网络支持工程师、发送电子邮件到网络运营中心（NOC），或者通过思科 Smart Call Home 服务对技术支持中心（TAC）生成案例。Call Home 特性的调用方式有以下几种。

  - Call Home 特性可以发送包含问题诊断、环境故障与事件的警报消息。

  - Call Home 特性可以向多个收件人发送警报，这些收件人位于 Call Home 目的地配置描述中。每个配置描述包含可配置的消息格式与内容类别。存在一个预定义的目的地配置描述，用于向思科 TAC 发送警报，当然读者也可以自行定义。

    如果要 Call Home 服务发送邮件消息，那么邮件服务器必须在客户所选择的管理网络上可达。出站邮件服务器通常会要求，发往外部域的电子邮件需要源自本地域中某个有效的电子邮件地址，因此，应确保用于 Call Home 的发件人地址符合该要求；否则，邮件服务器可能拒绝向思科转发 Call Home 的消息。对于来自 APIC 的邮件，可能还需要在邮件服务器上允许其中继。如果读者计划将思科 TAC 作为 Call Home 目的地之一并自动生成案例，那么还应满足如下要求。

● 一个与公司有效服务支持合同相关联的思科官网 ID。

● 一个包含将要注册设备的有效服务支持合同。

● **Syslog**：ACI 发送系统日志（Syslog）消息到控制台。许多企业选择将系统日志发送到外部的日志服务器，这样消息就可以存档并保存更长的时间。如果外部服务器保留了消息副本，那么即便技术问题或策略失效导致了 APIC 上的系统日志不再可用，工程师依旧能够查阅重要的系统消息。并非所有的系统消息都标示系统存在问题。某些消息纯粹是信息性的，某些则有助于诊断通信线路、内部硬件或者系统软件的问题。Syslog 服务器需要经由管理网络可达。在大多数情况下，Syslog 服务器应该配置为接受任何源自 ACI 矩阵中 APIC 的消息。

3.1.2　管理网络

管理网络在任何 IT 网络建设的考量中都是一个关键因素。若其管理网络能够考虑周全，企业通常就可以更加自如地应对所有挑战。挑战往往来自网络中断，或者人为失误所导致的配置错误。如果忽略了管理网络，那么在遭遇硬件、软件或人为错误时，企业将无法远程访问其关键设备。后续章节将探讨两种类型的管理网络。

1. 带外网络

管理网络的推荐实现方式是利用带外网络。当矩阵遇到生产问题且不可用时，带外网络会提高管理员成功访问设备的概率。在 APIC 上执行初始设置脚本时，应该为每个控制器配置一个带外地址。当矩阵启动并运行之后，管理员就有机会执行其他的管理网络任务，诸如地址变更或者为主干与叶节点分配带外网络地址。在确定子网及地址范围的同时，管理员还需要确定地址的分配是静态还是动态。对于小型网络而言，静态分配更快速、简便；但最佳实践是创建一个地址池，并允许控制器为设备从中自动分配。因其自动化了新设备的添加，故而将来在它们上线时，可以自动获得地址并享用已创建的任何策略（如 DNS 与 NTP），而且无须人工干预。ACI 在配置外部服务、与 4～7 层设备和/或虚拟机管理器（VMM）相集成时，管理员要挑选 APIC 控制器与这些设备交互所使用的管理网络。矩阵策略也可用于定义默认的管理网络是带内或带外之间的哪一种。最佳实践是限制与 ACI 设备进行交互（通过带外管理接口）的 IP 地址与协议，只允许必要的子网及设备。

2．带内网络

有些情形需要通信的设备直接附着在矩阵上，或经由矩阵可达。这种基于矩阵的通信管理称为"用带内管理网络"。该管理网络可以与带外管理网络并行，或者代替它。换句话说，它们之间并不互斥。只有在 APIC 的初始设置完成后，才能配置带内管理网络。管理员需要确定子网范围，并为控制器、主干以及叶交换机定义 IP 地址。与通过带内网络附着到矩阵的设备通信，有如下 3 种方式。

- 采用预定义的子网与 IP 地址，将设备直接附着到带内网络。

- 利用矩阵外的一个路由器，负责带内网络与待通信设备之间的路由。

- 基于 ACI 策略，允许带内网络与 ACI 中其他现存网络之间的通信。

> **提示** 在 ACI 2.0(1) 版本之前，一个软件错误（CSCuz69394）阻止了上述第 3 个选项的工作。如果要使用它，请确保运行的是最新软件版本。

无论选择哪种方法进行带内通信，最佳实践保持不变——限制与 ACI 设备进行交互（通过带内管理接口）的 IP 地址与协议，只允许必要的子网及设备。

3.1.3 配置控制器之所见

无论这是读者第 1 次还是第 10 次配置 ACI，要执行的首项任务都是启动控制器并使其运行于一个基本的配置。应用策略基础设施控制器（APIC）是基于思科统一计算系统（UCS）C-系列服务器平台所构建的一个装置。将 APIC 上架、叠放好并提供冗余供电之后，接下来读者就应该适当地利用线缆来连接设备，一共需要 5 条连接。如图 3-1 所示，两个 10G 端口连接到 ACI 的叶节点，其余 3 个连接到管理网络（CIMC 及带外管理）。

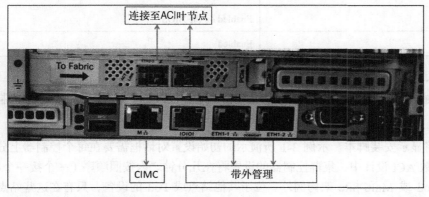

图 3-1　APIC 控制器的连接

> **提示**　图 3-1 中未标记的是 RJ-45 控制台端口，通过本节稍后的示例 3-1 所展示的设置对话框进行初始化
> 之后，即可作为 APIC 的控制台连接。

在正确接通上述线缆，并将 VGA 显示器与 USB 键盘连接到设备之后，（断电）重启设备。
在启动或开机自检（POST）期间，按 F8 键进入 CIMC 的配置工具。输入表 3-1 中的信息，
按 F10 键保存配置，然后按 Esc 键退出。

表 3-1   CIMC 的配置值

域	值
NIC Mode	Dedicated
DHCP Enabled	Unchecked
CIMC IP	IP address as per assignment
Prefix/Subnet	Subnet mask
Gateway	IP default gateway
Pref DNS Server	(Optional) DNS server

完成后即可通过 Web 浏览器，利用指定的管理 IP 地址访问 CIMC：默认的用户名为 admin，
密码为 password。建议登录后立刻变更 CIMC 以及 BIOS 的默认密码。这时就可以通过 CIMC
来远程排障或配置 APIC 了。每个 APIC 都需要进行同样的配置。在 CIMC 的配置完成后，
针对表 3-2 中所列出的各项参数，应在其 GUI 中验证是否已设置。

表 3-2   CIMC 的参数

参数	设置
LLDP	Disabled on the VIC
TPM Support	Enabled on the BIOS
TPM Enabled Status	Enabled
TPM Ownership	Owned

在上述配置完成后，可以利用直连的显示器与键盘继续配置，或者通过 CIMC 的虚拟控制台
远程进行。

APIC 重启后将显示安装脚本。示例 3-1 所演示的初始设置对话框需要在每个控制器上分别
执行。在大多数 ACI 设计中，集群控制器的设置将在几分钟之内按照顺序（一个接一个地）
完成。Multi-Pod 或 Multi-Site 架构例外。位于其他站点或 Pod 的设备，只有在这些站点或
Pod 上线时才会被启动。

示例 3-1   在控制台上显示的初始设置对话框

```
Cluster configuration
  Enter the fabric name [ACI Fabric1 #1]:
  Enter the number of controllers in the fabric (1-16) [3]:
  Enter the controller ID (1-3) [2]:
  Enter the controller name [apic2]:
  Enter address pool for TEP addresses [10.0.0.0/16]:
  Enter the VLAN ID for infra network (1-4094)[] <<< This is for the physical APIC
                        Enter address pool for BD multicast addresses (GIPO)
  [255.0.0.0/15]:

Out-of-band management configuration…
  Enter the IP address for out-of-band management: 192.168.10.2/24
  Enter the IP address of the default gateway [None]: 192.168.10.254
            Enter the interface speed/duplex mode [auto]:

Administrator user configuration…
  Enable strong passwords? [Y]
  Enter the password for admin:
```

下面看一下控制器初始设置对话框中的某些部分，如表 3-3 所示。

表 3-3   **主 APIC 的设置**

名称	描述	默认值
Fabric Name	矩阵名	ACI Fabric1
Fabric ID	矩阵 ID	1
Number of active controllers	控制器集群规模	3
		注释：当 APIC 设置为主-备模式时，一个集群必须至少有 3 个主 APIC
Pod ID	Pod ID	1
Standby Controller	是否设置为备控制器	NO
Controller ID	主 APIC 控制器 ID	有效范围：1~19
Controller name	主控制器名	apic1
IP address pool for tunnel endpoint addresses	隧道端点 IP 地址池	10.0.0.0/16
		该值仅限于基础设施的虚拟路由转发（VRF）
		该子网不应与网络上其他任何路由子网相重叠。如有重叠，请将该子网更改为一个不同的/16 子网。支持一个 3-APIC 集群的最小子网是/23。对于版本 ACI 2.0(1)，最小为/22

名称	描述	默认值
VLAN ID for infrastructure network	基础设施 VLAN。用于 APIC 与交换机（包括虚拟交换机）之间的通信	经验表明，VLAN 3967 是一个不错的选择
	提示：保留该 VLAN 仅供 APIC 使用。基础设施 VLAN ID 不得用于客户环境下的其他位置，也不能与其他平台上的任何保留 VLAN 相重叠	
IP address pool for bridge domain multicast address (GIPO)	矩阵组播采用的 IP 地址	225.0.0.0/15
		有效范围：225.0.0.0/15~231.254.0.0/15（对于 128K IP 地址，前缀长度必须为/15）
IPv4/IPv6 addresses for the out-of-band management	通过 GUI、CLI 或者 API 访问 APIC 时所使用的 IP 地址	该地址取决于客户环境
	注意：该地址必须是客户 VRF 中的一个保留地址	
IPv4/IPv6 addresses of the default gateway	在采用带外管理网络时，与外部网络间通信的网关地址	该地址取决于客户环境
Management interface speed/duplex mode	用于带外管理接口的速率与双工模式	auto
		有效值：auto、10BaseT/Half、10BaseT/Full、100BaseT/Half、100BaseT/Full 和 1000BaseT/Full
Strong password check	是否采用强密码	Y
Password	系统管理员密码	
	提示：该密码必须至少 8 个字符，并至少包含一个特殊字符	

> **提示** 在 APIC 初始设置完成后，如果需要变更基础设施 VLAN ID，那么首先导出客户配置，并基于新的 VLAN ID 重构矩阵，然后导入配置——这样矩阵就不会恢复到之前的基础设施 VLAN ID。关于利用导出与导入来恢复配置状态的内容，请参阅思科官网知识库文章 "Cisco APIC Troubleshooting Guide - Performing a Rebuild of the Fabric"。

> **提示** 关于开通 IPv6 管理地址，既可以在初始化设置 APIC 时进行，又可以在控制器运行后再通过策略实现。

1. 矩阵基础设施 IP 网段的推荐

在初始设置阶段，配置 APIC 时必需的输入之一是矩阵内的基础设施 IP 范围，主要用于分配隧道端点（TEP）地址。该范围的默认值为 10.0.0.0/16。从技术上来说，虽然也可以使用一个与网络上其他子网相重叠的范围，但强烈建议为它选择某个独一无二的网段。

基础设施 IP 网段通常可能延伸到 ACI 矩阵以外。比如，在部署应用虚拟交换机（AVS）时，将利用基础设施范围内的地址自动创建虚拟机内核接口，如图 3-2 所示。如果该范围与网络上其他位置的子网相重叠，那么可能会出现路由问题。

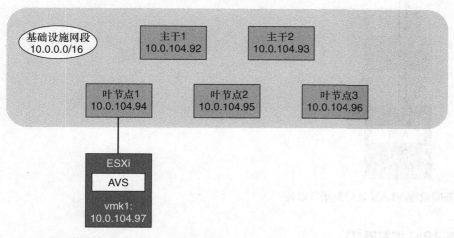

图 3-2　将基础设施 IP 网段延伸到矩阵以外

对于一个 3-APIC 场景，建议其最小子网为/22。该子网所需的地址取决于多种因素，包括 APIC 数量、主干/叶节点的数量、AVS 实例的数量以及所需的虚拟端口通道（vPC）数量。为避免将来地址耗尽，如果可能，建议客户考虑分配一个/16 或/17 的范围。

考虑该 IP 范围时需谨记：如果已完成初始化设置，那么只有在矩阵重构时，才能变更基础设施的 IP 范围或 VLAN。

2．矩阵基础设施 VLAN 的推荐

在矩阵设置期间，系统还会要求选择一个 VLAN 号作为基础设施 VLAN。该 VLAN 用于矩阵节点（叶、主干及 APIC）之间的控制层通信。如果可能，那么最好选择某个网络上独一无二的 VLAN 号。在基础设施 VLAN 延伸到 ACI 矩阵以外的情况下（比如，基于 OpFlex 的思科 AVS 或 OpenStack 集成），可能需要该 VLAN 穿越其他（非 ACI）设备。这时，请确保基础设施 VLAN 不在非 ACI 设备所禁止的范围之内（比如，Nexus 7000 上的保留 VLAN 范围，如图 3-3 所示）。

经验表明，VLAN 3967 是 ACI 基础设施 VLAN 的一个理想选择，可以规避上述问题。

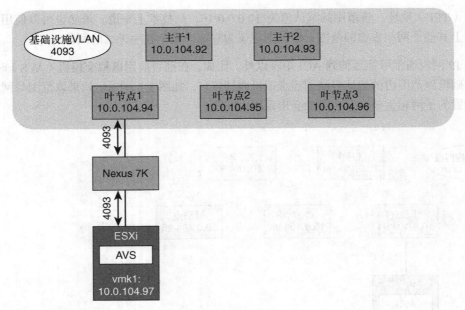

图 3-3　将基础设施 VLAN 延伸到矩阵以外

3. 集群大小与 APIC 控制器 ID

ACI 控制器集群的构建至少需要 3 个控制器。如果企业需求随时间的推移而变化，那么可以在集群中添加或删除 APIC。在添加或删除时，必须从集群的最后 1 个控制器 ID 开始，并在同一次变更内完成。因此，如果要向一个 3—控制器集群添加第 4 个和第 5 个控制器，那么可以先将集群大小从 3 个变更为 5 个，然后添加两个 APIC。从集群中删除 1 个或多个 APIC 的方法：从最后 1 个控制器 ID 开始，按顺序删除次低的控制器 ID。比如，在一个 5-APIC 集群中，在删除 ID 为 5 的控制器之前，无法删除 ID 为 4 的控制器。控制器通常是奇数个，以允许某一多数派或少数派的状态，进而优化集群协议并防止脑裂（Split-brain）场景。

4. APIC 集群的高可用性

在一个集群中，APIC 集群的高可用性（HA）可以让管理员用主备模式来操作 APIC。在一个 APIC 集群中，主用 APIC 之间共担负载，备用 APIC 能代替主用集群中的任意 APIC。

管理员可在首次启动 APIC 时设置 HA 功能。建议一个集群中至少拥有 3 个主用 APIC，以及一个或多个备用 APIC。在一个备用 APIC 替换某个主用 APIC 时，管理员必须手工进行切换操作。

3.2　首次登录 APIC GUI

现在，控制器的所有初始化设置都已完成，其余配置可以通过以下 3 个接口之一来执行。

- 通过两种图形用户界面（GUI）模式（高级与基本）来引导读者完成各种大小矩阵的管理任务。

- NX-OS 风格的命令行界面（CLI）。

- REST API。

除非读者已经非常熟悉 ACI，否则多数情况下将通过 GUI 来继续进行设置与配置。为进入图形用户界面，首先需要下列之一的 Web 浏览器支持。

- Chrome 35 版本及以上。

- Firefox 26 版本及以上。

- Internet Explorer 11 版本及以上。

- Safari 7.0.3 版本及以上。

在打开所选择的浏览器之后，请输入如下 URL：https://*mgmt_ip-address*。管理 IP 是在初始化设置脚本中所输入的管理地址。此时，浏览器将显示一个与图 3-4 类似的页面。

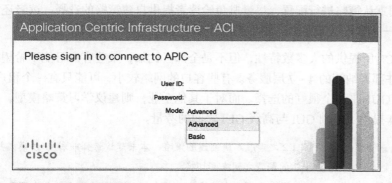

图 3-4　ACI 登录界面

在登录屏幕上，读者将被要求提供在初始化设置脚本中所输入的用户名与密码。在单击登录按钮之前，请注意屏幕底部，读者可以选择一种模式。接下来，本节将探讨这些模式。

3.2.1　基础模式与高级模式

APIC GUI 拥有两种操作模式。

- 基础模式（基础 GUI）。

- 高级模式（高级 GUI）。

与功能更强大的高级 GUI 相比，基础 GUI 是一个简化版。基础 GUI 可以更简单、快速地进行 ACI 架构的配置。借助基础 GUI 内嵌的智能，APIC 可以为客户自动化地创建若干 ACI 的模型构件。基础 GUI 还能提供验证以确保配置的一致性，从而减少并防止出现故障。

通过基础 GUI，网络管理员可以配置叶交换机端口、租户以及应用配置描述（Application Profile）——无须完全了解并配置 ACI 的策略模型。相反，高级 GUI 与全部对象模型之间存在 1∶1 的映射关系。高级 GUI 与基础 GUI 的主要区别在于实现相同配置时所执行的工作流程不同。比如，通过基础 GUI，客户一次配置一个端口——与 ACI 之前的情况一样；因此，GUI 为每个端口创建一个对象。如果要同时并同样地配置多个端口，那么首选的工具是高级 GUI。

如果想通过接口配置描述（interface profile）、选择器、策略组等来创建配置，或计划进行矩阵的自动化，那么读者应该使用高级 GUI。基础 GUI 的配置在高级 GUI 中可见，但无法修改；而高级 GUI 的配置则无法在基础 GUI 中呈现。无论是哪一种 GUI，都不允许修改在另一种 GUI 里面所创建的对象。基础 GUI 与 NX-OS CLI 保持同步。因此，如果从 NX-OS CLI 进行配置，那么这些变更将在基础 GUI 中呈现；同理，在基础 GUI 中所做的配置，也会在 NX-OS CLI 中出现。高级 GUI 亦然。

为进一步简化配置与日常管理，基础 GUI 提供了精简的仪表板以及可用的菜单选项卡。基础 GUI 推荐用户采用默认策略进行配置，尽量避免给读者提供自建策略的选择。读者还能可视化地配置交换机——单击端口配置，就可以启用和禁用之。

一些企业希望利用 ACI 所提供的大多数特性，但不是全部。比如，某些客户可能不希望在 ACI 中自动化、编排并部署纳管的 4～7 层服务。有些客户的网络较小，可能只有一个租户。在这些情形下，基础 GUI 是一个很好的选择。而对于其他企业，则建议学习策略模型，并采用高级 GUI。表 3-4 提供了基础 GUI 与高级 GUI 之间的考量。

> **提示** 读者应采用高级 GUI 来管理任何 APIC 1.2 之前版本所创建的策略，本书建议选择一种 GUI 模式并坚持使用，不要在基础 GUI 与高级 GUI 的配置之间来回切换。
>
> APIC 3.0(1) 版本之后将弃用基础 GUI。思科意识到有些客户可能在用基础 GUI 或者不会立即升级到 APIC 3.0(1)，这就是本书之所以涵盖基础 GUI 的原因。思科不建议采用基础 GUI 配置 APIC 3.0(1) 及更高版本。然而，如果读者还是想用基础 GUI，请访问相关网站。

表 3-4   **基础 GUI 与高级 GUI 之间的考量**

功能	基础 GUI	高级 GUI
通过拓扑视图配置接口	支持	不支持
利用交换机与接口选择器	不支持	支持
重用相同策略	不支持	支持
基于 4～7 层设备包	不支持	支持
4～7 层网络拼接	支持	支持

无论读者选择哪种 GUI，都应该熟悉菜单栏及子菜单栏。菜单栏位于 APIC GUI 的顶部（见图 3-5）。它提供主选项卡的访问。

图 3-5　菜单栏

通过单击菜单栏中的一个菜单，可以导航到子菜单栏（见图 3-6）。在单击菜单时，将显示该菜单的子菜单。每个菜单的子菜单都不一样，也可能因客户的具体配置而异。

图 3-6　子菜单栏

菜单栏的每个项目代表一个独立的配置与监控区域。根据读者所登录的不同 GUI 模式，会看到这些项目中的部分或全部。菜单与子菜单的组织层次描述如下。

1. System 菜单

System 菜单用于收集并显示整个系统的运行状况、历史记录以及一个系统级的故障表。

2. Tenants 菜单

菜单栏中的 Tenants 菜单用于执行租户管理。在其子菜单栏中，可以看到"Add Tenant"链接以及一个包含所有租户的下拉列表。其子菜单栏还将显示至多 5 个最近使用的租户。

租户所包含的策略允许合格用户进行基于域的访问控制——这些用户拥有访问租户管理与网络管理等权限。

一个用户需要读/写权限才能访问并配置一个域内的策略；而一个租户用户可以拥有一个或多个域的特定权限。

在多租户环境下，每个租户都会提供组用户的访问权限，以便资源之间的相互隔离（比如，对 EPG 与网络而言）。这些权限允许不同的用户管理不同的租户。

3. Fabric 菜单

Fabric 菜单的子菜单栏包含以下部分。

■ Inventory：显示矩阵各个组件的清单。

■ Fabric Policies：显示监控与排障策略，以及矩阵协议设置或矩阵最大传输单元（MTU）设置的矩阵策略。

■ Access Policies：显示应用于系统边缘端口的接入策略——这些端口位于外部通信用的叶交换机上。

4．VM Networking 菜单

VM Networking 菜单用于查看并配置多种虚拟机管理器（VMM）的清单。读者可以配置及创建各种管理域，并在其下配置与各个管理系统（如 VMware vCenter 与 VMware vShield）的连接。通过子菜单栏中的"Inventory"部分，可以查看由这些虚拟机管理系统（在 APIC 里面也称为 controllers）所纳管的 Hypervisor 与 VM。

5．L4-L7 Service 菜单

L4-L7 Service 菜单用于执行诸如 4～7 层设备包导入的服务。读者可在 Inventory 子菜单中查看现有的服务节点。

6．Admin 菜单

Admin 菜单用于执行管理功能，比如身份验证、授权、记账（AAA）、策略调度、记录的保留与清除、固件升级，以及诸如 Syslog、Call Home 和 SNMP 等控制特性。

7．Operations 菜单

Operations 菜单用于执行日常运维作业。管理员可以利用可视化与排障工具解决矩阵问题，或者基于 ACI 优化器进行容量规划。ACI 通过容量仪表板监控矩阵资源，并利用 Endpoint Tracker 标记端点，无论其处于矩阵的什么位置。可视化工具能够查看矩阵的使用情况，以避免局部拥塞等问题。

8．Apps 菜单

Apps 菜单允许企业上传及安装应用，使客户能更好地保持其网络与业务需求相一致。生态系统的合作伙伴也可以提供应用，来放大现有 IT 部门的投资。一个常见的例子是 Splunk 应用，日志信息被从 APIC 发送到 Splunk 以进行处理。

3.2.2　矩阵发现

APIC 是一个自动化配置与管理 ACI 矩阵上所有交换机的中心。单个数据中心可能包含多个 ACI 矩阵；而每个数据中心都拥有自己的 APIC 集群，以及作为矩阵一部分的 Nexus 9000 系列交换机。应确保一个交换机仅被单个 APIC 集群所管理，并且每台交换机都必须向管理该矩阵的特定 APIC 集群注册。

新交换机会被自动发现——在其直连到当前由 APIC 管理的任意一台交换机。集群里的每一个 APIC，首先仅仅能发现与其直连的叶交换机。在它注册到 APIC 之后，APIC 将发现与该叶交换机直连的所有主干交换机。随着每个主干的注册，APIC 会继续发现连接到该主干的所有叶交换机。这种级联发现允许 APIC 经过几个简单步骤就能得到整个矩阵的拓扑。

在向 APIC 注册后，交换机就成为 APIC 所管理的矩阵清单的一部分。在以应用为中心的基础设施矩阵（ACI 矩阵）内部，APIC 是基础设施交换机唯一的设置、管理及监控中心。

提示 在交换机开始注册之前，请确保矩阵上所有的交换机都已物理连接完毕，并以所需的配置启动。

步骤 1 在菜单栏中，依次选择 "Fabric" → "Inventory"。

步骤 2 在导航窗格中，单击 "Fabric Membership"。在工作窗格的 "Fabric Membership" 表中，将显示一个 ID 为 0 的叶交换机。它就是连接到 apic1 的叶交换机。

步骤 3 双击叶交换机所在行，并执行以下操作来配置其 ID。

a）在 "ID" 字段中，添加适当的 ID（leaf1 的 ID 为 101、leaf2 的 ID 是 102）。ID 必须是一个大于 100 的数字，因为前 100 个 ID 用于 APIC 装置的节点。

b）在 "Switch Name" 字段中，添加交换机名称，然后单击 "Update"。

提示 ID 分配后不能再变更。双击交换机名并更新 Switch Name 字段，可以修改其名称。

该交换机将被分配一个 IP 地址；同时在导航窗格中，它已经显示在 Pod 条目的下面。

步骤 4 观察工作窗格，直到出现一个或多个主干交换机。

步骤 5 双击主干交换机所在行，并执行以下操作来配置其 ID。

a）在 "ID" 字段中，添加适当的 ID（spine1 的 ID 为 203、spine2 的 ID 是 204）。

提示 建议叶节点与主干采用不同编号。比如，以 200～299 编号主干交换机，以 100～199 来编号叶交换机。

b）在 "Switch Name" 字段中，添加交换机名称，然后单击 "Update"。

该交换机将被分配一个 IP 地址，同时在导航窗格中，它已经显示在 Pod 条目的下面。等待所有剩余的交换机出现在 "Fabric Membership" 表中，再进行下一步。

步骤 6 对于 "Fabric Membership" 表中所列出的每一台交换机，请执行以下步骤。

a）双击交换机，输入 ID 与名称，然后单击 "Update"。

b）对列表中的下一台交换机重复上述步骤。

3.2.3   叶节点扩展交换机（FEX）

叶节点扩展交换机可能是客户 ACI 设计的一部分。与其他 Nexus 产品类似，必须先完成父交换机的设置并且待其完全正常运行后，再配置 ACI 的叶节点扩展交换机——因为它并不包含在 ACI 矩阵的零接触部署之中。截至本书英文版出版，ACI 矩阵对 FEX 的支持情况如下。

■ 仅支持 FEX 到叶节点的直通附着。

■ ACI 所使用的每个 FEX 设备都需要许可证。

■ 可扩展性目前是每叶节点 18 个 FEX 或每矩阵 200 个 FEX。

■ 某些 FEX 型号可以同时支持以太网光纤通道（FCoE）与数据连接。

■ 支持以下 FEX 型号。

    ● N2K-C2232PP-10GE。

    ● N2K-C2232TM-E-10GE。

    ● N2K-C2348UPQ。

    ● N2K-C2348TQ。

    ● N2K-C2332TQ。

    ● N2K-C2248TP-E-1GE。

    ● N2K-C2248TP-1GE。

    ● N2K-C2248PQ-10GE。

    ● N2K-B22IBM-P。

    ● N2K-B22DELL-P。

然而，由于该列表可能会时常更新，因此请参阅读者所部署 ACI 版本的 Nexus 9000 交换机发布说明，以获得一个准确且最新的列表。

FEX 只能通过一个或多个端口，附着到 ACI 的单个叶节点上。连接 FEX 的叶节点端口可以作为端口通道的一部分。在 ACI 中配置 FEX，所需策略的配置示例可以由思科官网获得，如搜索 "Configure a Fabric Extender with Application Centric Infrastructure"。

3.3   必需的服务

本章开头概述了建议启用的服务。在这些服务中，NTP 被列为必需，因为 ACI 的可见性、管理与排障功能有赖于时间的同步。许多企业迁移到 ACI 就是为了利用上述特性，这就需要 NTP。后续章节将探讨准备一个矩阵所需的 3 个最小任务，矩阵才能投入生产、接受策略及应用。由于基本 GUI 与高级 GUI 之间的配置存在差异，因此本节将在两种 GUI 中分别展示这些步骤。对每种 GUI 而言，这 3 个任务都是相同的。

- 配置管理网络。
- 配置 NTP。
- 配置路由反射器。

在每个任务完成后，可以验证设置。高级模式需要策略才能正常运行。本节将深入探讨接入策略的层次结构与关系，这些策略还将用于上述所需服务的配置。

3.3.1　基础模式的初始化设置

　　基础 GUI 已简化过，允许企业在无须学习并采用策略模型的情况下部署 ACI 里面常见的特性。为配合该做法，矩阵的初始化设置也得以简化。在读者完成下面的部分之后，矩阵将准备好接纳策略、设备以及应用。

1. 管理网络

在基础 GUI 中配置管理网络既简单又快捷。需配置的项目可以在"System"菜单下的"In Band & Out of Band"子菜单中找到。在本节中，假设读者将采用带外（OOB）管理网络。当左侧的导航窗格中高亮"Out of Band Management Configuration"时，右侧的工作窗格将出现配置选项。通过工作窗格，读者将看到如下可用选项。

- 配置一个节点（交换机/控制器）的 OOB 管理 IP 地址与网关。
- 配置访问限制，以控制哪些子网可以与先前配置的管理地址进行交互。
- 配置访问限制，以控制哪些协议可以与先前配置的管理地址进行交互。

上述 3 项中只有节点配置是必需的。如果不进行其他限制，那么表示允许所有通信。最佳实践是配置访问限制。详情配置步骤可以在思科官网上找到，请参阅文档"Cisco APIC Basic Configuration Guide, Release 2.x"。

> **提示**　在添加节点与访问限制时要小心，以防意外阻止了自己对设备的远程访问。

如需配置带内管理，请参照以下步骤。

步骤 1　登录 APIC GUI 的基本模式，在菜单栏上单击"System"→"In Band & Out of Band"。

步骤 2　在导航窗格中，选择"In-Band Management Configuration"。

步骤 3   （可选项）在"Encap"字段中，输入一个新的值以更换用于带内管理的默认 VLAN。

步骤 4   展开"Nodes"并执行如下操作。

a）在"Nodes"字段中，选择适当的节点与带内地址相关联。

b）在"IP address"字段中，输入所需的 IPv4 或 IPv6 地址。

c）在"Gateway"字段中，输入所需的 IPv4 或 IPv6 网关地址。单击"Submit"按钮提交。

提示   默认网关的 IP 地址将作为 ACI 带内管理 VRF 上的分布式网关（Pervasive Gateway）。

步骤 5   单击"L2 Connectivity"选项卡，展开"Ports"并执行如下操作。

a）在"Path"字段中，从下拉列表中选择连接到管理服务器或外部的端口。

b）在"Encap"字段中，指定要在该端口上使用的 VLAN。

步骤 6   展开"Gateway IP Address for External Connectivity"，在"IP Address"字段中，将列
出用于外部连通性的 IPv4 与 IPv6 网关地址。

步骤 7   展开"ACLs"，并添加连接带内管理网络所需要的端口。单击"Submit"按钮提交。

2. NTP

上文已详细说明了 NTP 的价值。要配置 NTP，请导航到"System"菜单下的"System Menu"
子菜单。在左侧导航窗格中高亮 NTP，右侧的工作窗格将显示 NTP 配置选项。读者可以修
改如下 4 个项目。

- Description（描述）。

- Administrative State（管理状态）：启用/禁用。

- Authentication（身份验证）：启用/禁用。

- Add an NTP Server or Provider（添加一个 NTP 服务器或提供者）。

首先启用管理状态。接着单击右侧居中的加号，添加一个 NTP 服务器。此时将打开一个新
窗口，其中可以添加 NTP 服务器的详细信息。读者可以修改如下这些项目。

- Name（名称）：IP 地址或主机名（需要 DNS 的配置）。

- Description（描述）。

- Preferred（首选）：如果有多个服务器，哪个是主服务器？

- Minimum Polling Intervals and Maximum Polling Intervals（最小与最大轮询间隔）。

■ Management Network（管理网络）：利用哪个管理网络与 NTP 服务器通信？

然后输入 NTP 服务器的 IP 地址，选中"Preferred"复选框。选择默认的 OOB 管理网络。单击"Submit"按钮，并再次单击"Submit"按钮以保存设置。

配置的验证很简单。首先在左侧导航窗格中高亮 NTP，然后在右侧工作窗格中，双击配置过的 NTP 服务器。一个新窗口将被打开，单击右上角的"Operation"选项卡。在"Deployed Servers"选项卡中，应列出服务器的管理 IP 地址及其同步状态。

> **提示** 读者可能还希望浏览日期-时间设置，以调整本地时区的偏移。

3. 路由反射器

在矩阵内，ACI 利用 MP-BGP 跨叶交换机分发外部路由信息。因此，基础设施管理员需要定义用作路由反射器的主干交换机以及矩阵所采用的自治系统编号（ASN）。

ACI 矩阵支持一个 ASN。内部的 MP-BGP，以及边界叶交换机与外部路由器之间的内部 BGP（iBGP）会话必须采用同一个 ASN。鉴于这样的两个 iBGP 场景，在 ACI 边界叶节点所连接的路由器上，读者需要找到该 ASN，并将其用作 ACI 矩阵的 BGP ASN。

总而言之，为了在矩阵上执行 3 层路由并打通矩阵与外部的 3 层连通性，读者需要配置路由反射器。每个 Pod 都应该配置至少两个主干交换机作为路由反射器以实现冗余。

读者可以在"System"→"System Settings"下将主干交换机配置为路由反射器，如图 3-7 所示。在左侧导航窗格中高亮"BGP Route Reflector"时，就能够在右侧的工作窗格内配置如下内容。

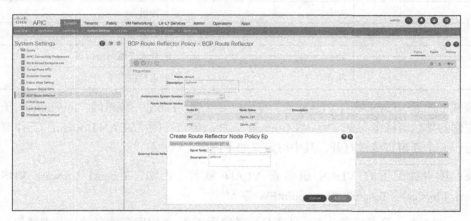

图 3-7　将主干交换机配置成路由反射器

■ Description（描述）。

- Autonomous System Number（自治系统编号）：在客户环境下，这应该是唯一的（如 65001）。

- Route Reflector Nodes（路由反射器节点）：选择将作为路由反射器的主干节点。

- External Route Reflector Nodes（外部路由反射器节点）：用于 Multi-Pod 或广域网集成。

输入自治系统编号。单击 "Route Reflector Node" 窗口右侧的加号，添加路由反射器节点。输入将配置为路由反射器的主干节点编号，单击 "Submit" 按钮。重复这些操作来设置下一个主干节点。单击页面右下角的 "Submit" 按钮以保存配置变更。

4．VLAN 域

在生成树网络中，读者必须通过 "switchport trunk allowed VLAN" 命令指定哪些 VLAN 从属于哪些端口。在 ACI 矩阵中，VLAN 池用于定义一系列 VLAN 号，最终这些 VLAN 将被应用在一个或多个叶节点上的特定端口（面向主机或网络设备）。VLAN 池可以配置为静态或者动态的。静态池通常用于矩阵上手工配置的主机与设备（比如，附着的裸机或基于传统服务植入的 4～7 层设备）。当需要自动分配 VLAN 时，APIC 将利用动态池——比如 VMM 集成或自动化服务植入（服务视图，即 Service Graph）。

将 VLAN 池按照功能分组是一种常见做法，如表 3-5 所示。最佳实践是将特定的域与资源池分配给各个租户。

表 3-5 VLAN 池示例

VLAN 范围	类型	用途
1000～1100	静态	裸机
1101～1200	静态	防火墙
1201～1300	静态	外部广域网路由器
1301～1400	动态	虚拟机

在基本模式下配置 VLAN 域与 VLAN 池，首先应导航到 "Fabric" 菜单的 "Inventory" 子菜单。在左侧的导航窗格中高亮 "VLAN Domain"，然后单击右侧 "VLAN Domain" 工作窗格中的加号。一个新窗口将被打开，其中可定义如下内容。

- Name：读者要配置的 VLAN 组名或 VLAN 域名（比如，Tenant1_Vmware_VDS、Tenant1_Physical、Tenant2_CheckpointFW 等）。

- Allocation Mode：静态或者动态。动态分配通常用于 4～7 层服务的自动化及虚拟化。静态分配通常用于物理的设备或连通性。

- VLAN Range：读者希望在该域中包含的 VLAN 范围，可以指定一个或多个。

要配置上述内容，先定义好名称（用下划线代替空格）。分配模式多数会从静态开始，然后单击加号来定义一个 VLAN 范围。在窗口中部的"VLAN Range"下面，可以看到高亮的"To and From"字段。为需要连接的设备选择合适的 VLAN 范围，以填充该字段。分配模式可以保留为"Inherit from parent"。单击"Update"更新，再单击"Submit"按钮提交。根据需要，重复上述步骤。

3.3.2 高级模式的初始化设置

高级 GUI 最初可能令人望而生畏。实际上，它并没有比基础 GUI 更难用或者更难学——只需要多花一点时间来学习并了解所有策略对象是如何相互关联的。一旦熟悉了对象之间的关系及操作顺序，用起来就会像第二天性那样简单。高级 GUI 基于策略执行所有操作。最佳做法是保留默认策略、创建新的策略并赋予对公司及环境有意义的新名称。创建新策略的副产品是具备查看它们并引用默认配置的能力。

在高级 GUI 中，策略的命名约定非常重要。它应该是标准化、模块化且有意义的。读者如何命名自己的策略，将区分一个简化还是混乱的管理体验。表 3-6 展示了关于 ACI 策略命名约定的最佳实践指南。

表 3-6　　　　　　　　　　　ACI 策略命名的约定（最佳实践）

策略名	示例
VRF	
[功能]_VRF	Production_VRF
BD	
[功能]_BD	Main_BD
EPG	
[功能]_EPG	Web_EPG
子网	
[功能]_SBNT	App1_SBNT
Attachable Access Entity Profile	
[功能]_AEP	VMM_AEP
	L3Out_AEP
VLAN 池	
[功能]_VLP	VMM_VLP
	L3Out_VLP
域	
[功用]_PHY	BareMetal_PHY
[功用]_VMM	vCenter1_VMM

续表

策略名	示例
域	
[功用]_L2O	L2DCI_L2O
[功用]_L3O	L3DCI_L3O
合约、主题及过滤器	
[租户]_[提供者]_to_[消费者]_CON	Prod_Web_to_App_CON
[规则组]_SUBJ	WebTraffic_SUBJ
[资源名]_FLT	HTTP_FLT
应用配置描述	
[功能]_ANP	Prod_SAP_ANP
接口策略	
[类型]启用[禁用]_INTPOL	CDP_Enable_INTPOL
	LLDP_Disable_INTPOL
接口策略组	
[类型]_[功能性]_IPG	vPC_ESXi-Host1_IPG
	PC_ESXi-Host1_IPG
	PORT_ESXi-Host1_IPG
接口配置描述	
[节点]_[节点 2]_IPR	101_102_IPR

在表 3-6 中，策略主要基于功能命名。这些策略还包含一个后缀，可帮助管理员轻松确定他们正在部署的策略类型。当基于其他诸如 API 等形式进行管理时，这变得至关重要。

ACI 被设计为一个无状态的架构。在策略被定义之前，网络设备上并不存在特定于应用的配置——而一条策略是在说明网络应该如何处理该应用或者流量。此外，在与策略相匹配的流量出现之前，策略或配置也不会被真正部署到硬件上——这就意味着各种硬件、性能及配置是抽象的，真正重要的是策略的意图。两种常用的 ACI 策略类型是接入策略与租户策略，读者可以通过两种截然不同的方式来考量这两种策略：接入策略控制各交换机端口的物理配置；租户策略控制矩阵的逻辑配置。用一栋房子来作类比，接入策略如同房屋的外墙与地基，租户策略则像内墙。外墙与地基是房屋的支撑构件，需要被正确配置来构造一个坚实的基础，它们不会改来改去的。而在房屋的整个生命周期里，内墙则甚至可以经常被重新设计和改造。租户策略一旦生效，ACI 矩阵依靠接入策略来定义物理配置将如何应用于一个或一组接口。另外，租户策略定义了应用或者流量到达网络后应该被如何处置。需要同时具备物理与逻辑策略，系统才能正常工作。这样也很容易既保留物理连通性、IP 地址及 VLAN，又可以随时动态地变更租户或逻辑策略，如图 3-8 所示。

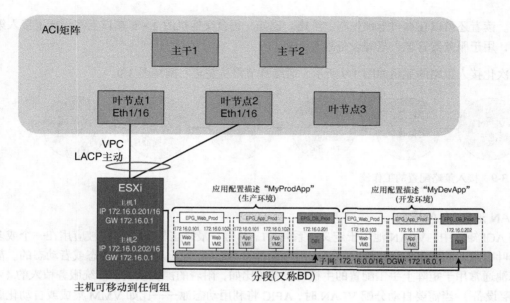

图 3-8 静态物理配置映射至动态策略

上文阐述的 ACI 策略非常模块化。预先做好的规划不久就可以得到回报，再也不需要一遍又一遍地重新创建一个配置，取而代之的是，将端口添加到已知且良好的策略中即可。学习这种新的工作方式需要时间，然而一旦付诸实践，很快就能看到成效（比如，在将一个设备添加到矩阵并继承正确配置的时候）。

矩阵策略是另一种适用于整个矩阵（或多个矩阵）的策略。这些策略通常只配置一次，之后并不经常修改。它们负责诸如 NTP 等服务的初始化设置，以及路由反射器的配置。稍后，读者可以利用这些策略，在全局范围内变更整个矩阵（或多个矩阵）的设置。后续章节将探讨这些不同类型的策略。

1. 接入策略

在高级模式下，熟练掌握接入策略是精通 ACI 配置、管理及排障的关键一环。接入策略负责设备所附着端口的物理配置。接入策略以分层的方式配置并模块化构造，以便可以分而治之，无须修改或重构整个策略。接入策略一旦定义，配置将保持在休眠状态，直到某个租户策略被触发。在租户策略应用时，端口就会被配置，并具备接入策略所定义的物理特征。这两种策略必须同时生效，ACI 才能正常工作。

通过重用已知且良好的策略，接入策略用于简化配置并减少人为失误。工程师创建单个策略就能应用至所有无人值守的远程管控端口、刀片服务器连接或机架式 ESXi 服务器。在添加一台新服务器时，只需将一个端口添加到现有的、作为最佳实践的策略中，从而消除配置偏差。读者还可以在端口上预先制定策略。比如，每台交换机的 1~5 端口上都配置了接入策略，用于服务器管理，只等设备附着上来。

层次化接入策略的关系如图 3-9 所示。后续章节将从左至右阐释图 3-9。

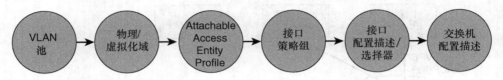

图 3-9 接入策略配置的工作流

2．VLAN 池和 VLAN 域

在 ACI 矩阵中，VLAN 池用于定义一系列 VLAN 号，最终这些 VLAN 将被应用在一个或多个叶节点上的特定端口（面向主机或网络设备）。VLAN 池可以配置为静态或者动态的。静态池通常用于矩阵上手工配置的主机与设备（比如，附着的裸机或基于传统服务植入的 4~7 层设备）。当需要自动分配 VLAN 时，APIC 将利用动态池——比如 VMM 集成或自动化服务植入（服务视图）。将 VLAN 池按照功能分组是一种常见做法，如表 3-7 所示。

表 3-7   VLAN 池示例

VLAN 范围	类型	用途
1000~1100	静态	裸机
1101~1200	静态	防火墙
1201~1300	静态	外部广域网路由器
1301~1400	动态	虚拟机

域用于定义 ACI 矩阵上 VLAN 的部署范围——换句话说，即 VLAN 池部署的位置与方式。ACI 拥有许多类型的域：物理域、虚拟域（VMM 域）、外部 2 层域及外部 3 层域。通常的做法是在 VLAN 池与上述的域之间建立 1∶1 映射，并为每个租户单独进行创建。

3．Attachable Access Entity Profile

Attachable Access Entity Profile（可附着接入实体配置描述，AAEP）用于将（物理或虚拟）域映射至接口策略，从而最终把 VLAN 映射到接口。这大致相当于在传统 NX-OS 的接口上配置 "switchport access vlan x"。此外，如有必要，AAEP 允许在接口策略组和域之间形成一对多的关系，如图 3-10 所示。

在图 3-10 所示的示例中，管理员需要在单个的端口或端口通道上同时拥有 VMM 域及物理域（通过静态路径绑定）。为实现该目的，管理员可以将这两个域（物理及虚拟）都映射至同一个 AAEP，然后将它与代表接口与端口通道的单个接口策略组相关联。

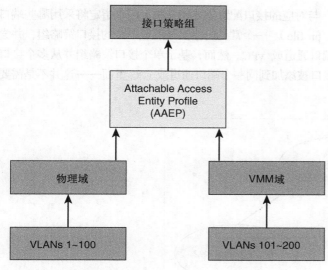

图 3-10 AAEP 关系

4. 接口策略

接口策略负责接口级参数的配置，比如 LLDP、CDP、LACP、端口速率、风暴控制，以及端口连接检查协议（MCP）。多个接口策略形成一个接口策略组（将在下文中描述）。

每种类型的接口策略都预置了一个默认策略。多数情况下，作为默认策略的一部分，需要客户确认的特性或参数被设置为"禁用"。

强烈建议读者为每个配置项重新创建显式的策略，而不是依赖并修改默认的策略。比如，对于 LLDP 的配置，强烈建议读者创建两个策略——LLDP_Enabled 与 LLDP_Disabled（或类似的）——并在启用或禁用 LLDP 时分别应用这两个策略。这有助于防止默认策略的意外修改可能将产生的大范围影响。

> 提示　读者不应该修改名为 "default" 的 "LLDP Interface" 接口策略，因为主干与叶节点要利用该策略来启动并查找要运行的软件映像。如果服务器需要一个不同的默认配置，那么读者可以创建一个新的 LLDP 策略并命名，然后应用这个新的策略，而不是那个名为 "default" 的默认策略。

5. 接口策略组

在 ACI 矩阵中，接入端口、端口通道以及 vPC 的创建都要用到接口策略组。接口策略组将众多接口策略绑定在一起，如 CDP、LLDP、LACP、MCP 及风暴控制等。在为端口通道与 vPC 创建接口策略组时，了解策略如何能够或不能够重用将至关重要。

在图 3-11 所示的例子中，两台服务器通过 vPC 连接到一对 ACI 叶交换机。在这种情况下，必须配置两个单独的接口策略组，与对应的接口配置描述相关联（用于指定将采用哪些端口）并分配给交换机配置描述（switch profile）。一个常见的错误是配置单个的接口策略组，并尝试将其重用在单个叶节点上的多个端口通道或 vPC。然而，基于单个接口策略组并从多个接口配置描述中引用它，将导致额外的接口被添加到同一个端口通道或 vPC 里面——这并不是需要的结果。

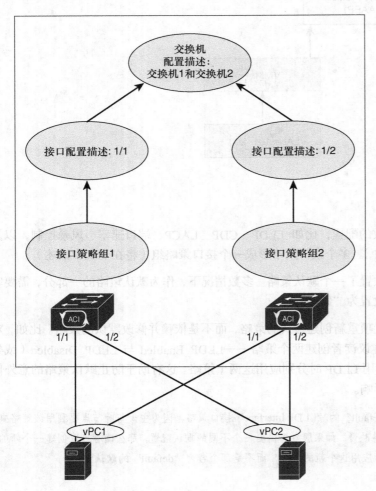

图 3-11　vPC 接口策略组

总体而言，一个端口通道或 vPC 的接口策略组应该与一个端口通道或 vPC 形成 1：1 映射。管理员不应尝试将端口通道与 vPC 的接口策略组重用于多个端口通道或 vPC。注意，该规则仅适用于端口通道与 vPC。对于接入端口的接口策略组，这些策略是可以重用的。

大多数管理员习惯用数字来编号端口通道与 vPC（诸如 PC1、PC2、vPC1 等）。但这里不建议如此,因为 ACI 会在创建端口通道或 vPC 时为其分配一个随机的数字编号,这个数字基本不可能与管理员所设置的相匹配,从而造成困惑及混淆。因此,建议采用描述性的命名方案(如 Firewall_Prod_A)。

6. 接口配置描述(Interface Profile)/选择器

在 ACI 矩阵中,接口配置描述用于将一个或一系列端口与特定的接口策略组相结合。作为一个配置与排障的最佳实践,建议接口配置描述的命名中包含其将关联的交换机名。然后,为 ACI 矩阵的每个叶节点以及每个 vPC 对都创建一个接口/叶节点配置描述(leaf profile),如图 3-12 所示。

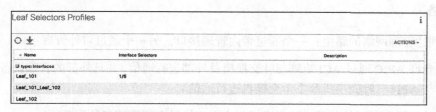

图 3-12 叶节点选择器配置描述

使接口选择器的命名与所选端口相一致也是一个最佳实践。比如,如果选择端口 1/6,就将选择器命名为 1_6,如图 3-13 所示。

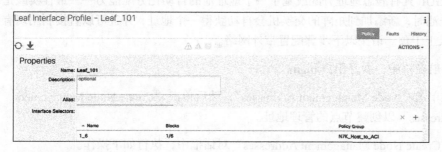

图 3-13 接口选择器

一旦上述所有策略被定义好,配置一个端口就会如此简单——将接口选择器添加到接口配置描述,并选择要使用的策略组。

7. 交换机配置描述(Switch Profile)

交换机配置描述指定客户的接口配置描述,即将从哪个 ACI 叶节点上选择接口。与接口配置描述相同,推荐做法是为矩阵上的每个叶节点与 vPC 对都定义一个交换机配置描述,如图 3-14 所示。

图 3-14　叶节点配置描述

在定义一个交换机配置描述时，需要选择与其相关联的选择器配置描述——这显而易见，因为它们共享相同的命名约定。

3.3.3　管理网络

APIC 有两个到达管理网络的路由：一个通过带内管理接口，另一个通过带外管理接口。

带内管理网络允许 APIC 通过 ACI 矩阵与叶交换机及外部进行通信，并且外部的管理设备也可以通过矩阵与 APIC、叶交换机及主干交换机进行通信。

带外管理网络的配置定义了控制器、叶交换机与主干交换机上管理端口的配置。

在高级 GUI 中配置管理网络，读者需要导航到"Tenant"菜单项。mgmt（管理）租户包含带内与带外网络所有的详细配置信息，双击进入 mgmt 租户。接下来的示例将配置一个带外网络。高级 GUI 具有静态地址分配或基于一个地址池的自动化分配能力——最佳实践是后者。基于一个池时，新添加到矩阵的交换机会自动获得一个地址，并且可以直接利用现有的策略，无须人工干预。请按以下步骤配置带外网络。

步骤 1　在导航窗格中，展开租户 mgmt。

步骤 2　右键单击"Node Management Addresses"，然后单击"Create Node Management Addresses"以创建节点的管理地址。

步骤 3　在"Create Node Management Addresses"对话框中，执行如下操作。

a）在"Policy Name"字段中，输入一个策略名称（switchOob）。

b）在"Nodes"字段中，选中相应的叶与主干交换机（leaf1、leaf2 及 spine1）。

c）在"Config"字段中，选中"Out-of-Band Addresses"旁边的复选框。

> **提示**　此时带外 IP 地址区域将被显示。

d）在"Out-of-Band Management EPG"字段中，从下拉列表内选择该 EPG（default）。

e）在"Out-of-Band IP Addresses"与"Out-of-Band Gateway"字段中，输入想要分配给交换机的 IPv4 或 IPv6 地址，单击"OK"。

至此，节点的管理 IP 地址就配置好了。注意，必须为叶与主干交换机，以及 APIC 配置带外管理地址。

步骤 4 在导航窗格中，展开"Node Management Address"，然后单击创建的策略。工作窗格将显示该交换机的带外管理地址。

步骤 5 在导航窗格中，展开"Security Policies"→"Out-Of-Band Contract"。

步骤 6 右键单击"Out-Of-Band Contract"，然后单击"Create Out-Of-Band Contract"。

步骤 7 在"Create Out-Of-Band Contract"对话框中，执行如下任务。

a）在"Name"字段中，输入一个合约的名称（oob-default）。

b）展开"Subject"。在"Create Out-Of-Band Contract"对话框的"Name"字段中，输入一个主题（Subject）名称（oob-default）。

c）展开"Filters"（过滤器），然后在"Name"字段中，从下拉列表内选择过滤器的名称（default）。单击"Update"，然后单击"OK"。

d）在"Create Out-Of-Band Contract"对话框中，单击"Submit"。

一个可应用于带外 EPG 的带外合约就创建完毕了。

步骤 8 在导航窗格中，展开"Node Management EPGs"→"Out-of-Band EPG-default"。

步骤 9 在工作窗格中，展开"Provided Out-Of-Band Contracts"。

步骤 10 在"OOB Contract"列里面，从下拉列表内选择所创建的带外合约（oob-default）。单击"Update"，然后单击"Submit"。这时就完成了合约与节点的管理 EPG 之间的关联。

步骤 11 在导航窗格中，右键单击"External Network Instance Profile"，然后单击"Create External Management Entity Instance"。

步骤 12 在"Create External Management Entity Instance"对话框中，执行如下操作。

a）在"Name"字段中，输入一个名称（oob-mgmt-ext）。

b）展开"Consumed Out-Of-Band Contracts"字段。从"Out-Of-Band Contracts"下拉列表内，选择所创建的合约（oob-default）。单击"Update"。选择带外管理 EPG 所提供的同一个合约。

c）在"Subnets"字段中，输入子网地址。单击"Submit"。只有在这里所选择的子网地址，才可以用于交换机的管理。此处未包含的子网地址则不可以。

节点的管理 EPG 附着到了外部的网络实例配置描述。至此，带外管理的连通性就配置好了。

> **提示**　依次单击 "Fabric" → "Fabric Policies" → "Global Policies" → "Connectivity Preferences" 选项，
> 在 "Connectivity Preferences" 页面上单击 "ooband"，这样 APIC 服务器默认的管理连通性模式即
> 设定为带外管理访问。

> **提示**　APIC 带外管理连接的链路传输速率必须为 1Gbit/s。

3.3.4　矩阵策略

矩阵策略可以在 APIC GUI 的 "Fabric" 选项卡上找到，主要包含矩阵本身的配置（比如 IS-IS、管理访问、MP-BGP 以及矩阵的 MTU）。正常情况下，本节所涉及的大多数策略无须变更，建议也不要修改它们。然而，还是有若干策略值得考量，故在本节中讨论。

1. NTP

在以应用为中心的基础设施（ACI）矩阵内部，时间同步是诸多监控、操作及排障任务所仰仗的关键能力。时钟同步对于流量的正确分析，以及跨多个矩阵节点的关联性调试、故障时间戳至关重要。

一个或多个设备上存在的时间偏移，会妨碍正确地诊断及解决常见的操作问题。此外，只有时钟同步了，才能充分发挥 ACI 内置的原子计数器能力——应用的健康指数即有赖于此。在高级 GUI 中，配置 NTP 的过程如下。

步骤 1　在菜单栏上，依次选择 "Fabric" → "Fabric Policies"。

步骤 2　在导航窗格中，依次选择 "Pod Policies" → "Policies"。

步骤 3　在工作窗格中，依次选择 "Actions" → "Create Date and Time Policy"。

步骤 4　在 "Create Date and Time Policy" 对话框中，执行如下操作。

a）输入一个策略的名称，以区分客户环境下的不同 NTP 配置。单击 "Next"。

b）单击加号以指定要部署的 NTP 服务器（提供者）信息。

c）在 "Create Providers" 对话框中，输入所有相关信息，包括如下字段：Name、Description、Minimum Polling Intervals 及 Maximum Polling Intervals。

如果要创建多个 NTP 提供者，那么要在最可靠的 NTP 源上选中 "Preferred" 复选框。

在 "Management EPG" 下拉列表内，如果矩阵上所有的节点都可以通过带外管理访问到 NTP 服务器，那么请选择 "Out-Of-Band"。如果已部署了带内管理，那么可参考关于 NTP 带内管理的细节。单击 "OK"。

为创建每个 NTP 提供者，重复上述步骤。

步骤 5　在导航窗格中，依次选择"Pod Policies"→"Policy Groups"。

步骤 6　在工作窗格中，依次选择"Action"→"Create Pod Policy Group"。

步骤 7　在"Create Pod Policy Group"对话框中，执行如下操作，以创建新的 Pod 策略组。

a）输入一个策略组的名称。

b）在"Date Time Policy"字段中，从下拉列表内选择之前创建的 NTP 策略。单击"Submit"。至此，Pod 策略组已创建好。可选地，读者也可以只利用默认的 Pod 策略组。

步骤 8　在导航窗格中，通过"Pod Policies"→"Profiles"来选择 Pod 配置描述。

步骤 9　在工作窗格中，双击所需的 Pod 选择器名。

步骤 10　在"Properties"区域的"Fabric Policy Group"下拉列表内，选择所创建的 Pod 策略组。单击"Submit"。

2．路由反射器

BGP 路由反射器策略控制 MP-BGP 是否在矩阵内部运行，以及哪些主干节点应作为 BGP 反射器。ACI 初始化时，MP-BGP 并未在矩阵内部启用。然而，在大多数情况下，必须启用 MP-BGP，以允许在矩阵范围分发外部的路由信息。

值得注意的一点是，BGP 自治系统编号（ASN）是一个矩阵范围内的设置，它会应用到同一个 APIC 集群所管理的全部 Pod，且在 Multi-Pod 网络环境下是唯一的。

在矩阵内部启用并配置 MP-BGP，可修改"Fabric Policies"选项卡"Pod Policies"下的"BGP Route Reflector"——BGP 路由反射器的默认策略。然后，将默认的 BGP 路由反射器策略添加至 Pod 策略组与 Pod 配置描述，以使该策略生效。

3.4　管理软件版本

以往，客户会在维护窗口中花费很多时间逐一地升级单个交换机。如今，ACI 使这种设备固件的传统管理方式成为历史。APIC 将整个网络视为单一的实体或矩阵，而不是一大堆的单个设备。ACI 强化了对整个矩阵以及控制器的软件映像管理，并将其包裹在一个易于管控的流程之中。后续章节将分别考察固件管理流程里面的每一个部分。总体而言，ACI 矩阵的升级或降级步骤如下。

> **提示**　除非在特定版本的发布说明中另有规定，否则不同版本的升级与降级的过程/步骤是相同的。

步骤 1　将 ACI 的控制器映像（APIC 映像）下载至仓库。

步骤 2　将 ACI 的交换机映像下载至仓库。

步骤 3　升级 ACI 的控制器集群（APIC）。

步骤 4　验证矩阵是否工作正常。

步骤 5　将交换机分成多个组（比如分成两组：红色组与蓝色组）。

步骤 6　升级红色组的交换机。

步骤 7　验证矩阵是否工作正常。

步骤 8　升级蓝色组的交换机。

步骤 9　验证矩阵是否工作正常。

此外，有关 ACI 矩阵升级/降级的一般准则如下。

- 将交换机分成两个或更多的组，一次升级一个组。这样将保证冗余服务器的连通性，就不会在升级窗口期间完全丧失矩阵带宽。

- 不升级或降级归属于禁用配置区域的节点。

- 除非在特定版本的发布说明中另有规定，否则可以先升级控制器，再升级交换机；反之亦然（先升级交换机，再升级控制器。但不推荐，以官方发布的说明为准）。

- 特定的版本或版本组合可能对升级或降级过程有一些限制及建议。在升级或降级 ACI 矩阵之前，请仔细查阅版本的发布说明。若发布说明中未指出任何限制或建议，即可遵循上述步骤。

3.4.1　固件仓库

ACI 固件仓库是一个分布式的、存放升级或降级 ACI 矩阵所需固件映像的仓库。固件仓库在集群的每个控制器上都是同步的。在配置了下载任务之后，固件映像就会从外部服务器（HTTP 或 SCP）下载至仓库。另一个选择是通过上传任务，从本地计算机的文件夹上传固件。仓库中可以存放如下 3 种类型的固件映像。

- 控制器/APIC 映像：该映像是运行在 ACI 控制器（APIC）上的软件。

- 交换机映像：该映像是运行在 ACI 交换机上的软件。

- 目录映像：该映像由思科所创建的内部策略组成。这些内部策略包含不同硬件型号的能力、不同版本软件的兼容性，以及硬件与诊断测试的信息。该映像通常与控制器映像一起捆绑升级。除非在特定版本的发布说明中特别指示，否则管理员永远无须单独升级一个目录映像。

固件通过两个独立的任务被添加至仓库。首先，控制器软件被添加到仓库，并在控制器之间进行复制。其次，交换机映像被上传到仓库，也在控制器之间进行复制。目录映像是控制器映像的一部分，在控制器映像被添加时会自动携带。

检查上述任务的状态，可执行如下步骤。

步骤 1　在导航窗格中，单击"Download Tasks"。

步骤 2　在工作窗格中，单击"Operational"以查看映像的下载状态。

步骤 3　在导航窗格的下载达到 100% 之后，单击"Firmware Repository"。工作窗格将显示已下载的版本号与映像大小。

3.4.2　控制器固件和维护策略

控制器固件策略指定控制器所需的软件版本。在控制器软件被添加至固件仓库之后，控制器软件策略可以被修改，用于指定待升级或降级的目标软件版本。控制器维护策略决定了控制器的升级何时启动。控制器固件策略与控制器维护策略适用于集群中的所有控制器。执行一次软件升级的步骤如下。

步骤 1　在导航窗格中，单击"Controller Firmware"。在工作窗格中，依次选择"Actions" → "Upgrade Controller Firmware Policy"。在"Upgrade Controller Firmware Policy"对话框中执行步骤 2 指定的操作。

步骤 2　在"Target Firmware Version"字段中，从下拉列表内选择待升级的映像版本。在"Apply Policy"字段中，单击"Apply Now"按钮。单击"Submit"。"Status"对话框会显示消息"Changes Saved Successfully"，然后升级过程开始。APIC 会被逐个升级，以便升级期间的控制器集群可用。

步骤 3　单击导航窗格里面的"Controller Firmware"，以验证工作窗格之中的升级状态。

提示　控制器的升级顺序是随机的。每个 APIC 至少需要 10min 才能完成升级。一个控制器升级到新的映像后，它会暂时脱离集群，并基于新版本重新启动——在此过程中，集群的其他 APIC 仍正常工作。一旦该控制器重新启动，它就会再次加入集群。然后，集群收敛，下一个控制器开始升级映像。如果集群没有立即收敛并 fully-fit，那么升级过程将停下来等待。在此期间，每个 APIC 的状态列都会显示一条消息"Waiting For Cluster Convergence"。

提示　当浏览器所连接的 APIC 正在升级或重新启动时，浏览器会显示一条错误消息。

步骤 4   在浏览器的 URL 框中，输入已完成升级的 APIC URL，然后根据提示登录该控制器。

1. 固件组与策略

一个固件组是关于 ACI 如何分组矩阵之中的交换机，并配置一个固件策略。固件策略为组内的交换机指定所需的固件版本。换句话说，它们表示了所有这些交换机都属于这个固件级别。通常而言，一个矩阵之中的所有交换机都属于同一个固件组。然而，这些策略的出现使得客户能够将交换机分为不同的组，进而具备不同的固件策略或目标固件版本。这些策略仅负责确定软件版本，修改它们不会触发升级。

2. 维护组与维护策略

一个维护组包含一组交换机，以及为它而配置的一个维护策略。维护策略指定一个升级计划，并应用于之前定义的固件组与固件策略。有了维护组，企业就可以在可管可控的前提下，临时性或者有计划地对整个矩阵进行升级。此外，如果连接 ACI 矩阵的设备是冗余的，那么在执行升级时，维护组就几乎不会对生产数据造成中断。大多数客户采用如下的 2-分组方式。

步骤 1   将交换机分为两组：红色组与蓝色组。将一半的主干交换机放在红色组，另一半放在蓝色组。同样，将一半的叶交换机放在红色组，另一半放在蓝色组。

步骤 2   升级红色组。

步骤 3   在红色组升级完毕后，确认矩阵是否正常。

步骤 4   升级蓝色组。

对于风险异常敏感的客户，可能会选择如下的 4-分组方式。

步骤 1   将交换机分为 4 组：红主干组、蓝主干组、红叶交换机组与蓝叶交换机组。将一半的主干交换机放在红主干组，另一半放在蓝主干组。然后，再将一半的叶节点放在红叶交换机组，另一半放在蓝叶交换机组。

步骤 2   升级红叶交换机组。

步骤 3   在红叶交换机组升级完毕后，确认矩阵是否正常。

步骤 4   升级蓝叶交换机组。

步骤 5   在蓝叶交换机组升级完毕后，确认矩阵是否正常。

步骤 6   升级红主干组。

步骤 7   在红主干组升级完毕后，确认矩阵是否正常。

步骤 8   升级蓝主干组。

如上所述，4-分组方式拉长了升级的过程与时间。企业应自行决定哪种升级过程适用于其环境。

3. 调度器的使用

调度器能够为诸如 APIC 集群与交换机的升级操作指定一个时间窗口。时间窗口可以是"只此一次"或在每周的特定日期与时间上重复触发。本节介绍调度器如何应用于升级。关于调度器的详细信息，可参阅思科官网文档"Cisco Application Centric Infrastructure Fundamentals"。

> **提示**　在集群进行升级时，只有版本相同的 APIC 才能加入。交换机加入矩阵时不会自动升级。

大多数 IT 组织有日常的维护窗口。调度器可以自动开始集群的升级与交换机的升级。下面将更详细地讨论其中的每一个过程。

- **APIC 集群升级**：有一个默认的调度器对象供 APIC 升级使用。虽然通用的调度器对象具备多种属性，但只有"开始时间"属性可以由客户配置，并用于 APIC 集群的升级。如果指定开始时间，那么 APIC 升级调度器将从指定的开始时间启动，持续时间为一天。在活动窗口期这一天的任何时间，如果控制器的运行版本不等于目标版本，那么调度器就会自动开始集群的升级。当调度器用于 APIC 集群的升级时，其余参数都不可配。注意，读者还可以通过一次性触发来进行 APIC 升级，而不使用调度器。这种一次性触发也称为"立即升级"（upgrade-now）。

- **交换机升级**：调度器可以被附加到维护组。一个附加到交换机维护组的调度器具有多个可配置的参数，比如下面这几个。

  - startTime：活动窗口的开始时间。

  - concurCap：同时升级的节点数。

  - Duration：活动窗口的持续时间。

在活动窗口期的任何时间，如果维护组里面任何交换机的运行版本不等于目标版本，那么该交换机将具备升级资格。在具备升级资格的节点中，以下约束将用于升级节点的选择。

- 当前正在升级的节点数不超过 concurCap。

- 一次只升级 vPC 对里面的一个节点。

- 在节点开始升级之前，APIC 集群的健康状况应该是正常的。

3.4.3　配置管理

在配置管理领域，与传统架构相比，ACI 具有明显的优势——在数据中心所有设备上备份与维护配置从未如此简单。ACI 的 "配置快照" 特性允许在几秒钟内完成临时性或计划中的配置快照。这些已知且良好的配置可以快速地比较及回滚。想象一下，在维护窗口前准备了一个快照。在维护窗口期间，当确定需要回滚配置时，只需要单击几下鼠标即可执行回滚——在几秒之内就能完成。如果读者正在利用本章来配置或部署第 1 个 ACI 矩阵，那么现在就是执行一次备份的契机——在出现配置问题时，现在这个 "干净" 的配置即可用于回滚。接下来会更详尽地介绍配置管理。

1. 配置快照

配置快照是配置备份的存档，它被存储（并复制）在控制器的管理文件夹中。ACI 能够在两个层面上对矩阵的配置进行快照。

- 矩阵。
- 单个租户。

这些快照彼此独立分组，可用于比较配置差异或随时进行回滚。以下是回滚一个快照时系统所采取的若干操作。

- 已删除的管理对象被重新创建。
- 新创建的管理对象将被删除。
- 被修改的管理对象将恢复为之前的状态。

快照可以存储在 APIC 上，或者发送到一个远端位置保存。快照被发送到 APIC 之外后，可以随时再重新导入。为保护客户信息，可以采用 AES-256 加密来导入与导出安全设置，这可以通过配置一个 16～32 字符的密码实现。基于管理员所设置的一个时间点，ACI 还能够定时重复快照，如图 3-15 所示。

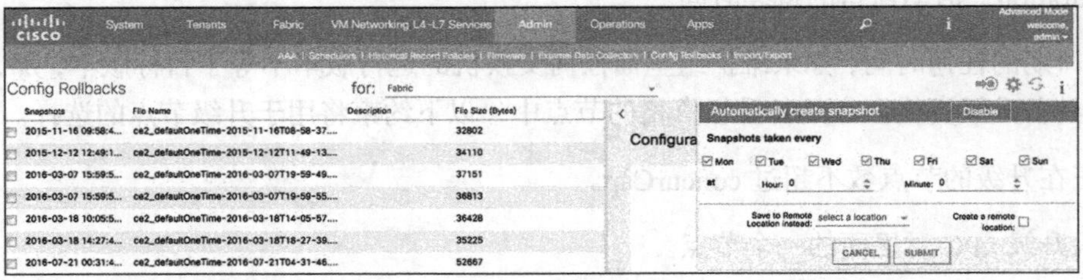

图 3-15　基于调度自动创建快照

快照的配置在基本与高级 GUI 之中均可用。快照不会备份整个 APIC 的配置——如果需要，可参考下面的 "配置备份" 部分。

2. 配置备份

所有 APIC 的策略及配置数据都可以导出并创建备份。这可以通过导出策略来配置，允许预约或即时备份到一台远端服务器。预约备份可配置为定期或重复执行的备份作业。在默认情况下，将备份所有的策略与租户，但管理员可以选择性地指定备份管理信息树中的一个特定子树。通过一个导入策略，备份可以被导入 APIC，从而把系统还原到一个之前的配置。

图 3-16 展示了如何配置一个导出策略。

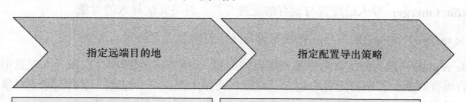

指定远端目的地

指定配置导出策略

管理员定义配置备份将被复制到的远端位置。

- 策略名
- 协议(SCP/FTP/SFTP)
- 主机名/IP地址
- 目录的路径
- 端口
- 用户名
- 密码

创建策略Monthly、协议FTP、主机BigBackup、<路径>、端口21、<用户名>、<密码>

管理员创建新的或利用现有的配置导出策略，指定如下内容：

- 策略名
- 格式 (JSON, XML)
- 目录DN (可选项，默认为全部配置)
- 远端目的地
- 调度器
- 状态 (触发/未触发)

指定策略Monthly、格式XML、目录/全部配置、目的地BigBackup、FTP站点、按月调度、状态触发

图 3-16　配置一个导出策略

APIC 将以如下方式应用该策略。

- 每月执行一次完整的系统配置备份。

- 备份以 XML 格式存储在 BigBackup FTP 站点。

- 策略被触发（处于活动状态）。

> **提示**　管理配置备份，可导航至 "Admin" → "Import/Export"，在左侧的导航窗格中即可找到 "Export Policies"。在这里，读者还可以发现为思科 TAC 导出信息的策略（如果需要的话）。

恢复配置与备份配置的能力同等重要。管理员可以创建一个导入策略，以如下两种模式之一实现。

- **Best-effort**：忽略数据分片（数据分区）中无法导入的对象。如果要导入配置的版本与现有系统不兼容，那么对于能导入的尽力而为；忽略不兼容的分片。

- **Atomic**：包含无法导入对象的整个数据分片（数据分区）将被忽略；可导入的分片则继续处理。如果要导入配置的版本与现有系统不兼容，那么终止导入。

导入策略支持如下模式与类型的组合。

- **Best-effort merge**：导入的配置与现有的配置合并，忽略无法导入的对象。

- **Atomic merge**：导入的配置与现有的配置合并，忽略包含无法导入对象的分片。

- **Atomic replace**：导入的配置数据覆盖现有的配置。删除现有配置中存在而导入配置中不存在的所有对象。若现有配置中包含子对象，而导入配置中不包含，那么删除子对象。比如，现有配置包含两个租户（"solar"与"wind"），而导入的备份是在租户"wind"被创建之前保存的——租户"solar"从备份中恢复，而租户"wind"被删除。

图 3-17 展示了如何配置一个导入策略。

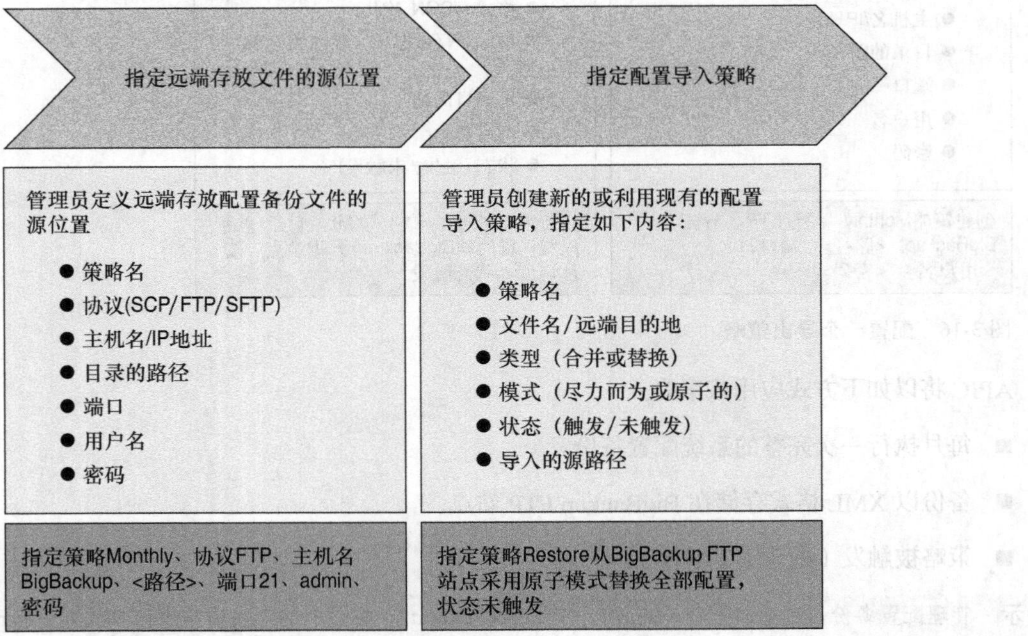

指定远端存放文件的源位置

指定配置导入策略

管理员定义远端存放配置备份文件的源位置

- 策略名
- 协议(SCP/FTP/SFTP)
- 主机名/IP地址
- 目录的路径
- 端口
- 用户名
- 密码

管理员创建新的或利用现有的配置导入策略，指定如下内容：

- 策略名
- 文件名/远端目的地
- 类型（合并或替换）
- 模式（尽力而为或原子的）
- 状态（触发/未触发）
- 导入的源路径

指定策略Monthly、协议FTP、主机名BigBackup、<路径>、端口21、admin、密码

指定策略Restore从BigBackup FTP站点采用原子模式替换全部配置，状态未触发

图 3-17　配置一个导入策略

APIC 以如下方式应用该策略。

步骤 1　创建一个策略，从月备份中执行一次完整系统配置还原。

步骤 2 以原子替换模式执行如下操作。

a）覆盖现有配置。

b）删除导入文件中不存在的任何现有配置对象。

c）删除导入文件中不存在的子对象。

步骤 3 该策略未触发（可用但尚未被激活）。

3.5 小结

ACI 是一个特性丰富且可扩展的数据中心矩阵，它可为应用和服务提供安全和性能保障。ACI 为下一代数据中心网络提供关键特性，其设计符合以下要求：高适应性、虚拟化、高效和可扩展性。了解并启用 ACI 的基本特性和要求，对构建一个矩阵非常重要。

本章介绍了以下主题。

■ 投入生产的 ACI 矩阵上建议的和必须开启的服务。

■ 生产网络需要管理网络的支持。ACI 支持带内和带外管理网络。

■ 应用策略基础设施控制器（APIC）使用快速、简单的安装脚本。选择正确的基础设施网络和 VLAN 非常重要。

■ 有多个接口支持 ACI 的配置。使用 GUI 时，可选择基本模式或高级模式。

■ 在基本模式和高级模式下配置必需的服务的方法。

■ 成为 ACI 专家需要掌握驱动配置形成的策略。本章阐述了高级模式下的接入策略和矩阵策略。

■ 生产网络需要进行软件和配置管理。本章探讨了固件维护策略，以及配置的存档和回滚。

■ 对生产网络来说，控制和管理对网络资源的访问至关重要。ACI 深入支持基于角色的访问控制（RBAC）。

掌握了上述信息，读者就可以轻松地开始对 ACI 矩阵进行构建和探索。

第 4 章

ACI 与虚拟化技术集成

在本章中，读者将学习以下内容。

- 整合 ACI 与虚拟化技术给虚拟化及网络专业人员带来的好处。

- 深入研究 ACI 与 VMware vSphere、Microsoft System Center 虚拟机管理器、OpenStack、Docker 容器及 Kubernetes 的集成。

- ACI 与虚拟化技术集成的设计建议与注意事项。

4.1 为什么要集成

近十几年，除非读者所属的组织一直与世隔绝，否则数据中心极可能已经部署了服务器虚拟化技术。这意味着其中一些服务器已安装了虚拟化软件，其上运行的虚拟机直接连通的并不是传统物理交换机，而是 Hypervisor 上的虚拟交换机。

在过去数年中，另一项发展迅猛的技术也使用了虚拟交换机——Linux 容器（在以简化方式管理 Linux 容器的 Docker 公司创立之后，通常被称为 "Docker" 容器），得到了微服务应用架构与 DevOps 潮流等其他行业趋势的认可。

ACI 与虚拟化技术相结合，将为虚拟化管理员带来如下显著优势。

- 网络虚拟化，或程式化部署虚拟机及配置网络策略的可能性。

- 更多网络功能，如数据中心互联、多租户与微分段。

- 无须学习网络技术。ACI 确保虚拟化工作负载与数据中心的其余部分具有一致的网络策略。

- 更快地解决网络问题。由于整个网络的管理与排障是集中进行的，因此识别并修复网络问题要容易得多，不必同时操作虚拟网络与物理网络所对应的不同控制台。

- 网络管理流程（比如，添加新虚拟交换机或备份虚拟交换机配置）由网络管理员利用 ACI 工具实施。

- 虚拟化管理员还可以从其虚拟化控制台（比如，VMware vSphere 上的 vCenter 或 OpenStack 之中的 Horizon）直接部署虚拟网络，而无须牵涉网络团队。

同样，网络管理员也将在 ACI 与虚拟网络环境的整合中获益。

- 通过整合数据中心所有端点的信息（包括虚拟机与 Docker 容器），ACI 大幅增强了对网络可用性的洞察。

- 举例来说，在排查网络故障时，问题原因可能位于网络的虚拟部分，也可能是物理部分，而整合所能提供的额外信息将密切相关。利用 ACI 内置工具，如适用于数据中心所有工作负载的 Troubleshooting Wizard（排障向导）与 Endpoint Tracker（端点追踪器），将有助于缩短网络问题的解决时间。

- 通过整合，在数据中心上部署一致的网络策略将变得更加容易，并独立于应用工作负载的具体形态。

- 带宽管理会更精确，因为网络能感知所有业务流，包括那些涉及虚拟机与 Docker 容器的流量。

本章接下来的部分将详细介绍上述优势。

4.2　虚拟机与容器网络

服务器虚拟化与 Linux 容器都是非常重要的技术，可提高数据中心效率，但同时也给网络管理员带来了挑战。其主要原因在于，它们都不是纯粹的计算技术，还有一个重要方面——网络，需要操作并管理。

基本上，虚拟机与容器的网络体系结构是相似的：它们都位于物理主机内部（暂且忽略嵌套虚拟化的场景），都拥有自己的 MAC 地址以及 IPv4 或 IPv6 地址。底层操作系统掌管一组固定的物理网络接口，可在当前所有虚拟机之间共享。

请注意，这里稍显简略了，因为容器与虚拟机之间的网络仍存在根本差异。比如，容器没有自己的 TCP 栈，仅仅使用了宿主机网络协议栈上的命名空间，这与路由器上的 VRF 相当；而虚拟机自带 TCP，完全独立于 Hypervisor 上的协议栈。然而，上述差异并不影响本节所讨论问题的实质。

大多数的虚拟化与容器技术通过操作系统内部的虚拟交换机为逻辑计算实例（虚拟机或容

器）提供网络连接，如图 4-1 所示。尽管物理主机上的网络接口卡（NIC）通过线缆连接到传统交换机（图 4-1 中实线所示），但虚拟交换机的连通（虚线所示）通常由虚拟化软件控制，并可以动态修改。

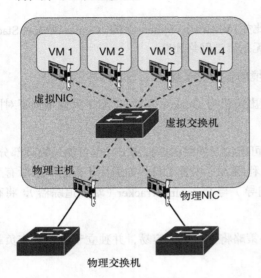

图 4-1　Hypervisor 上的整体网络架构

这种架构也带来了若干挑战。

- 谁来管理这些物理主机内部的虚拟交换机？一些虚拟化管理员也有能力管理网络。然而，在许多场景下，复杂的网络配置及概念，包括精密的网络安全和 QoS 等，并非他们的核心技能。

- 虚拟机与物理机的网络策略是否应一致？嵌入 Hypervisor 的虚拟交换机，其功能可能不同于专用以太网交换机——后者的软硬件已演化了 20 年。然而，从网络及安全的角度而言，数据中心上所有工作负载都应具有一致的策略。如何基于不同的软件能力与管控理念来实现这种一致性？

- 如何从整体上管理和排障网络？在数据中心发生的任何事故中，网络通常是人们寻找罪魁祸首时的首选。然而，使用两套（或更多）不同的工具集，分别管理并排障网络的不同部分，不一定就能更轻松地找到网络问题的根本原因。

此外，当引入更多的虚拟化供应商及技术时，情况可能会变得更复杂。比如，图 4-2 描绘了一个多种技术共存的示例，如网络虚拟化、Linux 容器以及位于同一网络之上的裸机服务器。

在此场景下，至少有 3 个不同的网络需要管理并排障：物理交换机、Hypervisor 上的虚拟交换机以及 Linux 容器宿主机内的虚拟交换机。更重要的是，如果有多家 Hypervisor 供应商（大多数公司有双重 Hypervisor 策略）与多种容器框架（容器仍然是一项新兴技术，因此依据其成熟度，IT 部门可能会同时部署多种框架），那么情况将变得极具挑战。

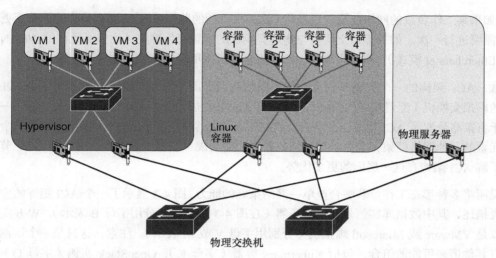

图 4-2　网络视角下的多种技术共存

在最坏的情况下，用户将不得不单独评估每台虚拟交换机的功能，依据其工作负载搭配不同的网络管理流程，并分别针对在裸机服务器、虚拟机及容器上部署的应用，配置不同的网络策略与安全策略。

4.2.1　ACI 与虚拟交换机集成的优势

ACI 可以缓解上述问题。如前所述，ACI 基于一个集中式仓库，它位于应用策略基础设施控制器（APIC），并由 APIC 将网络策略分发至各台交换机。

该概念的扩展自然而然，以便网络策略不但可以部署到物理交换机，而且可以部署到位于 Hypervisor 或 Linux 容器宿主机上的虚拟交换机。这样，工作负载的网络策略及安全策略与其具体形态（裸机、虚拟机或 Linux 容器）无关，且网络可以作为一个整体来管理。

- 如果应用工作负载在不同的形态间迁移（比如从虚拟机迁移到容器，或从一台虚拟机迁移到另外一台），那么在新平台上，系统管理员无须重新制造"轮子"——之前的网络策略也将一致地应用于新 Hypervisor。

- 通过为所有工作负载提供单一面板，网络的排障能力得到了极大提高。查找问题的根本原因变得更容易，因为网络管理员可以端到端地查看网络流量，而不再仅仅看到一座座"孤岛"。

■ 网络管理变得非常简单，因为数据中心所有工作负载的网络信息都包含于同一个仓库，
   具备一致的应用程序编程接口（API）及软件开发工具包（SDK）。

■ 如果某工作负载的网络配置发生变化（比如由于新的监管要求），那么相应的策略变更只
   需要进行一次。如果虚拟交换机与物理交换机的配置产生冲突（比如所允许的 VLAN、
   Etherchannel 模式），那么这个统一的策略仓库可以更轻松地发现这种不一致。

注意，ACI 架构的一个关键是它能够为不同的数据平面（物理交换机以及不同 Hypervisor
上的虚拟交换机）配置相同的策略，这来源于 OpFlex 协议的声明式（Declarative）特性——
用于将策略分发至 ACI 矩阵上的各台交换机。基于命令式（Imperative）模型、配置单个矩
阵元素的其他网络框架，会更难与异构的数据平面集成。读者可参阅本章稍后的 4.2.7 节，
以了解 ACI 架构在这一层面的更多优势。

为说明将多种形态工作负载整合至单一网络策略的能力，图 4-3 展示了一个 ACI 矩阵的应用
配置描述，其中数据库实例是裸机服务器（在图 4-3 的下半部分用字母 B 表示），Web 实例
可以是 VMware 或 Microsoft 虚拟机（分别用字母 V 或 M 表示）。注意，这只是一个示例，
还有其他诸多可能的组合，包括 Kubernetes 容器（字母 K）、OpenStack 实例（字母 O）及
Red Hat Virtualization 虚拟机（字母 R）。

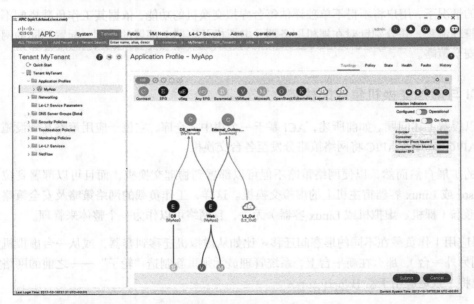

图 4-3   带有多种集成示例的应用配置描述（Application Profile）

在这个例子的应用设计中，网络策略是独立于工作负载类型确定的。为应用架构指定 ACI
合约、层级划分及其外部连通性时，无须事先知晓细节，比如该应用架构将被部署至哪种

Hypervisor。

因此，采用物理服务器还是虚拟机，甚至是 Docker 容器的决定，可以在稍后的阶段进行——还能够确保之前所定义的网络策略将得以遵从。

4.2.2 ACI 集成与软件叠加（Overlay）网络的比较

传统网络中的管理平面已经从分布式演进为更现代的集中式（如同 ACI）；沿着同样的路径，Hypervisor 供应商也提出了集中管理虚拟交换机的概念。

对于仅在 ISO/OSI 模型第 2 层（即无任何 IP 功能）工作的虚拟交换机，Hypervisor 供应商遇到了一个根本性的问题：如何跨多个 Hypervisor 创建网络分段，而无须管控物理网络？这就是其中一些厂商转向 VXLAN 等封装技术的原因。

封装技术对业界而言并不是什么新鲜事物。比如，许多年以来，MPLS 一直是网络管理员创建叠加网络所采用的封装协议。其中主要的区别在于，这里叠加网络的隧道端点（TEP）不是传统的网络设备，而是 Hypervisor 宿主机上的虚拟交换机，因此称之为"软件叠加网络"。

图 4-4 展示了这一基本概念：网络分段（广播域）是在虚拟交换机上创建的，也可用于其他 Hypervisor 的虚拟机。虚拟交换机通过 VXLAN 隧道互连。实质上，它将源自一个 Hypervisor 的虚拟机流量封装进 UDP 数据包，并寻址到另一个 Hypervisor。因此，物理网络只会看到物理主机（即隧道端点）的 IP 地址，而不是虚拟机的 IP 地址（在隧道内 VXLAN 数据包的有效载荷中）。在需要与叠加网络之外的其他工作负载通信时，网关将把这些基于 VXLAN 的流量桥接或路由到连通外部世界的物理网络上。

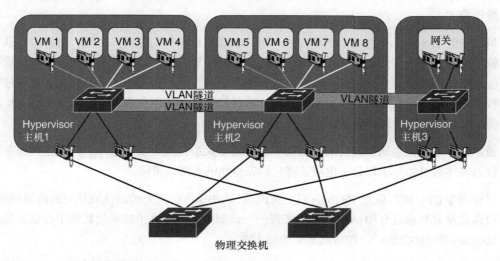

图 4-4　软件叠加网络的通用架构

如前所述，基于软件的叠加技术解决了特定平台上的特定问题。如果读者正在使用 VMware vSphere ESXi 作为 Hypervisor，那么可以借助 VMware 的某种软件叠加网络（比如面向 vSphere 的 NSX）对 VMware 虚拟交换机提供一致性管理。然而，针对网络的其他部分，读者将不得不面对不同的管理平面，包括物理主机、Linux 容器、其他 Hypervisor（如 Microsoft Hyper-V 或 Red Hat Virtualization），甚至是支持其他不兼容叠加技术的不同版本 vSphere（比如用于多种 Hypervisor 的 NSX 或新近发布的 NSX-T）。

与软件网络叠加相比，可覆盖数据中心所有工作负载的集中式网络策略具备更多优势。

- Hypervisor 管理员不需要学习网络技术。大多数软件叠加网络需要照搬庞杂的网络结构，如路由协议、负载均衡以及 Hypervisor 内部的网络安全。这反过来又要求 Hypervisor 管理员也必须是这些领域的专家。

- 管理与排障的一致性如前所述。

- 可以一致地管理带宽。如果一个组织部署了两种叠加技术（比如，基于双重 Hypervisor 策略），那么在网络拥塞时确保关键应用的带宽几乎就不可能了。因为任何一个 Hypervisor 都不知道另一个上面的情况，并且物理网络也不了解隧道之内的流量情况。

在绝大多数工作负载采用某种特定技术运行的数据中心，软件叠加网络可能会被认为是适当的。但即便是这样，也还有一些注意事项需要慎重考量。

- 以 Hypervisor 为中心的软件叠加技术带来了基于 VXLAN 的叠加网络，其设计完全独立于网络的其余部分。相比之下，通过将 VXLAN 扩展到物理交换机及虚拟交换机（比如，面向 vSphere 的 AVS 或面向 OpenStack 的 OVS），ACI 可获得同样好处而不会破坏网络操作模式。

- 当运行以 Hypervisor 为中心的叠加技术时，在虚拟世界与物理世界之间，通常需要基于软件的网关——这代表需要仔细斟酌咽喉要道的配置大小，以免其劣化为瓶颈。尽管某些基于软件的叠加有时也支持硬件网关，但与虚拟交换机所提供的功能相比，它们往往很薄弱。相反，ACI 的分布式架构使得这种网关完全没有存在的必要，因为 VXLAN 的叠加层已完全与物理网络的硬件融合在一起。

- 通常，少数在裸金属上运行的主机很关键，诸如大型机或大型数据库。即便这些服务器仅占整体数量的一小部分，也应该将它们完整地纳入网络策略。

- 尽管当今 CPU 可以应对 10Gbit/s 或更大流量，某些操作仍需要确定性或绝对的网络性能，而这通常只有通过专用 ASIC 才能实现——比如更大的带宽（在现代数据中心很常见的 50Gbit/s 或 100Gbit/s）、加密或复杂 QoS 操作。

- 即便 Hypervisor 上的通用 CPU 可用于流量处理，但网络操作所花费的每一个 CPU 周期对虚拟机将不再可用。因此，用户可能要支付昂贵的硬件费用与 Hypervisor 许可，只是为了在数据中心内移动数据包。超大规模云提供商（如 Microsoft Azure）已经意识到了这一点，它们通常将网络操作从宿主机卸载到 FPGA，以便为虚拟机提供更多的 CPU 周期。

本书的目的并不是为了提供 ACI 与不同软件叠加网络的详细比较，因为围绕这个主题已经有了太多文献。相反，下文开始将详细阐述 ACI 与不同的虚拟化技术如何集成。

4.2.3　虚拟机管理域（VMM Domain）

在进一步讨论与不同 Hypervisor 及其虚拟交换机集成的细节之前，值得先考察一下 ACI 虚拟网络的若干通用层面。

要理解的第 1 个关键概念是虚拟机管理域（VMM 域）。VMM 是控制虚拟化集群的实体，如 Microsoft System Center VMM、VMware vCenter 服务器、Red Hat Virtualization Manager、OpenStack 控制节点以及 Kubernetes 或 Openshift 的主节点。ACI 的 VMM 域代表着 APIC 集群与这些 VMM 之间的一个或多个双向集成。当在 ACI 定义 VMM 域时，APIC 将依次在这些虚拟化主机上创建虚拟交换机。

严格来说，也可以预先创建虚拟交换机，并通过建立 VMM 域以允许 ACI 控制。然而，让 APIC 直接创建虚拟交换机更为切实可行，因为它会用正确的属性来定义虚拟交换机，如 MTU 及邻居发现协议等。

此外，在与诸如 Kubernetes 集成时，虚拟交换机不会由 ACI 创建或管理，这些场景下的关系是单向的：ACI 依据虚拟交换机所发送的信息来正确配置物理矩阵。

对 ACI 而言，VMM 域包含从虚拟化环境里提取出来的全部相关信息。比如，图 4-5 说明 VMware 的 VMM 域如何详尽展示了这些信息，如 vSphere 集群中的宿主机数量，以及每台主机上运行着多少虚拟机。

此外，对于同 VMware 及 Microsoft 的集成，VMM 域也将包含与虚拟化环境数据平面集成的相关信息。图 4-5 也展示了为 Microsoft System Center 虚拟机管理器创建 VMM 域时所需的配置。

值得注意的是，用户还可以在同一个位置指定 Hypervisor 上的物理网卡与 ACI 叶交换机之间的链路如何配置。这里常见的问题是链路配置错误，虚拟化管理员与网络管理员在无意间引入了一些分歧。比如，基于独立链路配置 Hypervisor，而又采用 Etherchannel 配置物理网络。可以想见，这种情形（需要在不同的控制台上比较不同管理员所部署的配置）并不利于故障排除。

比如，Port Channel（端口通道）模式定义了 ACI 如何配置 Hypervisor 宿主机上的物理网卡，以及其所连接的物理交换机端口。以下是可用的选项。

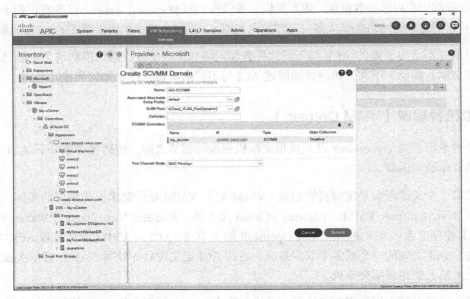

图 4-5　VMM 域显示的相关虚拟化环境

- Static Channel-Mode On：当 Hypervisor 宿主机直连的不是 ACI 叶交换机，而是另一台 2 层设备时，可启用该选项，比如不支持 LACP 的刀片交换机。过去，该选项也适用于不支持 LACP 的虚拟交换机，但现在大多数已支持动态协商的端口通道了。

- LACP Active：这通常是大多数部署中的推荐选项。如果 Hypervisor 连接到两个不同的物理叶交换机，那么必须为其开启 Virtual Port Channel（vPC，虚拟端口通道）。

- LACP Passive：只有当 Hypervisor 与 ACI 叶交换机之间存在中间节点时，比如刀片交换机，才建议采用被动模式的 LACP，并且该刀片交换机也需要设置为 LACP Passive。

- MAC Pinning+：在宿主机上，该机制为每个 vNIC（MAC）选择一个物理网卡，除非出现故障，否则将一直使用该网卡。因此，这相当于没有开启 Etherchannel，因为上游交换机所看到的各 MAC 地址将始终来自同一个物理端口。

- MAC Pinning-Physical-NIC-Load：与 MAC Pinning 类似，但为新虚拟机选择接口之前，会考虑物理 NIC 的负载情况。面向 VMware vSphere 的思科应用虚拟交换机（AVS）不支持此 Etherchannel 模式。

对 Port Channel Mode 字段的填充不是强制性的。如果为空，APIC 仍将配置宿主机上的物理端口，以匹配 ACI 的接入策略对叶节点端口所定义的端口通道策略。

如读者所见，还有其他选项可供指定，比如该集成将从哪个 VLAN 池获取封装标识符，以及 VMM 域将与哪个 AAEP 相关联（对 VMM 域与物理域而言，其 AAEP 的关联方式是一样的，即告知 ACI 在哪个端口上查找隶属于该环境的虚拟化主机）。

当一个或多个集群的虚拟化安装与 VMM 域相关联时，在所有连接到这些集群的端口上，APIC 将自动设置正确的端口通道策略，并确保 VLAN/VXLAN 配置始终来自正确的资源池。此外，针对与 VMM 域相关联的 vCenter 或 SCVMM 服务器上的任何宿主机，EPG 以及允许最终用户 VM 连通性的策略将部署至虚拟交换机及其上连的 ACI 叶节点，从而实现虚拟自动化与物理自动化。

新 VMM 域创建后，将包含虚拟化环境的相关信息。比如，图 4-6 是为 VMware vSphere 配置的 VMM 域，显示了在特定虚拟化主机上运行着的虚拟机。

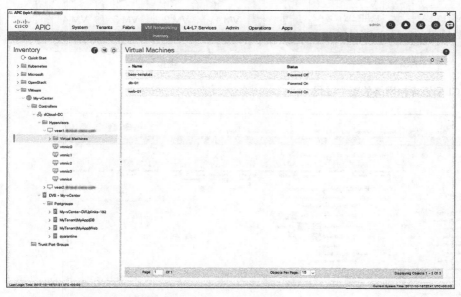

图 4-6　ACI 创建 VMM 域示例的截图

为了把虚拟机配置到任意给定的 EPG（EPG），需要将该 EPG 扩展至 VMM 域。将 EPG 与 VMM 域相关联的行为将触发虚拟交换机上网络对象的创建。比如，对于 VMware，一个与 EPG 同名的端口组（Port Group）将在虚拟交换机上被创建。

在 VMM 域创建后，流程的下一步是关联 EPG，以便在 Hypervisor 的虚拟交换机上创建端口组。图 4-7 说明了这一概念。

为在一组给定的物理端口上部署，EPG 需要与一个或多个物理域相关联；类似地，EPG 也可以与一个或多个 VMM 域相关联（比如，当多个虚拟化集群中的虚拟机被放置于同一 EPG

时）。多个 EPG 显然也可以与单一 VMM 域相关联。关联 EPG 与 VMM 域这一简单动作将触发虚拟化环境中虚拟网络分段的创建，以提供虚拟机的连通性。图 4-8 显示了一个 GUI 上的例子，它将向 EPG 添加一个 VMM 域的关联。

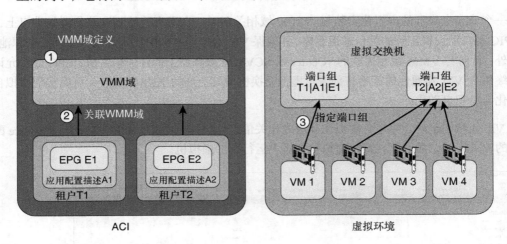

图 4-7　ACI 配置虚拟网络的整个过程

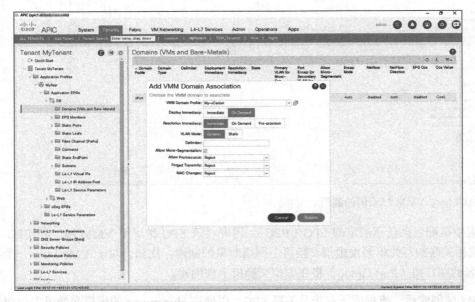

图 4-8　将 EPG 与 VMM 域相关联

VLAN 或 VXLAN 均可用于 Hypervisor 与 ACI 物理叶交换机之间的数据平面通信。这些 VLAN 或 VXLAN 无须由网络管理员显式配置，而是从分配给该 VMM 域的 VLAN 或 VXLAN

池中动态选取。只有一个 VLAN 或 VXLAN 池可以与给定 VMM 域相关联。

当然，也可以手工将特定的 VLAN 或 VXLAN ID 分配给某个 EPG。但基于简单性及一致性的考虑，总体的建议还是让 ACI 动态挑选一个。注意，ACI 将在虚拟交换机上自动配置指定的 VLAN。如果虚拟化管理员修改了它，那么 APIC 会将其标记为不匹配，并记录为一个告警。

注意，因为 VLAN ID 在 ACI 上是本地意义的（对于使用它的叶交换机甚至是端口），所以可以在两个不同的 VMM 域中复用相同的 VLAN ID。假设有两个 vSphere 集群 A 和 B，那么在分配给这两个 VMM 域的 VLAN 池中，可以复用相同的 VLAN ID。这大大增强了虚拟数据中心的 VLAN 可扩展性。

然而，在一个数据中心，如果不是已接近 4 096 个 VLAN 的理论极限（实际数字略低），那么并不推荐该方式，因为带有相同 VLAN ID 的多个不同虚拟网络可能会让不熟悉 ACI 的专业人员倍感迷惑。

如图 4-8 所示，将 VMM 域与 EPG 相关联时，有若干设置可以控制 VLAN ID 及 VXLAN ID 的部署位置与时机。

■ Resolution immediacy（解析即时性）：这是关于"何处"的设置（换句话说，已选择的 VLAN 或 VXLAN 将被部署到哪个端口）。该设置有如下 3 个选项。

● Pre-provision（预开通）：新 VLAN 将配置在所有关联了 Attachable Access Entity Profile（AAEP，包含 VMM 域）的端口上。本书的其他部分对 AAEP 进行了更详细的说明，但读者可将它们视为一组已经分配了 VLAN 的端口。建议将此预开通设置用于关键性 EPG，比如 Hypervisor 管理 EPG，或不直连 ACI 叶交换机的 Hypervisor 宿主机。思科 AVS 不支持该模式。

● Immediate（立即）：新 VLAN 将仅配置在那些连通虚拟化主机（从属于 VMM 域）的端口上。ACI 通常采用 OpFlex 协议来检测虚拟交换机所连接的物理端口。如果 OpFlex 不可用（比如在 VMware VDS 场景下），那么可通过 CDP 或 LLDP 来确定这一信息。

● On Demand（按需）：新 VLAN 将仅配置在连通虚拟化主机（从属于 VMM 域并带有附着到 EPG 的活动虚拟机）的端口上。再一次，OpFlex（或在其缺席时，CDP 或 LLDP）将用于确定宿主机的连通性。该选项可以最有效地利用 ACI 叶节点上的硬件资源，并支持跨整个虚拟化集群的虚拟机热迁移（在 VMware 术语中称为 vMotion）。

■ Deployment immediacy（部署即时性）：这是关于"何时"的设置（或者更具体地说，策略将在何时被程式化到硬件上）。在这里，用户有以下两种选择。

- Immediate：新策略（VLAN、VXLAN、合约等）在叶交换机下载后将被立即程序化至硬件。可以想见，采用该选项会对资源产生重要影响，因为任何交换机的硬件资源都是有限的。

- On Demand：仅在叶节点的端口上收到第 1 个数据包后，新策略才会被部署到硬件。该选项节省了叶节点的资源。特别是考虑到并不是所有的虚拟化主机都会在每一个 EPG 上拥有虚拟机，因而在总体上推荐该选项。

采用哪个选项高度依赖于环境，以及是否接近了可扩展性上限。以下示例应该很好地说明了在具体的案例中，解析即时性与部署即时性的最佳组合是什么。

- 如果用户环境下的 EPG 少于 1 000 个，那么远低于每叶节点的 EPG 可扩展性限制（3 500 个 EPG+BD）。这意味着，可以在所有的地方安全部署每一个 VLAN。即便这不是最高效的选项，但它仍将提供额外的稳定性，因为该集成不依赖 CDP/LLDP 正常工作与否。

- 即使用户环境已开始接近 EPG+BD 的可扩展性限制，也可以通过只分配特定叶节点端口（VMM 域中宿主机连接到其对应 AAEP）的方式来继续谨慎地部署预开通 VLAN。

- 预开通设置对于快速启用 Hypervisor 基础设施的虚拟接口（如管理、NFS、存储、热迁移/vMotion）也有很大帮助，因为在 VLAN 配置前，ACI 无须交互任何信号。

- 如果 ACI 不能与虚拟化主机进行 CDP/LLDP 通信（比如，当宿主机直连的不是 ACI 叶节点，而是其他 2 层设备，如刀片交换机），那么预开通可能是唯一选择。

- 对于有高度可扩展性要求的环境，且每个 EPG 只带有少量虚拟机，可通过按需性解析实现更高的 VLAN 密度——某些 VLAN ID 将只对特定宿主机（有虚拟机附着到对应 EPG）进行配置。

截至本书英文版出版，可与 ACI 3.0(1)版本相关联的虚拟环境数量与大小，具有不同的可扩展性限制。

- 200 台采用 VMware vSphere 分布式交换机的 vSphere vCenter 服务器。

- 50 台采用思科 AVS 的 vSphere vCenter 服务器。

- 5 个 Microsoft System Center 虚拟机管理器实例。

详情可参阅可扩展性信息，如每个虚拟化环境的宿主机数量、最大 EPG 数量或其他可扩展性度量。

4.2.4 EPG 分段与微分段（Micro–Segmentation）

一旦将某些 EPG 分配给了 VMM 域，就可以通过其他任何 ACI 功能来配置。一个非常重要的例子是流量过滤与隔离，在 ACI 中，它定义为基于 EPG 消费及提供合约。尽管该功能并非与虚拟机相关联的 EPG 所独有，但仍存在一些 EPG 分段细节是特定于虚拟化环境的。

更具体地说，微分段允许 ACI 动态分配虚拟机到 EPG：不但可以基于静态指定及网络信息（IP 与 MAC 地址），而且可以基于虚拟机元数据（比如名称、操作系统及其关联的标签），从而将安全策略自动分配给虚拟机。

ACI 微分段的工作方式是在 Application EPG 中定义"微分段"EPG（也称为"微分段""μSeg""uSeg"或"微型 EPG"），启用 Allow Micro-Segmentation 选项，然后通过这些微分段 EPG 之间的合约来过滤流量。另外，端点是否归属于某微分段 EPG 并不是静态指定的，而是通过该端点的某些属性或元数据等规则检查进行动态配置。

微分段并不是虚拟机的独有特性，因为它也适用于物理端点的配置。然而，将物理机分配到微分段 EPG 的规则将仅限于其 MAC 或 IP 地址；虚拟机则提供了一组更加丰富的属性，比如虚拟机的名称、操作系统甚至某些自定义的属性或标签。

比如，假设在 EPG "Web"中存在一个 Windows 与 Linux 的虚拟机组合，且读者希望对其中的每种系统应用不同的安全策略，比如允许 SSH Linux 的 TCP 端口 22、RDP Windows 的 TCP 端口 3389。尽管也可以定义静态 EPG，并要求虚拟化管理员将虚拟机手工映射到正确的端口组；然而更加自动化的方法是定义两个微型 EPG："Web-Linux"与"Web-Windows"，并将虚拟机动态地分配给它们，具体取决于其所宣告的操作系统。

当用户希望根据名称来区分一个 EPG 内部的生产虚拟机与开发虚拟机，类似的情况还会出现——仅仅修改一下虚拟机的名称，比如从"DEV-web-server"修改为"PRD-web-server"，即可变更其 EPG 分配进而作用于网络策略。

读者首先要做的是创建微分段 EPG。应用配置描述内有一个特定文件夹，其中包含 μSeg EPG。很关键的一点是：这些微分段 EPG 所关联的并不是个别 EPG，而是应用配置描述里面的所有 EPG。图 4-9 显示了微分段 EPG 向导的第 1 步——为开发虚拟机创建一个 μSeg EPG。

以下是创建微分段 EPG 时第 1 个步骤的若干注意事项。

■ 虽然在技术层面，μSeg EPG 可以与 Application EPG 拥有不同的 BD（Bridge Domain），但思科不再支持这种方式。强烈建议用户将 μSeg EPG 和基础 EPG 放置于同一个 BD。

■ QoS 设置可能与 Application EPG 不同。比如，在之前介绍的开发及生产工作负载的微分段用例中，可以只给开发 EPG 分配有限带宽，以确保开发虚拟机不会影响生产流量。

■ 与 Application EPG 一样，Preferred Group Membership 的默认设置为 Exclude。这意味着 vzAny EPG 所定义的策略（如果 vzAny EPG 被标记为包含 Preferred Group Membership）

将不适用于微分段 EPG 包含的端点。

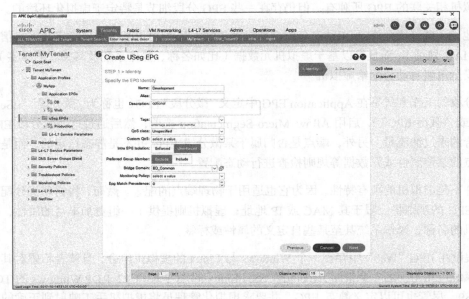

图 4-9　创建微分段 EPG 的第 1 步

- 注意 Match Precedence 属性：它将用于打破微分段 EPG 的属性规则，本小节稍后会解释。

- 与 VMM 集成时，μSeg EPG 不会在虚拟环境中创建额外的端口组或网络。相反，虚拟机仍连接到基础 EPG 的端口组或网络，ACI 将其重新分类并在叶节点上应用正确的策略。这一事实可能会让人感到意外甚至引起混淆——因为在 vCenter 里面，虚拟机看起来是被分配到端口组；而实际上，在不显示任何 vCenter 通知的情况下，ACI 的 μSeg 规则即可变更其 EPG 分配。造成这种差异的原因很简单，vCenter 本身并不支持 ACI 的微分段逻辑。该问题有一个解决办法：VMware 管理员可以随时通过面向 vCenter 的 ACI 插件来检查 μSeg EPG 的分配情况，本小节稍后也会介绍。

- 如果采用 VMware VDS，VMM 与 EPG 的关联必须标记为 Allow Micro-Segmentation，以便指派给它们的虚拟机有资格分配 μSeg EPG（见图 4-8，以获取该示例）。

创建微分段 EPG 的第 2 步非常简单但同样重要：读者需要将微分段 EPG 与 VMM 域相关联，如图 4-10 所示。此处的 VMM 域关联过程与 Application EPG 类似，但有一点不同：微分段 EPG 要求将 "Resolution Immediacy" 设置为 "Immediate"。

EPG 创建后，根据安全策略的实现要求，现在可以消费及提供合约，并定义属性规则来控制哪些端点将与该微分段 EPG 相关联。为定义这些规则，可进入微分段 EPG 的 μSEG 属性界面，如图 4-11 所示。回到本例，这里将定义一条规则，比如 "以 DEV 开头的虚拟机名称"——所有以字符串"DEV"开头的虚拟机，都将被分配给开发微分段 EPG。

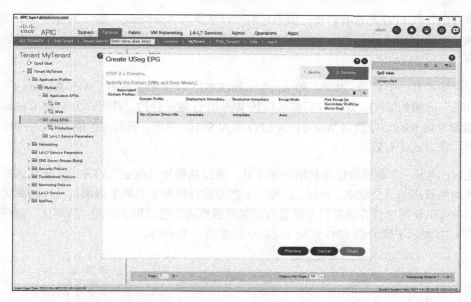

图 4-10 创建微分段 EPG 的第 2 步

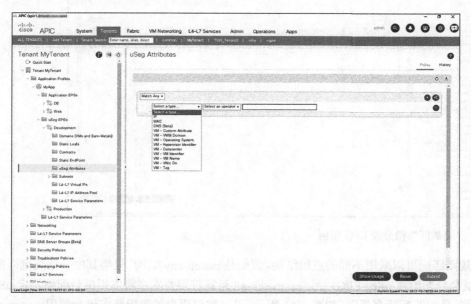

图 4-11 定义微分段 EPG 的属性

额外说明一点，建议允许微分段 EPG 之间的所有流量，直到确认规则配置已达到预期效果。

否则，如果将虚拟机误配给某微分段 EPG，那么该虚拟机将会得到错误的网络策略。

合约继承对微分段 EPG 非常有帮助，因为它们可以继承其 Application EPG 的合约（不支持多级继承，因此，该 Application EPG 自身不能有合约继承），还能够向微分段 EPG 添加额外的规则。

假设，如果读者有一个名为"Web"的 Application EPG，以及两个称为"Web-Windows"与"Web-Linux"的微型 EPG，那么它们都可以从 Web EPG 继承合约，并可以为 Web-Windows EPG 配置额外的 RDP，以及向 Web-Linux EPG 添加 SSH。注意，只有在扩展微分段 EPG 的连通性时，该方式才有效。

微分段 EPG 的另一个有趣应用是利用外部工具，通过某种做"标记"的方式，来动态变更虚拟机的网络状态与安全状态。比如，思考一下恶意软件检测工具将某虚拟机放入隔离区的场景。用户可以让该工具在虚拟机上设置自定义的属性或标签，用于匹配"隔离区"微分段 EPG。图 4-12 展示了微分段 EPG 匹配 vSphere 标签的一个示例。

图 4-12　"隔离区"微分段 EPG 用例

μSeg 的规则匹配可以采用不同的逻辑结构。假如是 match-any 结构，只要其中一条规则匹配，虚拟机就会分配给该 μSeg EPG。另外，match-all 运算符则要求在将虚拟机分配给特定 μSeg EPG 之前，必须匹配所有规则。如图 4-13 所示，可以按照用户的逻辑要求组合使用 match-any 与 match-all。

如果采用 match-any 结构，那么虚拟机可能会同时匹配两个不同的微分段 EPG。这时，可以基于预定义的优先顺序来打破平局。以下是"Cisco ACI Virtualization Guide"所记录的 VMware VDS（对换第 1 项与第 2 项即为 AVS 的优先顺序）。

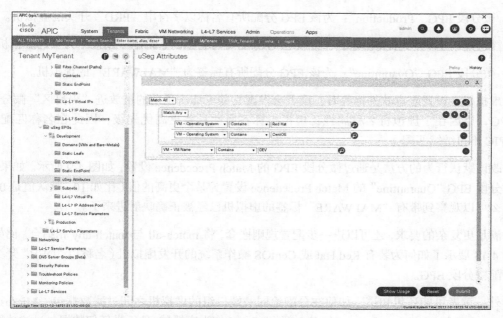

图 4-13 在微分段 EPG 上应用复杂属性规则

- IP 地址。

- MAC 地址。

- vNIC 域名。

- 虚拟机标识符。

- 虚拟机名称。

- Hypervisor 标识符。

- VMM 域。

- vCenter 数据中心。

- 自定义属性。

- 操作系统。

- 标签（Tag）。

理解这一点很重要，否则将无法预测规则匹配的结果。为了说明这一点，下面用 3 个微分段 EPG 与 match-any 规则来巩固前面给出的两个例子。

- 微分段 EPG "Production"：为该 EPG 分配所有名称以字符串 "PRD" 开头的虚拟机。
- 微分段 EPG "Development"：为该 EPG 分配所有名称以字符串 "DEV" 开头的虚拟机。
- 微分段 EPG "Quarantine"：为该 EPG 分配所有标签为 "MALWARE" 的虚拟机。

在虚拟机上设置恶意软件标签时，读者会发现它并未如所预期的被放进 "隔离区" 微分段 EPG，原因在于虚拟机名称属性比虚拟机标签属性具备更高优先级，因此在名称匹配后 APIC 不再继续匹配。

修改该默认行为的方法是通过微分段 EPG 的 Match Precedence 设置，如图 4-9 所示。如果将 微分段 EPG "Quarantine" 的 Match Precedence 设置为某个更高的值（比如 10，默认值是 0），那么可以观察到带有 "MALWARE" 标签的虚拟机已经被正确映射进来了。

为满足更复杂的要求，还可以进一步配置规则嵌套，将 match-all 与 match-any 相结合。比如，图 4-13 展示了如何为装有 Red Hat 或 CentOS 操作系统的开发虚拟机（名称以 "DEV" 开头）分配微分段 EPG。

另外，读者可能还想知道，如何在分配给同一端口组的虚拟机之间过滤数据包：Microsoft 的 vSwitch 与 VMware vSphere 的 VDS 都将 VLAN 作为广播域，且不带任何数据包过滤功能。如果两台虚拟机被分配给某端口组（对应于某 EPG），那么这些虚拟交换机是否只负责数据包转发，而 ACI 矩阵并无感知？ACI 如何过滤微分段 EPG 之间的流量？

配置 μSeg EPG 时，在叶交换机物理端口与 Hypervisor 之间，ACI 会在后台采用不同的 VLAN 部署该集成。这基本上会迫使 vSphere VDS 与 Microsoft vSwitch 将通常在本地交换的数据包上传到 ACI 叶交换机。此时，ACI 将通过 OpFlex 重新配置 Microsoft vSwitch；VMware VDS 则可以利用 Private VLAN 技术来强制实现该行为，如图 4-14 所示。

之后，ACI 叶交换机将评估 μSeg EPG 策略，并在需要时将该数据包转发到目的地虚拟化宿主机。否则，数据包将被丢弃。

读者可能会争论，对于同一宿主机上的两个虚拟机而言，这种架构似乎是次优的——本可以直接向彼此发送流量，无须访问物理网络。然而，这种情况通常并不多见。比如，如果部署一个 32 台规模的集群，那么目的地虚拟机与源虚拟机在同一台宿主机上的概率大约为 3%（1/32）。

此外，如果采用诸如 VMware 动态资源调度（DRS）之类的特性，那么无从干预（这是一件好事），因为虚拟机运行在哪台宿主机上的决策是由集群本身作出的，以便尽可能高效地利用资源。

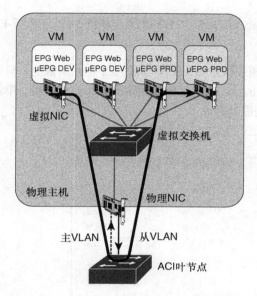

图 4-14　利用 Private VLAN 技术实现微分段 EPG

但即便两台虚拟机同宿主机的概率提高（比如集群较小，或用户通过亲和规则来确保某些虚拟机始终驻留于同一台宿主机），额外这一跳所引入的延迟通常可以忽略不计——连测量都有困难。读者或许记得，Nexus 9000 系列交换机的延迟在 1μs 量级；此外，对于机架上典型的 7m 线缆，单向传输时间大约再额外多 50ns（非常保守）。与虚拟交换机自身因软件处理所引入的延迟相比（在 CPU 运行，理论上已忙于为虚拟机应用提供服务），读者甚至会发现——在某些情形下，上传至 TOR 交换机并在那里执行繁重的任务（在本例中是实施数据包过滤规则），将比 Hypervisor 内的软件交换性能更好。

4.2.5　EPG 内部隔离与 EPG 内合约

连接到同一个 EPG 的所有端点默认可以相互通信，但在某些场景下这不是所期望的。比如，用户可能不希望数据中心内 IT 设备的管理端口之间互访，而只限于同管理工作站的通信。这样，在攻击者侵入了某些基础设施上的设备之后，就可以通过防止其横向移动来增加安全性。

物理服务器以及 VMware vSphere（VDS）、Microsoft SCVMM（vSwitch）内置的虚拟交换机支持该特性，VMware 与思科 AVS 的集成除外。

如果不想丢弃所有流量，只需要其中的一部分呢？比如，用户可能希望允许 ICMP 用于排障，但禁止其他任何通信。这种场景即可利用 EPG 内合约，即 ACI 3.0(1)版本所引入的一个特性，可支持 VMware vSphere VDS、OpenStack OVS 及裸机服务器。标准的 Application EPG 与微分段 EPG 均支持 EPG 内合约。最后，还需要具备支持 EPG 内合约的若干硬件特性：-EX 与-FX 系列（或更高）的 ACI 叶交换机。

图 4-15 向我们展示了将 EPG 内合约与 EPG 相关联是如此简单。在 ACI 左侧面板上，只需右键单击 EPG 名称，并选择 Intra-EPG Contract。之后用户必须确定要部署的合约、单击 "Submit"、完成——无须指定是消费合约还是提供合约。

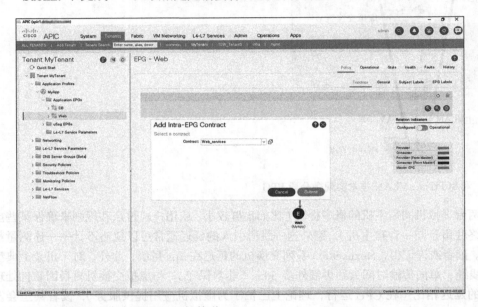

图 4-15　将 EPG 内合约与 EPG 相关联

截至本书英文版出版，EPG 内合约仅支持与 VMware vSphere VDS 及裸机服务器的集成，并且作为这一事实的提醒，用户将在 GUI 上看到一则警告，如图 4-16 所示。

这两个特性（EPG 内部隔离与 EPG 内合约）的实现，与之前所述在虚拟交换机与 ACI 叶交换机之间所基于的是同一种 VLAN 技术的创新性应用。但在配置矩阵时用户无须特别关注，因为 ACI 会处理好所有的细节实现。

如读者所见，ACI 为 EPG 之间及内部的流量过滤提供了丰富选项，并涵盖裸机服务器与虚拟机（图 4-17 总结了本章介绍的各种选项）。

- 合约可用于过滤 EPG 之间的流量。

- 除非配置 EPG 内合约或实施隔离，否则，默认情况下，给定 EPG 内的端点间可以相互通信。

- EPG 内部隔离的实施会阻止给定 EPG 内部端点之间的所有通信。

■ EPG 内合约将给定 EPG 内部端点之间的通信限定为合约允许的特定流量。

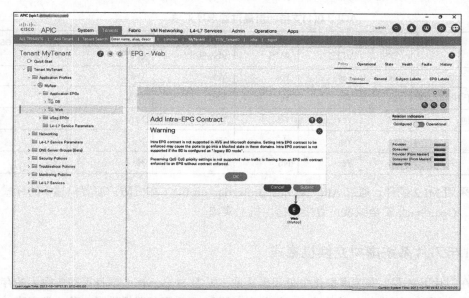

图 4-16　支持 EPG 内合约的虚拟交换机警告

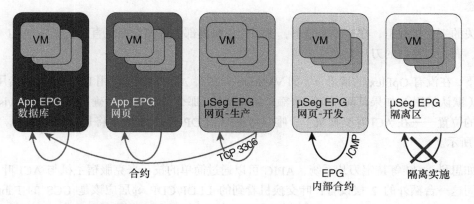

图 4-17　EPG 流量过滤选项的汇总

最后，为完成这一工作，表 4-1 总结了哪些 Hypervisor 支持 ACI 3.0(1)版的哪种流量过滤选项。注意，未来的 ACI 版本可能会（且很可能会）增强该支持，因此参照最新版发行说明会是一个好主意。

对于 Kubernetes 与 OpenStack 环境下的 OVS，μSeg 条目被标记为 N/A（不适用）。其原因在于微分段是一个难以应用到 OVS 的概念，具体细节如下。

■ 本章稍后将展示，通过 Kubernetes Annotation（注解），并利用基于标签的 EPG 分配，也

可以达到类似 μSeg 的效果。

表 4-1 　　　　　　　　　　　　ACI 3.0(1)支持的流量过滤选项汇总

特性	裸机	VMware VDS	VMware AVS	Microsoft vSwitch	OpenStack OVS	Kubernetes OVS
EPG	Yes	Yes	Yes	Yes	Yes	Yes
μSeg EPG（基于 IP/MAC）	Yes	Yes	Yes	Yes	N/A	N/A
μSeg EPG（其他）	N/A	N/A	Yes	Yes	N/A	N/A
隔离实施	Yes	Yes	No	Yes	No	No
EPG 内合约	Yes	Yes	No	No	No	Yes

- 如果采用 ML2 插件，通过 APIC 对 host protection profile（主机防护配置描述）的程式化处理，OpenStack 安全组就可直接在宿主机上实施。

4.2.6　ACI 与刀片系统虚拟交换机集成

IT 组织在刀片服务器上安装虚拟化主机相当常见，因为 Hypervisor 本身不需要很大的存储（虚拟机的虚拟磁盘通常位于其他地方，如共享存储），刀片服务器提供了一种非常紧凑并高效的形态。

与此相关的一个挑战是，在这种场景下，虚拟化主机内部的虚拟交换机直连的不是 ACI 叶交换机，而是刀箱内的刀片交换机。

回想一下，在没有 OpFlex 的情形下（如 VMware VDS），ACI 会尝试使用 LLDP（默认启用）或 CDP（默认禁用）。如果其间还有一个额外的交换机，那么 ACI 将无法确定每个 Hypervisor 所连接的位置——在 ACI 叶交换机上，唯一可见的 LLDP 或 CDP 邻居将是刀片交换机，如图 4-18 所示。

对于诸如思科 UCS 等特定刀片系统，APIC 可以通过简单的技巧来克服宿主机与 ACI 叶交换机之间这一台额外的 2 层设备：叶交换机看到的 LLDP/CDP 邻居应该是 UCS 的 Fabric Interconnect（FI），并且虚拟交换机在其物理接口看到的邻居应该也是 UCS 的 FI。通过比较在 ACI 叶节点与虚拟交换机上所发现的邻居，ACI 可以间接确定——UCS FI 的端口是否连通某台虚拟化主机，从而可以 "Immediate" 和 "On-Demand" 方式实现 EPG 与 VMM 域相关联时的解析即时性。否则，如前所述，剩下的唯一选择将是 "Pre-Provision" 模式，以便 ACI 在与 AAEP（包含 VMM 域）相关联的所有端口上配置新 VLAN。

注意，该架构要求 ESXi 主机与 ACI 叶交换机之间只存在单台 2 层设备（通常是刀片交换机）。如果用户有两台或更多 2 层设备，那么 Hypervisor 上的虚拟交换机与 ACI 叶节点的物理端口所报告的 LLDP/CDP 邻居将不再匹配。

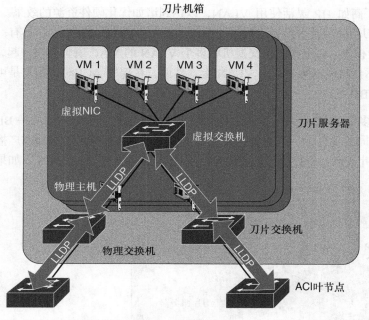

图 4-18 刀片交换机与 CDP/LLDP 信令

采用 VLAN 时的另一个问题是，对于某 EPG 选取的 VLAN，刀片交换机上也必须有。否则，即便 APIC 在虚拟交换机及 ACI 叶交换机上都配置了新 VLAN，中间的刀片交换机也会因为不知道这个新 VLAN 而丢包。这里的另一个选择是，在刀片交换机上，全部创建与 VMM 域相关联的 VLAN 池中所包含的 VLAN。因为某些刀片交换机在 VLAN 数量的支持上可能会有限制，所以请确保选择支持完整 VLAN 范围的刀片系统，如 UCS。

正如读者稍后将看到的，思科 AVS 可以采用 VXLAN 与 ACI 叶交换机通信，不受这一问题影响，因而非常适合与刀片交换机集成。然而，VXLAN 数据包将承载于 ACI 的基础设施 VLAN（Infrastructure VLAN），因此，在刀片交换机上也要创建此 VLAN。之后，对 VXLAN 模式的 AVS 配置 VMM 域并与 EPG 相关联，这将创建新的 VXLAN 网络 ID（VNID），并通过基础设施 VLAN 传输。

部署刀片交换机时需要考虑的另外一点是，用户是否可以在宿主机上绑定（或思科术语"channel"）多个物理接口用于冗余。一些刀片架构如 UCS 并不支持，因此，当读者指定虚拟交换机（由 AAEP 配置）流量的负载均衡模式时，请确保选择 Mac Pinning 作为通道协议（换句话说，没有 channeling）。实质上，Mac Pinning 意味着对于任意给定的 vNIC，流量将被负载均衡到某个物理 NIC 并保持不变（除非失效，在这种情形下，它将切换到虚拟交换机上另一个仍在工作的物理 NIC）。

最后，一些刀片服务器厂商如 HP 灵活使用 VLAN，以达到诸如优化硬件资源的效果。HP 公司在其流行的 C7000 刀箱的刀片交换机上提供了虚拟连接（Virtual Connect），它具有一种称为"隧道模式"的交换模式。该虚拟连接交换机将多个 VLAN 的 MAC 表整合在一起，并假设相同的 MAC 地址不会出现在两个不同 VLAN 上。然而，在部署 ACI 时，用户是可以将多个 EPG 映射到同一 BD 的。

如图 4-19 所示，如果有多个 EPG（在图 4-19 中分别用实线与虚线标记）映射到同一 BD，那么每个 EPG 都会有不同的 VLAN。当虚线连接的虚拟机发送多目标流量（组播或广播，如 ARP 流量）时，ACI 叶节点会将数据包从虚线 VLAN 复制到实线 VLAN。现在，如果虚

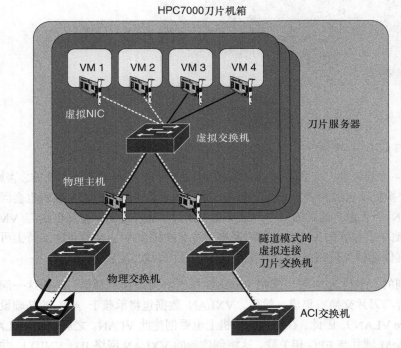

图 4-19　HP 虚拟连接刀片交换机在隧道模式下与每 BD 多 EPG 的连通性问题

拟连接的两个 VLAN 共用一个 MAC 学习表，那么虚线连接的虚拟机 MAC 地址会既来自虚线连接的 VLAN 上的虚拟交换机，又来自实线连接的 VLAN 上的物理 ACI 矩阵，这将导致连通性问题。

注意，这是在隧道模式下运行的 HP 虚拟连接刀片交换机的特定行为。变通方法是禁用虚拟连接的隧道模式，或者在 EPG 映射到 VMM 域的应用配置描述中，每 BD 仅包含一个 EPG。

4.2.7 OpFlex

OpFlex 是 ACI 所采用的声明式策略分发协议——用来将网络配置从应用策略基础设施控制器（APIC），传播到接入 ACI 矩阵的物理交换机与虚拟交换机。声明式意味着 OpFlex 协议所分发的不是配置，而是策略。换句话说，它不指示交换机如何执行某个操作，而只是描述（声明）需要执行什么操作。

想象一下机场控制塔台的场景，假设它需要指示每架飞机上的飞行员如何起降飞机，诸如应该按下哪个按钮、拉动哪个控制杆。显然，这样的"命令式"无法规模化。因此，机场的空中交通管制人员遵循了一种"声明式"策略：只告诉飞行员应在何时和何地着陆，而不是告知如何驾驶飞机。

声明式策略分发在大规模复杂系统中非常重要，比如公有云。其用例来自两个受欢迎的公有云供应商，包括 Microsoft Azure 的 Quickstart ARM 模板，以及 Amazon AWS 的 CloudFormation 模板。

ACI 的 OpFlex 采用声明式机制，将策略分发到物理交换机与虚拟交换机，这在虚拟化集成的背景下至关重要。该模式的一大优势是分发到物理交换机，以及不同类型的虚拟交换机（VMware、Microsoft、Red Hat Virtualization、OpenStack）的策略可以完全相同，然后由交换机层面再进行本地解释。

因此，在 ACI 与虚拟交换机集成时，需要增强虚拟交换机的功能以便其理解 OpFlex 策略，因而能够像 ACI 矩阵上的其他任何交换机一样接收网络策略。大多数虚拟交换机的集成这样工作：基于 Microsoft vSwitch 的虚拟交换机扩展，或 OpenStack 与 Kubernetes 集群的 OVS OpFlex 代理，实现用于此目标的 OpFlex 协议。

该架构有一个明显的例外：VMware 的 vSphere VDS。由于它的实现是封闭的，因此思科或除 VMware 以外的其他任何组织都无法以任何方式使用 OpFlex 增强或修改原生的 VDS。本质上，这与可扩展的其他虚拟交换机，诸如 Microsoft Hyper-V 虚拟交换机，当然还有 OVS，完全不同。因此，ACI 必须通过传统的命令式 API（与 OpFlex 的声明式特性相反）才能配置 VDS。

对于矩阵内所有的虚拟交换机与物理交换机，OpFlex 协议工作在 ACI 的基础设施 VLAN 上。当虚拟交换机支持 OpFlex 协议时，需要将基础设施 VLAN 扩展至物理矩阵以外。在与 VMM 域相关联的应用配置描述中，通过选中复选框 Infrastructure VLAN，用户可以轻松实现这一点。否则，在 ACI 与启用了 OpFlex 的虚拟交换机之间，该集成将无法正常工作。

4.2.8 多数据中心部署

正如第 11 章所述，ACI 通过多种方式支持多数据中心部署。在与虚拟机管理器相集成的背景下，先考察一些基本概念。

- Site（站点，有时称为 "Fabric"）：这是由 APIC 集群统一管理的一组 ACI 节点（主干交换机及叶交换机）。

- Pod：站点能划分成多个 Pod，可以是服务器机房或数据中心单元。站点内的所有 Pod 仍由同一个 APIC 集群管理，Pod 之间通过 VXLAN 互连。

- Multi-Site：ACI 3.0(1)版本所引入的新能力，允许用户通过 VXLAN 互连多个站点（每个站点都有自己的 APIC 集群），并对其进行一致性管理。这些站点可以是同一个地方的不同机房，也可以是分布在世界各地的独立数据中心。VRF、BD 及 EPG 均可以选择性地延伸至所有站点。

需要注意的是，这些概念并不一定等同于物理位置，而是 ACI 的逻辑设计单元——用户可以在同一个数据中心里面拥有多个 ACI 的 "Site"（矩阵），也可以跨多个物理位置（只要它们之间的延迟不超过 50ms）扩展一个 Pod。

另外需要注意的是，ACI 与虚拟化平台之间的集成是站点层面的：在一个 APIC 集群，与一个或多个的 VMware、Microsoft、OpenStack、Red Hat Virtualization、Openshift 或 Kubernetes 集群之间进行配置。

在理想情况下，从业务连续性角度而言，用户应该使网络与计算的 HA（高可用性）设计保持一致。如果出于冗余性的考虑，在单个地方建有多个虚拟化集群，那么也应该相匹配地将网络设计为 ACI Multi-Site。这也就相当于在数据中心上有效地构建了公有云行业所谓的 "可用区（availability zone）"。

相反，如果根据业务的连续性要求，允许为数据中心上的业务配备单个虚拟化集群，那么合理的设计就是构建带有单个 APIC 集群的 ACI。换句话说，用户可能不需要在一个地域（Region）内部进行控制平面冗余，因为灾难恢复将由不同区域的数据中心提供。

热迁移可以跨 Pod 甚至跨 Site，其限制是虚拟化域是否支持跨集群的热迁移。截至本书英文版出版，只有 VMware vSphere 支持跨 vCenter vMotion。然而，即便在这种场景下，也要考虑到只是在低延迟及高带宽的城域环境里面热迁移才有实际意义。

有关 Multi-Pod 与 Multi-Site 部署的更多细节，请参阅本书第 11 章。

4.3　VMware vSphere

本节将介绍 ACI 与现有不同虚拟化技术集成的一些细节。注意，本书将不涉及 ACI 3.1 版本所引入的 Red Hat Virtualization（之前称为 Red Hat Enterprise Virtualization），因为它还相当新。

VMware 在过去几年里一直是服务器虚拟化的主流 Hypervisor。事实上，VMware 是首个在服务器虚拟化上投入很大成本并在全球范围率先推广的公司，这给它带来了相当大的技术领先及市场优势。即便如今服务器虚拟化几乎已成为所有操作系统的必备特性，VMware 仍是许多组织里面常见的 Hypervisor。

vSphere 的网络架构对应本书前面章节介绍的模式，但与其他 Hypervisor 相比，不同组件的命名方式也不尽相同。VMware 文档使用以下术语。

- 虚拟机的虚拟网络接口卡（vNIC）。

- vNIC 逻辑上连接到虚拟交换机（称为 vSwitch、VSS 或 VDS；关于这些交换机类型的更多信息，请参考下文）所配置的端口组。

- 端口组包含重要信息，如封装要采用的 VLAN ID。

- vSwitch 逻辑上连接到宿主机的物理网卡（称为 vmnic），以提供外部连通性。

VMware 分为 vSphere 标准交换机（VSS）与 vSphere 分布式交换机（VDS）。几年前，在 vSphere Enterprise Plus 许可模式中引入的 VDS，提供了从 vCenter 服务器（vSphere Hypervisor 的管理控制台）统一管理和配置集群中所有虚拟交换机的可能性。

换句话说，如果用户可以单独管理每台宿主机，那么只需 VSS。但是，如果希望集中管理这些虚拟化主机与虚拟交换机，并有足够的资金购买 vSphere Enterprise Plus 许可证，那么 VDS 将是这类用户的"朋友"。

4.3.1　ACI 与 vSphere VSS 共存

注意，这一节标题使用的术语是共存而不是集成。如果用户的 VMware 没有部署分布式虚拟交换机（可能出于成本原因），那么引入 ACI 时也不需要改弦易辙。然而，ACI 与 vSphere ESXi 主机之间将不会有管理集成。

也就是说，用户可以采用与之前相同的方式和机制，单独配置虚拟交换机及物理交换机，如图 4-20 所示。部署 ACI 的主要优点是拥有一个物理网络的集中管理点，而不必分别配置多个不同的网络设备。

在 ACI 相应的 EPG 中，可以通过静态绑定（端口或叶节点级别）将源自每个 ESXi 端口上特定 VLAN 的数据包显式分配给特定 EPG。然后，虚拟机就会在 ACI 中呈现，就像物理主机一样。

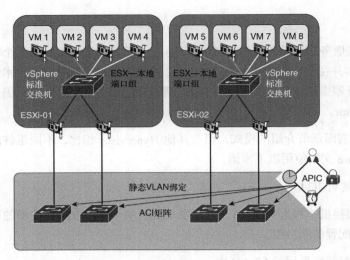

图 4-20   ACI 与 vSphere 标准交换机共存

4.3.2   ACI 与 vSphere VDS 共存

通常，如果有虚拟分布式交换机，用户会希望将其与 ACI 集成。然而，如果选择不这样做，那么显然也可以共存。为完整起见，这一部分将涵盖此种可能性。

与配置 vSphere 标准交换机共存类似，可以在 vSphere vCenter 服务器上配置一个或多个 vSphere 分布式交换机；另外，在配置 ACI 物理端口时，注意 VLAN ID 要保持一致，如图 4-21 所示。

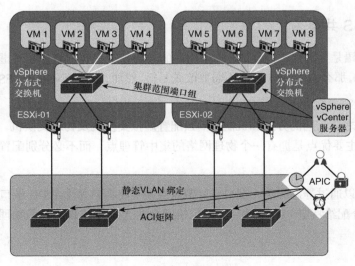

图 4-21   ACI 与 vSphere 分布式交换机共存

然而，正如下一小节要描述的，vSphere 分布式交换机与 ACI 的集成将带来巨大优势且无须额外成本。

4.3.3 ACI 与 vSphere VDS 集成

如果用户在自己的环境中已具备所需的 vSphere 许可证，那么 vSphere 分布式交换机与 ACI 的集成将带来简洁性与功能性等方面的巨大优势。

首先应验证的是，vSphere VDS 版本是否支持与当前 ACI 版本相集成。截至本书英文版出版，ACI 支持 VDS 5.1 ~ VDS 6.5 版本。其他相关信息，读者可访问思科官网的"ACI Virtualization Compatibility Matrix"。

在将 ACI 与一个或多个 vCenter 集群集成时，在每台包含 VDS 的 vCenter 服务器上都会创建一个文件夹。由于文件夹与 VDS 本身都将以 VMM 域命名，因此要谨慎选择 VMM 域名。取一个对 VMware 管理员有意义的名称，这样对方就可以一目了然——哪些是 ACI 管理的特定虚拟交换机（如"ACI_VDS1"）。图 4-22 显示了为 vSphere 分布式交换机创建 VMM 域时，可以指定的不同属性。

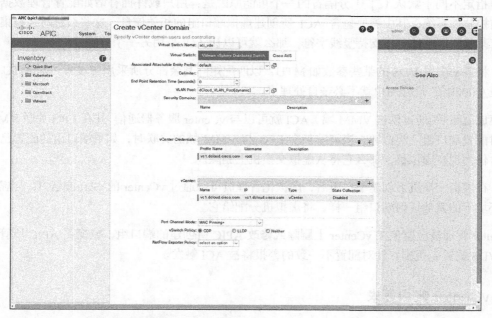

图 4-22　为 vSphere 分布式交换机创建 VMM

除 AAEP、VLAN 池以及有关 vCenter 服务器的信息之外，还有若干属性值得一提，如图 4-22 所示。

- **End Point Retention Time**：当虚拟机与虚拟交换机分离（如因虚拟机被关闭或删除）后，端点将保留在内存中的时间（以秒为单位，取值范围为 0 ~ 600 之间）。

- **Delimiter**：将 EPG 与 VMM 域相关联时 vCenter 所创建端口组的默认命名约定——"租户|应用|EPG"。如果读者想使用"|"以外的分隔符，就可以在这里指定。

- **Port Channel Mode**：这是每台 ESXi 主机上物理接口将配置的端口通道策略（或服务器管理术语，"Bonding"）。该参数非常重要。由于某些刀片交换机不支持通道传输，因此需要选择 MAC Pinning+（见图 4-22）。

- **vSwitch Policy**：指定要采用的协议，以便 ACI 可以发现 ESXi 主机连接到哪些叶节点的物理端口。对于 VDS，读者需要挑选一种——VDS 不支持 OpFlex 协议，ACI 要依靠 CDP 或 LLDP 来发现 ESXi 主机的连接位置。此外，VMware 原生 VDS 支持 CDP 或 LLDP，这就是为什么在 GUI 上不能两者都选。当选择了其中之一后，APIC 将在 VMware 中相应地配置新 VDS。在 APIC 设置 VDS 属性后，读者可在 vCenter 上进行验证。

- **NetFlow Exporter Policy**：指示是否应在虚拟交换机上配置 NetFlow。

希望指定不同于默认（"|"）分隔符的一个可能原因是：用户或许拥有诸如配置管理数据库或监控软件系统，其中需要包含 ACI 所创建虚拟端口组的相关信息。这些系统对字符集可能有某些限制，比如不支持竖线字符，那么就可以让 ACI 采用另一个分隔符。

ACI 将自动配置 VDS 的某些参数如 MTU，以匹配矩阵其余部分所采用的设置（对 MTU 而言是 9 000B），这样用户就不必亲自处理了。

在集成就绪后（通过创建 VMM 域），ACI 就可以与 vCenter 服务器通信，并在 EPG 关联 VMM 域时配置端口组。类似地，当解除某个 EPG 与 VMM 域的关联时，如果端口组的配置已不包含任何现有虚拟机，那么它将从虚拟交换机上删除。

ACI 在虚拟交换机上创建端口组后，虚拟化管理员可以通过 vCenter 的 GUI 或 API，与虚拟化环境下的其他任何端口组一样，将虚拟机分配给它。

vCenter 管理员应避免在 vCenter 上删除或修改 APIC 所创建的端口组，或变更 APIC 所管理的 VDS 配置。否则，针对配置不一致的警报将被 ACI 触发。

4.3.4　vCenter 账户要求

如前所述，ACI 需要 vCenter 账户，以便可以在 vCenter 上创建一些对象，并检索需要在 ACI 中显示并使用的信息。虽然在实验室中，vCenter 服务器向 ACI 提供根访问权限可能没有问题，但在生产环境下，建议配置一个专用账户，具有足够权限来执行集成所需的操作即可。

以下是需要分配给 ACI、用于 VMM 集成的最小账户权限集合。

- 警报。
- 分布式交换机。
- 分布式端口组。
- 文件夹。
- 主机。

  - Host.Configuration.Advanced settings。
  - Host.Local operations.Reconfigure virtual machine。
  - Host.Configuration.Network configuration。

- 网络。
- 虚拟机。

  - Virtual machine.Configuration.Modify device settings。
  - Virtual machine.Configuration.Settings。

4.3.5 VDS 上的微分段

除本章前面所讨论的微分段一般概念以外，还有若干与 VMware VDS 集成相关的重要细节。

需要重点强调的是，vSphere 自定义属性（attribute）和标签（tag）可以用作微分段 EPG 的标准。自定义属性和标签是可以附加到虚拟机的元数据。VMware 在早期的 vSphere 版本上使用过自定义属性，但有了标签之后其大部分已被弃用。自定义属性是键值对，比如"恶意软件"="YES"或"部门"="财务"。标签是单个字符串，按类别分组并可以与虚拟机之类的对象相关联。比如，标签"恶意软件被发现"可能属于"安全"类别。如果 vSphere 宿主机运行的是 6.0 版本或更高，ACI 就可以利用 VM 标签，作为与微分段 EPG 相关联的标准。

4.3.6 刀片服务器与 VDS 集成

由于 VDS 集成依赖于 VDS 和 ACI 叶节点之间的 VLAN 及 CDP/LLDP（因为 VDS 的封闭性，不支持 OpFlex），因此用户需要遵循以下几点。

- 如果未采用 UCS，那么在将 EPG 与 VMM 域相关联时，需要选择 Pre-Deploy 作为 Deployment Immediacy 选项。

- 需要确保 VLAN 池中所包含的 VLAN ID 已在刀片交换机上预先配置好，因为 ACI 不管理这些组件。

- 如果刀片交换机不支持将 ESXi 的 vmnics 捆绑在一起（如 UCS），那么需要确保选择 MAC Pinning+，作为 AAEP 的负载均衡算法。

4.3.7 ACI 与思科 AVS 集成

正如前面章节所提到的，VMware vSphere 分布式交换机具有若干局限性。

- 因为它是一个 2 层交换机，所以仍基于 VLAN。缺乏 3 层支持让诸多附加功能无从实现，如与 ACI 的 VXLAN 集成。

- 它的控制协议非常简单，基本上被简化为 LLDP/CDP（除 vCenter 的管理 API）。当虚拟化主机不直连 ACI 叶节点、其间还有额外的 2 层桥接（如刀片交换机）时，这些 2 层协议并不能很好地互操作。

- 它缺乏包过滤等功能，必须借助 ACI 硬件作为补充。

VMware 实际上有更高级的交换机可以解决上述 VDS 限制。但不幸的是，它只作为面向 vSphere NSX 产品的一部分销售，因此用户成本将大幅提高。

此外，vSphere VDS 无法以任何形式与方法进行开发或扩展，因此留给思科等网络供应商的可能性只剩一种：开发适用于 VMware vSphere 的新型交换机，以解决 VDS 局限性。

幸运的是，思科已拥有 Nexus 1000v，这是一款功能丰富且受 vSphere 支持的成熟虚拟交换机，因而不必从头开始。在此基础上开发的应用虚拟交换机（AVS）与原生 vSphere VDS 相比，提供了更加丰富的网络功能。

- 这是一个 2/3 层交换机并支持 VXLAN 功能。

- 它具有包过滤功能，因此完整的数据包转发决策可以在 Hypervisor 内部进行，而不必借助 ACI 的叶节点硬件。

- 它支持 OpFlex 协议，允许与 ACI 进行更丰富的集成。

注意，VMware 已公开宣称它不再支持 vSphere 6.5 环境下的第三方交换机。从 VSphere 6.5U2 版本开始，AVS 将处于不受支持的状态。为帮助 AVS 用户规避 VMware 作出该决策所产生的后果，思科在 ACI 3.1 版本中引入了一种称为 ACI 虚拟边缘（AVE）的第 2 代 AVS 交换机，它将最终取代 AVS。注意，思科将继续支持 AVS，以便 IT 组织可以按照自己的时间表从 AVS 迁移到 AVE。

AVE 采用了不同于 AVS 的交换机制。AVE 不是与 Hypervisor 原生的虚拟交换机交互，而是

一台能执行所有交换与路由功能的虚拟机。该架构最重要的一个优势是，作为虚拟机，AVE
独立于 Hypervisor，虽然它的首个版本只支持 VMware vSphere ESXi。

4.3.8　基于 VDS 和 AVS 的虚拟网络设计

VMware 集群最直观的网络设计仅采用单台虚拟交换机（AVS 或 VDS），如图 4-23 所示。在
这种场景下，来自 ESXi 主机自身虚拟接口（vNIC，称为"VM Kernel NIC"或"vmknics"）
的基础设施通信流，以及来自虚拟机的业务流，将被混合进同一根物理线缆（连通 ACI 叶
交换机）。

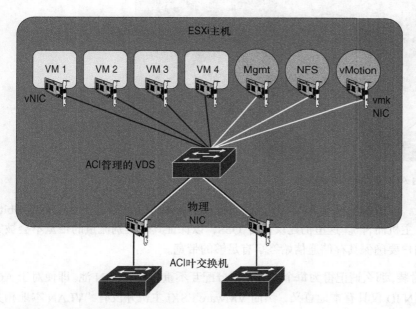

图 4-23　使用单台 VDS 的示例

在该设计中，QoS 控制是必需的，否则管理流量可能会耗尽虚拟机带宽（众所周知，vMotion
流量会抓取尽可能多的带宽），或者相反。

该设计的另一个重要层面是管理口 vmknic 如何启用，因为在某些场景下可能存在争用——
管理口 vmknic 需要 ACI 配置相关 VLAN；但在 ACI 访问 Hypervisor 宿主机之前，又需要管
理口 vmknic 可用。要打破这种鸡与蛋的问题的局面，读者可以将管理 EPG 的 VMM 域分配
设置为 Pre-Provision，作为其 Resolution Immediacy 策略。这样，在任何情况下，管理 VLAN
都将部署到连接 ESXi Hypervisor 的端口上。注意，思科 AVS 不支持 Pre-Provision，因此只
有在原生 vSphere VDS 的集成部署中才推荐该设计。

另一种设计方案是，创建两台由 ACI 管理的 vSphere VDS——即与同一 vSphere 集群相关联

的两个不同 VMM 域。其中一台 VDS 将用于虚拟机流量,另一台则用于基础设施流量。这样的设计场景看起来将如图 4-24 所示。注意,这是一个只有 VDS 集成才具备的选项,因为每台 ESXi 主机只支持一个 AVS。

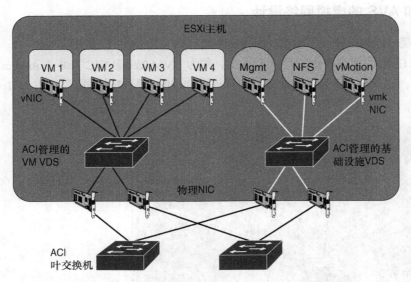

图 4-24　部署两台由 ACI 管理的 VDS 示例

该设计的优势在于,虚拟机流量与基础设施流量之间的界限清晰(比如,对于没有 10Gbit/s 连接的传统 ESXi 主机而言)。这里仍建议部署 QoS,以保证其他类别流量的带宽不会被完全抢占。比如,用户要确保其存储通信始终享有足够的带宽。

如果采用 VLAN 封装,那么请记得为每个 VMM 域分配互不重叠的 VLAN 池。即便对于 ACI 的物理端口,VLAN ID 仅具有本地意义,然而 VMware ESXi 主机并没有"VLAN 本地相关性"的概念:虚拟机与基础设施的 VLAN ID 必须是唯一的。

推荐该设计的另一种场景是采用思科 AVS,原因是 AVS 不支持 Pre-Provision,而这是正确启用管理口 vmknic 所依赖的(用于包含其他基础设施类别在内的流量,如 vMotion、NFS 与 iSCSI)。如果 ESXi 主机上有足够的物理网卡,那么在此情形下让虚拟机流量通过 AVS,并让基础设施流量通过 VDS 将是一个很好的解决方案。注意,对于思科 UCS 等服务器,可以通过软件生成物理网卡,则最后一点不应成为障碍。

作为该设计的一个变体,其中 VDS 不是用于分开虚拟机流量与基础设施流量,而是将来自两组不同虚拟机的流量分开。如果在一台 ESXi 主机上同时运行着 DMZ 虚拟机与 Intranet 虚拟机,那么对某些组织而言,会希望将 DMZ 流量与 Intranet 流量隔离至不同的 ACI 叶交换机。该目标可以这样实现:在 vCenter 集群中创建两个由 ACI 管理的 VDS 实例,其中每个实例都连接到一组不同的 ACI 叶交换机。注意，对于 AVS 来说这是不可行的，因为每台 ESXi 主机上只能有一个 AVS 实例。

单个 VDS 通过不同物理接口隔离出站流量的另一种可能是：通过中继端口组（Trunk Port Group）功能，在 VDS 上创建两个端口组，每个端口组传输不同的 VLAN 集合。

在设置两台 vSphere VDS 时，还可以有一大变体：其中一台 VDS 不是由 ACI 而是由 vCenter 来控制。这实际上是一种相当典型的迁移场景：在同一个 EPG 上，将静态端口绑定（针对连接到由 vCenter 所控制 VDS 的虚拟机）与 VMM 集成（针对连接到由 ACI 所控制 VDS 的虚拟机）组合在一起，如图 4-25 所示。

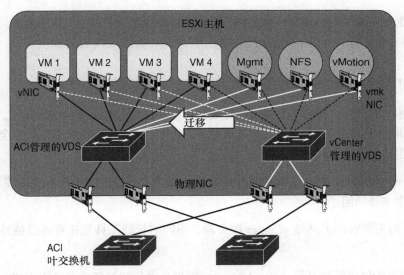

图 4-25　向 ACI 管理的 VDS/AVS 迁移场景的示例

向 ACI 管理的虚拟交换机（如 VDS 或 AVS）迁移，将大致依照以下步骤。

a）所有虚拟机与 vmknic 都连接到 vCenter 所管理的 VDS，并在 ACI EPG 配置静态端口绑定。

b）每个 EPG 都与某一 VMM 域相关联。这将在 ACI 所管理的 VDS/AVS 上创建相应的组。

c）虚拟化管理员可以按照自己的进度迁移单个虚拟机和 vmknic，且不会造成中断。

该方案的一个缺点是，宿主机上需要有两张额外的物理网卡（请再次注意，对 UCS 虚拟接口卡而言，这不是问题，因为物理网卡可以按需生成）。如果有额外硬件，那么该流程将提供向 ACI 集成环境的最平滑迁移。

如果 ESXi 主机上没有额外的 vmknic，那么迁移流程看起来类似，但要将其中一张物理网卡从 vCenter 所管理的 VDS 切换到由 ACI 管理的 VDS/AVS。因此，迁移窗口期间将没有网络冗余，应该尽可能缩短。

无论是基于一台/多台虚拟交换机，还是利用 ACI VMM 域，或仅仅通过静态绑定，都必须为 vSphere 基础设施流量（管理、vMotion、NFS 等）单独配置 EPG。这一点至关重要，原因如下。

- vSphere 基础设施 EPG 所在的租户应该与包含虚拟机的租户互相隔离。详细示例请参阅第 9 章。

- vMotion 的 vmknic 接口通常是静默的，因此用户需要将 vMotion EPG 配置在具备未知单播泛洪或具有子网（将自动启用 MAC 解析功能）的 BD。

- 为 vmknic 接口配置正确的安全策略非常关键，以保护虚拟化基础设施。在这个方面，请确保遵循白名单策略，并只开启必要的访问权限（特别是对管理接口 vmknic）。

4.3.9　面向 vCenter 服务器的 ACI 插件：通过 vCenter 配置 ACI

在一些组织中，上述管理流程，即网络管理员创建端口组（通过关联 EPG 与 VMM 域）、虚拟化管理员将虚拟机与对应端口组相关联，是不可取的。相反，应该由虚拟化管理员完全操控整个配置流程，包括端口组管理。

实现该工作流程的一种可能性，是让虚拟化管理员使用 ACI 来关联 EPG 与 VMM 域，但这种方式存在以下两个主要缺陷。

- VMware 管理员的主要管理工具是 vCenter 服务器。不同的管理工具意味着需要额外的学习。

- ACI 的命名规则是为网络管理员设计的，VMware 管理员必须学习新的术语（比如，是"EPG"而不是"port group"）。

面向 vCenter 的 ACI 插件同时解决了这两个问题：基于熟悉的术语，虚拟化管理员可以直接在 vCenter 上访问、管理并配置 ACI 的诸多相关属性，从而平缓所需的学习曲线。图 4-26 展示了该插件的主界面。

另外，该插件还为虚拟化管理员提供了更多网络信息，比如 vSphere 虚拟机附着的 EPG（端口组）中存在的其他端点。

此外，每当新端口组加入时，网络的重新配置等任务均由 ACI 自动执行。比如，通过这个插件创建新端口组是一个非常简单的任务，如图 4-27 所示。该插件将在虚拟层面及物理层面执行所有必需的网络变更。

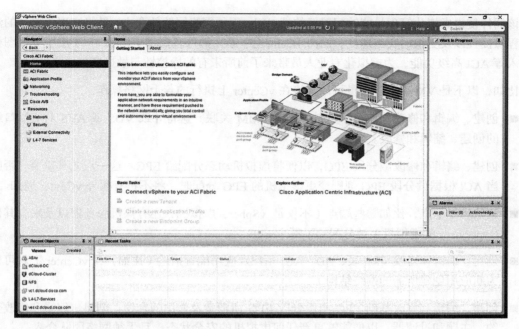

图 4-26　面向 vSphere vCenter 的 ACI 插件

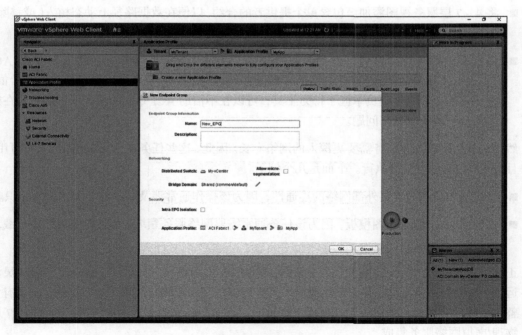

图 4-27　通过面向 vSphere vCenter 的 ACI 插件创建端口组（EPG）

该插件使得虚拟化管理员能够配置新的端口组，无须网络团队的介入，最终实现了更高的流程敏捷性以及更快的实施速度。面向 vCenter 的 ACI 插件还提供了诸如 4～7 层服务视图植入等 ACI 高级功能，为虚拟化专业人员带来了前所未有的操控性与敏捷度。

比如，以下是 VMware 管理员可以直接在 vCenter 上执行的若干网络操作。

- 创建、编辑和修改端点组（EPG）及其 VMM 关联。这将导致 VDS 或 AVS 对应端口组的创建、编辑和修改。

- 创建、编辑和修改微分段 EPG，以便将虚拟机动态分配给 EPG。这一点尤其重要，否则当 ACI 根据微分段 EPG 规则变更虚拟机的 EPG 分配时，将不再有额外 vCenter 通知。

- 调取运维信息，比如哪些端点（不仅是 vSphere 虚拟机，还有裸机服务器以及来自其他 Hypervisor 的虚拟机）被分配给了哪个 EPG。

- 创建、编辑和修改 VRF 表、BD、ACI 租户及应用配置描述（比如，在 vCenter 上就可以为新应用创建所需的网络结构）。

- 创建、编辑和修改基础 EPG 与微分段 EPG 所消费及使用的合约；创建、编辑和修改合约、主题和过滤器，以便能够更新任何虚拟机的安全状态，且无须网络团队介入。

- 将 4～7 层服务视图添加至包含单个提供者的合约，以便在数据路径上动态植入（或移除）物理设备或虚拟设备（如防火墙或负载均衡器）。

- 进行端到端的排障会话，包括与网络故障、丢包、最近策略变更、网络事件及 ACI Traceroute 相关的信息（排障会话的详细信息，请参阅第 12 章）。这些排障信息极具价值，因为它使虚拟化管理员掌握了得力工具，可以在不借助 ACI 专家的情况下识别（并在很多情形下解决）网络问题。

然而，还有若干 ACI 任务需要更深入的网络专长。因此，这些任务在 vCenter 插件中不可用，且必须在 APIC 上直接执行。下面是几个例子。

- 管理 ACI 矩阵 2/3 层外部网络的连通性，因为该操作通常涉及路由与 2 层协议的知识。

- 创建 4～7 层服务视图模板，因为该任务通常需要网络服务领域（如针对防火墙或负载均衡）的专长。

正如读者所看到的，ACI 插件整体上增强了 vCenter 的网络功能，可供 VMware 管理员灵活运用。该插件不但为虚拟化管理员提供了高级的虚拟网络排障与部署工具，而且呈现了有关整个矩阵网络的详尽信息，包括裸机工作负载、其他 Hypervisor 上的虚拟机，以及 4～7 层物理/虚拟网络服务集成。

4.3.10　ACI 与 VMware NSX 共存

在某些场景下，虚拟化管理员或许决定部署 VMware NSX。这是一种基于 Hypervisor 并在 vSphere 宿主机间使用 VXLAN 隧道的网络叠加技术。这样做的原因通常不是技术上的，因为 ACI 以更低成本应对了 NSX 试图去应对的大部分挑战。下面是一些相关例子。

- 通过面向 vCenter 的 ACI 插件进行虚拟网络配置（无须网络团队介入）。

- 基于微分段的更高网络安全性。

- 基于虚拟机属性的动态 EPG 关联，比如名称、内部运行的操作系统以及自定义属性或标记。

- 基于 ACI 的 Multi-Pod 技术，利用 VXLAN 技术轻松实现数据中心互连。

鉴于这些事实，即便虚拟化管理员还是决定部署 NSX，也应注意到 NSX 完全可在 ACI 之上运行，就像其他任何物理网络基础设施一样，因为底层网络独立性是 NSX 设计背后的前提之一。然而，读者要了解这两种技术之间不能进行整合。不过，ACI 提供的功能有助于克服某些 VMware NSX 局限性。这里有一些例子。

- 遍及整个数据中心的大 2 层域，允许虚拟化管理员将 NSX 网关放置于任何 ESXi 主机，不再需要专用于网关功能的特定 ESXi 集群。基于 ACI，ESXi 硬件的利用与配置会容易得多。

- 端口配置描述（port profile）可以保证正确地操作、更轻松地管理不同 vSphere 功能所必需的全部端口，包括 VXLAN、VMware vSAN（VMware 的存储虚拟化解决方案），以及 NFS 存储和管理，并借助 ACI 的 QoS 能力为每项功能分配所需的带宽。

- Troubleshooting Wizard 等高级排障功能（将在第 12 章中讨论）将帮助虚拟化管理员快速找到并修复 ESXi 主机间的通信问题。不幸的是，在运行 NSX 时，ACI 无法对虚拟机到虚拟机的通信进行排障或管理，因为这些流量被封装在 VXLAN 数据包内，其虚拟机地址对 ACI 不可见。

关于虚拟网络设计，最有效的选择是每个 ESXi 主机上配备两台 VDS 交换机：一台是由 ACI 管理的 VDS 或 AVS，用于基础设施流量（管理、vMotion、NFS、iSCSI、vSAN，以及最关键的 VXLAN）；另一台是由 NSX 管理的 VDS，用于虚拟机业务流量。

ACI 的目标是让数据中心上的每个应用都能更快部署、更好执行，并得到更有效的管理。基于此，与其他任何 ACI 的应用相似，NSX 同样可以从 ACI 对传统型网络的改进中受益。

4.4　Microsoft

ACI 可以在两种部署模式下与 Microsoft 虚拟化集成。

- System Center 虚拟机管理器（SCVMM）。

- Azure Pack。

由于最近 Microsoft Azure Pack 已被 Microsoft Azure Stack 取代，并且 Azure Stack 不支持除 BGP 之外的任何网络集成（可将其配置为 ACI 的"外部路由连接"，这将在单独章节中讨论），因此本节重点介绍 SCVMM 集成。

4.4.1　Microsoft Hyper-V 与 SCVMM 简介

Microsoft 在 Windows Server 中嵌入了称为 Hyper-V 的 Hypervisor。IT 组织可以免费使用该 Hypervisor，因为它包含在 Windows Server 许可中。为运行 Hyper-V 集群，实际上并不需要中心化管理平面；但当集群达到一定规模时，则强烈建议采用中心化的管理平面。

System Center 虚拟机管理器（或简称为 SCVMM）是 System Center 套件中的一个组件。它集中管理 Hyper-V 集群，并且是与 ACI 的集成所必需的。换句话说，不包含 SCVMM 的 Hyper-V 集群不支持集成。

SCVMM 可以安装在独立或高可用（HA）模式下，这两种集成模式 ACI 都支持。

对于 APIC 管理员而言，SCVMM 的命名约定可能并不算通俗易懂。下面是一个简明备忘录，包含 SCVMM 里面比较重要的网络概念，读者应有所了解。

- Cloud：一朵云包含多个逻辑网络，与 ACI 的集成将在 SCVMM 某朵现有的云上创建资源。

- Tenent cloud（租户云）：SCVMM 具有"租户"概念，可以调用某些中心资源。用户可以将逻辑网络添加到租户云，以便 Hyper-V 环境下的特定用户访问。

- Logical network（逻辑网络）：这是一个代表网络分区的抽象概念，相当于 VMM 域。逻辑网络包含逻辑交换机与 Hyper-V 宿主机。

- Host group（宿主机组）：为便于管理，可以对 Hyper-V 宿主机进行分组，以便添加或删除云主机时，可以基于组而不是单台宿主机。

- Logical switch（逻辑交换机）：这是逻辑网络的主要组件。

- VM Network：大致对应于一个子网，它与 ACI 的 EPG 思想相匹配。

4.4.2　集成准备

总体而言，实施集成需要以下两款软件。

- **APIC SCVMM 代理**：这是一个需要安装在 SCVMM 服务器上的应用，作为一个 Windows 服务运行。一方面，它通过 PowerShell 与 SCVMM 交互；另一方面，它还开放了一个 REST API 与 APIC 通信。

- **APIC Hyper-V 代理**：该软件需要安装在每台 Hyper-V 宿主机上。它增强了 Microsoft Hyper-V 虚拟交换机的功能，并可通过 OpFlex 协议与 ACI 叶交换机通信。

这两款软件包含在一个.zip 文件中，可以从思科官网下载——要求 SCVMM 至少是 2012 R2 或更高版本，并安装 Update Rollup 5 或更高。除这两个软件包以外，用户还需要生成并安装数字证书。请参阅思科官网上的"Cisco ACI Virtualization Guide"，以获取有关软件支持版本，或者如何安装代理及数字证书的最新信息。

在安装完所需的软件包之后，用户可以继续在 ACI 上创建基于 Microsoft 的 VMM 域，图 4-28 展示了该界面。一旦 APIC 添加了 VMM 域，以下内容将在 VMM 域所指定的云端被创建。

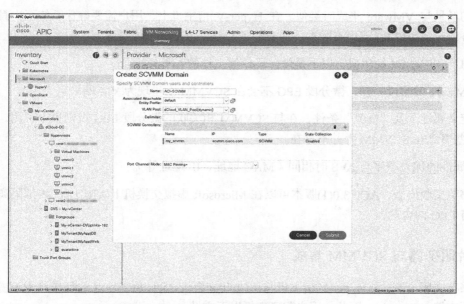

图 4-28　在 ACI 上创建一个基于 Microsoft 的 VMM 域

- 一个逻辑网络。

- 一台逻辑交换机。

- Hyper-V 宿主机上行链路的逻辑端口配置描述（logical port profile）。

读者在该界面中看到的选项，与基于 VMware 的 VMM 域具有相同含义，因此不再赘述。

由于安装在 Hyper-V 宿主机上的软件代理支持 OpFlex 协议，因此 APIC 可以通过基础设施

VLAN 与其通信。如果读者查看 SCVMM 的 VM 网络，就会识别出那里所配置的基础设施子网，名称是"apicInfra"。

现在，下一个配置任务是将 Hyper-V 宿主机添加到由 APIC 创建的逻辑交换机上。用户可以在 SCVMM 的"Fabric"面板上执行该操作。在 Hyper-V 宿主机属性中，可以添加逻辑交换机并指定宿主机上的哪些物理适配器将用于外部连通。

在此之后，用户只需要将逻辑网络添加到任何想与 ACI 集成的租户云，通过将 VMM 域与 EPG 相关联，所创建的 VM 网络即可供这些租户使用。注意，SCVMM 租户与 ACI 租户这两个概念之间并无关联性。之前所创建的 VM 网络将从与 VMM 域相关联的 VLAN 池中挑选一个 VLAN，以封装 Hyper-V 宿主机与 ACI 叶交换机之间的流量。

4.4.3　微分段

微分段的场景与 VMware 集成时类似。在 Hyper-V 宿主机上，用户需要确保系统至少具有 Windows Server 2012 R2 或更高版本，并安装了 Update Rollup 9 或更高。

关于 ACI 与 SCVMM 的集成，以下是微分段如何工作的若干备注。

- 与 VMware 的集成一样，微分段 EPG 不会在 SCVMM 上呈现为 VM 网络。

- "自定义属性"及"标签"条件，在与 SCVMM 相关联的微分段 EPG 规则里不可用，因为这些概念在 SCVMM 上并不存在。

- 默认属性的优先顺序与 AVS 时相同（MAC 地址、IP 地址等）。

截至本书英文版出版，ACI 3.0(1)版本可以在 Microsoft 虚拟交换机上实施 EPG 内部隔离，但不支持 EPG 内合约。

4.4.4　刀片服务器与 SCVMM 集成

截至本书英文版出版，在 Hyper-V 宿主机与 ACI 叶交换机之间，SCVMM 的集成基于 VLAN 技术（不支持 VXLAN），因此，用户需要遵循以下方针。

- 如果未采用 UCS，那么在将 EPG 与 VMM 域相关联时，需要选择 Pre-Provision 作为 Deployment Immediacy 选项。

- 要确保 VLAN 池中所包含的 VLAN 均已预先配置在刀片交换机上，因为 ACI 不管理这些。

- 如果刀片交换机（如 UCS）不支持将 Hyper-V 宿主机上的物理网卡捆绑在一起，那么请确保在 AAEP 中选择 MAC Pinning+作为负载均衡算法。

4.5 OpenStack

OpenStack 在 2010 年成为 Rackspace 与 NASA 公司的共同项目，目标是创建一个开放源码软件架构，使企业能够部署私有云环境。

最初，OpenStack 由少量开源组件构成，每个组件都提供私有云所需的一个特定功能。比如，Nova 项目是负责计算虚拟化的 OpenStack 组件，Swift 负责对象存储，Quantum（后来更名为 Neutron）则提供了网络组件。

OpenStack 最初的发布里面还有其他项目，并且每个新版本都在添加额外的项目。自 2012 年以来，OpenStack 一直由 OpenStack 基金会管理，软件版本每年发布两次，代号按字母排序。比如，2016 年秋季的 Newton、2017 年春季的 Ocata 及 2017 年秋季的 Pike。2010 年最初发布的 Austin 从两个项目（Nova 与 Swift）开始，2017 年的 Pike 已由 32 个正式项目组成。这应该能帮助读者了解 OpenStack 的功能（及其复杂性）当前所达到的程度。

为应对这种复杂性，一些公司创建了 OpenStack 发行版，目标是简化 OpenStack 的部署、维护及操作。虽然这些发行版大多采用标准的 OpenStack 上游开源组件，但可能会剔除那些不够稳定的，甚至添加某些新功能增强（如安装程序）。

此外，OpenStack 固有的模块化也使得灵活架构的出现成为可能：将 OpenStack 里面的这个或那个组件，诸如存储、Hypervisor 或网络等替换为另一些相对等的组件。因此，并不是只有一个 OpenStack，而是有许许多多不同风格的 OpenStack。截至本书英文版出版，ACI 已整合了如下 OpenStack 选择。

- Mirantis OpenStack。

- OpenStack 配合外部路由器。

- OpenStack 配合 VMware Hypervisor。

- 基于 OSP（OpenStack Platform）Director 的 Red Hat OpenStack。

- Red Hat 配合 Ubuntu。

如前所述，OpenStack 是一个高度模块化的架构。市场上大多数的 Hypervisor 支持 Nova API，因而可以在 OpenStack 环境下部署。然而，除一个明显的例外——VMware ESXi，ACI 与 OpenStack 的集成仅支持 KVM，作为在 OpenStack 计算节点上提供服务器虚拟化的 Hypervisor。

4.5.1 ML2 和基于组的策略

毫无意外，无论是哪种 OpenStack 发行版，与 ACI 集成的主要组件都是 OpenStack Networking

（也称为 Neutron）。

Neutron 是负责 OpenStack 虚拟机之间网络连接管理的组件，还有其他功能，诸如 IP 地址管理、DHCP，以及出入 OpenStack 环境的路由流量。

Neutron 的主要网络组件是 ML2（模块化 2 层）插件。ML2 是 OpenStack 为虚拟机连通性所提供各种 2 层选项的一个框架，其中包括以下几部分。

- Flat Network。

- VLAN。

- VXLAN。

- GRE。

在这些 ML2 选项中，ACI 支持 VLAN 与 VXLAN 封装。

ML2 采用诸如"网络"（network，2 层）、"子网"（subnet）和"路由器"（router，3 层）等原语来建模网络。此外，新近增加的功能（如 QoS 与 4 ~ 7 层网络服务）在 ML2 之外配置。

网络策略的分散化，加上使用 OpenStack 的开发人员不必然是网络专家这一事实，促成了基于组的策略（GBP）提出。GBP 旨在将网络策略抽象为非网络专家更容易理解的概念，并将网络属性整合至一个仓库。OpenStack 的 GBP 网络策略模型与 ACI 之中的概念匹配得很好，诸如 EPG 与合约，因此它是 ACI 与 OpenStack 相集成时的一个理想选择。

过去需要为 OpenStack 确定 ACI 插件的某一种操作模式，如 ML2 或 GBP。然而，插件的更高版本以所谓"通用"模式工作，这意味着 ML2 与 GBP 的操作模式可以在同一个 OpenStack 环境下共存。这使得管理员的工作更加容易，因为可以安装插件并同时测试这两种操作模式，再确定更倾向于哪一种。

4.5.2　ACI 与 OpenStack 集成

由于不同 OpenStack 发行版具有不同的组件安装与升级途径，因此 ACI 插件的单一整合式安装方法并不存在。比如，Mirantis 的 OpenStack 发行版采用了一个名为 Fuel 的开源项目，专门用于维护 OpenStack 软件版本；Red Hat 发行版基于自己的 OpenStack 软件发行包，称为 OpenStack Platform Director（简称 OSP Director）；对 Ubuntu 发行版而言，则是其自定义的仓库服务器，可以通过 apt-get 命令访问。

然而，假如不陷入各种特定发行版的实现细节，大致的安装过程将如下所示。

- 配置 ACI，以支持不同 OpenStack 节点间的基本 IP 通信，包括用于 OpFlex 传输的基础设施 VLAN。

- OpenStack 节点的基本配置，启用 LLDP（这将允许 ACI 感知每个计算节点在物理上连接到哪些叶交换机端口）。

- 在 Neutron 网络节点上安装及配置插件，并适当设置 Neutron。

- 在 Nova 计算节点上安装并配置 OpFlex 代理。

- 启动代理服务。

- 初始化 ACI 的 OpFlex 租户，并为 OpenStack 创建 VMM 域。

如读者所见，创建 VMM 域是安装过程的一部分。在将 OpenStack 集成与 VMware 或 Microsoft 相比较时，这是一个非常显著的差异。对 OpenStack 而言，VMM 域不是通过 ACI 的 GUI、API 或 CLI，而是由 OpenStack 自己创建的。实际上，用户在 GUI 上找不到任何选项来创建 OpenStack VMM 域。顺便提一下，这也是 ACI 与 Contiv 及 Kubernetes 集成时所遵循的方式。

以下部分将更详细地介绍这些动态组件如何相互作用，并阐明在 ACI 与 OpenStack 相集成时，它们所起到的作用。

4.5.3 面向 OpenStack 的 ACI ML2 插件基本操作

以下是 ACI ML2 插件为 OpenStack 所提供的若干功能。

- 分布式交换。

- 分布式路由。

- 分布式 DHCP。

- 外部连通性。

- 源 NAT（SNAT）。

- 浮动 IP 地址。

ACI ML2 插件突出的特点是 OpenStack Neutron 的原始网络结构维持不变，只需要将其"翻译"为 ACI 策略。

- OpenStack "project"（项目）等同于 ACI "租户"。在 OpenStack 创建项目时，ML2 插件会在 ACI 生成对应的租户。该租户名称将是 OpenStack VMM 域名与 OpenStack 项目名的拼接。

- 租户上的 VRF 将同时生成。

- 创建项目之后，OpenStack 管理员将为新项目创建 OpenStack 网络及子网。这会在 ACI

租户上生成相应的 BD 连同子网定义。此外，每个 BD［每个 OpenStack 网络创建一个桥接域（Bridge Domain）］都将生成一个 EPG。如读者所见，ML2 插件意味着 BD 与 EPG 之间的一一对应。

■ 包含 ACI 租户 EPG 的应用配置描述，将依据 VMM 域命名。

■ 对 OpenStack 而言，将子网连接到路由器的效果是打通其余子网。在 ACI 上的效果是生成作用于相应 EPG 的 permit-all 合约。

面向 OpenStack 的 ACI 插件将取代 Open vSwitch 代理（原本运行在计算节点上），以及 3 层代理（原本运行在网络节点上）的功能。如果读者检查 Neutron 应用（通过 neutron agent-list 命令），就会看到这两个进程并未启动；而在它们的位置，OpFlex 的 Open vSwitch 代理将在计算节点上运行。

一旦新实例（这通常是 OpenStack 指代虚拟机的方式）启动，后续的首要操作之一是为其提供 IP 地址。如本节开头所述，面向 OpenStack 的 ACI ML2 插件包含分布式 DHCP 功能，分成两个阶段。

■ 在新实例创建时，Neutron 网络节点将决定它的各种配置细节，包括 IP 地址。该信息将通过 /var/lib/OpFlex-agent-ovs/endpoints 文件发布至对应的计算节点。

■ 当新实例发出 DHCP 请求时，启动该实例的计算节点已经知道要分配给它的 IP 地址（通过上述文件）。因此，计算节点不需要再将 DHCP 请求转发给网络节点，而可以直接回应。

分布式 DHCP 是 ACI 与 OpenStack 集成里面一个重要的可扩展特性，在有大量实例同时启动的情况下，它提供了极高的性能。

4.5.4　面向 OpenStack 的 ACI ML2 插件安全性

正如读者可能猜测的那样，在连接实例的每台 OpenStack 计算主机上都有一个虚拟网桥，通常称之为 br-int（表示"桥接集成"，因为它是实例流量汇聚的地方）。然而，实例并非直连，而是间接连通该网桥的，如图 4-29 所示。

如读者所见，在实例与 br-int 网桥之间，还有一个额外的 Linux 桥接器。这个额外的虚拟交换机（以字符串"qbr"为前缀）是每个虚拟机的专用桥接器，它有多种用途，如下所示。

■ 用户可以检查出入 OpenStack 实例的流量。因其位于计算节点操作系统可见的"tap"接口上，能够直接运行 tcpdump。

■ 同样，也可以在"tap"接口上应用网络过滤器，通常是基于软件的 Linux 防火墙 iptables。

Neutron ML2 不支持复杂的概念，如合约、主题及过滤器，网络安全将以"security group"

（安全组）的形式提供。如前所述，当两个子网连接到路由器时，ACI 会根据其间的 permit-all 合约放行所有流量。如果 OpenStack 管理员想通过安全组限制它们之间的流量，那么这些安全过滤器会通过 OpFlex Agent 在计算节点上部署，iptables 规则将被应用至相应实例的"tap"接口。

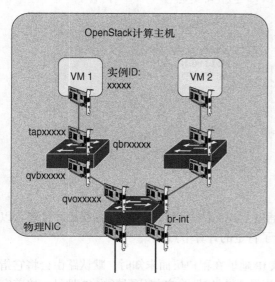

图 4-29　OpenStack 实例连接到 br-int 网桥

这些规则可以利用 iptables 命令在计算节点上查看，但它们对 ACI 并不可见。

4.5.5　面向 OpenStack 的 ACI ML2 插件 NAT

NAT 是 OpenStack 的关键功能。它一方面允许从实例到外部世界（实际上是到 OpenStack 项目以外）的所有出口通信，另一方面允许从外部连通特定实例的入口通信。

为实现出入口通信，一个关键的组件是外部路由网络（也称为"L3 Out"）。它可以由多个 OpenStack 项目（ACI 租户）共享，或专用于某个特定项目。共享 L3 Out 通常基于公共租户（common tenant）上的默认 VRF，可以在插件安装过程中创建，也可以由 ACI 管理员手工完成。

如果一个项目使用了该共享 L3 Out，那么一个"shadow"（影子）L3 Out 将在相应租户上被创建。

通过源 NAT（SNAT）可以实现出口通信。在 ACI 插件的配置（ /etc/neutron/plugins/ml2/ml2_config/ ml2_conf_cisco_apic.ini ）中，通过 host_pool_cidr 选项指定一个子网，将为每个 Nova 计算节点在该子网内分配一个特定的公有 IP 地址。在公共租户上，还会创建一个额外的 BD（包含一个相关联的 EPG）。图 4-30 显示了分布在项目特定租户与公共租户之间的这一设置。

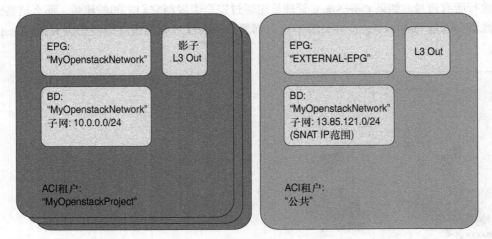

图 4-30   ML2 插件的 L3 Out 与 SNAT 架构

SNAT 地址范围在 BD 上配置，并设置为通过 L3 Out 对外通告。在 EPG 层面，读者可以看到，SNAT 地址块里面的 IP 地址被分配给了特定的计算节点。

当去往某一 IP 地址的流量离开实例，且该 IP 地址在租户层面未知时，默认路由会将它指向影子 L3 Out。然而，计算节点会首先将该流量 "SNAT" 为之前分配好的 IP 地址，接着它会被 ACI 归类为公共租户上的 SNAT EPG。回程流量将遵循相反的路径。

OpenStack NAT 的第 2 个功能是允许入口连通特定的实例。这被 OpenStack 称为 "浮动 IP 地址"（floating IP address）。实质上，公有 IP 地址将分配给实例（而不是像 SNAT 那样分配给计算节点），并且从 OpenStack 外部发送到这些公有地址的流量将被转发给相应实例。此外，该公有 IP 地址也将用于特定实例的出口通信，而不是分配给其计算节点的 SNAT IP 地址——将在没有浮动 IP 地址的情形下使用。

用于浮动 IP 地址的地址范围，可以在公共租户 BD 的 SNAT IP 旁边配置，并且也需要设置为 "advertised externally"。用户可以定义一个 IP 地址范围并分配给单个 EPG，以便在所有 OpenStack 项目间共享；或者为不同租户配置不同的范围（以及不同 EPG），以便可以用合约来控制 EPG 间流量。

比如，如果用户有一个 OpenStack 项目 "公共服务"，以及其他单独的 OpenStack 项目，并且为每个项目都分配了不同的浮动 IP 地址范围，那么通过映射到不同地址范围的 EPG 间合约，就可以控制哪些项目可以访问该公共服务租户。

通过 OpenStack，读者可以利用命令 neutron net-list 来检查浮动 IP 地址范围；通过 ACI，读者也可以在公共租户上对应查看 ACI ML2 插件所创建的 BD。

4.5.6 面向 OpenStack 的 ACI GBP 插件

如前所述，ML2 插件为 OpenStack 提供了若干性能优化（比如转发、DHCP 与 NAT 的分布式特性），最重要的是它简化了对 OpenStack 网络架构的管理。然而，它不会添加任何原生 Neutron ML2 插件没有的功能。

这就是为什么要开发 GBP 的主要原因，目标是通过丰富的声明式模型来增强 OpenStack 的网络功能，而这种模型恰好与 ACI 相似。基于组的策略（GBP）在 Juno 版本发布时推出，因此它已经经历了相当经历成熟过程，并且达到了相当好的稳定性。

GBP 绝不是特定于 ACI 的，它支持众多网络技术。借助于其声明能力，GBP 驱动程序将基于意图的声明翻译成基于组的网络策略。事实上，一个 Neutron 插件已经为 GBP 开发出来，它会将 GBP 策略转换成 Neutron/ML2 原语。

GBP 由以下对象组成。

- 策略目标（Policy Target）：通常是 OpenStack 实例上的 NIC。

- 策略组或策略目标组（Policy Group or Policy Target Group）：与 ACI 的 EPG 类似，它包含策略目标。

- 策略过滤器（Policy Filter）：与 ACI 的过滤器类似，它定义了流量匹配规则。

- 策略操作（Policy Action）：一系列对流量可以采取的操作（如放行或重定向）。

- 策略规则（Policy Rule）：与 ACI 的主题类似，它包含一组过滤器与操作。

- 策略规则集（Policy Rule Set）：与 ACI 的合约类似，它包含策略规则。

GBP 还考虑在通信流中植入（及移除）网络服务，通常称为网络服务链（service chaining）或网络服务植入（service insertion），相当于 ACI 上的服务视图。可用于链的对象包括服务链节点（node）、服务链规范（spec）及服务链实例（instance）。

还有其他 GBP 网络原语指定了转发特性。

- 2 层策略：与 ACI 的 BD 类似，它是与单一 3 层策略相关联的一个策略组集合。

- 3 层策略：与 ACI 的 VRF 类似。

- 网络服务策略（Service Policy）：服务链所需的特定参数。

如读者所见，GBP 对象模型非常接近 ACI 模型。面向 GBP 的 Neutron 驱动程序所执行的任务，可以认为与 ACI ML2 插件的翻译模型恰好相反：它将 GBP 的对象转换为 Neutron ML2 之中的概念。

GBP 的另一个有趣方面是其"sharing"（共享）概念。这在共享 L3 Out 等服务时尤为有效，在对象创建时，将"shared"属性设置为"True"即可。

通过命令行（不出所料，gbp 命令）、OpenStack 的 Horizon GUI 界面或其编排工具 Heat，可以像其他 OpenStack 组件一样运行 GBP。用户可以在思科官网上找到"GBP User Guide"。但为了让读者有一个简单、直观的印象，下面介绍若干在 OpenStack（以及 ACI）里面的 GBP 对象管理命令。

- **gbp policy-classifier-create**：创建一个策略分类器（ACI 上的过滤器）。

- **gbp policy-rule-create**：创建一个策略规则（ACI 上的主题）。

- **gbp policy-rule-set-create**：创建一个策略规则集（ACI 上的合约）。

- **gbp group-create**：创建一个策略组（ACI 上的 EPG）。

- **gbp update-group** *group_name* **--consumed-policy-rule-sets** *rule_set_name*：在组（EPG）中消费一个规则集（合约）。

- **gbp update-group** *group_name* **--provided-policy-rule-sets** *rule_set_name*：从组（EPG）中提供一个规则集（合约）。

- **gbp nat-pool-create**：创建一个浮动 IP 地址范围。

这个列表还很长，但读者只需明白一点：利用 ACI 插件来管理 OpenStack 网络将与管理 ACI 本身大致等同。

4.6 Docker 网络与 Contiv 项目

Linux 容器在过去几年里掀起了一阵 IT 产业风暴，这主要归功于 Docker 公司所带来的创新及简化。

实质上，Linux 容器可以在 Linux 操作系统上运行应用，无须安装任何库、模块或其他依赖项。它有点像虚拟机，但是更轻量化，因其并不包含一个完整的操作系统。这使得 Linux 容器更容易分发，并成为一个封装整个应用生命周期的绝佳平台——从开发到测试、从灰度到生产。

在 Linux 系统上安装 Docker 时，创建的对象之一是名为"docker0"的一个网桥以及一个私有网段。换句话说，一台虚拟交换机。

在容器网络创建时，有各种选项。默认情况下，会从私有 IP 网段分配一个地址给 Linux 容器，并将其连接到一个名为 docker0 的 Linux 网桥（在安装 Docker 时创建）。为实现与外部网络的通信，该网桥会将容器的私有 IP 地址转换为宿主机物理网络适配器上的实际 IP 地址。

与家庭网关为家庭网络所实现的 Internet 连接方式相比,这并没什么不同,如图 4-31 所示。

每个容器都有自己的以太网接口,隔离于专属的网络命名空间。命名空间(namespace)是 Linux 容器的一个基本概念,它是一堵限制对象可见性的"花园围墙"。比如,容器 1 可以看到它自己的以太网接口,但不会再有其他的。

虽然对于单宿主机而言,该设置非常简单,但在实施包含多台 Docker 服务器的集群时会有若干缺陷。

■ 当不同宿主机上的两个 Docker 容器相互通信时(如容器 1 与 3),它们看不到彼此的真实 IP 地址,而是转换后的(图 4-31 中宿主机的 IP 地址是 172.16.0.11、172.16.0.12)。这将在安全策略实施时产生不利影响。

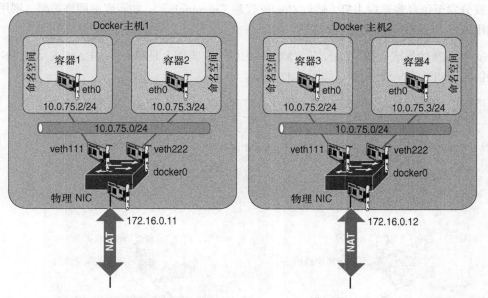

图 4-31 单台宿主机上的默认 Docker 网络

■ 可从宿主机外部访问的 Docker 容器需要暴露特定端口,以便 docker0 网桥能够对入向流量进行 PAT。这意味着同一宿主机上的两个容器不能开放相同端口,因此就需要额外的协调,以确保此类冲突不会发生。

■ 避免这种协调工作的一种方法是动态端口分配,但这本身又会带来新的挑战——比如让其他所有容器都知道,某个容器正在监听哪些端口。

基于这些挑战,Docker 在 2015 年开发了容器网络模型(CNM)。这是一个框架,旨在简化 Docker 容器的替代性网络协议栈创建。Docker 甚至重构了 Docker0 的实现并将其搭建于 CNM 之上,使其同基于 CNM 的其他网络插件对等。这就是 Docker 所谓的"内置电池但可更换"。Docker 带有一个默认实现（在这里指网络连接），但如果用户不喜欢，也可以用另一个自定义的实现轻松地替换它。

为改变 Docker 的网络行为，许多插件被开发出来。另外，Docker 的原生实现也在演进，现已包含网络叠加的概念。在某些场景下，这种网络解决方案的泛滥也造成了混乱。

因此，有了 Contiv 项目。它旨在使 Docker 网络插件的生态体系更加清晰，其想法是用一个插件来支持所有主流的网络选项。Contiv 背后的主要理念之一是复制已在服务器虚拟化领域取得成功的网络概念，同时支持纯 3 层、基于 VXLAN 的叠加层以及基于 VLAN 的 2 层网络，以摆脱 Docker 默认网络模型所固有的 NAT 问题。关于 Contiv 的更多信息，请参阅其官网。

Contiv 将网络策略集中在一个高可用的主节点集群上（运行 Contiv 功能 "netmaster"）。策略随后被分发至每台容器宿主机（运行 Contiv 代理 "netplugin"）。如需变更网络策略，则用户要利用 API 与 netmaster 功能进行交互。

Contiv 与 ACI 的集成支持 VLAN 与 VXLAN 封装，它实质上是将一个 VLAN 或 VXLAN 分段映射到 ACI 上的一个 EPG，如图 4-32 所示。

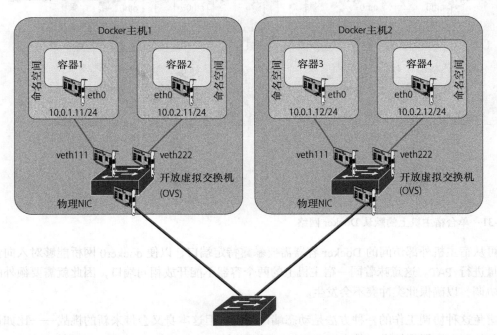

图 4-32　基于 Contiv 的 VLAN/VXLAN 封装

然而，ACI 与 Contiv 的集成跟其他类型集成（如 VMware、Microsoft、OpenStack 及 Kubernetes）所遵循的模式并不一样，因为它并不基于 VMM 的概念。相反，Contiv 管理员所创建的对象，将在 ACI 上生成类似的构造。

比如，在不深入 Contiv 语法细节（读者可从 Contiv 官网获得完整命令）的前提下，一个可能的命令序列大致如下。

- 创建外部合约（指 ACI 合约）。

- 创建一个网络（匹配 BD 的 IP 地址空间与网关，或其子集）。

- 为容器间的内部流量过滤创建一个（空）策略。

- 将规则添加到策略。

- 创建与策略和/或外部合约相关联的组。

- 创建一个包含组的应用策略。至此，该应用策略将以应用配置描述的形式部署到 ACI 上，而这些组将被转换为 EPG。

将 ACI 与 Contiv 集成，使得创建的 Contiv 策略可以在 ACI 上被实际部署、网络在 Docker 宿主机上被配置，以确保业务流经过 ACI，从而使网络策略得以正确执行。比如，图 4-33 展示了在 Contiv 界面上一个网络策略看起来是什么样子。

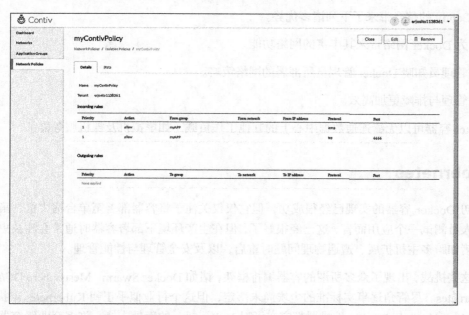

图 4-33　Contiv GUI 上的网络策略

图 4-34 说明了 Contiv 如何以 EPG 与合约的形式将策略部署至 ACI。注意，在这两个 GUI 界面上，所有相关对象均匹配：EPG 名称、合约名称和端口号等。

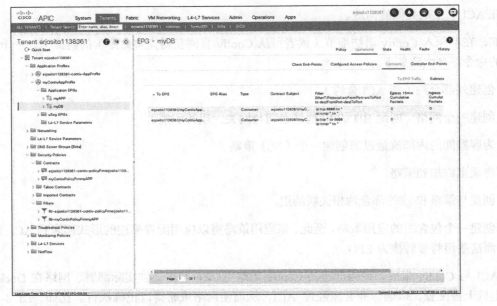

图 4-34　由 Contiv 创建的 ACI 网络策略

ACI 与 Contiv 的整合带来了下列诸多优势。

- ACI 为 Docker 网络带来其丰富的网络功能。

- 网络管理员知晓 Docker 管理员所部署的网络策略。

- 网络管理与排障更加高效。

- Docker 容器可以无缝连通数据中心上的其他工作负载（如虚拟机及裸机服务器）。

4.7 Kubernetes

虽然起初 Docker 容器的实现已经很成功，但它仅仅关注于将容器部署至单台宿主机。虽然对开发人员测试一个应用而言，这已经很好了，但在生产环境下部署容器时通常会涉及更多操作，诸如跨多主机扩展、遭遇物理问题时重启，以及安全管理与性能管理。

为应对这些挑战，出现了众多所谓的容器编排框架，诸如 Docker Swarm、Mesosphere DC/OS 与 Kubernetes。尽管角逐事实标准的尘埃尚未落定，但这个行业似乎正朝 Kubernetes 聚拢。比如，Mesosphere 与 Docker 编排器都宣布了对 Kubernetes 的额外支持；许多企业级容器平台（如 Pivotal Cloud Foundry 和 Red Hat OpenShift）也选择了 Kubernetes 作为其底层技术。

公有云的兴起推动了 Linux 容器的普及，尤其是 Kubernetes。归因于其可移植性，容器是确保应用可以被成功部署至本地基础设施或公有云的流行选择，无须修改任何代码。所有主流云供应商（Amazon Web Services、Google Cloud Platform 与 Microsoft Azure）均支持某种形态的 Kubernetes 集群。因此，将一个应用在 Kubernetes 上容器化，会立即为其公有云迁移提供可能性。

综上所述，ACI 不但可以与多种服务器虚拟化技术相集成，而且包括领先的容器编排框架，如 Kubernetes。更进一步，作为额外的容器平台，ACI 3.1 版本还能够集成 Red Hat Openshift 容器平台以及 Cloud Foundry（后者作为测试版功能）。本章将重点介绍 Kubernetes，因为 Openshift 与 Cloud Foundry 可以被视为 Kubernetes 的衍生品。

ACI 3.1 版本包含的另一项有趣功能是 VMware vSphere 虚拟机上的 Kubernetes 支持。该部署的难点在于，ACI 叶交换机与容器之间将存在两台虚拟交换机（vSphere 及 Kubernetes 的虚拟交换机）。

4.7.1 Kubernetes 网络模型

Kubernetes 的网络模型与 Docker 有很大差异。如同 Docker 创建了容器网络模型（CNM）作为其网络插件的框架，CNCF（Kubernetes 的开发管理组织）也为后来的 Kubernetes 网络插件开发了容器网络接口（CNI）。

Kubernetes 的最小网络单元是 Pod。Pod 是一组容器，可以作为单一实体进行处理。Pod 内的容器共享 Linux 命名空间，这意味着它们可以更容易地互相通信。Pod 有时被定义为单个容器，在这种情形下，读者可以将 Pod 想象为容器的包装。每个 Pod 都会获得一个 IP 地址，网络策略可以在该层面定义。Kubernetes 始终坚持一条通用规则，即每个基于 CNI 的网络插件都应遵循的——无论是 Pod 间通信，还是 Pod 与 Kubernetes 节点（Node，即宿主机）之间的通信，都不应该有 NAT。

基于 Kubernetes 规则及 CNI 框架，ACI 与 Kubernetes 集成时无须 NAT。截至本书英文版出版，该集成支持 Kubernetes 1.6 版本，并需要 ACI 3.0(1)版本或更高版本。

集成模型与 OpenStack 场景类似：在 Kubernetes 主节点上安装与 ACI 集成所需的组件，同时会在 ACI 生成（连同其他操作）Kubernetes 的 VMM 域；与此同时，ACI 管理员可以通过 VMM 域管理 Kubernetes 集群中的物理节点，或者是已部署的其他节点。

在将 ACI 与 Kubernetes 集成时，需要以下 4 个不同的子网。

- Pod 子网：Pod 将从该范围获得 IP 地址，独立于实例化该 Pod 的节点。

- 节点子网：Kubernetes 节点将获得该子网的 IP 地址。

- 节点服务子网：Pod 可以利用该子网的 IP 地址提供内部服务。这是 Kubernetes 一种内置的负载均衡器——节点知道所暴露的服务，并可进一步将流量发送至相应 Pod。

■ 外部服务子网：这是唯一需要通告给外部世界的子网。外部服务子网上的 IP 地址与 TCP
端口共同作为一种可对外提供的服务。ACI 将外部流量负载均衡到相应的节点服务子网
IP 地址后，Kubernetes 的内部机制会将流量再重定向至各个 Pod。

图 4-35 描述了这一设置（节点子网除外，它对 Pod 或用户而言并不可见）。

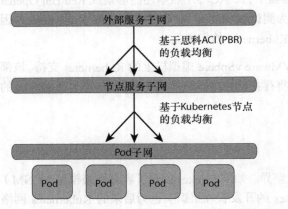

图 4-35　基于 Kubernetes 与 ACI 的分级负载均衡

这种两级负载均衡基于 Kubernetes 的体系结构。Kubernetes 仅定义了节点服务层的负载均衡，
这是为了 Pod 组能够对内暴露服务。Kubernetes 并没有定义如何负载均衡暴露于外部世界的
Pod 组——这正是 ACI 可以利用 PBR，并针对相应服务节点的 IP 地址与端口负载均衡外部
流量的地方。

4.7.2　隔离模型

决定 ACI 与 Kubernetes 集成形态的一个基本前提是，不要给 Kubernetes 用户（应用开发人
员）增添任何负担，否则这将对集成的采纳与否产生负面影响。通常的 Linux 容器，尤其是
Kubernetes，是由开发人员创建并使其流行开来的技术。对于开发人员而言，如果基于这种
集成来创建应用太复杂，那么他们只会改用其他方式。

因此，以下介绍的不同的隔离模型将在本节及其后续展开。

■ 集群隔离（Cluster Isolation）：全部命名空间（除 kube-system 之外）中的所有 Deployment
都被分配给单个 EPG。如果在 Kubernetes 集群的应用部署时没有指定附加选项，那么这
将是默认的隔离模式——模仿没有 ACI 时的 Kubernetes 操作。

■ Namespace 隔离（Namespace Isolation）：Kubernetes Namespace 有点类似于部署应用的逻

辑文件夹（不要与 Linux 命名空间，一种支持 Linux 容器的操作系统技术相混淆）。用户可以将特定 Kubernetes Namespace 及其包含的全部应用分配至单独的 EPG。假设每个 Kubernetes Namespace 代表组织里面的某个部门或分支，这种隔离更像部门间的隔离。

■ Deployment 隔离（Deployment Isolation）：Kubernetes Deployment 是一组负责单个应用的 Pod，可以作为单一实体来管理。开发人员还可以将不同的 Kubernetes Deployment 映射为不同 EPG，以便隔离应用。

在集群隔离模式下，所有未指定任何网络策略的 Kubernetes Deployment 也可以与 ACI 集成工作。但如果要将一个 Namespace 或 Kubernetes Deployment 分配给非默认 EPG，那么开发人员可以选择配置额外的安全策略。

在 Kubernetes 集群安装 ACI 集成时，ACI 将创建 3 个 EPG（在一个可配置的租户及其应用配置描述中）。

■ Kube-nodes：Kubernetes 节点将分配给该 EPG。

■ kube-system：在 kube-system Namespace 中运行的特定 Pod，将分配给该 EPG。

■ kube-default：在 kube-system Namespace 以外创建的任何 Pod，都将分配给该 EPG。

在安装 Kubernetes 集群时，众多集群服务将通过 Kubernetes Pod 提供。在这些服务中，两个突出的例子是 DNS 和 etcd（作为 Kubernetes 配置数据库的分布式键值存储）。这些特殊的 Pod 被部署在一个名为 kube-system 的特殊 Namespace 中，以区分其他 Pod。为配合这种区分，ACI 将 kube-system Namespace 中的 Pod 默认分配给 kube-system EPG，并预置若干合约，以控制其他哪些 EPG 可以访问诸如 ARP、DNS、kube-API 及 Healthcheck 等服务。

在没有任何附加选项的情况下部署 Kubernetes Pod 时，它们将被放置于 kube-default EPG，从而模仿不分段（隔离）的 Kubernetes 行为。然而，如果用户希望获得额外的安全性，那么可以选择将特定 Pod 部署至单独的 EPG，也就是需要遵循如下步骤。

步骤 1 在 ACI 的 Kubernetes 租户上创建一个新 EPG。

步骤 2 在与新 EPG 相关联的 Kubernetes 里面，通过注解创建新的 Pod/Deployment/Namespace。

接下来的部分，将包含关于这两个步骤的更多细节。

4.7.3 为 Kubernetes Pod 创建新 EPG

如前所述，在默认情况下，所有非系统的 Pod 都将被分配给 kube-default EPG。如果想要覆盖该行为，需要在 Kubernetes 租户（在 Kubernetes 集群安装 ACI 集成软件时创建）上添加新的 EPG。

新 EPG 在创建后需要通过提供或消费合约以确保它与系统 Pod 以及外部网络的连通性。

- 如果新 EPG 之中的 Pod 需要外部连通性，那么应消费在公共租户上的 kube-l3out-allow-all 合约。
- 在 Kubernetes 租户上消费 ARP 及 DNS 合约。
- 在 Kubernetes 租户上提供 ARP 及 HEALTH CHECK 合约。

图 4-36 描述了定制的 Kubernetes "new-EPG" 所需消费及提供的合约。

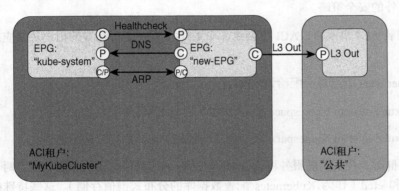

图 4-36 定制的 Kubernetes EPG 合约设计

4.7.4 通过注解将 Deployment 或 Namespace 分配给 EPG

在本节开始之前，还需要定义两个概念。首先提及的是 Kubernetes Deployment。实质上，Deployment 是一组 Kubernetes Pod，用户可以为其定义重要属性，如每个 Pod 上应放置哪些容器、各个容器的映像，以及出于可扩展性考虑需要多少个 Pod 副本。

Deployment 是 Kubernetes 里面的一个重要概念，因为它允许管理员不必关心单个的 Pod。如果想增加某个特定应用层的 Pod 数量，那么只需修改相应 Deployment 的 replicas 属性。

同样，用户也希望不是基于单个 Pod，而是将 Deployment 分配给一个 EPG。这样产生的效果是，所有的副本（Pod）都立即被分配给该 EPG。

对于在某个 Kubernetes Namespace 中创建的所有 Deployment，用户可以选择性地分配全部（而不仅仅是单个）Deployment。如前所述，Namespace 通常为特定的开发团队或项目而创建，因此基于它的网络隔离在某种程度上是很有价值的。

Kubernetes 采用精密的元数据系统来传递单个对象的用户自定义属性。该元数据称为注解

（Annotation），实质上是一个键值对。如果读者熟悉 VMware vSphere，就明白它与 vSphere 的自定义属性或标签非常类似。比如，将 Pod 分配给某服务的方法是为 Deployment 配置一个标签，然后在服务里面匹配这个标签。

Kubernetes 与 ACI 的集成，也基于上述理念，以将 Deployment 与 Namespace 分配给 EPG。

Kubernetes 的用户与管理员可以通过 kubectl 命令来管理 Kubernetes 集群并部署应用。它可以在任何宿主机甚至用户桌面上运行，并能够安全地远程连接 Kubernetes API。

还有一些方式来分配注解，比如利用 acikubectl 命令（特定于 ACI 集成），或者在用于 Deployment 创建的 YAML 文件中直接指定。

将完整的 Kubernetes Namespace（以及在 Namespace 中创建的所有对象）分配给 EPG 的过程完全相同：基于 kubectl 或 acikubectl 命令，将注解添加到 Namespace 即可。

请注意该方案的灵活性。通过注解，用户可以将任意部署或命名空间（包含其所有部署）分配到 ACI 上任意给定的 EPG。

4.7.5 Kubernetes 对象在 ACI 上的可见性

ACI 为 Kubernetes 集群所带来的、显著的附加价值之一是容器层网络对网络管理员的统一可见性，并匹配其他类型工作负载的网络功能。

- Pod 将作为端点显示在相应 EPG 的操作面板上。因此，Pod 也适用于其他基于端点的工具，如 Endpoint Tracker 与 Troubleshooting Wizard。

- Kubernetes 集群的 VMM 域将展示 Kubernetes 的物理节点、集群所配置的 Namespace，以及在每个 Namespace 中定义的服务、Deployment、副本集与 Pod。

- 公共租户上的 4 ~ 7 层配置将显示有多少 Kubernetes 节点含有已知 Pod——这些 Pod 可以将外部流量负载均衡至对外暴露的特定服务。

- 在解决连通性问题时，管控 Kubernetes EPG 间通信的合约将极具参考价值，特别是它所放行或丢弃流量的计数器与统计。

与 ACI 的集成，不但可以为 Kubernetes 的工作负荷自动创建负载均衡及策略隔离，而且能够采用与数据中心虚拟或物理矩阵完全相同的方式，让 ACI 用户同时管理 Kubernetes 网络。

4.8　公有云集成

如果不参照公有云环境，那么本章将不会完整。随着云计算的出现，越来越多的客户将其应用转移至诸如 Amazon Web Services、Google Cloud Platform 及 Microsoft Azure 等公有云环境。

思科已公开宣布一项名为 ACI 虚拟边缘（AVE）的 ACI 新扩展，该扩展将为混合云带来新的可能。比如，通过在 APIC 上配置云安全对象来扩展网络策略，或者是将 ACI 与运行在公有云上、基于软件的网络服务相集成。

截至本书英文版出版，尽管 AVE 尚未上市，但它极可能显著地改变 IT 组织看待公有云混合场景的方式。

4.9　小结

现代数据中心已经在各种 Hypervisor 上部署了海量虚拟机形态的工作负载，并开始越来越多地选择由 Kubernetes 等容器框架所编排的 Docker。服务器虚拟化与容器提高了数据中心效率，并催生了 DevOps 等新概念。然而，它们也带来了若干挑战，比如复杂性与异构性的增加，特别是在连通性领域。

思科 ACI 是目前市场上唯一能够在裸机服务器、服务器虚拟化技术（如 VMware、Microsoft、Red Hat Virtualization 与 OpenStack），以及 Linux 容器框架（包括 Kubernetes、Red Hat Openshift 和 Cloud Foundry）之间提供一致性网络策略的技术。它拥有如下优势。

- 无论在何处运行，所有应用都实施一致性的安全策略及微分段。这就能够利用不同的技术，甚至是不同的编排器来部署应用的不同层级。比如，尽管 Web 可以采用 Linux 容器，应用服务器则可能是虚拟化的；与此同时，数据库也许仍保留在裸机服务器上。

- 敏捷的网络配置。网络可以通过最新的 REST API 与 SDK 以程式化的方式部署。VMware 的专业人员在 vCenter 上就能够配置网络。

- 与诸如 OpenStack、Kubernetes 或 OpenShift 等解决方案的集成，不会对开发人员施加任何约束，并允许他们在享有额外安全性的企业级网络同时，继续运行自己熟悉的构件。

- ACI 内置的数据中心互连技术支持跨可用区甚至跨地域的应用部署。

- 随着 ACI 与公有云提供商如 AWS、Google、Microsoft Azure 等基于 ACI 虚拟边缘（AVE）的集成，思科 ACI 真正成为目前唯一的、可以在每一朵云上为任意工作负载实施网络策略的数据中心网络。

第 5 章

进入 ACI 网络世界

ACI 网络不一样。这是一种积极的不同——它向前迈进了一步。协议的工作方式并没有什么不同，ACI 采用的是标准协议。其独特之处在于，网络的存在只是为了支撑策略。ACI 之所以有这样的内部网络构造，其原因在于附着到网络上的设备使用的是这种语言。ACI 的宗旨：采用一种设备可以理解的方式，将它们附着到网络，以便与其沟通，然后通过策略进行控制。

ACI 的承载网络是利用现今协议所能构建的性能极高且健壮的网络之一。它是名副其实的下一代数据中心网络。比如，通过去掉 ACI 矩阵上的生成树来消除风险；ACI 是一个零信任网络；ACI 利用稳定的 3 层网络、通过 VXLAN 来实现 2 层的连通性与弹性；ACI 通过任播网关（Anycast Gateway）提升可用性及性能。这个清单可以一直列下去。仅靠人力设置并维护此类网络将会非常烦琐——在大多数情况下并不可行。而在 ACI 中，控制器会通过策略替用户完成大部分工作。

ACI 的策略模式还有助于消除过去一直存在的障碍——因 IP 地址、子网及 VLAN 等形式所造成的各种限制。通过这种策略联网的新方式，ACI 将工作负载与上述限制解耦，并将它们分组。然后，通过合约来控制一个组如何与另一个组通信。这些组与合约，允许灵活地改变一台设备与另一台设备的对话方式，而无须变更其 IP 地址、子网或 VLAN。在以前的网络设计上并无此类灵活性，当然，更不存在作为所有虚拟设备或物理设备的单一控制点。本章将研究包含这些概念在内的诸多主题，如下所列。

- 组与合约。

- ACI 的网络构造。

- 将设备连接到矩阵。

- 以网络为中心的模式。

- 将工作负载迁移至矩阵。

在本章以及后续的章节中保持思维开放很重要，并在必要时重新审视这些主题，以便进一步澄清概念。随着学习和部署 ACI 之旅的不断前行，读者将认识到相对于其他网络设计，ACI 所提供的强大功能。

5.1 探索 ACI 网络

ACI 网络与现今许多企业所部属的传统网络相比，既有相似，又有区别。ACI 的 3 层网关与传统网络同义，LLDP 的工作方式也相同。

而传统网络功能得以在诸多方面改进。3 层现在是一个任播网关，每个成员都处于活跃状态，它的实例可以位于矩阵上的一个或多个叶节点。ACI 还引入了新特性，比如组、合约及 BD。本章将研究怎样组合所有这些特性来搭建一个数据中心网络。

5.1.1 端点组（EPG）与合约（Contract）

组（或 EPG）与合约是 ACI 的核心。可以这样说，组与合约将是读者在 ACI 学习过程中需要了解的非常重要的概念。当思科创造 ACI 时，就在寻找一种更好的方式来构建并管理网络。通过研究 IT 的其他领域，思科发现管理设备的最简单方法之一就是将它们分组，并控制一个组如何与另一个组对话。用于控制这种对话的构件被称为合约。通过合约，ACI 可以控制安全、路由、交换、QoS 以及 4~7 层的设备植入。如果没有组与合约，在 ACI 中就什么都不会发生，因为在默认情况下，这是一个零信任网络，因而硬件层面将阻断通信，直到组与合约所构成的策略被定义。随着进度，本书已经给出了不同颗粒度的模式，读者可以利用它们将策略应用到组与合约。为便于回顾，罗列如下。

- 以网络为中心的模式：这是许多用户的起点，其中组与合约以非常开放和基本的方式来复现当前网络环境。作为组的实现方式，EPG 等同于 VLAN。网络可以在基于信任的模式下运行，这意味着不需要合约，因为安全性将被禁用。或者，如果网络处于零信任模式，那么合约的部署也将非常开放，即允许两个组之间的所有通信。这让用户在体验更多的高级特性之前就得以熟悉 ACI。在该模式下，通常也不会部署服务植入。当企业准备好更进一步时，可以选择单个的设备或应用来尝试这些高级安全或其他特性，比如服务植入。

- 混合模式：从两种模式（以网络为中心与以应用为中心）里面借用其特性的模式。在该模式下运行的企业得益于额外的特性与安全级别。用户的 ACI 网络可能运行在以网络为中心的模式下，同时添加了集成服务和/或更精细的合约；也可能是一部分正以网络为中心的模式运行，而用户网络的其他部分则在逐个应用的基础上定义组与合约。

■ 以应用为中心的模式：可以为 ACI 客户提供最高水平的可视性及安全性。在该模式下，用户可以根据所服务的各个应用来定义组与合约。组可能包含整个应用，或根据功能将应用分为多个层级。此后，可以仅允许特定层级或设备之间的合法流量来保护通信。用户还可以在逐跳或逐层的基础上植入服务。这也是大多数企业针对其部分或全部应用正在尝试部署的零信任模式。该模式还使用户能够逐个应用地追踪其运行状况及性能。

前面解释的要点是，这些模式中的每一种都采用了组与合约的模型。当谈到模式 X、模式 Y 或模式 Z 时，有时会产生误解，听起来好像翻转一下开关就能把 ACI 变成别的什么。实际上，当选择实现一种或另一种配置类型/模式时，这只是一个友好、易记的称谓，用于指代所需的配置及相应量的工作。

> **提示** ACI 的一个奇妙之处在于其动态性。如果考虑添加额外功能，那么读者可以随时建立一个新租户并测试所提议的变更，而不会影响生产。当从网络为中心的模式转换到混合模式，再迁移到以应用为中心的模式时，这是测试配置元素的一种绝佳方法。在设计或变更 ACI 网络时，参考当前软件版本的可扩展性指南始终是必要的。建议读者利用 ACI Optimizer（优化器）来检查特定设计或变更的资源需求。本书将在第 12 章介绍 ACI Optimizer，更多相关信息请参考思科官网。

下面再详细探讨一下组的概念。ACI 可以对以下 3 种形式的端点进行分类。

■ 物理端点。

■ 虚拟端点。

■ 外部端点（从矩阵外部向 ACI 发送流量的端点）。

管理员决定硬件与软件如何对流量进行分类。某些版本的软硬件具备不同的分类功能，这将在稍后讨论。一个组可以包含一台或多台设备。基于网络连接，单台设备也可以是一个或多个组的成员。配备两个网络接口卡的服务器可能将面向生产的接口放置在称为"Web 服务器"的组，而另一个专用于备份的接口则放置在称为"备份"的组。然后，可以利用合约来分别控制这些组的通信行为。在默认情况下，同组内的所有设备可以自由对话。通过被称为 EPG 内部隔离的特性，可以修改该默认行为。这个特性类似于 Private VLAN，禁止组成员之间的对话。或者，还可以通过 EPG 内合约仅允许 EPG 内设备之间的特定通信。在所有配置中，组成员与其相关联 BD 上的 SVI 或网关之间的对话总是被允许的。一个组一次只能与一个 BD 相关联。多个 EPG 可以共存于同一 BD。

注意图 5-1 中描绘的组。EPG A 和 EPG B 将只能使用子网 A 和子网 B 的 SVI。读者还可以将其中任何一个子网下的设备添加至任何一个组，这凸显了 BD 可以关联多个子网的灵活性。由于 EPG C 只能使用子网 D 的 SVI，因此读者只可以将子网 D 下的设备添加到 EPG C。另一个较少采用的选项是将子网与 EPG 相关联。只有来自该组的设备才能使用子网的 SVI，而不是 BD 上的每个组都可以。从组的角度来看，这些 BD 与组的关联性只影响哪些设备可以放入哪些组，对于组间的通信能力没有任何影响。下一节将涉及与组相关联的 BD 在网络层面的内涵。

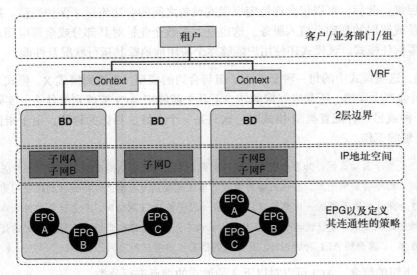

图 5-1 ACI 的层次化策略

ACI 有 3 种不同类型的组。第 1 种是传统的端点组（EPG）；第 2 种是微分段（Microsegmented）EPG；第 3 种是外部 EPG，在连通矩阵的外部网络时创建。

在创建外部路由连通性（L3 Out）或外部桥接连通性（L2 Out）时，读者还可以建立新的 EPG。通过这些外部连接可访问的设备将与新创建的 EPG 相关联。与这些设备的通信控制将基于外部 EPG 的配置，以及它们与矩阵其他设备之间的合约。

在部署传统 EPG 与微分段 EPG 时，可按如下方式分配工作负载。

- 将 EPG 静态映射至一个端口及 VLAN。
- 将 EPG 静态映射至一个叶交换机范围内的 VLAN。
- 将 EPG 映射至虚拟机管理器（VMM）域（随后将 vNIC 分配给与其相关联的端口组）。
- 将基本（Base）EPG 映射至 VMM 域，并根据虚拟机属性创建微分段（随后将 vNIC 分配给基本 EPG）。
- 将基本 EPG 映射至裸机（Bare-metal）域或 VMM 域，并根据 IP 地址创建微分段（随后将 vNIC 分配给基本 EPG）。

提示　如果 EPG 的映射配置为一个交换机范围内的 VLAN（利用静态叶节点绑定），那么 ACI 将把所有叶节点端口置为 2 层。如果之后需要在同一个叶节点上配置 L3 Out，那么这些端口将不能再配置 3 层。

> 这意味着如果一个叶节点既作为计算叶又作为边界叶，那么应该将 EPG 映射到"一个端口及 VLAN"，而不是一个交换机范围内的 VLAN。

管理员可根据虚拟机属性配置分类，并取决于软硬件组合，再将其转换为基于 VLAN 或 MAC 的分类。

基于交换机硬件（取决于 ASIC 型号），可按如下方式对流量进行分类。

- 基于 VLAN 或 VXLAN 封装。

- 基于端口及 VLAN，或者端口及 VXLAN。

- 基于子网及掩码或者 IP 地址，针对源自矩阵外部的流量（3 层外部流量）。

- 基于源 IP 地址或子网（思科 Nexus E 及思科 Nexus EX 平台的叶节点）。

- 基于源 MAC 地址（思科 Nexus EX 平台的叶节点）。

还可根据如下叶节点的入口流量配置分类，方式如下。

- 基于 VLAN 封装。

- 基于端口及 VLAN。

- 基于子网及掩码或者 IP 地址，针对源自矩阵外部的流量（3 层外部流量）。

- 基于显式 vNIC 端口组（Port Group）分配。在硬件级别，基于 ACI 与 VMM 之间的协商，再将其转换为动态的 VLAN 或 VXLAN 分类。

- 基于源 IP 地址或子网。对于虚拟机，如果是思科应用虚拟交换机（AVS），那么无须任何特定硬件。对于物理机，则要求硬件支持源 IP 地址分类（思科 Nexus E 或更新平台的叶节点）。

- 基于源 MAC 地址。对于虚拟机，如果采用 AVS，那么该功能无须特定硬件。对于物理机，则需要硬件支持基于 MAC 的分类，以及 ACI 2.1 版本或更高。

- 基于虚拟机属性。该选项根据虚拟机的属性将其分配给 EPG。在硬件级别，再将其转换为基于 VLAN 或 VXLAN（如果虚拟化主机采用了 AVS；或更一般的，虚拟化主机所采用的软件支持 OpFlex 协议）的分类，抑或基于 MAC 地址（思科 Nexus 9000 EX 平台并搭配 VMware VDS）的分类。

提示　每租户可包含多个 EPG。思科官网 "Verified Scalability Guide" 介绍了当前每租户支持的 EPG 数量。

EPG 提供或消费一个或多个合约。比如，图 5-2 中的 NFS EPG 提供了一个由外部 EPG 消费的合约。然而，这并不妨碍 NFS EPG 继续向其他组提供相同或不同的合约，或者消费其他组的合约。

ACI 合约的应用有以下目标。

- 定义 ACL 以允许安全区域之间的通信。

- 定义 VRF 或租户之间的路由泄露。

图 5-2 展示了如何在 EPG 之间配置合约（比如，在内部 EPG 与外部 EPG 之间）。

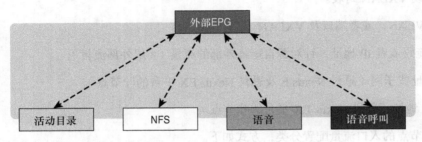

图 5-2　外部 EPG 合约示例

1. 合约是没有 IP 地址的 ACL

可以将合约视为 EPG 间的 ACL。如图 5-3 所示，端点之间的转发基于 VRF 实例，以及 BD 配置所定义的路由与交换。而 EPG 端点之间是否可以通信则取决于合约所定义的过滤规则。

> **提示**　合约所控制的不仅仅是过滤。如果在不同 VRF 实例的 EPG 之间应用了合约，那么也会自动实现 VRF 间的路由泄露。

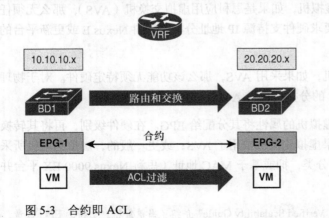

图 5-3　合约即 ACL

2. 过滤器（filter）和主题（subject）

过滤器指定诸如 TCP 端口及协议等字段规则，在合约中被引用，以定义矩阵所允许的 EPG

间通信。

过滤器包含一个或多个过滤条目来指定规则。图 5-4 展示了如何在 GUI 上配置过滤器及过滤条目。

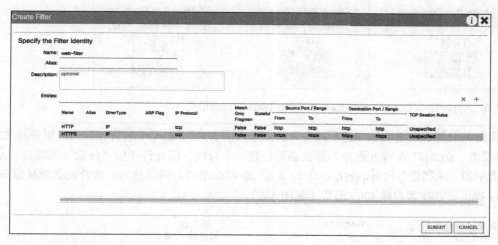

图 5-4　过滤器及过滤规则

主题是包含在合约中的一个构件，通常会引用过滤器。比如，Web 合约可能包含一个名为 Web-Subj 的主题，而该主题引用一个名为 Web-Filter 的过滤器。

3. 合约的方向概念

如上文所述，过滤规则有一个方向，类似于传统路由器的 ACL。ACL 通常应用于路由器接口。对 ACI 而言，在以下几个方面，此 ACL（合约过滤器）与彼 ACL（访问控制列表）不同。

- 所应用的接口是两个 EPG 之间的连接线。
- 应用的方向是"消费者到提供者"与"提供者到消费者"。
- 不包含 IP 地址，因为流量的过滤基于 EPG［或源组（Source Group）、类标识符（Class ID）——它们是同义词］。

4. 理解过滤器双向及反向选项

在合约创建时，通常会有以下两项被默认选中。

- Apply Both Directions。
- Reverse Filter Ports。

只有在选择了"Apply Both Directions"之后,"Reverse Filter Ports"选项才可用(见图 5-5)。

图 5-5 Apply Both Directions 与 Reverse Filter Ports 的选项组合

下面用一个例子来阐明这些选项的含义。如果需要客户端 EPG(消费者)访问服务器 EPG(提供者)80 端口的 Web 服务,那么必须创建一个合约,以允许 4 层"任意"源端口[ACI 术语中的"未指定"(Unspecified)]与 4 层 80 目标端口对话。然后,该合约必须从服务器 EPG 提供,并在客户端 EPG 消费(见图 5-6)。

图 5-6 从消费者到提供者方向定义合约的过滤器链

启用"Apply Both Directions"选项的效果是程式化两个 TCAM 条目:一个是从消费者到提供者方向,允许源端口"未指定"与目标端口 80 对话;另一个是从提供者到消费者方向,允许源端口"未指定"与目标端口 80 对话(见图 5-7)。

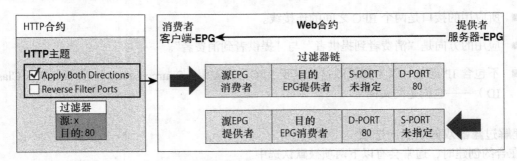

图 5-7 Apply Both Directions 选项与过滤器链

如读者所见,该配置并无意义,因为提供者(服务器)的流量将从 80 端口产生,而不是去往 80 端口。

如果启用 Reverse Filter Ports 选项，那么 ACI 将在第 2 个 TCAM 条目上反转源端口与目标端口，从而安装从提供者到消费者返回流量的放行条目，即从 4 层源端口 80 到目标端口 "未指定"（见图 5-8）。

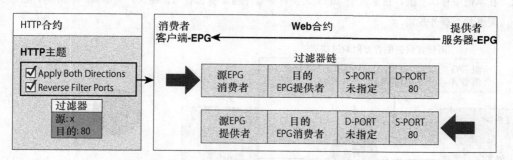

图 5-8　Apply Both Directions 和 Reverse Filter Ports 选项

在默认情况下，ACI 同时选中这两项：Apply Both Directions 和 Reverse Filter Ports。

5. 在 EPG 之间配置单个合约

另一种为合约配置过滤规则的方法是在两个方向上手工创建过滤器：从消费者到提供者，以及从提供者到消费者。

该配置方法不需要启用 Apply Two Directions 或 Reverse Filter Ports，如图 5-9 所示。

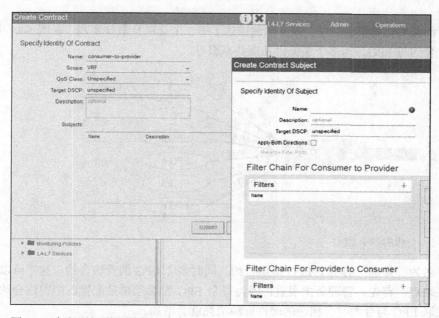

图 5-9　在主题级别配置合约过滤器

在这种情况下，合约的配置包含在合约的每个方向上输入过滤规则。合约消费者与提供者之间接口的图形化表示如图 5-10 所示。

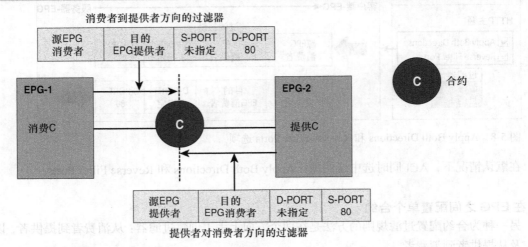

图 5-10 配置消费者到提供者，以及提供者到消费者方向的过滤器

6. 利用 vzAny

为减少合约所消耗的矩阵资源数量，以下示例描述了第 3 个选项及最佳实践。在图 5-11 中，通过重用单个合约与 EPG，为多个组提供某项共享服务。

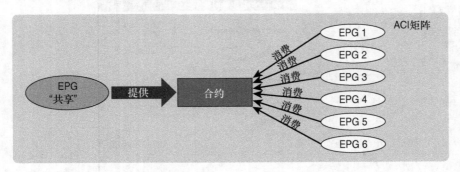

图 5-11 消费同一合约的多个 EPG

在该场景下，名为"共享"的单个 EPG 提供合约，同时多个 EPG 消费该合约。这样可以工作，但也有些缺点。首先，管理负担很重，因为每个 EPG 都必须单独配置以消费该合约。其次，每当关联 EPG 与合约时，相应的硬件资源消耗就会增加。

为解决这些问题，可以利用 "vzAny" 对象——vzAny 只是 ACI 内部的一个管理对象，代表一个 VRF 下的所有 EPG。该对象可用于提供或消费合约，因此，在前面的例子中，读者可以在 vzAny 消费合约而达到相同效果，如图 5-12 所示。

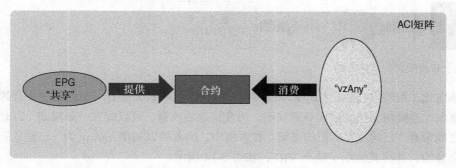

图 5-12　利用 vzAny 实现 VRF 下所有 EPG 消费一项共享服务

这不但更容易配置（尽管自动化或编排可能会弱化这一点），而且代表着矩阵硬件资源的最高效利用，因此，当 VRF 下的每个 EPG 都必须消费或提供某一给定合约时，推荐作为首选。

读者可能想知道，如果希望允许 VRF 下除一个之外的所有 EPG 共享服务，如何实现？此时需要禁忌（Taboo）合约——这是一种特殊类型的合约，ACI 管理员可以用它来拒绝特定通信（否则会被另一合约放行）。禁忌合约可以用来丢弃匹配某种模式（如任意 EPG、特定 EPG、过滤器匹配等）的流量。在常规合约规则发挥作用之前，禁忌规则已经在硬件上生效。即便有了额外的禁忌合约，vzAny 仍然可以在手工配置合约的过程中节省大量时间。

提示　有关禁忌合约的更多信息，请参阅思科官网 "Operating Cisco Application Centric Infrastructure"。

无论何时考虑利用 vzAny 对象，管理员都必须仔细规划。一旦 vzAny 对象被配置为提供或消费合约，任何与该 VRF 相关联的新 EPG 都将继承该策略，即添加到该 VRF 下的新 EPG 将提供或消费 vzAny 所配置的相同合约。如果以后需要添加新 EPG，然而它并不需要像 VRF 下的其他 EPG 那样消费相同合约，那么 vzAny 可能就不是最佳选择。

有关 vzAny 限制的更多信息，请参阅思科官网文档 "Use vzAny to Automatically Apply Communication Rules to all EPGs in a VRF"。

提示　当 vzAny 与共享服务（Shared Service）合约联合使用时，vzAny 将仅作为消费者（而非提供者）。

利用 vzAny 策略减少硬件资源消耗的另一个示例，是将它与 "已建立"（established）标记相结合。通过该方式，可以配置单向合约，以进一步减少资源消耗。

图 5-13 中，配置了两份合约（用于 SSH 及 HTTP）——均由 EPG 2 提供并在 EPG 1 消费。"Apply Two Directions" 和 "Reverse Filter Ports" 两项被选中，将生成 4 个 TCAM 条目。

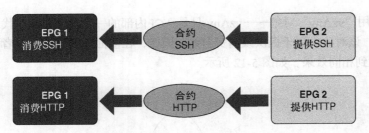

图 5-13　基于传统配置的双向合约

通过合约单向化，可将 TCAM 占用率降低一半。然而，该场景下会有一个问题——合约不允许返回流量，连接将无法完成而导致失败。为允许返回流量，可以配置一条规则，以允许所有端口之间带有"已建立"标记的流量。在本例中，读者可以利用 vzAny 为"已建立"流量配置单个合约，并将其应用于整个 VRF，如图 5-14 所示。

在消费与提供大量合约的环境下，这将显著减少 TCAM 条目的数量，并被推荐为最佳实践。

如果需要将合约应用于 vzAny，那么可导航至 APIC GUI 租户下方的 VRF。在 VRF 对象下，读者将看到"EPG Collection for Context"——这就是 vzAny 对象，可以在此处应用合约。

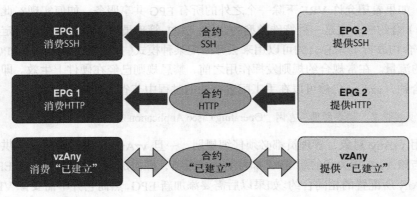

图 5-14　利用 vzAny 与"已建立"标记

> 提示　TCAM 是需要持续监控的矩阵资源。如果要查看系统视角上的可用 TCAM 资源，那么可在菜单栏依次选择"Operations"→"Capacity Dashboard"。工作面板上将显示一个所有节点容量的汇总表格。本书将在第 12 章讨论容量仪表板，更多信息也可以在思科官网中找到。

7. 合约范围

合约范围定义了它可以应用的 EPG。

- VRF：与同一 VRF 实例相关联的 EPG 均可使用该合约。

- 应用配置描述（Application profile）：同一应用配置描述的 EPG 均可使用该合约。

■ 租户：即便处于不同 VRF 下，同一租户上的 EPG 也可以使用该合约。

■ 全局：整个矩阵的 EPG 都可以使用该合约。

该设置确保合约不会应用于提供者 EPG 作用域（应用配置描述、VRF、租户等）外的任何消费者 EPG。

8. 公共租户（common tenant）上的合约与过滤器

ACI 公共租户提供对其他租户可见且可调用的资源。这意味着不必为同一个协议多次定义过滤器。虽然公共租户的过滤器用起来很方便，但必须考虑合约范围。如果多个租户与公共租户提供并消费同一份合约，且范围设置不当，就相当于在租户之间建立了通信关系。

比如，假设在公共租户上有一份名为 "web-to-app" 的合约，想要在租户 A 与租户 B 中重复使用。在租户 A 中，合约用于允许 EPG-web 对话租户 A 的 EPG-app。租户 B 复制这一配置，以允许 EPG-web 与 EPG-app 在同一合约下对话。如果合约范围设置为全局并通过该方式调用，那么读者可能还将开启租户 A EPG-web 与租户 B EPG-app 之间的通信。ACI 就是这样设计的，因为用户告诉 ACI，两个租户 EPG 都提供并消费同一份合约，且其范围被设定于租户之外。

若要按照预期效果配置该示例，那么需要验证在合约创建时是否设置了正确范围。在本例中，公共租户的合约范围应设置为租户。之后，ACI 会将合约的效果限定在调用它的每个单独租户之内，就好像该合约在各个租户上已被定义过一样。

这个关于范围的例子也适用于租户内部。如果要在某一租户的多个 VRF 下重复调用一份合约，那么应该将它的范围设置为 VRF，而不是租户。否则，就相当于开启了跨 VRF 通信。

5.1.2　VRF 与 BD

本节将讨论两种技术，首先讨论的是 VRF。思科多年来一直用它来虚拟化网络设备的路由域。Nexus 交换机产品线预配了管理 VRF 及开箱即用的默认 VRF。ACI 没什么差别，它必须至少有一个 VRF 并可按需扩展。下一节将讨论其设计考量。

桥接域（Bridge Domain）对大多数工程师而言是一个新概念。ACI BD 定义了唯一的 2 层 MAC 地址空间及 2 层泛洪域（如泛洪被启用）。读者还可以将 BD 视为子网的容器，这也是 ACI 默认网关的所在地。在考察完 VRF 后，注意力将转向 BD，以了解它们如何影响组播及 2 层行为，以及哪些设备可以访问哪些网关。

1. VRF 设计注意事项

VRF 或 Context 是一个租户的网络。租户可以有一个或多个 VRF。VRF 是唯一的 3 层转发及应用策略域。VRF 也是租户内或租户间流量的数据平面分段要素。VRF 定义一个 3 层地址域；一个或多个 BD 可以与同一 VRF 相关联。3 层域内的所有端点的 IP 地址必须唯一 —— 如果策略允许，那么数据包将在这些设备之间直接转发。路由流量采用 VRF 作为其 VXLAN 网络标识符（或 VNID）。虽然 2 层流量会采用 BD 标识符，但在对象树中实例化一个 BD 时，始终需要 VRF。

因此，需要在租户上创建一个 VRF，或引用公共租户的 VRF。

租户与 VRF 之间并不是一一对应的关系。

- 一个租户可以依赖公共租户的 VRF。

- 一个租户可以拥有多个 VRF。

在需要共享 L3 Out 的多租户环境下，一种流行的设计方法：在各个租户中配置 BD 与 EPG，同时关联驻留在公共租户上的 VRF。

共享 L3 Out 的配置可以简单，也可以复杂，这取决于选项。本小节介绍引用公共租户 VRF 时的简单且推荐选项。VRF 泄露则是更高级的选项，将在 6.8 节中介绍。

在创建一个 VRF 时，读者需要考虑以下选择。

- 是否希望基于合约，过滤与一个 VRF 相关联的所有 BD 及 EPG 流量［策略执行（Enforced）模式与策略放行（Unenforced）模式］。

- 为 EPG 的外向过滤选择策略的执行方向（入口或出口）。

提示	每个租户都可以拥有多个 VRF。当前版本每租户可以支持的 VRF 数字，记录于思科官网 "Verified Scalability Guide"。无论公布的限制大小，好的做法是将 VRF 分摊到不同租户，以便在不同的 APIC 上更好地实现控制平面的分布。请参阅思科官网上相关的可扩展性文档。

2. BD 设计注意事项

BD 必须关联到 VRF（也称为 Context 或私有网络）。BD 定义了唯一的 2 层 MAC 地址空间与 2 层泛洪域（如泛洪被启用）。尽管 VRF 定义了唯一的 IP 地址空间，然而该空间可包含多个子网。这些子网在一个或多个 BD（其对应 VRF 所关联的）上定义。

BD 可以跨多个交换机。一个 BD 可容纳多个子网，但一个子网需包含在单个 BD 内。子网可以跨多个 EPG，一个或多个 EPG 也可以与同一 BD 或子网相关联。图 5-1 给出了相关示例。

在考虑调整 BD 的行为模式时，其主要配置选项如下。

- 是否启用硬件代理（hardware proxy）或未知单播泛洪。

- 启用或禁用 ARP 泛洪。

- 启用或禁用单播路由。

- 是否定义一个子网。

- 是否在同一个 BD 定义附加子网。

- 是否将端点学习限定于子网地址空间内。

- 是否配置端点留存（Retention）策略。

还可以将 BD 的转发特性配置为优化的（Optimized）或定制的（Custom），具体如下。

- 如果启用了 ARP 泛洪，那么 ARP 流量将按传统网络的常规处理方式在矩阵内泛洪。如果禁用该选项，那么矩阵将尝试用单播将 ARP 流量发往目的地。注意，该选项仅适用于 BD 启用了单播路由的场景。如果禁用了单播路由，那么 ARP 流量将总是被泛洪。

- 对未知单播流量进行硬件代理是默认选项。只要 MAC 地址对主干是已知的（这意味着它不是静默主机），其转发行为就会依据映射数据库，将未知单播流量转发到目标端口，而不依赖于"泛洪—学习"（Flood-and-Learning）行为。

- 对于 2 层未知单播泛洪（未选择硬件代理），映射数据库及主干代理仍将学习 MAC 到 VTEP 的映射信息。然而，转发不再基于主干的代理数据库。2 层未知单播数据包将在 BD 上泛洪，基于作用在该 BD 且以主干为根的多个组播树之一。

- "Layer 3 Configurations"选项卡允许管理员配置以下参数。

  ● Unicast Routing：如果启用且配置了子网，那么矩阵将提供默认网关并负责路由流量。启用单播路由还将指示映射数据库，学习该 BD 的端点 IP 到 VTEP 映射。IP 学习本身并不依赖于 BD 子网配置与否。

  ● Subnet Address：该选项为 BD 配置 SVI 的 IP 地址（默认网关）。

  ● Limit IP Learning to Subnet：该选项类似于单播的 uRPF。若启用，矩阵将不会学习 BD 所配置子网之外的 IP 地址。在仅限 2 层的 BD 上，仍然可以启用单播路由，以允许 IP 地址学习并利用 ACI 提供的额外排障特性。在仅限 2 层的 BD 上，仍然可以启用单播路由，这是因为 ACI 的流量转发基于如下操作。

    ➢ ACI 将路由目的地是路由器（分布式网关）MAC 地址的流量。

    ➢ ACI 将桥接目的地是非路由器（分布式网关）MAC 地址的流量。

3. 在"泛洪—学习"模式下运行 BD

在"泛洪—学习"模式下部署 BD，意味着对未知单播流量及 ARP 广播启用泛洪。读者可以在如下场景选择该设计。

- BD 仅连接两个端点。比如，采用 BD 来连通服务链的两个接口，如防火墙的内部接口与负载均衡器的外部接口。（在这种情况下，优化 BD 配置不会提供任何显著改善，因为一个端口的泛洪流量仅被对端接收。）

- 存在静默主机，且 ARP 解析不足以克服。也就是说，如果主机处于静默状态，并且不应答对其 IP 地址的 ARP 请求。

- 在两台主机之间的初始会话阶段，要求一个数据包都不能丢失。

4. 优化 BD 以减少 2 层未知单播泛洪

如果要减少 2 层未知单播帧所造成的 BD 泛洪，那么应配置如下选项。

- 配置硬件代理以消除未知单播泛洪。

- 配置单播路由以启用端点 IP 地址学习（无论流量是否需要路由）。

- 配置子网。在端点留存策略到期时，BD 即可启用 ARP 来解析端点，特别是静默主机。

- 定义一个端点留存策略。如果主机的 ARP 缓存时间比交换机（叶节点及主干节点）MAC 条目的默认定时器长，那么该配置将非常重要。在定义了端点留存策略后，可以将该定时器的持续时间调节成比服务器的 ARP 缓存时间更久。也可能是另一种情况：如果 BD 已定义了子网地址及 IP 路由，那么 ACI 将在该定时器过期之前向主机发送 ARP 请求，此时可能无须再手工调节。

5. ARP 泛洪

如果禁用了 ARP 泛洪，那么 ACI 会针对 ARP 数据包的目标 IP 地址进行 3 层查找。ARP 的行为将类似于 3 层单播数据包，直至其抵达目的地叶交换机。

如果想通过免费 ARP（GARP）请求来更新主机或路由器上的 ARP 缓存，就需要 ARP 泛洪。其中一种场景是，同一 IP 地址可能对应不同 MAC 地址（比如，负载均衡器与防火墙的集群实现或故障切换）。

6. 端点学习注意事项

ACI 可以利用映射数据库中的端点学习来优化流量转发（对于 2 层条目）、进行流量路由（对于 3 层条目），以及对应用执行高级排障（比如，使用 iTraceroute、Troubleshooting Wizard 及 Endpoint Tracker）。

如果 BD 禁用了路由，那么会发生以下情况。

- ACI 映射数据库将只学习端点的 MAC 地址。
- ACI 泛洪 ARP 请求（无论 ARP flooding 启用与否）。

如果 BD 启用了路由，那么会发生以下情况。

- ACI 映射数据库学习 2 层流量的 MAC 地址（无论 IP 路由启用与否）。
- ACI 映射数据库学习 3 层流量的 MAC 地址及 IP 地址。

启用 "Limit IP Learning to Subnet" 选项，以确保只有归属于该 BD 子网的端点才会被学习。

截至本书英文版出版，启用 "Limit IP Learning to Subnet" 选项时有一个警告，BD 的流量将产生中断。

即便有这些选项，BD 到底该如何配置可能还不是一目了然。下文将试图说明何时以及为什么需要考虑特定选项。推荐的 BD 配置适用于大多数场景，它由以下设置组成。

- 为 BD 配置 hardware-proxy：不但可以减少 2 层未知单播造成的泛洪，而且扩展性更强，这是因为矩阵将可以更好地利用主干代理表（Spine-Proxy Table）的容量，而不仅仅依赖于叶节点上的全局站点表（GST）。

- ARP flooding：基于各种 teaming 技术的实现以及潜在的浮动 IP 地址，经常需要 ARP 泛洪。

- 启用 IP Routing：如前所述，鉴于维持最新映射数据库的相关原因，即便对于纯桥接流量，保留 IP 路由也非常有帮助。

- 配置 subnet 与 subnet check：如前所述，鉴于维持最新映射数据库的相关原因，即便 BD 仅用于 2 层转发，定义子网也非常有帮助。

- 配置 Endpoint retention policy：这将确保即便服务器上的 ARP 缓存已经过期，交换机的转发表仍然是最新的。

鉴于上述原因，在将 BD 配置从未知单播泛洪变更为硬件代理时，读者应该谨慎：服务器的 ARP 缓存可能需要很长时间才能到期，同时考虑到静默主机存在的场景，转发表可能还未被填充。表 5-1 总结了更多具体场景下的 BD 配置建议。

除表 5-1 中的建议以外，当 BD 托管了带有浮动 IP 地址的集群实现时，可能还需要禁用基于数据平面的端点 IP 地址学习。

在 BD 的传统模式（Legacy Mode）中，每 BD 仅允许一个 VLAN。当指定传统模式时，BD 封装将用于其关联的所有 EPG，后者即便定义封装也会被忽略。此外，单播路由不适用于 BD 传统模式。

表 5-1　　　　　　　　　　　　　　　　　　　BD 建议

需要	硬件代理	禁用 APP 泛洪	IP 路由	子网	端点留存策略	端点 IP 地址的数据平面学习
路由及交换流量、无浮动 IP 地址、vPC（有或者没有网卡捆绑）	是	禁用 ARP 泛洪	是	是	默认端点留存策略	打开（默认）
路由及交换流量，有浮动 IP 地址的主机或设备，或 vPC 之外的网卡捆绑	是	禁用 ARP 泛洪	是	是	默认端点留存策略	关闭
非 IP 交换流量，有静默主机	否	—	否	否	调节本地默认端点留存策略	—
非 IP 交换流量，无静默主机	是	—	否	否	调节本地默认端点留存策略	—
2 层 IP 交换流量	是	禁用 ARP 泛洪	是（用于高级功能及老化）	是（针对老化及 ARP gleaning）	默认端点留存策略	打开（默认）
2 层 IP 交换流量及浮动 IP 地址（如集群）	是	ARP 泛洪	是（用于高级功能及老化）	是（针对老化及 ARP gleaning）	默认端点留存策略	关闭

7. 变更生产网络的 BD 设置

变更生产网络的 BD 设置时应谨慎，因为它可能会刷新映射数据库中已学到的端点。这是因为基于当前的实现，对于同一个 BD，配置未知单播泛洪与硬件代理所分配的 VNID 不同。将 BD 设置从未知单播泛洪修改为硬件代理模式时，因为后者依靠映射数据库来转发未知 MAC 地址的单播流量，所以需要谨慎从事。考虑一个例子，BD 上的主机不是周期性地，而只是按需发送流量——比如，用于 vMotion 的 VMware 内核（VMkernel）接口。这些主机可能带有一个 ARP 缓存条目。如果将 BD 设置修改为硬件代理，而此时主机上的 ARP 条目并不会立即过期，那么当它尝试将流量发往其他主机时，其效果就等同于产生了未知 MAC 地址的单播流量。硬件代理模式下的此类流量不会泛洪，而是被发往主干代理。除非目标主机在 BD 设置变更后发出通知，否则主干代理的映射数据库将不会更新（VMKernel 接口条目已因老化而丢失）。其结果是该流量被丢弃。

基于此，如果要将 BD 的模式从未知单播泛洪修改为硬件代理，那么应确保 BD 上没有静默主机；或者在变更后，其 ARP 缓存可以刷新。

8. 公共租户的 VRF 与 BD

在这种场景下，读者可以首先在公共租户上创建 VRF 实例与 BD，同时在各个客户租户内创建 EPG。然后，将这些 EPG 与公共租户上的 BD 相关联。该配置可以利用静态或动态路由来实现跨租户共享 L3 Out（见图 5-15）。

公共租户的配置过程如下。

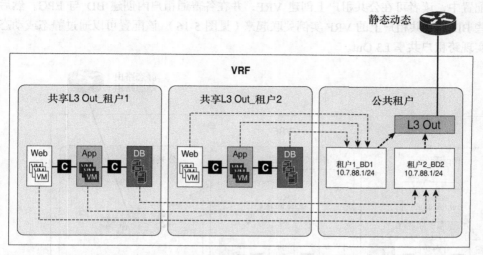

图 5-15　通过公共租户共享 L3 Out，公共租户拥有 VRF 实例及 BD

步骤 1　在公共租户上配置 VRF。

步骤 2　在公共租户上配置 L3 Out 并将其与 VRF 相关联。

步骤 3　在公共租户上配置 BD 及子网。

步骤 4　将 BD 与 VRF 实例及 L3 Out 相关联。

每个租户的配置过程如下。

步骤 1　在每个租户内配置 EPG，并将其与公共租户上的 BD 相关联。

步骤 2　在每个租户内配置合约及应用配置描述。

该方法具有以下优势。

- L3 Out 可以配置为动态或静态。
- 每个租户都拥有自己的 EPG 与合约。

该方法也有以下劣势。

- 每个 BD 及子网都对所有租户可见。
- 所有租户基于相同的 VRF 实例——IP 地址不能重叠。

9. 公共租户的 VRF 与普通租户的 BD

在该配置中，读者可在公共租户上创建 VRF，并在各普通租户内创建 BD 与 EPG。然后，将这些 BD 与公共租户上的 VRF 实例关联起来（见图 5-16）。该配置可以通过静态或动态路由来实现跨租户共享 L3 Out。

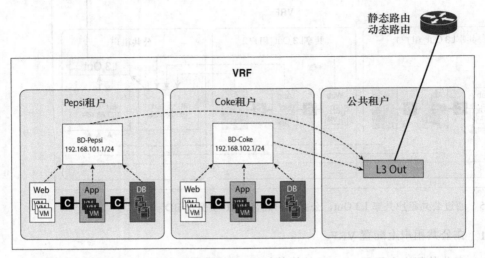

图 5-16 与公共租户上的 VRF 实例共享 L3 Out

用户可按如下步骤配置公共租户。

步骤 1 在公共租户上配置 VRF。

步骤 2 在公共租户上配置 L3 Out 并将其与 VRF 相关联。

用户可按以下步骤配置各普通租户。

步骤 1 在每个租户内配置 BD 与子网。

步骤 2 将 BD 与公共租户上的 VRF 及 L3 Out 相关联。

步骤 3 在每个租户内配置 EPG 并将其与 BD 相关联。

步骤 4 在每个租户内配置合约及应用配置描述。

这种方法的优点是，每个租户只能看到自己的 BD 与子网。然而，这种方法仍不支持 IP 地址重叠。

10. 公共租户的 L3 Out 与普通租户的 VRF 及 BD

在该配置中，读者首先在公共租户上创建 VRF 与 L3 Out，并在各普通租户内创建 VRF、BD

及 EPG。然后，将 BD 与 VRF 实例相关联；但当涉及 L3 Out 时，将选择公共租户上的 L3 Out（见图 5-17）。该配置可以利用静态或动态路由来实现跨租户共享 L3 Out。

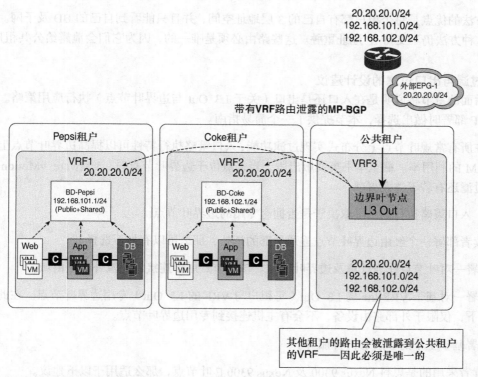

图 5-17 跨 VRF 共享 L3 Out

用户可如下步骤配置公共租户。

步骤 1 在公共租户上配置 VRF。

步骤 2 在公共租户上配置 L3 Out 并将其与 VRF 相关联。

用户可按以下步骤配置各普通租户。

步骤 1 在每个租户内创建 VRF。

步骤 2 在每个租户内配置 BD 及子网。

步骤 3 将 BD（public 且 shared）与本租户内的 VRF，以及公共租户上的 L3 Out 相关联。

步骤 4 在每个租户内配置 EPG，并将其与 BD 相关联。

步骤 5 在每个租户内配置合约及应用配置描述。

步骤 6 从公共租户向普通租户导出 L3 Out 的全局合约。

步骤 7 将合约导入客户租户,并将其分配给正确的 EPG。

这种方法的优点是每个租户都有自己的 3 层地址空间,并且只能看到自己的 BD 及子网。然而,这种方法仍不支持 IP 地址重叠。这些路由必须是唯一的,因为它们会泄露给公共租户。

11. 入口过滤与出口过滤的设计建议

本书后面的章节将说明是在入口还是出口(关于 L3 Out 与边界叶节点)执行应用策略。为在 VRF 部署时做出选择,本节提供了一个简易指南。

通过在所有常规叶节点上分布式实现过滤功能,入口策略执行特性可以提高边界叶节点上策略 CAM 的利用率。截至本书英文版出版,当端点位于边界叶节点时,VMware vMotion 的入口过滤还有若干注意事项。

因此,入口策略执行的选择取决于是否拥有专用的边界叶节点。

如果读者部署一个经由边界叶节点连通外部的拓扑,那么可以有如下选择。

■ 部署一对叶节点作为计算及边界叶节点。该叶节点用于连接端点及外部路由域。

■ 部署一对基于 VRF-lite 的 L3 Out(每租户与 VRF 的 L3 Out)专用边界叶节点。在此场景下,仅限于外部路由设备,不会有主机连接到专用边界叶节点。

■ 部署基于主干的 3 层 EVPN 服务。

如果读者采用的是思科 Nexus 9300 及 Nexus 9300 E 叶节点,那么适用于以下建议。

■ 如果部署一对专用边界叶节点,那么应在 VRF 层面启用入口策略执行。

■ 如果部署的叶节点既作为边界又进行计算,那么应在 VRF 层面启用出口策略执行。

■ 思科 Nexus 9300 EX 叶节点应启用入口策略执行,不论边界与主机端口的位置。

5.1.3 将外部网络连接到矩阵

将 ACI 集成至当前网络设计,或基于 ACI 构建新的数据中心网络都非常简单。无论是哪种情况,作为一个整合的汇聚与接入层,企业将 ACI 连接到数据中心的核心层都将是最佳实践。在 ACI 与外部网络之间,常见的连接类型被定义为外部路由网络(L3 Out),和/或外部桥接网络(L2 Out)。这些连接所在的叶节点在逻辑上被称为边界叶节点(Border Leaf)。鉴于这种连接的关键性,最好的做法是确保边界叶节点的冗余及独立。如果可能,那么在 2 层及 3 层连接中保持多样性也是一种最佳实践,如图 5-18 所示。通常用于 2 层连通性的第 3 种连接类型被称为"静态绑定"(Static Binding)。接下来的部分,将考查针对矩阵外部连接的配置选项及其应用场景。

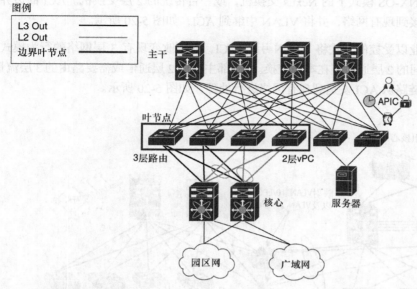

图 5-18　多样化 L2/3 Out

1．2 层连接

目前生产环境下的许多数据中心网络，利用了内部的汇聚层或整合式核心层进行路由，或者用作 3 层/2 层边界。这些传统设计依赖于服务器接入侧的 2 层连通性，如图 5-19 所示。

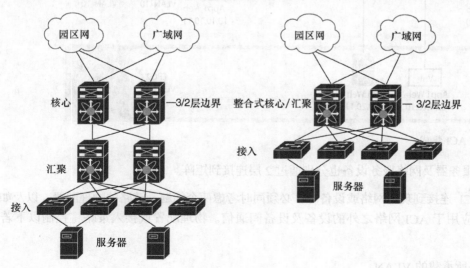

图 5-19　传统数据中心网络

许多企业首先将 ACI 集成至其现有网络,以满足当前接入层的扩容需求。这个过程就如同添加一台运行在 NX-OS 模式下的 Nexus 交换机,或一台传统的 2 层交换机。ACI 的边界叶节点通过 2 层连接到现有网络,并将 VLAN 中继到 ACI,如图 5-20 所示。

此类连接允许企业以受控的方式将 VLAN 引入 ACI,而不改变现有 3 层网络的行为模式。ACI 内部主机之间的 2 层通信将在本地交换。与外部主机的 2 层通信或需要路由的 3 层流量,将通过上述 2 层链路从 ACI 发送到现有网络进行处理,如图 5-20 所示。

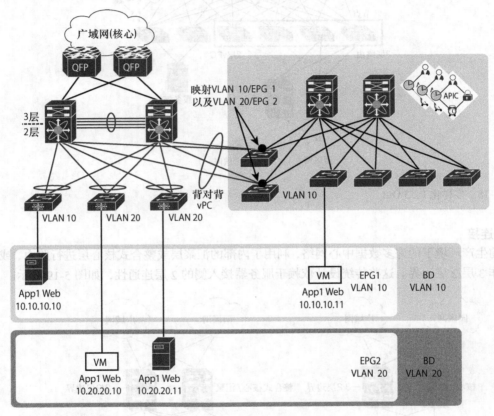

图 5-20 ACI 集成

单独的服务器及网络服务设备也分别通过 2 层连接到矩阵。

在将 ACI 连接到现有网络或设备时,必须同时考虑两个问题:链路的物理配置,以及如何将策略应用于 ACI 网络之外的设备及设备间通信。物理配置或接入策略将控制以下若干属性。

■ 链路所承载的 VLAN。

- 链路类型（Access、Port Channel、Virtual Port Channel）。
- 链路所采用的协议（CDP、LLDP、LACP）。
- 链路速率。
- 链路所使用的端口。
- 链路所使用的交换机。

ACI 逻辑策略中物理链路的绑定方式将决定应用于零信任矩阵上的安全级别，以及在默认情况下允许的通信。读者还可以选择将设备植入到矩阵上现有的组，或者创建一个新组，然后默认需要合约进行通信。在通信发生之前，必须定义两种策略，即物理策略及逻辑策略。

> **提示** 在应用逻辑策略之前，接入策略或链路物理配置都不会生效。如果在没有配置接入策略的情况下应用逻辑策略，就会发生错误。

接下来的部分将更深入地介绍这两种策略。

2. 静态绑定

要将外部 2 层网络或设备引入矩阵，简单且常用的方法是静态绑定。静态绑定包括将来自外部的设备或流量手工植入到 ACI 的组或策略。由于这些设备被直接植入到组或 EPG，因此 ACI 将假定它们与同组中其他设备或 EPG 之间的交互或通信将被允许，不受任何限制。在默认情况下，只有在它尝试与所绑定组之外的设备进行通信时，才会应用安全性。比如，VLAN 10 内的每台设备都应该被允许互相通信，或者是允许某组 Web 服务器与其他 Web 服务器通信。然而，当它们试图与组外的应用服务器或数据库服务器对话时，安全性将被应用。静态绑定可以将 EPG 有效地扩展至矩阵外部，如图 5-21 所示。

3. 将 EPG 连接到外部交换机

如果将两个外部交换机连接到矩阵上两个不同的 EPG，那么必须确保这些外部交换机在矩阵外没有直接互通。在这种情况下，强烈建议读者在外部交换机的接入端口上启用 BPDU 防护，以确保任何意外的物理直通都将被立即阻断。

以图 5-22 为例，来自外部网络的 VLAN 10 与 VLAN 20 通过 ACI 矩阵拼接在一起。ACI 矩阵为这两个 VLAN 之间的流量提供 2 层桥接。这些 VLAN 位于相同的泛洪域内。从 STP 的角度来看，ACI 矩阵在 EPG 内泛洪 BPDU（基于相同的 VLAN ID）。当 ACI 叶节点收到 EPG 1 的 BPDU 帧时，会将其泛洪至 EPG 1 内的所有叶端口，同时不再发送到其他 EPG 端口。因此，这种泛洪行为可以打破 EPG 内的潜在环路（VLAN 10 与 VLAN 20）。读者应该确保，VLAN 10 与 VLAN 20 除 ACI 矩阵所提供的连通性之外，没有任何物理连接。务必打开外部交换机接入端口的 BPDU 防护特性。通过这些措施，可以确保即便有人错误地将外部交换机互相连通，BPDU 防护仍然可以禁用端口并打破环路。

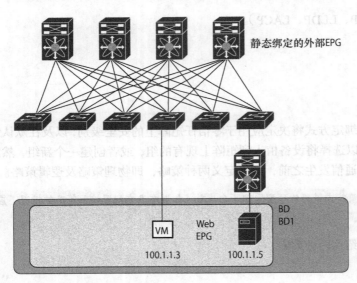

静态绑定的外部EPG

图 5-21   EPG 静态绑定

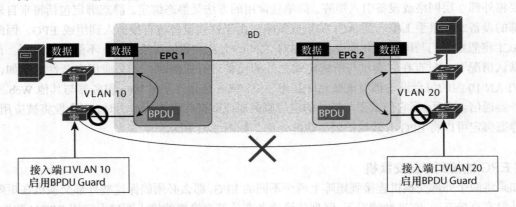

图 5-22   连接 EPG 到外部交换机

4. 使用 MST

需要额外配置才能确保 MST（IEEE 802.1s）的 BPDU 正常泛洪。PVST 与 RPVST 的 BPDU 帧都有一个 VLAN 标记，ACI 叶节点可以根据这个标记识别出需要扩散这些 BPDU 的 EPG。

然而，对于 MST，其 BPDU 帧不携带 VLAN 标记，而是通过 Native VLAN 发送。在通常情况下，因为 Native VLAN 不用于承载，所以可能未被配置用来承载 ACI 矩阵上的数据流量。因此，为确保将 MST 的 BPDU 扩散至所需端口，必须给作为 Native VLAN 的 VLAN 1 创建一个 EPG（"MST" EPG），用于承载这些 BPDU。该 EPG 将连接到运行 MST 的外部交换机。

此外，管理员还必须配置 MST 实例至 VLAN 的映射，以定义在发生 TCN 事件时，哪个 MAC 地址表必须被刷新。外部 2 层网络的 TCN，会通过"MST"EPG 到达它所连接的叶节点；然后，在这些叶节点上，刷新与对应 VLAN 相关联的本地端点信息，因而相关条目也被从主干代理的映射数据库中删除。

5. 配置中继端口与接入端口

可以通过如下方式之一来配置 EPG 所使用的端口。

- Tagged（经典 IEEE 802.1Q Trunk）：EPG 流量来自叶节点，且带有指定的 VLAN 标记。叶节点预期接收带有此 VLAN 标记的流量，以便将其与该 EPG 相关联。无标记流量则被丢弃。

- Untagged：EPG 流量来自叶节点且不带标记。叶节点接收的无标记流量，或带有在静态绑定配置中所指定标记的流量，将与该 EPG 相关联。

- IEEE 802.1p：如果只有一个 EPG 被绑定到此接口，那么其行为与无标记情况相同。如果还有其他 EPG 与此接口相关联，那么该 EPG 的流量将来自带有 IEEE 802.1Q 标记的 VLAN 0（IEEE 802.1p 标记）。

同一叶节点的不同接口，不能同时采用标记与无标记模式绑定到一个给定的 EPG。因此，利用 IEEE 802.1p 选项，将 EPG 连接到裸机服务器将是一个好办法。

如果叶节点的某端口上配置了多个 EPG，其中一个采用了 IEEE 802.1p 模式而其他采用标记模式，那么其行为将有所不同，具体取决于所选择的交换机硬件。

- 如果采用思科 Nexus 93180YC-EX 或 93108TC-EX 交换机，那么源自 IEEE 802.1p 模式的 EPG 流量将不带标记离开端口。

- 如果采用思科 Nexus 9000 EX 平台之外的其他交换机，源自 IEEE 802.1p 模式的 EPG 流量将带 VLAN 标记 0 离开端口。在极少数情况下，某些 PXE 主机可能不识别这种类型的流量。

> **提示** 在采用接入（untagged）选项部署 EPG 时，不能再将该 EPG 作为 Trunk 端口（tagged）部署到同一台交换机上的其他端口。可以有一个同时包含标记端口与接入端口（IEEE 802.1p）的 EPG。带标记的端口允许 Trunk 设备附着到 EPG，同时，接入端口（IEEE 802.1p）允许不支持 IEEE 802.1Q 的设备附着。

将端口配置为接入端口（access port）的首选项是 Access（IEEE 802.1p）。

读者还可以定义将 EPG 绑定到叶节点上的某个 VLAN，无须指定端口。该选项很方便但有缺点：如果该叶节点同时也是边界叶节点，那么它不能再配置 3 层接口——因为该选项会将所有端口都置为 Trunk。因此，如果有 L3 Out，那么必须使用 SVI 接口。

6. L2 Out

创建 L2 Out 或外部桥接，将给与矩阵交互的设备带来一层额外的安全与控制。该方式有效地扩展了 BD 而不是 EPG。它不是将设备植入特定的组，而是在选定的 BD 上创建新组，并通过合约来控制通信与安全。如果管理员认为合适，那么安全性可以通过单一合约进行整体应用；或者在逐个组的基础上，通过各个合约分别应用。图 5-23 展示了一个这样的例子。

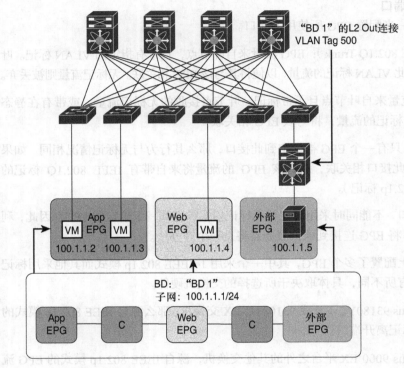

图 5-23   L2 Out 示例

5.1.4   基本模式 GUI

基本模式 GUI 简化了将设备附着到矩阵的过程。基本模式 GUI 的开发目的：不必了解完整的 ACI 策略模型就可以将设备加入组中。一旦读者导航到 "Fabric" → "Inventory" → "Topology" → "Configure"，设备就可以通过非常快速且直观的方式附着到矩阵。"Configure" 选项卡允许选择一台或多台交换机，将要配置的端口突显为蓝色，如图 5-24 所示。

选取端口的方式将决定可用的配置选项。在本例中，vPC 可以配置（图 5-24 中的 vPC），因为端口是从两台不同交换机上选取的。端口可以通过如下方式配置。

■   清除选定的端口配置。

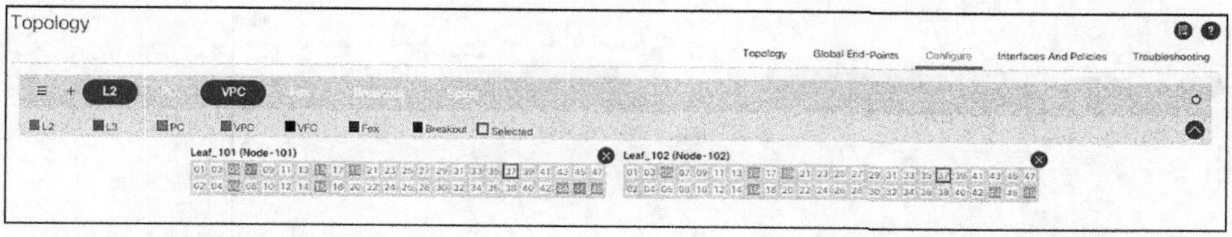

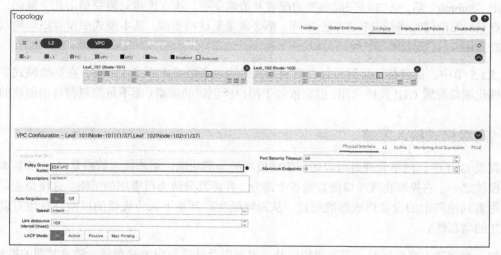

图 5-24 交换机配置与端口类型

- 2/3 层接入端口。

- 创建或删除端口通道（Port Channel）。

- 创建或删除 vPC。

- 连接或删除叶节点扩展交换机（FEX）。

一旦选择了端口配置类型，就会出现一个包含详细配置的新界面。在该界面中，用户提供输入并单击所需的端口配置选项，如图 5-25 所示。

图 5-25 端口配置界面

在端口的物理设置完成后，可以手工将设备映射到指定 EPG（裸机服务器），或将其与虚拟化设备相关联，如图 5-26 所示。

在图 5-26 中，ACI 已被配置为从该端口的 VLAN 1000 上获取任何数据，并放入"Prod_Management_Network"租户的"VDI_App"应用配置描述的"VDI_Clients"EPG。如果设备要与虚拟化平台相关联，那么只需进入"VMM Domains"选项卡，然后单击右侧的加号选择正确的 VMM 域。

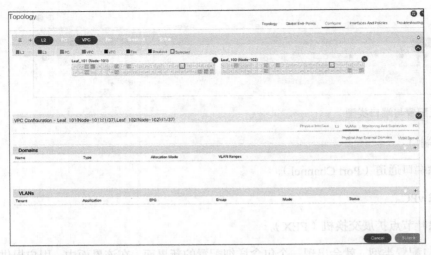

图 5-26　将设备及 VLAN 映射到 EPG

单击"Submit"后，ACI 将完成必要的配置及策略变更。建立连接只需要单击几下鼠标，但缺点是：无论何时将新设备添加至矩阵，都必须重复这些步骤。基本模式中没有矩阵接入策略的重用。

在 5.1.5 节中，读者将了解到最好以重用方式来构建高级模式的接入策略。在高级模式下，可视化端口配置 GUI 同样可用，但它依赖于用户所创建的策略（而不是控制器自动创建的）。

5.1.5　高级模式接入策略

在高级 GUI 中，网络管理员可以访问策略模型的全部功能。矩阵接入策略是 ACI 的基本构建模块之一，它提取物理端口配置的各个部分，并将其分解为可重用的策略。这使企业可以为附着到矩阵上的设备形成标准配置，从而降低生产环境下人为失误的风险。这也有助于 ACI 的动态性。

比如，当建造一座房屋时，需要规划地基、屋顶以及外墙与内墙的布局。随着时间的推移，有时会改变房间内的装饰或颜色，甚至重新改造房屋内部，有可能涉及内墙和布局。通常情况下，在不触及外墙或地基的情况下能够做到这一切。可以认为 ACI 也是基于相同思想。首先，在物理上连通设备并为物理配置定义接入策略。接入策略类似于房屋的地基、屋顶及外墙。它们一旦完成，就能够随心所欲地修改逻辑或租户策略，而无须变更设备的物理配置。逻辑租户策略就如同房屋的内墙。

1. 配置矩阵接入策略
以下内容包含对第 3 章的一点回顾，其原因在于矩阵接入策略的重要性。它定义了资源以及配置如何与接入矩阵的设备相关联。接入策略的配置顺序至关重要。如果错过了某个步骤且对象之间没有形成关联,那么配置可能会无效或引发错误。注意,设备上线,同时需要矩阵的接入策略与逻辑策略。创建接入策略的工作流通常遵循图 5-27 所示的流程。

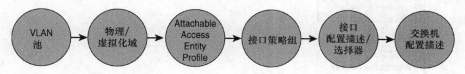

图 5-27　接入策略的配置流程

2. VLAN 池与 VLAN 域

回顾前面的章节,VLAN 池是一种对 VLAN 资源进行逻辑分组的方式,以便将其应用于物理设备及虚拟化设备。静态池用于物理工作负载或手工配置。动态池通常用于虚拟化集成及 4～7 层设备的横向编排。

将 VLAN 池划分为多个功能组是通常的做法,如表 5-2 所示。

表 5-2　　　　　　　　　　　　　　　　　　VLAN 池示例

VLAN 范围	类型	用途
1000～1100	静态	裸机服务器
1101～1200	静态	防火墙
1201～1300	静态	外部广域网路由器
1301～1400	动态	虚拟机

域用来定义 ACI 矩阵的 VLAN 范围,也就是 VLAN 池应用的位置及方式。域有许多类型:物理、虚拟化(VMM 域)、外部 2 层(external Layer 2)及外部 3 层(external Layer 3)。通常会在 VLAN 池与 VLAN 域之间建立 1∶1 映射。

相关最佳实践如下。

- 为每个租户需要相似处理的裸机服务器或普通服务器构建一个物理域,无须 Hypervisor 集成。

- 为每个租户构建一个用于外部连通性的物理域。

- 如果需要跨多个租户调用某一 VMM 域,那么可以创建单个 VMM 域,并将其与所有连接 VMware ESXi 服务器的叶节点端口相关联。

3. Attachable Access Entity Profile

Attachable Access Entity Profile(AAEP,可附着接入实体配置描述)是矩阵接入策略的关键。它用于将域(物理或虚拟化)和 VLAN 映射到接口策略。AAEP 代表一组具有相似基础设施

策略要求的外部实体。观察图 5-28，以更新对 AAEP，以及它与矩阵接入策略其他部分之间
关系的信息。

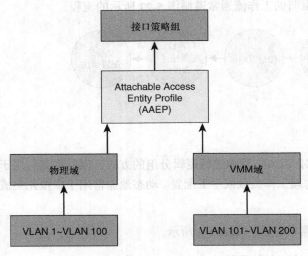

图 5-28   AAEP 关系图

基于最佳实践，为简单起见，可以将多个域与单一 AAEP 相关联。在某些场景下，也可能需
要配置多个 AAEP，以启用诸如基础设施 VLAN、重叠 VLAN 池，或者跨整个矩阵限制 VLAN
的作用范围。

4．接口策略（Interface Policy）

接口策略负责接口级的参数配置。接口策略与 AAEP 共同作为接口策略组的一部分。然后，将
这些策略链接到接口配置描述（interface profile），以及最终的交换机配置描述（switch profile）。

每种类型的接口都预置了默认策略。在大多数情况下，相关功能或参数被设置为“disabled”，
作为默认策略的一部分。

强烈建议读者为每个配置项目创建显式的策略，而不是依赖并修改默认策略。这将有助于防
止默认策略的意外变更——可能将产生广泛的影响。

相关最佳实践如下。

- 尽可能重用策略。比如，应该有 LACP 主动/被动/关闭、1GE 端口速率、10GE 端口速率
  等策略。

- 在策略命名时，请选择能清晰描述其设置的名称。比如，使 LACP 处于主动模式的策略
  可称为“LACP-Active”。有许多现成的“default”策略。然而，很难记住所有的默认设
  置，这就是为什么策略应该清晰命名，以避免向矩阵添加新设备时出错。

5. 端口通道及虚拟端口通道

端口通道及虚拟端口通道（vPC）中成员端口的配置已在第 3 章中深入讨论过。然而，要形成 vPC 对，必须修改虚拟端口通道的默认策略。这也是配置 vPC 保护组（Protection Group）的地方，可以选择如下方式实施这一配置。

- Explicit：默认模式。在该模式下，可以手工配置哪些交换机将成为 vPC 对。
- Consecutive：自动开通 vPC 对 101+102、103+104。
- Reciprocal：自动开通 vPC 对 101+103、102+104。

> 提示　最常用的部署类型是 Explicit，这也是默认模式。

必须创建包含 vPC 对里面两台交换机的叶节点配置描述（Leaf Profile）。它将引用 vPC 对，并像其他任何叶节点配置描述一样，被集成至工作流之中，如图 5-29 所示。

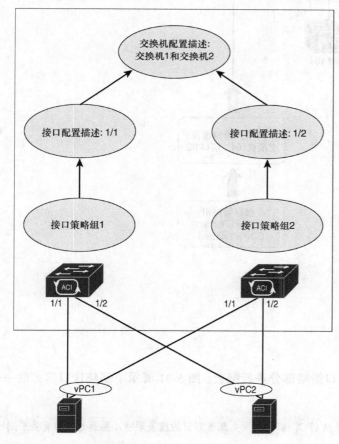

图 5-29　vPC 接口策略组

> **提示**   在继续之前，如果读者需要更深入的解释，请务必回顾第 3 章的接入策略部分。

6. 接口覆盖（Interface Override）

考虑一个接口策略组配置特定策略的示例，比如一个启用了 LLDP 的策略。该接口策略组与一系列接口（比如 1/1 和 1/2）相关联，然后应用到一组交换机（如 101 ~ 104）。现在，管理员决定在特定交换机（104）的接口 1/2 上，仅运行 CDP 而不是 LLDP。为实现这一点，可以利用接口覆盖策略。

接口覆盖策略是针对特定交换机上的端口（比如，叶节点 104 的端口 1/2），并与接口策略组相关联。在本例中，可以配置叶节点 104 上 1/2 的接口覆盖策略，然后将其与配置了 CDP 的接口策略组相关联，如图 5-30 所示。

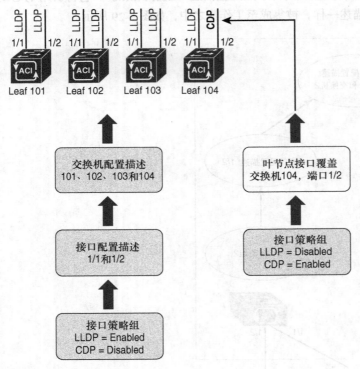

图 5-30   接口覆盖

接口覆盖在矩阵接入策略的接口策略部分进行配置。图 5-31 展示了创建接口覆盖的一个示例。

> **提示**   如果接口覆盖指向一个端口通道或 vPC，那么必须先配置对应的覆盖策略，再通过接口覆盖引用。

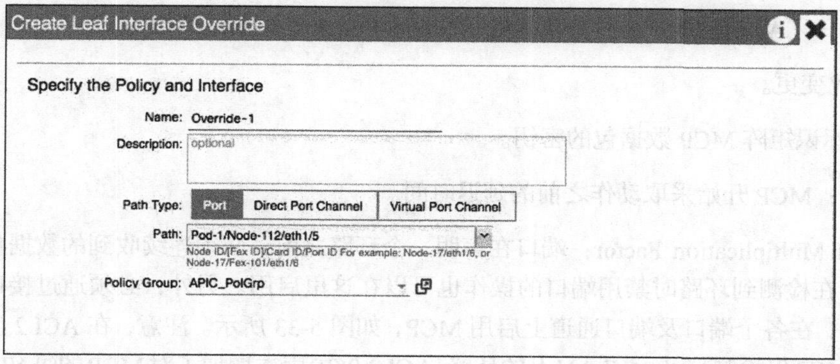

图 5-31　接口覆盖配置

7. 端口连接检查协议（Miscabling Protocol）

与传统网络不同，ACI 矩阵不参与 STP，也不产生 BPDU。相反，在映射到相同 EPG、相同 VLAN 的矩阵端口之间，BPDU 被透明转发。因此，在某种程度上，ACI 依赖于外部设备的防环路能力。

有些场景，比如将两个叶端口意外直通在一起，这可以由矩阵上的 LLDP 自动处理。然而，还有些情况需要额外的防护，此时端口连接检查协议（MCP）可以提供帮助。

如果 MCP 启用，那么将提供额外的防护，以应对将成环的误配情况。MCP 是一种轻量级协议，旨在阻止 STP 或 LLDP 无法发现的环路。

建议读者在面向外部交换机或类似设备的所有端口上启用 MCP。如图 5-32 所示，首先必须

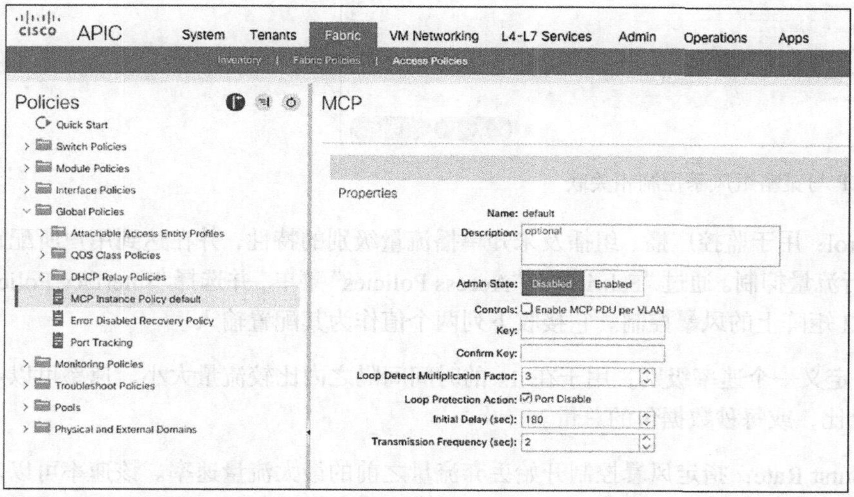

图 5-32　MCP 配置

通过"Fabric"→"Access Policies"选项卡的"Global Policies",全局启用 MCP。

以下参数可在此变更。

- Key:唯一标识矩阵 MCP 数据包的密钥。

- Initial Delay:MCP 开始采取动作之前的延迟时间。

- Loop Detect Multiplication Factor:端口在声明一个环路之前,必须连续收到的数据包总量。注意,在检测到环路时禁用端口的操作也可以在这里启用。另外,必须通过接口策略组的配置,在各个端口及端口通道上启用 MCP,如图 5-33 所示。注意,在 ACI 2.0(2f)版本之前,MCP 仅检测 Native VLAN 上的环路。ACI 2.0(2f)版本增加了对 MCP 的每 VLAN支持,因而也可用于非 Native VLAN 上的环路检测。

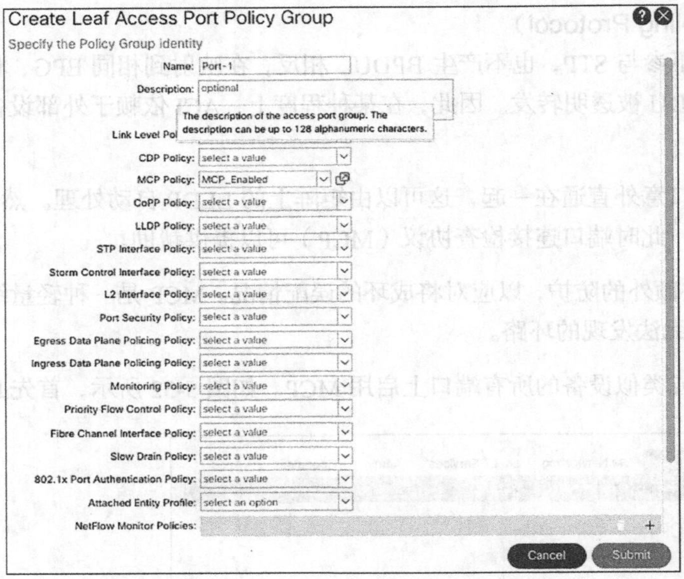

图 5-33　将 MCP 与策略组风暴控制相关联

- Storm control:用于监控广播、组播及未知单播流量级别的特性,并在达到用户所配置的阈值时进行流量抑制。通过"Fabric"→"Access Policies"菜单,并选择"Interface Policies"来配置 ACI 矩阵上的风暴控制。它接收下列两个值作为其配置输入。

  - Rate:定义一个速率级别,用于在 1s 的时间间隔之内比较流量大小。速率可以定义为百分比,或每秒数据包的总量。

  - Max Burst Rate:指定风暴控制开始丢弃流量之前的最大流量速率。该速率可以定义为百分比或每秒数据包的总量。风暴控制行为可能有所不同,具体取决于 BD 配置层面的泛洪设置。如果 BD 设置成未知单播流量采用硬件代理，那么风暴控制策略将应用于广播及组播流量；如果是未知单播流量泛洪，那么风暴控制将同时作用于广播、组播以及未知单播流量。

8. 端口追踪（Port Tracking）

端口追踪特性在 ACI 1.2(2g) 版本上首次提供，它解决了如下问题：叶节点可能会失去与 ACI 矩阵主干之间的所有连接，而此时以主—备方式连接到受影响节点的主机可能会在一段时间内都没有"意识"到（见图 5-34）。

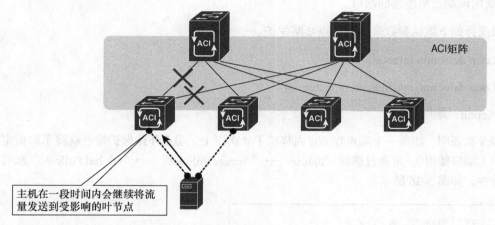

图 5-34　在主—备网卡组场景下的叶节点失联

端口追踪特性可以检测叶节点矩阵连通性的丢失情况，并关闭面向主机的端口。这将允许主机故障切换至第 2 链路，如图 5-35 所示。

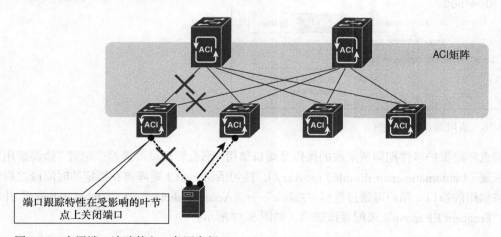

图 5-35　启用端口追踪的主—备网卡组

除非特定的部署场景之外，服务器应该双归属，并始终启用端口追踪。

9. 端点环路保护（Endpoint Loop Protection）

端点环路保护是一种特性。在给定的时间间隔内，如果 ACI 矩阵检测到端点移动超过指定次数，就会采取措施。如果移动次数超过所配置的阈值，那么端点环路保护可采取以下两种操作之一。

- 禁止 BD 内的端点学习。
- 禁用该端点所连接的端口。

建议选择如下默认参数来启用端点环路保护。

- Loop detection interval：60。
- Loop detection multiplication factor：4。
- Action：端口禁用。

这些参数表明，如果一个端点在 60s 内移动了 4 次以上，端点环路保护特性就将采取指定的操作（端口禁用）。可通过选择"Fabric"→"Access Policies" →"Global Policies"来启用该特性，如图 5-36 所示。

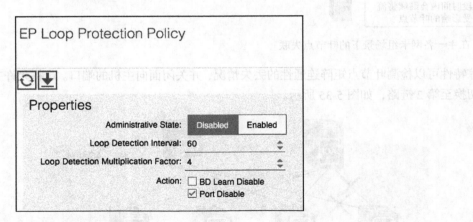

图 5-36　启用端点环路保护

若端点环路保护事件期间所采取的操作是端口禁用，那么管理员可能希望配置"错误禁用自动恢复"（automatic error disabled recovery），换句话说，ACI 矩阵将在指定的时间段之后恢复被禁用的端口。用户可通过选择"Fabric"→"Access Policies"→"Global Policies"并单击"Frequent EP move"来配置该选项，如图 5-37 所示。

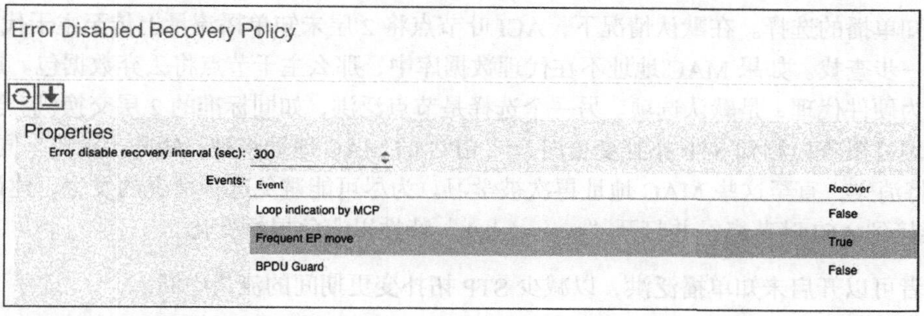

Error Disabled Recovery Policy
Properties
Error disable recovery interval (sec): 300
Events:
Event
Recover
Loop indication by MCP
False
Frequent EP move
True
BPDU Guard
False

图 5-37 错误禁用自动恢复的配置

10. 生成树注意事项

ACI 矩阵本身不运行 STP。BPDU 泛洪与数据流量泛洪的范围不同。未知单播与广播流量在 BD 内泛洪，而生成树 BPDU 则在特定的 VLAN 封装内泛洪（在很多场景下，EPG 对应 VLAN，但并非一定如此）。图 5-38 展示了外部交换机连接到矩阵的一个示例。

ACI
ACI
BPDU
BPDU
ACI
ACI
BPG
ACI
ACI
BPG
ACI
BPDU
交换机1
交换机2
STP根交换机

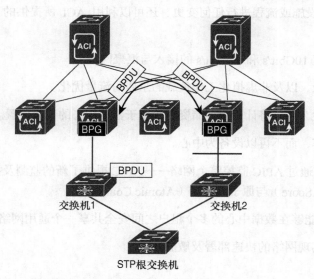

图 5-38 矩阵上的 BPDU 泛洪行为

ACI 矩阵与 STP 之间的交互由 EPG 配置所控制。

11. STP 的 TCN 侦听

尽管 ACI 矩阵的控制平面不运行 STP，但它会解析 STP 的 TCN 帧，以便在外部 2 层网络发生 STP 拓扑变更时，清除 MAC 地址条目以避免流量黑洞。在收到 STP BPDU 的 TCN 帧后，APIC 将清除遭遇 STP 拓扑变化的 EPG 所对应的 MAC 地址。这确实会影响 ACI 矩阵如何转发 2 层未知单播的选择。在默认情况下，ACI 叶节点将 2 层未知单播流量上传至主干代理，以进行进一步查找。如果 MAC 地址不在代理数据库中，那么主干节点将丢弃数据包。这种方式被称为硬件代理，是默认选项。另一个选择是节点泛洪，如同标准的 2 层交换机。当采用硬件代理且矩阵检测到 STP 拓扑变更时，该 EPG 的 MAC 地址将被从矩阵上清除。同时，2 层流量将消失，直至这些 MAC 地址再次被学习。为尽可能避免这种情况的发生，建议采用 vPC 连接到 ACI 叶节点，并打开 "peer-switch" 特性以避免根桥变化。

或者，读者可以开启未知单播泛洪，以减少 STP 拓扑变更期间的流量中断。

5.2　以网络为中心 VLAN=BD=EPG

以网络为中心的部署，通常作为从传统网络向 ACI 矩阵迁移的起点。一般情况下，传统基础设施基于 VLAN 分段，创建 VLAN=EPG=BD 的映射有助于平缓 ACI 概念的学习曲线，并与传统环境形成 1：1 映射。因此，这将有助于适应度的提高，并加速应用向 ACI 迁移。

基于这种方式，不需要对现有基础设施或流程进行任何变更，还可以利用 ACI 所提供的下列优势。

- 下一代数据中心网络，具备高速 10Gbit/s 和 40Gbit/s 的接入与汇聚网络。
- 支持数据中心的动态虚拟化环境，以及非虚拟化工作负载的东西向流量优化。
- 支持工作负载的移动性与灵活性，并可将计算及存储资源放置于数据中心的任何位置。
- 能够以一个整体管理并运营矩阵，而不再以设备为中心。
- 除现有的运维工具以外，还能够通过 APIC 监控整个网络——APIC 提供了新的监测及排障工具，比如健康指数（Health Score）与原子计数器（Atomic Counter）。
- 降低总体拥有成本（TCO），并能够在数据中心的多个租户之间安全共享一个通用网络。
- 通过可编程性与集成自动化，实现网络的快速部署及敏捷性。
- 集中审计配置变更。
- 承载应用的基础设施运行状况直观、可视化。

在 ACI 出现之前构建的数据中心，往往通过 VLAN 实施隔离。VLAN 是一个广播域，如果帧目的地未知，那么交换机将把它发送到有该 VLAN 标记的所有端口，这被称为泛洪。VLAN 通常映射到一个子网上，假设用户有一个包含全部数据库服务器的 VLAN 10，这些服务器很可能只分配了一个子网（如 192.168.10.0/24）。通常采用黑名单模式，这意味着默认放行所有子网流量。安全实施通常基于 ACL 或防火墙规则，并在 3 层边界或默认网关上指定。

与众不同的是，ACI 采用了称为桥接域（BD）和端点组（EPG）的 2/3 层构造。读者可以将 BD 视为网络中心模式下的 VLAN。BD 包含一个网关或 SVI，作为端点的分布式网关（Pervasive Gateway）。在网络中心模式下，将只有一个 SVI 或子网存在于 BD。

顾名思义，EPG 是一组端点，它仅仅作为虚拟化服务器及物理服务器的一个容器。在网络中心模式下，用户可以指定从属于同一 VLAN 的所有端点都包含在一个 EPG 内。在 BD、EPG、子网和 VLAN 之间存在着连续的一对一映射关系。读者可能已经发现，它被描述为 VLAN=BD=EPG。这种 ACI 的配置方式将类似于图 5-39。

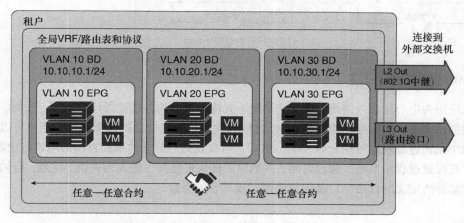

图 5-39　ACI 策略模型——以网络为中心的配置

在以网络为中心的模式下，无须掌握给定 VLAN 上有哪些应用或者应用有哪些层级。有必要了解的是，应该允许哪些 VLAN 之间互相通信。

在以网络为中心的模式下，ACI 基于合约来控制 VLAN 间通信。在该模式下，由于 EPG、子网和 VLAN 基本上是等同的，因此合约的行为可设置为与传统 ACL 相同。在配置合约时，可以允许所有流量在 EPG 间穿行。传统网络基于信任默许，因而大多数企业可以从这些任意—任意（Any-Any）的双向合约开始，除非当前环境下 ACL 已被其密集使用。一旦这些合约就位，就很容易在后期重新审视，并使它们的限制更为严格，如图 5-40 所示。

用户也可以部署所谓的禁忌合约（Taboo Contract）。它是合约中的过滤器，允许拒绝特定类型的流量。比如，可以创建一个禁忌合约，以及另一个允许所有内容的合约，就能阻止从客户终端到管理设备的 Telnet 流量。在此场景下，客户终端包含在一个 VLAN（甚至不同 VLAN）中，相当于一个 EPG；管理服务器也是如此。在两个 EPG（或 VLAN）之间应用合约的禁忌过滤器，以拒绝用户通过 Telnet 登录管理设备。

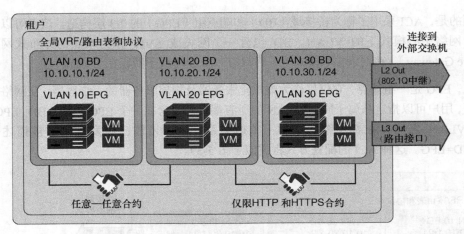

图 5-40　ACI 策略模型——以网络为中心的强化安全配置

无论是以应用为中心还是以网络为中心，其中一大优势是合约与过滤器均可重用。比如，可以一次性创建合约，然后在其他两个 EPG 之间再次复用。过滤器的情形类似，用户可以在一个合约中创建过滤器以特别允许 SSH。然后，可以在另一份合约里面再次调用该过滤器，这意味着在配置过程中节省了管理时间，并消除了任何可能发生的人为失误。注意，合约可以包含过滤器所定义的任意端口范围与协议，或二者的混合。

5.2.1　将策略应用于物理工作负载及虚拟化工作负载

一旦基于组及合约创建了应用配置描述，设备就可以添加至这些组，以便消费策略。下面是 3 种常见的方法。

- 在左侧导航窗格的每个 EPG 上手工添加域和绑定。
- 在左侧导航窗格中高亮应用配置描述，并在右侧显示窗格中使用拖放和提交功能。
- 通过 POSTMAN 或 Python 调用 API。

提示　在高级模式下，在将设备添加到组之前，需要确保接入策略和/或虚拟化集成已经完成。

通过虚拟化域，将策略应用于虚拟设备非常简单。虚拟化域应添加至 EPG 的域文件夹。此时，用户需要选择解析即时性（Resolution Immediacy）及部署即时性（Deployment Immediacy）。解析即时性控制何时从 APIC 推送策略，并程式化叶节点上的对象模型。以下选项可用于解析即时性的设置。

- Pre-Provision：在 Hypervisor 附着到 VMM 域上的分布式虚拟交换机之前，将策略即刻推送至叶节点。

- Immediate：一旦 Hypervisor 附着到分布式虚拟交换机，就将策略推送至叶节点。

- On-Demand：在 Hypervisor 附着到分布式虚拟交换机，并将虚拟机放置于端口组/EPG 之后，再将策略推送至叶节点。

提示　解析即时性对物理域没有影响。

部署即时性用于指定何时将策略程式化到叶节点上的策略 CAM。以下选项可用于部署即时性。

- Immediate：在将策略下载至叶节点后，即刻程式化硬件。

- On-Demand：仅在数据平面收到第 1 个数据包后，再程式化硬件。

通常建议用户为解析即时性配置 "Pre-Provision"，为部署即时性配置 "On-Demand"，以确保资源得到合理利用。用户还可以根据需要，选择 "Immediate" 为关键服务锁定资源。"Pre-Provision" 可以不依赖于 LLDP 或 CDP 对叶交换机上的策略进行程式化。利用该选项，可以确保主机无须 LLDP 或 CDP 的邻接关系就能够通过矩阵通信。因此，这将是 ESXi 的管理口 VMkernel 连接到 ACI VMM 域时的推荐选项。对于其他不支持 LLDP 或 CDP 的设备连通，也同样推荐。

对于物理设备或裸机设备，应首先在 EPG 的域文件夹中指定该资源所在的域。所选择的域将指定物理连接类型（终端主机、虚拟化、存储、4 ~ 7 层设备、L3 Out 和 L2 Out），以及要划分的 VLAN 资源。多租户也会影响如何进行域分配（特定域可能归属于特定租户）。由于多个域可以分配给单一 AAEP，无法仅凭端口映射来确定 VLAN 的使用情况。接下来，应该选择将 EPG 映射至端口与 VLAN 的方式。EPG 可以映射到单个端口上的某一 VLAN，或者整个交换机甚至一组交换机上的某一 VLAN。在默认情况下，一个给定封装将仅映射到叶交换机上的单个 EPG。

从 1.1 版本开始，只要这些 EPG 与不同 BD 及不同端口相关联，在一个给定的叶交换机（或叶节点扩展交换机 FEX）上就可以部署具有相同 VLAN 封装的多个 EPG。当这些 EPG 属于同一个 BD 时，此配置无效。该场景也不适用于为 3 层外部连通性所配置的端口。

与不同 BD 相关联，且具有相同 VLAN 封装的 EPG，需要关联不同的物理域以及不同的命名空间（VLAN）池。归属于同一 BD 的两个 EPG，不能在一台给定的叶交换机上共享相同的封装值。

只有将 vlanScope 设置为 portlocal 的端口，在入口与出口双方向上才允许分配单独的（端口、VLAN）映射条目。对于将 vlanScope 设置为 portlocal 的任意给定端口，每个 VLAN 都必须是唯一的——在给定端口 P1 与 VLAN V1 后，第 2 个 P1V1 的配置将失败。

将 vlanScope 设置为 portglobal 的端口所配置的 VLAN 封装值，在每个叶节点上，将仅映射到单一 EPG。

或者，可以在左侧导航窗格高亮应用配置描述，并利用拖放功能，将裸机工作负载或虚拟化工作负载（VMware、Microsoft 和 OpenStack 等）与 EPG 相关联。此时，一个新窗口将打开，询问可以应用的域及端口映射。

在将 VLAN 范围设置为全局时，EPG 到 VLAN 的映射规则如下。

- 可以将 EPG 映射到该叶节点上、尚未被映射到另一个 EPG 的 VLAN。
- 无论归属于相同 BD 还是不同 BD，对于同一个叶节点上的端口，都不能为两个不同的 EPG 重用同一 VLAN。
- 一个叶节点上的一个 EPG，与另一叶节点上的另一个 EPG，可以映射到同一个 VLAN。如果两个 EPG 位于同一 BD，那么它们将共享广播域，且其 BPDU 共享相同的 VLAN 泛洪域。

在将 VLAN 范围设置为本地时，EPG 到 VLAN 的映射规则如下。

- 如果两个端口配置为不同物理域，那么在同一叶节点上，可以将两个不同 BD 的 EPG 映射到不同端口上的同一 VLAN。
- 在同一个叶节点上，不能将同一 BD 的两个 EPG 映射到不同端口上的同一 VLAN。

图 5-41 展示了上述 EPG 到 VLAN 的映射规则。

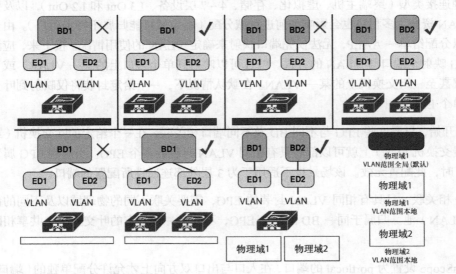

图 5-41　EPG 到 VLAN 的映射规则

5.2.2　将设备逐 VLAN 迁移至矩阵

某种方式的 ACI 部署一旦完成，就需要连通用户的现有网络，以进行资源迁移。为方便阐述，这里假定以网络为中心的方式开始，再迈向以应用为中心。遵循前面已讨论过的内容，所需采取的步骤如下。

步骤 1 决定部署模式：先以网络为中心，再以应用为中心。

步骤 2 设置矩阵并发现交换机。

步骤 3 配置所需的服务：带外管理、NTP 和 RR。

步骤 4 创建连通现有网络的矩阵接入策略（vPC 到核心/汇聚），如图 5-42 所示。

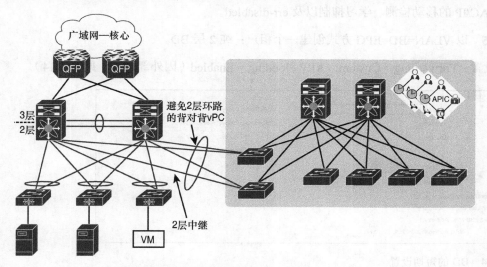

图 5-42 ACI 与现有网络之间的 2 层互通

a）配置环路防护、MCP（见图 5-43）。

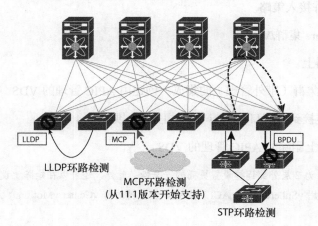

图 5-43 ACI 的环路防护

b）针对外部环路的多重防护机制。

c）LLDP 可以检测同一矩阵内、任意两台交换机之间的直通线缆环回。

d）MCP 是一种新的链路层环回数据包，用于检测外部 2 层转发环路。MCP 帧从所有端口的所有 VLAN 发出。如果任何一个交换机端口检测到源自同一矩阵的 MCP 数据包，那么该端口将被置为 err-disabled。

e）外部设备可以利用 STP/BPDU。

f）MAC/IP 的移动检测、学习抑制以及 err-disabled。

步骤 5　以 VLAN=BD=EPG 方式创建一个租户：纯 2 层 BD。

BD 设置：Forwarding = Custom、ARP Flooding = Enabled（因外部网关，见图 5-44）。

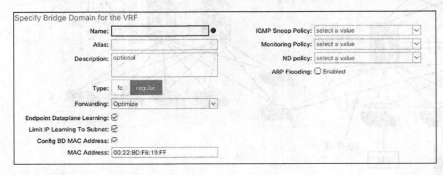

图 5-44　BD 的短期设置

步骤 6　将来自外部中继的 VLAN 由 2 层静态映射到 EPG（见图 5-45）。

步骤 7　为新虚拟化服务器创建矩阵接入策略。

a）将新服务器集成至现有的 VMware 集群/VDS。

b）将虚拟机迁移到矩阵的新服务器上。

步骤 8　创建 APIC 与现有 vCenter 集群（带外管理）的集成。创建由 APIC 管理的 VDS。

步骤 9　将被迁移虚拟机的 vNIC 连接到新端口组（与 EPG 相关联，见图 5-46）。

步骤 10　如不再需要，则在服务器上删除非 APIC 管理的 VDS。

提示　在该场景下，用户也可以通过合约，为 2 层外部连接设置更高的安全性。此外，还可以在矩阵上设立一个新的 vCenter 集群，以充分利用 vSphere 6.0 与 ACI 11.2 版本所支持的跨 vCenter vMotion。

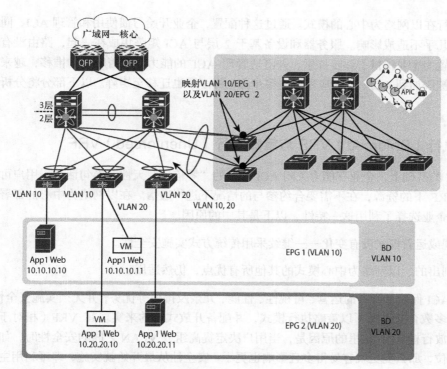

图 5-45 EPG 与 VLAN 之间的映射

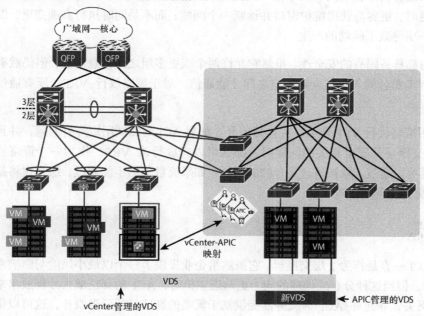

图 5-46 将现有主机迁移到由 APIC 管理的分布式虚拟交换机

ACI 现已运行在以网络为中心的模式。通过这种配置，企业开始习惯使用和管理 ACI，同时对现有环境几乎不造成影响。服务器和设备基于 2 层与 ACI 矩阵集成在一起，路由没有变化。这种配置为企业提供了逐步探索，并舒适管理 ACI 的能力。随着时间的推移，越来越多的设备会被添加到 ACI，此时应采取更多步骤，将 3 层也迁移至矩阵。以下部分将分析这些步骤。

5.2.3　策略执行（Enforced）VRF 与策略放行（Unenforced）VRF

在逐个 VRF 的基础上，企业有能力关闭 ACI 基础的"零信任"天性。换句话说，用户可以允许特定 VRF 下的资源，在不需要合约参与的情况下进行通信。在以网络为中心的部署模式中，一些企业选择了利用这一特性，以下是其中的原因。

- 安全实现或运营模式没有变化——继续采用传统方式实施安全性。

- 之前所列出的、以网络为中心模式的其他所有优点，仍然适用。

简而言之，ACI 保留了所有的运营、可视性、性能、冗余及排障等优势，并无须实施安全性。然而，绝大多数企业选择了以策略执行模式，并配备开放式合约来实现其 VRF（相对于无合约的策略放行模式）。这里的原因是，当用户决定提高组或 VLAN 之间的安全性时，如果合约已经就位，那么变更就容易得多且影响也更小。安全性从最开始就实施，即可利用主题与过滤器逐一修改各份单独合约，而不是一次性完成所有重大变更。大多数工程师都明白，在处理单一变更时，更容易获得维护窗口并诊断一个问题；而不是同时执行多项变更，以致于不知道是哪一项导致了问题的产生。

最后，任意合约都具备固有的安全性。虽然它允许两个或更多组之间任意对话，但仍然有一些控制，即只有消费合约与提供合约的组之间才能通信。对于策略放行 VRF，所有通信都是完全自由的。

工程师可以利用策略放行 VRF 作为一种排障工具。如果 ACI 的测试用矩阵有问题，并且不清楚它是路由/交换还是安全相关的问题时，那么可以先放行该 VRF。作为一个策略放行 VRF，如果流量可以通过，就知道这是合约的问题；如果流量仍然不能通过，那么这将是与连通性或路由/交换相关的设置问题。

5.2.4　3 层到核心

到目前为止，ACI 一直是作为 2 层交换机。它虽然给企业提供了一个以最小风险与影响来适应 ACI 的机会，但当这种分布式处理的能力更贴近主机时，ACI 的真正威力才释放出来。矩阵启用任播网关，并允许 ACI 为服务器提供基于策略的高速、低延迟服务，这可以带来巨大的回报。为放行 3 层流量出入矩阵，需要利用称为 L3 Out 的构造。在大多数情况下，

ACI 为数据中心提供了增强的汇聚及接入层服务，将其连接到数据中心的核心层将是最佳实践。核心层是数据中心网络的其余部分与数据中心之间的分界线。这里是服务汇聚的地方，比如用户的广域网、园区网以及 DCI 区块。将 ACI 连接到核心，并提供驻留在矩阵上设备与企业网络其余部分之间的 3 层连通性——被称为 L3 Out 或外部路由网络。

图 5-47 提供了一个连通性示例。在本例中，OSPF 邻接关系位于数据中心边缘防火墙与第 1个叶节点之间，其他节点都不参与。为了让矩阵的其余部分同步它学到的所有路由，OSPF叶节点必须启用路由重分发。基于 ACI 的多租户概念，这里选择的协议是 BGP，因为它可以携带比路由本身更多的信息，还可以共享有关租户/VRF 的信息。

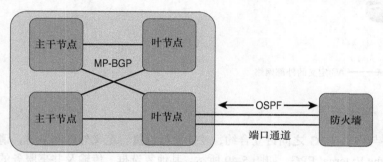

图 5-47   叶节点与防火墙之间的 OSPF 邻接关系

在常规配置中，路由对等及静态路由是在每个 VRF 的基础上执行的，类似于传统路由平台所启用的 VRF-lite。在每 VRF 基础上学习到的外部前缀，将被重新分发到租户端点所在的叶节点。而在这些叶节点上，只有在特定的 VRF 被部署时，才会将路由安装至转发表。

也可以通过如下两种方式之一来提供共享的 3 层连通性：通过共享的 L3 Out，或 MP-BGPEVPN+VXLAN 连接到外部设备（如配备了适当软/硬件的思科 Nexus 7000 系列交换机）。其优点是不再需要单独的、基于每个租户与 VRF 的 L3 Out 策略。

5.2.5   L3 Out 与外部路由网络

ACI 矩阵的 L3 Out 策略用于配置接口、协议及协议参数，可以提供到外部路由设备的 IP 连接。L3 Out 始终与 VRF 相关联，并通过租户 Networking 菜单上的 External Routed Network选项配置。

L3 Out 的部分配置涉及定义一个外部网络（也称为外部 EPG），即哪些子网可以通过 3 层路由连接访问。在图 5-48 中，矩阵外部的网络 50.1.0.0/16 与 50.2.0.0/16 可以通过 L3 Out 进行访问。作为 L3 Out 配置的一部分，这些子网将被定义为外部网络。也可以将外部网络定义为 0.0.0.0/0，以涵盖所有可能的目的地址。

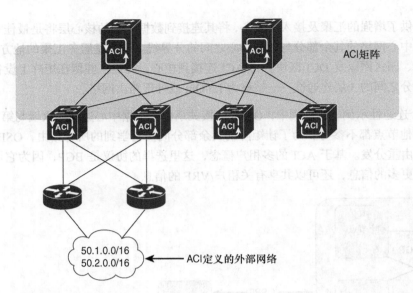

图 5-48   L3 Out

外部网络定义后，需要与内部 EPG 之间订立合约，才能放行流量。定义外部网络时，请选中 External Subnets for the External EPG，如图 5-49 所示。其他复选框、传输及共享服务的相关场景，将在本节稍后介绍。

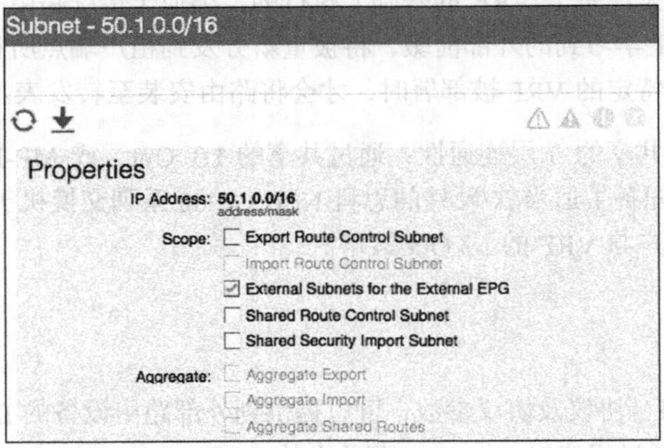

图 5-49   为外部流量定义流量过滤

5.2.6   L3 Out 的简化对象模型

图 5-50 展示了 L3 Out 的对象模型，这有助于理解其主要的构建模块。

L3 Out 策略与 VRF 相关联，并由以下内容组成。

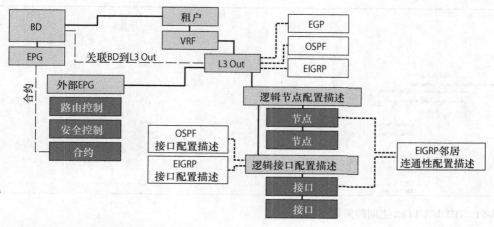

图 5-50　L3 Out 的对象模型

- 逻辑节点配置文件：这是叶节点层面的 VRF 路由配置（无论是动态还是静态）。比如，用户有两个边界叶节点，那么该逻辑节点配置描述就由两个叶节点组成。

- 逻辑接口配置描述：这是在叶节点上，由逻辑节点配置描述所定义的 3 层接口或 SVI 配置。该逻辑接口配置描述所选择的接口，必须在矩阵接入策略中已配置了路由域。如果它定义为 SVI，那么该路由域也可以包含 VLAN。

- 外部网络和 EPG：这是将外部流量划分到安全区域的配置对象。

BD 如果有子网需要通告给外部，必须引用定义好的 L3 Out。

L3 Out 策略或外部路由网络，提供了 VRF 与外部网络之间的 IP 连通性。每个 L3 Out 仅与一个 VRF 实例相关联。如果不需要外部 IP 连通性，那么 VRF 就不需要 L3 Out。

对于在 BD 中定义的、需要向外部路由器通告的子网，必须满足以下条件。

- 子网需定义为对外通告。

- BD 还必须与 L3 Out 相关联（除与其 VRF 实例的关联之外）。

- 在关联 BD 的 EPG 与 3 层外部 EPG（其外部子网）之间，必须存在一份合约。如果合约没有到位，那么这个子网就不会被通告。

图 5-51 展示了 BD 与子网配置以及 L3 Out 之间的关系。

为租户配置 BD 或 EPG 下的子网时，可以指定子网的范围如下。

- Advertised Externally：该子网将由边界叶节点通告给外部路由器。

- Private to VRF：该子网将限定在 ACI 矩阵内部，不会由边界叶节点对外通告。

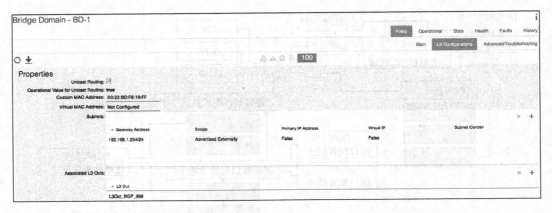

图 5-51 BD 与 L3 Out 之间的关系

- **Shared Between VRF Instance**：此选项用于共享服务。它表明该子网需要泄露给一个或多个私有网络（VRF）。子网的共享属性同时适用于公共子网及私有子网。

- **External Network（External EPG）Configuration Option**：分配给外部 EPG（GUI 上称为外部网络）的外部端点。对于 L3 Out，可以根据 IP 前缀或主机地址，将外部端点映射到外部 EPG。注意，如果基于外部端点的网络及掩码来定义 EPG，那么有时也称为基于前缀的 EPG；如果基于/32 来定义，则称为基于 IP 的 EPG，即根据直接附着到叶节点上主机的 IP 地址，来定义 EPG 分类的术语。

对于每个 L3 Out，基于是否需要对不同的外部 EPG 采取不同的处理策略，可以创建一个或多个外部 EPG。

在 3 层外部 EPG 的配置中，用户可以通过添加 IP 前缀及掩码，将外部端点映射到 EPG。网络前缀及掩码无须与路由表条目相同。当只需要一个外部 EPG 时，简单地使用 0.0.0.0/0 即可将所有外部端点分配给 EPG。

外部 EPG 创建完成后，即可在它与其他 EPG 之间应用适当的合约。

外部网络配置（L3 Out 整体配置的一部分）的主要功能是将外部流量分类为 EPG，以确定哪些外部端点可以与内部端点进行对话。然而，它还控制着其他众多功能，诸如矩阵路由的导入与导出。

以下是外部网络配置选项及其功能执行的一个摘要。

- **Subnet**：主要用于定义外部 EPG 分类的子网。

- **Export Route Control Subnet**：用于控制哪条穿透路由（transit route，即从另一个 L3 Out 学到的路由）应该被通告。这是一个精确匹配的前缀与长度，在第 6 章中有更详细的介绍。

- Import Route Control Subnet：用于控制哪些通过 BGP 学到的外部路由应导入矩阵。这是一个精确匹配的前缀与长度。

- External Subnets for the External EPG：它限定了哪些子网归属于外部 EPG，目的是定义 EPG 间合约。在前缀与掩码层面，其语义与 ACL 相同。

- Shared Route Control Subnet：它意味着如果某路由通过这个 VRF 从外部了解到此网络，就可以泄露给其他 VRF（如果它们与这个外部 EPG 之间存在合约）。

- Shared Security Import Subnets：在建立跨 VRF 合约时，为进行合约过滤，它定义了从共享 VRF 上学到的哪些子网属于外部 EPG。它将从这个外部 EPG，以及 L3 Out 所属的 VRF 上匹配外部子网及掩码。

- Aggregate Export：它与 Export Route Control Subnet 联合使用，允许用户将所有路由从一个 L3 Out 导出到另外一个，而不必列出每条单独的前缀及长度。在第 6 章中有更详细的介绍。

- Aggregate Import：它允许用户导入所有的 BGP 路由，而不必列出每条单独的前缀及长度。在 L3 Out 的设置里，若不选中 Route Control Enforcement Import（默认），也可以获得同样的结果。如果必须选中 Route Control Enforcement Import，并设置操作规则配置描述（action rule profile，如设置 BGP 选项）——在这种场景下，就必须显式地允许 BGP 路由，并通过 Import Route Control Subnet 罗列出其中的每一条。利用 Aggregate Import，用户可以简单地允许所有 BGP 的路由。截至本书英文版出版，可配置的唯一选项是 0.0.0.0/0。

5.2.7　边界叶节点（Border Leaf）

边界叶交换机是提供外部网络 3 层连通性的 ACI 叶交换机。任何 ACI 叶节点都可以作为边界叶，并且没有数量限制。边界叶节点也可以用于连接计算、IP 存储及服务设备。在大规模设计场景下，为获得更好的可扩展性，将边界叶与连接计算及服务设备的叶节点分开，将不无裨益。

边界叶交换机支持如下 3 种类型的接口，用于连接外部路由器。

- 3 层（路由）接口。

- 带有 IEEE 802.1Q 标记的子接口。基于该选项，可在主物理接口上配置多个子接口，每个子接口都具有自己的 VLAN 标识符。

- SVI 接口。基于 SVI，支持 2/3 层的物理端口可同时用于 L2 Out 与 L3 Out。

除支持路由协议、同外部路由器交换路由信息之外，对于内外部端点之间的通信，边界叶节点还将应用并执行策略。从 2.0 版本起，ACI 支持以下路由机制。

- 静态路由（支持 IPv4 与 IPv6）。
- 基于常规、stub 及 NSSA 区域（IPv4）的 OSPFv2。
- 基于常规、stub 及 NSSA 区域（IPv6）的 OSPFv3。
- EIGRP（仅限 IPv4）。
- iBGP（IPv4 与 IPv6）。
- eBGP（IPv4 与 IPv6）。

通过子接口或 SVI，边界叶交换机可以在同一个物理接口上为多个租户提供 L3 Out。

本书将在第 6 章中详细介绍 3 层路由。

5.2.8 将默认网关迁移至矩阵

之前讨论的、以网络为中心的 2 层 ACI 矩阵，将随着时间的推移不断扩大。在某些 VLAN 上，如今矩阵内部的主机数量已经超过外部。企业应用的所有者开始希望借助 ACI 叶节点 的更多优势（本地路由与本地交换）来创造价值，因为他们认为，这将显著改善应用的响应 时间。现在，读者已经熟悉了 ACI 及其 3 层外部的连通性，接下来的部分会探讨，如何将 网关迁移至矩阵。图 5-52 展示了当前环境。

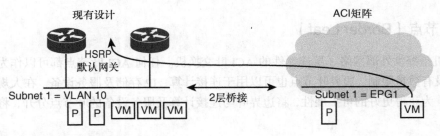

图 5-52 默认网关的注意事项

- 迄今为止，默认网关仍部署在存量网络中。
- ACI 最初仅提供 2 层连通性服务。
- 基于两个网络之间的 2 层路径通过已迁移的端点到达默认网关。

将 3 层网关迁移至矩阵的步骤如下。

步骤 1 创建连通现有网络的矩阵接入策略（3 层链路到核心），如图 5-53 所示。

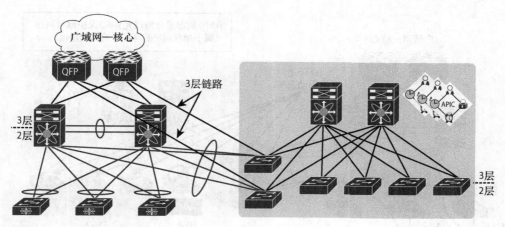

图 5-53　3 层连通现有网络

步骤 2　ACI 创建 3 层外部路由连接。

步骤 3　将 L3 Out 添加到 BD。

a）将 L3 Out 添加到 BD 所关联的 L3 Out。

b）推荐选项：创建测试 BD 与 EPG（向矩阵外通告）。

步骤 4　将子网添加到 BD。

a）选中 BD 子网的对外通告。

b）可选项：修改 MAC 地址，以匹配之前存量网络所使用的 HSRP vMAC（见图 5-54）。

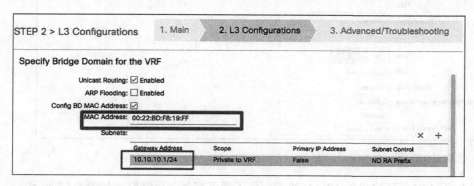

图 5-54　将 MAC 修改为之前的 HSRP vMAC（可选）

c）关闭存量网络接口的同时，单击 Submit，在 ACI 网络上启用任播网关。

步骤 5　按需部署合约，保护以 ACI 为网关的 VLAN 间的通信，如图 5-55 所示。

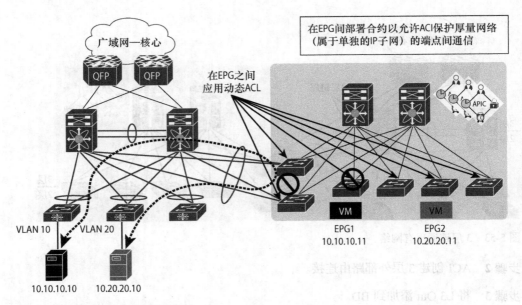

图 5-55　部署合约以保障通信安全

步骤 6　修改 BD，以应用默认设置或优化设置，网关现已在 ACI 矩阵上了（见图 5-56）。

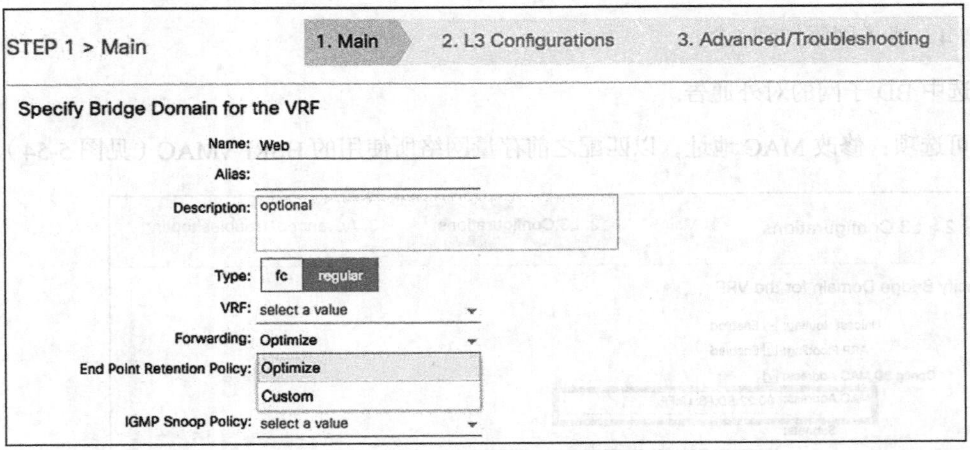

图 5-56　优化 BD 设置

步骤 7　位于 ACI 矩阵之外的 VLAN 流量，将不得不穿越 3 层链路，如图 5-57 所示。

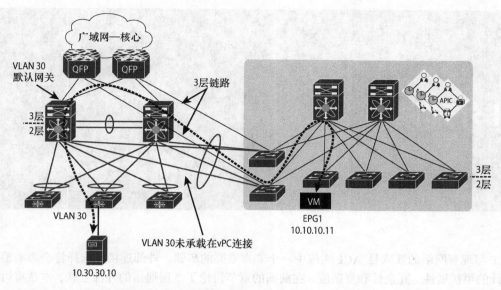

图 5-57 ACI 与传统网络之间的 3 层业务流

5.3 小结

ACI 的网络功能灵活、动态且强大。将设备从传统网络的限制中解耦，并基于策略管理它们，在性能、可视性及安全性的世界里开辟了一种全新可能。在企业准备就绪后，将 ACI 与现有网络打通，就如同一台接入层交换机上线。包括将主机迁移至 ACI 矩阵，所有这一切都可以实现，且对现有网络的影响微乎其微。以下是本章需要重点关注的若干事项。

- 组与合约控制哪些设备之间允许互相通信，且不依赖于 IP 地址与 VLAN。

- 理解合约、主题及过滤器非常重要——特别是它们的范围、方向性及其控制应用流量的能力。

- 假定其范围设置正确，公共租户上的合约可被其他租户重用。

- 推荐尽可能使用 vzAny。

- VRF 与 BD 可用于控制路由、2 层及组播流量。

- 高级模式下的接入策略用于控制 ACI 矩阵的物理接入。

- 可通过防护机制（如 MCP、端口追踪及 STP 侦听）来确保矩阵稳定。

- 在对现有网络很小甚至无影响的情况下，将 2/3 层设备迁移至矩阵。

- ACI 的安全性可从粗粒度开始实施，再随着时间的推移逐步增强。

第 6 章

ACI 外部路由

ACI 与现有网络的互联是 ACI 实施中一个非常重要的步骤。外部连接的选择将会影响整个设计的可扩展性、冗余性和复杂度。在前面的章节讨论了 2 层通信的外部互联,本章将讨论 3 层通信以及如何将其与现有环境中所使用的路由协议进行集成。本章涵盖以下主题。

- 物理连接的选项。

- 路由协议。

- 外部 EPG 与合约。

- 多租户路由的考量。

- 穿透路由。

- WAN 集成。

- QoS。

- 组播。

6.1　物理连接考量

最大程度地扩展 ACI 意味着把 3 层路由引入 ACI 矩阵。为引入路由,必须能够把 ACI 所属的网段通告到外部网络,并且通过合约允许从 ACI 矩阵到外部网络的 3 层通信。如果说数据中心是大量关键应用的"家",那么对外的 3 层互联就是这个"家"通向外部世界的生命线。鉴于此,当设计外部 3 层互联时,下面的要素需要被着重考虑。

- 北向或南向的带宽需求。

- 所期待的冗余性。

- 介质类型。

- 邻接的设备，比如路由器、交换机和防火墙。

- 路由协议或静态路由。

这些决策点将引导客户为边界叶交换机选择正确的物理设备，诸如相应的 Nexus 9K 类型以支持面向主机的 10Gbit/s、40Gbit/s 或 100Gbit/s 铜缆或光纤接口，或者如在后面讨论到的——根据与其他技术包括 Nexus 7000 或者 ASR 平台的集成能力。当物理平台确定后，下一个决策重点将是物理连接的数量、所使用的技术以及是路由协议还是静态路由。图 6-1 说明了其中若干选项。

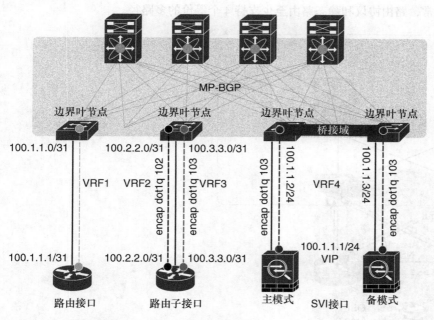

图 6-1   边界叶交换机的 L3 Out 路由接口选项

6.2   路由接口与 SVI

ACI 能够使用路由接口、子接口和 SVI 来实现 3 层外部连接。端口配置的选择（接入端口、端口通道或 vPC）将限制可实施的特性。举一个例子来说，在 3.2 版本之前 ACI 只支持路由模式的接入端口，从 3.2 版本开始才支持路由模式的端口通道及其子接口。一般来说，最佳实践是尽可能地使用路由端口而不是 SVI，具体原因如下。

- SVI 需要将端口运行于 2 层模式。

- 2 层模式的端口要求对端的交换机运行 STP。传统而言，生成树端口需要经历监听和学习阶段。

- BPDU 将会从邻接的交换机发向 ACI。

- 如果 VLAN 被邻接交换机的其他端口，或者是其他的 ACI 叶交换机（或端口）重用，这将会使网络面临风险（参见 6.3 节）。

鉴于这些因素，路由端口拥有更少的风险，而且比 SVI 收敛得更快。在传统网络中，最佳实践是尽可能地使用路由端口通道，虽然 ACI 从 3.2 版本才支持这种配置，但在此之前，如图 6-2 所示，ACI 支持多个路由接入端口应用于同一个单独的 L3 Out，通过多链路来实现等价多路冗余。通常，路由协议和静态路由至少支持 4 个等价的多路径。

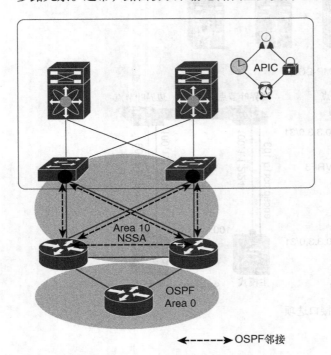

图 6-2   利用多个路由接入端口实现冗余

有的架构可能要求使用路由子接口或者 SVI，此类配置通常会在下面的情形中遇到。

- 连接到传统设备。

- 从现有网络迁移。

- 4 ～ 7 层设备集成。

- 单一接口服务于多个租户的多个 L3 Out。不同私有网络（VRF）或租户的路由关系将可能建立在同一个物理接口之上。

图 6-3 显示了支持基于 SVI 接口的 L3 Out。

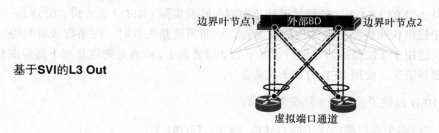

图 6-3　支持基于 SVI 的 L3 Out 的配置

通过 SVI 接口，支持 2 层和 3 层的同一个物理接口既可用于 2 层外部连接，也可用于 3 层外部连接。

最佳实践是尽可能地使用端口通道或者 vPC 来增加冗余。如果共享网关或者网关冗余是必要的，客户可以利用辅助 IP 地址，或者 ACI 2.2 开始支持的、基于 HSRP 的 L3 Out。

6.3　外部 BD

L3 Out 可以被配置于 3 层路由接口、子接口或者 SVI。当 SVI 被用于 L3 Out 的时候，客户可以指定一个 VLAN 封装。在多个边界叶节点上为相同的 L3 Out 指定相同的 VLAN 封装，将会生成一个外部 BD。与矩阵内部的 BD 相比，L3 Out 的 BD 没有端点的映射表，并且 2 层转发是基于 VXLAN 的“泛洪和学习”。建议将同一 SVI 封装的使用限定于配置为 vPC 模式的两个叶节点。在本书英文版发行时，对包含两对或更多 vPC（4 个或更多交换机、两个 vPC 域）的第一代叶交换机（-EX 之前的产品型号）而言，基于 SVI 的 L3 Out 不支持使用相同的 VLAN 封装。正如前面描述的,如果目标 MAC 地址是 SVI 的 MAC 地址,流量是通过路由的方式转发。

6.4　BFD

思科 ACI 的 1.2(2g)的软件增加了对双向转发检测(BFD)的支持。BFD 是一个软件特性,用于提供快速链路失效的检测和通告,从而当链路失效时,网络收敛时间得以降低。BFD 特别适用于 3 层路由协议运行于共享的 2 层链路上,或者是物理介质不能提供有效失效检测机制等情况。使用 BFD 有如下优势。

- BFD 提供了亚秒级 3 层失效检测。

- 支持多个客户端协议(如 OSPF、BGP、EIGRP)。

- 它比路由协议的 hello 消息占用更少的 CPU(BFD 的 echo 功能基于数据平面)。

- 当检测到链路失效时,BFD 会通告路由协议。路由协议不需要运行更快的 hello 计时器。

思科 ACI 对 BFD 的支持只限于使用 BGP、OSPF、EIGRP 或者静态路由的 L3 Out 接口。BFD 不支持矩阵接口(用于连接叶节点与主干节点的接口)。在思科 ACI 中,BFD 具有如下特性。

- ACI 使用 BFD 的第 1 版。

- 思科 ACI 的 BFD 使用异步模式(两端互发 hello 报文)。

- BFD 不支持多跳 BGP。默认情况下,BFD 的全局策略同时存在于 IPv4 和 IPv6 会话。默认的计时器包括 50ms 的间隔和 3 倍的因数,如图 6-4 所示。

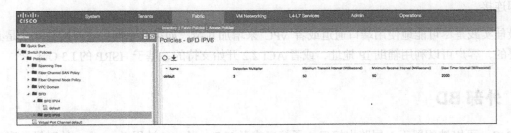

图 6-4　BFD 配置

如果需要,可以通过创建新的非默认策略并将其分配给交换机策略组,然后再分配给交换机配置描述(switch profile)来覆盖此全局默认策略。BFD 也可以在每租户的基础上进行配置(Networking > Protocol Policies 项下),并覆盖全局的 BFD 策略。

建议用户尽可能在 L3 Out 的 SVI 上启用 BFD,以确保快速故障检测(假定 ACI 对端的设备支持）。对于路由接口及子接口，尽管物理接口机制可以确保在大多数情况下快速检测故障，但也可以启用 BFD。 总之，以下是 BFD 的若干常见用途或需要 BFD 的地方。

- 通过中间 2 层连接的 3 层 hop。

- 协议软件故障。

- 单向链路。

- 当物理介质不提供可靠的故障检测时。

- 当路由协议运行于不提供链路失败通知的接口（如 SVI）时。

直连的点对点 3 层链路可能不需要 BFD。链路中断事件通常比 BFD 检测得更快。

6.5 接入端口

接入端口是用于 ACI 网络连接性的单个端口。用户也可以在 3 层外部网络连接使用接入端口。将多个以路由模式运行的接入端口用于外部 3 层网络连接是最佳实践。图 6-5 显示了此配置的一个示例。

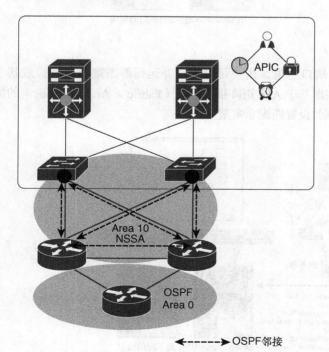

图 6-5　利用多个路由接入端口实现冗余

6.6　端口通道

端口通道（Port Channel）将多个接口捆绑到一个组中以提供更高的带宽和冗余。端口通道通过这些物理接口负载均衡流量。出于这个原因，推荐的做法是以偶数部署端口通道。在端口通道中，只要有一个接口的 2 层是活动的，整个端口通道就会保持运行。在 ACI 中，用户可以使用叶交换机上的多个端口创建端口通道。如果可能的话，在相邻交换机上跨不同物理线路卡和/或 ASIC 端口组多样化端口通道，是实现物理层差异性的最佳做法，如图 6-6 所示。

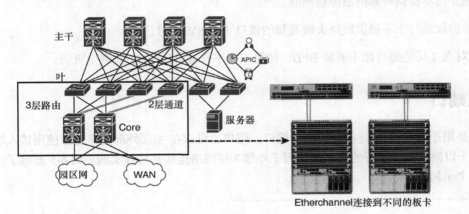

Etherchannel连接到不同的板卡

图 6-6　端口通道的多样化

可以通过捆绑兼容性接口来创建端口通道。用户可以配置并运行静态端口通道，或基于 LACP 的端口通道。这些设置的实现基于 ACI 矩阵接入策略（Fabric > Access Policy）的配置。如图 6-7 所示，端口通道两侧的设置匹配非常重要。

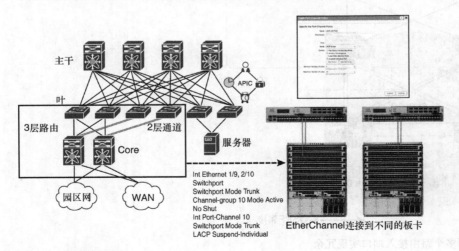

Int Ethernet 1/9, 2/10
Switchport
Switchport Mode Trunk
Channel-group 10 Mode Active
No Shut
Int Port-Channel 10
Switchport Mode Trunk
LACP Suspend-Individual

EtherChannel连接到不同的板卡

图 6-7　配置匹配

一旦端口通道启动并在第 2 层运行，ACI 将创建一个外部 BD，并启用在外部路由网络配置中的 SVI 或路由子接口。

6.7 虚拟端口通道

虚拟端口通道（vPC）是一种虚拟化技术，可将一对设备以唯一的 2 层逻辑节点呈现给接入层设备或端点。在过去，读者可能已经听说过这种被称为 Multichassis EtherChannel 的技术。虚拟端口通道允许物理连接到两个不同设备的链路，呈现为到第 3 个设备的单端口通道。第 3 个设备可以是交换机、服务器或支持 LACP 的任何其他网络设备。vPC 提供以下技术优势。

- 避免 STP 阻塞端口。
- 同时使用所有可用的上行链路带宽。
- 允许双宿主服务器以双活模式运行。
- 在链路或设备故障时提供快速收敛。
- 为服务器提供双活默认网关。

vPC 还能利用端口通道技术所提供的原生水平分割或回路管理：进入端口通道的数据包不能立即离开同一个端口通道。通过使用 vPC，用户可以获得以下即时运营和架构优势。

- 简化网络设计。
- 构建高度灵活且强大的 2 层网络。
- 扩展可用的 2 层带宽并增加对分（Bisectional）带宽。

vPC 所利用的硬件和软件冗余方面如下。

- vPC 使用所有可用的端口通道成员，以便在单个链路失败的情况下，哈希算法会将所有流重定向到剩余链路。
- vPC 域由两个对等设备组成。每个对等设备处理来自接入层的一半流量。在对等设备发生故障的情况下，另一个对等设备将以最小的收敛影响来吸收所有流量。
- vPC 域中的每个对等设备都运行自己的控制平面，两个设备独立工作。任何潜在的控制层面问题都会保留在对等设备的本地，不会传播或影响其对等设备。

通过在两个 vPC 对等体上指定相同的 SVI VLAN 封装，用户可以在基于 vPC 的 L3 Out 上配置路由邻接，如图 6-8 所示。配置的 SVI 会基于外部 BD。外部路由器与每个叶交换机上的 SVI 邻接。另外，两个叶交换机上的 SVI 也彼此邻接。任意一个叶交换机的 vPC 端口通道故障不会中断其邻接关系。

如果必须使用指向矩阵的静态路由，那么用户需要在 vPC 对等设备的 SVI 上指定相同的辅助 IP 地址。使用动态路由协议时不支持该配置。

> **提示**   当 vPC 与 ACI 矩阵一起工作时，叶节点之间不需要专用的邻接链路来构建 vPC。

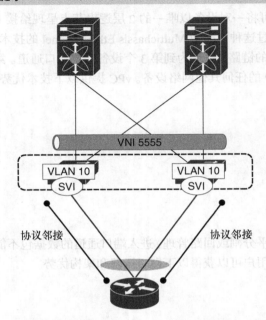

图 6-8   动态路由：通过 vPC 建立邻接关系

6.8 L3 Out 弹性网关

某些 ACI 的设计方案可能需要网关的弹性，比如，外部服务设备（如防火墙）需要把静态路由指向思科 ACI 矩阵内的子网，如图 6-9 所示。

在图 6-9 的例子中，一对思科 ASA 防火墙（运行在主备模式）连接到 ACI 矩阵。在矩阵侧，L3 Out 配置为连接到防火墙。在防火墙侧，去往 ACI 内部子网的静态路由指向地址 192.168.1.254。该.254 地址在矩阵上配置为 L3 Out 共享的辅助地址。在 L3 Out 的接口配置描述（Interface Profile）中，用户可以通过配置 Side A、Side B 和 Secondary Address 的配置选项来实现，如图 6-10 所示。

在本例中，将 192.168.1.254 配置为共享的辅助地址，然后将其作为防火墙上配置的静态路由的下一跳。

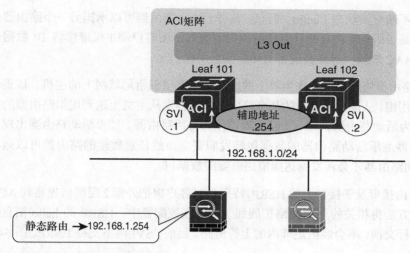

图 6-9　L3 Out 辅助地址的配置

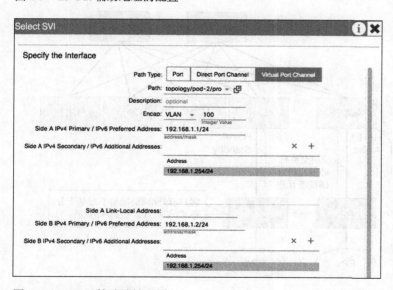

图 6-10　SVI 及辅助地址配置

6.9　HSRP

HSRP 为 IP 网络提供冗余，从而确保网络边缘设备的用户流量，能够从第一跳的故障中迅速且透明地恢复。

通过共享的 IP 地址与 MAC（2 层）地址，两个或多个路由器可以充当单一虚拟路由器。虚拟路由器组的成员不断交换状态（hello）消息。这样，一个路由器可以承担另一个路由器的路由职责，无论它是否因计划内还是计划外的原因而失效。而客户端主机继续将 IP 数据包发到相同的 IP 与 MAC 地址，且路由设备的切换是透明的。

基于 HSRP，一组路由器协同工作并作为单个的虚拟路由器呈现给局域网上的主机，该集合称为 HSRP 组或备用组。从该组中选出的某个路由器负责转发从主机上送到虚拟路由器的数据包。该路由器称为活动路由器，另一个路由器则作为备用路由器。如果活动路由器出现故障，那么备用路由器继承活动路由器的数据包转发职责。虽然任意数量的路由器可以运行 HSRP，但只有活动路由器才会转发到达虚拟路由器的数据包。

ACI 支持 L3 Out 路由接口及子接口上的 HSRP，特别是当客户想把外部 2 层网络连接到 ACI，但又不希望用传统方法将相关的 2 层网络扩展到 ACI。在该配置中，HSRP 的 hello 消息通过外部 2 层网络进行交换，不会经由矩阵内的上行链路。目前，SVI 尚不支持 HSRP。图 6-11 演示了该案例。

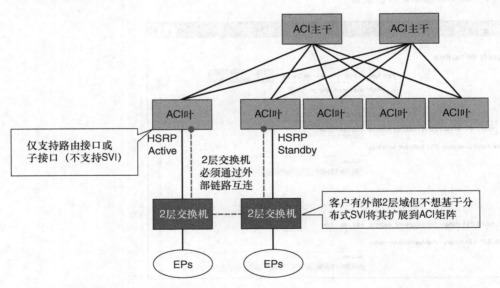

图 6-11　HSRP 应用于 ACI 的例子

以下是 ACI 当前支持的 HSRP 特性。

- 版本 1 和版本 2。

- 支持 IPv4 和 IPv6。

- 支持 BFD。

- 身份验证（MD5 和简单身份验证）。

- 可配置的定时器（最小 250ms 的 hello 定时器）。

- 可配置的 vMAC 或采用烧录 MAC 地址的选项。

- 优先级/抢占。

综上所述，目前的建议及限制如下。

- IPv4 和 IPv6 的 HSRP 状态必须相同。为在故障转移后达到相同状态，必须配置优先级和抢占。

- 目前，思科 ACI 的同一子接口只支持一个 IPv4 和一个 IPv6 组。

- 对于双栈，必须为 IPv4 和 IPv6 HSRP 组配置相同的 MAC 地址。

- HSRP VIP 必须与接口 IP 位于同一子网。

- 建议配置 HSRP 的接口延迟（Interface Delay）属性。

- 不支持 HSRP 上的对象追踪。

- 不支持基于 SVI 接口的 HSRP，因此，HSRP 不支持 vPC。

- 不支持 HSRP 的多组优化（MGO）。

- 不支持 ICMP IPv4 和 IPv6 重定向。

- 不支持高可用性和不间断转发（NSF），因为 HSRP 进程在思科 ACI 环境中无法重新启动。

- 没有扩展的 hold-down 计时器支持，因为仅叶交换机支持 HSRP。主干交换机不支持 HSRP。

- APIC 不支持 HSRP 版本变更，必须删除并重新配置。

- HSRP 版本 2 与 HSRP 版本 1 不能互操作。接口不能同时运行版本 1 和版本 2，因为两个版本是互斥的。然而，不同版本可以在同一路由器的不同物理接口上运行。

6.10 路由协议

从版本 2.0 开始，思科 ACI 支持如下路由机制。

- 静态路由（支持 IPv4 和 IPv6）。

- 用于常规（regular），stub 和 NSSA 区域 IPv4 的 OSPFv2。

- 用于常规，stub 和 NSSA 区域 IPv6 的 OSPFv3。

- EIGRP（仅限 IPv4）。

- iBGP（IPv4 和 IPv6）。

- eBGP（IPv4 和 IPv6）。

利用子接口或 SVI，边界叶交换机可以通过一个物理接口为多个租户提供 L3 Out 连通性。

6.10.1   静态路由

路由器转发数据包时，可以基于手工配置于路由表中的路由信息，或者基于动态路由算法所计算的路由信息。

静态路由用于定义两个路由器之间的显式路径，但不能自动更新；在发生网络变更时必须手工重新配置。静态路由比动态路由占用更少的带宽，且不需要相应的 CPU 资源来计算和分析路由更新。

静态路由应该在网络流量可预测且网络设计较简单的环境下使用。静态路由不应在大型、不断变化的网络中使用，因为静态路由不能对网络变化做出反应。

静态路由的配置在 ACI 中非常容易。配置 L3 Out 时，无须选择路由协议；只要在稍后节点定义的过程中配置静态路由即可。届时，用户将能够修改以下参数。

- 网络前缀。

- 静态路由的优先级。

- 下一跳和下一跳优先级（缺少下一跳则指向 null 接口）。

- 启用 BFD。

正如读者所料，配置非常简单且不需要与相邻设备交换路由。因此，用户应该在相邻设备上也添加静态路由，以便让对端知道回程流量的转发路径。

6.10.2   EIGRP

EIGRP 是思科的专有路由协议。基于 IGRP，但它现在是一个开放的标准。EIGRP 是一种距离矢量路由协议，可以最大限度地减少拓扑变更后的路由波动，以及优化路由器上的带宽利用率及其处理能力。大多数的路由优化都基于扩散更新算法（DUAL），它保证了无环操作并可提供快速路由收敛。

EIGRP 路由协议非常易于配置和管理。因此，在思科客户中部署广泛并被 ACI 所支持。要成为 EIGRP 邻居，必须匹配 3 个基本配置值：活跃 hello 数据包、自治系统编号（ASN）和

K 值。EIGRP 可以使用 5 个 K 值或度量值来选择路由表中的最佳路由，分别是带宽、负载、延迟、可靠性和 MTU。默认情况下，EIGRP 仅使用两个度量值：带宽与延迟。在 L3 Out 上配置路由协议时，可以选择 EIGRP。此时能够配置 AS 号，如图 6-12 所示。

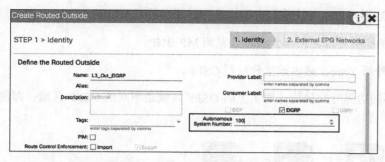

图 6-12　在外部路由连接或 L3 Out 上配置 EIGRP

在配置期间，将添加节点（node）和接口配置描述。配置节点和路由器 ID 时，请避免使用环回接口。环回接口只应当在 VRF 启用 3 层组播（ACI 3.0 版本开始，在-EX 及以上交换机上支持）或 L3 Out 配置 BGP 路由协议时使用。

添加 EIGRP 的接口配置描述和协议配置描述（Protocol Profile）时，ACI 会需要一个 EIGRP 接口策略，在此处可以配置最终的 K 值（带宽与延迟）。之后，EIGRP 接口策略将应用于下一步所选择的接口。

> 提示　如果与 MTU 大小相关的 K 值被用作度量标准，那么 ACI 叶交换机上的默认 MTU 是 9000。如果对端设备的 MTU 与 ACI 不同，就需要在一侧或另一侧邻居上修改，以便 MTU 大小匹配。

6.10.3　OSPF

OSPF 是由因特网工程任务组（IETF）之中的内部网关协议工作组，为 IP 网络开发的路由协议。它来源于多项研究工作，包括 OSI 版本的 IS-IS 路由协议。

OSPF 有如下两个主要特征。

■ 这是一个开放的协议，其规范属于公共领域（RFC 1247）。

■ 它基于最短路径优先（SPF）算法，有时也称为 Dijkstra 算法。

OSPF 是一种链路状态路由协议，它要求向同一层级区域内的其他所有路由器发送链路状态通告（LSA）。相关附着端口、所使用的度量标准以及其他可变因素等信息包含在 OSPF LSA 中。随着 OSPF 路由器累积这些链路状态信息，它们会利用 SPF 算法来计算到每个节点的最短路径。

OSPF 在企业中广泛部署,是开放路由协议的首选标准。ACI 支持基于 OSPF 的常规区域、NSSA 区域和 stub 区域、包括区域 0(骨干区域)与外部 OSPF 路由器的外部连通性。在 ACI 中配置和使用 OSPF 时,请关注以下几点。

- 运行 OSPF 的 ACI 边界叶节点始终作为自治系统边界路由器(ASBR)。

- 通过 OSPF 学习到的所有外部路由都会被重分发到 MP-BGP。

- MP-BGP 路由作为外部 Type-2 路由被重分发到 OSPF。

- 如图 6-13 所示,不同边界叶交换机(对)上的 OSPF 区域是不同的 OSPF 区域,即便其 ID 相同。

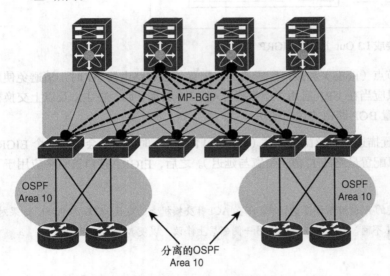

图 6-13　不同边界叶交换机上的 OSPF 区域不是同一个区域

- 支持 IPv4(OSPFv2)和 IPv6(OSPFv3)。

- ACI 边界叶交换机遵循 OSPF 协议规则,如图 6-14 所示。

在 L3 Out 中配置路由协议时,可以选择 OSPF。此时,读者将配置 OSPF 区域的详细信息及区域编号,如图 6-15 所示。

在配置期间,将添加节点和接口配置描述。配置节点和路由器 ID 时,请避免使用环回接口。环回接口只应用于 BGP 路由协议配置,或在 VRF 启用 3 层组播(ACI 3.0 版本开始,在-EX 交换机上支持)。当 OSPF 接口配置描述添加并完成后,ACI 将询问身份验证信息及 OSPF 策略。读者可以利用 OSPF 策略(见图 6-16)来管理诸如接口类型(广播或点对点)、passive 参与、BFD 以及 MTU ignore 等参数。然后,OSPF 接口策略将应用于下一个屏幕中所选择的接口。

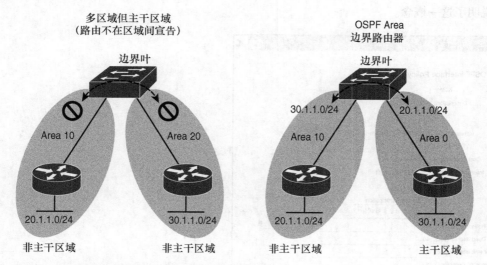

图 6-14 ACI 边界路由器遵循传统的 OSPF 规则

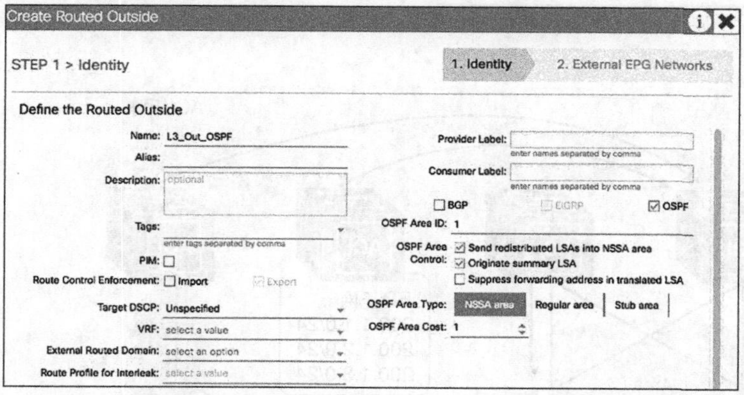

图 6-15 为外部路由或 L3 Out 配置 OSPF 区域及区域编号

> **提示** ACI 叶交换机的默认 MTU 大小为 9000。如果 MTU ignore 选项没有被选中，那么必须改变一侧或另一侧邻居上的配置匹配 MTU 大小，以建立邻接关系。

OSPF 汇总

对于 OSPF 路由汇总，有两个选项可用：外部路由汇总（相当于思科 IOS 软件和思科 NX-OS 软件中的汇总地址配置）和区域间汇总（相当于 IOS 软件和 NX-OS 中的区域范围配置）。

当租户路由或穿透路由注入 OSPF 时，L3 Out 所在的 ACI 叶节点，即作为一个 OSPF 自治系统边界路由器（ASBR）。在这种情况下，应使用 summary-address 配置（外部路由汇总）。图 6-17 说明了这一概念。

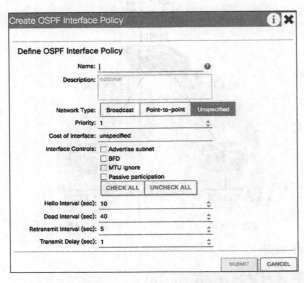

图 6-16 OSPF 接口策略

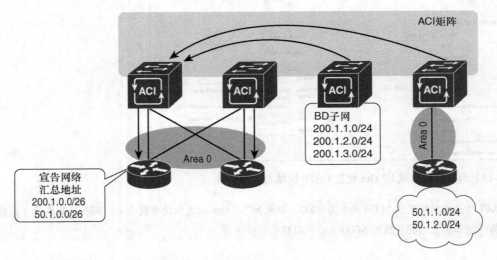

图 6-17 OSPF 的 Summary-Address 操作

对于有两个 L3 Out 的情况，每个连接使用不同的区域并连接到同一个边界叶交换机，将利用 area range 配置进行汇总，如图 6-18 所示。

OSPF 的路由汇总策略用于决定汇总使用 area range 还是 summary-address 配置，如图 6-19

所示。在该示例中，选中"Inter-Area Enabled"选项意味着 area range 用于汇总配置。否则，将使用 summary-address。

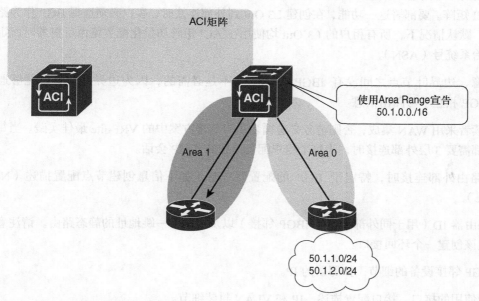

图 6-18　OSPF 的 Area Range 操作

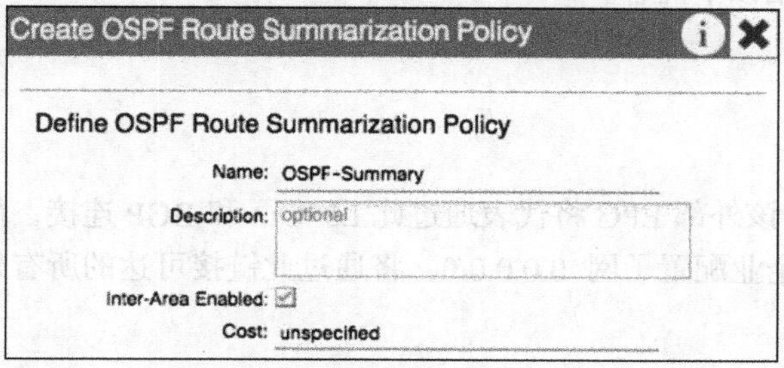

图 6-19　OSPF 路由汇总策略的配置

6.10.4　BGP

BGP 是一种自治系统间路由协议。自治系统（AS）是基于公共路由策略共同治理的网络或网络组。BGP 用于交换 Internet 路由信息，是 ISP 之间所采用的协议。诸如大学和公司之类的客户网络通常采用内部网关协议（IGP）来交换路由信息，比如 RIP、EIGRP 或 OSPF。在这些网络中，客户连接到 ISP，ISP 则使用 BGP 来交换客户及 ISP 路由。在自治系统之间运行 BGP 时，该协议称为外部 BGP（eBGP）。如果服务提供商利用 BGP 在一个自治系统内交换路由，该协议称为内部 BGP（iBGP）。

以应用为中心的基础设施（ACI）能够与外部 BGP 网络对接，并重分发外部网络的路由信息至 ACI 矩阵。要部署这一功能，在创建 L3 Out 到外部连接时，客户必须选择 BGP 作为路由协议。默认情况下，所有租户的 L3 Out 均使用在 ACI 矩阵初始化配置路由反射器时所定义的自治系统号（ASN）。

请注意，边界叶节点之间没有 iBGP 会话。这不是必需的，因为边界叶交换机能够通过 MP-BGP 相互学习路由信息。

除非读者采用 WAN 集成，否则请务必遵循多租户部署方案中的 VRF-lite 最佳实践。当每个租户都需要 3 层外部连接时，为每个租户配置单独的 iBGP 会话。

配置路由外部连接时，特定于 BGP 的配置要求基于如下信息创建节点配置描述（Node Profile）。

■ 路由器 ID（用于同外部设备的 iBGP 邻接）以及指向下一跳地址的静态路由。请注意，应该创建一个环回接口。

■ BGP 邻接设备的细节，如邻居的 IP。

■ 所使用的接口、接口配置描述、IP 和 VLAN 封装细节。

■ BGP 邻接连通性的配置描述，包括以下内容。

    ● 邻接地址。

    ● 身份认证。

接下来，读者将创建一个外部 EPG。该外部 EPG 将代表通过此 L3 Out 和 BGP 连接，可以访问的所有设备（或其子集）。许多企业配置子网 0.0.0.0/0，将通过此链接可达的所有外部端点分配给当前 EPG。

最后，为了将 ACI 矩阵（叶节点）的网络前缀通告给它的邻居，需要将 3 层外部网络与包含待通告子网的 BD（将创建 route map）相关联。子网必须标记为 advertised externally，并且必须创建一个具有链接到该 BDEPG 的应用配置描述（Application Profile）。之后，公共路由将被通告给相关联 3 层外部网络上的所有邻居。

1. BGP 路由配置描述

路由配置（Route Profile）描述为 BGP 的邻接路由提供控制机制。这在 BGP 经典配置中被视为标准 route map。路由配置描述可以与以下任意一项相关联。

    ● 网络前缀。

- BD。

- 3 层外部网络。

当路由配置描述与 BD 关联时，BD 上的所有子网都将使用相同的 BGP 团体（Community）进行通告。ACI 也允许客户将路由配置描述与 BD 的子网相关联；该能力提供了为不同子网标记不同 BGP 团体的灵活性。在 BD 和 BD 的子网下同时指定路由配置描述时，子网优先。

客户可以配置一个名为 "default-export" 的路由配置描述，它将自动应用于 3 层外部网络。

2. 出站 BGP 策略

ACI 边界叶交换机支持通过出站 BGP 策略，来为租户路由设置团体或扩展团体（extended community）属性。网络架构师通常利用 BGP 团体属性（标准的和扩展的）将某些 BGP 路由组织在一起，并通过匹配该团体赋值来应用路由策略。

ACI 支持如下两种类型团体。

标准团体：常规的 as2-nn2:<community_value>。

- regular:as2-nn2 是标准团体的关键字。

- 添加一个标准团体赋值（如 666:1001）。

扩展团体：扩展的 as4-nn2:<community_value>。

- extended:as4-nn2 是扩展团体的关键字。

- 添加一个扩展团体赋值。

3. BGP 协议统计

BGP 协议统计信息可以在 Fabric > Inventory 下查看（见图 6-20）。读者可以按照以下步骤操作。

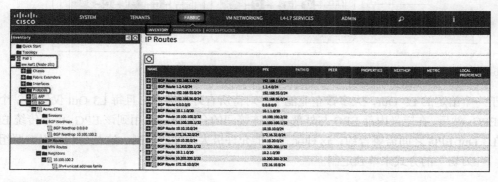

图 6-20　查验统计信息

1）在导航窗口中展开 Pod ID > Leaf Switch ID > Protocols > BGP，然后单击相应的租户和私有网络。

2）单击各选项，诸如 Neighbors、Interfaces、Routes 及 Traffic 来查看与 BGP 相关的不同统计信息。

6.11 外部 EPG 与合约

现在通过 EPG 和合约，来启用与 ACI 矩阵外部设备和网络的通信也就不足为奇了。下面将探讨基于这些 EPG，为矩阵内设备提供外部连通时的灵活性。

6.11.1 外部 EPG

外部端点组（EPG）携带外部的网络/前缀信息。ACI 矩阵基于 IP 前缀与掩码，将外部 3 层端点映射到外部 EPG。每个 3 层外部连接可以支持一个或多个外部 EPG，具体取决于客户是否要对不同的外部 EPG 应用不同的策略。图 6-21 展示了该案例。

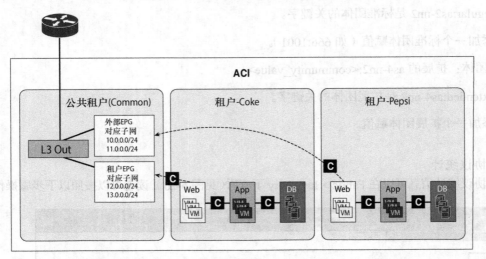

图 6-21　与单一 L3 Out 相关联的多个 EPG

对于一个给定的 L3 Out，大多数企业能平等对待所有外部端点，且每 L3 Out 仅创建一个外部 EPG。然后，在定义内部 EPG 与外部 3 层连接间的合约时将会用到该 EPG。由于传统 EPG 与 L3 Out EPG 之间需要合约，这种配置还能允许极大程度的控制。这些合约可以按照组或者"一刀切"的方式来单独定制。

6.11.2 L3 Out EPG 与内部 EPG 之间的合约

当 L3 Out 已配置且 ACI 接口已起用，ACI 边界叶交换机将会与外部路由器建立邻接关系并通告路由。然而，ACI 的基本规则是"零信任"，如果外部 EPG 与要部署的 EPG 之间没有合约，那么任何数据都不会通过。要启用端到端的数据连通性，客户需要在内部 EPG 与外部 EPG 之间创建合约。在 L3 Out EPG 与至少一个内部 EPG 之间应用合约后，数据将能够以该合约所指定的方式在 EPG 之间转发。

6.12 多租户路由考量

多租户云基础架构的一个共同要求是为托管租户提供共享服务的能力。此类服务包括活动目录、DNS 和存储。图 6-22 说明了这一要求。

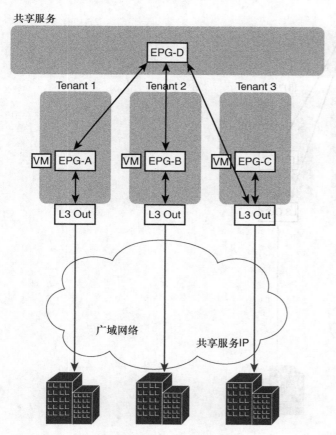

图 6-22 共享服务（Shared Services）租户

在图 6-22 中，租户 1、租户 2 和租户 3 具有本地连接的服务器，分别是 EPG A、B 和 C 的一部分。每个租户通过 L3 Out 将远程分支机构连接到该数据中心的分区。租户 1 的远程客户端需要与连接到 EPG A 的服务器通信。EPG A 中托管的服务器需要访问另一个租户 EPG D 中所托管的共享服务。EPG D 为 EPG A 和 B 中托管的服务器以及租户 3 的远程用户提供共享服务。

在该设计中，每个租户都具有到远程办公室的专用 L3 Out。EPG A 的子网向租户 1 的远程办公室通告，EPG B 的子网向租户 2 的远程办公室通告，依此类推。此外，可以在远程办公室使用一些共享服务，比如租户 3。在这种情况下，EPG D 的子网被通告给租户 3 的远程办公室。

另一个常见的需求是对 Internet 的共享访问，如图 6-23 所示。在该图中，L3 Out（图中为 L3 Out4）为租户 1、租户 2 和租户 3 提供共享服务。远程用户可能还需要利用该 L3 Out，比如租户 3。在这种情况下，远程用户可以通过租户 3 使用 L3 Out4。

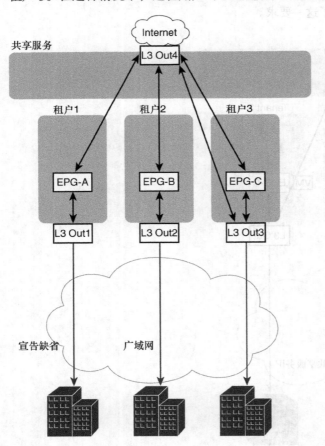

图 6-23 Internet 访问的共享 L3 Out

这些需求可以通过如下几种方式实施。

- 基于公共租户（Common Tenant）中的 VRF 实例以及每个特定租户中的 BD。

- 基于相等价的 VRF 泄露（在思科 ACI 中意味着将子网配置为共享模式）。

- 通过外部路由器连接到所有租户，以提供共享服务。

- 通过外部线缆将共享服务租户连接到矩阵上的其他租户，从而提供共享服务。

前两个选项不需要思科 ACI 矩阵之外的任何其他硬件。第 3 种选择需要外部路由设备，比如不属于 ACI 矩阵的其他思科 Nexus 9000 系列交换机。

如果客户需要将共享服务放置于独立的物理设备中，那么可能需要第 3 个选项。第 4 个选项在逻辑上等同于第 3 个，它使提供共享服务的租户就像一个外部路由器，并通过环回线缆连接到其他租户。

6.12.1 共享 3 层外部连接

对于每个租户以及驻留在思科 ACI 矩阵上的 VRF 而言，拥有各自专用的 L3 Out 是一种常见的做法。然而，管理员可能希望为思科 ACI 矩阵上的多个租户提供共享的单一 L3 Out。这样允许在单个共享的租户（如公共租户）中配置单个 L3 Out，然后与系统上的其他租户共享该连接，如图 6-24 所示。

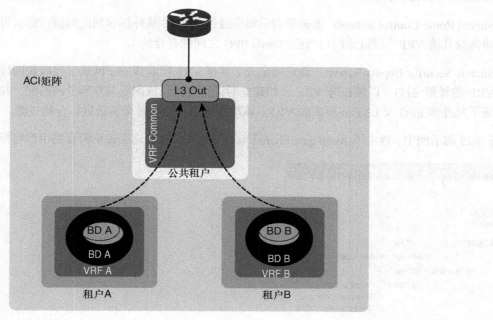

图 6-24　共享 L3 Out

共享 L3 Out 配置类似于上一节所讨论的租户间通信。不同之处在于，在这种情况下，路由从 L3 Out 被泄露到各个租户，反之亦然。在共享租户的 L3 Out 与各个租户的 EPG 之间提供及消费合约。

要设置共享 L3 Out，读者可以像往常一样在共享租户中定义连接（该租户可以是任何租户，不一定是公共租户）。外部网络应该像往常一样定义。然而，它应标记为 Shared Route Control Subnet 和 Shared Security Import Subnet。这意味着来自该 L3 Out 的路由信息可以泄露给其他租户，通过它可以访问的子网将被其他共享该连接的租户视为外部 EPG（见图 6-25）。

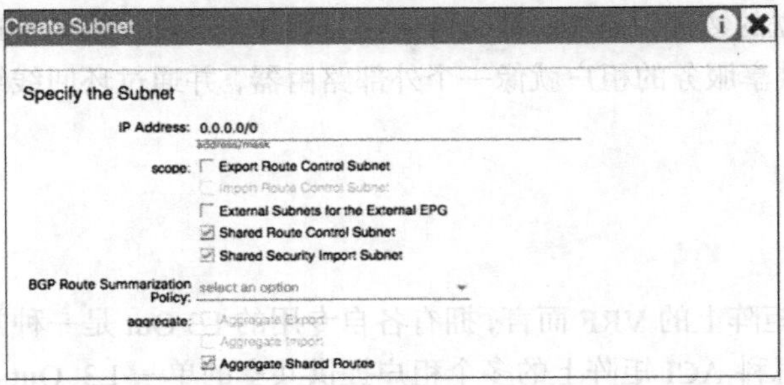

图 6-25　Shared Route Control Subnet 与 Shared Security Import Subnet 配置

有关这些选项的更多信息如下。

■ Shared Route Control Subnet：该选项表示如果通过此 VRF 从外部学到此网段，那么可以泄露给其他 VRF（假设他们与当前的外部 EPG 之间拥有合约）。

■ Shared Security Import Subnet：该选项定义了共享 VRF 所泄露的子网属于接收此网段的 VRF 的外部 EPG，以便在跨 VRF 合约建立时进行过滤。该配置与外部子网匹配，并屏蔽了此外部 EPG 及 L3 Out 所属的 VRF。该配置要求在边界叶交换机进行合约过滤。

在图 6-25 的示例中，选中了 Aggregate Shared Routes 选项。这个选项表示所有路由都将标记

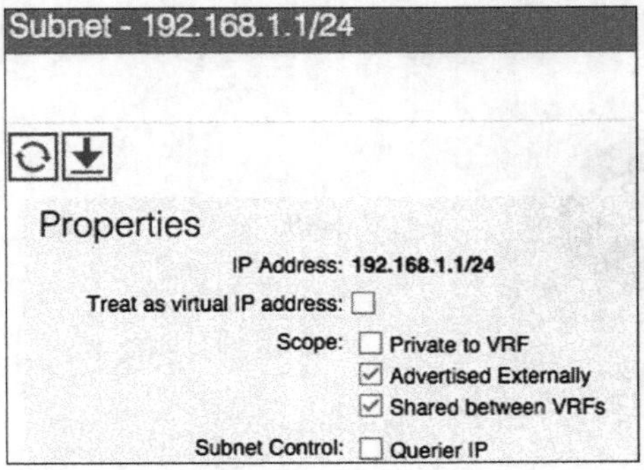

图 6-26　子网范畴选项

为 Shared Route Control（换句话说，所有路由都有资格通过该共享 L3 Out 泄露）。在单个租户层面，BD 所定义的子网应标记为 Advertised Externally 和 Shared Between VRFs，如图 6-26 所示。

> **提示** 如果在一个 VRF 上利用 vzAny（如 VRF1）来减少策略 CAM 的消耗，请注意 vzAny 还包括 VRF1 的 L3 Out 所连接的 3 层外部 EPG。这将导致，如果一个 VRF(VRF1)的 vzAny 是另一个 VRF(VRF2) 的 EPG 消费者，那么第 2 个 VRF（VRF2）的 EPG 子网也将被通告到 VRF1 的 L3 Out。

6.12.2　穿透路由

思科 ACI 矩阵上的穿透路由（Transit Routing）功能可以将路由信息从一个 L3 Out 发布到另一个 L3 Out，从而允许穿过思科 ACI 矩阵，在路由域之间实现完全的 IP 连通性。

要通过思科 ACI 矩阵配置穿透路由，读者必须在 L3 Out 下配置外部网络时，利用 "Export Route Control" 选项来标记相关子网。图 6-27 展示了一个案例。

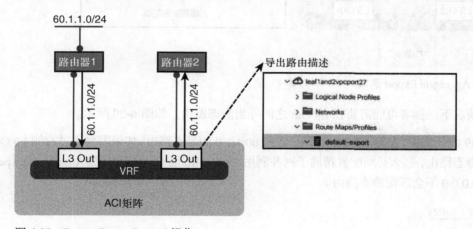

图 6-27　Export Route Control 操作

在图 6-27 的示例中，所需的结果是把子网 60.1.1.0/24（已从路由器 1 接收）通过思科 ACI 矩阵通告给路由器 2。为此，必须在第 2 个 L3 Out 上定义好 60.1.1.0/24 子网，并将其标记为 Export Route Control 子网。这将导致该子网从 MP-BGP，被重分发至矩阵与路由器 2 之间所采用的路由协议。

将所有可能的子网分别定义为 Export Route Control 子网，是不可行的或不可扩展的。因此，应该定义一个聚合选项。该选项可以标记具有 Export Route Control 的所有子网。图 6-28 展示了一个案例。

在图 6-28 的示例中，从路由器 1 收到了许多子网并且要通告给路由器 2。管理员可以定义

0.0.0.0/0 子网，并利用 Export Route Control 和 Aggregate Export 选项对其进行标记，而不是单独定义每个子网。该选项指示矩阵应该从此 L3 Out 通告所有穿透路由。请注意，Aggregate Export 选项实际上并不配置路由聚合或汇总；它只是一种将所有可能的子网指定为被导出路由的方式。请注意，该选项仅在子网配置为 0.0.0.0/0 时有效；对于 0.0.0.0/0 之外的任何子网，该选项将不可用。

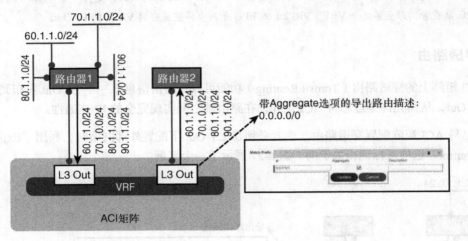

图 6-28　Aggregate Export 选项

在某些情况下，读者可能需要在 L3 Out 之间导出静态路由，如图 6-29 所示。

在图 6-29 的示例中，左侧 L3 Out 配置了指向 60.1.1.0 的静态路由。如果需要通过右侧 L3 Out 通告该静态路由，那么必须配置精确子网并利用 Export Route Control 标记。Aggregate Export 子网 0.0.0.0/0 不会匹配静态路由。

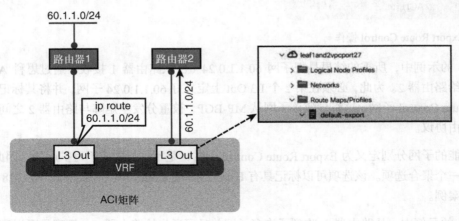

图 6-29　导出静态路由

最后，请注意 Export Route Control 仅影响从外部通告给思科 ACI 矩阵的路由。它对内部 BD 上的子网没有影响。

在叶节点上，Route map 常用于控制从 BGP 到 L3 Out 路由协议的重分发。如在示例 6-1 的输出中，Route map 用于控制 BGP 与 OSPF 之间的重分发。

对 Route map 的进一步分析表明，前缀列表用于指定从 ACI 矩阵上导出的路由，如示例 6-2 所示。

最后，对前缀列表的分析展示了 L3 Out 中，标记为 Export Route Control 的精细路由，如示例 6-3 所示。

示例 6-1　利用 Route map 控制重分发

```
Leaf-101# show ip ospf vrf tenant-1:vrf-1
Routing Process default with ID 6.6.6.6 VRF tenant-1:vrf-1
Stateful High Availability enabled
Supports only single TOS(TOS0) routes
Supports opaque LSA
Table-map using route-map exp-ctx-2818049-deny-external-tag
Redistributing External Routes from
static route-map exp-ctx-st-2818049

direct route-map exp-ctx-st-2818049

bgp route-map exp-ctx-proto-2818049

eigrp route-map exp-ctx-proto-2818049
```

示例 6-2　利用前缀列表指定允许被导出的路由

```
Leaf-101# show route-map exp-ctx-proto-2818049
route-map exp-ctx-proto-2818049, permit, sequence 7801
Match clauses:
ip address prefix-lists: IPv6-deny-all IPv4-proto16389-2818049-exc-ext-inferred-
  exportDST
  Set clauses:
    tag 4294967295
route-map exp-ctx-proto-2818049, permit, sequence 9801
Match clauses:
ip address prefix-lists: IPv6-deny-all IPv4-proto49160-2818049-agg-ext-inferred-
  exportDST
```

```
Set clauses:
  tag 4294967295
```

示例 6-3 标记为 Export Route 的路由

```
Leaf-101# show ip prefix-list IPv4-proto16389-2818049-exc-ext-inferred-exportDST ip
  prefix-list IPv4-proto16389-2818049-exc-ext-inferred-exportDST: 1 entries
seq 1 permit 70.1.1.0/24
```

1. 所支持的穿透路由组合

矩阵所支持的穿透路由组合存在一些限制。换句话说，不可能在所有可用的路由协议之间做穿透路由。比如，在本书英文版撰写时，如果一个运行 EIGRP 而另一个运行 BGP，两者之间的连接就不支持穿透路由。

思科官网的 **KB_Transit_Routing** 提供了所支持穿透路由组合的最新信息。

2. 穿透路由中的环路预防

当思科 ACI 矩阵通过 OSPF 或 EIGRP 向外部路由设备通告路由时，默认情况下，所有被通告的路由都标记为 4294967295 的标签。

为防止环路，ACI 矩阵将不接受带有 4294967295 标签的入站路由，然而这可能会导致出现问题。如图 6-30 所示的案例，在租户及 VRF 通过外部路由设备连接在一起或某些穿透路由的场景中。

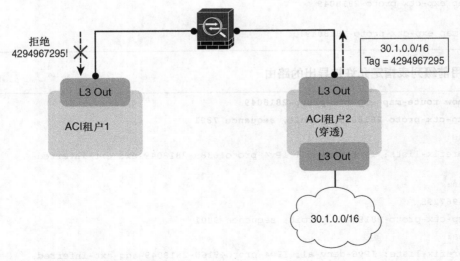

图 6-30 基于穿透路由的环路预防

在图 6-30 的示例中，外部路由（30.1.0.0/16）在思科 ACI 租户 2 中通告，作为一条穿透路由。该路由通过第 2 个 L3 Out 通告给防火墙，但标记为 4294967295。当该路由通告到达 ACI 租户 1 时，由于标记相同而被丢弃。

要避免这种情况，应在租户 VRF 下修改默认的路由标记值，如图 6-31 所示。

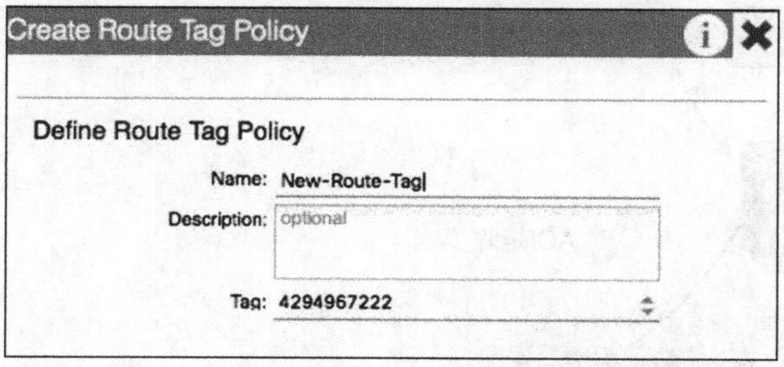

图 6-31　修改路由标记

6.13　广域网集成

在思科 ACI 2.0 版本中，提供了一种用于外部 3 层连通性的新选项，称为矩阵广域网上的 3 层 EVPN（详细信息，请参阅思科官网文档 "Cisco ACI Fabric and WAN Integration with Cisco Nexus 7000 Series Switches and Cisco ASR Routers White Paper"）。

该选项利用从思科 ACI 主干交换机到外部 WAN 设备的单个 BGP 会话。所有租户都可以共享此单一连接，从而大大减少了所需要的租户 L3 Out 数量。

该配置的其他好处是控制器会处理每个租户所有面向矩阵的 WAN 配置。此外，当该配置与多个矩阵或多个 Pod 协同工作时，将与外部网络共享主机路由，以便入站流量能够通过最佳路由抵达正确的矩阵和资源。推荐的做法是，所有 WAN 集成路由器都与每个站点的 ACI 矩阵（主干交换机）建立邻接关系。

图 6-32 展示了矩阵广域网上的 3 层 EVPN。请注意，3 层 EVPN 连接与常规租户的 L3 Out 不同，因其物理连接是从主干交换机而不是叶节点上形成的。3 层 EVPN 要求在 Infra 租户中配置 L3 Out。该 L3 Out 将配置为基于 BGP 并与外部 WAN 设备邻接——BGP 邻接配置描述（Peer Profile）下的 WAN 连接，如图 6-33 所示。

L3 Out 还必须配置一个提供者标签。每个租户将为本地的 L3 Out 配置一个消费者标签，它将匹配 Infra L3 Out 所配置的提供者标签。

提示　截至本书英文版出版，该功能仅适用于 3 个平台：带有 F3 板卡的思科 Nexus 7000 系列交换机、ASR 9K 与 1K 路由器。

在图 6-30 中,例程路由 (10.1.0.0/16) 被通告给了北方的 L3 Out 接点。在许多场景中都可以接受通过某个 L3 Out 通告整个火墙。由于需要使用 L3 Out 连接出的服务可使 ACI 矩阵的 IP 上网,由于降低租用的接点主体。

要配置这种情况,你配置 L3 Out 下面部分 ACI 接点的属性,如下一步设置。

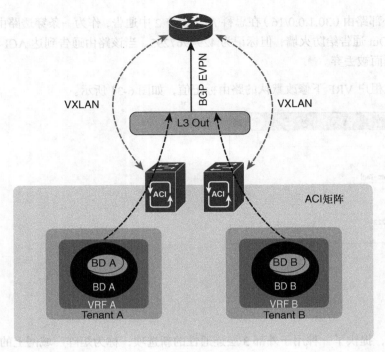

图 6-32 矩阵广域网上的 3 层 EVPN

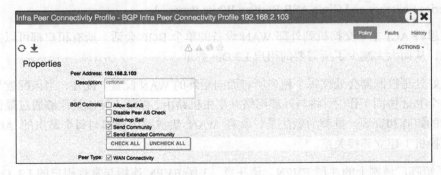

图 6-33 BGP WAN 的连通性配置

6.13.1 多租户外部 3 层连通性的设计建议

在中小型环境(最多几百个租户)以及外部路由设备不支持 EVPN 连通性的环境下,可以接受并推荐部署每租户单独的 L3 Out。这类似于传统环境下的 VRF-lite,其中每个路由连接都以单独 VLAN 和子接口的方式,从叶交换机中继到外部设备。

在更大型的环境中,基于每租户的 L3 Out 方式可能无法扩展到所需规模。比如,在本书英文版出版时，给定思科 ACI 矩阵所支持的 L3 Out 总数为 400。在这种情况下，推荐的方法是在矩阵与 WAN 的集成中利用 3 层 EVPN，以实现多租户 3 层连通性。这将支持更大的规模，也优于前文所述的共享 L3 Out。最后，如果客户组织将 ACI 的多矩阵或 Multi-Pod 拓扑用于灾难恢复或双活场景，路径优化会是一个问题，那么应考虑基于 3 层 EVPN 来实现矩阵与 WAN 的集成。

6.13.2　QoS

ACI 矩阵将传输大量应用和数据。毫无疑问，数据中心所支持的应用，将根据其业务的关键程度分配不同级别的服务。数据中心矩阵必须提供安全、可预测、可衡量且有保证的服务。在部署一个成功的端到端业务解决方案时，通过有效管理企业应用在矩阵上的优先级，来实现所需的 QoS 非常重要。因此，QoS 是管理数据中心矩阵资源的一组技术。

与通常 QoS 一样，ACI 的 QoS 对流量进行分类和标记，并将其放置于相应的类别。每个 QoS 分类代表一个服务等级，相当于传统 NXOS 中的 "qos-group"。每个服务等级映射至硬件上的一个或一组队列。每个服务等级都可以配置各种选项，包括调度策略（加权循环或严格优先级，默认是 WRR）、最小缓冲区（保证缓冲区）和/或最大缓冲区（静态或动态，默认是动态）。

这些类在系统级别配置，因此称为系统类。在系统级别支持的 6 个类中，包括 3 个用户定义类与 3 个保留类。保留类不可配置。

1. 用户定义类

如上所述，ACI 中最多支持 3 个用户定义的类，分别如下。

- 级别 1。

- 级别 2。

- 级别 3（始终启用并相当于传统 NXOS 中的尽力而为类）。

ACI 矩阵上的所有端口都配置了全部 QoS 类，包括面向主机的端口以及矩阵的上行链路端口。与其他某些思科技术不一样，ACI 没有基于每个端口的 Qos 类配置。在这些用户定义类中，只有一个可以随时设置为严格优先级。

2. 系统保留类

如上所述，有 3 个保留类无法配置。

- Insieme Fabric Controller（IFC）类——所有源或目标是 APIC 的流量都属于这一类。该类具有以下特征：严格优先级；启用小流（Flowlet）优先模式时，优先级数据报文将使用该类。

- 控制类（Supervisor 类）——该类具有以下特征：严格优先级；所有主控（如引擎）生成的流量，都归属该类；所有的控制流量如协议报文，都使用该类。

- SPAN 类——所有的 SPAN 和 ERSPAN 流量都归入该类。这个类具有以下特征：尽力而为；该类利用 DWRR 拥塞算法以及最小权重参数；该类可能会带宽不足。

3．分类和标记

在 ACI 中基于 QoS 来对数据报文进行分类时，客户可以利用 2 层 Dot1p 策略、3 层 DSCP 策略或者合约。在 EPG 级别，"自定义 QoS 策略"用于配置及部署 DSCP 和 Dot1p 策略。"自定义 QoS 策略"采用一系列 DSCP 或 Dot1p 值，来创建一个规则并将这些数值映射至 DSCP 目标。如果在 EPG 中同时配置了 Dot1p 和 DSCP 策略，那么 DSCP 优先。一个策略是否优先于另一个基于以下列表，从最高优先级开始，以最低优先级结束。

1）合约规则。

2）基于 EPG 的 DSCP 策略。

3）基于 EPG 的 Dot1p 策略。

4）基于 EPG 的默认 qos-grp。

该层次结构的第 2 个示例是，如果数据报文匹配一个具有 QoS 操作的合约规则和一个基于 EPG 的策略，那么合约所指定的规则将被优先采纳。如果没有为 EPG 配置 QoS 策略，那么所有流量都将归属于默认的 QoS 组（qos-grp）。

4．ACI 中的 Qos 配置

一旦理解了分类和标记，ACI 的 QoS 配置就很简单。在 APIC GUI 中，配置 EPG 所应用 QoS 有 3 个主要步骤。

1）配置全局 QoS 类的参数——此处执行的配置允许管理员设置单个类的属性。

2）为 EPG 配置自定义 QoS 策略（如有必要）——该配置让管理员指定要处理的流量以及如何处理。

3）为客户的 EPG 分配 QoS 等级和/或自定义 QoS 等级（如果适用）。

合约也可用于对 EPG 之间的流量进行分类和标记。比如，客户可能要求在 ACI 矩阵上把特定流量标记为指定的 DSCP 值，因此这些标记在 ACI 矩阵的出口处可见，从而允许在数据中心边缘的设备上进行适当的处理。基于合约配置 QoS 标记的高阶步骤如下。

1）启用 ACI 的全局 QoS 策略。

2）创建过滤器（Filter）——可以在过滤器中使用任何 TCP / UDP 端口以供之后在合约的主题中分类。所定义的过滤器将允许单独标记以及基于流量类型的分类。比如，客户可以为 SSH 流量分配高于其他流量的优先级：为此必须定义两个过滤器，一个匹配 SSH，另一个匹配所有 IP 流量。

3）定义一个要提供和消费的合约。

4）将主题（Subject）添加到合约中。

a）指定主题和过滤器的方向性（双向或单向）。

b）向主题添加过滤器。

c）分配一个 QoS 类。

d）分配一个目标 DSCP。

5）按需对其他主题和过滤器重复以上步骤。

现在，基于每个主题，与过滤器相匹配的流量将采用指定的 DSCP 值进行标记。

6.14 组播

许多企业数据中心应用需要 IP 组播支持，并依赖跨 3 层边界的组播数据报文传递，以提供必要的服务和功能。

ACI 矩阵的早期版本基于 IGMP 的状态侦听，仅限于每个 BD 内的 2 层 IPv4 组播。任何 BD 之间的组播路由，以及进出思科 ACI 矩阵的组播路由，都需要矩阵外部的 PIM 路由器来执行这些功能。

随着 APIC 2.0（1）的推出，基于叶和主干引擎（LSE）专用集成电路（ASIC）的思科 Nexus 9300 EX 叶交换机平台，ACI 矩阵能够自行在 BD 之间提供分布式的 3 层 IP 组播路由，从而减少或消除了外部组播路由器的需求。

API 2.0（1）版本现在支持如下组播协议。

■ PIM 任意源组播（PIM-ASM）。

■ PIM 特定源组播（PIM-SSM）。

■ 用于 RP-to-group 映射的 Static-RP、Auto-RP 以及 BSR。

提示 双向 PIM（PIM-bidir）、IPv6 组播（PIM6 和 MLD）以及 PIM-RP 功能在运行 APIC 2.0（1）的矩阵

上不支持。此外，3 层组播路由不支持叶节点扩展交换机（FEX），也不支持 APIC 2.0（1）所引入
的 Multi-Pod 功能。

ACI 矩阵 BD 之间的原生 3 层 IP 组播转发，需要基于 LSE ASIC 构建的思科 Nexus 9300 EX
平台叶交换机。早期的叶交换机平台不具备跨 BD 组播路由的硬件能力，需要一个外部的组
播路由器来执行该功能。

6.14.1 推荐的组播最佳实践

本节介绍 3 种可能的思科 ACI 矩阵部署方案，及其推荐的最佳实践。这些场景因叶交换机
平台的能力而不同（见图 6-34）。

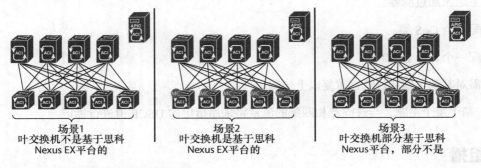

图 6-34　3 种可能的组播部署场景

- 所有叶交换机都是第一代交换机平台（不使用思科 Nexus EX 硬件）。它们基于应用叶交
  换机引擎（ALE）ASIC，因此需要外部组播路由器来进行跨 BD 组播路由以及边界叶交
  换机上的入口和出口组播路由。

- 所有叶交换机都是第二代思科 Nexus EX 平台交换机。它们基于 LSE ASIC，支持原生跨
  BD 的 3 层组播路由以及边界叶交换机上的入口和出口组播路由。

- 叶交换机当中一些是思科 Nexus EX 平台，另一些不是。

场景 1：叶交换机不基于思科 Nexus EX 平台（第一代交换机平台）

推荐的最佳实践是将外部组播路由器与思科 ACI 矩阵集成，以支持跨 BD 的 IP 组播路由以
及入口和出口 IP 组播路由，如图 6-35 所示。

场景 2：基于思科 Nexus EX 平台的叶交换机

对于所有叶交换机都基于 EX 平台的思科 ACI 矩阵（见图 6-36），最佳实践是建议在 ACI 矩
阵上启用原生 IP 组播路由。该配置利用最新一代技术，简化网络设计，并简化了 IP 组播路
由的配置和管理。有关如何在 ACI 矩阵上启用组播的文档可在思科官网的"Cisco ACI and

Layer 3 Multicast" 中找到。

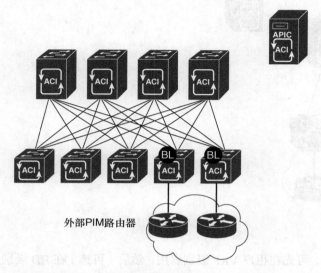

图 6-35 场景 1：外部 PIM 路由器

场景 3：基于和不基于思科 Nexus EX 平台叶交换机的混合矩阵

在混合环境中（见图 6-37），其中一些叶交换机基于 EX 平台而其他基于第一代交换机平台，建议的最佳实践是继续利用外部路由器来进行组播路由。虽然 EX 平台在技术上能够对一些具有外部组播路由的 BD 实现原生组播路由；但是对于其他 BD 的设计、配置及管理会变得越来越复杂并容易出错。

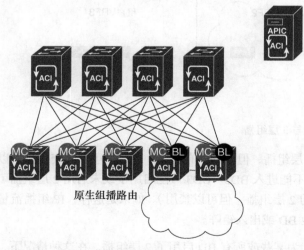

图 6-36 场景 2：原生 3 层组播

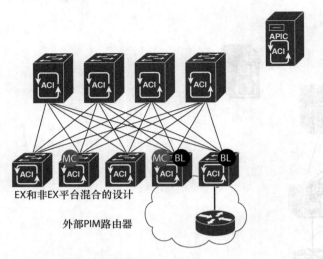

图 6-37 场景 3：混合的叶平台能力

此外，在 APIC 上启用组播路由时，可先在租户 VRF 级别启用，然后（可选）在 BD 级别启用。比如有一个具有多 BD 的租户 VRF 实例，那么既可以在所有这些 BD 上启用 3 层组播，也可以仅在一个子网上启用。在任何一种情况下，客户都必须首先在 VRF 级别启用组播，以便在该 VRF 实例的一个或多个 BD 上启用组播路由。

如图 6-38 所示，租户 VRF1 为该 VRF 及其实例中的所有 BD 都启用了 3 层组播。叶交换机可以路由这些 BD 之间的任何组播流量，而边界叶交换机可以为这些 BD 路由出入 ACI 矩阵的流量。

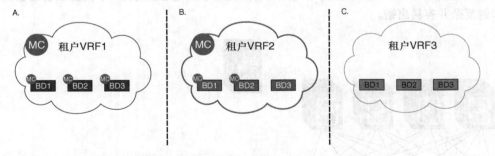

图 6-38 租户 VRF 实例及 BD 上的 2 层与 3 层组播

租户 VRF2 为该 VRF 实例启用了 3 层组播，但不是所有的 BD 都启用了。叶交换机可以在 BD1 与 BD2 之间路由组播流量，但不能进入 BD3。BD3 可能启用了或未启用 2 层组播（默认情况下 BD 启用带有 IGMP 侦听的 2 层组播，但可以禁用）。如果是这样，IP 组播流量可被限定于 BD 内，但不能路由至其他 BD 或出入矩阵。

租户 VRF3 未启用 3 层组播，但可能为某些或所有 BD 启用了 2 层组播。在这种情况下，叶交换机不进行跨 BD 的组播路由。需要一个外部 PIM 路由器来提供任何 BD 之间的组播路由。

6.14.2 组播配置概述

本节将研究支持 PIM-ASM 和 PIM-SSM 两者所需的最小配置。

1. **最小组播配置：PIM-ASM**

   3 层 PIM-ASM 的最小配置需要客户为 VRF 实例启用组播，然后在 Interfaces 配置选项卡上添加一个或多个 BD，并在 Rendezvous Points 选项卡上定义静态 RP 地址。PIM-RP 必须位于 ACI 矩阵之外，并确保从矩阵内部可达 RP 的 IP 地址。

   RP 配置的行业最佳实践是采用静态 RP 地址、基于 MSDP 的 Anycast RP。ACI 矩阵上的 3 层组播配置支持为 PIM-ASM 指定一个静态的 RP 地址，以及为传播 RP 信息的动态选项诸如 BSR 和 Auto-RP。

2. **最小组播配置：PIM-SSM**

   基本的 3 层 PIM-SSM 最小配置要求客户为 VRF 实例启用组播，在 Interfaces 配置选项卡上添加一个或多个 BD，并在这些 BD 上启用 IGMPv3 的处理（PIM-SSM 无须 RP）。

6.15 小结

思科 ACI 解决方案允许客户采用标准的 3 层技术连接外部网络。这些外部网络可以是到现有网络、WAN 路由器、防火墙、大型机或者其他任何 3 层设备的 3 层连接。

本章介绍了以下主题。

- 3 层物理连接的考量。
- 静态路由以及所支持的路由协议。
- 通过合约实现出入矩阵的访问控制。
- 多租户路由的考量。
- WAN 集成。
- QoS。
- 推荐的组播最佳实践。

无论客户连接什么，ACI 都能够提供可靠且高性能的连通性，以满足简单或复杂的应用及数据中心需求。

第 7 章

ACI 如此不同

在本章中，读者将了解以下内容。

- ACI 如何让网络管理员的生活变得更轻松。

- 仪表板如何简化网络操作。

- 如何创建和还原配置快照。

- 如何使用 ACI 中的软件管理功能进行固件升级和降级。

- 如何使用 ACI 中的拓扑工具来获取有价值的信息。

- 如何使用 ACI 中的集中式 CLI。

- 如何进行一些典型的验证，比如路由表和 MAC 地址表检查。

正如读者可能已经想到的那样，如果客户愿意，思科以应用为中心的基础设施（ACI）用起来可以跟其他任何网络一样。截至本书英文稿，如果没有引入任何自动化，或集成到其他 Hypervisor 以及 4 ~ 7 层网络服务——如防火墙和应用交付控制器（ADC）的情况下，客户可以使用命令行界面进行配置。

实际上，许多引入思科 ACI 的企业都是这样开始的，最初只使用了一些 ACI 的特性，然后一步一步地扩展 ACI 的功能。一项新技术的引入不应该强迫客户只是为了 ACI 而走一条新的道路，并且部署 ACI 不应当强迫客户使用不需要的功能。

然而，思科 ACI 切入网络的方式带来了更多的可能性，从而可以让网络专业人士的生活更轻松。本章将介绍 ACI 如何使 IT 管理员的许多日常任务变得更加容易。

7.1 管理矩阵与管理设备

思科 ACI 与传统网络之间的第 1 个显著差异就是集中式的管理方式。从数据平面和控制平面的角度来看，ACI 矩阵仍然是一个分布式系统：正如前面章节所解释的那样，每个交换机都知道它需要做什么，如果发生意外情况，它不需要询问应用策略基础设施控制器（APIC）。

如果把思科 ACI 与早期试图将控制平面集中化的软件定义网络（SDN）方式相比，这实际上是一个主要差异。随着不断被经验所证明，分布式系统可以更好地扩展并且比集中式系统更富弹性。为什么要打破一些工作得很好的东西？

然而，网络的管理理念并不需要也是分布式的，这是 ACI 所要解决的网络架构弱点之一。本节介绍网络专业人员能够从思科 ACI 的集中式管理架构中获得多种优势。

7.1.1 集中化 CLI

思科 ACI 确实提供了类似 NX-OS 的命令行界面（CLI）。ACI CLI 是在 REST API 之上实现的。图形用户界面（GUI）也基于相同的 REST API，以及 ACI 的自动化和集成框架，如本书后面的章节所示。因此，ACI CLI 所提供的功能与其他的交互方式一致，比如 GUI 或利用 ACI API 的其他自动化工具。

显然，思科 ACI 引入了一些 NX-OS 中并不存在的新概念（如租户和外部网络）。然而，对于其他命令，ACI 的 CLI 与网络工程师从其他思科 Nexus 产品所掌握的 CLI 非常类似。在交换机上显示 MAC 地址表、一个 VRF 的列表以及接口状态，是网络操作员每天经常进行的一些操作。

但是，如果网络包含很多交换机，有时可能很难知道具体在哪个交换机上运行命令。应该从哪里开始寻找 MAC 地址？路由邻接究竟在哪里建立？使用思科 ACI 的集中式 CLI，读者可以在一台交换机，或一部分交换机，或所有这些交换机上运行某个 CLI 命令，以便能够快速找到待查的信息。

读者是否曾经需要同时打开 4 个 Secure Shell（SSH）窗口执行网络变更，并且需要从一个窗口切换到下一个窗口？正如在本书中所看到的那样，使用思科 ACI，这种操作负担会大大降低。show 命令不仅集中化了，而且网络管理员还可以使用 config t 命令进入配置模式，通过 APIC CLI 配置简单或复杂的 ACI 策略。

仅举一个例子，想一想如何找到某个 IP 地址在网络上的位置。在传统网络中，首先要在其默认网关上找出它的 MAC 地址。然后尝试在汇聚层交换机中找到该 MAC，最后再追踪它到（希望是）正确的接入交换机。在操作完成后，信息可能已经过时，因为这些 IP 和 MAC 地址可能属于已迁移至另一个 Hypervisor 上的虚拟机（VM）。

与上述复杂过程不同的是，通过在思科 ACI 控制器上执行一条命令，就可以准确地告诉读者某个 IP 地址连接到了哪个端口（或一组端口），如示例 7-1 所示。

示例 7-1 利用思科 ACI 的集中式 CLI 查找端点（连接至矩阵上任意交换机）的 MAC 和 IP 地址

```
apic# show endpoints ip 192.168.20.11

Dynamic Endpoints:
Tenant       : Pod2
Application  : Pod2
AEPg         : EPG1

 End Point MAC       IP Address                   Node   Interface         Encap
 ----------------    ------------------------     ------ ---------------   --------

 00:50:56:AC:D1:71   192.168.20.11                202    eth102/1/1        vlan-12


Total Dynamic Endpoints: 1
Total Static Endpoints: 0
apic#
```

示例 7-1 演示了集中式 CLI 的强大功能。本书从前至后包含更多类似命令的示例。

然而，总体建议是使用 GUI 进行复杂的操作，因为 GUI 在策略配置时提供多种支持工具，包括网络配置实施的及时反馈（在可能引发系统故障的情况下），用于完成常见任务的向导，以及提供基于上下文的、带有附加信息的帮助。

7.1.2 系统仪表板

系统仪表板（System Dashboard）是思科 ACI 集中式管理特性的另一个表现。系统仪表板不仅可以帮助非网络人员了解矩阵的整体状态，并且对专业人员也非常有用。想象一下，如果读者是一名网络运维人员，来到轮值的岗位，并希望了解交换机今天的运行情况。从哪里开始？公司很可能已经构建了某种故障概览系统，将网络设备显示为绿色、黄色或红色（"红绿灯"监控），以便一瞥该工具就足以发现是否有任何异常情况发生。

这就是（System Dashboard）仪表板的主要思想——用于快速总结复杂系统的状态，并能够在必要时深入到所需的细节。

读者可能会争辩说，网络本身就应该提供这种开箱即用的功能。思考一下，为什么还要再购买另一种工具才能知道网络在做什么？网络自己不应该知道吗？或者当今的网络不是完整的系统，从而需要客户决定如何来进行管理？

传统模式的另一个问题是缺乏应用的中心性。它的一个主要局限是应用与客户信息丢失。某个设备在监控系统中显示为黄色甚至红色代表什么？对任何客户有影响吗？如果有，是哪一个？该客户的哪些应用？将应用与客户信息重新纳入网络并非易事，第 8 章将揭示与此不同的战略。

此外，想象一下有两个设备变红了，网络运维人员接下来应该关注其中哪一个？了解每个问题对应用和客户的影响，将有助于网络运维人员确定这两个问题中的哪一个更紧急、哪个应该被优先关注。

这些以及更多信息都可以通过简单的方式在 ACI 中呈现，无须借助额外工具。当读者登录 ACI 时，所看到的第一个页面实际上就是整个系统的仪表板，可以从那里决定下一步该做什么。

比如，图 7-1 描述了类似于网络运维人员通常所使用的、基于红绿灯的监控系统，但它丰富了租户的概念，将在下一节中讨论。

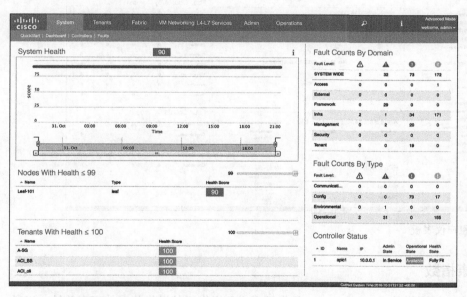

图 7-1　思科 ACI 系统仪表板

7.1.3　租户仪表板

租户的概念已在本书中多次出现，第 9 章将对其进行深入解释。对于本节，读者只需要了解思科 ACI 可以选择将物理网络划分为不同的逻辑部分，从而可以彼此独立地进行管理。这通常被称为多租户。但是，如果系统中未启用多租户，那么网络对象可能已被配置在 ACI 预置的默认租户中，称为"公共（Common）"。

在任何情况下，如果网络仪表板上租户的健康状况不是 100%，读者可能希望收集更多信息以便识别并解决问题。直观地说，大多数人会双击租户名称，这将引导读者从系统仪表板切换到租户页面的租户仪表板。在这里，可以运行多个验证，并找到组织在该租户下对象的更多详细信息。

如图 7-2 所示，租户仪表板（Tenant Dashboard）将提供受问题影响的应用配置描述及端点组（EPG）的详细信息。或如图 7-2 所示，所有应用和 EPG 都没问题。这是一种非常直观的自上而下定位网络问题的方式，从网络上最关键的应用开始追踪影响它们的问题，而不是试图找出特定网络问题所带来的影响。

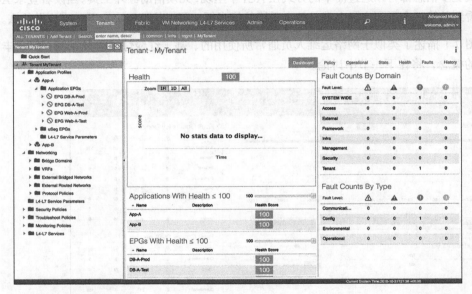

图 7-2　租户仪表板

7.1.4　健康指数

在 ACI 中，健康指数（Health Score）为任意对象提供了其操作状态的直观总结。思科 ACI 不仅有 3 种可能的状态（绿色、黄色和红色），还可以计算所谓的健康指数：一个 0～100 的数字——不但可以显示某个对象是否健康，而且能提供准确的评估结果，或该对象与完全健康间的差距。健康指数为 100%意味着特定对象按照既定方式运行。正如读者所料，健康指数为 0%表示该对象完全不能工作。

健康指数是根据系统中是否存在与特定对象相关联的活动警报来计算的，同时参考这些警报的数量与严重性。在 APIC 的 Fabric 选项卡上展示了关于其如何计算的文档，以及若干可修改的参数，如图 7-3 所示。

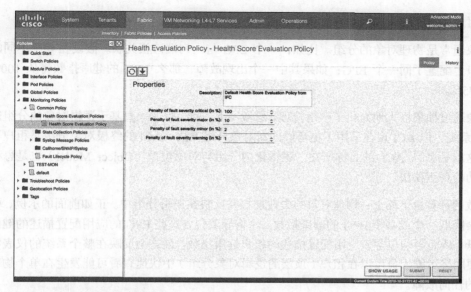

图 7-3　修改健康指数的计算参数

思科 ACI 基于某个对象的所有警报并用它们来评估对象的健康指数。可以想象，并非每个警报都被同等对待，因为严重警报应该更大程度地影响健康指数。读者可以查看不同的警报类型（如 critical、major、minor 和 warning）在计算上的权重，以得出健康指数。

由于大多数人是以视觉为主，因此思科 ACI 将健康指数的取值与不同颜色相关联：将 0 ~ 100 分为 3 个等级，每个等级与一个颜色相对应。以下是默认设置。

- 0% ~ 32%：红色。

- 33% ~ 65%：黄色。

- 66% ~ 100%：绿色。

这些阈值仅影响 GUI 所显示健康指数的颜色；在系统中没有其他任何影响。比如，思科 ACI 不会仅仅因为某个对象从绿色变为黄色而触发任何特别行为。

7.1.5　物理对象与逻辑对象

上一节讨论了思科 ACI 如何计算系统中大多数对象的健康指数。但什么是对象？对象可以是 ACI 中的任何元素，比如一个网络分段、一个广播域、一台交换机、一个以太网端口——可以一直继续下去。

正如读者可能已经意识到的那样，ACI 中的一些对象是物理的（如交换机和以太网端口），而其他对象是逻辑的（如网络分段和广播域）。

逻辑对象通常是物理对象的分组。比如，一个 EPG 与一列端口相关联。假设在 4 个不同的物理端口上配置了同一个 EPG；如果其中一个出现故障，那么 EPG 的健康指数将从 100% 下降到 75%。

逻辑对象通过抽象极大地简化了网络管理。思考一下，网络行业一直基于逻辑对象的分组来管理 IT 系统，但 ACI 现在采用了更巧妙的新对象分组方法。ACI 的终极对象分组是租户与应用，这就是思科 ACI 的名称所在。逻辑化的分组与对象模型（Object Model）也是思科 ACI 成功的真正秘诀。

健康指数的计算自下而上：物理对象的失败加权并反映在逻辑分组中。正如前面的示例，端口故障会降低一个或多个 EPG 的健康指数。这将导致包含这些 EPG 的应用配置描述的健康指数降低，从而影响包含该应用配置描述的租户健康指数。最终会反映在整个系统的仪表板上，以便网络运维人员可以在租户（顶层的逻辑对象分组）中快速查看可能发生在单个物理对象上的任何故障。

默认情况下，思科 ACI 仪表板仅显示健康指数不是 100% 的对象——换句话说，仅显示有异常情况的对象，即便是小异常。大多数仪表板包含一个滑动条，读者可以用它来限定要显示的对象。如果将其移动到最右端，将显示所有对象，包括 100% 健康的对象。相反，如果将其向左移动，那么可以设置一个阈值，将仅显示健康指数较低的对象。

更重要的一点是，健康指数计算是全局化的，不管这个应用的服务器是在一个机架本地还是遍布整个数据中心。这就是以应用为中心的威力，而不是传统网络的以设备为中心。

7.1.6　网络策略

策略概念是思科以应用中心基础架构的核心。但什么是策略？本节将策略定义为一种可应用于某种类型的一个或多个对象的配置模板。如果读者熟悉许多思科设备上端口的配置方式——通过端口配置描述，则其实质是可应用于一个或多个端口的配置模板（或策略）。如果修改原始的端口配置描述，那么所有引用它的端口都将继承该修改：只进行一次变更，作用于多个对象。

1．矩阵级策略

思科 ACI 将策略或配置模板的概念提升至全新维度。实际上，几乎所有网络配置参数是通过策略管理的，这使得 ACI 非常灵活且易于操作。

以 NTP 配置为例，在传统网络中，需要登录每个交换机并配置相应的 NTP 服务器。如果要添加新的 NTP 服务器，需要重新登录每台交换机进行变更。除了明显开销和网络管理员时间的低效利用，该过程容易出错且难以审计。如何确保所有交换机都符合客户的标准并配置了正确的 NTP 服务器呢？再次登录到每个交换机并验证即可。

ACI 采用不同的方式配置 NTP。如图 7-4 所示，读者只需要一次性配置 NTP 策略来指定应用于每台交换机的服务器信息，控制器负责将配置应用到所有交换机上。如果要添加新的 NTP 服务器，那么只需要将其添加到矩阵级的策略之中。不论矩阵上是 4 台还是 100 台交换机，如果想检查矩阵上的 NTP 配置，那么仅需要验证该矩阵级的 NTP 策略。这是配置特定功能一种更简单且更有效的方法，同样适用于其他许多全局性设置——如 SNMP、Call Home、QoS 或其他任何配置。

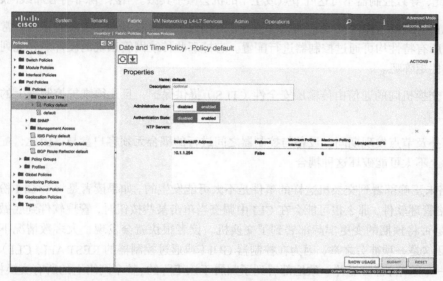

图 7-4　通过单个策略将 NTP 配置应用到多台交换机

读者将在 GUI Fabric 选项卡的 Fabric Policies 部分找到大多数矩阵级的网络策略，尽管某些策略可能出现在其他更直观的地方。比如，可以在 Fabric 选项卡的 Access Policy 部分找到 QoS 策略。

2. ACI 控制器与传统网管系统的比较

如果读者对网络管理软件有一定经验，那么有可能会遇到以下问题：如何确定控制器将策略正确地部署到交换机？这个问题的答案在于两个方面。首先，APIC 与交换机的耦合程度要高于传统的网络管理系统。其次，ACI 的声明式模型（Declarative Model）是一种更加健壮的体系结构。接下来的部分将更详细地阐述这两种特征。

不要将基于控制器的 ACI 架构与传统的网络管理软件相混淆，后者与网络设备通常都是松耦合。也就是说，有许多因素可能会破坏它们与受控设备之间的集成。比如，网络管理软件可能不支持特定设备的软件或硬件、网络连接可能会中断，或者可能只是客户在其网管工作站上存储了错误的 SNMP 凭据。

ACI 的控制器与交换机之间是紧耦合。以下部分枚举了这种集成的若干方面，然而绝非详尽无遗。

- ACI 有一个非常特定且经过全面测试与验证的网络拓扑（APIC 连接到叶交换机、叶交换机连接到主干交换机），其网络连接参数是自维护的，如前所述（控制器与交换机之间的通信控制在 Infra VRF 的 IP 范围以内）。换句话说，即便是有意，很可能也无法破坏其连通性。因此，导致控制器不可达叶节点或主干的机会微乎其微。当然，除非存在布线问题。

- 为便于 APIC 控制，ACI 对硬件和软件进行了专门设计。也就是说，在没有任何异常的情况下，所有特性均可通过控制器进行配置。忘掉那些传统网管系统的硬件兼容性列表或互操作性矩阵吧。

- 控制器与交换机间的通信由传输层安全性（TLS）提供保护，且无须维护控制器上的凭证数据库。

- 在矩阵拓扑及节点发现期间，设备与控制器之间进行的耦合无须客户参与。因此，配置错误实际上不太可能破坏这种耦合。

所以说，策略未正确部署到交换机这样的事件是不太可能发生的。如果读者是一个 CLI 粉丝且评估过网络管理软件，那么很可能会在 CLI 中调查当单击某些按钮时，管理软件到底做了什么，或者是否将预期的变更实际部署到了交换机。读者很快就会发现，大多数情况下，ACI 可以保证这是一项徒劳之举，因为在控制器 GUI（或通过控制器的 REST API、CLI）中所定义的每一个策略，都可靠并一致地部署到了归属于该矩阵的、整个网络上的所有交换机。

将传统网络管理系统（NMS）与思科 ACI 进行比较时，第二大区别是 ACI 使用声明式模型，而不是命令式模型（Imperative Model）。什么意思呢？ACI 控制器不是向交换机发送配置命令，而是对这些交换机应该做什么的一种"描述"（一个声明）。交换机将以肯定的或否定的答案回应，具体取决于它们是否可以满足这种需求（硬件资源、支持某功能等）。

如果将其与传统 NMS 进行比较，读者会发现自己通常是工作于 NMS 的命令式模型：他们需要了解底层设备的所有功能，并发送被纳管交换机所理解的确切命令。任何给这些命令语法带来变更的软件升级都会破坏该集成。

为更好地理解这一概念的重要性，读者可以联想另一类管理复杂设备的控制系统：机场控制塔。如果塔台试图以"命令式"（按下这个按钮、拉动那个控制杆、转动那个开关，依此类推）确切地告诉每个飞行员，需要做什么才能使他们的飞机着陆，那么会产生两个后果：系统无法扩展，并且会非常脆弱。如果飞行员找不到需要按的那个按钮怎么办？然而，如果塔台只限于向飞行员发出"声明式"指令（比如"下一个着陆 2 号跑道的是你"），并相信飞行员知道如何驾驶他们的飞机，那么该系统将更具可扩展性与健壮性。

这种讨论可能听起来过于哲学，但这就是为什么即便在处理大型网络和各种设备时，思科 ACI 仍如此稳定的核心原因之一，传统的网络管理方式往往会因而崩溃。

3. 全局性策略部署的故障排除

注意，之前所说的"大多数情况下"，是因为在这个宇宙中，只有极少数的规则没有例外。从理论上讲，可能存在一些极端的情况，导致策略未能正确应用于交换机。因此，无论这种情况多么罕见，都需要有一种方法来进行验证。

这是以设备为中心的 CLI 用例之一。如前所述，有两种方式可以访问 CLI：直接连接到交换机的带内或带外管理 IP 地址、通过 APIC 控制器连接。回到 NTP 的示例，读者唯一需要做的是通过 CLI 连接到设备，并执行命令 show ntp peer-status。就这么简单。或者，甚至可以在控制器上，对网络中的所有交换机运行该命令，这样就无须逐台检查交换机。第 12 章包含了有关 ACI CLI 多种使用方式的其他详情。

4. 同时配置多个端口

许多网络管理员熟悉端口配置描述，这是 NX-OS 和 IOS 的概念。IOS 允许客户同时在一台交换机上配置多个端口。读者可能已经注意到上一句中的关键词："在一台交换机上"。因为思科 ACI 是以矩阵为中心，而不是以设备为中心的系统，那么是否能定义适用于多台交换机的端口范围？

如果读者阅读了本书前面的章节，就已经知道答案是肯定且绝对的。本节不会详述接入策略的细节，因为它们已在其他地方进行过阐释。可以说，通过正确部署 ACI 的接入策略，客户可以非常优雅地完成以下任务。

- 如果客户的数据中心有诸如"每个机架上每台交换机的前 20 个端口用于服务器管理"的标准，那么可以配置一个包含端口 1 ~ 20 的接口策略，适用于所有的 ACI 叶交换机。通过这种方式可以一次性地配置每台交换机的前 20 个端口。

- 如果机架上对称配置两台交换机（如果在交换机 A 中一台服务器连接到端口 15，那么在交换机 B 中也是端口 15），就可以使用一个同时适用于叶交换机 A 和 B 的接口配置描述（Interface Profile）。

- 如果需要单独管理每台交换机以获得最大的灵活性，那么仍然可以基于适用于单台交换机的接口配置描述来实现。

当然，客户可以组合使用上述 3 种方式：首先是应用于所有交换机的端口范围，其次是应用于一部分交换机的端口范围（如某机架内的两台交换机），其余的端口将单独应用于每台交换机。

7.2　维护网络

读者可以将 ACI 视为一个带有全部必要维护工具的网络。仔细想想，网络并不仅仅是一堆相互连接的交换机与路由器。当客户需要网络管理工具来确保这些路由器和交换机正常工作时，会发现传统网络并不包含这些工具——客户需要单独购买，并自行负责工具与设备之间的集成。

可喜的是，思科 ACI 正在改变游戏规则：它带来了客户运营网络所需的一切。接下来的部分将介绍除报文转发之外的若干工具，这些工具是思科 ACI 的一部分。

7.2.1　故障管理

传统交换机中故障是如何被管理的？简单的回答就是"没有故障管理"。生成系统日志消息，发送 SNMP Trap，但不存在那些运维人员可以用来确认故障，或当故障状态消失时追踪和清除故障状态的"故障管理"概念。充其量，故障管理非常简陋，这迫使客户购买昂贵的监控工具，其中包括故障管理作为其网络运营的一部分。

1. 网络级故障

思科在 ACI 中原生构建了许多故障管理功能。比如，System 选项卡中的系统范围故障视图（见图 7-5）可以快速显示网络中当前发生所有问题的摘要。拥有这种集中式故障视图非常有

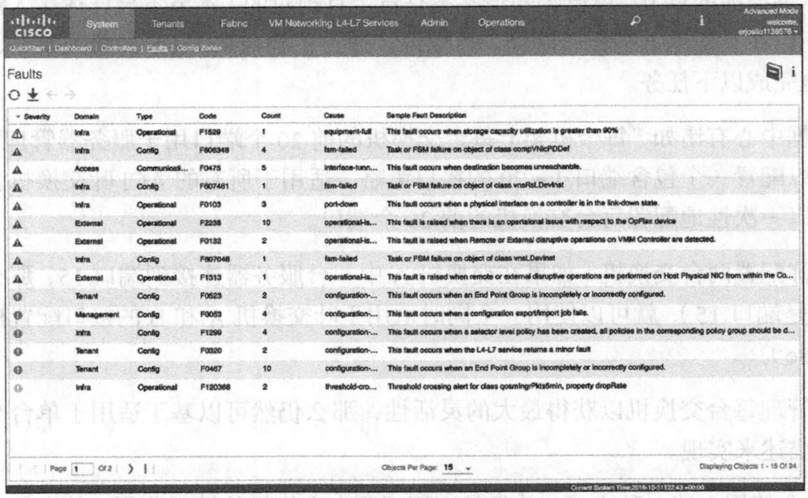

图 7-5　集中化的矩阵范围错误管理

用，而且如果没有外部工具的帮助，传统网络无法提供这种功能。理想情况下，ACI 矩阵中应该没有故障，所以每当客户看到此面板中出现故障时，表明需要采取一些措施。

作为一种最佳实践，建议读者通过 GUI 的 System 选项卡去验证，在网络配置变更后是否生成了其他故障。

故障按类别分组，以便运维人员可以轻松浏览所看到的问题。比如，图 7-5 中的最后一个故障表示已超出阈值，恰好有两次。此视图不会显示两个不同的故障，而是将相同的故障聚合到一组记录中。如果双击该行，将看到构成该表项的两个单独错误，如图 7-6 所示。

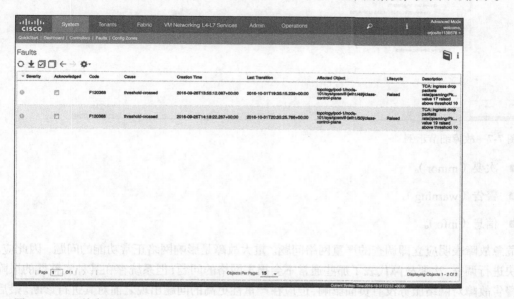

图 7-6　显示单个错误

将两个故障聚合成一组可能听起来不像是一个多大的成就，但这种层次结构提供了网络状态的统一视图，而且不会有过多噪声。回到图 7-5，单屏信息就聚合了 50 多个故障（如果将每组故障累加起来）。

当显示单个故障的详情时，更多的丰富信息可以呈现给读者，比如清除故障的操作建议或通过更具描述性的文本来解释有关该问题的更多细节。比如，图 7-7 显示了一个窗口示例，其中包含前面提到的相关数据包丢弃问题的详细信息。

其中显示的一个字段是 Severity。思科 ACI 中的故障严重性具有以下级别。

- 危急（critical）。
- 重大（major）。

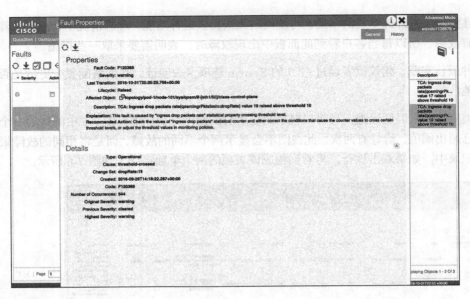

图 7-7　故障细节示例

- 次要（minor）。
- 警告（warning）。
- 信息（info）。

危急故障表明应立即调查的严重网络问题。重大故障是影响网络正常功能的问题，因此应尽快进行调查。次要故障代表了那些通常不会损害网络的问题，但系统存在某种完整性的风险。警告故障对网络服务没有负面影响，但应在严重性更高的问题出现之前对其进行诊断。最后，属于信息级别的消息不代表网络操作的任何风险。

2. 故障的生命周期

故障遵循预定的生命周期，在此期间，操作员可以选择性地确认故障。故障经历以下阶段。

- **Soaking**：已识别出故障，但为避免在瞬态情况下分享故障，系统会在切换到 Raised 之前等待一段时间。

- **Soaking-Clearing**：如果故障在 Soaking 状态下被清除，则会切换到此状态。

- **Raised**：如果 Soaking 阶段之后故障仍然存在，此故障则进入 Raised 状态。

- **Raised-Clearing**：如果故障在 Raised 时被清除，则会切换到此状态。

- **Retaining**：在 Soaking-Clearing 或 Raised-Clearing 之后，Clearing 间隔开始。如果 Clearing

间隔之后故障仍处于非活动状态，则进入 Retaining 状态。在 Retaining 间隔后，故障将被删除。

以下是与故障生命周期管理间隔相关的默认值。

- **Soaking** 间隔：0～3600s，默认值为 120s。
- **Clearing** 间隔：0～3600s，默认值为 120s。
- **Retaining** 间隔：0～31 536 000s（一年），默认值为 3600s（1h）。

这些计时器可以在 APIC 图形界面的 Fabric 选项卡上进行验证和调整，如图 7-8 所示。

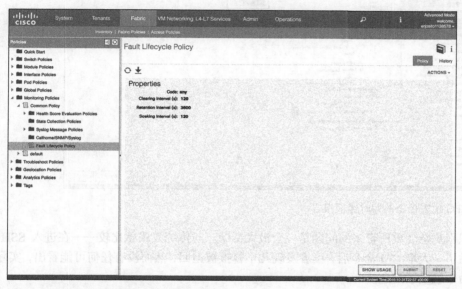

图 7-8　故障生命周期管理的可配参数

3. 变更验证的即时故障报告

故障的作用之一就是即时反馈配置变更在系统触发的故障情况。这是使用 GUI 进行网络变更的一个原因，因为客户可以立即看到，变更是否已成功通过系统内嵌的验证逻辑或者是引发了任何故障。

为此，在 APIC 的大多数配置部分中，读者可以看到与所配置对象相关的故障摘要。比如，图 7-9 表示发生了次要故障。这 4 个图标代表 4 种可能的故障严重性（危急、重大、次要和警告），数字是对象的健康指数。

注意，此故障摘要仅反映正在配置的对象状态。因此，如果其他人对 ACI 中的其他对象造成了严重破坏，读者当前的配置界面看不到其他对象的错误（当然，除非两个对象之间存在某些依赖关系）。

如果在某种配置的实施当中弹出了这种故障通知，就说明当前部署的配置是不正确或不完整的。图 7-9 显示了一个即时故障，代表 GUI 中当前对象的重大故障（请注意该处的 4 个图标，在健康指数左侧，表示存在一个重大故障）。

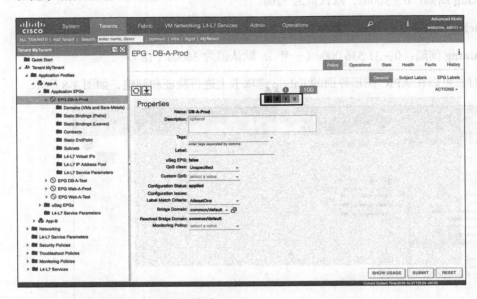

图 7-9　EPG 仪表板上的即时错误报告

这对于识别复杂变更所带来的问题是一个极大帮助。与传统方式相比较——在进入 SSH 会话并粘贴了一大堆 CLI 命令后，读者发现几个警报被抛回，然而没有任何可能看出，实际上是哪个命令触发了问题。

7.2.2　配置管理

配置管理是网络运维的主要内容之一。在一个静态网络，不需要配置管理，因为每个设备的配置看起来总是完全相同。然而，现实生活却不尽相同。比如，考虑到网络变更——迟早要修改网络配置以适应新应用或扩展现有应用。客户需要评估这些变更的潜在影响，以防止它们出错。虽然大多数不会出错，但其中一些变更将不可避免地导致中断。需要尽可能减少对应用的影响，并能够尽快回滚到有效配置。这些都是配置管理相关任务的示例。接下来的几节将讨论 ACI 如何减轻传统网络的配置管理负担。

1. 评估配置变更影响

在 CLI 驱动的网络上输人命令后，在按下回车键之前，读者有没有发现自己默默核对过这个动作所有的依赖关系及潜在影响？有没有曾经忽略掉其中某个因素，从而按下回车键后导致了意想不到的影响？大多数网络管理员处于这种状态，这是因为评估网络变更的影响并不容易。

思科 ACI 引入了若干工具，使评估更加容易。其中一个是 Policy Usage 工具，它可以在将变更推送到系统之前，通知客户那些并不明显的依赖关系。

图 7-10 显示了 Policy Usage 信息的示例——在本例中描述了对一个 LLDP 接口策略进行变更的潜在影响。想象一下，客户觉得有必要修改 LLDP 这个特定的默认策略，并且想知道该变更是否会产生任何影响。通过单击 LLDP 策略上的"Policy Usage"按钮，就可以看到如果部署了错误的 LLDP 默认策略，可能会影响多少虚拟机。拥有这种可见性极具价值，以防止在大的网络影响范畴上发生意外变更。

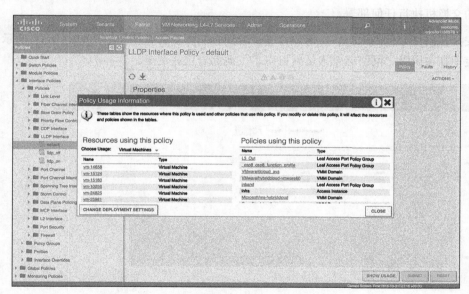

图 7-10   通过 Policy Usage 工具评估变更影响

2. 配置区域：逐步实施变更

那么对于一个独立系统，通过将某一错误策略部署到所有交换机，是否意味着任何网络管理员都可以让整个系统下线？实际上，它是可能发生的，传统网络也是这种情况。比如，针对一个交换机的生成树或 VTP 修剪配置错误，就可以让整个网络中断。

然而，思科 ACI 有一种机制可以对整个系统进行分区，因此可以在整个系统中逐步部署变更。这为网络管理员将重要变更引入系统时，提供了更精细的控制。

正如本书其他章节已讨论过的那样，思科 ACI 基于策略。客户可能拥有被许多对象引用的特定策略。传统网络虽然具有策略概念（比如，NX-OS 中的端口配置描述），但仅限于单个交换机。在 ACI 中，客户拥有的是网络级策略。

这是坏事吗？绝对不是。它意味着客户可以非常轻松地变更网络行为，这是 ACI 的一个重要属性。但这也意味着如果不小心，可能会引入严重的问题。为控制修改网络级策略的影响，思科 ACI 引入了配置区域的概念。客户可以将这些区域视为以渐进方式执行网络变更的途径。即使客户要修改的策略是网络级的，它也只会在网络的一个部分（即一个配置区域）中进行变更。如果感觉满意并按预期工作，那么可以在其余配置区域继续执行。

客户可以在 System 面板中定义配置区域，并为每个配置区域分配叶交换机（在思科 ACI 中，大多数策略部署至叶交换机）。完成此操作后，可以为任何给定的配置区域启用或禁用变更的部署。如果一个区域属于部署禁用模式，那么不会为该给定区域传播策略修改，因此不会在相应的交换机执行任何部署。

如果已安排任何变更但尚未部署，客户将能够看到它们以及所有挂起的，如图 7-11 所示。一旦确定不存在风险，网络运维人员就可以手工地部署这些变更。

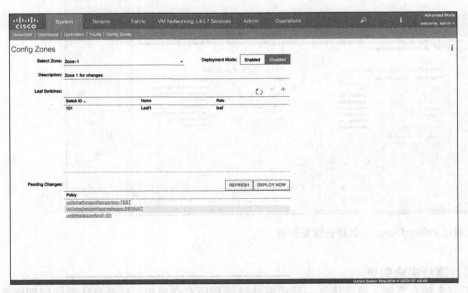

图 7-11　处于部署模式禁用的配置区域以及挂起的变更

一个有趣的场景是配置区域与 stretched fabric 的组合设计（无论是否有 Multi-Pod 技术），其中每个配置区域可能被映射到一个位置。正如在前面章节中可能遇到的，stretched fabric 是指客户的 ACI 交换机部署于多个物理位置的设计。Multi-Pod 是一种变体，可以通过 IP 网络将不同位置的主干交换机连接起来，而不是像 stretched fabric 的设计，直接互连叶交换机与主干交换机。

但是，这些物理位置很可能在实现更高的弹性和可用性之前就已经存在。因此，读者可能会争辩说，创建单一的大型管理域，其中人为错误可能会同时下线所有网络，所以这并不是客户想要的。鉴于这种情况，一个选择是在每个位置部署一个单独的 ACI 矩阵，但这会增加成本和管理开销。或者，也可以通过部署单个 ACI 矩阵，并调整配置区域来匹配 ACI 矩阵延伸到的物理位置，减少人为错误的影响，从而两全其美。或者，还可以将网络的一小部分配置成部署模式启用的测试区域，生产区域为部署模式禁用。这样，网络变更将始终在网络的测试区域立即运行，在生产区域则是手工部署。

配置区域这一简单特性，同时允许集中式配置管理与多部署区域，从而大大降低了变更的部署风险。

3. 集中变更说明

读者是否曾经同时涉及多个设备的网络变更——比如，同时在多个叶交换机上部署 VXLAN，或修改多个边缘设备上动态路由协议的路由重分发？通常，客户将在适当的变更申请中记录每个单独设备所需要的全部变更步骤，以及每个单独设备变更回滚的所有操作。

因此，任何人要部署上述变更，都需要复制这些操作记录，并且在涉及的所有设备上逐个粘贴。这种手工过程极大地增加了配置错误的可能性（比如，操作员复制了正确的配置块但粘贴到了错误的设备上）。

思科 ACI 的集中式架构自然而然地解决了这个问题：任何变更只有一个配置，任何回滚也只有一个配置。此外，客户拥有一个基于现代化 REST API 的单点管理，可以显著降低任何配置错误的可能性。

甚至可以在基于组的 REST 客户端中记录变更，以便任何想要执行该变更的操作员只需发送单个请求，从而消除复制和粘贴错误的可能性。

4. 网络变更的原子化

即使现在只有一个单独的管理点，一个需要发送的配置，并在 CLI 复制和粘贴时消除了手工错误的可能性，客户仍然可能在变更的定义中引入错误。这引出了 ACI 中一个非常重要的概念——原子化。

想象一下，有一个非常复杂的变更，可能涉及创建多个 VRF、子网和跨多个交换机的数据包过滤器（Filter）。但在编写所需的配置时犯了一个错误，因此，部分变更在语法或语义上是错误的（比如，客户可能尝试在接口上配置 IP 地址 10.20.30.357，这显然会产生一个错误）。

在传统基于 CLI 的网络中，部分变更将成功实施，而那些错误的部分将不会被接受。这导致了一个部分不正确的配置，既不是新的状态也不是旧的状态。更重要的是，回滚这部分变更可能会特别复杂，因为需要检查哪些配置项已经部署以及哪些配置项尚未部署。

如果读者曾经粘贴大量配置到 SSH 会话中，就会有这样的感觉：祈祷每一行 CLI 都能正确完成。否则，回滚单行配置会极具挑战。

在 ACI 中，当客户通过 GUI、使用 CLI，或来自外部编排器来执行配置变更时——它将在实施之前得到验证，并且将完全部署或根本不部署。换句话说，思科 ACI 的 REST API 调用是以原子方式执行的。ACI 的每个变更最终都通过 API 执行，包括 CLI 和 GUI。比如，如果发送了数百行 JSON 代码，但在其中某处隐藏了一个微小的错误，读者不必担心变更将被完全拒绝，因此无须回滚任何内容。

基于思科 ACI 所提供单一管理点的架构优势，这种原子性意义重大，并大大简化了复杂变更的部署。

5. 配置快照

现在假设配置变更已经完成，并且已经部署在多个区域中。然而，几个小时后，用户上报故障。遗憾的是，没有记录任何回滚操作，并且在故障排查后，被认为最好的操作是回滚该变更。

思科 ACI 提供集中化的配置快照和回滚操作。用户既可以将单个文件中的完整网络配置导出到外部服务器，也可以导入配置以将网络还原到以前的状态。与手工方式单独回滚每个交换机相比，即使客户使用支持配置保存和回滚的网络管理工具，也需要安排与网络中交换机数量一样多的回滚操作。

思科 ACI 更进一步，甚至不要求将这些配置快照导出到外部服务器。客户可以将它们存储在控制器本地节点中，这极大地简化了快照采集的操作，从而消除了网络问题的干扰或外部配置服务器的临时中断。所需的只是一次单击或 REST API 调用来快照配置；一次单击或 REST API 调用将当前配置恢复为快照，而且是整个网络级的快照。

配置管理引擎为读者提供了多个快照之间相互比较的可能性，如图 7-12 所示。在这种情况下，显示的 XML 代码表示一个新租户已被创建。请注意，"Undo these changes" 按钮允许读者立即撤回变更。

如果不想对所有配置而仅是其中的一部分进行快照，该怎么办？读者可以只对特定对象或特定租户的配置进行快照，并轻松还原它们。考虑前面的示例，读者可能希望为特定租户恢复几小时之前创建的快照，而不影响为其他租户所引入的变更。

这是图 7-13 所示的场景，其中仅创建了一个针对特定租户的快照（请注意图顶部的"for"文本框）。

这很重要吗？的确很关键，因为有些企业故意降低网络变更部署的速度，以便可以一次回滚一个变更。比如，因为在同一个维护窗口中正在进行另一个变更，某个特定变更可能被拒绝。

该企业在应对变更时降低了敏捷性，因为并行化变更时无法正确进行配置管理。

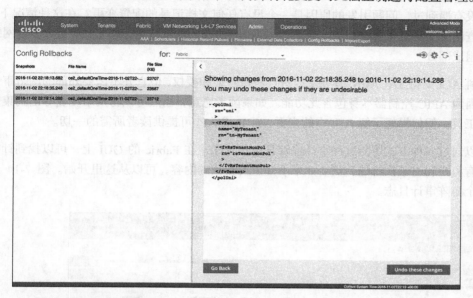

图 7-12　矩阵级的配置快照对比

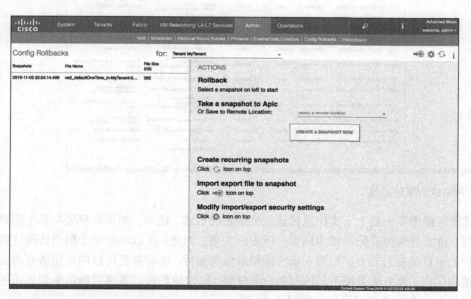

图 7-13　针对特定租户的配置快照

而且，该企业正在拉长变更的间隔，使变更更大、更复杂，并且带来更多风险。思科 ACI 的嵌入式配置管理可以帮助一个企业提高灵活性，同时降低配置变更风险。

6. 网络审计追踪

读者有没有遇到过，问题引发的原因是一个没有任何文档记录的配置变更？在这种情况下，能够审查网络变更是至关重要的。基于 TACACS +协议的配置变更记账工具，是大多数网络的关键组成部分。

尽管思科 ACI 支持 TACACS +集成，以进行身份验证和授权，但它并不需要外部的网络审计工具，因为 APIC 控制器本身包含此功能。如果读者愿意，当然可以将网络变更导出到集中式审计工具。但如果想了解 ACI 中的变更，GUI 或 API 可提供读者所需的一切。

用户可以通过多种方式访问这些审计追踪日志。首先，在 Fabric 的 GUI 上，可以找到针对系统所有租户和对象执行的变更。如果不知道要查找的内容，可以从这里开始。图 7-14 显示了整个矩阵审计日志。

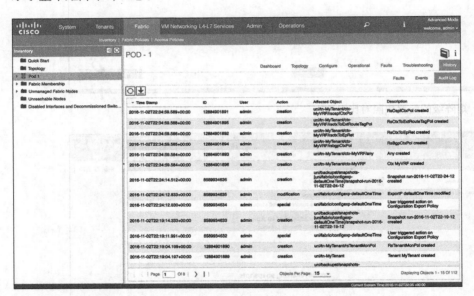

图 7-14　网络级的审计追踪

但是，读者可能需要一些上下文信息过滤想要搜索的日志。比如，如果要解决与某个租户相关的问题，读者可能要开始寻找为该租户所做的变更。为此，可以根据每个租户访问这些特定于租户的审计追踪日志。正如第 9 章将详细解释的那样，读者甚至可以向应用所有者提供此审计追踪信息。其方法是授予其访问租户的权限，以便他们可以看到可能影响到应用的网络操作，从而大大提高其可见性，如图 7- 15 所示。

但是，这种审计追踪不仅仅是整个网络级或租户级。除了租户，其他许多对象都有一个历史记录选项卡，读者可以在其中搜索为特定对象执行的变更，甚至可以让 ACI 在 Troubleshooting Wizard（排障向导）中显示特定问题的相关审计日志，这使配置记账非常易于使用。有关

Troubleshooting Wizard 的更多详细信息，请参阅第 12 章的深入讨论。

同样，嵌入式变更记账和审计日志构成了 ACI 极其强大的网络管理功能，可以极大地帮助客户查明在任何环境中发生的变化。这在故障排除时很有用，因为经验表明，大多数问题都源于不正确的网络变更。

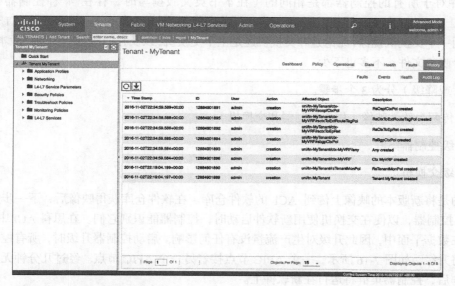

图 7-15　特定租户的审计日志

7.2.3　软件升级

软件在网络中的每个交换机中运行，每个软件都有相应的功能，伴随着这些功能，软件瑕疵和安全漏洞就有可能存在。这不是所使用的软件版本是否有错误或安全漏洞的问题，而是每个软件都肯定有问题。相反，重点是什么时候会触发这些问题，以及如何容易并且有效地将软件升级到可以修复问题的新版本。

还有其他一些不那么引人注目的原因，客户可能希望升级软件，比如获得新功能或支持新硬件。无论如何，定期升级交换机上运行的软件是一种健康的做法。升级之间的时间间隔是一个月还是两年存在争议，但如果不是更频繁的话，大多数企业每年至少升级一次。

但是，并非所有人都这样做。原因是网络软件升级传统上是一个痛苦的问题。此过程可能涉及为交换机或路由器选择正确的映像，将映像复制到设备，配置设备以便在下次重新加载时使用新软件，重新启动设备以及检查新软件是否已相应加载——这适用于网络中的每个交换机或路由器。最重要的是，客户希望在软件升级期间避免出现任何服务中断。如果数据中心有几十台交换机，难怪企业可能不愿意执行软件升级任务。

思科 ACI 在控制器中嵌入了软件管理工具，用以缓解上述大多数挑战。首先，控制器可以承担软件仓库的功能，客户可以毫不费力地协调软件升级和降级。

只需要将两个映像加载到软件仓库以进行软件升级：一个用于控制器，另一个用于交换机。

控制器软件对于所有的控制器都是相同的（在本书英文版撰写时，存在 4 种控制器模型——M1、M2、L1 和 L2——它们全部共享相同的映像）。同样，所有 Nexus 9000 ACI 交换机使用同一个交换机镜像，无论是叶交换机还是主干交换机，以及它们所基于的硬件版本。只需要两个映象文件，不多也不少。

软件升级（或降级）分为 3 个步骤。

步骤 1　上传两个软件映像（用于控制器和交换机）。

步骤 2　升级控制器集群。

步骤 3　升级交换机。

客户要做的是将新版本的映像上传到 ACI 的软件仓库。在软件仓库获得映像后，下一步是升级 APIC 控制器，以便在交换机使用新软件启动时，控制器能识别它们。在思科 ACI 中，控制器不在数据平面中，因此升级对生产流量没有任何影响。启动控制器升级时，所有控制器节点都将升级，如图 7-16 所示，一个 APIC 节点接着另一个 APIC 节点。经过几分钟无人值守的动作后，控制器集群将运行在新软件上。

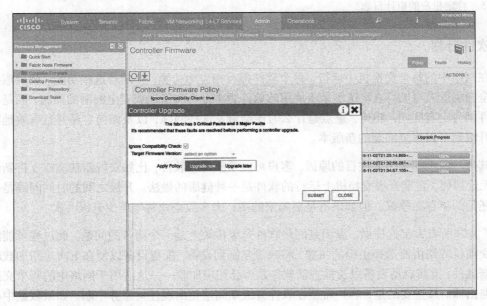

图 7-16　控制器的固件升级

验证所有 APIC 节点都已正确升级后，可以继续第 2 阶段——升级交换机。客户当然可以像升级控制器一样进行操作，一次性完成升级（并行或顺序）。但是，客户可能需要分阶段升级：首先升级一个交换机，查看它是否有效；然后是几个；最终完成其余所有的。大多数客户将升级分为多个阶段，具体取决于网络的关键程度，但也可以采用以下方法作为一个很好的折中方案。

1）升级偶数主干交换机。

2）升级奇数主干交换机。

3）升级偶数叶交换机。

4）升级奇数叶交换机。

比如，图 7-17 显示了一个场景，其中交换机分为 4 组：叶交换机和主干交换机、偶数和奇数。网络管理员已选择手工并独立于其他组升级每个组。其他选项是基于定义的维护窗口，进行自动升级。

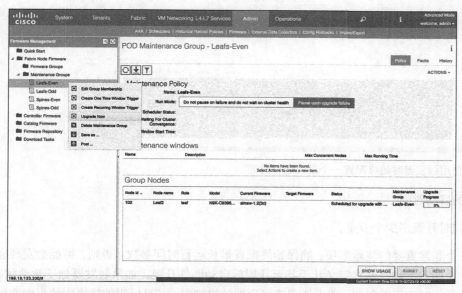

图 7-17　针对部分交换机进行固件升级

只要至少有一个主干交换机在线，主干交换机升级期间就不会对应用有任何影响。叶交换机会将流量重定向到剩余的主干交换机，应用不会发生任何中断。同样，只要服务器是双宿主到两个单独的交换机，就像大多数环境中的情况一样，叶交换机升级也不会对应用产生任何影响。这就是为什么分离叶交换机和主干交换机到奇数和偶数组中，对许多设计很有意义。

显然，在大型环境中，客户可能希望更进一步细分此过程。截至本书英文版出版，思科 ACI 最多支持 200 个叶交换机，客户可能不希望同时升级其中一半，因此可以减少一次升级交换机组的大小。这些在 ACI 中称为维护组（Maintenance Group），可以单独处理。比如，客户可以手工升级其中一些；当软件升级确定后，让系统在维护窗口去升级其他维护组。

如果决定将软件升级推迟到以后某个时间，客户可以使用一次性触发器或重复触发器。如果有预定义维护窗口（如每月一次），那么可以使用重复触发器。在任何一种情况下，都有以下选项进一步调整升级的执行方式，如图 7-18 所示。

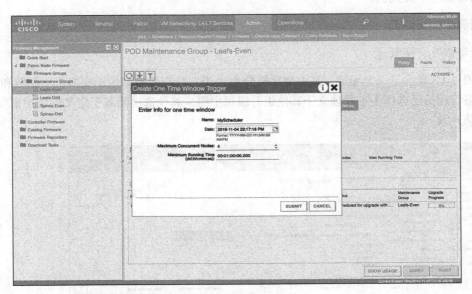

图 7-18　使用触发器时始终配置一个最长运行时间

- 升级的启动时间。

- 允许同时升级多少个节点。

这里有一个非常重要的注意事项：确保始终配置最长运行时间参数。否则，可能会发现有意外行为，比如一个触发器在定义几天甚至几周后启动固件升级。如果触发器处于活动状态，且其最大运行时间不受限制，那么使用该触发器的维护组，其目标固件策略中的每次变更都将立即释放固件升级。

请注意，当分阶段升级网络时，会出现一个问题，即客户可以在多长时间内运行混合固件版本的网络交换机和/或控制器。要考虑到使用不同的固件版本存在风险，因为可能会遇到未经思科彻底测试的不同版本和功能组合。

问题的核心是同时减少两种风险。

■ 一方面，客户希望以设备块的形式向交换机和控制器推送新软件，而不是同时推送所有交换机，来降低软件问题和设备停机的风险。

■ 另一方面，客户希望降低在同一 ACI 矩阵长时间运行多个软件版本组合的风险。

因此，思科建议分阶段进行软件升级以最大限度减少中断，并验证新软件不会带来任何影响客户运营的重大问题，但是要尽快完成整个矩阵的软件升级，最好是在几个小时之内。

7.2.4 打破 IP 设计束缚

传统网络受制于底层的 IP 设计。这意味着多年以来，网络管理员一直根据网络上 IP 段之间的边界，来设计他们的安全和网络策略。

1. 没有 IP 地址的 ACL

正如本书中的其他章节已经描述的那样，思科 ACI 中的安全性基于合约的概念，可以将其视为在多个区域或 EPG 之间定义通信规则的一种方式。因此，合约定义不包括任何 IP 地址，而是包含两个或多个区域可以相互通信的 UDP 或 TCP 端口（或 IP 协议或以太网类型）。

因此，定义安全策略的网络管理员不需要关心 IP 地址。当合约由某个 EPG 消费或提供时，该 EPG 中端点的 IP 地址将用于配置安全策略。

这一事实具有非常重要的意义：比如，网络管理员可以为某个应用定义合约，并且相同的合约（或来自同一合约的多个副本）可以用于不同的应用实例，比如开发、灰度和生产环境。即使每个应用实例的端点具有不同的 IP 地址，合约也可以保持不变。

2. 没有 IP 地址的 QoS 策略

正如读者已经看到的，合约是在无须键入单个 IP 地址情况下一种定义安全区域之间相互通信的方式。安全性不是合约定义的唯一属性，也可以指定 QoS 级别，以指示合约所控制的流量如何由 ACI 划分优先级。

与安全策略一样，网络管理员现在可以定义多个应用或应用实例可重复使用的策略（合约），无论提供这些应用的端点是否具有相同的 IP 地址。

3. 不含 TCP 或 UDP 端口的 QoS 策略

可能还有更多疑问：如果不需要策略就可确定某些流量的优先顺序，读者可能认为这是不可能的。因为需要有人通知网络，哪些流量对延迟敏感、哪些对带宽敏感。但是，如果网络能区分这两种流量类型呢？

这就是动态数据包优先级发挥作用的地方，截至本书英文版出版，只有 ACI 能提供该技术。

比如，长期以来，网络管理员需要知道在哪些端口上有延迟敏感流量，比如 VoIP 控制数据包。基于此信息，在这些端口上，QoS 规则被配置为该流量优先于其他数据包。然而，动态数据包优先级不再需要这样做：网络管理员可以留给网络本身去决定，哪些数据包应优先于其他数据包，以便同时为带宽密集型和延迟敏感型流量最大化应用吞吐量。

思科 ACI 高级 QoS 最佳之处在于，它可以非常轻松地进行配置。比如，只需在 Fabric 上单击即可启用动态数据包优先级，如图 7-19 所示。

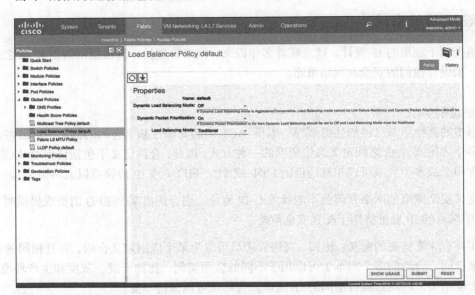

图 7-19   开启动态数据包优先级（Dynamic Packet Prioritization）

7.2.5   物理网络拓扑

作为思科 ACI 不可分割的一部分，本书的许多章节描述了策略和其他逻辑对象。但是，网络运维人员很可能希望现在看看 ACI 的物理对象，比如网络交换机和端口。与其他任何网络一样，交换机在特定拓扑内互连，服务器连接到交换机，并且可以使用叶节点扩展交换机来扩展 ACI 叶交换机的触角。

1．ACI 矩阵特色与设计隐含

如读者所知，思科 ACI 是一个 Clos 矩阵（非阻塞的多级矩阵，由 Charlse Clos 设计）——换句话说，是一种基于主干和叶交换机的设计。这种架构绝不是 ACI 所特有的，它由思科以及整个网络行业许多其他的网络技术所实现，仅列举一二，如 FabricPath 或 VXLAN。

然而，一些特定于思科 ACI 的问题可能会影响管理员处理网络问题的方式。这些问题的处理方式与他们过去所做的不尽相同，如下所述。

1）将端点连接到叶交换机。

除了叶交换机，没有其他设备被允许连接到 ACI 的主干交换机（ACI 的 Multi-Pod 与 WAN 路由器集成是两个值得注意的例外）。这不是建议，而是严格的要求。然而，对习惯于传统分发层/接入层设计的网络管理员来说，这可能是一个意外。因为许多此类设计，过去常常将关键设备（如防火墙、负载均衡器以及上行网络核心的链路）直接连接到分发层交换机。

在思科 ACI 中无法这么做，因此客户可能希望部署带高速端口的专用交换机去连接这些设备。截至本书英文版出版，Nexus 9332PQ 就是此类叶交换机的一个例子，它提供 40Gbit/s 端口，可以附着外部设备。思科 Nexus 9000 EX 交换机引入了对 100Gbit/s 上行链路，以及大规模 25Gbit/s 面向服务器端口的支持。

2）扩展 ACI 矩阵意味着添加更多叶交换机。

但为何 ACI 有上述限制？在其他技术中如 FabricPath 和 VXLAN，客户当然可以将外部系统连接到主干交换机。注意，在这样做的那一刻，就是将主干/叶这两个功能同时运行在一台设备上。

这给客户带来了更大的灵活性，尽管它打破了很多关于主干/叶的设计原则。其中一个原则是可扩展性。因为在传统网络中，可扩展性本质上是一个分发层的纵向扩展问题，而 Clos 矩阵将可扩展性转换为叶节点层的一个横向扩展问题。换句话说，为提高网络的可扩展性，客户只需要向矩阵中添加更多的叶交换机。然而，如果正在用主干连接到网络核心（在 FabricPath 和 VXLAN 中是可能的），那么客户将重返传统网络的纵向扩展问题。

由于思科 ACI 严格遵循正统的 Clos 设计规则，因此扩展 ACI 矩阵非常容易。

■ 如果在矩阵内部需要更多带宽或冗余，那么只需添加更多主干。

■ 如果在其他任何维度上需要更多可扩展性（比如，所支持的 VLAN、VRF 或端点数量），那么只需添加更多叶交换机。

■ 如果客户有不同代的交换机组合（并且很可能具有不同的可扩展性限制），其中每一个都可以独立纵向扩展，而不必降低到最小公分母。

为了使这个概念工作（特别是最后两项），叶交换机只消耗那些必需资源是至关重要的。如果某个叶交换机没有任何端点连接到给定 EPG，那么该 EPG 不应该消耗任何硬件资源。如果弹出一个属于该 EPG 的本地连接端点，那么只有这样，EPG 配置才会消耗硬件资源。换句话说，将端点分布在多个叶交换机上，会平均分配硬件资源的消耗。

显然，这取决于端点的分布。比如，对 EPG 而言，如果每个 EPG 有许多端点，那么很可能所有叶交换机上包含全部 EPG。在这种情况下，所有叶交换机需要为每个 EPG 消耗硬件资源。但是，客户很可能并没有那么多 EPG 来达到这种程度。在相反的情况下，如果每个 EPG 平均只有几个端点，那么很可能在许多叶交换机上，很多 EPG 没有任何端点附着。在这种情况下，Clos 矩阵的每叶交换机可扩展性概念最为适用。

请注意这与传统网络不同，如果需要纵向扩展任何维度，后者通常涉及替换整个网络（或至少更换大多数功能汇集的分发层交换机）。

2. 矩阵的拓扑和链接

在传统网络中，需要其他工具才能向网络管理员显示网络拓扑。思科 ACI 包含一个用于此目的的图形工具，再次不需要使用外部网络管理软件，如图 7-20 所示。同样的，如果外部工具需要访问拓扑，那么可以通过 ACI 的 REST API 访问所有信息。

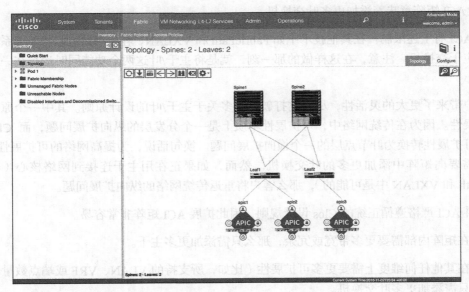

图 7-20　思科 ACI 内嵌的拓扑可视化

3. 单个设备视图

如前所述，物理拓扑不会显示完整的网络拓扑，而只有控制器、主干和叶交换机。出于简化的原因，更多详细信息（如附加的叶节点扩展交换机或所连接的服务器）不在整个拓扑中。但是当双击全局拓扑中的设备转向单个设备视图时，就可以看到这一点。图 7-21 显示了此设备拓扑的示例。

设备拓扑将图形化显示交换机及其物理端口的状态，以及连接到它的外部系统。为简单起见，最初不会显示连接到面向服务器端口的外部系统（见图 7-21），但读者可以通过单击它们所连接的特定端口来显示。这样，屏幕不会不必要地拥挤。

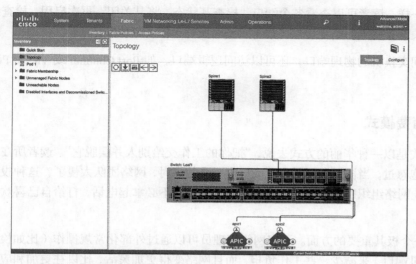

图 7-21　思科 ACI 内嵌的设备可视化

拓扑视图还提供了更详细信息的访问，比如特定端口的任务（通过右键单击任何端口以进行访问）。

此外，设备可视化中的"Configure"选项卡显示端口配置向导，使端口的配置就像在公园散步一样。比如，图 7-22 显示了如何通过单击两个不同交换机上的端口，来配置 Virtual Port Channel（vPC）。

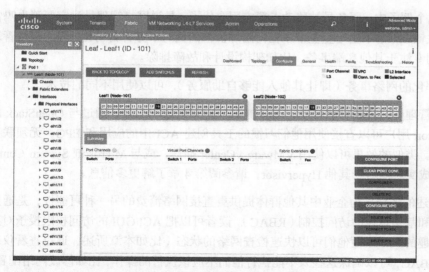

图 7-22　通过 Port Configuration Wizard 实现 vPC 配置

4．端口视图

与其他任何网络一样，读者可以查看各个端口，检查其状态、将其关闭、再次启用、检查统计信息、浏览相关配置变更的历史记录（如本章前面所述）以及其他操作。

用户不仅可以访问交换机的物理端口，还可以访问逻辑端口，如 Port Channel 或 Virtual Port Channel。

7.2.6 变革网络消费模式

变革网络消费模式是以一种华丽的方式去说，"把你的工作交给别人并摆脱它"。读者所在的企业中有没有人抱怨过，当被要求部署变更或提供一点信息时，网络团队太慢了？这种投诉的最佳答案，是让网络组织以外的人能够自己实现目标，而不必拿起电话，打给自己喜欢的网络管理员。

这是思科 ACI 一个极其重要的方面。不仅网络管理员可以通过外部化常规操作（比如检查网络状态或交换机端口）来减少一些工作负担，而且网络变得更加灵活，比以往更加和应用相关，因为它落入了实际使用它的人手中。

我们来看一个例子：读者去一家餐馆想点一些食物，但没有服务员。你等待、等待、等待，但没有服务员来；他们似乎都极其忙碌服务于其他就餐者。也许服务员最终会接受你的订单，或者你可能会沮丧地离开那家餐馆。无论食物有多好，你再也不会回到那家餐馆了。但现在想象你可以使用手机点餐，几分钟后你的食物就会到达你的餐桌上。通过改变消费模式，客户体验得到了显著改善。

但等一下，在这个例子中，服务员被移动点餐应用取代了。是说网络管理员注定要消失吗？绝对不是——关键在于，不会给企业带来任何附加价值的例行事务将自动化，因此网络管理员将有更多时间专注于其他高端事务，比如架构设计和故障排除。

根据客户要外部化的网络事务（即让其他人能够自助服务），可以使用不同的技术。

■ 对于虚拟化管理员，读者可能希望利用 ACI 的 VMM 集成。比如，通过与 OpenStack 的集成，Horizon 用户可以直接使用他们习惯的工具创建 ACI 中的应用和 EPG，无须联系网络管理员。类似的效果可以使用 VMware vCenter 插件，或与 Microsoft System Center 的 VMM 集成实现。对于其他 Hypervisor，请参阅第 4 章了解更多信息。

■ 如第 9 章描述的那样，为企业中其他群体提供更直接网络消费的另一种可能性，是通过多租户管理和基于角色的访问控制（RBAC）。读者可以把 ACI GUI 的访问权限授予对某些应用感兴趣的人，以便他们可以快速检查网络的状态（比如本章所述，通过查看仪表板）。通过 RBAC，可以确保这些人不能执行他们不应该执行的操作，比如修改网络配置。比如，应当考虑存储管理员可以自行验证，存储性能问题是由于网络还是其他原因，无须与网络团队交谈。

- 对于更复杂的任务，读者可能希望利用思科 ACI 的可编程性，以便在网络中集成其他人的工具，从而将网络配置集成到其现有流程中。第 13 章将更详细地介绍这一领域，并列举了若干实例。

总而言之，在网络历史上，思科 ACI 首次实现了一种简单的方法，使内部客户和外部客户都能够直接消费网络的某些方面，从而提升其体验和满意度，这对任何企业的成功都至关重要。

7.3 小结

本章介绍了思科 ACI 推出的多个附加工具，使网络管理员的生活变得更轻松。在 APIC 中嵌入了变更、故障和性能管理等功能（仅列举其一二），从而使 ACI 成为一个自给自足的系统。在这方面，思科 ACI 与传统网络截然不同，传统网络始终需要额外的网络管理工具才能正常运营。

安全性是思科 ACI 不可或缺的组成部分，许多企业决定利用 ACI 的安全功能来提高其数据中心的保护级别。ACI 合约提供了一种非常易于维护的安全管理方式，其概念类似于基于区域的防火墙，它的规则集（ACI 合约）不需要每次新服务器在矩阵上线或下线时更新。

此外在集中化方面，思科 ACI 还实现了以设备为中心的管理模型所无法达到的效率，比如系统级的健康指数、简化的配置快照和自动化软件升级。命令行界面、图形用户界面或应用程序编程接口，均可以通过一个集中管理点来执行网络管理员的日常任务。

思科 ACI 的集中化管理提供了额外的优势，比如对系统中的所有日志、审计追踪、故障和事件具有单一视图。这种网络和状态信息的集中式仓库，不仅使网络管理员的工作更容易，而且大大简化了与其他应用的集成。

最后，思科 ACI 提供了多种方法来改善（内部的和外部的）客户体验。读者可以授予他们在需要时从网络获取所需信息的能力。本书的其他章节详细地描述了如何通过多租户或自动化来实现这一目标。因此，读者可以改变企业中消费网络服务的方式。

第 8 章

迈向以应用为中心的网络

在本章中，读者将了解以下内容。

- 为什么许多企业都需要以应用为中心的网络。

- 以应用为中心的模型在运维方面的优势。

- 如何从以网络为中心的模型演进到以应用为中心的模型。

- 如何提高以应用为中心模型的安全级别。

- 如何找出应用之间的依赖关系。

前面的章节阐述了在没有将应用知识植入网络配置的情况下，从运维方面思科 ACI 给企业带来的多种优势。传统上，网络管理员将服务器划分为 VLAN 和子网，因此大多数关于应用的知识都会丢失。当一名应用人员说："我们的 Microsoft Exchange 有问题"，网络管理员需要把这句话翻译成："VLAN 13 有问题"。

某个特定的 VLAN 或子网是否被用于电子邮件应用？或者用于企业资源规划？电子商务平台中的 Web 服务器需要访问哪些数据库？灰度服务器可以与生产中的工作负载通信吗？这些是经常需要回答的重要问题——比如，在用户对应用问题进行故障排除时、当评估网络变更对应用的影响时，或者在进行安全审计时。然而，在传统网络中，回答它们的唯一方法是查看外部文档，比如描述特定应用网络实现的网络图。网络本身并不包含应用级别的信息（VLAN 描述除外——这些信息往往不太可靠，也不包含太多的元数据）。

除网络缺乏关于应用的知识外，另一个问题是现实中安全性与网络设计紧密地耦合在一起。举例说明这一点：想象一下由 Web 服务器和数据库组成的某两阶应用，在第 1 次部署它时，网络管理员可能会把服务器划分在两个不同的子网中：一个用于 Web 服务器，另一个用于数据库。这样在需要的时候，通过 ACL 甚至防火墙就可以隔离 Web 服务器与数据库。

现在假设一段时间后，应用需要分成两个区域，把一组为关键客户服务的 Web 服务器与为另一组非关键客户提供服务的 Web 服务器分开。两个 Web 服务器组（关键和非关键的）应该相互隔离，这样如果一个安全事件影响了非关键客户，它就不会传播到关键客户。

这是典型的应用安全需求场景，网络管理员可能使用不同的方式实现这个需求，然而每个需求都有其自身的限制：实施 Private VLAN（PVLAN）会隔离一个子网内的服务器组，但应用的所有者需要非常明确，在关键服务器和非关键服务器之间不需要任何通信，因为 PVLAN 本质上是一种全有或全无的隔离技术。也可以将非关键 Web 服务器转移到另一个子网，从而使用 ACL 或防火墙。然而，应用的所有者必须重新配置这些服务器的 IP 地址，这样将引起应用停机。

想象一下，应用的管理员皱起眉头：为什么网络人员要把事情弄得如此复杂。说到底，将服务器彼此分开，这是一个简单的需求吧？然而，应用的管理员没有意识到的是，安全设计与网络设计彼此紧密耦合，因此每个额外的安全要求，都可能迫使网络管理员重新设计网络。

思科 ACI 可以消除这种紧耦合。在前面的示例中，网络管理员可以在 ACI 中配置安全策略，而无须强制应用的管理员变更任何 IP 地址。接下来的部分将解释 ACI 是如何做到的。

8.1　以网络为中心的部署

读者可能已经听说过以"网络为中心"和"以应用为中心"的术语，这是思科 ACI 部署的两种不同方式。它们代表的是不同的配置风格，这两种方式根本上的不同在于，用户在网络策略中所植入的、与应用相关的信息量。注意，配置 ACI 的这两种形式无须不同的许可证、不同的 GUI，甚至不同的硬件。它们只是用于定义 ACI 网络工作方式的不同策略模型。

在继续阅读之前，读者应该确定自己理解 VRF 表、桥接域（BD）和端点组（EPG）这些在本书前面已经解释过的概念。因为以下部分是基于读者对这些概念已有基本的了解。

想象一下，读者是一个非 ACI 网络的管理者，丝毫没有在 ACI 上运行应用的经验，但是仍然希望部署思科 ACI，以提高网络灵活性并简化网络操作。当然可以将传统网络配置"转换"为 ACI 策略，而无须管理者增添对应用的了解。这就是所谓以网络为中心的部署模式。

实质上，在 VLAN、子网和广播域之间将形成一对一的映射。读者将定义在思科 ACI 术语中的 BD 与 EPG 之间一一对应，并且每个 BD—EPG 的组合都将对应一个 VLAN。这就是该部署模型有时被称为"VLAN=EPG=BD"模型或"以 VLAN 为中心"的原因。

图 8-1 显示了在一个特定的租户中定义 3 个 EPG 和 3 个 BD 的配置示例，代表了一个 3VLAN 的配置。读者也可以在公共租户（Common Tenant）下定义这些对象（第 9 章将探讨思科 ACI 多租户模型的若干优势）。这里先专注于 BD 和 EPG 的定义。

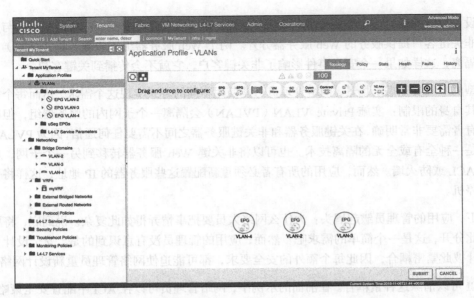

图 8-1　"以网络为中心"的配置风格

正如读者所见，EPG 基于 VLAN 编号命名，并且其描述与非 ACI 网络所配置的 VLAN 描述相匹配。这种配置风格通常称为"以网络为中心"或网络模式。

在初期，读者应该了解该设计的两个重要方面。

■　如何设计 VLAN 之间的流量隔离。

■　是否在传统模式下实施 BD 和 EPG。

8.1.1　在以网络为中心的部署中取消数据包过滤

许多时候，传统网络通常不会在 VLAN 之间实施任何流量隔离，ACI 的管理员有可能想要设计一个模仿这种行为的 ACI 网络。请记得，如前所述，ACI 是一个白名单系统。因此，如果读者想将其覆盖为黑名单（默认情况下允许所有通信），就需要一些配置变更。读者有以下选择来实现。

■　在包含该 BD 的 VRF 启用"Unenforced"（策略放行）复选框。这个选项放行了 EPG 之间的所有流量。也就是说，这种情况下思科 ACI 的安全控制就像一个管理员没有定义 ACL 的传统网络。这是一种简单的取消流量隔离的方法，但"Unenforced"这个特性在包含 VRF 中所有 EPG 的级别运行，难以实现精确控制。

■　为了精细化 EPG 相互之间可以自由通信以及不能通信的规则，可以使用合约（Contract）来克服 Unenforced 选项所带来的粗粒度问题。读者可以定义一个允许所有流量的合约，在所有 EPG 中提供并消费它。虽然通过该方法可以获得灵活性（需要时，可以为单个 EPG 定义安全策略，而这无法通过 Unenforced VRF 设置来实现），但其缺点是管理开销：必须记住在创建所有新 EPG 时添加提供—消费关系，这可能是不必要的负担并且可能引起错误。如果没有经验的 ACI 管理员创建一个 EPG 但忘了消费/提供合约，那么该 EPG 将与其余 EPG 相隔离。

■ 读者也可以使用 vzAny 合约来实现类似的效果。vzAny 合约将在本章后面解释，但现在可以把它们想象为适用于 VRF 中所有 EPG 的一个通用合约。它们消除了上面提到的管理负担，并且与手工将合约与所有 EPG 关联相比，消耗更少的资源。这是大多数设计的推荐选项，因为它意味着非常低的管理开销，对硬件资源的负担更低，同时与 VRF 的 "Unenforced" 设置相比，允许更精细的控制。

8.1.2 提高每台叶交换机的 VLAN 可扩展性

传统网络并没有把重点放在每台叶交换机的可扩展性上，因为大多数传统概念只能基于单个交换机的大小来扩展。就好像在第 7 章中所讨论的那样，思科 ACI 这样的主干/叶矩阵，可以扩展得比传统矩阵的 4000 个 VLAN 大得多（目前有 15 000 个 EPG）。然而，单台叶交换机可以支持的 EPG 和 BD 数量存在限制。为了解决这个基于每台叶交换机的限制，有必要了解其背后的技术原因。

在每台叶交换机内部，ACI 使用唯一的 VLAN ID 来标识 EPG 和 BD。标准的 12 位 VLAN 命名空间理论上支持 4094 个 VLAN（VLAN 0 和 4095 具有特殊含义且无法使用），其中 ACI 为内部用途额外预留了若干 VLAN ID（准确来说是 594 个）。这样给定的叶交换机就剩下了 3500 个 VLAN ID 来标识 EPG 或 BD。

如果每个 BD 都有一个 EPG（请记得，在这些以网络为中心的设计里，每个 VLAN 等同于 EPG 及其相对应的 BD），最多可以拥有 1750 个 EPG 和 1750 个 BD（这将消耗叶交换机上可用的 3500 个 VLAN ID）。请记得，这些 VLAN ID 和 EPG 的分配，对每台叶交换机而言是本地的，因此只要 EPG 和 BD 不需要被部署在每台叶交换机上，那么整个矩阵就可以不受此限制很好地扩展。

为什么会有这种近似浪费的 VLAN ID 消耗，目的就是唯一地标识属于同一 BD 的 EPG。如果客户没有这个需求呢？毕竟，在以网络为中心的方式中，每个 BD 只有一个 EPG。

在这种情况下，可以考虑在 BD 中启用所谓的 "Legacy Mode" 传统模式。BD 的传统模式设置把所支持的 EPG 数量限制为一个；这样做的好处是它可以将 ACI 中每台叶交换机的可扩展性提高一倍，达到 3500 个 EPG 和 BD。

本质上，这个设置告诉思科 ACI 为 EPG 和包含它的 BD 使用同一个标识符。作为一个合乎逻辑的结果，每个 BD 只能处理一个 EPG。

在将所有 BD 重新配置为传统模式以提高可扩展性之前，请读者考虑传统模式对 EPG 设计（一个 BD 只包含一个 EPG 的规则）所施加的严格限制，除非确实需要将每叶节点的 EPG 可扩展性提高到标准的 1750 以上，否则不建议这样做。根据传统模式，客户基本上就拒绝了思科 ACI 的某些逻辑上的分组灵活性。

假设在传统模式下已配置了 BD，但现在读者想要向其中一个 BD 添加第 2 个 EPG。在这种情况下，将收到一条错误消息，如图 8-2 所示。

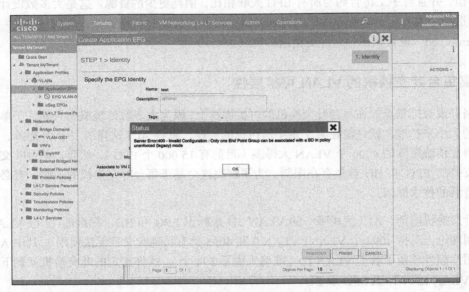

图 8-2　将第 2 个 EPG 与传统模式下 BD 相关联时的错误消息

该示例说明了传统模式下 BD 所失去的灵活性。虽然这是一个非常有趣的设置，在 EPG 方面使得 ACI 每叶交换机的可扩展性提高一倍，但读者应该小心使用这种传统模式，因为它会降低 ACI 在微分段等负载策略方面的灵活性。如果在单台叶交换机中需要 1750 个以上的 VLAN，那么通常会尝试在叶交换机中尽可能多地本地化 VLAN，这样就不会遇到此问题——尽管不是在所有情况下都能实现。这是传统模式发挥作用的地方。

8.1.3　查看以网络为中心设计的配置

读者可以通过 CLI 来检查以网络为中心的 BD 和 EPG 配置，它看起来应该很熟悉（除 BD 的概念在以 VLAN 为中心的配置中不存在以外），如示例 8-1 所示。

示例 8-1　网络模式下（VLAN=EPG=BD）一个基本 ACI 设计的 CLI 配置

```
apic1# show running-config tenant MyTenant
 tenant MyTenant
    vrf context myVRF
      no contract enforce
      exit
    application VLANs
      epg VLAN-1
        bridge-domain member VLAN-2
        exit
      epg VLAN-2
        bridge-domain member VLAN-3
        exit
      epg VLAN-3
        bridge-domain member VLAN-4
        exit
      exit
    bridge-domain VLAN-1
      vrf member myVRF
      exit
    bridge-domain VLAN-2
      vrf member myVRF
      exit
    bridge-domain VLAN-3
      vrf member myVRF
      exit
    interface bridge-domain VLAN-2
      ip address 10.0.1.1/24 scope public
      exit
    interface bridge-domain VLAN-3
      ip address 10.0.2.1/24 scope public
      exit
    interface bridge-domain VLAN-4
      ip address 10.0.3.1/24 scope public
      exit
    exit
apic1#
```

读者可能已经观察到，在这个特定的示例中，Unenforced 选项已经应用在 VRF 级别，因此 EPG 之间不会使用任何合约——结果是每个 EPG 都可以与该 VRF 中的其他 EPG 通信。

这种配置跟基于标准 NX-OS 的配置非常相似。与传统网络在 VXLAN 矩阵上部署类似功能所需的配置工作相比，该配置极其简单。请记得，这是对整个网络的配置，而不是对单台交换机的配置。比如，在 BD 中定义的子网，会将该 IP 地址部署到每台需要它的交换机上。

读者也可以从 REST API 角度来看该设计。虽然本书将在第 13 章中深入研究 REST API 和可编程性的概念，但从迁移角度而言，现在看也是有意义的。如果要通过 ACI 的 REST API 来部署以网络为中心的配置，那么示例 8-2 显示了所使用的 JSON 负载（另一个选项是 XML；有关该主题的更多信息，请参阅第 13 章）。

示例 8-2　网络模式下（VLAN=EPG/BD）一个基本 ACI 设计的 JSON 配置

```
{"fvTenant": {"attributes": {"dn": "uni/tn-MyTenant"}, "children": [
 {"fvBD": {"attributes": {"descr": "This is my VLAN 2 BD", "name": "VLAN-2"},
 "children": [{"fvRsCtx": {"attributes": {"tnFvCtxName": "myVRF"}}},
  {"fvAccP": {"attributes": {"encap": "vlan-2"}}},
  {"fvSubnet": {"attributes": {"ip": "10.0.2.1/24", "preferred": "yes",
  "scope": "public"}}}]}},
 {"fvBD": {"attributes": {"descr": "This is my VLAN 3 BD", "name": "VLAN-3"},
 "children": [{"fvRsCtx": {"attributes": {"tnFvCtxName": "myVRF"}}},
  {"fvAccP": {"attributes": {"encap": "vlan-3"}}},
  {"fvSubnet": {"attributes": {"ip": "10.0.3.1/24", "preferred": "yes",
  "scope": "public"}}}]}},
 {"fvBD": {"attributes": {"descr": "This is my VLAN 4 BD", "name": "VLAN-4"},
 "children": [{"fvRsCtx": {"attributes": {"tnFvCtxName": "myVRF"}}},
  {"fvAccP": {"attributes": {"encap": "vlan-4"}}},
  {"fvSubnet": {"attributes": {"ip": "10.0.4.1/24", "preferred": "yes",
  "scope": "public"}}}]}},
 {"fvAp": {"attributes": {"name": "VLANs"}, "children": [
  {"fvAEPg": {"attributes": {"descr": "vlan-2 EPG", "name": "VLAN-2"},
  "children": [{"fvRsBd": {"attributes": {"tnFvBDName": "VLAN-2"}}}]}},
  {"fvAEPg": {"attributes": {"descr": "vlan-3 EPG", "name": "VLAN-3"},
  "children": [{"fvRsBd": {"attributes": {"tnFvBDName": "VLAN-3"}}}]}},
  {"fvAEPg": {"attributes": {"descr": "vlan-4 EPG", "name": "VLAN-4"},
  "children": [{"fvRsBd": {"attributes": {"tnFvBDName": "VLAN-4"}}}]}}
]}}]}}
```

虽然对于人类而言，这种配置有点难以理解，但它具有一个非常有趣的优点——很容易为机器生成。假设客户要将旧网络连接到思科 ACI，并且希望在 ACI 中创建所有 VLAN（在其他非 ACI 网络中存在的）。可以用 Python（或其他任何编程语言）编写一些代码，基于文本处理其中某个非 ACI 交换机的配置，提取所要创建的 VLAN，并生成待导入 ACI 的 JSON 代码，以便在 ACI 矩阵中创建相同的 VLAN。

8.1.4　以应用为中心的部署：安全性用例

即使读者决定使用与 8.1.3 节中描述相类似的配置来启用 ACI 矩阵（有时称为"以网络为中

心"的模式），也迟早可能会希望利用思科 ACI 所提供的额外网络策略，思科 ACI 可以优化网络配置，以包含与应用相关的更多细节。本节其余部分描述了实施这种操作的两个主要应用场景：安全性和运维。

正如本章开头示例所强调的那样，应用的变更通常会转换为新的网络安全需求，比如独立于网络边界设立安全控制。

实现比传统网络更丰富安全模型的设计，正是一些人提到的"以应用为中心"——思科 ACI。当用户为连接到网络的端点定义网络策略和安全策略时，采用不同于 8.1.3 节描述的 VLAN=EPG=BD 设计，就能够提供额外的灵活性。

这就是微分段等概念发挥作用的地方。微分段通常是指，在数据中心内为任意给定的两个服务器组之间实施网络过滤，并且与底层 IP 设计无关——即使这些服务器位于同一子网。将此概念发挥到极致，这些服务器组可能只包含一台服务器，因此微分段包括将单个服务器与其余服务器相隔离的应用场景（如由于它因黑客攻击而被入侵）。

8.1.5 白名单模型与黑名单模型

思科 ACI 实现了安全行业所称的"白名单模型"，这意味着 IT 管理员必须明确地允许流量通过网络进行传输。如果未允许某个流量类别，那么它将会被丢弃。

与传统网络中的"黑名单模型"相比较：除非管理员配置安全规则以阻止某些流量类型，否则网络默认允许一切流量转发。这种模型更宽松，因为如果没有关于应用的知识，那么网络的默认配置将允许一切流量通过。从安全角度来看，这是非常危险的——每当用户允许应用不需要的协议时，都不必要地增大了攻击面，从而危及整个应用的安全。

白名单模型往往更准确，其原因很明显：如果在两台服务器之间某个特定协议未被允许，那么有人将拿起电话并发起请求，以便相应地修改安全策略。但是，读者还记得最后一次有人打电话要求删除不再需要的安全规则，是什么时候？

然而，并非每一个 IT 管理员都掌握了应用正确运行所需要的所有协议相关信息。尝试全面部署白名单安全模型可能会导致网络问题产生，因为管理员可能会忘记允许应用正常运行所需的某些重要协议。因此，需要一个过渡阶段，以便那些不了解应用依赖关系的企业有时间获取它，从而朝着白名单策略的目标前进。

8.1.6 策略执行与策略放行：没有合约的 ACI

用户通常会逐步实施白名单模型。这正是 ACI 之中一个重要安全设置发挥作用的地方：如果需要允许某一个 VRF 中的所有流量转发，那么不论配置了什么样的过滤器（filter），读者都可以把 VRF 设置成策略放行（Unenforced）。

第 1 个应用场景是逐步实施子网之间甚至子网内部（微分段）的安全策略。开始时，读者可以将所有 VRF 设置为策略放行，然后随着收集到关于应用组件依赖关系的更多细节，一个 VRF 接一个 VRF 地逐步实施额外的安全策略。

第 2 个应用场景是故障排除。如果出现一个网络问题，那么读者将发现自己想知道是否为应用设置了正确的过滤器。暂时将 VRF 设置为 Unenforced 并尝试重现问题，将很快告诉读者是否存在这种情况。一旦对测试结果感到满意，就可以修改过滤器并重置 VRF 为 Enforced（策略执行），从而使 ACI 交换机重新编程安全过滤器。请注意，当 VRF 处于"策略放行"时，将容易受到攻击。

8.1.7　EPG 作为一台基于区域的防火墙

通常，不会基于单独的 IP 地址实现数据包过滤器，而是在访问控制列表中配置服务器组——无论是防火墙还是路由器。如果基于单独的 IP 地址而不做任何汇总，那么访问列表的规则集将迅速增长到不可接受的程度。

然而，如本章前面部分所述，这不足以支撑当今应用的动态特性。微分段的需求迫使安全管理员处理不断变化的安全过滤器和服务器分组，而无须修改服务器的 IP 地址。

这带来了 EPG 的概念。请记得，EPG 是一个 BD 内服务器的灵活分组，后者又与一个或多个子网相关联。因此，它比子网级别更精细，而且更灵活，因为用户可以在不修改服务器 IP 地址的情况下，跨 EPG 迁移服务器（只要这些 EPG 与相同的 BD 关联——这是定义子网配置的地方，包括默认网关）。

如前所述，读者可以将 EPG 视为基于区域的安全概念中的区域。首先，定义端点的区域成员资格；然后，定义区域之间的通信规则——同时记得区域可以与一个完整的子网相对应，但并非必然。

1. 动态 EPG 关系：微分段 EPG

在思科 ACI 的第 1 个版本中，将服务器分配到 EPG 是一个严格的手工过程。对于裸机服务器，网络管理员在某个 EPG 中配置一个物理网络端口。对于虚拟机，虚拟化管理员会将虚拟机的虚拟网卡与一个给定的 EPG 相关联——这正是传统网络当前的工作方式：在交换机端口上配置某个 VLAN，或将虚拟机的虚拟网络接口卡（vNIC）分配给某个端口组（port group）。

然而，可能需要裸机和虚拟机根据某些属性自动与 EPG 相关联。比如，读者可能希望自动将所有 Windows Web 服务器分配给名为"Web-Windows"的 EPG，将所有 Linux Web 服务器分配给另一个名为"Web-Linux"的 EPG。Web-Windows EPG 将允许目标是 Windows 管理的端口，Web-Linux EPG 将允许目标是 Linux 所需的端口。因此，任何服务器都不会打开不必要的 TCP 或 UDP 端口。

另一个应用场景是通过外部工具自动隔离服务器。比如，基于 DNS 的安全应用——思科 OpenDNS。如果 OpenDNS 检测到来自某个服务器的可疑 DNS 请求，那么它可能会要求网络将该 IP 地址放入隔离区。可以更容易地插入一条规则来告诉 ACI，将拥有该 IP 的服务器移动到一个"Quarantine"隔离 EPG，而不必定位服务器所连接的物理或虚拟端口。

来看最后一个应用场景：预启动执行环境（PXE）的自动 EPG 选择。在使用思科统一计算系统（UCS）等现代服务器系统时，可以预定义服务器网络接口卡（NIC）的 MAC 地址，因此用户事先知道（甚至在订购物理硬件之前）需要在 PXE 服务器配置哪个 MAC 地址。然而，用户需要相应地配置网络，以便将新连接服务器生成的 DHCP 请求发送到正确的 PXE 服务器。这样，新服务器获得了操作系统和配置参数，就可以启动了。这意味着用户要知道有 PXE 需求的服务器连接到了哪些端口，以便将这些物理网络端口映射到连通 PXE 服务器的 EPG。

使用思科 ACI，用户可以进行基于 MAC 的 EPG 分配，每当具有 PXE 需求的新服务器上线时，其 MAC 地址将被识别，而与新服务器所连接的物理端口无关。因此，服务器接口将被放入正确的 EPG 中。这有效地提供了一个更好的流程，以便在 PXE 引导环境中简化服务器安装，其中服务器 MAC 地址可以通过思科 UCS 中的软件进行配置。

2. 同网段的多个 EPG

如前所述，EPG 是属于一个 BD 的端点集合，BD 中存在子网定义。为简单起见，假设在 BD 中配置了一个子网（也可以有更多，就像今天在传统网络中配置 VLAN 的辅助 IP 地址一样）。

在这种情况下，BD 中的每个 EPG 都包含了与子网相关联的端点子集。也就是说，EPG 允许比基于子网分界点（路由器或防火墙）的过滤更精细的隔离技术，如本章前面所述。

读者可以将此技术与 Private VLAN（PVLAN）进行比较，因为它提供了子网内的分段。但是 EPG 更灵活，因为它们可以在第 4 层（TCP 或 UDP）而不是第 2 层（如 PVLAN）进行过滤。读者可以将 EPG 称为"基于细胞的 PVLAN"。

这是微分段背后的主要概念：EPG 越小，安全策略就越精细。用户可以从较大的 EPG 开始（每 BD 对应一个 EPG，如本章前面所述的 VLAN=EPG=BD 设计），然后随着新安全需求的出现，所部署的策略越来越细化。

如前所述，这种设计与传统模式的 BD 不兼容，因此在创建与 BD 相关联的第 2 个 EPG 之前，读者必须在该 BD 上禁用传统模式。

8.1.8　合约的安全模型

然而，EPG 只是解决方案的一半。ACI 提供的安全概念，只是基于源与目的地规则来允许两个特定 EPG 之间的流量么？若真如此，那么规则集所带来的复杂性问题不会得到解决。实际上，大多数防火墙系统都支持将端点逻辑分组到对象组中（命名方式因防火墙供应商而异），但这并没有显著降低复杂性。

这是思科 ACI 对象模型创新发挥作用的地方。这里的关键概念是读者可以将其视为一种"服务"的"合约（contract）"。在系统中，用户可以定义与数据中心服务器所提供 IT 服务相对应的多个合约：数据库服务、Web 服务和 SSH 服务等。

以数据库服务为例，如果用户在一个 EPG 内部署了数据库（如称为"DB"），那么该 EPG 将是一个"提供者（provider）"——也就是说，用户将配置该 EPG 以提供数据库合约。如果没有人访问这些数据库，那么就不需要配置访问控制列表。但是，只要有另一个端点（如"Web"）需要访问这些数据库服务的 EPG，Web EPG 就会成为一个"consumer"消费者。换句话说，因其消费数据库服务器所提供的服务，Web 服务器是数据库服务器的客户端。

在配置 Web EPG 以消费 DB EPG 所提供的合约时，用户将建立完整的合约关系。现在 ACI 知道哪些服务器必须在哪些端口上访问其他服务器，并相应地编程访问控制列表，以应用到"Web"和"DB"服务器所连接的全部虚拟和物理端口。

这真的有助于解决规则集的复杂性问题吗？绝对可以！假设读者正在排除 Web 和数据库服务器之间的连接故障，并希望查看一下安全设置。不需要去浏览整个规则集（这可能包含数百个其他条目），读者只需要查看这些 EPG 所提供及消费的合约。也就是说，随着系统变得越来越大或应用依赖性变得越来越复杂，复杂性并没有越来越高。

1．EPG 之间的通信

如果有两个 EPG——Web 和 DB，并且想要在它们之间定义应该允许什么样的通信。首先，读者可能想检查一下是否存在 VRF 级的策略。

■　如果 VRF 工作在策略放行模式下，那么 EPG 之间的通信不会被限制，即使没有配置合约。

■　如果有合约由 VRF 级的"Any EPG"（任意 EPG）提供或消费，那么这些合约将自动应用于该 VRF 下的各个 EPG。参见本章后面的 8.1.11 节——也是对被称为"vzAny"（这是思科 ACI 数据模型中的内部名称）任意 EPG 的解释。

为了简单起见，假设两个 EPG 都被映射（通过它们的 BD）到单个 VRF，而 VRF 在策略执行模式下工作，则没有合约被 VRF 中的任意 EPG 提供或消费。因为思科 ACI 遵循白名单安全模型，所以如果合约尚未创建，那么默认设置不会允许 EPG A 和 EPG B 之间的任何流量。

假设希望允许 Web EPG 通过 MySQL TCP 端口 3306 访问数据库，那么读者将定义一个名为"数据库服务"的合约，在其中配置一个名为"MySQL"的主题（Subject），并在该主题内部定义一个包含 TCP 端口 3306 的过滤器（Filter）。在合约内部，主题类似于将多个过滤规则组合在一起的文件夹。一份合约可以有多个主题，但是简单起见，许多用户决定在每份合约中只实施一个主题。

合约已定义，现在需要应用合约。这意味着 DB EPG 将提供合约（数据库提供"数据库服务"），而 Web EPG 将消费它。合约应用后，所有 Web 服务器都可以打开数据库 3306 端口上的 TCP 连接。

如果向这些 EPG 添加新的 Web 服务器或数据库，那么 ACI 将自动调整其策略以纳入新的端点。注意，这完全不同于传统的 ACL 管理，安全管理员需要手工更新 ACL 以及这些 ACL 所基于的对象组。

2. 合约的作用域

合约的一个非常重要的特征是它们的作用域，这有两个原因：资源消耗和安全性。图 8-3 显示了在思科 ACI 中定义新合约时的可选作用域。

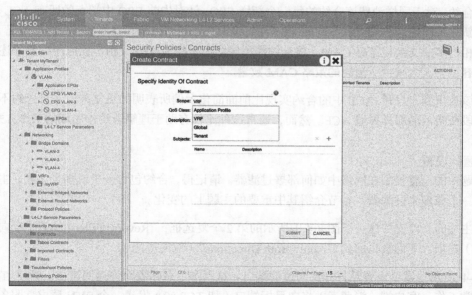

图 8-3　合约作用域的选项

试想应用的两个实例——TST 和 PRD（用于测试和生产）。用户在同一个租户中可以有两个应用配置描述（Application Profile），每个都分别有用于 Web 和 DB 的 EPG。因此，用户将拥有两个 Web EPG（Web-TST 和 Web-PRD）与两个 DB EPG（DB-TST 和 DB-PRD）。

Web-PRD 应该能够访问 DB-PRD，而不能访问 Web-TST 或 DB-TST。

现在有了"数据库"合约。DB-TST 和 DB-PRD 都提供合约，Web-TST 和 Web-PRD 都消费合约。问题是，通过这种设置，Web-PRD 能访问 DB-TST 吗？

答案是"取决于具体情况"——在 IT 世界中经常出现。这取决于合约的作用域：如果作用域被定义为"Application Profile"，那么 Web-PRD 将无法与 DB-TST 通信；如果作用域被定义为 VRF、租户或全局（假设所有 EPG 都在同一个 VRF 中），那么 Web-PRD 将能够与 DB-TST 通信，因为 Web-PRD 的服务器正在消费 DB-TST 所提供的同一个合约。

另一种方法是将合约视为可以生成 ACL 和访问控制条目（ACE）的一种抽象。合约作用域将确定何时修改 ACL，并添加或删除 ACE。假设作用域是"Application Profile"，那么新 ACE 将随每一个端点附着于同一应用配置描述 EPG 而被添加，但当端点附着于不同应用配置描述中的 EPG 时不会。

这样很明显，如果合约作用域是"Application Profile"，那么 Web-PRD 服务器将无法与 DB-TST 服务器通信。它们的 ACL 不会包含与另一个应用配置描述中 EPG DB-TST 相关的 ACE。

这种比较说明了合约的另一个非常重要的方面。想象一下，读者已经在大量的 EPG 中消费了这份合约。对于同样消费该合约的每一个新增 EPG，针对先前 EPG 中端点的所有 ACL 必须被更新——即使这些端点在不同的 VRF 中，也没有任何路由来相互通信。在这种情况下，将浪费相当多的交换机策略 CAM。将合约作用域缩小至类似 VRF、租户或应用配置描述之类的内容，将大大减少所消耗的策略 CAM 数量。

读者应该意识到，思科 ACI 中的合约实现比前面简化示例所表明的更复杂，并且合约不会像前一段所暗示的那样撑爆 ACE。然而，通常这种比较有助于理解合约作用域的工作方式。

3. 合约主题的设置

合约主题中的设置控制在网络中如何部署过滤器。请记得，合约包含一个或多个主题，主题又包含一个或多个过滤器。本节介绍其中重要的主题上的变化。

在创建主题时，首先关注一下图 8-4 中所示的第 2 个复选框："Reverse Filter Ports"（反向过滤端口）选项，下面会再回到"Apply Both Directions"（双向应用）。

如图 8-4 所示，默认设置是打开反向过滤端口。这基本上意味着允许返回流量。为使 TCP 连接正常工作，客户端（消费者）将向目标端口（如 TCP 80）发送一个 SYN 请求，服务器（提供者）将从 TCP 80 端口返回 SYN ACK。打开"Reverse Filter Ports"代表如果允许消费者访问提供者的 TCP 80 端口，那么同样也会允许从提供者的 TCP 源端口（端口 80）返回消费者。所以读者可能想知道，合约中为什么不都设置这个选项。常见的情况是客户有单向数据流，因而并不希望提供者响应消费者（如在许多 UDP 流中）。

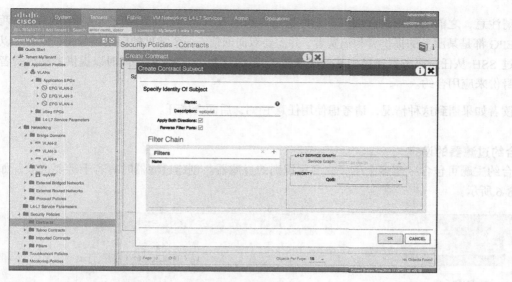

图 8-4 创建一个双向应用并打开反向过滤端口的合约

现在，回到图 8-4 所示的第 1 个选项："双向应用"。如果不选中此复选框，GUI 将以某种方式变化。之前讨论的选项——"Reverse Filter Ports"现在为灰色，并显示两个过滤器。第 1 个指定从消费者到提供者（客户端到服务器）流量的过滤器，第 2 个指定相反方向（服务器到客户端）流量的过滤器。

这允许读者为两个通信方向定义非对称过滤器，如图 8-5 所示。

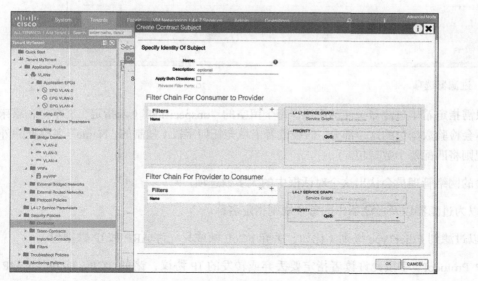

图 8-5 创建一个非"Apply Both Directions"的合约主题

请注意，之前所讨论的选项都不允许指定合约的双方同时作为消费者和提供者。如果两个 EPG 都是某服务的提供者和消费者，并需要双向通信（一个常见的应用场景是，读者可以通过 SSH 从任意服务器连接到其他服务器），那么这两个 EPG 就要同时以提供者和消费者的身份来应用合约。

读者如果遇到这种情况，请考虑使用任意 EPG，后面会展开。

4. 合约过滤器的设定

合约主题可包含一至多个单一或多重规则的过滤器。创建过滤器时有若干重要选项，如图 8-6 所示。

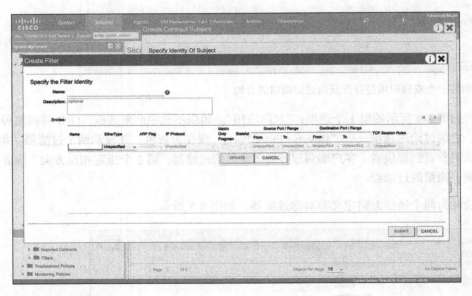

图 8-6   过滤器选项

读者只需指定希望过滤器关注的字段。每个留空的"unspecified"（未指定）文本框，意味着 ACI 不会检验数据包的这一部分。假设读者未填充任何字段（强制的"Name"名称框除外），这条规则将匹配每个数据包。

有经验的网络管理员会认出这个对话框中的大多数选项。

■ 可以为过滤器以及过滤器中的每个规则指定名称。

■ 可以过滤到 EtherType 级别（比如，丢弃 FCoE 帧或只允许 ARP 和 IP 数据包）。

■ "IP Protocol"字段允许读者指定要丢弃或转发的 IP 协议，诸如 TCP、UDP、ICMP 和 OSPF。

■ 可以匹配数据包分片。

■ Stateful 标志只对 Application Virtual Switch 有意义，将在下一节中阐述。

■ 最后但也同样重要的是，读者可以看到源和目标 TCP / UDP 端口范围，正如期望在 ACL 所定义的一样。如果想定义一个针对单端口的规则，那么请在 From 和 To 字段中配置相同的端口号。

此外，读者可以将数据包过滤器设置为匹配数据包中特定的 TCP 标记，如图 8-7 所示（注意，除非过滤器被设置为匹配 TCP 数据包，否则 TCP 选项将不可用）。

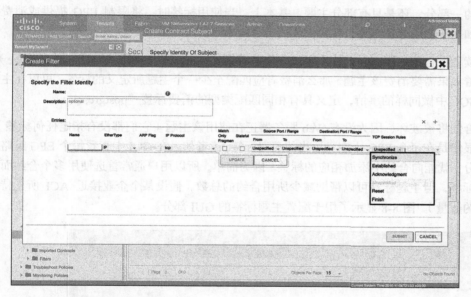

图 8-7　基于 TCP 标记的过滤器

5. 合约主题的标签

如果数据库服务中不只有 MySQL，还有 PostgreSQL 呢？（本章不争论这是一个好想法还是坏想法。）由于 PostgreSQL 使用不同的 TCP 端口（5432），因此有可能在之前的合约主题中，要添加包括此端口的第 2 个过滤器。自然而然，所有 Web 服务器也都能够通过 TCP 端口 5432 访问数据库。

但是，如果有一些 Web 服务器只应该访问 MySQL 数据库（TCP 端口 3306），而其他服务器则只应该访问 PostgreSQL 数据库（TCP 端口 5432）呢？通常，可以在 DB EPG 中提供两个不同的合约来解决此问题，并且在每个单独的 Web EPG 中仅消费其中一个。然而，在某些环境中，用户不希望有多个合约——比如，为了保持较低的合约总量（截至本书英文稿，合约数量的最大限制为 1000）。思科 ACI 提供主题标签（Subject Label）的概念，以通过单个合约的多重主题实现此功能。

读者可以定义第 2 个主题，而不是向合约主题添加过滤器。与"MySQL"主题类似，读者将添加"PostgreSQL"主题，并在其中配置一个包含 TCP 端口 5432 的过滤器。

现在有了两个 EPG：Web-MySQL 和 Web-PostgreSQL。读者可能已经猜测到，任务是 Web-MySQL 中的服务器只能打开到 MySQL 数据库 TCP 端口上的连接，而不是 PostgreSQL 数据库的 TCP 端口。同样，Web-PostgreSQL 服务器应该只使用 PostgreSQL 端口。

两个 Web EPG 都将使用数据库服务合约，但是通过标签，读者可以配置是否所有主题都属于关系的一部分，还是只有部分主题。基本上，当使用标签时，将限制 EPG 提供或消费的主题（如果不使用标签，那么就提供或消费合约中的所有主题）。

比如，读者在合约主题 MySQL 中定义一个消费标签"mysql"（匹配类型为 AtLeastOne）。这意味着如果需要消费该主题，那么消费者应匹配至少一个主题所定义的标签。可以在主题 PostgreSQL 中做同样的事情，定义具有相同匹配类型的消费标签"postgresql"。

至此，合约将被破坏，因为没有 Web 服务器正在使用该主题（它们都没有指定任何标签）。接下来显然是在每个 EPG 中定义适当的消费标签：读者如果在 GUI 中查看每个 EPG 策略的合约部分，就能向合约中添加相应的标签。因为简单，所以用户通常首选使用多个合约而不是主题标签，但主题标签可以帮助减少所用合约的总数（假设某个企业接近 ACI 所支持的最大合约数量）。图 8-8 显示了用于配置主题标签的 GUI 部分。

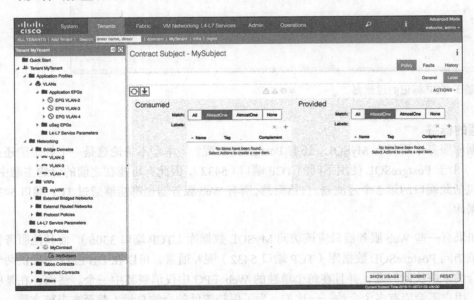

图 8-8　合约主题中的标签定义

最后一点，请记得系统先检查标签匹配，然后是过滤器。如果标签不符，那么甚至不会考虑过滤器。因此，在设计标签策略时需要特别小心。

6. 合约继承

在思科 ACI 2.3 版本中引入，当设置具有相似合约配置的多个 EPG 时，合约继承（contract inheritance）减轻了管理负担，这在创建一个新的 EPG 时，可以定义一个或多个"EPG Contract Masters"。此时，新创建的 EPG 将与其 Contract Masters 消费和提供相同的合约，因此称为"继承"。

为充分利用这一强大而灵活的功能，读者应该了解其如下主要特征。

- 继承是动态的：如果在 EPG 创建后修改了 Contract Masters 的策略，那么这些变化将传播到继承它的 EPG。

- 应用 EPG、微分段 EPG 支持合约继承。合约继承可应用于外部 2 层和 3 层连接的 EPG。

- EPG 及 Contract Masters 必须在同一个租户中。

- 如果 EPG 有多个 Contract Masters，那么它将继承所有 Contract Masters 所提供和消费的合约。

- 在一个 EPG 中，可以基于 Contract Masters 配置合约。本地定义的合约不会取代继承合约，但它们会被添加到继承合约。

- 合约继承不支持 vzAny、禁忌（taboo）合约和 EPG 内部合约 (intra-EPG)。

- 合约继承仅支持一级。换句话说，某个 EPG 的 Contract Masters 自身不能再拥有 Contract Masters。

配置合约继承后，请务必检查 EPG 拓扑视图中的合约策略是否正确。拓扑视图将用不同的颜色显示本地配置及其继承合约。此外，在"Contracts"选项卡的 EPG 操作视图中，读者可以查看生效的合约规则。

8.1.9　基于思科 AVS 的状态防火墙

前面的部分已经说明，思科 ACI 硬件的 3 层和 4 层数据包过滤是如何处于半状态的（Semi-Stateful）：即仅允许现有 TCP 连接的返回流量，但 TCP 会话的其他方面（如序列号）并没有进行追踪。

这样做的原因是，支持大量 TCP 连接的平台所需的硬件资源数量惊人。然而，如果将 ACI 硬件扩展到具有思科应用虚拟交换机（AVS）的 Hypervisor，它就可以利用服务器资源来维护现有 TCP 会话状态。

有时这被称为 AVS 的连接追踪功能。AVS 不仅能追踪 TCP 序列号和 TCP 握手状态，还能够查看工作负载以开放动态协商的 TCP 端口，比如 FTP 的情况。

读者可能已经注意到图 8-6 中的 Stateful 复选框，它启用了更多功能，以应对虚拟机连接到思科 AVS 时的精细过滤。如前所述，对于从服务器到客户端的返回流量，ACI 提供了静态配置过滤器的选项。如果服务器正在监听 TCP 端口 80，那么网络将允许 TCP 源端口 80 的所有数据包从服务器返回到客户端。

然而，这可能并不可取，因为所有目标端口都是允许的，而不仅仅是从客户端发起连接的那个 TCP 端口。比如，只要数据包的 TCP 源端口为 80，那么获取服务器访问的人就可以与其他系统自由通信。

因此，只有在发现从客户端到服务器（从消费者到提供者）的流量之后，思科 ACI 才会为返回流量实现过滤器的配置选项。在其他思科传统的网络产品上，这被称为 "reflexive ACL"。

在过滤器中设置 Stateful 标志时，在某个源/目标 TCP 端口组合上，只有当客户端到服务器的数据流之前已存在，才允许从服务器端（提供者）发起的流量。

即使服务器在有效端口组合上发起 SYN 攻击，矩阵也会发现连接已建立，因此不能从该服务器发送 SYN 数据包。SYN 攻击将被丢弃。

对于单个 VMware vSphere ESXi 的 Hypervisor 宿主机，TCP 状态信息不是静态的。如果一个虚拟机要迁移到其他宿主机，它将随之移动。

如果在思科 AVS 中使用此功能（与其他任何基于状态的数据包过滤器一样），那么读者需要考虑这里的一些限制。以下是英文版截稿时的若干限制。

- 每 ESXi 主机 250 000 个流。

- 每端点 10 000 个流。

在 APIC 中配置基于 AVS 的 VMM 集成后，AVS 的防火墙功能将启用。之后被添加到 VMM 集成的所有 ESXi 主机，都将具备防火墙配置的一致性。如图 8-9 所示（在屏幕的最底部），配置防火墙有 3 种可能性。

- Disabled：AVS 不追踪 TCP 状态。

- Eanbled：AVS 追踪 TCP 状态，并将丢弃偏离预期行为的数据包。

- Learning：AVS 将追踪 TCP 状态并创建动态连接，但是不会丢包。如果读者打算启用 AVS 分布式防火墙，那么建议至少在此之前几小时开启学习模式，这样 AVS 会有一些时间来创建连接数据库。

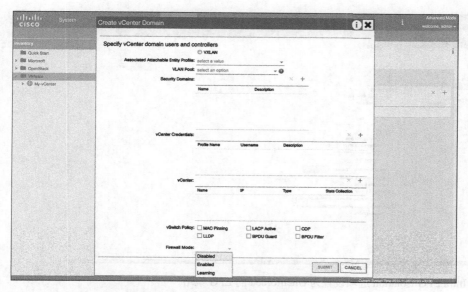

图 8-9 添加基于 AVS 的 VMM 集成时可用的防火墙模式

> **提示** 请注意，如第 4 章所述，VMware 已公开宣布从 vSphere 6.5 U2 版本开始不再支持第 3 方交换机。因此，思科创建了被称为 ACI 虚拟边缘（AVE）的第二代 AVS 交换机。AVE 最终将取代 AVS，且不再受 VMware 战略变化的影响。

8.1.10 EPG 内部通信

在思科 ACI 的初始版本中，EPG 内的所有端点都可以相互通信而无任何限制。从本质上讲，这意味着 EPG 内的所有端点都处于相同的安全级别。尽管如此，如果 EPG 中的任何端点遭到入侵（其安全级别发生变化），那么它可以动态地移动到一个具备不同安全策略（禁止对其他 IT 基础设施进行访问）的隔离 EPG（Quarantined EPG）。

然而，在某些情况下，用户可能希望限制 EPG 内的通信。比如，考虑到像 CIMC（Cisco Integrated Management Controller）或 HP 的集成 ILO（Integrated Lights-Out）——这样的无人值守服务器管理端口只允许被管理工作站访问，但在任何情况下都不应当相互通信。

另一个例子是备份客户端通过专用端口与服务器通信。每个客户端的端口都与服务器端口通信，但两个客户端的端口不能相互通信。本质上讲，它与前一个 CIMC 接口的示例相同。

通过每个 EPG 中的 Intra EPG Isolation 选项，思科 ACI 提供了一种极其简单的功能实现——如图 8-10 所示。默认情况下，它设置为 Unenforced（放行），这意味着该 EPG 中的所有端点都可以相互自由通信。通过这个选项的不同设置，用户可以确保该 EPG 中的所有端点只能与归属于其他 EPG 的端点之间相互通信，但内部彼此之间不可以。

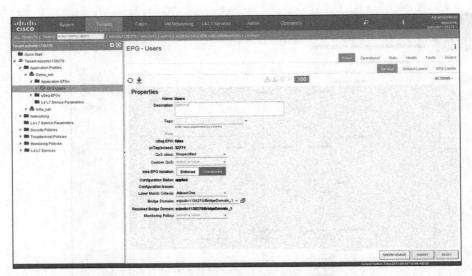

图 8-10　Intra EPG Isolation 选项设置为 Unenforced 的 EPG 策略

在深入研究 EPG 内部隔离实施的主题之前，要考虑到这不是 ACI 子网内流量过滤的唯一机制。此外，从 3.0 版本开始，思科 ACI 支持基于物理和虚拟工作负载的 EPG 内部合约。EPG 内部隔离可以视为工具箱中用于流量分段设计的附加工具。用户可以使用 EPG 内部隔离来进行简单的、全有或全无类型的流量过滤，以及通过合约（微分段 EPG 或 EPG 内合约）获得更加动态和复杂的工作负载隔离。

正如读者可能认为的那样，EPG 内部隔离与传统网络中提供的 Private VLAN（PVLAN）功能非常相似。实际上，它是 PVLAN 功能，只是更容易实现，因为用户不必为 Primary、Community 或 Isolated 的 VLAN ID（ACI 将替用户配置）而烦恼。

EPG 内通信策略的一个应用场景是，防止服务器到服务器之间通过特定目的网卡通信，比如专用于备份、管理或存储连通性的网卡。在这些情况下，用户通常希望将这些网卡与其他网卡（备份服务器、管理工作站或存储子系统）连接，但同时希望阻止这些服务器之间互相通信。

这种严格的全有或全无分段允许提高客户端—服务器的安全性通信模式，其中客户端通常具有专用接口且不需要彼此看到。此模式的示例包括备份设计（通过其备份网卡，服务器仅与备份服务器通信而彼此之间无须通信）、远程存储（使用 NAS 或 iSCSI 等协议），甚至是管理连接。假设用户有一个带外（OOB）管理网络，那么通常只需要从跳转服务器或管理工作站访问服务器和交换机，而在这些端口上服务器不应该相互联系。通过激活并实施 EPG 内部分段，用户可以在带外管理网络上大大降低受损端点的横向移动以及攻击其他服务器的可能性。

8.1.11 任意 EPG（Any EPG）

如果想在某个 VRF 中到处使用同一个合约该怎么办？比如，用户希望在所有 EPG 提供 ICMP 服务（请记得，仍然需要消费这些服务以便形成合约关系）。这就是 "Any"（任意）EPG 的用途。从本质上讲，这是一个逻辑构造，代表 VRF 中包含的所有 EPG。在 VRF 配置中，可以看到菜单项 "EPG Collection for This Context"。这正是任意 EPG 所代表的内容：这个 VRF 中所有 EPG 的集合（读者可能还记得，在之前的思科 ACI 软件版本中，VRF 被称为 "context"）。有时读者会看到文档将任意 EPG 称为 "vzAny"，因为当直接查看思科 ACI 的对象模型时，vzAny 是任意 EPG 对象的内部名称。

回到上一个示例，读者可以定义仅允许 ICMP 流量的合约，然后在 VRF 中提供，如图 8-11 所示。这将自动为该 VRF 内的所有 EPG 提供此合约。然后，读者可以转到另一个 EPG（如管理 EPG）并消费该 "ICMP" 合约。这样一来，管理 EPG 中的端点就能够 ping 通 VRF 中的每一个端点。

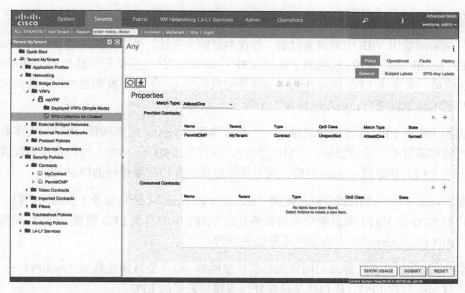

图 8-11　vzAny 用于从一个 VRF 的所有 EPG 中提供 ICMP 服务

整体来说，其配置步骤如下所示。

步骤 1　在 "Security Policies" 部分中配置过滤器、主题与合约（在此示例中为 PermitICMP）。这一步是可选的；读者可以使用预定义的合约（如公共租户中的 "default" 合约）允许所有流量。

步骤 2　在 VRF 中转到 EPG Collection for Context。

步骤 3　添加提供和/或消费的合约。

请注意，除管理之外，其他 EPG 中的端点将无法通过 ICMP 到达任意 EPG，除非它们也消费了该 ICMP 合约。如果读者现在希望 VRF 内部的所有端点都能够相互 ping 通，那么可以在任意 EPG 中同时提供并消费 ICMP 合约。

但是，如果想为此规则添加一些例外，并且某些特定 EPG 不提供 ICMP 服务，该怎么办？自 ACI 版本 2.1（1h）以来，vzAny 合约可以不应用于某个 VRF 中的所有 EPG，而只是其中一个子集的选项。此功能称为 "Prefered Group"（首选组），如本章后面部分所述，它对于将策略模型从以网络为中心转换为以应用为中心非常有用。这是思科 ACI 对象模型灵活性的另一个例子，因为在将新端点或新 EPG 添加到 VRF 时不需要变更安全策略——它们将自动继承已定义的策略。

此外，这种将合约应用于整个 VRF 的方式非常有效。因此，如果拥有 VRF 中所有 EPG 提供或消费的协议，用户可能希望使用 Any EPG，以尽可能高效地使用 ACI 叶交换机上的硬件资源。

看一下将合约部署至任意 EPG 的若干应用场景。

- 用户可能希望禁用 VRF 中的流量过滤。如在本章前文所述，可以提供并消费来自 vzAny EPG 的 "permit any" 合约，这相当于使用 VRF 中的策略放行（当然还可选地通过 Prefered Group 成员，来定义 EPG 例外并能增加额外的灵活性）。当 ACI 被配置为没有任何流量过滤功能的传统网络时，vzAny 将派上用场。

- 合并应用于所有 EPG 的常用规则是另一个非常典型的 vzAny 应用场景。用户的大多数设备很可能都需要若干管理协议：ICMP、NTP，也许是 SSH 或 RDP。可以将这些配置集中在一个合约上并通过 vzAny 消费，而不是针对每个合约配置相同的协议集。

- 请注意，vzAny 的一个限制会阻止此类 "common services"（公共服务）合约的提供：如果客户有 EPG 在 VRF1 提供集中化的服务并由 VRF2 中的其他 EPG 消费，这种情况将无法在 VRF1 的 vzAnyEPG 中为那些服务提供合约。

- 如果客户的 VRF 具有外部路由网络或外部桥接网络，那么要特别注意 vzAny EPG——因为它不仅包括常规 EPG，还包括与这些外部连接相关联的 EPG。

8.1.12　有效利用资源的合约定义最佳实践

策略 CAM 是所有网络交换机上的稀缺资源。正如读者所知道的那样，为了能够在交换机上每秒执行非常高的查找操作，需要使用 CAM。

出于对 CAM 需求的理解，来看一下新一代交换机，它提供面向服务器的 48×25Gbit/s 端口以及上行链路的 6×100Gbit/s 端口，支持总共 1.8Tbit/s 全双工——意味着在任意给定方向上，

3.6Tbit/s（兆兆位/秒）穿过交换机，可转换成 450Gbit/s（千兆字节/秒）。保守估计，假设一个数据包大小为 450 字节（为了数字计算容易），那么在峰值条件下，将有 10 亿个数据包穿过交换机。每秒十亿次的内存查找，也就解释了 CAM 所提供的高性能（以及高成本）。

考虑到这一事实，如果还要负担得起，CAM 资源在交换机上并不是无限大的。因此，考虑如何节省这些资源可能就是一件很有价值的事情。

首先，思科 ACI 已经采用了优化 CAM 消耗的技术。比如，在默认情况下，只有当归属于该 EPG 的端点在本地附着时，ACI 才会在叶交换机上编程所属的 EPG（及相关合约）；否则就不会消耗 CAM 资源。

然而，即便使用这些内置优化，也应该遵守若干与合约配置相关的最佳实践，尤其是在一个部署 ACI 的组织中，其每个交换机的 EPG、合约和过滤器数量都在增加。

■ 尽可能小地定义合约范围。默认使用"Application Profile"作为合约的范围，只在必要时扩大到 VRF、租户或全局。

■ 当 VRF 中所有 EPG 都需要某服务（如 ICMP 或 SSH）时，请使用任意 EPG（也称为 vzAny）。

■ 真正重要的可扩展性因素不一定是合约数量，而是过滤器的数量。如果与 vzAny 设计一起使用，那么具有"reflexive"过滤器的单向主题（匹配 TCP "established"标志）比双向主题更安全和有效（它会自动创建两个过滤器——从提供者到消费者、从消费者到提供者）。

■ 如果有接近 1000 个合约限制，那么请使用主题标签，而不是在一个 EPG 中部署多个合约。

8.2 以应用为中心部署的运营用例

如果安全性是以应用为中心的 ACI 部署的主要驱动因素之一，那么运营就是基于 VLAN 的网络策略优化的另一个重要原因。正如本章开头所解释的，以应用为中心网络的目标之一是弥合应用管理员与网络管理员之间的语言鸿沟。也就是说，即使一个部门不具备白名单策略模型的部署知识，它也仍可能在网络中引入关于应用的信息。

以下部分描述了这种部署的不同方式及其优势。

8.2.1 以应用为中心的监控

本书第 12 章详细解释了 ACI 中的健康指数，它可以很好地指示某些对象是否正常工作。思科 ACI 中 EPG 定义得越精细，所关联的健康指数就越能给运营人员传递更全面的信息。

如果网络运营人员发现 EPG "Web-PROD" 显示了一个出乎意料低的健康指数，他们会立即知道该打电话给谁。另一方面，如果 EPG 被称作 "VLAN-17"，那么这个过程可能会相当复杂。

还有另一个同样重要的方面：健康指数不仅对网络运营团队有意义，对应用运营团队成员也同样如此。现在应用专家可以查看思科 ACI 并从中提取有价值的信息；网络人员现在不仅能谈论 VLAN 和子网，还包括网络上运行的应用。

8.2.2 QoS

前面涉及安全性应用场景的部分深入解释了合约模型，以及如何使用合约来控制哪些 EPG 可以使用哪些协议、与其他哪些 EPG 对话。

然而，数据包过滤器不是由合约控制的唯一功能。QoS 是合约的另一个重要特征。在传统网络中，很难确定哪些应用属于哪个 QoS 类；然而，在 ACI 中很简单。正如读者可能已经意识到的那样，通过将合约所匹配的流量分配给三个 QoS 类别之一（称为 Level1、Level2 和 Level3），可以在合约中（或更准确地说，在其主题中）直接配置 QoS，从而控制任何两个给定 EPG 之间的通信，如图 8-12 所示。正如在此视图中所看到的，读者可以保留其 Qos 类分配为 "unspecified"，那么流量实际上会被分配给 Level3。这 3 个类真正执行的操作，可以在 GUI 的 Fabric 选项卡 Global Policies 下面自行定义，在第 9 章中会更详细地描述。

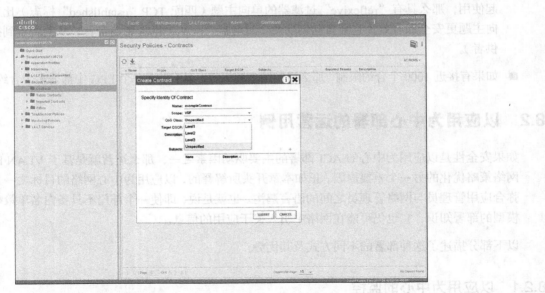

图 8-12　为一个合约配置 QoS 类

显然，由合约所定义的 QoS 策略对网络管理员有意义的一个先决条件是，从命名约定的角度来看，通过合约所连接的 EPG 与应用之间存在着一个有意义的对应关系。

下面用两个例子来解释这一点，想象一下以网络为中心的 ACI 配置。用户有 EPG，称为 VLAN-2、VLAN-3 和 VLAN-4 等。比如，在这些 EPG 之间可能定义了合约，称为 VLAN2 到 VLAN3、VLAN3 到 VLAN4。其中一个合约与 QoS 等级 Level1 相关联，另一个合约与 QoS 等级 Level2 相关联。现在想象一下，一个运维人员需要确定该配置是否正确。比如，他可能很难弄清楚，VLAN3 的优先级应该是比 VLAN4 更高还是更低。

如果 EPG 与合约分配了有意义的名称，比如 EPG 被称作 Web、App 和 DB；合约被称作 App-Services 和 DB-Services，这样看起来会简单得多。从 QoS 角度来说，这种命名方式对于运维人员而言更容易进行故障排除。比如，读者只需要与应用专家交谈并询问数据库流量是否比网络流量更重要。

如果再考虑一下，思科 ACI 正在弥合网络管理与应用管理之间的语言鸿沟，前一个例子只是另一种情况——近年来这已是 IT 极大的障碍之一。

1. 影响分析

每个网络管理员担心的任务就是评估网络故障对应用的影响。原因在于，网络缺乏关于应用的知识。面对这个问题，网络管理员将不得不再次回忆起这些知识。假设用户需要评估接入交换机升级对应用的影响。为简单起见，假设交换机没有路由功能（只做 2 层），那么读者需要确定哪些系统直连这台交换机，以及这些系统属于哪些应用。为此，通常会执行以下步骤。

步骤 1 收集连接到交换机的所有 MAC 地址。

步骤 2 从其他 3 层设备的 ARP 表中，将这些 MAC 地址关联到 IP 地址。

步骤 3 获取应用交付控制器（ADC）配置的虚拟 IP 地址，并参考那些从 ARP 表中得到的 IP 地址。

步骤 4 从 DNS 服务器中反向查找，来获取物理和虚拟 IP 地址的 DNS 名称。

步骤 5 联系应用团队或从图表、文件以及（在最好的情况下）配置管理数据库（CMDB）中挖掘应用文档，找出这些服务器所属的应用。

这只是一台 2 层交换机；可以想象，评估用户系统中一个更关键网络组件的影响将是一场噩梦——读者必须类似地评估路由、ACL，防火墙规则和其他更复杂的构造。

如果考虑一下，为弥合应用人员与网络人员之间的语言鸿沟，步骤 1~步骤 4 是必要的。网络管理员在 IP、MAC、VLAN 以及子网地址空间思考；应用人员通常在应用层思考，最终可能就是服务器名称。在许多企业中，这正是网络部门与应用部门之间唯一的共同语言。

然而，步骤 1~步骤 4 很容易，有现成的工具可以动态检索该信息；但步骤 5 是最棘手的，因为在 IT 基础设施中，很难动态地发现这些应用的依赖性。

第 7 章描述了 ACI 的 "Policy Usage" 功能。当某个策略发生变化时，它为网络管理员提供了一种非常快捷的方法，来找出可能会受到影响的应用——前提是 EPG 以应用为中心的方式定义。

2. 资产配置

以下是从相反方向进行影响分析的一个类似场景：用户可能有兴趣了解，哪些基础设施是某个租户或应用正在消耗的，而不是评估哪些租户和应用正在消耗某个特定的基础设施。

出于各种原因，大多数的服务提供商和越来越多的企业需要这些信息。可能会为消耗该基础设施而收取费用；或者通过显示哪些应用消耗数据中心的哪些部分来证明 IT 支出的合理性。

对于其他 IT 要素（如服务器），过去这种配置并不复杂。购买某台服务器时，它通常专用于单个应用。服务器虚拟化改变了这种统计方式，因此，大多数 Hypervisor 都包含资源监控措施，允许用户说明特定虚拟机正在消耗的服务器资源。但这还不够，原因是应用与 IT 基础设施之间的映射仍然是外部的。正如已经讨论过的那样，这是一个非常难以解决的问题。

基于思科 ACI，读者可以自顶向下追踪应用的依赖关系：如果对某个租户消耗的基础设施数量感兴趣，那么可以先找出该租户所配置的应用配置描述；然后可以找出每个应用中有哪些 EPG，以及 EPG 中有哪些端口。

图 8-13 显示了一个应用的 "Health" 面板，该应用有两个 EPG，它们连接到两个物理叶交换

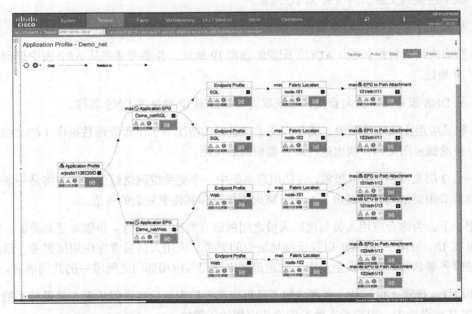

图 8-13　将应用与物理设备相关联

机上的 6 个端口，可以显示所涉及的全部对象（应用、EPG、ACI 叶交换机以及物理端口）的运行状况。

将该信息与每个端口的成本相关联，将端口成本分摊到多个租户，同时利用这些信息，并纳入诸如摊销等财务要素，这些都已超出了本章的范围。

8.3 迁移至以应用为中心的模型

从以网络为中心的模型迁移到以应用为中心的模型，取决于用户的目标策略是什么样子：出于安全性考虑，用户是否希望在 EPG 之间归并合约？或者只是想在应用配置描述中基于有意义的命名来聚合 EPG？本节假设用户希望实现所有这些目标，并提供从 VLAN=EPG=BD 模型迁移到更复杂网络策略的可能途径——以从思科 ACI 中获益。

8.3.1 禁用传统模式 BD

如果在传统模式（Legacy Mode）下配置了 BD，那么用户想要做的第 1 件事，可能就是打破 EPG 与 BD 之间的一一对应关系。请记住，禁用传统模式将影响每台 ACI 叶交换机的最大 EPG 数和 BD 数（传统模式下为 3500；否则是 1750，假设每 BD 一个 EPG）。图 8-14 显示了如何在 GUI 中禁用单个 BD 的传统模式。

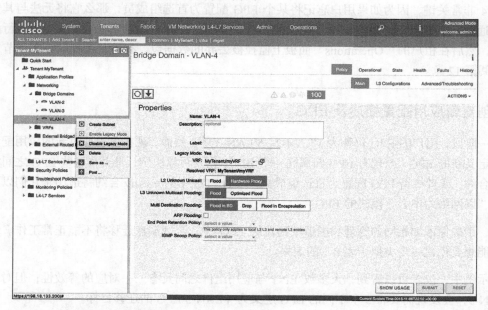

图 8-14　禁用 BD 的传统模式

8.3.2 禁用 VRF 的策略放行

用户可能希望在需要时向网络配置添加安全规则。如果在 VRF 配置了策略放行（Unenfoced Mode），那么必须改变该设置。然而，这样做将立即引发大量的丢包，除非之前就已经为 EPG 定义了合约。

vzAny 特性在这里起到了作用，因为可以定义一个合约，允许 VRF 中的所有 EPG 消费并提供全部协议（如使用默认过滤器）。

但请记得，ACI 希望选择性地为某些 EPG 配置更严格的安全策略。因此使用首选组成员（Preferred Group Member）将是一个好主意。

配置步骤会类似于以下内容。

步骤 1 将所有 EPG 配置为首选组成员。

步骤 2 配置一个使用默认过滤器的合约和主题（允许所有流量）。

步骤 3 在 VRF 的 "EPG Collection for Context" 部分以提供和消费的方式应用刚配置的合约，并标记为 "首选组成员"。

步骤 4 此时，用户可以将 VRF 从策略放行模式切换到策略执行模式（Enforced Mode）。

步骤 4 非常关键，因为如果用户忘记将某个 EPG 配置为首选组成员，那么它将无法与其他 EPG 通信（除非已为该 EPG 定义了明确的合约）。因此，用户可能希望在维护窗口中执行此操作，然后在租户的 "Operations" 面板上监控被丢弃的数据包。有关此过程的更多细节，请参阅第 12 章。

8.3.3 创建新应用配置描述及 EPG

在这一阶段，用户的 EPG 仍称为 VLAN-2、VLAN-3 等。然而，现在可以通过新的应用配置描述定义新的 EPG（与现有 EPG 归属同一个 BD）。用户可以决定，是否在这些 EPG 之间定义新合约；或者将新 EPG 配置为首选组成员，从而 EPG 中的 vzAny 合约将适用于它们以及旧的 "以网络为中心" 模式的 EPG。

另外，请确保添加相同的物理和虚拟域到新的 EPG 中，否则端点迁移将不能正常工作。读者可能想要创建一个类似于表 8-1 的表格。

在此示例中，读者可以看到，大多数 EPG 与应用组件之间具有一一对应的等效性；但对于 VLAN-5，会发现需要将 3 个不同的 EPG 定义为 VLAN-5 EPG 的迁移目标。

表 8-1　以"网络为中心"到"以应用为中心"的 EPG 对应表示例

以网络为中心的 EPG	BD	以应用为中心的应用程序配套描述	以应用为中心的 EPG
VLAN-2	VLAN-2	App1-PROD	Web
VLAN-3	VLAN-3	App1-PROD	App
VLAN-4	VLAN-4	App1-PROD	Test
VLAN-5	VLAN-5	App1-TEST	Web、App、Test

8.3.4　将端点迁移至新 EPG

现在，用户可以开始将端点从旧 EPG 移动到新 EPG。根据这些端点是物理的还是虚拟的，其迁移会略有不同。请记住，虚拟和物理工作负载都是相同的 EPG；唯一的区别是它们附加到物理域、VMM 域，还是两者都连接。

■ 对于物理端点，用户需要变更 EPG 的静态绑定，将其从旧的 EPG 移动到新的 EPG。为将业务中断保持在最低限度，建议通过脚本或一系列 REST 调用来完成此过程。

■ 对于虚拟端点，可以在新 EPG 中定义相同的 VMM 域，它将在用户的 Hypervisor 中生成一个新端口组。然后，可以将旧端口组中的所有虚拟机网卡重新指向新端口组。对于任意一个给定的虚拟机，此迁移通常只有亚秒级的停机时间。

在同租户的旧 EPG 中不再包括任何端点之后，用户就可以安全地删除它。

8.3.5　微调安全规则

假设所有 EPG 仍被定义为"首选组成员"，并且它们仍然使用在 VRF 级定义的 vzAny 合约，那么该合约很可能包含一个默认过滤器并允许所有流量。

特别是当安全性驱使网络转向以应用为中心的模型时，用户可能想要在 EPG 之间定义比上述更严格的合约。可以通过一个简单的两步过程，将新安全策略应用到用户的 EPG。

步骤 1　定义新合约，然后以消费或提供的方式，将其应用至要变更的 EPG。

步骤 2　从 EPG 中删除首选组成员的定义，使其停止使用 VRF 级的 vzAny 合约。

请记住，如果合约所定义的安全策略不正确，那么变更安全策略会对生产流量产生很大的影响。因此，从首选组成员中删除 EPG 后，强烈建议读者验证丢包日志，如本书其他章节（在租户的"Operations"面板上）所述。

8.4　如何发现应用依赖性

虽然以应用为中心的模型带来了多重好处，但对这些精细化网络配置的典型反对意见是，没有任何现成的信息可以使人们轻松地从"以网络为中心"的部署迁移至这个方向。

由于部署着以 IP 和 VLAN 严格映射方式配置的网络，因此网络管理员甚至可能不知道其上运行的应用。鉴于缺乏关于应用的信息，许多网络管理员都没有在网络中精确配置 QoS 或 ACL。突然之间，他们在思科 ACI 上获得了一种工具，可以非常轻松地实施基于应用的网络策略。

在许多企业中，这种关于应用的知识存在于应用团队之中；应用团队过去很有可能没有为"网络工作"而烦恼，因此他们不知道其应用所需的 TCP 或 UDP 端口，甚至不知道哪些服务器组之间需要彼此通信。

没有关于应用的知识，就不可能有基于应用的策略。因此，如本章开头所述，这种类型的企业可能会以网络为中心开始使用思科 ACI，同时希望得到有关在网络上运行的应用知识。凭借这些知识，他们就能够转向以应用为中心的模型，从而获取现代的、以应用为中心网络的所有价值。

8.4.1　专注于新应用

如何迁移到以应用为中心的网络？这个问题的直接答案是，仅对新部署的应用执行此操作。当要部署新应用时，来自不同领域（应用、安全和网络）的专家组将确保该应用的所有需求（包括 ACI 的策略）都正确地反映在 IT 策略之中。

这种实践不仅适用于上线新应用，还适用于更新现有应用以及部署新基础设施的情况。由于应用的新版本通常会对其体系结构进行微小的修改，因此这可能是一个坐下来讨论的好时机——是否能够采取以应用为中心的模型来部署新版本。

一些企业决定单独保留旧应用（让已配置的网络和以网络为中心的模型继续存在），因为要从它们身上找到可靠的数据是相当困难的。相反，上述企业专注于新的部署，因为将应用、安全和网络专家放在一起更容易定义这些新项目的网络策略。

读者可能已经意识到，以网络为中心与以应用为中心的配置风格并不互相排斥：在同一个 ACI 矩阵上，可以有一个称为 VLAN37 的 EPG，因为没有关于其应用的信息；以及另一个叫作 Sharepoint16 的 EPG，读者可以确切地知道其中包含什么。

大多数应用都有文档说明它们是如何构建的。如果想了解某个应用的内部组件以及每个组件的 TCP 通信端口，这可能是读者的第 1 个信息来源。如果需要，应用的所有者要与相关的应用供应商核实，以了解如何获取该信息。

这种方法的缺点是，对于每个应用，都需要检查其支持信息，这是一项相当耗时的行为。不过，还有一种选择：某些公司（主要是相关应用软件的供应商，如应用交付控制器 ADC 和下一代防火墙）已经努力收集了与多个应用相关的信息，读者可以选择使用该知识库并只连接其丢失的知识点，而不是重新进行所有已经完成的工作。

这是一个名为 ACI Profiler 开源工具的目标，读者可以在思科数据中心产品的 GitHub 仓库（Datacenter/Profiler）中找到。这是一个 APIC 的外部应用，它将创建一些 ACI 网络策略的对象，比如可以在 EPG 间的合约中使用的过滤器。

这里的假设是在一段时间内，旧应用将被替换为新应用，或至少是新的版本——以便在几年内，大部分数据中心的应用都将迁移至以应用为中心的模型。

8.4.2 迁移现有应用

以应用为中心网络模型的优势可能非常吸引人，以至于用户决定迁移其现有的应用。根据这些应用体系结构的复杂性，找出必要信息的相关工作可能非常重要。

基本上，以下是读者要查找的必需信息。

- 可分解应用的不同层级。

- 哪个服务器归属于哪个应用层级。

- 用于层级间通信的 TCP 和 UDP 端口号。

- 是否应允许每个层级内的服务器互相通信。

- 实现每个层级外部访问所需的 TCP 和 UDP 端口号。

- 每个层级中管理和监控服务器所需的 TCP 和 UDP 端口号。

- 正确操作应用所需的额外 4 ~ 7 层服务。

如读者所见，如果应用的架构相当复杂（比如，某些架构由 20 多个组件或层级组成），那么这项任务将非常艰巨。因此读者要在找到该信息所需付出的代价与任务的目标之间进行权衡。

不过，读者可能不需要所有的信息。比如，开始可以没有 TCP / UDP 端口信息，并将安全性的实现作为一项后期任务。通过定义允许 EPG 之间所有基于 IP 通信的合约，仍然能够获得以应用为中心模型的若干优势，比如更好的安全性和应用可视性。随着更多关于应用的知识获取，读者可以根据安全策略的要求进一步优化合约。

以下将重点介绍如何进行迁移之前的步骤——收集所需的信息，该过程有时被称为应用依赖关系映射（ADM）。

1. 传统的应用依赖关系映射

目前已存在若干可以检查流量，并生成一些应用依赖关系映射的工具。这些工具中的大多数都会进行有限的时间点分析，并尝试使用这些非常有限的信息来生成映射。这是因为不断增加的网络带宽与新技术，将现代数据中心的应用依赖关系映射转换成了一个"大数据"问题。

看一下用于大多数传统的应用依赖关系映射工具的不同信息收集方法。常见的是使用流计账技术，如思科 NetFlow 或 sFlow。配置交换机，定期导出上一个时间间隔内所收集的数据流。然而，基于多种因素，数据中心业务流的数量急剧增加。

- **服务器虚拟化与横向扩展的体系结构**：这通常带来了虚拟机的扩散。过去两个大的 HTTP 服务器足够处理一个应用（或多个应用）的流量，现在则是由包含数十个虚拟 Web 服务器的服务器集群来处理。这些服务器集群可以弹性地扩大和缩小，并具有显著的运营效益，但它们极大地增加了数据中心的业务流。

- **微服务架构**：基于数据库和应用前端的两级应用大多属于上一个时代；现代应用更加模块化，其趋势是将这些模块精简至最小，以便可以单独修改、测试和部署每个模块，从而提高应用的敏捷性。比如，像 Netflix 和 Flickr 这样的企业采用微服务架构，其应用包含超过 500 个微服务，并在复杂的通信矩阵上相互对话。

- **Linux 容器**：这是一项新兴技术，它的发展前景类似于过去的服务器虚拟化。Linux 容器通常与微服务架构相关联，因为它们可以与轻量级虚拟机相提并论——每当需要为某个微服务提供额外的资源时，这些虚拟机就会生成，然后在该需求消失时拆除。显然，单个 Linux 容器的独立性能是这种设计实施的一种决策因素，但这些容器往往比标准虚拟机小。换句话说，如果将应用迁移到基于容器的基础设施，那么同基于虚拟机的基础设施相比，所需的端点数可能要高得多。

- **网络带宽的增加**：现代交换机和网络适配器，可以利用比以往带宽更高的链路进行通信；当前，10Gbit/s 很常见，25Gbit/s 似乎是下一个前沿。此外，现代服务器可以支撑更多的工作负载，因而可以填满这些 10Gbit/s 或 25Gbit/s 的管道。这并不一定会增加数据中心的业务流，但它确实会影响单个交换机，因为更多的工作负载会直接附着其上。

正如以上几点所表明的，在过去几年中数据中心的业务流一直在增加，而交换机（或更准确地说，负责导出流信息的交换机 CPU）并没有相应地提升。结果，流采样技术诞生了。"sFlow"中的 s 实际上意味着"采样"。许多高带宽数据中心交换机仅支持导出采样的流信息——采样率的变化可能很大，在某些情况下高于 1000。这意味着每 1000 个数据包中只处理一个，但在统计上希望整体流统计仍是准确的。

然而，这并不是可以依靠的应用依赖关系映射。Sampled NetFlow 是一个很好的工具，它可以运行"Top Talker"报告（从带宽角度而言，未被采样的业务流通常可以忽略不计）；但当需要更高的精确度时，它就没那么有效了。比如，出于安全性考虑，未被采样的业务流实际上可能是用户最感兴趣的。

如果依靠采样的 NetFlow 来获取应用依赖关系映射，那么该模型可能会遗漏许多重要的通信——从而当它以安全策略的形式应用到网络时，会导致应用的中断。

为克服 sFlow 和 NetFlow 的限制，一些应用依赖关系映射 ADM 工具使用了完全不同的技术。与其依靠网络设备来提取和发送流的信息，为什么不将全部流量镜像到 ADM 装置，然后再提取所需信息呢？

这种方法有许多不足之处。首先是可伸缩性——换句话说，ADM 设备可以存储数据的时间跨度。用一些数字来解释这一点。想象一下标准的现代叶交换机，比如 Nexus 93180YC-EX，带有 48 个面向服务器的 25Gbit/s 端口。想象一下，所有端口都以 100%的速率运行（可以在后期应用负载校正因子）。这使得 1.2Tbit/s 全双工，换句话说 2.4Tbit/s 或 300Gbit/s 的流量穿过交换机（考虑到交换机的本地流量而不必使用上行链路）。现在，假设数据包平均大小为 600 字节——即 50Mbit/s、每秒 5000 万个数据包穿过交换机。假设 ADM 设备只存储数据包的包头（比如，每数据包 40 个字节）。那么现在是 2Gbit/s——换句话说，每秒生成 2GB，即每天 172.8TB。这只是一台交换机！假设交换机不是 100%，而仅仅是 10%的利用率，那么现在每天减少到 17.28TB。再假设用户的网络中有 20 台交换机：那么整个网络，现在每天为 345.6TB。

显然，这种类型的设备只能存储时间非常短的网络流量快照，该窗口外所产生的业务流（如仅在季度末甚至每年运行一次的应用）将被排除在应用依赖模型之外。不幸的是，用户只会在几周后发现——因为网络安全策略禁止，财务部门无法完成其财年报告。

2. 思科 Tetration Analytics

谁会尝试解决这个问题？思科从一开始就提出了一种解决方案——利用分布式计算、分析、机器学习和大数据等不同领域的一系列现代技术，称为 Tetration Analytics。

Tetration Analytics 的使命是，查看经过网络的每个数据包并提供可操作的应用洞察，以便回答以下问题。

■ 哪些服务器具有相似的通信模式，因而可以划分至 EPG？

■ 这些 EPG 中的哪一个需要与其他 EPG 对话，通过哪个 TCP 或者 UDP 的端口？

■ 是否有来自异常且可疑来源的流量？或者是离开数据中心的异常流量（可能代表着某种数据泄露）？

■ 当前网络是否受到攻击？

■ 哪个服务器的哪个操作系统进程实际上产生了特定流量？此流量是由合法应用生成的，

还是由某些恶意软件生成的?

■ 如果改变网络的安全态势,是否能够抵御特定攻击?

■ 如果将应用迁移到云,是否也应该迁移该应用所依赖的其他组件?

请注意,这些只是 Tetration Analytics 可以回答的一部分问题。它简直就是"无所不知的数据中心先知"。为实现这一目标,它可以从两个来源收集信息。

■ 现代思科 ACI 的 Nexus 9300 EX 系列交换机能够实时分析带宽并将流信息发送到 Tetration Analytics 设备。它只发送数据流的信息,而不是完整的数据包。与 NetFlow 和 sFlow 不同,它包含了额外的细节,诸如数据包延迟和上下文等信息(当特定业务流通过时交换机发生了什么)。

■ Windows 和 Linux 等虚拟及物理服务器中的软件代理可以发送由操作系统产生的流量。这种遥测(Telemetry)数据也得到了丰富,比如那些将网络数据包发送到 TCP/IP 堆栈的操作系统进程信息。Tetration Analytics 软件代理非常轻,并且在所安装的机器上消耗最少的资源。在本书英文版撰写时,它支持多个 Windows 版本(从 Windows Server 2008 开始)以及诸多 Linux 发行版,比如 RHEL、SLES、CentOS、Ubuntu 和 Oracle Linux。更多详情,请参阅 Tetration Analytics 的官网数据表(Data Sheet)。

除信息源之外,吸收该流量的分析装置需要具备足够的存储容量且其成本仍然可以接受。这是大数据技术可以提供帮助的地方——使用通用的现成服务器、硬盘和固态磁盘,并将其组合成一个大容量、高性能的存储系统。

收集信息并存储后,下一个挑战包括分析所有信息,以从该数据中提取有意义且可操作的洞察。思科开发了专门为分析网络流信息而设计的分析算法。这些算法由独立的学习系统支撑,以将人为干预的必要性降至最低并消除结果中的误报和漏报。

围绕这 3 个领域(信息收集、存储和分析)的创新性成果就是思科 Tetration Analytics。这一解决方案可显著简化白名单的实施,能够实时查看数据中心的所有内容。它采用基于行为的应用洞察和机器学习,来构建动态的策略模型并自动执行。

8.5 小结

大多数企业开始部署 ACI 的方式,与传统网络所使用端口和 VLAN 的方式相同,有时被称为"以网络为中心"的 ACI 部署。该方法没有问题,这些企业将从思科 ACI 中获得诸多益处,如第 7 章所述,这将有助于改善其网络的运营方式。然而,转向以应用为中心的模型可以带来另外一些好处,本章重点介绍了这些好处。企业转向以应用为中心的 ACI 部署主要包含两大应用场景。

- 安全性：思科 ACI 可以帮助显著地提高数据中心的安全性，使安全性遍及整个网络，而不仅仅集中在诸如防火墙等检测点。

- 运营：通过将与应用相关的知识注入网络配置之中，运营人员将拥有关键数据，以帮助他们弥合与开发人员之间的语言鸿沟。该应用场景对于努力实现 DevOps 模型的企业非常重要。

最后但也同样重要的是，这些不同的部署方式可以共存：对于那些相关知识尚不存在的应用，可能采用以网络为中心的方法来部署；对于安全性至关重要的应用（可能需要更为严格的安全策略）以及基于 DevOps 方式来管理的应用，两者都需要采用"以应用为中心"的方法来配置。

第 9 章

多租户

读者将在本章学到如下内容。

- 从数据与管理的角度而言，网络环境下的多租户意味着什么。

- 如何将 ACI 迁移到多租户模型。

- 如何将租户连接到外部资源。

- 如何在租户之间提供连通性，以及如何共享诸如外部路由之类的资源。

- 如何将 4 ~ 7 层网络服务与多租户集成。

本章讨论多租户，那么要先提一个开放式问题：什么是租户？它是外部客户还是内部客户，抑或是大型组织内的一个部门？

在 2012 年的论文 "Architetural Concerns in Multi-Tenant Saas Applications" 中，Krebs、Momm 和 Kounev 将租户定义为 "在应用部署上共享相同视角的一组用户"。这与当今许多企业部署 ACI 多租户的方式非常接近：用于定义某组用户对网络的哪个部分可见并可访问的一种方法。

这组用户恰恰就是一个群体：它可以是一个客户（外部的或内部的）、一个分支机构，也可以是一个除网络部门以外的其他 IT（或非 IT）部门等。读者可以自行决定 "租户" 对网络部门意味着什么，并可以从这一问题中得出多个答案。

本章将探讨 ACI 网络多租户的实施优势，并提供其他用户利用该功能的范例。以便读者所在的组织可以更好地评估哪种类型的多租户概念才是最适合的。

9.1 网络多租户的需求

网络多租户分为数据平面多租户与管理平面多租户，本章在讨论多租户话题的各个角度时，始终指向这两重含义。

9.1.1 数据平面多租户

网络多租户的第 1 个方面是流量隔离或数据平面多租户。这是传统网络中已有的概念，其实现经常基于如下两种大家所熟知的技术。

- **VLAN**：这是 2 层网络虚拟化。它允许多个用户组（租户）共用同一个 2 层交换机，将一个组的流量与其余组隔离。实质上，这相当于将单个交换机虚拟化成多个逻辑交换机。

- **VRF**：作为 VLAN 概念的演进，VRF 代表 3 层网络虚拟化。这里的想法是虚拟化路由器，以便多个租户可以共享。这些不同的路由分区在 3 层应该是彼此独立的，包含不同的 IP 地址空间（甚至可以重叠）、不同的路由协议实例以及不同的路由表等。

多样化设计组合多个 VLAN 与 VRF 来实现 2 层及 3 层的矩阵分段。该分段有多种原因，举例如下。

- 两家带有重叠 IP 地址范围的公司合并。

- 某些环境下彼此完全隔离的安全需求。

- 流量工程（换句话说，确保两个端点之间的流量经由特定的网络站点）。

多年以来，除 ACI 之外的现有网络技术已整合了数据平面与管理平面的多租户，而且被证明非常有效。没必要另起炉灶，ACI 基于同样的概念来实现数据平面范畴上的网络多租户（2 层及 3 层的流量分段），但凭借其集中管理的概念进行了增强：ACI 新创建的 BD 或 VRF 会自动应用到所有的矩阵交换机，从而使数据平面多租户的实现一蹴而就。

9.1.2 管理平面多租户

多租户的第 2 个方面是管理层面多租户，业界过去一直在努力解决这个问题。为了说明这一点，假设公司 A 与 B 合并，在数据中心创建了两组 VLAN 及 VRF，以便属于这两家公司的流量不会被混在一起。现在的问题是，如何让公司 A 的网络管理员只访问他们的资源（如其 VLAN 和 VRF），而不触及公司 B 的资源？这种层面的多租户在大多数网络平台上从未出现过，只有通过额外的网络软件才能实现。

管理平面多租户存在多种应用。如第 7 章所述，读者可能希望为特定人群（如虚拟化管理员）或公司的某部分人员提供其专用的网络视图。如本章所述，可以利用安全域来实现该目的。

即便除网络管理团队外的任何人都不访问 ACI，在某些方面，多租户也可以使系统管理变得更加容易。用户可以对网络及应用进行分组（ACI 的租户），以便可以在发生故障时检查其总体健康指数，从而快速识别受到影响的网络区域（比如，公司可能拥有诸如生产、灰度和测试之类的租户）。

如果读者决定实施网络安全就会发现，如第 8 章所述，拥有多个租户可以让工作更轻松。比如，对合约安全策略实施的相关问题进行排障时，只需关注特定租户，而不必浏览整个网络上所有的合约日志。在不同租户之间，通过应用及网络的精细隔离，将可以更轻松地在 GUI 中查找信息。

数据平面多租户与管理平面多租户是正交概念：可实现两者、仅其中之一或两者都不。下面有若干示例来澄清这两个概念的含义。

■ 如果当前网络没有 VRF，那么 ACI 可能也不需要它。换句话说，不需要数据平面多租户。

■ 如果有多组管理员，并且每组关注于数据中心的不同部分，那么读者可能会希望在 ACI 的设计中包含租户概念。也就是说，ACI 将受益于管理平面多租户。

■ 即便只有一个网管团队运营整个数据中心网络，读者可能仍然希望能够将网络划分为多个更易于管理的部分。管理平面多租户会再次提供实现这一目标的方法。

9.2 ACI 中的多租户

如 9.1 节所述，在 ACI 中，数据平面多租户是通过 VLAN 及 VRF 实现的——与传统网络完全相同。多年以来，VLAN 和 VRF 都与网络多租户密切关联：VLAN 可以让多个租户共享 2 层基础设施而不会互相干扰，VRF 则能够为 IP 网络实现同样的目标。

这就是所谓的数据平面多租户。ACI 可以利用 VRF 将 3 层网络切分成多个域，而且还有一个与 VLAN 非常类似的概念：桥接域（BD）。正如前文所述，VLAN 的概念在 ACI 中略有不同，它可以粗略地转换成 BD：如果两个端点位于不同的 BD，那么它们将无法直接通过 2 层对话，这与 VLAN 技术完全一致。实现通信的唯一方法是 3 层，需要在 BD 上定义默认网关——这也与传统网络完全相同：不同的 VLAN 只能通过 3 层设备互通。

尽管如此，这些 BD 仍然需要与同一个 VRF 相关联。如果配置不同的 BD 并关联不同的 VRF，那么即便为 BD 配置了默认网关，端点之间也不能进行 3 层通信（除非显式允许跨 VRF 通信，将在本章后面的部分说明）。

现在尝试从数据平面多租户的概念进入管理平面多租户。这里的目标不是让数据包及路由协议彼此独立，而是让不同组的管理员可以访问网络的不同部分。在某种程度上，这与第 8 章所描述的以应用为中心的概念并没有什么不同。

租户概念反映为 ACI 的 "Tenant" 对象类（毫无意外）。ACI 对象的租户仅仅是一个容器：

该文件夹可以包含其他 ACI 对象，如应用配置描述（Application Profile）、BD 或 EPG。

下面开始研究这些租户对象的两个重要属性。

- 租户不能嵌套。换句话说，不能在一个租户中再配置另一个租户。
- ACI 大多数逻辑构造的配置始终需要租户，比如应用配置描述、EPG、VRF、BD 及合约。不需要多租户的组织可利用默认的 "common"（公共）租户，但这时需要在同一个租户中定义所有的 ACI 构造。

9.2.1　安全域

租户定义后，就可以控制哪些网络管理员可以访问哪些租户。读者可能希望某些管理员能够控制所有租户的所有属性，而其他类型的管理员则只能查看和修改某些租户。

可以将应用策略基础设施控制器（APIC）的用户直接与租户相关联，但这会带来一些管理上的挑战。想象一下，如果某些管理员需要访问所有租户，那么每当创建新租户时，都要确保这些特殊管理员用户的更新，以便他们可以修改新创建的租户。

ACI 通过安全域解决了这一挑战。安全域是租户与用户之间的一个中介实体。租户被分配至安全域，安全域被分配给用户。换句话说，安全域是系统中所有租户的子集，用户可以访问已分配给他们的、安全域中所包含的全部租户。

在前面那个需要查看所有租户的特殊管理员示例中，有一个名为 "all" 的特殊安全域，只需将该安全域分配给某一用户，就可以确保这个用户能够访问系统上的所有租户。

由于租户可以被分配至多个安全域，因此 ACI 可拥有多个重叠的租户子集，以精细化的方式控制用户访问。如果租户之间有一些层次性，那么读者会希望部署一个重叠的安全域实例。假设公司 A 和 B 正在合并，需要为每家公司定义虚拟化租户及存储租户。那么总共会有 4 个租户：虚拟化-A、虚拟化-B、存储-A 以及存储-B。这时可以利用多个安全域来实现以下目标。

- 有权访问所有存储租户（A 和 B）的用户。
- 有权访问所有归属于公司 A（虚拟化与存储）基础设施的用户。
- 专门访问存储-A 的用户。

如读者所见，安全域是一个非常好用的逻辑构件，在描述哪个 APIC 用户可以访问包含于哪个 ACI 租户中的配置时，它可以获得最大的灵活性。

9.2.2 基于角色的访问控制（RBAC）

在确定某些管理员只能访问某些安全域内的租户后，还需要明确他们在租户中能够执行哪些操作。这些用户应该看到并能够修改其中的每一个属性或只是一个子集？这正是基于角色的访问控制（RBAC）能够实现的目标。通过角色，就可以分配给某些用户对租户中的某些属性的只读或者读写的访问权限。

RBAC 是网络安全的一个关键部分。大多数安全策略都要求，IT 管理员只能访问为完成其工作所必需的那些功能。下面是另一个行业的示例：如果读者在银行的人力资源部门工作，那么可能无须获得进入金库的许可。对 IT 而言 RBAC 也是如此——其使命是向每个管理员提供他们所必需的基础设施访问，以防止意外或恶意使用。

在网络基础设施方面 RBAC 并不陌生。尽管传统实现要么太粗糙，要么太复杂，以至于通常无法实施及维护。传统思科 iOS 设备具有 16 个权限级别，只允许用户执行其权限级别所许可的命令。这里主要的问题在于，为命令分配权限级别是一个手工且非常容易出错的过程。

NX-OS 引入了角色和特性组概念，旨在简化旧的流程。它具备诸如 "网络管理员" 和 "网络操作员" 之类的预定义角色，并可以将命令分配给这些角色——不是单独分配，而是在特性组中聚合。

ACI 遵循同样存在于 NX-OS 中的架构。ACI 带有一些预定义的角色，比如 "fabric-admin" "ops" 以及 "read-all"。此外，当然也可以创建更符合自己要求的新角色。以下是在 ACI 中可以按字母顺序找到的预定义角色列表。

- **aaa**：用于配置身份验证、授权、记账以及导入/导出策略。

- **admin**：提供对矩阵所有功能的完全访问权限。管理员权限可被视为其他所有权限的集合。ACI 系统的主管理员将是读者希望拥有的角色。

- **access-admin**：用于配置接入端口属性。

- **fabric-admin**：允许配置矩阵范围内的属性与外部连通性。

- **nw-svc-admin**：允许具有该角色的用户配置 4 ~ 7 层网络服务的植入及编排。

- **nw-svc-params**：针对外部 4 ~ 7 层设备的配置，该角色具有对其管控参数的访问权限。

- **ops**：该角色旨在满足网络操作员的需求，可访问 ACI 的监控及排障功能。

- **read-all**：用于提供系统的全部可见性，但无权修改任何设置。

- **tenant-admin**：租户管理员可以在租户内配置大多数属性，但他们不能更改可能会影响其他租户或矩阵层面的设置。

■ **tenant-ext-admin**：作为租户管理员角色的子集，该角色允许为 ACI 租户配置外部连通性。

■ **vmm-admin**：允许访问与诸如 Microsoft Hyper-V、OpenStack 以及 VMware vSphere 等虚拟化环境的集成。

可以打开 ACI 的 GUI 并验证上述每个角色都分配了哪些权限。图 9-1 展示了分配给 aaa 角色的权限（只有一个权限，恰好也称为 "aaa"）。一共有 62 个权限，对于每个角色，读者可以自行决定它能否查看这些类别。通过对角色添加或删除权限，就可以相应地扩大或缩小任意给定角色的管理范围。

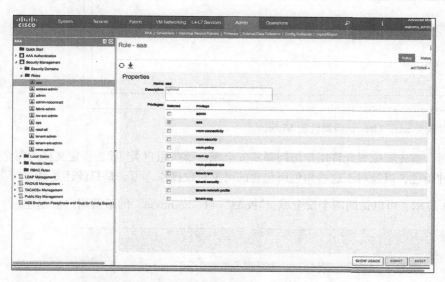

图 9-1　角色 aaa 及其相关权限，也称为 "aaa"

读者的下一个问题可能会是，某项权限到底允许或不允许一个角色做什么？权限名称通常是不言自明的，但如果想确切地了解哪些权限允许读取或写入某一个对象，那么可以浏览 ACI 的对象模型。第 13 章将更深入地介绍如何使用 Visore 工具，它嵌入在每个 APIC 中，以便访问每个 ACI 对象类的具体描述。

读者可以尝试确定哪种权限允许创建或修改本地定义的用户。在查看本地用户所属的类 aaa：User 时（第 13 章将介绍，如何利用 Visore 和 GUI 的 Debug 选项来查找类名），就可以看到 "aaa" 与 "admin" 这两个权限，可以读写归属于这个类的对象而其他权限则不行，如图 9-2 所示。也就是说，只允许拥有对应角色（包含权限 "aaa" 或 "admin"）的用户去查看或修改本地定义的用户。

图 9-2 展示了 Visore 如何查看类 aaa：User 的属性。请注意，类描述开头的 "Write Access" 和 "Read Access" 属性指向所允许的权限。

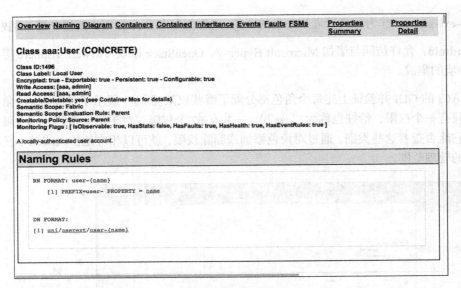

图 9-2 显示对象类 aaa：User 访问属性的 Visore

在创建用户时，首先要配置允许用户访问哪些安全域（哪些租户）。第 2 步定义将为每个安全域分配何种角色，以及对于这些角色所包含的可见对象操作许可，是只读还是读写。

比如，图 9-3 显示了可以访问两个安全域："Pod3" 与 "common" 的某新用户被创建。

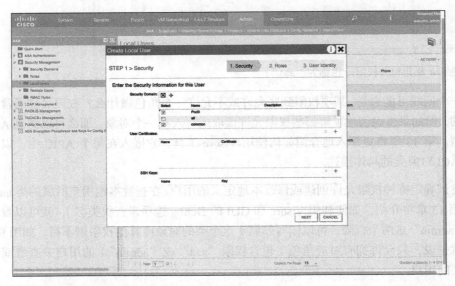

图 9-3 定义允许新用户访问的安全域

还可以基于只读或读写模式分配角色，来决定该用户能够访问哪些对象，如图 9-4 所示。

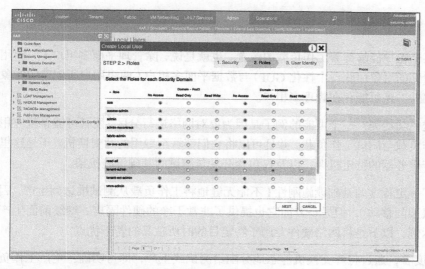

图 9-4　定义新用户在每个安全域中的角色

但是，假如所有 ACI 预定义的角色都不能满足需求呢？举例而言，研究一下角色 aaa（用于身份验证、授权和记账）。正如在图 9-1 中看到的那样，它只有一个相关联的权限，恰好也称为"aaa"。

现在假设，读者所希望拥有的角色不仅包含 AAA 的配置，还有其他内容，比如"tenant-security"。那么可以修改现有的 aaa 角色或者创建一个新角色，以便它能同时包含这两个权限。图 9-5 展示了一个新创建角色"aaa-new"的配置。

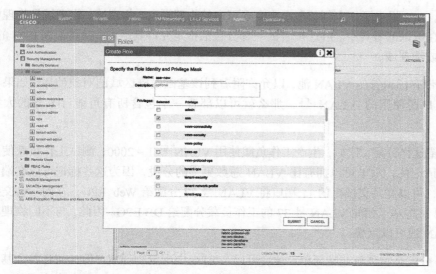

图 9-5　新增的"aaa-new"角色，其中包含额外权限

9.2.3 物理域

可以额外限制某个租户能够部署工作负载的位置。也就是说，除管理平面多租户（一组用户基于允许他们看到的对象而获得个性化 GUI）与数据平面多租户（两组用户所创建的对象无法互相通信）之外，还可能存在物理多租户。

为什么要实现这一功能呢？一个可能的例子是因为要对网络进行分区。读者可能希望应用同时拥有生产工作负载与测试工作负载，并且可以将它们部署至专用的叶交换机。于是这里就会有仅安装生产服务器的特定机架，以及仅包含开发与测试的基础设施机架。

这种方式造成了一定程度的基础设施刚性（不能无缝地将工作负载从测试推送到生产，因为需要在不同的机架间移动），但另一方面它也提供了非常干净的硬件隔离。继续前面生产与测试相分离的示例，以下是将网络硬件专用于特定目的时所独具的若干优点。

- 从带宽的角度看，通过将叶交换机静态地分配给测试或生产，即可明确：生产工作负载完全不会受到测试活动的影响。

- 从可伸缩性的角度看，测试工作负载不会消耗专用于生产的 ACI 叶交换机的硬件资源。如前所述，主干—叶架构在很大程度上依赖于单个叶节点的可扩展性，因此确保测试工作负载不会耗尽生产工作负载可能会需要的资源，这一点非常重要。

- 从安全性的角度看，可能需要为每种类型的工作负载配备专用的 ACI 叶交换机。请注意，虽然 VLAN 与 VRF 分段是隔离工作负载的安全方式，但某些情况下物理隔离可能更为有利（两者之间有"空气间隙"，某些业内人士喜欢这样描述）。

如第 1 章所述，ACI 提出了一个创新概念来实现租户的物理隔离：物理域。物理域是物理资源的集合，EPG 可以部署其中。EPG 配置的一部分包括指定允许其端点（归属于该 EPG 的）存在的虚拟域或物理域。

物理域还包含带有标识符的 VLAN 池，以允许附着到该基础设施区域的对象使用。如果不想限制某个租户所使用的 VLAN 号，那么就可以部署一个包含所有可能 ID 号的大型 VLAN 池。

否则，可能希望这样分配：比如，生产工作负载使用 VLAN 号 1 ~ 2000；测试工作负载使用 2000 ~ 4000。请记住，ACI 可以拥有比 VLAN 总数更多的分段，因为这些标记可以在端口间复用。比如，可以在某交换机的 11 端口将 VLAN 号 37 分配给 Web EPG；在同一台交换机上的端口 12 再将基于相同 VLAN 号 37 的工作负载分配给 DB EPG。因此，与不同物理域相关联的 VLAN 池可以重叠。

因此，将 EPG 分配至物理域非常简单：读者可以在 EPG 中配置物理域。但如何将各个基础设施组件配置到物理域？ACI 是通过 Attachable Access Entity Profile（AAEP）来实现的。这个术语可能听起来很复杂，但其背后的概念实际上非常简单。接下来的部分将描述，当初设计 ACI 的网络模型时，其他理论上可能的选择；以及为什么在将基础设施元素与物理域相关联时，AAEP 是最为灵活的一种实现方式。

ACI 架构师需要先定义这些基础设施分配所采用的颗粒度。由于网络上最小的物理实体是交换机端口，因此这是划分物理域颗粒度的起点。现在，第 1 个选择是将每个端口都与物理域相关联，但这会造成端口配置的复杂化。每次配置端口，都要记住它应该归属于哪个或哪些域，这显然是低效的。

下一个选择是将物理域与接口策略组（大致相当于 NX-OS 世界里的 port profile——端口配置描述）直接相关联。端口配置将简化，因为只需要将端口附着到相应的接口策略组，而后者已包含与物理域的关联。但是，该模型也有问题：将基础设施关联到物理域的变更将非常痛苦，因为它涉及遍历每一个单独的接口策略组，并将其关联修改为物理域。

基于此，AAEP 的概念被创造出来。它是一种"连接器"，充当接口策略组与物理域或虚拟域之间的黏合剂。从这个角度而言，读者可以把 AAEP 视为将 VLAN 池分配给以太网端口的一种方式。图 9-6 展示了这一概念。

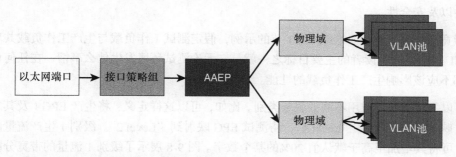

图 9-6　利用 AAEP 将端口关联到物理域

归功于这种灵活的数据模型，变更已有的物理域关联将非常容易，因为在大多数情况下，不需要修改接口策略组，只需更新 AAEP 级别的关联即可。

回到前面的示例，可以定义与生产用 VLAN 号 2 ~ 1999 相关联的生产物理域，以及与测试用 VLAN 号 2000 ~ 3999 相关联的测试物理域（图 9-7 中"PRD"代表"生产"，"TST"代表"测试"）。比如，以太网端口 1/1（假设它上面附着了用于生产工作负载的 VMware Hypervisor）与生产策略组相关联（图 9-7 中的"ESXi-PRD"）。类似地，将以太网端口 1/2 绑定到接口策略组"ESXi-TST"，其中仅允许测试 VLAN。如果管理员尝试在附着到端口 1/2 的 ESXi 测试主机上部署生产用 VLAN，那么将不会工作：因为根据其物理域关系的定义，该物理端口将不接受此类封装。

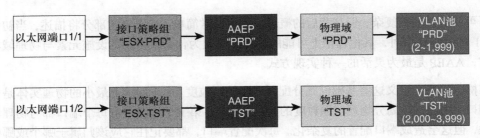

图 9-7 隔离物理域的端口分配示例

在本节短暂的旅程后，关于什么是物理域、如何限制哪些 VLAN 号以及哪些基础设施元素（交换机端口）可以与某一 EPG（EPG）相关联，希望读者有了更好的理解，并能运用这些概念来实现网络切片（比如，为了实现本节开头所描述的目标：端口甚至全部交换机专用于特定租户，并且该租户 EPG 所关联的物理域仅包含特定的端口或交换机）。

9.2.4 通过 QoS 保护逻辑带宽

如 9.2.3 节所示，对不同物理域的网络进行切片，将具备如下优势：带宽分配、叶节点资源的可伸缩性以及安全性。

假如只对带宽部分感兴趣呢？继续 9.2.3 节的示例，假定测试工作负载与生产工作负载共享同一个 ACI 矩阵。假设读者的主要目标之一就是，无论测试环境发生什么事情，在任何情况下，它都不应该影响生产工作负载的性能。

基于此，可以为每个租户应用不同的服务类别。比如，可以这样定义：将生产 EPG（及其之间的合约）映射到 QoS 策略 "Level 1"，将测试 EPG 映射到 "Level 2"。级别 1 生产流量的带宽分配，可将其增加至高于默认值 20%的某个数字。图 9-8 展示了级别 1 流量的带宽分配

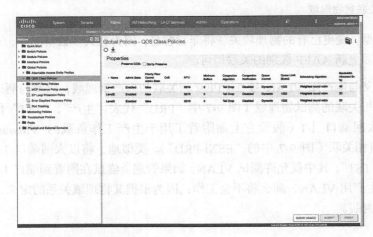

图 9-8 ACI 的 QoS 类别

为 40%，而其他两种类别各为 20%。这意味着生产流量，在任何情况下，都将获得至少两倍于其他类别的带宽。

请注意，该方法显然不能扩展到 3 个以上的租户，它仅适用于隔离测试与生产、Internet 与外联网，以及在公司整合时两三个组织共享同一网络等场景。

9.2.5　租户和应用

如前几节所示，租户基本上是用于限定管理访问的一个文件夹。在租户内，可以定义应用配置描述，而这些配置描述又是另一种包含 EPG 的文件夹。一个常见的问题是，在配置两个不同的应用策略时，是基于同一租户内两个不同的应用配置描述，还是两个完全不同的租户？

在工程中通常遇到的就是这种情况，答案是"因地制宜"。回想一下本章开头对租户一词的定义：租户由一组用户描述。那么哪些用户组需要访问这两种应用的网络？他们所感兴趣的是其整体还是仅仅某一个子集？

下面将探讨，全球范围内各个组织在实施 ACI 时所参照的若干通用案例。

9.2.6　业务线的逻辑隔离

这是多租户常见的用例之一。ACI 能够基于以应用为中心的模型来配置网络，假设基于 ACI 的应用配置描述（如前所述）已经为应用构建了网络配置。这其中的某些应用可能归属于公司内的同一个部门，比如财务、人力资源或工程。因此，为什么不将财务租户之中的所有财务类应用聚合起来，从而提供一个整体视图？

术语"业务线"也可能不是特定组织所使用的——也许是分支、部门、业务单元、产品线或仅仅是业务本身会更好地适用于读者所处的具体情况。但这一概念仍然不变：拥有不同应用的实体。

利用该租户隔离模型，就可以围绕其所拥有的应用为每个业务线提供网络访问。继续前面的示例，仅对财物类应用感兴趣的管理员可以查看并修改特定于这些应用的网络信息，而不会被与其无关的事件或配置分散注意力。

即便对那些并不是专注于特定业务线的管理员而言，能够将网络划分为更易于管理的分段，也将不无裨益。如果有人抱怨财务应用存在问题，那么管理员不会希望看到与手头这个问题无关的东西。

请注意，该案例描述的是管理平面多租户，可能并没有创建多个 VRF 的需求。在部署管理平面多租户时，一种流行的选择是将网络对象（BD 与 VRF）保留在公共租户内（换句话说，管理平面多租户不一定意味着数据平面多租户）。

毕竟，"网络"可能也只是被视为另一条业务线。因此，一个频繁使用的 ACI 设计是将所有网络对象涵盖在单个租户内，并且只有网络管理员才能访问。而设计 EPG 关系、合约及应用配置描述的其他管理员可以访问放置于特定租户中的这些对象，如图 9-9 所示。

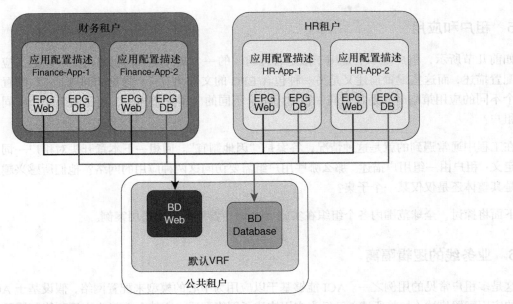

图 9-9　网络构件位于公共租户（Common Tenant）的 ACI 租户设计

请注意，这只是租户设计上的一个示例（尽管是相对常见的），读者可能希望根据自己的特定需求而有所调整（如将 BD 上移至专用租户）。以下是此类设计的若干优势。

- 可以拥有"财务管理员"或"人力资源管理员"，他们可以访问（如果需要，甚至可以变更）各自特定的网络策略。

- 这些管理员无权变更可能会影响其他租户的矩阵层面设置。

- 网络的特定信息，如子网、组播参数及 VRF 都位于单个租户（公共租户）内，并且只能由全局网络管理员访问。

- 在排障时，网络管理员可以专注于网络的特定部分，无论是在单个租户内（特定于某个租户的问题），还是位于公共租户之中（针对矩阵层面的问题）。

9.2.7　安全性或合规性的逻辑隔离

将配置隔离成多个租户的另一个原因可能并不是相关应用归属于不同实体，而是基于不同的安全性需求。因此,读者可能希望将应用划分至与租户相对应的安全区域。

比如,读者可能希望拥有一个特定的租户,其中定义了所有需要与支付卡行业(PCI)相兼容的应用。同理,或许健康保险携带与责任法案(HIPAA)的应用将位于另一个租户。

请注意,在该多租户用例中,关注的焦点必须放在数据平面。不同安全区域(租户)内的应用需要彼此隔离,因此读者可能希望在每个安全区域配置专用的 BD 及 VRF。

截至本书英文版出版,ACI 正在完成所需的流程,以获得相关的安全认证。其中一个例子是 Verizon 报告,它包含了在 PCI 合规性方面,Verizon 为 ACI 所执行的审计、评估及认证,并已取得非常积极的成果。在思科官网可以找到该报告。仅快速摘抄其中的一行——读者将在该文档中找到这段话:"ACI 简化了支付卡行业(PCI)的合规性,并降低了动态工作负载导致安全漏洞的风险,同时保障了策略及合规性。"

对租户概念的另一个经典解释是,组织内的 IT 管理员需要对网络构件实施受限访问。在这种情况下,ACI 多租户为其他的 IT 团队提供了对其流程支撑网络部分的访问能力。

比如,定义一个租户"VMware",它可以被 VMware 管理员访问。在这里,后者可以看到其"应用"的网络状态。与 VMware 管理员相关的应用诸如 vMotion、VSAN 以及 Management。在该案例中,假如 VMware 管理员怀疑网络出现问题影响了 vMotion,那么 APIC 将向其展示是否确实如此。当 VMware 管理员登录 APIC 时,将只能看到所有与其"应用"相关的信息。

虚拟化管理员的案例非常重要,因为它说明了下一个可能出现的问题:什么是 EPG?暂且关注 vMotion 并假设存在多个虚拟化集群。是否应为每个集群分别定义应用配置描述,并在每个配置描述中定义 vMotion EPG?还是应该定义一个"vMotion"应用配置描述,并在其中为每个集群定义 EPG?

总体建议是把握住"应用"这个词的内涵。在这个案例里,"vMotion"比"集群"更贴近应用的概念,因此第 2 种方法("vMotion"应用配置描述)将是首选。这意味着当测试集群中的 vMotion 出现问题时,操作人员将看到以下过程。

■ VMware 租户的健康指数下降。

■ vMotion 应用配置描述的运行状况评分下降。

■ vMotion 应用配置描述中测试 EPG 的健康指数下降。

这即是图 9-10 所展示的模型,其中 vSphere 管理员可以访问租户"vSphere"下配置的应用及 EPG,从而可以快速识别影响 vSphere 基础设施的网络问题。在图 9-10 所示的例子中,某一故障轻微影响了 vSphere 集群 1 的 vMotion 运行状况(请注意,这些应用配置描述及 EPG 是由网络管理员静态定义的)。

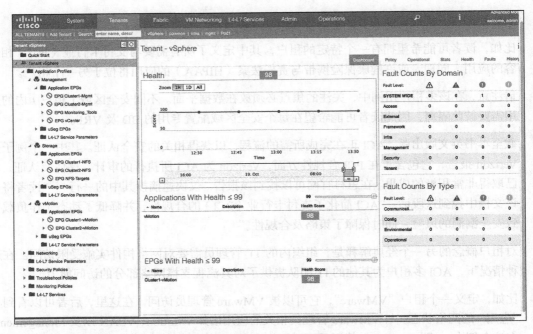

图 9-10 为 vSphere 基础设施所定义的租户示例

参照另一种方法，即将应用配置描述实际映射到 VMware 集群也很好。如果问题类似于前面的示例（测试集群的 vMotion 出现故障），那么以下将是操作人员接收告警的顺序。

■ VMware 租户的健康指数下降。

■ 集群测试的应用配置描述健康指数下降。

■ 测试的应用配置描述中的 vMotion EPG 健康指数下降。

如读者所见，告警在对象树上所呈现的方式略有不同，具体取决于 VMware 管理员如何组织其基础设施对象（vMotion vmknics、vSphere 集群等），其他一些选择可能更合适。

该示例展示了租户与应用概念的抽象特性。虽然可以将 ACI 租户映射到组织内的团队，并将 ACI 应用映射到数据中心上的业务，但读者仍然可以通过其他方式来理解这些 ACI 概念。比如，可以将这些 ACI 构造视为 EPG 上的两级层次化目录系统（租户包含应用、应用包含 EPG），并提供有关 ACI 端点所有信息的一个摘要层。

9.3　将资源迁移至租户

本节假定网络已部署完毕，并且没有多租户。读者可以选择以应用为中心或者以网络为中心的模型（第 8 章所讨论的 BD=EPG=VLAN 模型），但所有对象都位于公共租户内。

无论是以网络为中心还是以应用为中心的配置风格,如第 8 章所述,完全取决于网络管理员。它与 ACI 的运行方式无关,也没有任何开关可以从一种模式切换到另一种。归根结底,只是一种配置风格而已。

关于数据平面多租户,可以为所有 BD 提供单个 VRF(不是数据平面多租户),也可能已经在数据中心定义了多个路由域。

以下部分展示了迁移到多租户模型所涉及的不同步骤,包括数据平面与管理平面的隔离。请注意,并非所有步骤都是必需的,因为读者可能只对这两个选项之一的实现感兴趣。

9.3.1　创建逻辑租户结构

如果要将资源从公共租户移出,那么首先需要的是目标租户,包括其内部的应用配置描述、EPG,以及可选的 VRF 与 BD。之前在 9.2.6 节中解释了,为什么要在公共租户内保留 VRF 与 BD。

如果已决定新租户将归属于某个安全域,请确保进行相应的配置。

9.3.2　实施管理平面多租户

管理平面多租户相对容易实现(从迁移的角度而言),因为它只涉及在另一个租户上创建应用配置描述与 EPG,同时让公共租户的对象负责数据包转发(如 BD、VRF 及外部网络)。因此,这基本上可以在不停机的条件下实现。

从数据平面的角度迁移到多租户环境比较棘手,读者将在 9.3.5 节中看到。

9.3.3　迁移 EPG 与合约

为实现管理层面的多租户网络,EPG 将不得不从公共租户转移到专用租户。而实际的情况是,并不是迁移 EPG 与合约本身——相反,是在新的租户上创建它们。需要迁移至新 EPG 的是端点。

如果它们尚不存在,第 1 步显然是创建新租户与新的应用配置描述。应该将新 EPG 映射到与原始 EPG 相同的 BD。该 BD 仍保留在公共租户,因此其他任何租户上的任何 EPG 都可以与之相关联。不要忘记配置新创建 EPG 之间的合约,否则通信就会中断。建立临时合约,以允许新旧 EPG 之间的所有通信(同一 EPG 内的端点间通常需要对话,尽管不是必需的)。

如第 8 章所述,物理端点及虚拟端点可以逐步迁移至新 EPG,对应用的影响将非常小。

图 9-11 展示了此类迁移的一个示例，其中新 EPG "Web" 和 "DB" 在新租户上被配置，并映射到与旧 EPG 相同的 BD（位于公共租户）。端点迁移完成后，就可以从公共租户删除旧 EPG 了。

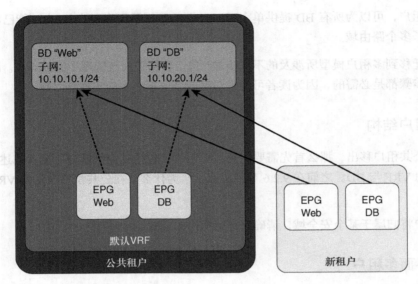

图 9-11　迁移至管理平面多租户

9.3.4　导出与导入租户间通信合约

在该阶段，EPG 可能分布于多个租户且都在同一个 VRF 下，并且在这些租户上，都已部署了控制 EPG 间通信的合约。也可以将合约保留在公共租户，但建议将它们迁移到对应租户——主要是出于管理上的考虑。

然而，这意味着一个租户的 EPG 不需要与另一个不同租户的 EPG 对话。如果遇到这种情况，读者有两种选择：第 1 种选择是"促销"该合约到公共租户。如第 7 章所述，不要忘记将其范围定义为 Global 或 VRF，以便能被不同租户上的两个 EPG 正确解析。

如前所述，为了保持公共租户的干净整洁，读者可能并不希望这样做；同时在相关租户上还拥有特定于应用的配置。第 2 个选择是从包含提供者 EPG 的租户导出合约，再将其导入包含消费者 EPG 的租户。

假如有两个租户：测试与生产，每个租户都有 Web EPG 和数据库 EPG。通常，Test-Web EPG 仅同 Test-DB EPG 对话，Production-Web EPG 仅同 Production-DB EPG 对话。现在假设，需要从 Production-DB 到 Test-Web EPG 提供服务。

测试租户拥有 Test-DB-Services 合约（由 Test-DB 提供并由 Test-Web 消费），同时生产租户拥有 Production-DB-Services 合约。目标是从 Test-Web EPG 消费 Production-DB-Services 合约，原则上这是不可能的（因为测试租户对于生产租户上的合约没有可见性）。

作为第 1 步，需要确保生产租户上的合约 Production-DB-Services 具备 VRF 或全局范围（本例是 VRF，因为所有 EPG 都映射到同一个 VRF 下）。之后可以右击 Contracts 文件夹导出合约，如图 9-12 所示。

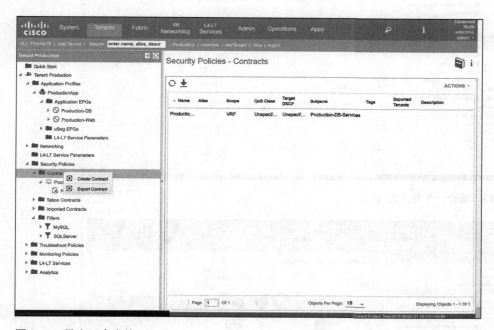

图 9-12　导出一个合约

在下一个窗口中，可以指定目标租户以及对它可见的合约名称。除非有命名冲突（如果将两个具有相同名称的合约从两个不同的租户上导出到第 3 个租户），否则为简约起见，建议保持一致。

现在，可以转到消费者 EPG（本例是测试租户的测试 Web）并消费该合约。请注意，导入的合约被 ACI 称为 "Contract Interface"，如图 9-13 所示。

读者可能已经注意到，并没有诸如添加被提供的合约接口的选项。这就是需要从提供者一侧导出合约的原因，以便可以在之后消费它。

在消费上述合约接口后，Test-Web EPG 可以同时对话 Test-DB EPG 以及 Production-DB EPG。如果查看应用配置描述的可视化窗格，就会注意到导入的合约以不同的格式显示（凹圆圈而不是标准圆圈），并且不显示提供者 EPG（也不应该显示，因其位于不同租户），如图 9-14 所示。

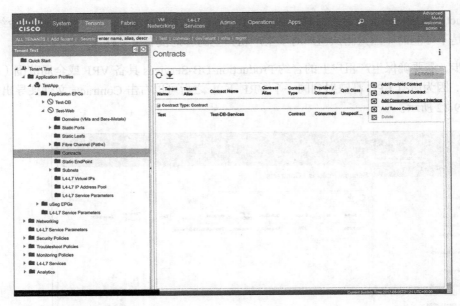

图 9-13　消费一个导入的合约

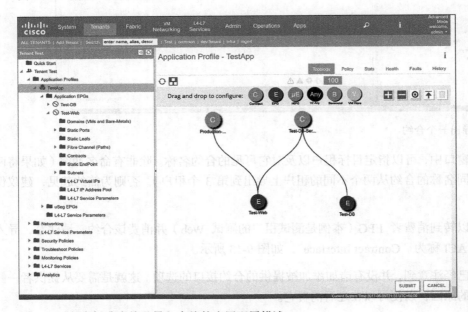

图 9-14　包含标准合约及导入合约的应用配置描述

9.3.5　实施数据平面多租户

应用配置描述分布在多个租户，关联到 BD 的所有 EPG 仍在公共租户内，与 BD 相关联的

VRF 也在公共租户。至此，读者可能已经实现了目标：通过安全域，可以将新租户的访问权限授予不同的用户组——甚至可以配置某些通信参数，比如合约及流量过滤器（filter）。

然而，以网络为中心的各种细节，诸如 BD 的 VRF 属性与子网定义，仍必须在公共租户内完成。如果要将所有的网络配置保留在单一租户内，而其余则分布在矩阵的不同租户上，那么可能就需要如此。

请注意，从数据平面的角度迁移到多租户网络，要比前面所介绍的管理平面多租户复杂得多——因为它涉及将 EPG 迁移到不同的 BD 及 VRF，而这通常与某些应用的停机时间相关联。

本节将介绍，在管理平面的基础上（如 9.3.4 节所述），如要继续实施数据平面多租户，可以遵循的一个过程。实质上，它展示了如何将 BD 与 VRF 从公共租户迁移到新创建的租户。主要有两种候选方式来完成这一迁移。

- 在新租户中创建新 BD、VRF 及外部 3 层连接，并将 EPG 从公共租户的 BD 迁移至新租户的 BD。

- 仅将 BD 迁移至新租户，同时仍与公共租户的 VRF 相关联；然后再迁移 VRF 及外部 3 层连接。

这两种方式都涉及停机时间，因此请确保在维护窗口中实施。

推荐采用第 1 种方式，因为如果事情没有按计划进行，那么迁移可以快速并部分回退。这不为 ACI 所特有，而是一种常见的网络设计最佳实践：在执行网络迁移时，通常建议同时拥有新旧两套环境，以便可以按自己的节奏迁移工作负载。

如前所述，将 BD 与 VRF 从公共租户迁移至新租户的推荐方法，是在新租户上创建 BD、VRF 以及外部 3 层网络的全新结构。应该采用与公共租户内原始对象相同的方式来配置新 VRF 与 BD 的所有属性，但有一个例外：不要将新 BD 的子网配置为"advertised externally"，因为这样会造成两个不同的路由邻接，同时向外部路由器宣告一个子网。

请记住，如果归属于不同的 VRF，那么在两个不同的 BD 上配置相同的 IP 地址没有问题。这将产生如图 9-15 所示的结构，其端点仍保留在公共租户内。

现在可以将旧 EPG 的端点迁移到新 EPG 了。请注意，在配置新子网的通告之前，新 EPG 将不具备连通性。在新 EPG 拥有足够数量的端点后，就可以进行路由切换了。

- 配置旧 BD 的子网不是"advertised externally"。

- 配置新 BD 的子网是"advertised externally"。

此时，外部路由器应通过新租户的外部路由网络学习到该子网。请注意，映射到旧租户 BD

及 VRF 上的任何端点都将失去连通性。现在可以将其余端点也迁移至新 EPG 了。

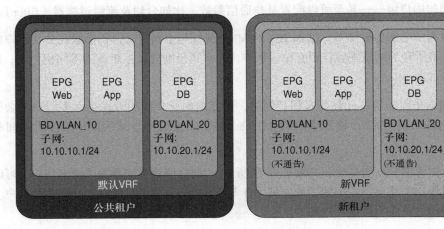

图 9-15 新旧 VRF 与 BD

9.3.6 何时选择专用 VRF 或共享 VRF

前面介绍了如何从单租户的概念迁移到多租户网络，主要分为两个部分：数据平面多租户与管理平面多租户。读者了解到每种方式所涉及的内容，但其优缺点各是什么？什么时候又应该用哪一个？

虽然管理平面多租户与数据平面多租户经常齐头并进，但也可能只需要其中一个。最有可能的情况是，在任何时候，都希望网络具备管理平面多租户，即使只是为了便于管理。读者可能会争辩说，在自己的组织里，只有网络团队访问网络，因而不需要多租户。即便在这种情况下，基于本章所述的操作层面因素，单一网络管理团队也可以从多租户中受益。这实际上是将网络分成较小的分段或切片，以便更轻松地管理它们。可以获得特定于租户的故障报告与仪表板（见图 9-10），也可以备份并恢复与单个租户相关的配置而不影响其他租户（见图 9-16，在第 7 章中描述过），还可以获得特定租户的统计以及更多信息。

这里的问题并非要不要多租户，而是在一个特定网络上什么才是租户的最佳分布方式？像往常一样，这里最好的办法是步步为营。今天大多数的网络都不是多租户，因此读者可能不希望一次性启动太多租户。相反，进入多租户概念的更好办法是逐步引入新的租户。首先将定义明确的、归属于同一个组的某些应用迁移到另一个租户（如 vMotion 等与 vSphere 相关的应用），然后再逐步探索多租户的运营优势。读者会发现，迁移到理想的多租户概念将会遵循一种自然而然的演进过程。

下一个问题实际上归结为何时需要数据平面多租户。正如本章而言，这种数据平面的隔离，基本上等同于多 VRF（故有本节标题）以允许部署重叠 IP 地址。这也是读者需要自行思考的主要问题。

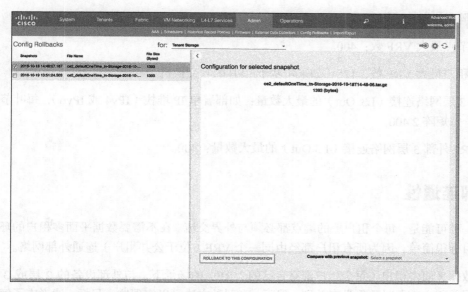

图 9-16 特定于单个租户的配置回滚

如果想支持今天或将来的 IP 地址重叠，那么就需要多个 VRF。请注意，100 个 VRF 不一定等于 100 个租户。读者可能还有不需要重叠地址范围的租户，它们可以共享同一个 VRF（可能就位于公共租户）。只有那些 IP 地址重叠的租户才需要专用 VRF。

但是，为什么不打算为每个租户都部署专用的 VRF？读者可能会争辩说，即便现在不需要重叠 IP 地址，将来也可能需要。答案是正反两面的：复杂性及可扩展性，其概念彼此关联。如果 ACI 矩阵采用多个 VRF，那么网络的复杂度将会提高。

- 即便添加了合约，不同 VRF 上的两个 EPG 也不能互相通信。还需要额外的配置，如 9.5 节所述。

- 通常会为每个 VRF 配置专用的外部 3 层网络连接（即便不是严格要求），这会增加需要维护的路由邻接数量。

上述两个事实所导致的可扩展性限制需要进一步考量，比如 VRF 的数量以及外部 3 层连接的数量，将在 9.3.7 节展开。

9.3.7 多租户的可扩展性

ACI 的可伸缩性指南，提供了在设计多租户矩阵时非常重要的某些维度。截至本书英文版出版，基于 ACI 3.1 版本，以下是较值得关注的若干变量。

- 每矩阵最大租户数：3 000。

- 每矩阵最大 VRF 数：3 000。

- 每叶节点最大 VRF 数：400。

- 单个租户最大 VRF 数：128（如采用基于 LSE 的叶交换机）。

- 外部 3 层网络连接（L3 Out）的最大数量：如部署单 IP 堆栈（IPv4 或 IPv6），每叶节点 400、每矩阵 2 400。

- 每 VRF 外部 3 层网络连接（L3 Out）的最大数量：400。

9.4 外部连通性

最大的一种可能是，每个租户上的端点都必须与外界交流。在不需要数据平面多租户的环境下，该目标很简单，因为所有租户都经由同一个 VRF（位于公共租户）连通外部网络。

在具有数据平面多租户（每个租户都有自己的 VRF）的场景下，与外部设备的 2 层或 3 层连通性同单租户部署时几乎没有差别。然而，有两种方法可以实现这一目标，读者应了解何时使用哪一种。

本章互换使用这两个术语：外部路由网络（External Routed Network）与 L3 Out。在 APIC GUI 上可以找到前一个术语，但大多数人只使用后者，可能只是因为它更短。

最直观的设计是复制单个租户的配置。如果之前的公共租户只需要一个外部网络连接，那么现在每个租户都需要并拥有自己的 VRF。这就是图 9-17 所描述的设计。

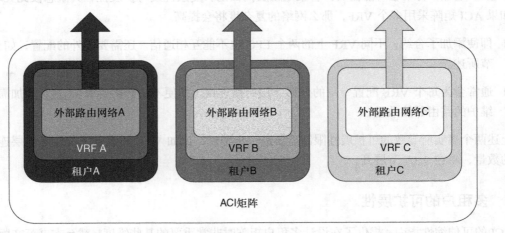

图 9-17 每个租户专用的外部路由网络

该设计非常易于理解及排障，因为每个租户都是拥有自己网络构造的一个独立实体。这与其他章节针对单租户设计所讨论的内容完全相同，本节不再涵盖其实现细节。

该设计的另一个好处是租户间的高流量隔离度，甚至可以为每个租户提供专用的外部路由器。比如，当两家公司合并到一个数据中心，而且每家都有自己的路由基础设施时，这将是用户所期望看到的。

该设计的主要缺点是需要大量的网络邻接，这会给系统带来一些扩展性压力，再加上配置并维护它们的管理负担。

因此，该设计主要适用于自动化环境（如服务提供商）。否则，针对较低租户数量以及流量必须绝对隔离的场景，这样可能更好。

如果不仅是 ACI，外部网络也是多租户呢？许多组织都已部署了 MPLS VPN，因而多个实体可以共用一个广域网（WAN），甚至允许 IP 地址重叠。

这应该听起来很熟悉吧？理应如此，因为它与 ACI 的理念完全相同。因此，将 ACI 的多租户概念与外部物理网络的多租户概念相耦合是理所当然的。如图 9-18 所示，MPLS 网络与外部世界之间的连接是在 PE 路由器上实现的。这些路由器一侧与骨干路由器（称为 P 路由器）相连，另一侧与客户路由器（称为 CE 路由器）相连。

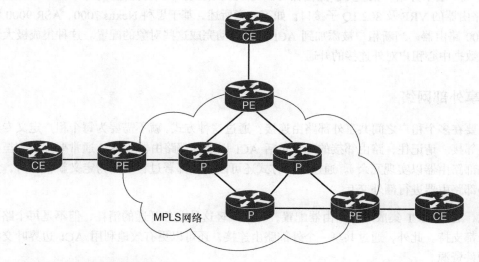

图 9-18　MPLS 路由器角色

PE 路由器利用 VRF 技术隔离不同的租户。VPN 通过 PE 路由器之间的叠加网络进行传输，因而 P 路由器无须关心客户的 IP 地址空间。

基于这种术语命名，ACI 将成为 MPLS 网络的 CE（实际上是多 VRF CE）。假设每个 ACI

租户都有自己的 VRF，那么在 WAN 上它们都应该配置相应的 VPN。

WAN PE 路由器还为每个租户提供一个 VRF，并可以与 ACI 建立特定于 VRF 的路由邻接（每个租户包含一个或多个路由邻接）。

这些路由邻接可以通过单独的物理接口；但基于成本及可扩展性考虑，大多数部署都利用单个物理接口，并由 VLAN 号（802.1Q Trunk）所标识的专用逻辑子接口，如图 9-19 所示。

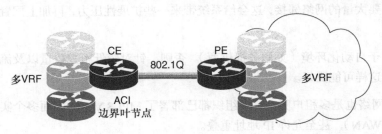

图 9-19　透过 802.1Q Trunk，从 ACI 到 PE 路由器的多个 VRF

因此对于每个租户还需要进行定义，在 ACI 与外部 PE 路由器子接口之间所采用的 VLAN 号可以将路由从一个 VRF 传递到下一个 VRF。

从 ACI 2.0 版本开始，某些 PE 路由器可以与 ACI 集成，而不再需要为每个租户手工配置 WAN 路由器的 VRF 及 802.1Q 子接口。如第 6 章所述，基于思科 Nexus 7000、ASR 9000 和 ASR1000 路由器，当新租户被添加到 ACI 时可自动完成这些对象的配置。这种集成极大地简化了数据中心租户对外连接的开通。

多租户共享外部网络

为什么要在多个租户之间共享外部路由连接？通过这种方式，就不需要为每个租户定义专用的路由邻接。请记住，路由邻接的配置包括 ACI 以及外部路由器（ACI 通常要连接到至少两个外部路由器以实现冗余）。通过这种方式还可以简化部署过程，因为定义新租户时，无须与外部路由器进行额外交互。

请注意，通过 ACI 集成外部路由器配置，可以减轻这种业务开通的消耗，但不是每个路由器型号都支持。此外，通过共享一个外部路由连接，还可以更有效地利用 ACI 边界叶交换机的硬件资源。

该方法的主要缺点是它所涉及的额外复杂度，以及租户间流量并未完全隔离这一事实，因为多个租户在共享的外部网络连接上被汇聚在一起。它的一个极重要的优势是简化了数据中心的路由设计，并降低了可扩展性要求。

在该设计中，每个租户（图 9-20 中的租户 B 和租户 C）会获得专用 VRF，以及中心租户（图

9-20 中的租户 A，可能在大多数情况下就是公共租户）上的另一个 VRF。此外，在中心租户上还可以配置与其他所有租户共享的外部网络连接。

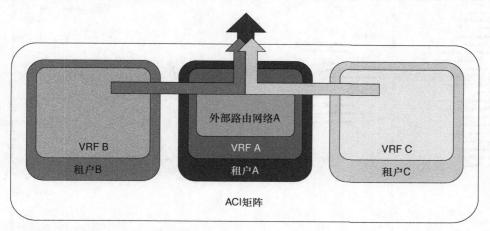

图 9-20 具有共享 L3 Out 的租户设计

首先要考虑的是，如何在外部路由网络与租户 A、B 和 C 的 EPG 之间创建合约。读者有两种选择。

- 外部路由网络是提供者。该选项仅需最少的配置工作量。租户 B 和租户 C 不必定义 EPG 级别（相对于 BD 级别）的子网；如果外部路由网络位于公共租户，那么无须导出任何合约。

- EPG 是提供者。在这种情况下，需要在租户 B 和租户 C 上配置合约（因为导入的合约只能被消费，不能被提供）。再导出合约，以便租户 A 的外部路由网络可以消费它们。此外，租户 B 和租户 C 的子网必须在 EPG 级别，而不是 BD 级别定义。

这里的建议是外部路由网络提供合约，以便最大限度地减少所需的操作。无论采用哪种方式，合约范围都应该是全局的，因为要跨多个 VRF。

接下来，将各个租户上需要向外界宣告的子网都标记为 External（因此可以利用外部连接）及 Shared（因为它们都必须泄露给公共 VRF——与共享外部连接相关联），如图 9-21 所示。至此，ACI 将向外界宣告这些租户网络。

现在，ACI 需要把从外部接收到的路由再提供给租户。本例假设，通过外部路由连接收到了默认路由（0.0.0.0/0）。在归属于公共网络连接的外部 EPG 上（如读者所见，在 GUI 中称为"Network"），通常会配置其子网的范围为 External Subnets for External EPG，以指定接收该路由。

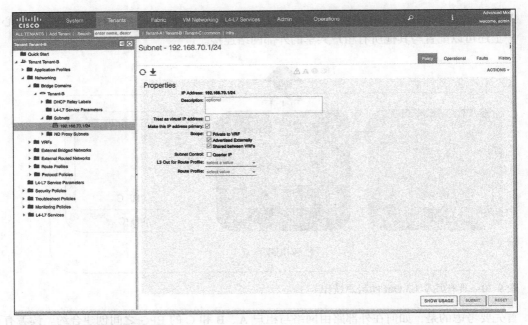

图 9-21　子网泄露的租户配置

请注意，这里也可以泄露聚合路由，在 Aggregate 部分将该子网标记为 Aggregate Shared Routes 即可。

假设在外部路由连接上没有执行入口路由过滤（未执行入口路由控制），此时在租户 A 的 VRF 上将收到所有路由，但在租户 B 和租户 C 上还不会看到这些路由。

为将此默认路由泄露给其他租户，只需要在子网的 Scope 部分再额外启用 Shared Route Control Subnet，如图 9-22 所示。

现在，读者可以验证默认路由（0.0.0.0/0）是否已泄露给其他租户（比如，通过 CLI 命令 **fabric** *leaf_id* **show ip route vrf** *vrf_id*），如例 9-1 所示。

从例 9-1 的输出中可以看到，201 是包含 EPG 端点的叶节点号（在租户 B 的 VRF 上，否则该 VRF 尚未被部署），"Tenant-B:Tenant-B" 是 VRF 标识符（冒号前的字符串是租户名称，后面是 VRF 名称）。租户 B VRF 上的默认路由通过另一个租户 A VRF 中的下一跳可达。

请注意，对于正常的 EPG 到 L3 Out 的关系，通常会将 EPG 所绑定的 BD 与 L3 Out 相关联——从而告知 ACI，在哪个外部路由网络上宣告 BD 所定义的公共子网。在共享 L3 Out 的情况下，则不需要（且不可能）在 BD 与外部路由网络之间建立这种关系。

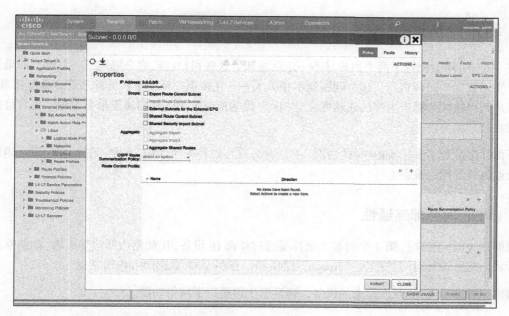

图 9-22　配置外部路由网络来泄露默认路由

示例 9-1　验证路由是否已泄露给其他租户

```
apic# fabric 201 show ip route vrf Tenant-B:Tenant-B
----------------------------------------------------------------
 Node 201 (Leaf201)
----------------------------------------------------------------
IP Route Table for VRF "Tenant-B:Tenant-B"
'*' denotes best ucast next-hop
'**' denotes best mcast next-hop
'[x/y]' denotes [preference/metric]
'%<string>' in via output denotes VRF <string>
0.0.0.0/0, ubest/mbest: 1/0
    *via 192.168.61.11%Tenant-A:Tenant-A, vlan111, [20/1], 00:00:10, bgp-65100,
     external, tag 65100
192.168.70.0/24, ubest/mbest: 1/0, attached, direct, pervasive
    *via 10.0.0.65%overlay-1, [1/0], 00:19:49, static
192.168.70.1/32, ubest/mbest: 1/0, attached, pervasive
    *via 192.168.70.1, vlan106, [1/0], 01:13:26, local, local
apic#
```

9.5 租户间连通性

在 ACI 矩阵上配置了两个租户并不一定就意味着这些租户已经完全隔离了。显然，如果没有实施数据平面多租户，这个问题就不相关了——在多租户环境下，纯粹从管理角度而言，租户间连通性与租户内部的连通性完全相同，因为所有的 BD 都归属于单个 VRF，而且可能就在公共租户内。

下面介绍配置了多个 VRF 时的情况。有两种方式可以将两个 VRF 互连：在 ACI 矩阵之内以及通过外部网络设备。

9.5.1 VRF 间外部连通性

将两个 VRF 互连时，第 1 个明显的选择是通过外部 IP 设备，比如路由器或防火墙，如图 9-23 所示。这种设计有时被称为 "Fusion" 路由器，在多 VRF 数据中心内很常见。

将两个或多个 VRF 互连起来的设备，通常至少需要以下网络功能。

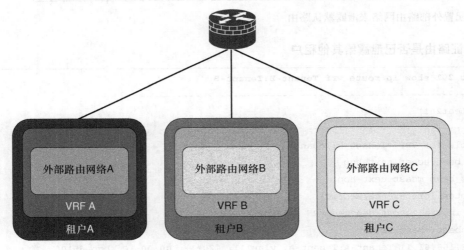

图 9-23　外部路由器或防火墙互连 VRF

- **流量过滤**：隔离租户流量的动机可能来自安全性需求，因此应该只采用能够提供高级别安全性的设备来互连租户，如下一代防火墙。

- **网络地址转换**：由于租户有自己的 VRF，因此可能会造成 IP 地址重叠。在这种情况下，互连租户的设备应该能进行地址转换来绕过此问题。

每个租户都有自己的外部 3 层网络连接，并可能有一个指向外部的默认路由（通过静态路由或动态路由）。外部设备可通过 802.1Q Trunk 连接到矩阵，并利用 IP 子接口与 ACI 矩阵的各个 VRF 建立邻接。

针对需要与其他租户对话的 EPG，只需要在该租户上配备一个有效的外部网络连接合约。从租户角度而言，所有不属于其 VRF 的对象（如来自其他 VRF 的 IP 地址）都将被归类为外部 EPG。因此，不同租户上需要通信的两个 EPG 之间不需要签订合约，所有的过滤需求都应该在外部设备上完成（或者在 EPG 与外部 3 层网络间的合约中完成）。

9.5.2　VRF 间内部连通性（路由泄露）

如果租户间流量过大，那么外部路由器可能会因为太昂贵而无法满足带宽需求。这就是应该在 ACI 矩阵内部实现两个租户互连场景的一个示例。

让 ACI 互连两个 VRF 也是可行的，无须外部路由设备，但要进行额外的配置（否则 VRF 之间完全隔离）。事实上，这与 9.4.1 节所描述的配置类型相同——路由不是在外部路由网络与 EPG 间泄露，而是在两个 EPG 之间，如图 9-24 所示。

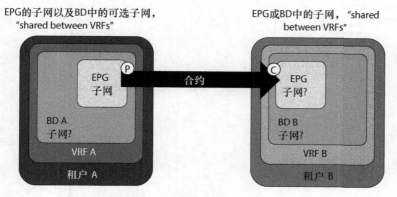

图 9-24　VRF 间内部连通性的数据模型

事实上，ACI 需要做的就是业界所谓的"路由泄露"。VRF 被认为是密闭的路由容器，其中没有任何 IP 信息会暴露给其他 VRF。然而，也可以选择性地打开一个缝隙，以便在两个 VRF 之间泄露特定的网络前缀。

传统网络可以利用 route targets 的导出和导入来实现泄露。ACI 的对象模型极大地简化了该操作，并将其归结为两个步骤：标记泄露所涉及的子网，以及在需要通信的 EPG 之间配置合约。

首先，两个 EPG 上的子网需要标记为 Shared between VRFs，以便 ACI 知道它们可以"泄露"到其他 VRF。具体是标记为 Advertised Externally 还是 Private to VRF，与跨租户的子网泄露无关（该设置仅对外部路由网络的子网宣告产生影响）。

正如读者在图 9-24 中所见，驱动 VRF 之间交换路由的主要构件是合约，包括通常的提供者与消费者两方面。如果有多个自带 VRF 的租户需要访问提供公共服务（如活动目录、DNS 等）的网络区域，那么通常会在公共服务区域上设置提供者一方。

请记住，应该在提供者一方创建合约（在本例中是租户 A），因为导入的合约只能被消费（而非提供）。

读者需要注意两件事情。提供合约的一方需要在 EPG 下配置子网，而不是标准配置时的 BD，如图 9-25 所示。其原因是，在两个 EPG 之间配置合约时，ACI 会将 EPG 下配置的子网导出到消费者 VRF，以便更好地控制哪些子网将泄露给其他 VRF 而哪些不会（如果在 BD 下配置了多个子网的话）。如果在 BD 级别已经定义了子网，那么在 EPG 级别可以定义相同的 IP 地址。

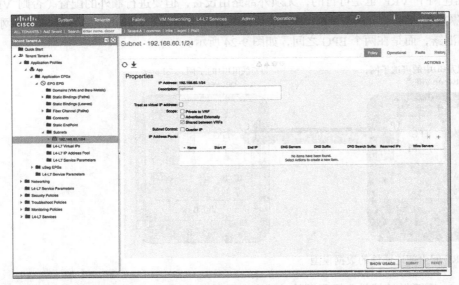

图 9-25　在 EPG（提供者一方）下定义的子网，标记为 Shared Between VRFs

而消费者一方，在 EPG 或 BD 下均可以配置子网——这并不要紧。因此，大多数情况下会配置在 BD，这也是通常的做法。

之后，唯一要做的就是在两个 EPG 间创建合约。然而，这里会有一个小难题：如果在租户 A 上创建了合约，如何让租户 B 看到？读者可能已经猜到，答案是通过合约导出。这样，就可以在 EPG 之间提供并消费合约，而无须通过公共租户。

如前所述，合约需要在其提供者一方 EPG 所在的租户上创建。请注意，消费者一方需要通过 EPG 合约部分的 Add Consumed Contract Interfaces 命令来消费该合约。不要忘记将合约范围定义为全局。

此外，显然需要确保两个 VRF 之间没有 IP 地址重叠。比如，在涉及从多个租户访问公共服务的用例中，可能希望基于公有 IP 地址来配置公共服务，以确保它们不会与租户内所采用的私有 IP 地址相冲突。

路由泄露是一个强大的功能，它已经流行了很多年（如在许多 MPLS 网络中），并在某些应用案例上非其莫属，如本章后面将介绍的"共享服务"VRF。然而，如果决定利用路由泄露，那么应仔细评估自己的设计，因为它也可能带来若干潜在的挑战。

- 路由泄露是一个相对复杂且手工的过程，应确保自己的设计不用经常修改需要泄露的路由。

- 如果配置了复杂的路由泄露，那么可能会使该环境难于进行排障。

- 将错误的路由泄露到 VRF 可能会造成网络中断。这是要将路由泄露的变化保持在最低限度的另一个原因。

- 被泄露的路由相当于在隔离两个 VRF 的墙上挖了一个洞，因此可能被视为安全风险。

9.6　4~7 层服务集成

第 10 章主要研究 4~7 层网络服务植入，比如防火墙和负载均衡器。针对在多租户环境下如何植入此类网络设备的具体细节，本节将重点介绍。

在 ACI 多租户环境下植入 4~7 层网络服务，与单租户时的设计没有太大差别。显然，如果在相应租户内部定义所有对象（4~7 层设备、服务视图 Service Graph 的模板和功能配置描述等），那么读者基本上将处于跟单租户设计时完全相同的场景。

请注意，在租户上定义的 4~7 层服务提供设备，也可能是手工创建的 Context（对于支持 Multi-Context 的 4~7 层设备而言，如思科 ASA）——实际上这意味着，在 4~7 层设备的多租户与 ACI 的多租户之间进行了手工映射。

9.6.1　导出 4~7 层设备

用户也可以集中定义任何租户都能够使用的一个 4~7 层服务池，而不是在要调用它的同一个租户内配置。比如，可能在 4~7 层设备上预先创建了一些 Context，但还没有确定要分配给哪个租户。也许只是一个防火墙或负载均衡器的 Context 池——将被分配给发起请求的第 1 个租户。

如前所述，也可以等到有租户需要 4~7 层网络服务时再定义 4~7 层设备。但是针对已开通的 4~7 层设备，需要单独保存文档。另一种方法是在特定租户（如"公共租户"）上定义，并仅在有租户需要 4~7 层功能时，才将这些 4~7 层设备导出。

请注意，即便 4 ~ 7 层设备是在"公共租户"上定义的，也需要导出到调用它的租户（在创建服务视图模板的位置）。这与合约等其他对象不同，租户可以立即访问在"公共租户"上创建的所有实例，而无须显式地导出它们。

9.6.2 4 ~ 7 层 Multi–Context 设备

一些 4 ~ 7 层设备支持 Multi-Context 配置，这意味着它们可以虚拟化。比如，在思科 ASA 物理防火墙内部，可以拥有多个虚拟防火墙，也称为防火墙 Context。Context 作为一个独立设备，具有自己的 IP 地址、接口、路由表以及 4 ~ 7 层配置。有时这些 Context 还拥有自己的管理 IP 地址，但不是必须。

由于分配给 Context 的接口通常是基于 VLAN 的虚拟接口，因此创建新的 Context 并不意味着必须为 4 ~ 7 层设备额外布线。

ACI 支持 Multi-Context 的服务集成（如第 10 章所述）。因此，可以让 ACI 为需要服务植入的特定租户创建新的 Context。与 Multi-Context 的 4 ~ 7 层服务设备协同工作的更多信息，请参阅第 10 章。

9.7 多租户连通性用例

本章介绍了 ACI 多租户配置的各种不同场景，读者可能对 ACI 所提供的如此多的选择有些不知所措。本节将介绍多项应用案例，以及不同场景下所推荐的多租户选项。该用例列表或许不能涵盖方方面面，读者可能还将面临略有差异的设计挑战。然而，本节的目标是解读每个多租户设计选项背后的主要动机。

9.7.1 ACI 作为传统网络

换句话说，这里的 ACI 将作为不支持多租户概念的传统网络。如果主要设计目标是降低复杂性，并且没有任何多租户需求，那么用户可能希望采用这种方式来配置新的 ACI 矩阵。

事实上，它将利用公共租户上的默认 VRF 并在其中部署所有的 ACI 对象。否则，从多租户的角度来看，这里没有太多需要介绍的内容。该设计并不是特别推荐，但如今它仍然是大多数网络演进的基线，也是将传统网络迁移到 ACI 的起点。

9.7.2 将网络可见性赋予其他部门

如果读者经常需要告知其他部门，网络如何承载其业务但并不需要隔离任何流量，那么管理平面多租户将是最佳选择。换句话说，可以配置多个租户，并利用安全域及基于角色的访问控制（RBAC），以便将这些租户的只读可见性授予特定用户。ACI 并不需要多个 VRF，因此所有 EPG 都可与单个 VRF（可能位于"公共租户"）相关联。这将非常接近 9.2.6 节中所讨论的设计。

图 9-26 展示了该配置的一个示例，其中网络构件（BD 与 VRF）在公共租户上定义，EPG 则在单独租户内定义。请注意，本例允许基于合约隔离 Web 服务器与数据库，即便它们共享同一个子网也是如此。

如前所述，通过为生产区域及测试区域添加单独的物理域，并配置不同的 QoS 策略，可以实现额外的网络隔离，以确保一种类别的流量不会导致另一种类别挨饿。

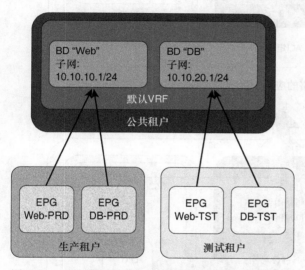

图 9-26　不带数据平面隔离的管理平面多租户示例

9.7.3　提供共享服务的跨组织共享网络

可能有多种原因最终导致多个组织共享同一个物理网络（如合并与收购），以及带有不同 IT 需求的多个业务线。在这种情况下，会有若干租户（不是很多）需要数据平面的隔离。

可以部署不同的租户，每个租户都拥有自己的 VRF 以支持 IP 地址重叠；简单起见，在所有租户之间共享 Internet 外部连接。为此，需要配置一个共享的路由外部连接，如本章前面所述。图 9-27 展示了针对 A 与 B 两个组织的此类设计。

此外，还可以在网络上（位于公共租户或另一租户）划出一个"共享服务"区域，并能够从该区域向其他所有租户提供共享服务。这也是 EPG 到 EPG 泄露发挥作用的地方：提供者 EPG

将供应"共享服务"（DNS、活动目录和 NTP 等），每个租户内需要该服务的 EPG 则作为消费者。图 9-28 展示了该附加用例。

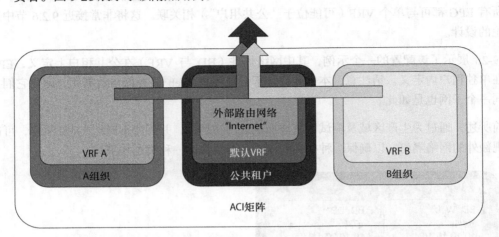

图 9-27 两个组织共享一个外部路由网络的应用示例

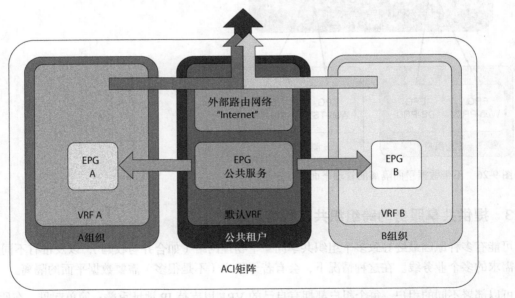

图 9-28 两个组织共享一个外部路由网络，并访问一个公共服务区域的用例

9.7.4 外部防火墙互连多个安全区域

在本应用案例中，用户拥有不同的安全区域，它们需要共享同一个网络基础设施，并在任何情况下都不允许彼此直接对话。这里的一个例子是，基于同一个物理网络设备实现 DMZ 与

内联网区域。对于此例，为每个安全区域配置专用的 VRF 可能是最佳解决方案。

请注意，此时理论上并不需要多租户，可以在同一个租户上部署所有 VRF。尽管出于管理性目的，读者可能希望将每个 VRF 都部署在专用租户上。

如图 9-29 所示，每个租户都有自己的路由外部连接或 L3 Out，它们将连通外部防火墙的子接口或物理接口。租户之间的每个数据包都将在外部被防火墙路由（或丢弃），因此网络本身不提供任何路由泄露或 VRF 间通信。

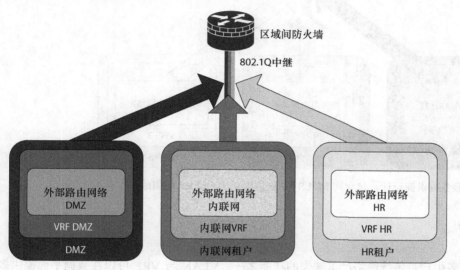

图 9-29　由隔离的 VRF 与租户所代表的安全区域，通过外部防火墙互连

9.7.5　服务提供商

从功能性角度而言，该用例与此前的非常相似，它需要为多个租户提供网络空间以支持重叠 IP 地址。然而，租户的数量或许要高得多，可能还需要将这些租户连接到 MPLS 网络。租户间通信的可能性极小。

在这种情况下，通过多租户（每个租户都有自己的 VRF）以及同外部路由器如 Nexus 7000 或 ASR 9000 基于 OpFlex 的集成（更多相关信息请参阅第 6 章），将是一个非常有吸引力的设计选项。它允许客户实现快速且自动化的业务开通及注销。图 9-30 描述了这一场景。

如果服务提供商向 ACI 的客户供应 4 ~ 7 层服务，那么与 Multi-Context 网络服务设备（如防火墙和负载均衡器）的集成也将给这些服务带来自动化。

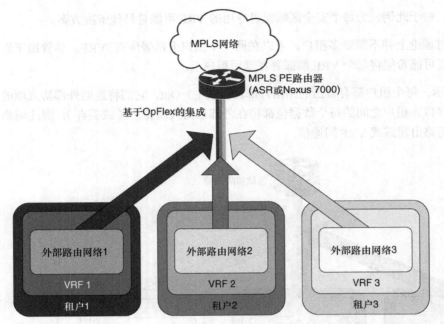

图 9-30　服务提供商设计，包含同 MPLS PE 路由器基于 OpFlex 的集成

9.8　小结

管理平面多租户是传统网络严重缺失的功能之一。VLAN 与 VRF 可以在数据平面提供多租户，但 ACI 是第 1 个完整包含全部范畴（包括管理平面）的多租户数据中心网络。

ACI 从一开始就构想了多租户技术的应用，APIC 也相应开放了对这些技术的支持。将多租户同基于角色的访问控制相结合，就可以非常精细地定义允许（以及不允许）管理员所执行的操作——多租户定义了管理员可以访问哪些 ACI 元素，基于角色的访问控制则定义了允许对这些元素执行哪些操作。

简而言之，用户可以在 ACI 上部署两种类型的多租户。一方面，管理多租户可以将网络配置隔离为不同的租户（或文件夹），然后指定哪些管理员可以（或不可以）看到这些租户；另一方面，在数据平面多租户的部署中，归属于多个租户的工作负载可能带有重叠 IP 地址，来自一个租户的数据包将永远不会发送给其他租户。管理平面多租户与数据平面多租户的组合也是自然而然的。

理想情况下，从 ACI 上线开始就能知道是否需要部署一个多租户的架构。但即便当时不知道，也有很多办法将 ACI 部署从单租户迁移到多租户。

最后，还可以部分地让租户间的数据平面隔离失效——诸如跨多个租户共享外部连接，或者是像定义两个租户透过 ACI 直接对话这样的例外。

集成 4 ~ 7 层服务

多年来，在穿越数据中心的应用流中植入服务一直是个挑战。物理与虚拟主机的组合加上流量的不可预知，使得许多企业的 4 ~ 7 层资源利用过于复杂或效率低下。下面是企业所面临的若干挑战。

- 如何平等地给予主机访问服务的权限。

- 如何优化去往服务设备的流量。

- 如何在应用变更时动态添加和删除服务。

- 如何避免服务设备之间的配置偏差。

- 如何从服务设备中删除过时的配置。

本章将研究 ACI 如何通过水平集成和开放 API，以及在生态系统合作伙伴支持下帮助企业解决这些问题。本章涵盖以下主题。

- 服务和 ACI。

- 生态系统合作伙伴。

- 纳管服务与非纳管服务。

- 集成多种类型的 4 ~ 7 层服务。

10.1　服务植入

来自 ACI 业务部门的 Joe Onisick 说过一句颇受欢迎的话："多年来，网络工程师就像 MacGyvers 一样——他们会拼尽全力运用任何工具，甚至如泡泡糖和胶带，只为把应用流送到服务设备。"虽然工程师肯定不会用泡泡糖和胶带，但他们的确尝试了诸如 VRF 拼接和/或 VLAN 拼接等工具，来让应用流按照他们所希望的方式移动。这样的配置异常复杂且难以管理，并容易出现人为差错。很多时候，企业必须购买多于所需的 4 ~ 7 层服务设备——原因是就算只检查其中一部分流量，也必须将大部分或全部流量发送到服务设备。ACI 所具备的特性和能力，可以帮助企业准确地选择需要发送到 4 ~ 7 层设备的流量，并允许所有设备均等地访问资源。

10.1.1 当前主流做法

数据中心传统的安全策略模型基于静态网络拓扑（指定的网络连接、VLAN、网络接口、IP 地址等）与手工设置服务链。该模型需要跨多个安全设备（防火墙、IPS 和 IDS）进行策略配置，减慢了应用的部署并且难以扩展，因为应用在数据中心里面是动态创建、移动和下线的。其他提案尝试采用以虚拟化为中心的方法，但它无法处理应用不在虚拟机上运行的场景。

传统模型为应用部署新服务需要花费数天或数周时间，而且服务不够灵活，同时可能带来操作错误，排障更是困难。当应用下线时，删除服务设备的配置（如防火墙规则）的操作也很烦琐。基于负载横向扩展/缩放服务更是寸步难行。另外，由于所有设备的资源访问权限不尽相同，因此，在多数情况下，植入服务会导致数据中心的流量模式效率低下。所有这些加上人为失误，经常让工程师扪心自问：

- 是否正确分配了 VLAN？

- 是否配置好所有 VLAN？是否还差了一个？

- Trunk 的配置正确吗？

- Hypervisor 与交换机之间是否存在 VLAN 不匹配的情况？

- 防火墙/负载均衡器/SSL 是否有配置错误？

大多数企业级安全检查防火墙的部署可以细分为以下 3 种场景。

- **边缘服务**：防火墙充当一个网络与另一个网络之间的安全屏障或检查点。

- **安全区域**：防火墙充当不同安全区域（如生产区域与 DMZ 区域）之间的安全屏障或检查点。

- **应用植入**：防火墙充当应用的单个层级或多个层级之间的安全屏障或检查点。

虽然传统的服务植入模型也支持 VLAN 和 VRF 拼接，但充当策略控制中心的应用策略基础设施控制器（APIC）能自动化服务植入。APIC 的策略可以同时管理网络矩阵和服务设备。它自动配置网络，以便流量穿越服务设备。APIC 还可以根据应用的需求自动配置服务，从而令组织机构自动化服务植入，并消除传统服务植入的复杂技术所带来的管理挑战。

下面的章节将探讨服务与 ACI 矩阵的集成方式。按照前几章讨论的策略模型，首选方法是使用 ACI 策略来管理网络矩阵和服务设备，如防火墙、负载均衡器等。然后，ACI 就能自动配置网络，以重定向或允许流量经过服务设备。此外，ACI 还可以根据应用需求自动配置服务设备。这种策略称为服务视图（Service Graph）：它是合约的一种扩展，可以一次配置，多次执行，如图 10-1 所示。

一个服务视图、一个合约、一个防火墙

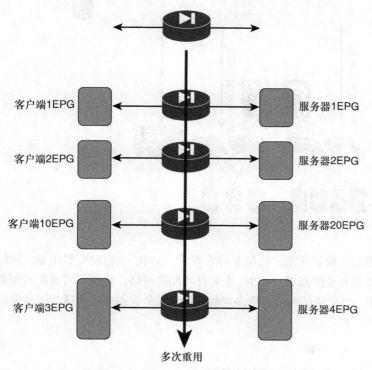

客户端1EPG　　　　　　　　　　　　　　　　服务器1EPG

客户端2EPG　　　　　　　　　　　　　　　　服务器2EPG

客户端10EPG　　　　　　　　　　　　　　　服务器20EPG

客户端3EPG　　　　　　　　　　　　　　　　服务器4EPG

多次重用

图 10-1　一个视图模板，同一个 4～7 层设备，多个合约

在服务视图的定义里，"功能"（Function）的概念用于指定流量如何在消费者 EPG 与提供者 EPG 之间流动，以及在该通信里面涉及什么类型的服务设备。这些功能可以定义为防火墙、负载均衡器、SSL 负载分担器等——APIC 通过称为"Rendering"（生成）的技术，将这些功能的定义转换为服务视图的可选元素。Rendering 涉及分配矩阵资源，如 BD、服务设备 IP 地址等，以确保消费者和提供者的 EPG 具备所有必需的资源和配置，以实现相关功能。图 10-2 是这方面的一个例子。

提示　提供者（如服务器）是向其他设备提供服务的一个（或一组）设备。消费者（如客户端）是消费来自提供者的服务的一个（或一组）设备。它们与服务的关系：提供者通常被认为是内部接口或面向服务的一方，而消费者是外部接口或面向客户端的一方。

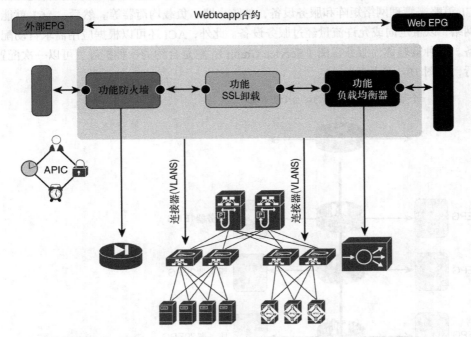

图 10-2　服务视图示例

在 APIC 中配置服务视图后，根据所指定的服务功能需求，APIC 会自动配置服务。同样，根据服务视图中所指定的服务功能需求，APIC 也会自动配置网络，这些不需要再对服务设备进行任何手工变更。在一个应用的两个或更多层级之间，服务视图表示为适当的服务功能植入，如图 10-3 所示。

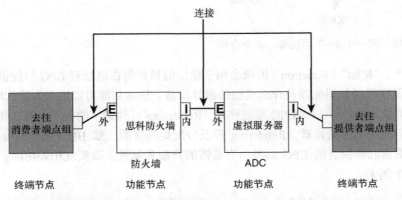

图 10-3　服务视图、节点和连接器

一个服务提供设备在视图中执行一个服务功能。一个或多个服务提供设备共同作用，以形成视图所需的全部服务。一个或多个服务功能也可以由单一服务设备实现，如图 10-2 所示（ADC 设备负责同时执行 SSL 分流和负载均衡）。

这让企业可以创建基于意图的策略，该策略包含网络或应用的业务需求；然后 ACI 可以确认其资源池中的哪些设备可以满足此类策略的需求，进而实现它们。按照这个逻辑，企业还可以在必要时或者需求增加时将设备添加到池中，而在设备维护或需求减少时从池中移除设备。服务定义与特定设备没有直接关系。只要实现的不是某个供应商特有的配置，用户就可以轻松地从一个供应商的硬件解决方案转移到另一个。例如，如果策略指定需要检查或放行端口 443 上的流量，那么该防火墙可以是 Checkpoint 或思科的。无论使用哪种防火墙，只要 ACI 配置了服务视图并与生态系统合作伙伴集成，ACI 就可与该防火墙交互。

服务视图还提供以下额外的运营优势。

- **VLAN 的自动配置**：指定要使用的 VLAN，并在 4 ~ 7 层设备和网络上配置这些 VLAN。
- **健康指数报告**：向 ACI 提供关于设备和功能的健康状况信息。
- **动态端点附着**：可以将 EPG 中发现的端点添加到 ACL 或负载均衡规则（取决于供应商）。
- **流量重定向**：将特定端口重定向至 4 ~ 7 层设备。

与定义应用配置描述（Application Profile）时类似，当工程师定义服务视图时，ACI 会收集与服务视图相关的健康信息。这由不同的供应商以不同的方式实现，但是服务视图会向 ACI 提供关于设备和功能的健康信息。图 10-4 和图 10-5 展示了该功能的两个示例。图 10-4 演示了防火墙的外部接口失效。图 10-5 描绘了在一个真实的服务器负载均衡组中，其两个成员丧失连通性。

ACI 矩阵会追踪它所连接的每一个设备。该功能的一个好处是，生态系统合作伙伴可以选择利用此信息自动更新其服务设备的配置并减少运营开销。图 10-6 展示了关于负载均衡器的一个示例，当然，该功能也可用于安全设备。

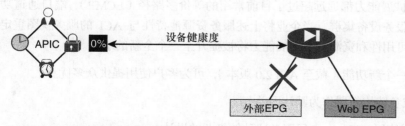

图 10-4 示例：设备健康信息的报告

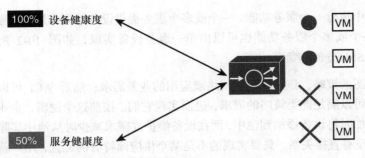

图 10-5 示例：服务健康信息的报告

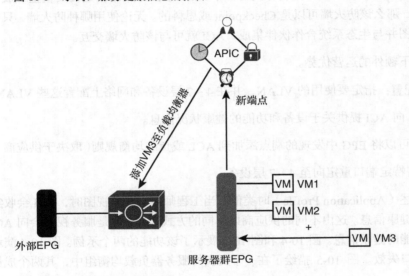

图 10-6 示例：端点的发现与自动化配置

ACI 矩阵可以在多个目标上执行无状态负载分配。该功能允许矩阵将物理和虚拟服务设备分组到服务资源池中，然后按功能或位置进一步分组。这些池可以按照标准机制提供高可用性，或者作为简单的状态服务引擎；如果发生故障，负载会重新分配给池内的其他成员。这两个选项所提供的横向扩展能力都远远超过了目前常用的等价多路径（ECMP）、端口通道功能和需要共享状态的服务设备集群。当企业将上述服务资源池特性与 ACI 的服务视图重定向能力相结合时，高可用性和资源横向扩展能力将被提升至一个全新的水平。

服务视图重定向是一个新功能（截至 ACI 2.0 版本），可为客户使用提供众多优势。

■ 无须将防火墙或负载均衡器作为默认网关。

■ 避免使用 VRF 实例来实现 4 ~ 7 层服务这种较复杂的设计。

■ 无须拆分 2 层域（BD）以植入路径中的防火墙。

- 允许根据协议和端口仅重定向一部分流量。

- 允许过滤同一 2 层域（BD）中安全区域间的流量。

- 可以将流量分配到多个设备来提升 4～7 层设备的性能。

在部署服务重定向时，应考量以下设计中的注意事项。

- 可以在多节点服务视图中仅为一个节点启用重定向服务。

- 支持纳管节点及非纳管节点。

- 仅适用于 GoTo 设备。不支持透明设备（如 IDS 和 IPS）。

- 对于部署在思科 Nexus EX 之前的叶交换机，服务节点不能与流量的源或目的同处于一台架顶式叶交换机。

- 服务节点必须通过 2 层连接到 ACI 矩阵；两个连接器应为 "L3 Adj"。

- 应在服务节点接口所在的 BD 上禁用端点数据平面学习（EP data-plane learning）。

- 主备服务节点应具有相同的 vMAC。

传统服务视图与重定向选项之间的一个区别：在第 1 种情况下，视图中的合约允许流量通过 4～7 层设备，但必须设置单独的 BD，以使矩阵通过路由或桥接将流量送到 4～7 层设备；重定向不管路由和桥接查找结果如何，根据合约规则直接将流量转发到防火墙。

如前所述，该选项不仅更容易配置，而且能扩展到多个设备，并根据协议和端口重定向所需的流量至 4～7 层设备。典型用例包括配置服务提供设备——这些装置可以被汇集在一起，根据应用配置描述进行定制及轻松扩展，并减少服务中断的风险。基于策略的重定向，让部署中的消费者和提供者 EPG 全部位于同一个 VRF 实例中，因而简化了服务提供设备的部署。基于策略的重定向部署包括配置路由重定向策略与集群重定向策略，以及创建服务视图模板，以调用路由/集群的重定向策略。在部署服务视图模板后，要使用服务视图，只需要让消费者 EPG 去消费服务视图中的提供者 EPG。使用 vzAny 可以进一步简化并自动化。客户还可以根据性能需求来配置专用的服务提供设备，也可使用 PBR 轻松部署虚拟的服务提供设备。图 10-7 展示了一个 PBR 的用例。

在该示例中，必须在 EPG 间的合约中创建两个主题（Subject）。第 1 个主题允许 HTTP 流量，然后将其重定向至防火墙。在流量通过防火墙后，它将进入服务器端点。第 2 个主题允许 SSH 流量，它将捕获未被第 1 个主题重定向的流量。这些流量直接进入服务器端点。

合约中主题的顺序无关紧要，因为更具体的过滤器（Filter）会优先被匹配。在下面的第 2 个示例中，端口 443 的流量重定向如下。

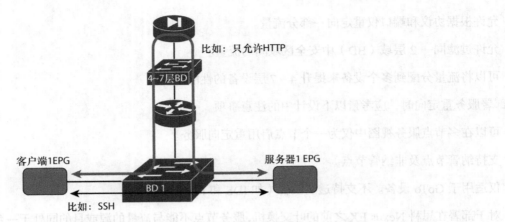

图 10-7　服务视图根据协议和端口将流量重定向到防火墙

- 合约—主题 1：通过服务视图（PBR）允许 443 端口。
- 合约—主题 2：无服务视图（无 PBR）允许所有。

思科 Nexus EX 硬件也支持基于策略的对称重定向。配置基于策略的对称重定向可以横向扩展 4~7 层设备服务，如图 10-8 所示。该功能允许企业配置服务提供设备池，以便基于策略来转发消费者与提供者 EPG 间流量。根据源和目的 IP 路由前缀等价多路径（ECMP）的结果，将流量重定向至池中的某个服务节点。

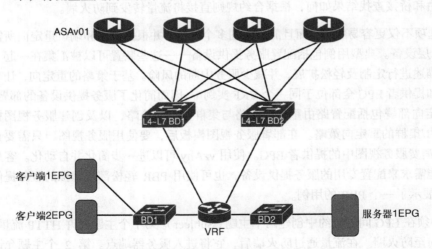

图 10-8　使用对称 PBR 横向扩展 ASA 虚拟防火墙

10.1.2　纳管与非纳管（Managed 和 Unmanaged）

一旦客户决定使用服务视图来集成服务，候选项主要有以下 3 个。

- **网络策略模式（或非纳管模式）**：在该模式下，ACI 仅把服务视图中的网络部分配置到矩阵，这意味着 ACI 不会将配置推送到 4 ~ 7 层设备。该模式不需要设备包（设备包将在稍后讨论），但可以让网络工程师更轻松地将应用流量推送到设备。该模式还负责做 ACI 矩阵侧的所有配置。所有 4 ~ 7 层设备配置都将由此设备的管理员完成。

- **服务策略模式（或纳管模式）**：在该模式下，ACI 配置矩阵以及 4 ~ 7 层设备（包括 VLAN 和设备配置），APIC 管理员通过 APIC 进入 4 ~ 7 层设备以部署配置。

- **服务管理器模式**：在该模式下，防火墙或负载均衡器管理员定义 4 ~ 7 层策略，ACI 配置矩阵和 4 ~ 7 层设备的 VLAN，APIC 管理员将 4 ~ 7 层策略与网络策略相关联。

ACI 的 4 ~ 7 层服务集成是为了简化，而不是增加数据中心服务集成的复杂性。换句话说，如果企业所需的网络拓扑中只含有一个外围防火墙用于控制数据中心访问，并且该防火墙不会定期下线或重新上线，那么应该使用网络策略模式部署 4 ~ 7 层集成。

对于使用服务策略模式的服务视图，4 ~ 7 层设备的配置是整个网络基础设施配置的一部分，因此企业需要在配置 4 ~ 7 层设备网络连接的同时考量安全性和负载均衡规则。该做法与传统服务植入不同：在传统的服务植入模式下，工程师可以选择在配置网络连接之前或之后的不同阶段去配置安全性和负载均衡规则。但在服务策略模式下，工程师只能同时部署所有这些配置。如果工程师需要更改防火墙或负载均衡器的配置，那么必须删除并重新部署服务视图。

> **提示** 虽然删除和重新部署服务视图听起来会带来很多工作，但请记得，这个系统是围绕开放 API 而设计，如果通过程式化实现，那么这个任务可以在几秒内完成。

在使用服务管理器模式（见图 10-9）时，与 4 ~ 7 层设备的交互取决于供应商管理工具。ACI 引用了 4 ~ 7 层管理工具上定义的策略。该工具可让管理员在无须重新部署服务视图的前提下，更改防火墙或负载均衡器的配置。大多数企业倾向于这种选择，因为它两全其美。服务管理员使用他们熟悉的工具配置 4 ~ 7 层设备的策略；ACI 则编排已知良好的策略，同时防止人为失误及配置偏差。

另一个不受欢迎的选项是执行手工服务植入。ACI 让用户在没有服务视图的情况下也能进行配置。

为此，用户需要创建多个只为提供 VLAN 功能的 BD，并配置 EPG 以连接虚拟或物理装置。

图 10-10 显示了一个简单的多节点服务植入设计。该配置由多个 BD 和 EPG 构成。BD1 拥有一个 EPG，路由器和防火墙外部接口连接在一起。BD2 拥有一个 EPG，用于连接防火墙的内部接口和应用交付控制器（ADC）的客户端接口。BD3 拥有一个 EPG 用于 ADC 设备的服务器端接口，以及多个 EPG 用于服务器群。EPG 之间通过合约关联。

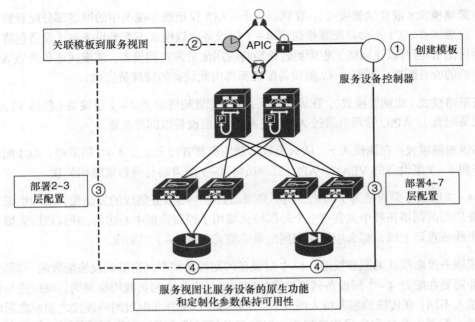

图 10-9　服务管理器模式

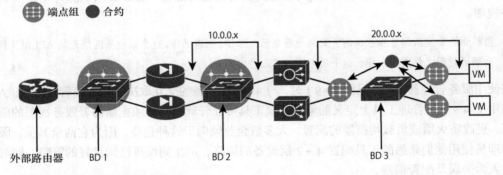

图 10-10　多节点服务植入的设计

ACI 可以在手工模式和/或网络策略模式下与任何供应商的设备相集成。图 10-10 所示的手工模式与工程师多年以来工作的方式相同，涉及将网络部件拼接在一起，这只应作为最后的一种手段。网络策略模式会自动配置网络，允许流量轻松经过设备。服务策略模式和服务管理器模式开始让事情渐入佳境。设备/策略的自动化、植入、清理，以及健康度监控等需要称为"设备包"的高级 API 与之交互和集成。

设备包利用开放式 API 来定义 APIC 可配置哪些 4~7 层参数。安全或服务设备的供应商负责定义这些 4~7 层参数的语法，该语法反映了防火墙或 ADC 管理员直接进行配置时所使用的语法。

APIC 与防火墙或负载均衡器通信，以实施用户所定义的服务视图。如果 ACI 要与防火墙和负载均衡器通信，需要先与其 API 对话。管理员在 APIC 上安装称为设备包的插件以启用该通信。基础设施管理员（或同等权限角色）可通过"L4-L7 Services"菜单和"Packages"子菜单安装设备包，如图 10-11 所示。

图 10-11　设备包（Device Package）

设备包（见图 10-12）是一个 .zip 文件，它包含设备的描述并罗列出可供 APIC 查看的参数。

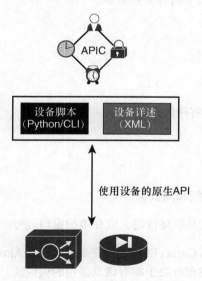

图 10-12　设备包和南向 API

具体而言，设备包中具有允许 ACI 与该设备进行通信的脚本，如表 10-1 所示。

表 10-1	设备包的内容
设备详述	一个 XML 文件定义以下内容。 ■ 设备的性能参数 　● 模型：设备的模型 　● 供应商：设备供应商 　● 版本：设备的软件版本 ■ 设备提供的功能，例如负载均衡、内容交换和 SSL 终结 ■ 每个功能所需的接口和网络连接信息 ■ 设备配置参数 ■ 每个功能配置参数
设备脚本	APIC 使用这个 Python 脚本与设备沟通。APIC 的事件会映射到这个脚本里的函数调用。一个设备包可以包含多个设备脚本。一个设备脚本会用到 REST、SSH 或者任何类似的机制与设备通信
功能配置描述	包含供应商提供了默认值的功能参数。用户可以配置一个功能来使用这些默认值。
设备层面的配置参数	一个配置文件，其中包含设备需要的明细参数。这些配置可以被一个或多个使用这个设备的服务视图共享

随着时间的推移，设备包需要进行维护和升级。了解以下内容非常重要。

■ 设备集群任何时候都只由一个包管理。

■ 服务视图中的节点和关联的设备集群应指向同一个包。

■ 小版本的升级被视为替换设备的现有包。

■ 小版本的升级无中断，对现有视图或设备集群不应有任何影响。

■ 新的大版本被视为新的设备包。

■ 现有包不受影响。

■ 现有视图的实例继续使用以前的大版本（可并行升级和测试）。

■ 把视图/集群从旧的设备包切换到新的大版本设备包是破坏性的，应在维护窗口进行。

生态系统合作伙伴的设备包由其第三方供应商维护（如 Citrix、F5、Check Point 或 Palo Alto），思科则维护自身设备相关的设备包。同样，新功能的发布取决于拥有该设备包的供应商。某些设备包的依赖性与功能性或许与特定 ACI 版本相关。

企业也可以通过基于角色的访问控制（RBAC）来控制导入或查看设备包的用户权限，以及创建或导出设备和/或策略的访问权限。表 10-2 概述了预定义的角色和权限。

表 10-2　　　　　　　　　　　　　　　　RBAC 属性等级权限

RBAC 属性	等级权限
NW-SVC-DEVPKG	允许管理员导入设备包。只有基础设施管理员可以导入设备包。租户管理员只能看到导入 infra 的设备包，拥有只读权限
NW-SVC-POLICY	允许租户管理员创建服务视图和相关配置的管理对象
NW-SVC-DEVICE	允许租户管理员创建设备集群和相关配置的管理对象
NW-SVC-DEVSHARE	允许租户管理员导出设备集群到别的租户

> **提示**　逻辑设备（集群的配置）和具体设备（物理设备的配置）均具有登录凭据，因此，如果工程师要变更登录凭据，那么务必在两个位置同时进行。

10.1.3　生态系统合作伙伴

ACI 具有非常成熟的生态系统，拥有超过 65 个合作伙伴，并且在不断发展壮大。ACI 被设计为一种开放式架构，通过 API 与这些合作伙伴水平集成后，不仅可用于配置和管理，而且能自动响应数据中心事件。伴随它提供的所有特性和功能，ACI 生态系统旨在帮助客户在以下领域沿用、定制和扩展其现有 IT 投资。

- 编排、自动化和管理。

- 配置与合规性。

- 监控和诊断。

- 存储与虚拟化。

- 流量和分析。

- 安全性。

- 网络服务。

虽然本书无法涵盖企业环境中可能存在的所有用例，但会侧重于一些更普遍的用例和配置，以帮助读者建立基础知识。

表 10-3 和表 10-4 罗列了若干常见的与 ACI 集成的生态系统合作伙伴，包括但不限于表 10-3 所列出的供应商。

> **注意**　更多生态系统合作伙伴的信息可参考思科官网，如搜索 Ecosystem Partner Collateral。

在选择集成方式之前，企业还要分别考量其 4 ~ 7 层服务的角色、职责以及操作管理模型将如何变化。

表 10-3   ACI 安全实施的 4～7 层植入

生态系统合作伙伴	网络策略	服务策略	服务管理器
思科安全设备	支持	支持 Cisco ASA	支持 FMC（NGIPS 和 NGFW）
Palo Alto	支持	不支持	支持
Check Point	支持	不支持	支持 vSec
Fortinet	支持	支持	Roadmap FortiManager

表 10-4   ACI ADC 的 4～7 层植入

生态系统合作伙伴	网络策略	服务策略	服务管理器
F5	支持	不再支持	支持 iWorkflow
Citrix	支持	支持	支持 MAS
Radware	支持	支持	支持 vDirect
A10	支持	支持	支持 aGalaxy
Avi	支持	不支持	Roadmap Avi Controller

10.1.4 管理模型

服务视图引入了用于部署 4～7 层服务的多种操作模型。

网络策略模式下的服务视图遵循传统操作模型，其中 4～7 层设备配置包括以下步骤。

步骤 1   网络管理员配置端口和 VLAN 以连接防火墙或负载均衡器。

步骤 2   防火墙管理员配置防火墙端口和 VLAN。

步骤 3   防火墙管理员配置 ACL 和其他组件。如图 10-13 所示，通过网络策略模式下的 ACI 服务视图，网络管理员配置矩阵，但通常不配置防火墙。

此外，对于使用网络策略模式的 ACI 服务视图，安全管理员可以基于专为 4～7 层设备而设计的工具来管理防火墙（见图 10-14）。

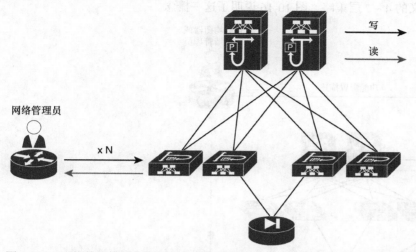

图 10-13　网络策略模式部署服务视图：网络管理员只负责矩阵，不负责防火墙或负载均衡器的管理

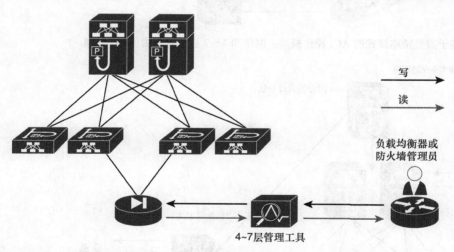

图 10-14　在网络策略模式下，安全管理员直接/基于专业工具来管理防火墙

在服务策略模式下，ACI 服务视图的管理模型会发生变化，如图 10-15 所示。网络管理员将通过 APIC 配置网络和防火墙；4～7 层管理员只需要向网络管理员提供其 4～7 层配置。该配置进而被组装为一个功能配置描述（Function Profile）。

之后，APIC 会对矩阵和 4～7 层设备进行程序化。4～7 层管理员可以从 4～7 层管理工具上读取配置，但无法直接变更。

对于基于服务管理器模式的 ACI 服务视图，4～7 层管理员不会利用参数来设置其功能配置描述，而是通过 4～7 层管理工具来直接定义其配置。APIC 管理员配置服务视图，并引用 4～7 层管理员所定义的 4～7 层策略。图 10-16 说明了这一概念。

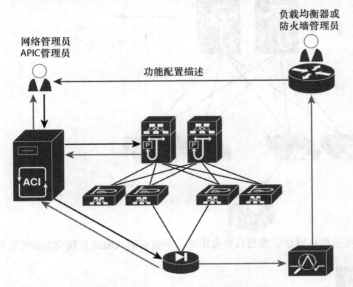

图 10-15　基于服务策略模式的 ACI 操作模型：网络和 4～7 层配置都由 APIC 管理

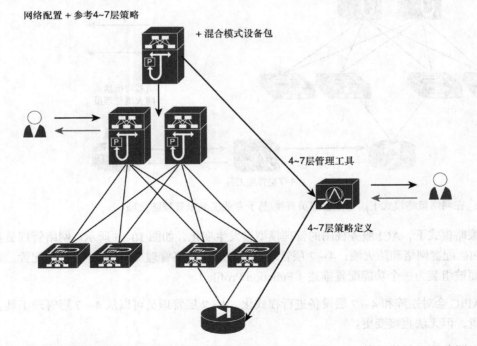

图 10-16　基于服务管理器模式的 ACI 操作模型

根据本节信息，读者现在已经从高阶层面了解到服务与 ACI 相集成的若干方式。读者还应熟悉如下设计方案。

- 手工服务植入。
- 网络策略模式（非纳管模式、无设备包）。
- 服务策略模式（纳管模式、有设备包）。
- 服务管理器模式（纳管模式，设备包+第三方 OEM 设备管理工具）。

前面的部分已经研究了这 3 种模式的影响以及每种场景的管理模型。图 10-17 提供了一个决策树，它总结了本节至此讨论过的一些决策点。在考虑与 ACI 进行服务集成时，许多企业将该决策树作为起点。

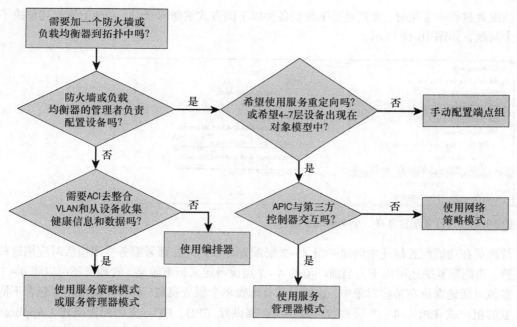

图 10-17　ACI 服务模式决策树

10.1.5 节将继续探讨纳管服务的集成。

10.1.5　功能配置描述

一遍又一遍地手工配置任何设备都会让人感到厌烦，因此 ACI 提供了功能配置描述（Functional Profile）这一特性：它允许管理员定义 4~7 层参数的集合，并将其应用于服务视图模板。用户可以创建一个或多个功能配置描述——也可以由 4 ~ 7 层设备供应商预先定义并提供。

在服务策略模式下使用 ACI 的服务视图功能时，管理者将输入矩阵和服务设备的全部配置作为同一 4 ~ 7 层配置过程的一部分。因此，管理者必须输入 4 ~ 7 层参数以配置防火墙和/或负载均衡器。这些参数包括但不限于以下内容。

■ 主机名。

■ NTP 服务器。

■ 主 DNS。

■ Port Channel 配置。

该配置过程非常耗时，尤其是要下线设备并以不同方式重新部署时。功能配置描述解决了这个问题，如图 10-18 所示。

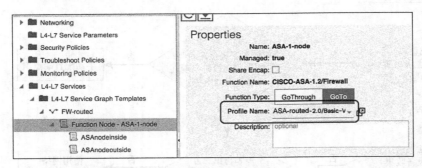

图 10-18 为设备配置选择一个功能配置描述

管理员在功能配置描述中创建一组 4 ~ 7 层配置参数，并在部署服务视图模板时应用这些参数。功能配置描述可用于为当前环境的 4 ~ 7 层设备定义标准策略。管理员还可以将 4 ~ 7 层参数灵活地保留在某些对象中，这样只需要配置单个服务视图，就可将其重用于包含不同配置的租户或 EPG。4 ~ 7 层参数可以存储在提供者 EPG、BD、应用配置描述（Application Profile）或租户下。在视图实例化时，APIC 通过在各个位置查找参数来解析服务视图所需的配置。服务视图的生成将按以下顺序查找参数：功能配置描述→AbsNode→EPG→应用配置描述→租户。在默认情况下，如果使用"Apply Service Graph Template Wizard"来配置，那么 4 ~ 7 层参数将放置在提供者 EPG 下。

提示 BD 的配置位置正在被逐步淘汰。租户和应用配置描述是首选项。

如果租户包含多个服务视图实例，且这些实例用于不同的提供者 EPG，那么默认情况下 4 ~ 7 层参数将存储在不同的位置。管理员可以将它们放在一个易于查找的地方（在应用配置描述或租户下）。如果管理者基于同一 ASA 装置与同一 ASA 服务视图形成了多个合约，那么 4～7 层参数将放置在 Web 1EPG 和 Web 2EPG 下（见图 10-19），这是不同的 APIC GUI 位置。

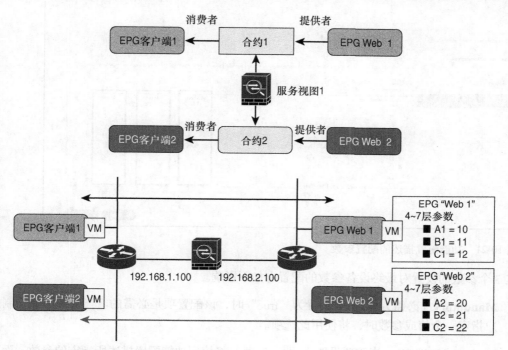

图 10-19　提供者 EPG 下的参数

如果需要，为简化管理和排障，还可以将参数放在应用配置描述或租户下（见图 10-20）。

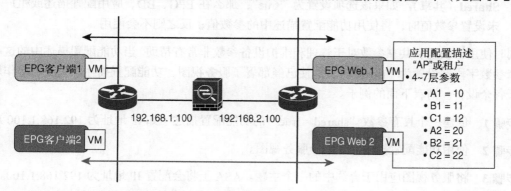

图 10-20　提供者应用配置描述或租户下的参数

要进一步管理参数并实施标准策略，功能配置描述中的每个参数都可以设置为 Mandatory、Locked 或 Shared，如图 10-21 所示。

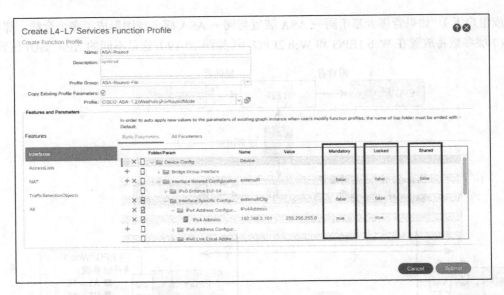

图 10-21 功能配置描述的配置参数

这 3 个参数的设置对最终设备参数的配置有如下影响。

- **Mandatory**（必需）：当参数设置为 "true" 时，该配置项是必需的。当管理员要强制用户指定一个值或参数时，将使用此选项。
- **Locked**（已锁定）：当该项设置为 "true" 时，将使用功能配置描述所指定的参数，而不是 EPG、BD、应用配置描述或租户下定义的参数。
- **Shared**（共享）：如果该选项设置为 "true"，那么在 EPG、BD、应用配置描述或租户下未设置参数值时，将使用功能配置描述中的参数值；反之则不会使用。

同时使用已锁定和共享参数对于管理和维护设备参数非常有帮助。当功能配置描述中的这两个参数字段都设置为 "true" 时，即使已经部署了服务视图，功能配置描述的变更也将作用于各个设备。请看下面的例子。

步骤 1 创建一个具有参数 "shared = true" 的功能配置描述（如 IP 地址为 192.168.1.100）。

步骤 2 使用功能配置描述创建一个服务视图。

步骤 3 将服务视图应用于合约中的一个主题。ASA 上将会配置 IP 地址为 192.168.1.100。

步骤 4 将功能配置描述的参数 192.168.1.100 变更为 192.168.1.101。ASA 上也会配置 IP 地址为 192.168.1.101。

提示 如果没有配置 "Shared=true"，那么即使更新了功能配置描述中的参数，也不会将其推送至具体的设备配置。该特性可以是一个非常强大的工具，但应谨慎使用，以避免因为功能配置描述中的参数变化而无意间更新了生产设备。

本节现已探讨了 ACI 服务编排的各个部分，下面总结一下在 ACI 中服务实现所需的 5 个步骤（见图 10-22）。

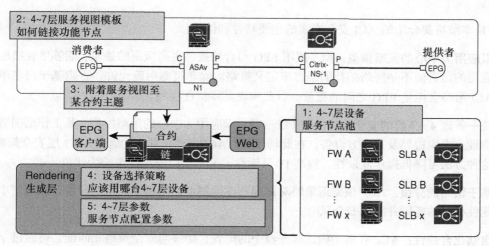

图 10-22　服务植入的步骤

步骤 1　定义 4~7 层设备或池。

步骤 2　创建一个服务视图模板。

步骤 3　将服务视图附着于一个合约。

步骤 4　创建用于选择一个服务设备的设备选择策略。

步骤 5　使用预定义参数配置服务节点。

设备的功能配置描述也是其基本配置，这意味着如果用户计划在模板配置中稍后启用特定功能，那么必须在功能配置描述中首先启用该功能。

10.2　所有主机的安全性

ACI 安全解决方案以基于系统的整体方法来满足下一代数据中心及云环境的安全需求。通常情况下，基于虚拟化叠加网络的安全解决方案只提供有限的可见性和规模，并需单独管理承载层与叠加层的网络设备以及安全策略；ACI 安全解决方案则与众不同——它采用以应用为中心的方法以及基于策略的通用操作模型，同时帮助确保合规性并降低安全漏洞风险：ACI 通过这些独一无二的方式满足了下一代数据中心的安全需求。

ACI 安全解决方案启用统一的安全策略生命周期管理，能够跨物理和虚拟工作负载（包括容器）、在数据中心的任何位置实施策略。它提供了 4 ~ 7 层安全策略的完全自动化，并具备由广泛生态系统所支持的纵深防御策略，同时实现深度可见性、自动化策略合规性以及加速威胁检测和缓解。ACI 提供动态的、应用为中心的分段，成为唯一专注于应用的安全解决方案。

以下是本节将要介绍的 ACI 安全方案的主要特性和优势。

- **以应用为中心的策略模型**：ACI 使用 EPG 与合约提供更高级别的抽象，能够更轻松地以应用的语言而不是网络拓扑的语言来定义策略。除非策略明确允许，否则基于白名单的 ACI 策略会拒绝 EPG 之间的流量，以此实现其零信任模型。

- **统一管理 4 ~ 7 层的安全策略**：基于统一的、以应用为中心的策略模型，其工作范围横跨物理、虚拟边界及第三方设备，在此场景下，ACI 自动化并集中管理 4 ~ 7 层安全策略。这种方法可降低操作复杂性、提高 IT 灵活性，又不会以安全性影响为代价。

- **基于策略的分段**：ACI 根据组策略对物理和虚拟端点启用精细灵活的分段，从而缩小合规性检查的范围并降低安全风险。

- **自动化合规性**：ACI 有助于确保服务器中的配置，始终与安全策略相匹配。可通过 API 从思科应用策略基础设施控制器（APIC）中提取策略和审核日志，并创建合规性报告（如 PCI 的合规性报告）。该特性可提供实时 IT 风险评估，并降低组织的不合规风险。

- **为东西向流量集成 4 层安全性**：ACI 矩阵包含一个内置的分布式无状态 4 层防火墙，用于保护应用组件之间，以及数据中心租户之间的东西向流量。

- **开放式安全框架**：ACI 提供开放式安全框架（包括 API 和 OpFlex 协议）。无论服务设备在数据中心的任何位置，ACI 所提供的安全架构都支持在应用流中进行 4 ~ 7 层关键安全服务的高级服务植入。这些安全服务包括入侵检测系统（IDS）、入侵防御系统（IPS）和下一代防火墙服务，比如思科 ASAv、思科 ASA 5585-X 和第三方安全设备。该特性开启了深度防御安全战略和资产保护。

- **深度可见性和加速攻击检测**：ACI 收集带时间戳的网络流量数据，并支持原子计数器，进而跨越物理和虚拟网络边界，提供实时网络智能和深度可见性。该特性可加快攻击检测，使攻击在早期阶段就被检测到。

- **自动化事件响应**：ACI 启用北向 API 与安全平台集成，以自动响应在网络中发现的威胁。

本节接下来将继续研究 ACI 的这些优势。

10.2.1 建立端到端安全解决方案

在一个"完美的世界"中，企业的安全策略应该从最终用户开始，穿过 WAN 或园区网、私有或公有云/数据中心，直至单个服务器，一路实施。思科已将它变成了现实，其开发和集成的相关架构和解决方案可以实现这些安全梦想。思科的 ISE 和 APIC-EM（软件定义的 WAN）有能力在园区网或广域网中定义并实施安全策略。在思科 DNA 产品或软件定义接入的解决方案中，思科进一步打造了基于意图实施的新能力。无处不在的 ACI 完全胜任在数据中心或云端的物理和虚拟工作负载（VMware、Microsoft、Red Hat、OpenStack 和 Kubernetes）上定义并实施安全策略。此外，ISE、APIC-EM 和 ACI 的集成已成功开发，因此，客户可利用现有的知识产权并在解决方案之间共享策略，一个策略流从而可以真正跨越多个执行平台。

通过这种集成，网络中已启用 TrustSec 的安全组标签（SGT）可转换为 ACI 数据中心网络里面的端点组（EPG）；同样，来自 ACI 的 EPG 可以转换为企业网络中的 SGT。于是，思科身份服务引擎（ISE）实现了在 TrustSec 与 ACI 域之间共享一致的安全策略组，如图 10-23 所示。

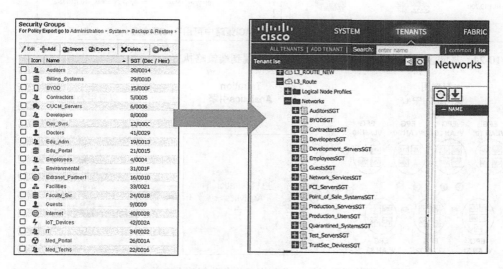

图 10-23　TrustSec 组在 ISE 与 ACI 之间共享

要让 TrustSec 域使用 ACI 域内的组，ISE 将同步来自 APIC-DC 控制器的内部 EPG，并在 TrustSec 环境下创建相应的安全组。ISE 还将使用 APIC-DC 的外部端点（L3 Out）和子网配置来同步安全组及相关的"IP 到安全组"映射。该集成创建了一个环境，当用户（图中显示为"Auditor"）登录到网络时，根据其用户名和设备类型进行身份验证并分配定制的访问权限，此过程是端到端地、在整个架构上的每一跳执行。图 10-24 显示了对应的架构。

实现该端到端安全环境所要消除的最后一个障碍是了解数据中心上的应用以及它们的运行

方式。这些知识至关重要：若能了然于心，就可以放心地创建、维护并执行正确的安全策略——因为完全了解它不会对生产环境产生负面影响。Tetration Analytics 可以实现这一切，以及更多（见图 10-25）。

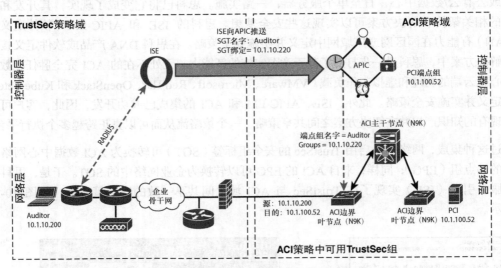

图 10-24　从园区网（ISE）到数据中心（ACI）的端到端策略执行

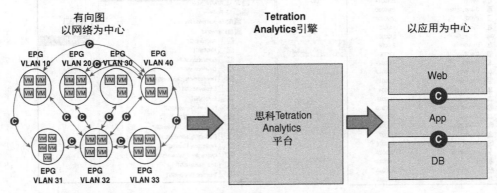

图 10-25　Tetration 从用户服务器和网络上提取信息并自动创建白名单

Tetration 通过泛在可见性与机器学习自动映射应用之间的依赖关系。Tetration 从服务器和网络上同时使用信息和元数据。它通过分析客户环境中基于上下文的信息（如已存在的 ISE 安全组）来构建并定义基于意图的安全策略，管理员可以将这些策略导入 ACI。然后，ISE 和 ACI 将在各自的域内执行这些策略，如图 10-26 所示。

之后，Tetration 即成为集中管理、监控及更新策略的平台。策略本身变得更容易管理了，因为 Tetration 有能力使用组或标签，而不是端口号和 IP 地址。企业只需要标记其设备，然后根据这些标记或组创建策略。在图 10-27 所示的示例中，管理员从 ISE 中导入标签，并根据名为"Contractors""Auditors"和"Production"的标签创建策略。通过一个简单的规则"拒绝 Contractors 访问 Production"，就能够创建一个非常强大的策略。当该策略从 Tetration 导出，设备会计算出需要包含在规则内的所有 IP 地址和端口号，这样安全平台（如 ACI）就能了解如何执行它。然后，Tetration 会追踪策略，并确保它们已成功执行并遵从意图。如果出于某种原因，策略未约束好流量，那么 Tetration 和 ACI 可以帮助确定错误配置的位置。

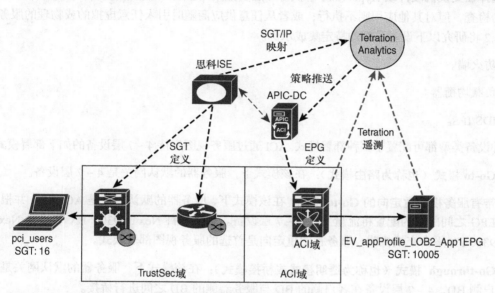

图 10-26 由 Tetration 所创建的单个策略并共享至 ACI 和 ISE

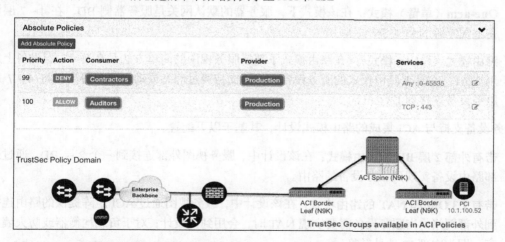

图 10-27 用标签或组来创建基于意图的策略——可导入至安全设备

| 提示 | 如果想了解关于 ISE + ACI 的更多详细信息，可参考思科官网并搜索 "TrustSec–ACI Policy Plane Integration"。 |

| 提示 | 如果想了解有关 Tetration 的详细信息，可参阅思科官网的 Tetration 页面。 |

无论如何设计安全策略，客户都拥有选择策略执行的位置、时间和级别的终极权力。客户可以选择在交换机硬件或 Hypervisor 中执行 4 层安全策略。客户可能希望对特定应用执行某一层的检查，但对其他应用则不执行；或者从任意供应商随时引入任意虚拟的或物理的服务。10.2.2 将研究以下设备类型的特定集成示例。

■ 防火墙。

■ 负载均衡器。

■ IDS/IPS。

每种设备类型都可配置于多种部署模式。ACI 通过服务视图支持 4～7 层设备的如下部署模式。

■ **Go-to 模式（也称为路由模式）**：在该模式下，服务器的默认网关是 4～7 层设备。

■ **带有服务视图重定向的 Go-to 模式**：在该模式下，服务器的默认网关是 ACI BD，并根据 EPG 之间的合约配置将流量发往 4～7 层设备。基于思科 Nexus 9300 EX 和思科 Nexus 9300 FX 平台交换机时，服务视图重定向是首选的服务视图部署模式。

■ **Go-through 模式（也称为透明模式或桥接模式）**：在该模式下，服务器的默认网关是客户侧 BD，4～7 层设备在客户侧的 BD 与服务器侧的 BD 之间进行桥接。

■ **One-arm（单臂）模式**：在该模式下，服务器的默认网关是服务器侧 BD，在 4～7 层设备上配置源 NAT（SNAT）。

■ **路由模式（Go-to 模式）**：在路由模式下部署服务视图的简单方法是在 4～7 层设备上启用 NAT。在部署路由模式的服务设备时，还支持通过静态或动态路由协议，将 4～7 层服务设备连接到 L3 Out。

服务设备支持与 ACI 集成的路由模式设计，其基于以下配置。

■ **带有外部 2 层 BD 的路由模式**：在该设计中，服务视图外部连接到一个 2 层 BD。通过外部路由设备实现到服务设备的路由。

■ **带有 L3 Out 和 NAT 的路由模式**：在该设计中，服务视图通过 ACI 矩阵提供的路由连接到外部网络。当服务设备需要实现 NAT 时，会用到该设计；对于负载均衡器或防火墙而言，即为内部 IP 地址转换。

■ **3 层连通 L3 Out 接口与 4～7 层设备的路由模式**：在该设计中，4～7 层设备不使用 NAT

来转换服务器地址。因此，在 L3 Out 接口与 4～7 层设备之间，需要运行静态或动态路由协议。

- **基于策略重定向（PBR）至 4～7 层设备的路由模式**：在该设计中，4～7 层设备上无须 NAT 或对接 L3 Out。ACI 矩阵会根据合约，将流量重定向至 4～7 层设备。

- **带有外部 2 层 BD 的路由模式**：在该设计中，4～7 层服务设备可选择服务器 IP 地址转换与否，如对接防火墙时便是如此。此外，用户通过外部路由器为服务设备提供默认网关。

无论客户要部署哪个供应商或者哪种类型的集成，都需要先完成一些准备工作，然后才能集成 4～7 层设备，步骤如下。

步骤 1 创建必要的物理域和虚拟域。这些是与设备集成时会用到的 VLAN 域。确保使用物理域（用于物理设备）或虚拟域（用于虚拟装置的 VMM），或两者同时使用。这些域将在后续配置中被调用，并映射到服务设备所要附着的端口。

步骤 2 创建必要的矩阵接入策略。这些策略包括服务提供设备如何物理连接到 ACI 叶节点的配置最佳实践。

步骤 3 在防火墙上应用以下设备模式的基本配置。

    a）如果设备支持，那么配置 Context。

    b）透明模式/路由模式。

    c）管理 IP 地址及连通性。

    d）管理协议（启用 SSH、HTTP、HTTPS）。

    e）配置用户名和密码。

步骤 4 导入设备包。

步骤 5 创建将要部署服务的租户。

步骤 6 创建将要部署服务的 VRF。

步骤 7 创建必要的 BD/VRF。以下是为 4～7 层设备定制的常见 BD 设置（见图 10-28）。

    a）使用 PBR 时请勿启用 IP Learning。

    b）在透明模式下请勿启用 Unicast Routing。

步骤 8 创建 EPG 与合约。

提示 ACI 支持供应商的 Multi-Context。每个供应商的实现不尽相同。对于 ASA，管理员需要在配置之前设置好多个 Context。

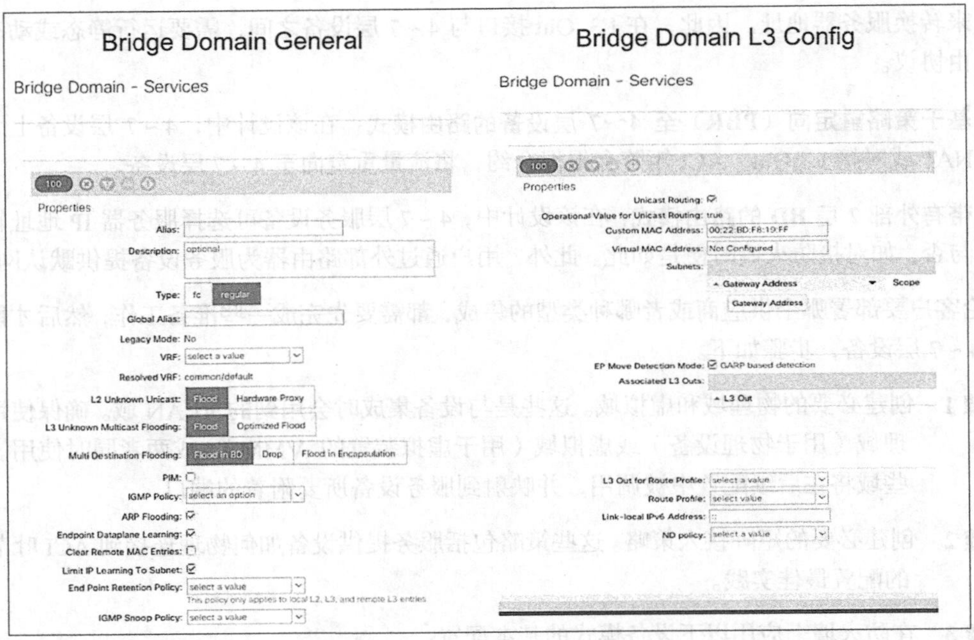

图 10-28　推荐的 BD 配置

本章还将探讨来自思科、Citrix 和 F5 等多家供应商的集成示例。

> **提示**　如果客户使用的是思科 ASAv，那么必须将其部署在归属于 VMware VDS VMM 域的 ESXi 之上。

10.2.2　防火墙集成

本小节深入研究的第 1 个设备集成是防火墙。防火墙在矩阵中常见的植入点位于矩阵周边、安全区域之间，或存在于需要更精细协议检查的应用层之间。许多客户在外围应用上部署较大的、基于硬件的防火墙，在矩阵内则使用虚拟防火墙。无论在哪种情况下，客户先要决定其设备的实现模式。

采用以下模式之一部署服务视图，以实现防火墙的功能。

■ **Go-to**：4～7 层设备是路由数据流的 3 层设备，用于服务器的默认网关或下一跳。

■ **Go-through**：4～7 层设备是一个透明的 2 层设备，由下一跳或外部 BD 提供默认网关。

ACI 矩阵上最简单、最直接的一种配置是将防火墙作为所有设备的 3 层网关，ACI 矩阵只用于 2 层。在图 10-29 所示的该类设计中，客户端 EPG 与 BD1 相关联，BD1 仅配置为 2 层模式。Web EPG 与 BD2 相关联，BD2 也仅配置为 2 层。桥接域 BD1 和 BD2 都与 VRF1 相关联，但这仅限于满足对象模型的要求，而无任何实际操作意义。客户端和 Web 服务器分别

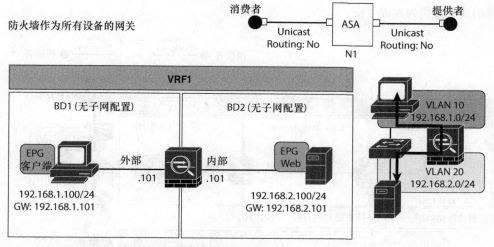

图 10-29　3 层防火墙作为所有设备的网关

将防火墙的外部和内部接口配置为默认网关。客户端 EPG 和 Web EPG 之间将基于合约来允许通信及服务调用。

在图 10-29 右上角的防火墙与矩阵之间的邻接关系中，读者应注意到 Unicast Routing 被设置为 "No"。其原因是矩阵仅运行在 2 层且与服务设备无邻接关系。图 10-29 右侧的示意图则显示了从客户端到 Web 服务器的逻辑业务流。

本章将探讨 3 层防火墙的第 2 个常见设计选择，基于防火墙和 ACI 矩阵的 3 层能力。这种设计要求防火墙内部的设备将其作为网关，而为防火墙外部的设备提供更具可扩展性与操作效率的设计。如图 10-30 所示，防火墙与矩阵内部邻接或直接与特定的 L3 Out 邻接，NAT与否可选。通过创建邻接关系并利用路由协议（优先考虑）或静态路由，矩阵就可以确定哪些设备和子网位于防火墙后面，并双向路由数据流。

在图 10-30 中，多个 BD 被创建。在图 10-30 顶部和底部的两个示例中，ACI 为防火墙的内部和外部接口都创建了相应的 BD。BD2 仅运行在 2 层模式，并与 Web 客户端和防火墙的内部接口相关联。Web EPG 中的设备网关被配置为防火墙。防火墙的外部接口与 BD1 相关联，BD1 被配置为 3 层模式。ACI 矩阵配置 L3 Out 连通防火墙外部接口。在矩阵与防火墙之间的 L3 Out 将配置为基于某个路由协议或静态路由，以便 ACI 矩阵了解防火墙背后的子网。客户设备位于矩阵内或矩阵外的客户端 EPG 中。如果客户端在矩阵外，那么合约将作用于 L3 Out 与 Web EPG 之间。如果客户端在矩阵内，那么合约将作用于客户端 EPG 与 Web EPG 之间。上述设计都在单个 VRF 之内。重申一下，VRF1 与 BD2 的关联仅限于完成对象模型的要求，并无任何操作意义。综上所述，合约将作用于 L3 Out/客户端 EPG 与 Web EPG 之间，以调用防火墙并在 EPG 之间放行流量。在图 10-30 的右上角，与矩阵路由邻接的需求使得消费者邻接为真或 3 层。

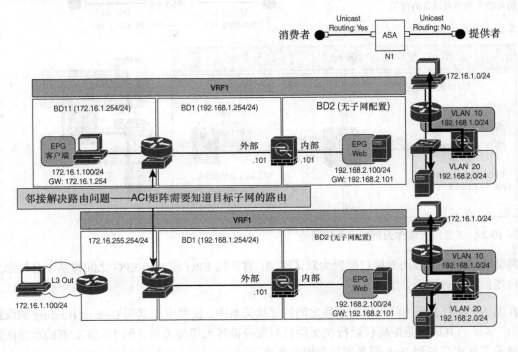

图 10-30　带有 3 层邻接的 GoTo 防火墙

部分 L3 Out 的配置包含定义一个外部网络（也称为外部 EPG），以此进行访问列表过滤。外部网络负责定义可以通过 3 层路由访问的子网。

在通过 L3 Out 路由至 4~7 层设备时，管理员通常会在 4~7 层设备所连接的 SVI 上定义一个 L3 Out。为此，需要利用相同封装来定义多个逻辑接口配置描述（Interface Profile）。这些逻辑接口配置描述是通往 4~7 层设备接口的路径。该路径也可以是 vPC。通过这些相同封装，管理员创建了一个外部 BD，用于在 L3 Out 与 4~7 层设备之间进行流量的 2 层交换。同时，这也保证了 4~7 层主备之间的 2 层邻接关系，让它们基于一致的封装连接到同一个 L3 Out。

静态路由和动态路由都适用于 vPC 的 L3 Out SVI。如果使用静态路由，那么可在 SVI 和 vPC 的配置中定义辅助 IP 地址。辅助 IP 地址将在 4~7 层设备的静态路由配置中作为下一跳（见图 10-31）。

L3 Out 中定义的外部 3 层域或外部网络等同于 EPG，因此管理员可以利用它来连接服务视图。

当叶节点基于特定的软、硬件版本时，ACI 在同一个 L3 Out 上部署两个以上的叶节点时会有一定限制。这些限制适用于如下条件。

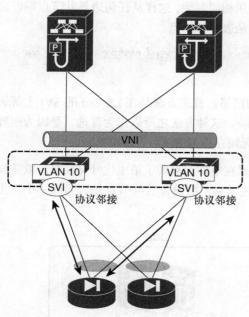

图 10-31　定义 SVI 用于服务设备的 3 层连接

- 如果 L3 Out 包含两个以上的叶节点并且它们带有相同封装（VLAN）的 SVI。

- 如果从边界叶节点到外部设备配置了静态路由。

- 如果从外部设备到矩阵的连接基于 vPC。

限制的出现是因为流量可以路由到一个 L3 Out，然后又被外部 BD 桥接至另一个 L3 Out。图 10-32 左侧显示的拓扑适用于第 1 代和第 2 代叶交换机，右侧显示的拓扑仅适用于思科 Nexus

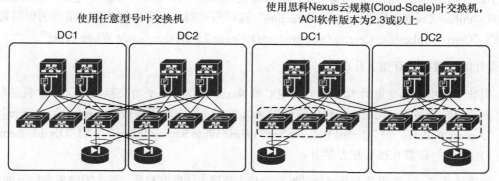

图 10-32　第 1 代和第 2 代叶交换机与服务设备的 3 层连通性

9300 EX 和思科 Nexus 9300 FX 平台交换机。在拓扑中，ACI 配置静态路由到外部的主备防火墙对。L3 Out 在所有边界叶节点上的连接使用相同封装，这样从任何边界叶节点都可通过静态路由到达主防火墙。图 10-31 中的虚线框是边界叶节点。

提示　第 1 代 ACI 叶交换机是思科 Nexus 9332PQ、9372PX-E、9372TX-E、9372PX、9372TX、9396PX、9396TX、93120TX 和 93128TX 交换机。

对于由两个以上第 1 代边界叶交换机所组成的网络，首选方法是在 L3 Out 的 SVI 上部署动态路由，并且每对 vPC 利用不同的 VLAN 封装。这种方法之所以作为首选，是因为矩阵将流量路由到 L3 Out 后即可访问外部前缀，而无须在外部 BD 上进行桥接。

无论配置 L3 Out 的叶节点基于哪种硬件，如果在矩阵上部署了第 1 代叶交换机，就需要考虑服务器所连接的叶节点与配置 L3 Out 去往 4~7 层设备的叶节点是否为同一个（见图 10-33）。

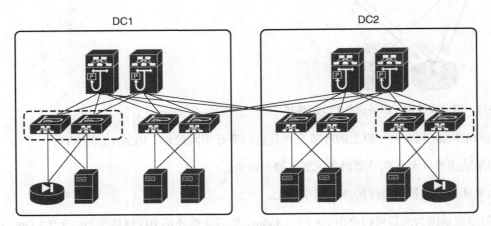

图 10-33　服务器与服务设备连接到同一台叶交换机

关于该设计的部署推荐，需考虑 CAM 的过滤优化策略（称为入向过滤），它由 VRF 配置里面的 "Policy Control Enforcement Direction" 选项所控制。更多详细信息，请参阅思科官网文档 "Cisco Application Centric Infrastructure Release 2.3 Design Guide White Paper"。

该设计的注意事项有如下几点。

■ 当叶交换机全部是思科 Nexus 9300 EX 和 Nexus 9300 FX 平台交换机时，支持端点附着到边界叶交换机。同时，客户应该使用 ACI 2.2(2e) 版本或更高版本，并复选 "Fabric" → "Access Policies" → "Global Policies" → "Fabric Wide Setting Policy" 下的 "Disable Remote EP Learn" 以禁止远程端点学习。

■ 如果计算节点（即服务器所连接的叶交换机）是第 1 代叶交换机，那么需要考虑如下两点。

- 若启用 VRF 入向策略（默认且建议的设置），那么 ACI 软件需采用 2.2(2e) 版本或更高版本。客户还应该禁用边界叶交换机上的远程 IP 端点学习——在 "Fabric" → "Access Policies" → "Global Policies" → "Fabric Wide Setting Policy" 下复选 "Disable Remote EP Learn"。

- 也可以通过将 "Tenant" → "Networking" → "VRF" 下的 "Policy Control Enforcement Direction" 选项设为 "Egress"，将 VRF 实例配置成出向策略。

客户还可以采用的另一种部署模型是基于策略的重定向（PBR）。与上述设计选项不同，PBR 不需要 L3 Out 连通服务节点、两个 VRF 实例或 NAT。在采用 PBR 时，ACI 矩阵将根据源 EPG、目标 EPG 以及合约过滤器匹配，将流量路由到服务节点。BD 设置为可路由。服务器默认网关与服务节点（PBR 节点）网关必须是 ACI 矩阵上的 BD 子网（见图 10-34）。

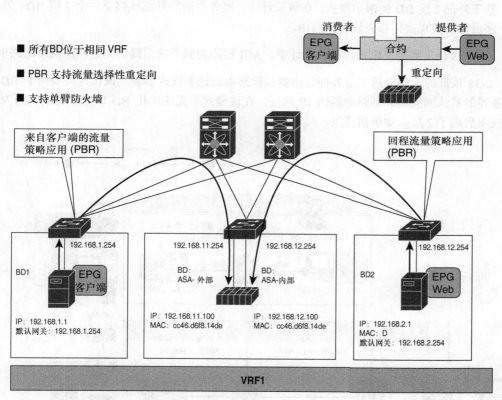

图 10-34 基于策略重定向的 3 层防火墙的设计

PBR 节点有两个接口：一个用于消费者端，另一个用于提供者端。PBR 节点的两个连接器必须位于一个 BD 中，且不可以是消费者或提供者的 BD。因此，需要有一个服务 BD，且连接器必须配置为 Unicast Routing。ACI 3.1 版本将不再需要服务 BD。

PBR 需要服务视图，且 PBR 节点必须处于 Go-to 模式。PBR 也可以采用单臂模式部署。

> **提示** 对于单臂模式的部署，请客户确保防火墙允许路由流量在同一安全区域的接口进出。截至本书英文版出版，以下是防火墙具备该功能的一个非详尽列表：ASA、Palo Alto、Check Point。

透明模式防火墙的设计需要两个 BD。在透明模式下，4~7 层设备以直通（Go-through）模式部署。服务节点不作为服务器的默认网关。服务器的默认网关在外部 BD 或外部路由器上。矩阵可以通过 VRF 实例或外部路由器来实现从外部（客户端）到内部（服务器）接口的路由。在 Go-through 模式下，ACI 禁止在两个 BD 上配置 IP 路由。另外，即使用户设置了硬件代理（Hardware Proxy），ACI 也会在 BD 上启用未知单播泛洪与 ARP 泛洪。

本章将透明模式的设计分为两类。

- **基于外部 2 层 BD 的透明模式**：在该设计中，服务视图的外部连接至一个 2 层 BD。外部路由设备实现去往服务设备的路由。

- **基于 L3 Out 的透明模式**：在该设计中，ACI 矩阵为服务视图提供到达外部网络的路由。

图 10-35 顶部的示例显示了由外部路由器提供路由的透明模式部署。该设计需要两个 BD。服务器的默认网关是外部路由器的 IP 地址。在该模式下无法优化 BD 以减少泛洪，因为服务视图启用了 2 层未知单播泛洪。

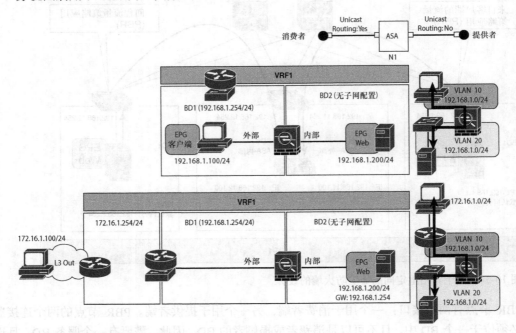

图 10-35　ACI 2 层防火墙的设计

图 10-35 底部的示例显示了由 ACI 矩阵提供路由的透明模式部署。该设计也需要两个 BD。服务器的默认网关是外部 BD 子网的 IP 地址。由于在 BD1 上启用了 IP 路由,因此 BD2 中端点的 IP 地址将会被 BD1"学"到,且端点 IP 地址将与 4～7 层设备的 MAC 地址相关联。

由于 BD1 已启用路由,因此用户需要确保 BD1 仅学习到所定义子网的地址。因此,应复选"Limit IP learning to subnet"(以前称为"Subnet Check")。用户还需要确保,在该接口上将最多学习到 1024 个 IP 地址(根据已确认的 ACI 2.3 版本容量限制),并且配置了"IP Aging"以自行老化 IP 地址。

图 10-36 显示了手工植入 3 层防火墙的设计示例,该设计省略了服务视图。配置包含两个独立的 VRF、BD,以及两个独立的 L3 Out。L3 Out 用于防火墙和 ACI 矩阵之间的邻接关系。防火墙作为两个 VRF 之间的路由器。ACI 只需要简单地根据静态路由或动态路由向防火墙发送流量。客户端 EPG、ASA-Ext L3 Out 和/或 ASA-Int L3 Out 及 Web EPG 之间会根据合约放行流量。当流量经过防火墙时,防火墙会根据自身的特定配置决策。

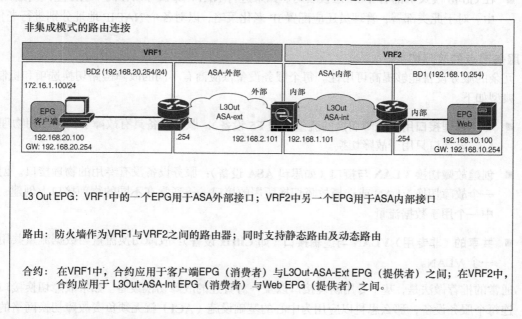

图 10-36　3 层防火墙的手工拼接

在任何设计中,如果在连接到 4～7 层设备的 BD 上启用了 IP 路由(如上例的 BD1),ACI 就会从 BD1 上学习到 BD2 端点的 IP 地址,并且这些地址将与 4～7 层设备的 MAC 地址相关联。有如下两个重要的注意事项适用于该场景。

■ **每个 MAC 地址所关联 IP 地址的最大支持数目**:截至本书英文版出版,ACI 最多支持 1 024 个 IP 地址与同一个 MAC 地址相关联。因此,无论 NAT 与否,管理员都必须保证 BD1 学习到的 4~7 层设备接口 MAC 地址所关联的 IP 地址数量应保持在此限制范围之内。

- **ACI 分别老化 IP 地址的能力**：如果 ACI 学习到多个 IP 地址与同一个 MAC 地址相关联（如 BD1 的情况），那么会认为它们指向的是同一个端点。为帮助 ACI 分别老化各个 NAT IP 地址，管理员需要在 "Fabric" → "Access Policies→Global Policies→IP Aging Policy" 下启用一个名为 "IP Aging" 的选项。

综上所述，如果设计要求多 BD 互联且启用了 IP 路由，那么应遵循如下准则。

- 启用 Limit IP Learning to Subnet，以避免学习到其他 BD 端点的 IP 地址。

- 当采用 4~7 层 Go-through 设计时，请勿在 4~7 层透明设备所连接的两个 BD 上同时启用路由。

- 在 Go-to 模式下部署 4~7 层设备时，如果进行 NAT，那么可以在两个 BD 上同时启用路由。对于此类部署，管理员还应配置 IP 老化策略，以对各个 NAT IP 地址分别进行老化。

1. 服务节点的故障切换

冗余的服务设备能够提高可用性。每个服务设备供应商有不同的故障链路切换选项和机制，典型如下。

- **专用物理接口用于故障切换的流量（如 F5 设备）**：服务设备具有故障切换的专用物理接口，该接口只用于故障切换。

- **创建故障切换 VLAN 与接口（如思科 ASA 设备）**：服务设备没有专用的物理接口。创建一个故障切换 VLAN 或选择故障切换所用的接口——通常在不同的物理接口上创建，其中一个用于数据流量。

- **共享的（非专用）VLAN 与逻辑接口（如 Citrix 设备）**：故障切换流量与数据流量共用同一个 VLAN。

通常的推荐做法是，基于专用物理接口以及一对直连的故障切换设备。如果故障切换接口直连每个服务设备，那么思科以应用为中心的基础设施（ACI）就无须负责故障切换网络的管理。如果用户希望 ACI 矩阵负责带内的故障切换，那么请为故障切换创建一个 EPG。图 10-37 显示了该设置。

如果基于物理装置并且用户倾向于采用带内的故障切换，那么需要为故障切换创建一个 EPG 并采用静态绑定。这与裸金属端点的处理方式相似。

如果基于虚拟装置并且用户倾向于采用带外的故障切换，那么需要手工创建一个端口组并应用。若倾向于带内的故障切换，就通过 VMM 域为故障切换创建一个 EPG，这与虚拟机端点的处理方式相似。

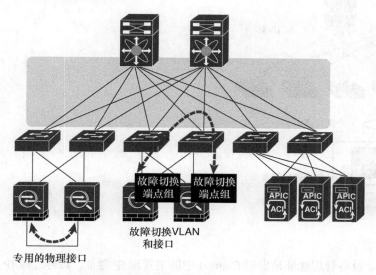

图 10-37 服务设备的故障切换网络

2. 为物理装置部署集群（思科 ASA 集群）

思科 ASA 集群允许用户将多个 ASA 物理节点组合在一起，作为单个逻辑设备使用，以提供高可用性和可扩展性。ASA 集群也可与 ACI 集成。ASA 集群有两种工作模式：spanned Etherchannel 模式（推荐）和独立接口模式。本章集中介绍 spanned Etherchannel 模式，因为这是推荐的选项。

集群中的一个 ASA 被选为主 ASA。主 ASA 处理所有配置，该配置会复制到从 ASA。在 spanned Etherchannel 模式下，集群中的所有 ASA 设备共用同一个端口通道（Port Channel），流量的负载均衡是该端口通道的一大职责。从 ACI 矩阵的角度而言，集群是通过一个端口通道连接到 ACI 矩阵的单个逻辑设备（见图 10-38）。

> 提示　截至本书英文版出版，对于 spanned EtherChannel 模式，同一个集群中的 ASA 设备必须通过同一个 vPC 或端口通道连接到 ACI 矩阵。因为如果是不同的端口通道，ACI 矩阵将从不同的接口上学习到同一个端点，这会导致端点振荡。因此，ACI 不支持跨 Pod 的 ASA 集群。预计到思科 2018 财年第 2 季度，ACI 矩阵的能力将得到增强以应对这种情况。

对于 4～7 层设备的配置，请注意 ACI 只支持基于物理设备部署的 ASA 集群，而不支持虚拟设备的 ASA 集群。与上文中物理装置的配置示例一样，用户需要创建一个虚拟的 Context 并将其作为 4～7 层设备添加到 APIC。但此时需要采用单节点模式，因为从 ACI 的角度而言，集群是一个大的逻辑设备。APIC 与主 ASA 通信，以将配置推送至集群中的所有 ASA 设备。

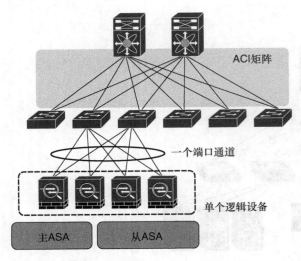

图 10-38　思科 ASA 集群

在 4~7 层设备的配置中，设备管理地址是虚拟 Context 中的主管理 IP 地址。集群管理 IP 地址是管理 Context 中的主管理 IP 地址。

注意，ASA 集群必须事先配置。在 APIC 利用设备包创建 4~7 层设备期间，不支持配置集群。要设置 ASA 集群，除集群数据平面的 spanned Etherchannel 之外，还需要若干个用于集群控制平面的单独端口通道（见图 10-39）。

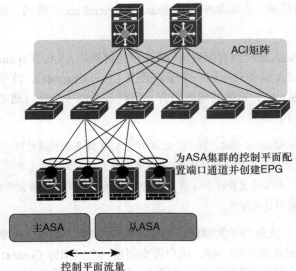

图 10-39　集群控制平面的流量

3. 虚拟与物理

在物理或虚拟模式下部署冗余设备时，用户需要考量若干差异。下文将记录这些差异。

（1）部署物理冗余设备

物理ASA设备通常采用Multi-Context模式。在这种情况下，故障切换的配置位于管理Context中。因此，无须为每个虚拟Context重复配置故障切换，手工设置故障切换即可，无须APIC。如果需要通过APIC设置故障切换，那么用户要将管理Context注册为一个4～7层设备，但其不会用于服务视图的实际部署。

> **提示**　对于4～7层设备中的状态故障切换链路，客户不必为其配置集群接口。如果故障切换的流量不在ACI矩阵内（如果是带外的），那么ACI矩阵无须负责。即使故障切换的流量在ACI矩阵内（带内的），APIC上的4～7层设备配置也无须负责故障切换流量的EPG创建。用户需要单独为故障切换的流量创建一个EPG。

在该方案中，对于每个服务视图的部署，用户都需要创建一个虚拟Context并将其作为一个4～7层设备添加到APIC。然后，通过APIC上的"Device Configuration"选项卡及参数来配置ASA的故障切换。此时，还必须配置一个辅助的管理IP地址，否则APIC将无法访问从属ASA，如图10-40所示。尽管是可选项，仍建议将该链路配置为端口通道。在配置完成后，就可以在两台ASA设备上看到故障切换的配置。

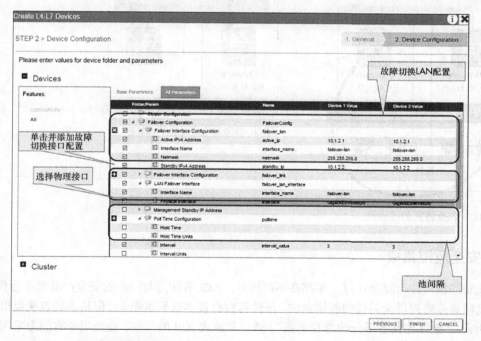

图10-40　故障切换链路的配置

（2）部署虚拟冗余设备

无论采用带内还是带外的故障切换流量，用户都需要为其创建一个端口组，并将 vNIC 附着其上。此外，在 4~7 层设备上，还需要配置负责故障切换的设备接口以及集群接口。

如果企业正在使用 VMM 集成，那么需要在 VMM 域上创建一个用于故障切换流量的 EPG（见图 10-41），进而创建端口组（Port Group）用于该 EPG，然后为虚拟装置配置 vNIC。如果不想通过 VMM 域，也可以采用静态绑定的 EPG。在这种情况下，客户将手动为故障切换流量创建一个端口组，进而为该 EPG 配置静态绑定。

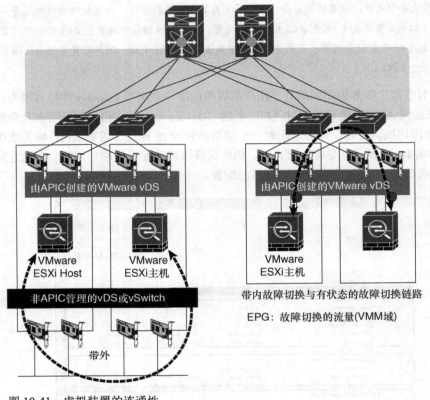

图 10-41　虚拟装置的连通性

10.2.3　安全监控集成

安全威胁的精巧性与复杂性每一年都在不断提升。ACI 有能力与用户的安全产品携手合作，为深度防御战略提供全局性的整体方法。虽然每台设备本身都很强大，但是不能忽视亚里士多德所言："整体比其各部分的总和更强"。通过开放式 API 的集成，企业当今有能力采用更具前瞻性的方式来实现安全性。

ACI 与 Firepower NGIPS（包括恶意软件的高级防护）的集成可以为攻击前、攻击时、攻击后提供防护，使组织以连续地查看并控制整个攻击过程，并动态地监测和阻挡高级威胁。这些新的安全能力，可以为数据中心提供前所未有的可控性、可视性以及集中的安全自动化。

图 10-42 显示了该集成的一个示例，总结为以下几个步骤。

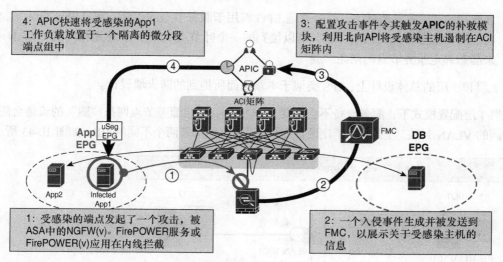

图 10-42　FMC 到 APIC 的威胁快速检测与遏制

步骤 1　受感染的端点发起了一个攻击，被 Firepower 在内线拦截。

步骤 2　一个入侵事件生成并被发送到 Firepower 管理中心，以展示关于受感染主机的信息。

步骤 3　配置攻击事件令其触发 APIC 的补救模块，利用北向 API 将受感染主机遏制在 ACI 矩阵内。

步骤 4　通过将受感染的工作负载放置到基于属性（基于 IP 地址）的 EPG 中，APIC 快速遏制/隔离了受感染的工作负载，直至该设备被修复。

这种开箱即用的功能非常强大。事实上，对 API 与可编程性所能实现的目标而言，这只是冰山一角。

10.2.4　入侵防御系统集成

正如上一小节所探讨的，入侵防御系统（IPS）是深度防御或端到端安全解决方案的一个重要组成部分。集成 IPS/IDS（入侵检测系统）与 ACI 的设计选项如下。

■ **纳管模式的服务视图**：截至本书英文版出版，思科刚刚发布了针对某些特定型号和配置的 Firepower Threat Defense 设备包。然而，对于其他型号，截至目前，还没有设备包能够进行第 1 层的配置。基于硬件的 Firepower 装置支持第 1 层旁路的网络模块。

■ **非纳管模式的服务视图**：IPS/IDS 装置的两条"腿"需要接到两个不同的叶节点上，这是因为服务视图不支持每端口 VLAN。

■ **非集成模式**：在该模式下，一个普通 EPG 将用于服务节点的连接。在启用每端口 VLAN 功能后，服务节点的两条"腿"可以接到同一个叶节点上。EPG 使用相同的 VLAN ID 来静态绑定服务节点的两条"腿"。

在 2 层和 3 层的总体设计上，IPS 类似于本章前面所提到的防火墙设计。

在第 1 层配置模式下，服务设备不会改变 VLAN ID，来自服务节点两条"腿"的流量会使用相同的 VLAN 封装。于是，为了让设备正常工作，必须部署两个不同的 BD，如图 10-43 所示。

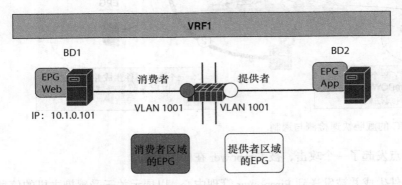

图 10-43　第 1 层 IPS 设备的集成

IPS 设计还特别考虑了矩阵接入策略的设置，特别是有关第 1 层模式的部分。在大多数情况下起到一定帮助作用的环路防卫特性，反而可能会在该设计中造成消极影响。ACI 矩阵默认即可检测环路，因而这一配置将使第 1 层服务设备的端口处于服务停用状态。为避免这种情况，必须禁用这些端口上的环路检测。可在如下位置找到禁用该机制的设置。

■ Fabric\Access Policies\Interface Policies\Policies。

■ MCP、CDP 和 LLDP。

此外，如果服务节点的两条"腿"接到同一个叶节点上，那么必须启用每端口 VLAN 的配置。可以通过创建如下内容来启用该配置。

■ 将一个每端口 VLAN 的 2 层接口级策略应用到接口。

■ 将具有不同 VLAN 池（但其 VLAN 封装块中包含相同的 VLAN 范围）的不同物理域分配给 IPS 的提供者及消费者 EPG。

思科最近发布了纳管模式下针对 Firepower Threat Defense（FTD）的服务管理器（Service Manager）集成。FTD Fabric Insertion（FI）设备包基于混合模型（在 ACI 术语中是服务管理器），也就是安全管理员与网络管理员共同负责全设备的配置。

■ **安全管理员**：通过 FMC 为新服务视图预定义一条安全策略，但不设置安全区域标准。新策略规则定义了适当的访问（被允许的协议）及一组高级防护，如 NGIPS 与恶意软件策略、URL 过滤、Threat Grid 等。

■ **网络管理员**：通过 APIC 编排一个服务视图，将 FTD 设备植入到 ACI 矩阵，并将流量直接附着到上述预定义的安全策略。在 APIC 的 4 ~ 7 层设备参数或功能配置描述（Function Profile）中，网络管理员设置此指南中定义的参数，包括匹配预定义的 FMC 访问控制策略与规则。

当 APIC 在 FMC 中匹配到访问控制策略规则的名称时，它将新创建的安全区域简单地插入到规则里。若未找到相应规则，APIC 将按该名称创建一个新规则，将安全区域附着其上并设置 "Action" 为 "Deny"。这会强制安全管理员更新规则标准与适当的防护集，而后流量才会被该服务视图放行，如图 10-44 所示。

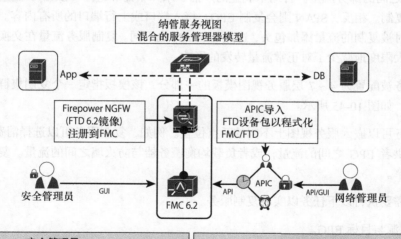

图 10-44 ACI 的 FTD 设备包

表 10-5 概述了当前支持的思科 Firepower Threat Defense 版本。

提示 思科 Firepower Threat Defense 有多种应用，包括 NGFW 和 IPS。

表 10-5 受支持的思科 FTD 软件版本

FTD 设备包版本	平台	FTD/FMC 版本	ACI/APIC 版本
1.0.2	Firepower-93xx	6.2.2	2.3(1f)
			3.0(1k)
1.0.2	Firepower-41xx	6.2.2	2.3(1f)
			3.0(1k)
1.0.2	Firepower-21xx	6.2.2	2.3(1f)
			3.0(1k)
1.0.2	vFTD	6.2.2	2.3(1f)
			3.0(1k)

复制服务

另一个可与 IDS 及协议分析仪一起使用的特性是 ACI 复制服务。与复制所有流量的 SPAN 不同，思科以应用为中心的基础设施（ACI）的复制服务特性根据合约的规范，选择性地复制 EPG 之间的部分流量。合约未涵盖的广播、未知单播和组播（BUM）流量以及控制流量不会被复制。相反，SPAN 则会复制 EPG、接入端口或上行端口的所有内容。此外，复制服务不会对被复制的流量添加包头，这点与 SPAN 也不同。复制服务流量在交换机内部进行管理，最大限度地减少了对正常流量转发的影响。

复制服务被配置为 4~7 层服务视图模板的一部分，该模板指定一个复制集群作为复制流量目的地，如图 10-45 所示。

复制服务可以嵌入服务视图上不同的跃点位置。例如，复制服务可以选择消费者 EPG 与防火墙提供者 EPG 之间的流量，或者负载均衡服务器与防火墙之间的流量。复制集群可以跨租户共享。

管理员需要执行以下任务以实现复制服务。

- 标识源与目标 EPG。

- 配置合约：根据主题指定要复制的内容，在过滤器中指定允许的流量。

- 配置 4~7 层复制设备以标识目标设备，并指定其所附着的端口。

- 将复制服务作为 4~7 层服务视图模板的一部分。

- 配置设备选择策略，指定哪个设备将从服务视图上接收流量。在配置设备选择策略时，指定合约、服务视图、复制集群以及复制设备中的集群逻辑接口。

利用复制服务特性时有如下限制。

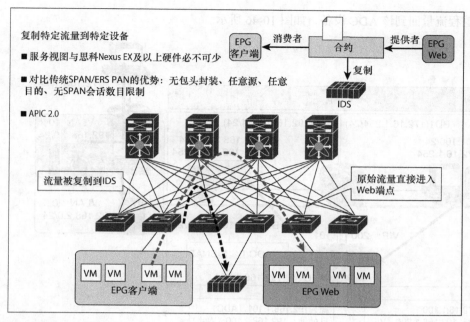

图 10-45　复制服务

- 仅 N9K-9300-EX 叶交换机支持复制服务。

- 对于复制到本地和远程分析仪端口的数据路径流量，CoS 与 DSCP 的值不会保留在复制流量中，因为带有复制动作的合约会在 TOR 的入向或者出向、在 CoS 或 DSCP 值被修改之前或者之后命中。在给定端点的入向对数据路径流量实施策略时，所复制的流量是在策略执行前的实际入站流量，这是由 N9K-93108TC-EX 和 N9K-93180YC-EX 交换机的 ASIC 限制决定的。

- 复制服务仅支持每复制集群包含一台设备。

- 复制集群仅支持一个逻辑接口。

- 在 N9K-93108TC-EX 和 N9K-93180YC-EX 交换机上，只能在消费者端点或提供者端点配置复制分析仪。如果在 N9K-93128TX、N9K-9396PX 或 N9K-9396TX 交换机上配置复制分析仪，那么将引发错误告警。

10.2.5　服务器负载均衡及 ADC 集成

部署 SNAT 单臂模式的负载均衡器直截了当，没有需要特别配置的。管理员会为服务设备创建一个 BD/子网。负载均衡器是一个 go-to 模式的设备，它拥有服务器的虚拟 IP 地址，因此所有入站流量都被重定向到负载均衡设备。当初始的源地址被负载均衡器替换（SNAT）时，能确保返程流量回到该 ADC 设备，如图 10-46 所示。

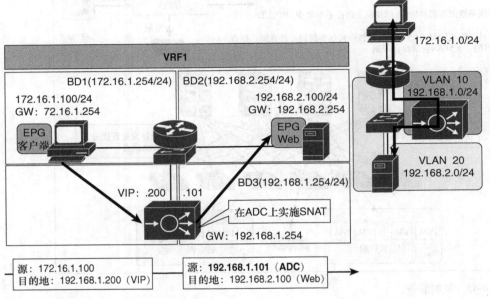

图 10-46 ADC 设计：SNAT 的单臂模式

第 2 种选择是基于策略重定向来部署单臂模式的 ADC，这对于服务器需要查看客户端真实 IP 地址的设计场景非常有帮助。在该配置中，ADC 以 go-to 模式部署在自己的 BD /子网上，并具有 VIP。因此，入站流量会直接路由到服务设备。策略重定向作用于返程流量，以便其回到 ADC 设备，如图 10-47 所示。

双臂 ADC 的部署类似于本章之前所讨论的第 1 种防火墙设计，如图 10-48 所示。客户端与服务器用 ADC 作为其默认网关。因此，该设计所创建的两个 BD 应该是 2 层 BD。但这会在动态端点附着，或者从负载均衡组中自动添加或删除设备时引发问题。如果用户计划于 ADC 设备部署这一特性，那么 ACI 必须能够追踪服务器 BD 中被添加和删除的 IP 地址。因此，该 BD 应启用 3 层功能。也就是说，服务器 BD 需要启用 "Subnet Configuration" 及 "Unicast Routing"。

提示　如果纳管模式下的 3 层 ADC 设备要启用路由功能，那么设备包需要支持 L3 Out 邻接，以便 ADC 与矩阵进行路由交换。

手工配置 ADC 设备也可以实现。此时，管理员需要配置网络连通性（在纳管或非纳管模式下，ACI 会自行完成）。下面将回顾前面所讨论的这两种配置。

■ **SNAT 的单臂模式**。

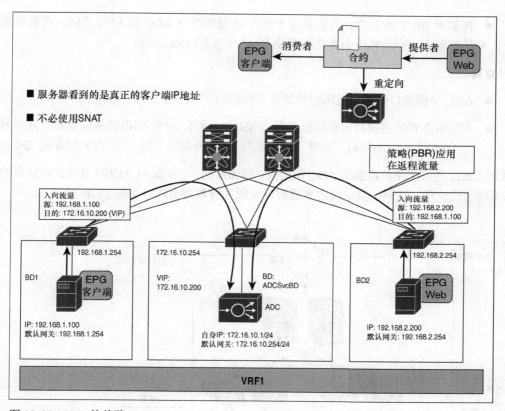

图 10-47 PBR 的单臂 ADC

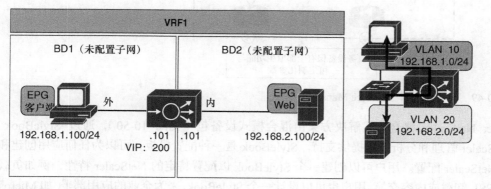

图 10-48 双臂模式的 ADC

- 创建一个配置了外部 VIP 子网的 BD，并将一个常规 EPG 与该新建 BD 相关联。
- ADC 接口自身 IP 地址所在的子网可以与 VIP 子网不同。
- 当对比 BD 子网配置更倾向于路由配置时，请使用 L3 Out。

- 在基于 BD 的配置中，合约将位于客户端/服务器与 ADC 的 EPG 之间。在基于路由的配置中，合约将位于客户端/服务器 EPG 与 L3 Out 之间。

■ 双臂模式。

- ADC 外部接口的规则应用与单臂模式时相同。

- 如果服务器的网关指向矩阵且不允许 SNAT，那么 ADC 的内部接口需要安置于另一个 VRF 的 L3 OutEPG。否则，需要是与 ADC 外部接口同一个 VRF 的常规 EPG。

F5 和 Citrix 是两家业界顶级的 ADC 供应商。毫无疑问，它们是与 ACI 可以非常好集成的生态系统合作伙伴。这两家供应商的集成都基于服务管理器模式，如图 10-49 所示。

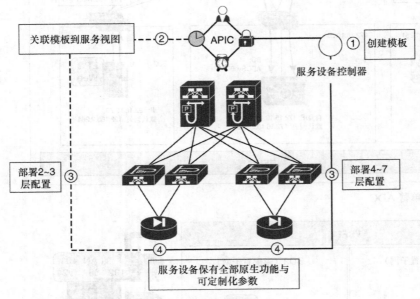

图 10-49 服务管理器（Service Manager）模式

Citrix NetScaler 混合模式解决方案由混合模式设备包（见图 10-50），通过 StyleBook 的 NetScaler 管理和分析系统提供支持。StyleBook 是一种配置模板，可以为任何应用创建和管理 NetScaler 配置。用户可以创建一个 StyleBook 以配置特定的 NetScaler 特性，例如负载均衡、SSL 卸载或内容交换。用户也可以设计一个 StyleBook，来为企业的应用部署（如 Microsoft Exchange 或 Lync）创建配置。

用户需要在 APIC 中上传混合模式设备包。该设备包提供 NetScaler 所有的网络 2/3 层可配置实体。Application parity 由 StyleBook 从 NetScaler（NMAS）MAS 映射到 APIC。换句话说，StyleBook 充当给定应用的 2/3 层与 4~7 层配置之间的参考。在 APIC 为 NetScaler 配置网络实体时，必须提供一个 StyleBook 名称。

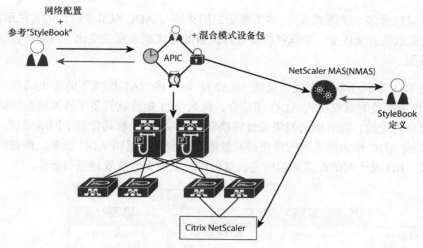

图 10-50　基于 NMAS 的 Citrix ADC

ACI 与 F5 之间的集成类似于基于设备管理器模式或混合模式的 Citrix 集成。F5 与 ACI 的主要集成点是为思科 APIC 提供的动态 F5 设备包。F5 设备包由 F5 iWorkflow 生成，基于 F5 的智能模板技术 iApp 是一种为策略配置及部署提供单一工作流程的软件。该方式可以根据部署应用的 4~7 层策略需求，生成该设备包的多种变体，其步骤如图 10-51 所示。

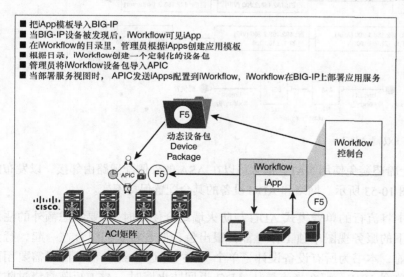

图 10-51　基于服务管理器模式的 ACI 与 F5 ADC

如果需要动态端点附着，那么应启用 Unicast Routing，并在 BD 下配置子网。

10.2.6　双节点服务视图（Service Graph）的设计

一个服务视图可以包含多个功能或节点。本节将研究防火墙与 ADC 双节点设计的常见示例，读者会发现，配置选项并无改变，矩阵和设备处理流量的方式也未发生变化，只是将设备组合至单个服务视图。

本小节将探讨的第 1 个例子非常直观（见图 10-52）。如果将 NAT 模式下的防火墙与采用 SNAT 或 ADC 作为网关的双臂模式 ADC 相结合，那么 ACI 矩阵就具备了转发流量所需的一切。正如之前所讨论的，防火墙的网络地址转换弱化了 ACI 了解其背后子网的需求。另外，采用 SNAT 或 ADC 作为网关的配置使得流量能够从服务器返回 ADC 设备。假设服务视图、设备邻接、BD 及子网的配置如前所述，这种设计就能十分有效地进行运作。

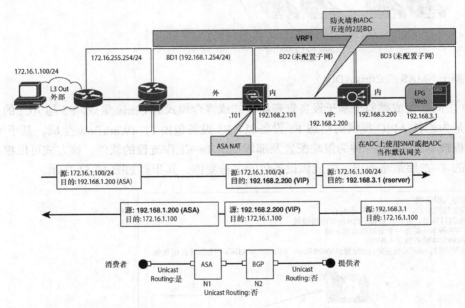

图 10-52　防火墙 NAT+双臂 ADC

如果企业在防火墙上希望避免使用 NAT，那么可以在 ASA 的外侧配置路由邻接，以发布内部子网给矩阵，如图 10-53 所示。网络和 ADC 设备的其余配置保持不变。

在同一个服务视图中将流行的单臂模式 ADC 与防火墙结合使用时，需要考虑额外的注意事项。这两种设计下的服务视图单独工作时都会很出色；但若将它们组合在一起，行为也许不如预期。之前，本书为所有设备设计了单个 VRF 或 Context，而该配置需要用两个。如果依然保持单个 VRF，那么当流量从 ADC 返回防火墙时，ACI 矩阵将绕过防火墙而将流量直接路由到端点，这是因为矩阵知道端点所在的位置并且有路由直达目的地。如果拆分了 VRF，那么路由信息（路由域）会被分开。如果只做到这一步，那么 VRF2

上没有抵达 VRF1 设备的路由，该配置依然不成立。于是，在 ADC 与防火墙之间需要一个 L3 Out 实现路由邻接。因此，通过防火墙的内部接口，VRF2 会得知去往客户端网络的路由（见图 10-54）。

使用路由邻接

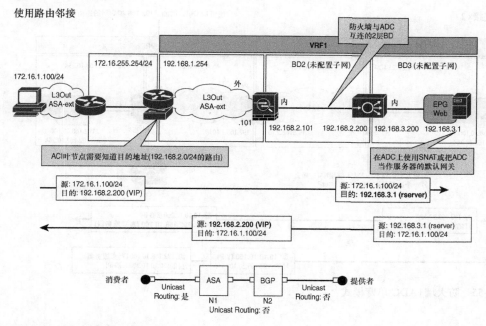

图 10-53　防火墙+双臂 ADC

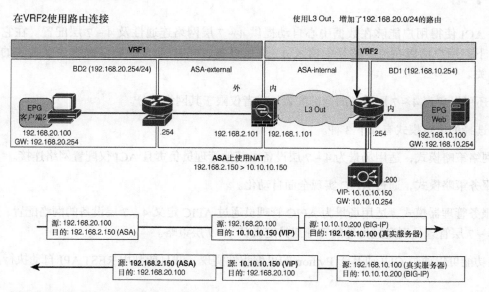

图 10-54　防火墙 NAT+ADC 单臂模式

如果企业不希望在防火墙上使用 NAT，那么可以选择在 VRF1 面向防火墙外部接口建立 L3 Out。这是首选配置，且在高阶层面上为服务视图提供了灵活性，其中包括防火墙与单臂模式的负载均衡器。图 10-55 提供了该设计的一个示例。

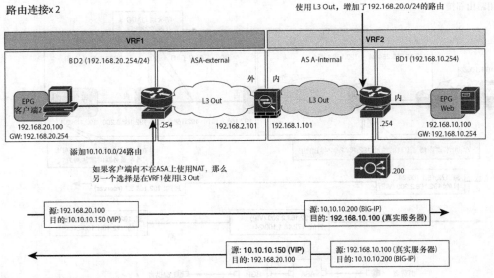

图 10-55 防火墙+ADC 单臂模式

10.3 小结

思科 ACI 使得用户能够在数据中心自动提供 4～7 层网络连通性及 4～7 层配置。在它的帮助下，用户可以在流量路径中植入 4～7 层设备，同时 ACI 矩阵继续作为服务器的默认网关。

ACI 还可以负责 4～7 层设备的全部配置，或者仅限于其网络部分。

可供选择的运行模式有如下 3 种。

■ 网络策略模式，适用场景为 4～7 层设备由其他管理员负责且 ACI 仅配置网络连接。

■ 服务策略模式，通过 APIC 实现全面自动化。

■ 服务管理器模式，适用场景为 APIC 管理员通过 APIC 定义 4～7 层设备的网络配置；而 4～7 层管理员则通过另外的管理工具定义其 4～7 层策略。

这些功能可以通过 GUI 或基于 Python 的可编程性实现，并且能利用 REST API 自动执行。

第 11 章

ACI Multi-Site 设计

在考虑数据中心的设计时，双活和主备是值得关注的老话题了。企业通常在寻找那些能提供或有能力为其应用提供地理冗余的数据中心解决方案。对不同的企业而言，这个话题具有不同的意味。但是，越来越多的 IT 企业需要提供持续可用的数据中心环境。客户希望应用始终在线，即使整个数据中心出现故障时也是如此。企业还需要将工作负载放置在任何具备计算能力的地方——并且通常要求跨多个数据中心部署同一集群的成员，以便在产生故障时提供持续可用性。本章将研究 ACI 为满足这些需求所提供的设计方案和功能。本章将讨论以下项目。

- 多矩阵。

- 支持的设计方案。

- 2 层连接。

- Multi-Pod。

- Multi-Site。

11.1　打造第 2 个站点

许多企业从一个数据中心开始，随着时间的推移逐渐发展出第 2 个或更多的数据中心。一些企业从一开始就有多个站点。IT 企业如果有幸能够了解预期产出，就可以规划分阶段迁移并尽可能多地重用资源。ACI 是一种非常灵活的架构。基于 ACI 所采用的技术和协议能支持多种设计方案，例如以下几种。

- Stretched Fabric（裸光纤、密集波分复用、伪线）。

- 具有分布式网关（Pervasive Gateway）的多矩阵。

- Multi-Pod。

- Multi-Site。

ACI 的一大优势是租户及应用策略与承载架构的解耦合。因此，在对承载矩阵的物理配置进行变更时，可以最小化策略的重新配置。通过添加或修改若干接入策略，企业可以从单一矩阵转变为 Multi-Pod 矩阵。当 Multi-Pod 与通过 API 即刻推送变更的能力相结合时，整个数据中心已具备在小时和分钟级别实现配置变更，而不是几天、几周或几个月。应用功能的测试时间也呈指数级减少，因为在变更之前及之后都使用了相同的策略与合约，如图 11-1 所示。

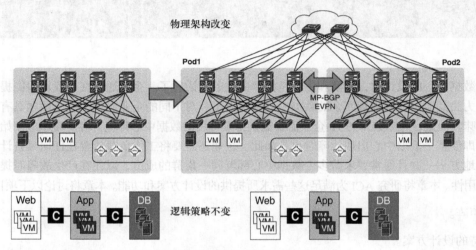

图 11-1　打造第 2 个 ACI 站点时物理架构及逻辑策略的变化

ACI 了解所定义的策略，并在其可用的无状态硬件架构上实施该策略。

在规划一个双活架构时，需考量双活数据中心与双活应用。要得到双活应用，用户必须首先拥有双活数据中心。若同时拥有这两者，就可以提供一个持续可用的环境并提供新的服务级别。

一个持续可用的、双活的、弹性的环境为业务提供了多重优势。

- **正常运行时间延长**：单个地方的故障不会影响应用在另一个地方继续正常运行。

- **灾难避免**：从一开始就防止网络中断影响业务，从而远离灾难恢复。

- **更轻松地进行运维**：因为虚拟的或基于容器的工作负载可以迁移到其他站点，所以关闭站点（或一部分计算基础设施）进行维护变得更为容易。在迁移及站点关闭期间，业务可以继续提供无中断的服务。

- **灵活的工作负载布局**：站点上所有的计算资源都被视为一个资源池，允许自动化、编排和云管理平台将工作负载放置于任何地方，从而更充分地利用资源。用户还可以在业务流程平台上设置关联性规则，以便不同工作负载可以共存于同一个站点，或强制分布于不同的站点。

- **极低的恢复时间目标（RTO）**：零或接近于零的 RTO，减少或消除了所发生的任何故障对业务的不可接受影响。

本章提供以下指导：在两个或多个数据中心，采用双活架构设计并部署以应用为中心的基础设施（ACI），从而令客户获得上面所提到的各种优势。

在其最初发布时，ACI 支持两种架构：Stretched Fabric 与多矩阵，如图 11-2 所示。

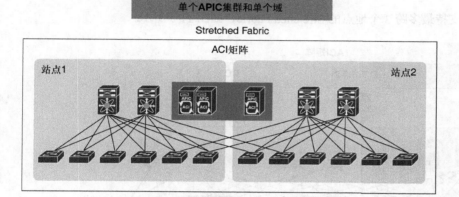

图 11-2　ACI 支持的架构

11.1.1 Stretched Fabric 设计

思科 ACI Stretched Fabric 是一种部分互连或全互连设计，用于连通分布于不同地理位置的 ACI 叶交换机与主干交换机。Stretched Fabric 在功能上是单个 ACI 矩阵。互连的站点是一个管理域，以及一个基于 IS-IS、Council of Oracle Protocol（COOP，端点—位置映射信息协议）和 MP-BGP 协议，具有共享矩阵控制平面的可用区域。管理员可以将多个站点作为一个实体来管理；在任何 APIC 节点上进行的配置变更，都将应用于跨站点设备。

Stretched Fabric 由单个 APIC 集群管理，该集群由 3 台 APIC 组成，其中两台部署在同一个站点，第 3 台部署在另一个站点。两个站点基于同一个 APIC 集群，并共享同步的端点数据库及控制平面（IS-IS、COOP 和 MP-BGP），这些是 ACI Stretched Fabric 部署的定义和特征。

目前，ACI 支持最多跨 3 个地点的 Stretched Fabric，如图 11-3 所示。

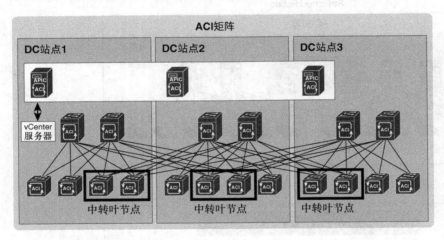

图 11-3 ACI 矩阵支持模式

每个站点至少需要将两台叶交换机指定为中转叶交换机，目的是提供站点间的连通性。中转叶交换机的存在，允许站点之间无须全网状连接而实现互通。

1. 站点到站点连通性选项

ACI Stretched Fabric 站点到站点的连通性选项包括裸光纤、密集波分复用（DWDM）以及基于 MPLS 的以太网伪线（EoMPLS），并支持如下介质类型、速率和距离。

- 裸光纤 40G/40km。

- DWDM 40G/800km。

- EoMPLS 10G/40G/100G/800km。

所有配置都需要 10ms 往返时间（RTT）。读者可以参考思科官网获取所支持的光学器件。

伪线可以与思科 Nexus 9000 和 ASR9K 一起部署。配置伪线的好处是即使受到带宽约束，也能支持 Stretched Fabric 的构建。该设计还允许将此链路用于其他类型的流量。

但是，当存在低速链路（如 10G 链路）或链路在多个应用案例之间共享时，必须启用适当的 QoS 策略，以确保对关键控制流量的保护。在 ACI Stretched Fabric 的设计中，最关键的流量是 APIC 集群控制器之间的流量。此外，还需要保护控制协议流量（例如 IS-IS 或 MP-BGP）。在该设计中，企业需要将这些流量分配至优先级队列，以便在数据中心互连（DCI）的长途链路发生拥塞时不受影响。同时，还应该将其他类型的流量（如 SPAN）分配至较低优先级，以防止它们挤满生产数据流的带宽。

示例 11-1 的配置显示了如何在 ASR9K 上应用 QoS 策略，以保护 APIC 的集群流量，以及来自叶交换机和主干交换机引擎的控制协议流量。在本示例中，QoS 策略通过匹配 802.1p 优先级来标记入口流量；之后，它将 APIC 集群流量、路由追踪流量以及控制协议流量放置在两个优先级队列中。QoS 策略将 SPAN 流量分给单独的队列，并配置非常低的保障带宽。如果有剩余带宽可用，那么 SPAN 流量可以占用更多带宽。3 个供用户数据流量使用的类别是可选的，它们被映射至 ACI 矩阵所提供的三级 CoS。

示例 11-1　基于伪线架构的 ASR QoS 策略

```
class-map match-any SUP_Traffic
 match mpls experimental topmost 5
 match cos 5
 end-class-map
!
class-map match-any SPAN_Traffic
 match mpls experimental topmost 7 4        <== Span Class + Undefined merged
 match cos 4 7
 end-class-map
!
class-map match-any User_Data_Level_3
 match mpls experimental topmost 1
 match cos 0
 end-class-map
!
class-map match-any User_Data_Level_2
 match mpls experimental topmost 0
 match cos 1
 end-class-map
```

```
!
class-map match-any User_Data_Level_1
 match mpls experimental topmost 0
 match cos 2
 end-class-map
!
class-map match-any APIC+Traceroute_Traffic
 match mpls experimental topmost 3 6
 match cos 3 6
 end-class-map
!
policy-map QoS_Out_to_10G_DCI_Network
 class SUP_Traffic
  priority level 1
  police rate percent 15
 class APIC+Traceroute_Traffic
  priority level 2
  police rate percent 15
 class User_Data_Traffic_3
  bandwidth 500 mbps
  queue-limit 40 kbytes
 class User_Data_Traffic_1
  bandwidth 3200 mbps
  queue-limit 40 kbytes
 class User_Data_Traffic_2
  bandwidth 3200 mbps
  queue-limit 40 kbytes
 class SPAN_Traffic
  bandwidth 100 mbps
  queue-limit 40 kbytes
 class class-default

interface TenGigE0/2/1/0
 description To-ASR9k-4
 cdp
 mtu 9216
 service-policy output QoS_Out_to_10G_DCI_Network
 ipv4 address 5.5.2.1 255.255.255.252
 load-interval 30
```

2. Stretched ACI 矩阵保持虚拟机移动性

Stretched ACI 矩阵与单一 ACI 矩阵的行为方式相同，支持完整的 VMM 集成。APIC 集群可以与给定 VDS 的虚拟机管理器（VMM）交互。例如，一个 VMware vCenter 运行在 Stretched ACI 矩阵的站点上。两个站点的 ESXi 主机由同一个 vCenter 管理，VDS 将扩展到这两个站点。当涉及多个 VDS 时，APIC 集群可注册多个 vCenter 并与之交互。

每台叶交换机都提供具备相同 IP 地址和 MAC 地址的分布式任播网关（Anycast Gateway）功能，因此可以在站点之间部署（物理的或虚拟的）工作负载。虚拟工作负载支持热迁移。对于子网内的桥接流量以及子网间的路由流量，每台叶交换机都能提供最佳的转发路径。

> **提示** 任播网关是一种允许最靠近端点的叶交换机执行路由功能的分布式网关。子网的默认网关地址被程式化到所有包含该特定子网及租户的叶交换机上。这也为网关提供了冗余性。

3. 失去一个 APIC

两个站点中丢失一台 APIC 对 ACI 矩阵没有影响。有两台 APIC 节点处于活动状态，则集群仍具备仲裁（2/3）功能，管理员也可以继续进行配置变更。单个 APIC 节点不可用不会导致配置数据丢失。两个 APIC 节点保留 APIC 数据库的冗余副本，丢失的 APIC 中的分片领导角色将分布在剩余的 APIC 上。与非 Stretched ACI 矩阵一样，最佳做法是迅速将 APIC 集群恢复至完全健康的状态——所有 APIC 节点都完全健康且同步。

4. 分割的矩阵

当站点之间所有的连接都丢失时，一个矩阵将被分为两个。在一些文档中，这种情况被称为"脑裂"（Split Brain）。在图 11-4 中，DC 站点 2 上的 APIC 不能够再与集群的其余部分通信。

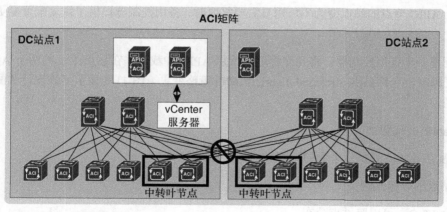

图 11-4　站点连接中断（"脑裂"）

在这种情况下，分割的矩阵继续独立运作，流量转发不受影响。这两个矩阵都可以通过数据平面学习新的端点。在包含 VMM 控制器的站点（图 11-4 中的站点 1）中，控制平面也会学习端点。在新端点学到后，叶交换机会更新主干代理（Spine Proxy）。独立于叶交换机，每个站点上的主干交换机会通过 COOP 了解到新的端点。在站点之间的连接恢复后，两个站点的主干代理数据库将合并，所有主干交换机都将具有完整且一致的代理映射数据库。

拥有两个 APIC 节点的分割矩阵站点（图 11-4 中的站点 1）仍具备仲裁功能（三节点集群中仍有两个节点工作）。站点 1 上的 APIC 可以对矩阵执行策略读取和写入操作。管理员可以登录站点 1 上的任一 APIC 节点并进行策略变更。在两个站点之间的链路恢复后，APIC 集群会在 Stretched Fabric 上同步配置变更，并将变更推送至整个矩阵所有交换机的 Concrete Model。

当两个站点之间的连接丢失时，仅有 1 个 APIC 的站点将切换至"少数派"状态（图 11-4 中的站点 2）。当一个控制器处于"少数派"状态时，它不可能是任何分片的"领导者"。这将限制站点 2 上的控制器操作为只读；管理员无法通过站点 2 上的控制器进行任何配置变更。但是，站点 2 的矩阵仍会响应网络事件，如工作负载迁移、链路故障、节点故障和交换机重启。当叶交换机学习到新端点时，它不但通过 COOP 更新主干代理，而且会向控制器发送通知，以便管理员仍然可以从站点 2 中的单个控制器上查看最新的端点信息。端点的更新信息在控制器上是一个写操作。虽然两个站点之间的链路中断，但是站点 2 上的叶交换机仍尝试将新学习的端点报告给分片"领导者"（它位于站点 1 上且无法访问）。在两个站点之间的链路恢复时，学习到的端点将会成功地汇报给控制器。

简而言之，除站点 2 上的控制器处于只读模式以外，"脑裂"对矩阵功能没有影响。

5. 备用控制器

当拥有两个 APIC 节点的站点变为不可用且需要复原时，备用控制器提供了恢复配置变更的可能性。

为站点 2 配置一个备用控制器，将允许管理员恢复 APIC 仲裁，并在站点 1 上的两个 APIC 节点进行复原时，允许提供 Stretched Fabric 范畴的策略变更。图 11-5 显示了该设计和配置的一个示例。

Stretched Fabric 的优势如下。

■ 降低了复杂性（它只是一个大的矩阵）。

　● 跨站点的分布式网关。

　● 冗余 L3 Out 可以跨站点分布。

　● 物理地点共享 VMM 集成。

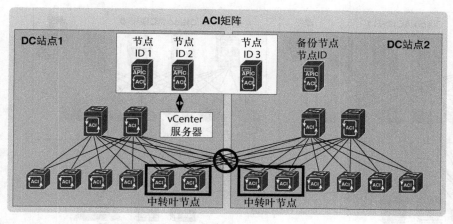

图 11-5　通过备份控制器增强控制器的可用性

- 一次性为多个站点定义策略。

以下是 Stretched Fabric 潜在的负面影响。

- 由于一次性地为多个站点定义策略，因此策略的配置错误可能会影响多个 DC。
- 有限的连通性选项及硬件平台支持。
- 严格的 RTT 要求。

11.1.2　多矩阵设计

在思科 ACI 多矩阵设计中，每个站点都有自己的 ACI 矩阵——彼此独立，具备独立的控制平面、数据平面和管理平面。这些站点包含两个（或更多）管理域以及两个（或多个）具备独立控制平面的可用区域（基于 IS-IS、COOP 和 MP-BGP）。因此，管理员需要单独管理每个站点，并且在任何一个站点上对 APIC 的配置变更不会自动传播到其他站点。用户可以部署外部工具或业务流程系统（思科 Cloud Center 或 UCS Director）来一次性定义策略，并将其应用于多个站点。

多矩阵设计中每个站点有 1 个 APIC 集群，且每个集群包括 3 台（或更多）APIC。一个站点的 APIC 与其他站点没有直接关系或通信。以下定义了思科 ACI 的多矩阵设计：每个站点部署 1 个 APIC 集群且独立于其他 APIC 集群，每个站点都具备独立端点数据库及独立控制平面（基于 IS-IS、COOP 和 MP-BGP）。

在 ACI 多矩阵设计中，矩阵可以通过下面 DCI 选项中的一种进行互连：基于裸光纤的背靠背 vPC、基于 DWDM 的背靠背 vPC、VXLAN 或 OTV（见图 11-6）。

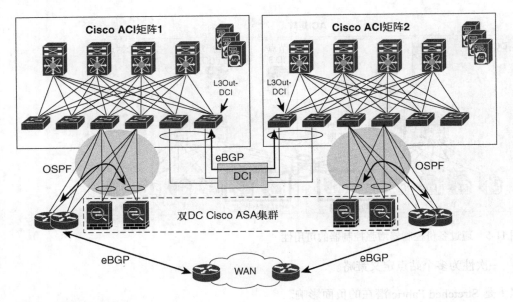

图 11-6　多矩阵设计

每个矩阵由思科 Nexus 9000 系列主干及叶机交换机组成,每个站点都有 3 台或更多 APIC 所组成的 APIC 集群。在站点之间,通过 DCI 链路并配置静态 EPG(EPG)绑定来扩展 2 层,该绑定利用 DCI 技术将 EPG 扩展到其他站点。在远程站点,采用相同 VLAN ID 的静态绑定将入站流量映射至正确的 EPG。

提示　多矩阵之间 2 层的成功扩展取决于 EPG 扩展的设计要点:VLAN=BD=EPG。如果扩展的是相同 BD 下的多个 EPG,那么会导致矩阵之间出现环路。

对于站点间的 3 层连通性,需要在边界叶交换机之间建立 eBGP 邻接。每个 ACI 矩阵都配置有唯一的自治系统编号(ASN)。在该 eBGP 邻接上,每个站点本地所定义的子网 IP 前缀将被宣告。

对于处理南北通信(即 WAN 到数据中心以及数据中心到 WAN)的外围防火墙,推荐的拓扑是部署双活 ASA 集群,即每个站点上有两台 ASA 设备。基于主备防火墙的设计也已通过验证:例如,活动 ASA 部署在站点 1,备用 ASA 部署在站点 2。在这两种情况下,植入防火墙时都未采用服务视图(Service Graph),而是基于 IP 路由——在矩阵与防火墙之间的 L3 Out 上,运行基于 OSPF 的路由协议。

ASA 集群解决方案更适合双活架构,因为南北向通信是通过本地 ASA 节点来送达仅部署于其中 1 个站点的 IP 子网。在使用 ASA 集群时,集群控制链路(CCL)VLAN 通过 DCI 链路进行扩展。对同时存在于两个站点的子网流量,如果从站点 1 进入的流量需要发往数据中心 2 上的主机,那么集群内转发会保证,同时存在于两个站点上的 IP 子网流量保持对称。

ASA 与 WAN 边缘路由器之间通过图 11-6 所示的 OSPF 邻接关系来了解外部网络,并向 WAN 边缘设备通告 ACI 矩阵上的子网。

在 WAN 边缘路由器与 WAN 之间,参考的设计是使用 eBGP,因为它提供了管理域的划分以及路由策略的操纵选项。

ACI 双矩阵设计支持多租户。在 WAN 的边界路由器上,VRF 提供租户之间的逻辑隔离,并在每个 VRF 实例内与 ASA 防火墙建立 OSPF 邻接关系。在 ASA 防火墙上,创建多个 Context(虚拟防火墙),每个租户一个,从而保持租户的隔离。通过在 ACI 矩阵上创建多个租户,并通过每租户(VRF)的逻辑连接(L3 Out)将 3 层连通性扩展到防火墙来保持租户的隔离。ACI 矩阵之间还需要建立每租户 eBGP 会话:基于 VRF-lite 模型,在两个矩阵的 DCI 扩展连接上有效地创建多个并行的 eBGP 会话。

> **提示** 本节所包含的 ASA 防火墙概要设计属于思科验证设计。这里主要关注的是对称流与非对称流,以及防火墙如何处理它们。防火墙跟踪状态,并在看不到整个会话时丢弃数据流。除非用户的防火墙供应商具备缓解该设计问题的特性,否则对称流是必需的。

1. 思科数据中心互连(DCI)

为避免灾难并满足负载移动性的需求,2 层域(VLAN)要在不同的 ACI 矩阵上扩展,站点间的路由需求也必须得到满足。

与其他组网方法不同,ACI 允许通过 vPC,利用 3 层动态路由协议来实现 3 层连通性。在本书中,建议的解决方案已统一为在 ACI 矩阵之间通过 DCI 所提供的 VLAN,采用直连的 eBGP 邻接。站点之间的 DCI 网络提供 2 层传输,用于扩展 2 层连通性并使路由邻接的建立成为可能。

建议采用如下 3 种 DCI 选项(见图 11-7)。

- 第 1 个选项是非常简单且仅限于双站点部署的选项:基于 vPC。在这种情况下,两个矩阵的边界叶交换机简单地利用裸光纤或 DWDM 背靠背连接。

- 第 2 个选项是基于流行的 DCI 技术:OTV。它仍然通过 vPC 连接到矩阵,但使用了一个跨核心网络的 3 层路由连接。

- 第 3 个选项给予 VXLAN 技术提供跨站点的 2 层扩展服务。

无论选择哪种技术进行互连,DCI 功能都必须满足同一套需求。请记住,DCI 的目的是提供高可用的站点间透明传输:既允许开放的 2 层和 3 层扩展,又同时确保一个数据中心的故障不会传播至另一个数据中心。为实现这一目标,主要的技术需求是能够在数据平面控制 2 层广播、未知单播和组播泛洪,同时有助于保持控制平面的独立性。

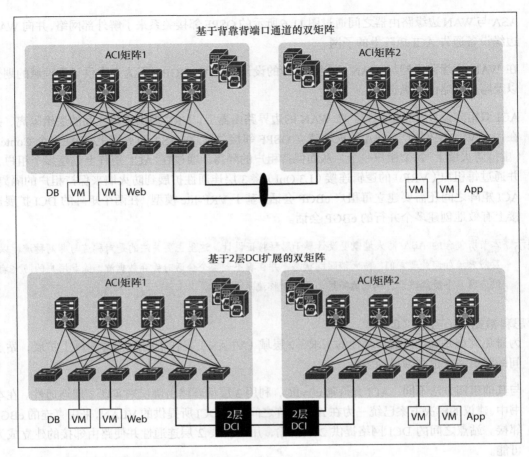

图 11-7　基于 vPC 和 OTV 的双矩阵场景

2 层扩展必须是双归的以实现冗余，但不允许产生可能导致流量风暴的端到端 2 层环路，这会让链路超载并使交换机和虚拟机的 CPU 饱和。本章以下部分将深入探讨站点间的 2 层连通性。

2. 中转叶节点和 L3 Out 的考量

在 Stretched Fabric 上，中转叶节点（Transit Leaf）是指提供两个站点之间连通性的交换机。中转叶节点同时连接两个站点的主干交换机。它没有特殊要求或额外配置，任何交换机都可以作为中转叶节点。出于冗余原因，必须为每个站点配置至少一个中转叶节点。由于该资源在此设计上的重要性，因此通常部署于每个站点的 1 对或多对专用叶节点，如图 11-8 所示。

当站点之间的带宽有限时，最好每个站点都部署 WAN 连接。虽然任何叶交换机都可以是中转叶节点，且中转叶节点也可以是边界叶节点（以及连通计算或服务提供设备等资源），但最好把中转和边界叶节点的功能分别放在不同的交换机上。这样，用户就可以让主机流量通过本地的边界叶节点到达 WAN，从而避免站点间的长距离链路负担 WAN 流量。同样，当中转叶节点需要通过主干节点进行代理转发时，它将在本地主干与远程主干之间分配流量。

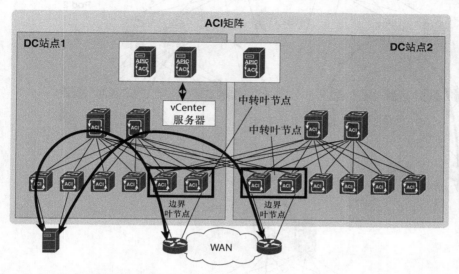

图 11-8　ACI 中转叶节点的案例

3. 数据中心或 Pod 间互连网络的考量

用于连接单个 ACI 矩阵或跨多地点矩阵的 3 层网络是十分关键的资源。根据所使用的架构，该网络可以称为 DCI 网络和/或 Pod 间网络。Pod 间网络是用于连接 ACI 的多个 "Pod"。DCI 网络是用于传送数据中心互连协议的承载网络。用户应基于最佳实践，以冗余且高可用的方式来构建这些网络，如图 11-9 所示。

DCI 服务将通过该网络部署并将其视为承载网络。DCI 服务或叠加网络（overlay network，如 VXLAN 或 OTV）将对这些协议的支持有自己的需求。以下是 VXLAN 和 OTV 的 3 项主要需求。

- 支持封装协议所需的更大 MTU。

- 支持组播。

  - OTV 和 VXLAN 同时支持采用与不采用组播的选项。

  - 组播对 Pod 间网络（IPN）是必需的。

- 硬件要求，具体取决于协议/架构（如 OTV 仅在某些硬件平台上支持）。

具体而言，Pod 间互连网络是负责连通 ACI Mult-Pod 之间的网络，有以下主要需求。

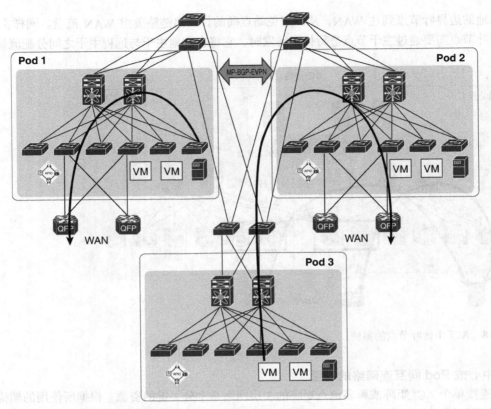

图 11-9 通过冗余的 Pod 间网络实现 3 个 ACI Pod 的互连

- 组播 BiDir PIM（需要处理 2 层广播、未知单播和组播流量）。

- 必须通过 OSPF 协议与主干节点邻接并学习 VTEP 可达性。

- Jumbo MTU（9150 字节）支持以处理 VXLAN 封装流量。

- DHCP 中继。

- 50ms RTT。

下面将逐一研究这些网络的具体设计考量。

4．多种矩阵连通性选项

正如之前讨论的，企业可以通过多种连通性选项在站点之间扩展 2 层功能。具体选择哪种架构取决于多种因素，例如硬件要求、物理连接以及可用技术的熟悉度。vPC 和 OTV 是目前部署较为广泛的两个选项，VXLAN 正在崛起。随着企业越来越习惯支持 VXLAN 并部署得越来越多，它将成为首选的 DCI 协议，因为这是一种基于开放标准的协议。

（1）站点之间的 2 层连通性

思科建议将 2 层网络隔离并收缩至最小范围，通常将它们限制在服务器接入层。但在某些情况下，2 层必须扩展到单个数据中心之外。服务器到服务器通信、高可用性集群、网络及安全性均需要 2 层连接。

通过一种非常简单的方法，两个 ACI 矩阵可以背靠背直连。如图 11-7 所示，在每一边，一对边界叶节点通过背靠背 vPC 连接来扩展跨站点的 2 层和 3 层连通性。与思科 Nexus 平台上传统 vPC 的部署不同，基于 ACI，用户无须在边界叶节点间创建 vPC 的 peer 链路或 peer-keepalive 链路。相反，这二者都是通过矩阵来建立的。

用户可以采用任意数量的链路来形成背靠背 vPC，但出于冗余的考虑，至少是两条链路。

这种双链路 vPC 可以基于裸光纤。它也可以基于 DWDM，但仅限于 DWDM 传输层能提供高质量服务的情况下。由于 LACP 确保了该情况下的传输，因此用户无须依赖仅能提供 3 个 9（99.9%）或更低弹性的链路。总体而言，具备高可用性的私有 DWDM 就足够了。

DWDM 不会报告 LOS。在采用 DWDM 时，一边可能一直在线，而另一边则已经下线。ACI 允许用户配置快速 LACP 以检测这种情况，前面的概要设计中已验证了这种可实现快速收敛的能力。

（2）带有 DCI 的 3 层邻接

当企业的边缘设备与第 1 个服务提供商设备建立 3 层邻接时，IP 传输适用于该场景。同时，需要创建一个叠加网络，以逻辑互连不同数据中心内的企业设备。在当前的网络设计中，这是首选的连通性方式。基于最新的 DCI 协议，用户可以获得 3 层协议的稳定性、2 层协议的连通性以及内置的保护与优化。下文将介绍两个首选的 3 层 DCI 选项。

1）基于 OTV 的 DCI 传输。

OTV 是一种用于支持 2 层 VPN 的 MAC-in-IP 技术，可以通过任何传输扩展 LAN。只要可以携带 IP 数据包，传输就可以基于 2 层、3 层、IP 交换、标签交换或其他任何方式。通过利用 MAC 地址路由的原理，OTV 提供了一个叠加层，可以在分离的 2 层域之间实现 2 层连通性，同时保持这些域相互独立，并保留基于 IP 互连的故障隔离、弹性以及负载均衡等优势。

OTV 操作的核心原则是使用控制协议来通告 MAC 地址的可达性信息（而不是使用数据平面学习），并通过封装 2 层流量的 IP 包交换进行数据转发。OTV 可提供基于目标 MAC 地址的连通性，同时保留 3 层互连的大部分特征。

在 MAC 地址可达性信息被交换之前，所有 OTV 边缘设备必须彼此通过 OTV 建立邻接。这种邻接可以通过两种方式实现，具体取决于各站点互连传输网络的性质：如果启用了组播，那么在 OTV 边缘设备之间，可以基于一个特定的组播组来交换控制协议消息；如果未启用组播，那么从思科 NX-OS 软件 5.2(1)版本开始，可以采用一个替代的部署模型。在该模型中，可以将一台（或更多台）OTV 边缘设备配置为其他所有边缘设备进行注册的邻接服务器。这样，邻接服务器就可以构建一个归属于给定叠加网络的完整设备列表。

边缘设备通过叠加接口，将 2 层帧转入及转出每个站点。对于每个给定的 VLAN，所有 MAC 单播和组播地址只有一台权威边缘设备（AED）。在每 VLAN 基础上，归属于同一站点的所有 OTV 边缘设备（表征为具有相同站点 ID）之间彼此协商 AED 角色。

OTV 边缘设备面向 ACI 矩阵的内部接口可以是 vPC。但是，推荐的附着模型是在每台 AED 与 ACI 矩阵之间采用独立的端口通道，如图 11-10 所示。

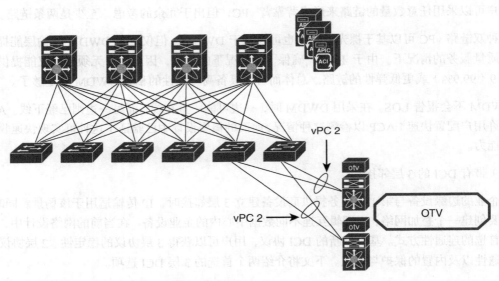

图 11-10　OTV 设备与 ACI 矩阵之间的连通性

每台 OTV 设备定义一个称为 join 的逻辑接口，对于来自或去往远程站点的 2 层以太网帧，通过它来进行封装或解封装。

OTV 需要一个站点（site）VLAN，该站点 VLAN 分配在连接到同一个叠加网络的每台边缘设备上。OTV 在站点 VLAN 上发送本地 Hello 消息，以检测站点上的其他 OTV 边缘设备，并利用站点 VLAN 来确定 OTV 扩展 VLAN 的 AED。由于 OTV 的 Hello 基于 IS-IS 协议，因此 ACI 矩阵必须运行在软件版本 11.1 或更高版本上。该需求是必要的，因为先前版本的 ACI 将阻止 OTV 设备通过矩阵交换 IS-IS Hello 消息。

提示　OTV 站点 VLAN 的一个重大优势是在两个 ACI 矩阵之间能够检测到可能形成的 2 层"后门"。要支持该功能，用户应在两个 ACI 站点上采用相同的站点 VLAN。

每种 LAN 扩展解决方案的主要需求之一：在不丧失弹性、稳定性和可扩展性等优点的前提下，与远程站点之间建立 2 层连通性，并通过基于路由传输的基础设施进行互连。通过以下 4 项主要功能，OTV 实现了这一目标。

- 生成树隔离。

- 未知单播的流量抑制。

- ARP 优化。

- 2 层广播的策略控制。

OTV 还提供一个简单的 CLI，或者可以通过 Python 等编程语言来轻松配置。由于以太网帧要在 OTV 封装后再通过传输设备发送，因此用户需要考虑 MTU 的大小。

在源端点和目的地端点之间，企业应该增加所有设备物理接口的 MTU 大小，以考虑这些额外的 50 个字节。当用户采用思科 ASR 1000 系列聚合服务路由器作为 OTV 平台时，MTU 可以不增加，因为这些路由器支持数据包分片。

综上所述，OTV 是专为 DCI 而设计的，对于在通用 IP 网络上扩展多点 2 层连通性，它仍被认为是目前较成熟且功能极强的解决方案之一。此外，它所提供的原生功能可实现 DCI 的强健连接，同时提升矩阵的独立性。

2）基于 VXLAN 的 DCI 传输。

VXLAN 是目前诸多流行网络虚拟化叠加技术之一，基于 IP 承载网络的一个行业标准协议。通过 3 层扩展 2 层分段，以构建 2 层叠加的逻辑网络。它将以太网帧封装在 IP 和 UDP 内，并采用正常的 IP 路由及转发机制，通过承载网络将封装的数据包传输到远程 VXLAN 隧道端点（VTEP）。VXLAN 具有 24 位虚拟网络标识符（VNI）字段，理论上允许在同一网络中最多支持 1600 万个独立 2 层分段。虽然当前实际部署中，网络软硬件的限制降低了可用的 VNI 规模，但采用 VXLAN 协议的设计至少提升了传统 802.1Q 命名空间的 4096-VLAN 上限。VXLAN 通过将 2 层域与网络进行解耦来解决这一难题。基础设施是一个 3 层矩阵，不依赖于 STP 来实现环路预防或拓扑收敛。2 层域位于叠加层，具有隔离的广播域及故障域。

- VTEP 是发起及终结 VXLAN 隧道的（物理或虚拟）交换机。VTEP 将主机端的 2 层帧封装在 IP 报文中，再通过 IP 传输网络发送；同时解封装从 IP 承载网络收到的 VXLAN 数据包，再将它们转发至本地的终端主机。基于 VXLAN 的通信负载对 VXLAN 的功能并无意识。

- VXLAN 是一种多点技术，可以实现多站点间的互连。对于本章提出的解决方案，简单而言，就是一个 VXLAN 的独立网络，为 ACI 矩阵提供 2 层扩展服务。该 2 层 DCI 功能用于跨站点扩展 2 层广播域（IP 子网），并在 ACI 矩阵之间建立 3 层邻接以支持路由通信。

- 如图 11-11 所示，在 ACI 边界叶节点与本地的 VXLAN DCI 设备之间，部署逻辑的背靠背 vPC 连接。两个 DCI 设备通过 Peer-Link 互连，并采用 2 个或 4 个链路连通矩阵的边界叶节点。之后对于任何连接至 VXLAN 分段的边缘 VLAN，仅需要一个 VNI（也称为 VXLAN 的分段标识符）来进行传输。

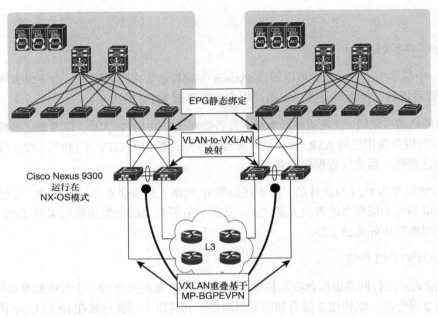

图 11-11 基于 VXLAN 的 DCI 传输

VTEP 之间的传输网络可以是通用的 IP 网络。2 层单播帧被封装在 3 层 VXLAN 单播帧内以发送到远程 VTEP（两台远程 VXLAN 设备均作为一个单独的任播 VTEP 逻辑实体，在 VXLAN 网络上宣告自己）。通过负载均衡及备份机制，数据包会传送到其中一个远程 DCI 节点上。节点备份由承载层路由协议的收敛速度决定。BGP 与 BFD 相结合可用于快速收敛，但也可以基于其他任何路由协议，如 OSPF 或 IS-IS。

2 层广播、未知单播及组播帧必须通过 VXLAN 网络传送。有两种选项可用于传输这些多目的地流量。

- 在 3 层核心承载网络上部署组播。当跨站点需要高等级的 2 层组播流量时，这是最佳选择之一。

- 在源 VTEP 上采用头端复制，从而避免核心传输网络提供组播的需求。

与 ACI 风暴控制能力相结合，VXLAN 还可以对广播、未知单播及组播流量限速，如图 11-11

所示。VXLAN 通过 BGP EVPN 地址族来通告学习到的主机。BGP 设计可以基于端到端的 BGP 邻接，这是双站点的最佳选择之一。如果网络更加复杂，那么可以部署路由反射器，这种情况下适用 iBGP。VXLAN 可提供 2 层及 3 层 DCI 功能，两者都利用 BGP 来通告 MAC 地址、IP 主机地址或所连接的子网。如前所述，在本章中，VXLAN 用于纯 2 层 DCI，不启用 3 层。矩阵到矩阵的 3 层邻接将基于 2 层的 VXLAN 叠加网络，在某一专用 VLAN 上提供。VXLAN 本质上是一种多点技术，因此它可以提供 Multi-Site 的连通。

一个有趣的 VXLAN 选项是 ARP 抑制的能力。VXLAN 同时发布 2 层 MAC 地址以及 3 层 IP 地址与掩码，远程节点可以在本地回复 ARP，无须通过系统泛洪 ARP 请求。

> **提示**　截至本书英文版出版，由于 VXLAN 矩阵上的 ARP 抑制在仅扩展 2 层（未及 3 层）连通性的情况下是不支持的，因此在验证该设计时并未配置。

11.2　Multi-Pod 架构

ACI Multi-Pod 是最初 ACI Stretched Fabric 的自然演进，允许用户互连并集中管理分割的 ACI 矩阵（见图 11-12）。

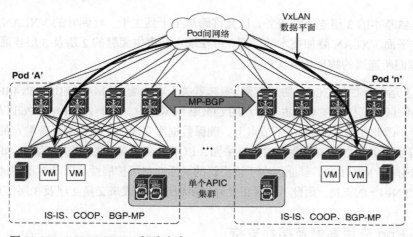

图 11-12　ACI Multi-Pod 解决方案

因为采用单个 APIC 集群来管理所有互连的 ACI 矩阵，所以 ACI Multi-Pod 属于"单一 APIC 集群/单域"系列解决方案的一部分。这些独立的 ACI 矩阵被命名为"Pod"，每个看起来像一个普通的主干—叶两级矩阵。通过同一个 APIC 集群可以管理多个 Pod。为提高解决方案的弹性，组成集群的各个控制器节点可以跨不同 Pod 来部署。

部署单个 APIC 集群从管理及运营方面简化了解决方案，因为所有互连的 Pod 本质上是一个 ACI 矩阵：所创建的租户配置（VRF、BD 和 EPG 等）与策略可以在所有 Pod 上使用，为端点连通矩阵提供了极高的自由度。例如，归属于同一功能组（EPG）的不同工作负载（如Web 服务器）可以连接（或移动）到不同的 Pod，而无须担心在新位置上重新执行配置或策略。同时，无论端点所连接的物理位置位于哪个 Pod，该解决方案均提供无缝的 2 层及 3 层连通性服务，无须 Pod 间网络配置任何特定功能。

> **提示** 上文指出了一个事实：Multi-Pod 设计可以在多个 Pod 之间提供相同的策略与网络资源。对工作负载而言，这些 Pod 看起来像单一可用区域或架构。任何工作负载的移动性都可以通过手工移动物理设备或者 VMware vMotion、DRS 等虚拟化供应商来提供。

即使各个 Pod 作为同一个分布式矩阵进行管理及操作，Multi-Pod 也能够通过分离矩阵控制平面协议来增加 Pod 之间的故障域隔离。如图 11-12 所示，每个 Pod 上运行各自的 IS-IS、COOP 和 MP-BGP 协议不同实例，因此任何这些协议的故障与问题都将被涵盖在单个 Pod 以内，而不会扩散至整个 Multi-Pod 矩阵。这是明确区分 Multi-Pod 与 Stretched Fabric 的一个特性，并使其成为设计的推荐选择。

从物理角度而言，不同 Pod 通过"Pod 间网络"（IPN）来互相连接。每个 Pod 通过主干节点连接到 IPN——它可以像单个 3 层设备一样简单；也可以基于最佳实践，基于更大的 3 层网络架构来建造。

IPN 必须能简单提供基本的 3 层连通性服务，以允许跨越主干到主干、叶到叶的 VXLAN 隧道建立。基于数据平面 VXLAN 叠加技术的使用，可在端点间提供无缝的 2 层及 3 层连通性服务，并独立于它们所连通的物理位置（Pod）。

最后，在每个 Pod 上运行单独的 COOP 协议实例，意味着关于本地端点（MAC 地址、IPv4/IPv6 地址及其位置）的信息将仅存储在本地主干节点的 COOP 数据库中。由于 ACI Multi-Pod 以单一矩阵的方式运行，因此在跨 Pod 的主干节点上，确保数据库实现关于连接到矩阵端点的一致性是关键；这需要在主干之间部署叠加的控制平面，以用来交换端点的可达性信息。如图 11-12 所示，这里选择了 MP-BGP。其原因在于该协议的灵活性与可扩展性，以及对不同地址族（如 EVPN 和 VPNv4）的支持。因此，它真正允许以多租户的方式来交换 2 层及 3 层信息。

11.2.1 ACI Multi-Pod 应用案例及拓扑支持

部署 ACI Multi-Pod 有两个主要的应用案例，两者之间的实质差别在于不同 Pod 所部署的物理位置。

- 多 Pod 部署在同一个物理数据中心。
- 多 Pod 地理上分散部署于多个数据中心。

图 11-13 说明了在同一个物理数据中心位置部署多个 Pod 时的情况。

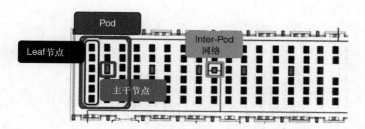

图 11-13   基于同一个物理数据中心的 Multi-Pod 实施

多 Pod 的创建可以从数据中心内既有的特定布线格局来驱动。在上面的示例中，TOR 交换机连接到 MOR 设备，MOR 交换机再由核心设备聚合。这种布线格局不允许创建典型的主干—叶两级拓扑；ACI Multi-Pod 的引入允许基于三级拓扑互连所有设备，并通过单一矩阵进行集中式管理。

另一种在同一个物理数据中心部署 Multi-Pod 的情况是需要创建一个非常大的矩阵。在这种情况下，将一个大矩阵分成较小的 Pod，以便受益于 Multi-Pod 方式所提供的故障域隔离。

图 11-14 显示了部署 ACI Multi-Pod 时常见的案例，这些不同的 Pod 代表分散于不同地理位置的各个数据中心。

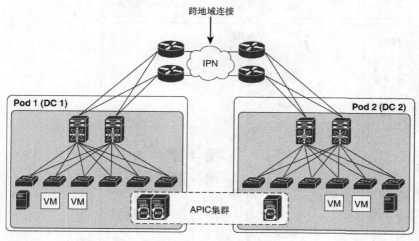

图 11-14   跨不同数据中心的多个 Pod

在这种情况下，Multi-Pod 部署能满足双活数据中心的构建需求，以跨 Pod 自由部署各种应用组件。不同数据中心网络通常部署在相对邻近的区域（城域），并利用点对点链路（裸光纤或 DWDM）互连。

根据上面描述的应用案例，图 11-15 显示了 Multi-Pod 支持的拓扑。

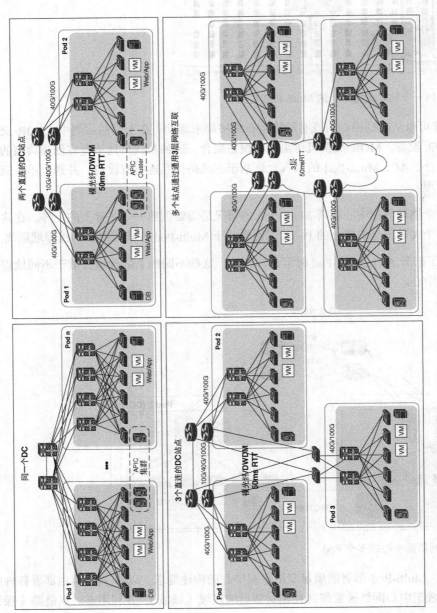

图11-15 Multi-Pod 支持的拓扑

图 11-15 左上角显示了与第 1 个案例相匹配的拓扑。因为 Pod 是本地部署的（在同一个数据中心），所以一对集中式 IPN 设备可用于互连不同的 Pod。由于这些 IPN 设备必须支持大量 40G/100G 接口，因此这一角色可能会部署一些模块化交换机。

其他 3 种拓扑适用于 Pod 放置在不同物理数据中心的场景。注意，截至本书英文版出版，Pod 之间所支持的最大延迟是 50ms RTT。此外，IPN 网络通常由点对点链路（裸光纤或 DWDM）构成；在特定情况下，通用 3 层基础设施（如 MPLS 网络）也可以用于 IPN，只要它满足本章前面所列出的要求即可。

11.2.2　ACI Multi-Pod 可扩展性的考量

在本章更详细地讨论 ACI Multi-Pod 解决方案的各种功能组件之前，在功能上重申该模型如何代表单个矩阵非常重要。如上所述，这是解决方案之中一个非常吸引人的方面，因其有助于运营这样一个基础设施。同时，它会引入一些可扩展性限制，因为所有已部署的节点都必须由单个 APIC 集群来管理。

以下是 ACI Multi-Pod 的一些可扩展性数据，基于 2.0 版本最初所支持的规模。

- 最大 Pod 数：4。

- 跨所有 Pod 的最大叶节点数：300（当部署一个 5 节点 APIC 集群时）。

- 跨所有 Pod 的最大叶节点数：80（当部署一个 3 节点 APIC 集群时）。

- 每 Pod 的最大叶节点数：200（当部署一个 5 节点 APIC 集群时）。

- 每 Pod 的最大主干节点数：6。

提示　建议读者查阅 ACI 发行说明以获得最新的可扩展性数据，以及这里并未列出的其他可扩展性参数。

11.2.3　Pod 间网络连通性部署的考量

Pod 间网络（IPN）连通不同的 ACI Pod，帮助建立 Pod 到 Pod 的通信（也称为东西向流量）。在这种情况下，IPN 基本上代表 ACI 矩阵承载层基础设施的一种扩展。

为实现这些连通性，IPN 还必须支持若干特定功能，如下所述。

- **支持组播**：除单播通信外，东西向流量还包括基于 BD 的 2 层多目的地跨 Pod 流量。这种类型的流量通常称为广播、未知单播及组播（BUM），并通过叶节点间的 VXLAN 数据平面封装进行交换。

    在 Pod（或 ACI 矩阵）内部，BUM 流量被封装进 VXLAN 组播帧，并始终发送至所有本地叶节点。每一个定义的 BD（BD）都与某个唯一的组播组相关联，称为 BD 外层 IP 组（BD GIPo）。数据帧一旦被叶交换机接收，就会被转发至该 BD 上所连接的设备或丢弃，具体取决于该 BD 的配置。

对连接到不同 Pod 上的同一个 BD 端点，转发层面必须实现相同的行为。为把 BUM 流量泛洪到各 Pod，Pod 内所使用的组播也同样通过 IPN 网络进行了扩展。这些组播组应该在双向（BiDir）模式下工作，且必须专用于该功能（不得用于其他目的与应用等）。

以下是在 IPN 网络上采用 PIM BiDir 的主要原因。

● **可扩展性**：由于 BUM 流量可能由部署在 Pod 上的任意叶节点生成，因此这将导致多个单独的(S,G)条目创建并超出特定 IPN 设备上所支持的容量。有了 PIM BiDir，就只需要为给定 BD 创建单个(*,G)条目，从而独立于叶节点的总数。

● **无须数据驱动的组播状态创建**：每当一个 BD 在 ACI Multi-Pod 矩阵上激活，其(*,G)条目就会在 IPN 设备中被创建，而与给定 BD 需要转发 BUM 流量无关。这意味着当真正要如此操作时，网络早已准备好执行这些任务，以避免诸如数据驱动型状态创建的 PIM ASM，因为应用要花费更长时间来收敛。

● **思科推荐**：它代表思科立场，加之经过充分测试，因而推荐该设计选项。

■ **支持 DHCP 中继**：ACI Multi-Pod 所提供的良好解决方案之一是允许自动配置所有部署在远程 Pod 上的 ACI 设备。这允许设备以零接触的方式加入 ACI Multi-Pod 矩阵，就像在同一个矩阵内添加新节点时一样。该功能依赖于连通远程 Pod 主干交换机的第 1 台 IPN 设备，它需要把远程 Pod 上，新启动 ACI 主干交换机的 DHCP 请求中继到第 1 个 Pod 上的 APIC 节点。

■ **支持 OSPF**：在 ACI Multi-Pod 矩阵的初始版本中，在主干交换机接口与 IPN 设备之间，OSPFv2（除静态路由外）是唯一支持的路由协议。

■ **支持更大 MTU**：因为 Pod 间交换的是以 VXLAN 封装的数据平面流量，IPN 在物理连接上必须能够支持更大的 MTU，这样就可以避免分片及重组。截至本书英文版出版，IPN 设备上的要求是，把所有 3 层接口的 MTU 增加到 9150 字节。

■ **QoS 考量**：通常情况下，用户会把 APIC 集群的不同节点部署在多个 Pod 上，从而集群内通信只能在带内进行（即跨 IPN 网络）。因此，确保 APIC 节点之间的集群内通信，在 IPN 基础设施上被优先对待至关重要。尽管在生产上应始终遵循该建议来部署，但值得一提的是，APIC 内置了一种弹性功能：如果由于某种原因（链路故障或大量丢包）导致 APIC 节点间的连接丧失，那么具备仲裁能力的站点将继续正常运行，而那些处于"少数派"状态的 APIC 所在的站点将变为只读。一旦连接恢复，数据库将被同步，APIC 也将重新获得所有功能。

11.2.4 IPN 控制平面

如上所述，Pod 间网络代表了 ACI 基础设施网络的扩展，以确保可以建立跨 Pod 的 VXLAN 隧道以实现端点间通信。

在 ACI 的每一个 Pod 上，IS-IS 是叶节点与主干节点之间的路由协议，用来对等并交换本地所定义的环回接口 IP 信息（通常称为 VTEP 地址）。在 Pod 内交换机自动注册期间，APIC 将一个（或多个）IP 地址分配给叶节点及主干节点的环回接口。所有这些 IP 地址是第 1 个 APIC 节点初始配置过程所指定 IP 池的一部分，称为"TEP pool"（TEP 池）。

在 Multi-Pod 部署中，每个 Pod 都需要分配一个单独且不重叠的 TEP 池，如图 11-16 所示。

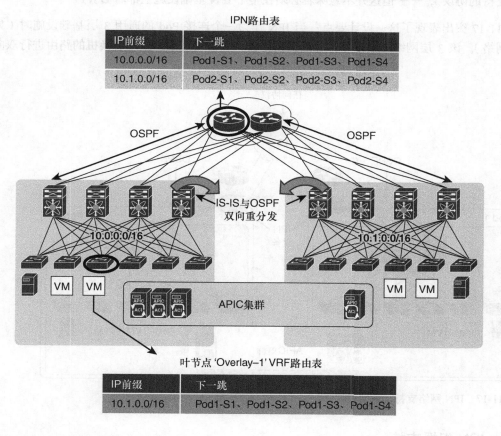

图 11-16　IPN 控制平面

每个 Pod 上的主干交换机与其直连的 IPN 设备建立 OSPF 邻接,以便能够发送本地 Pod 的 TEP 池前缀。因此,IPN 设备在其路由表中安装了到达在不同 Pod 上有效的 TEP 池等价路由。同时,主干交换机通过 OSPF 接收到远程 Pod 的 TEP 池前缀,并将其重分发至每个 Pod 内的 IS-IS 进程,以便叶节点可以将它们安装在路由表中(属于基础设施 VRF "Overlay-1" 路由的一部分)。

提示　主干交换机还向 IPN 发送一些主机路由,这些地址与特定主干所定义的环回接口相关联。它保证了去往这些 IP 地址的流量,可以直接从 IPN 发送到正确的主干交换机(即不遵循等价路径,以免去往另一个主干)。叶节点的环回地址不应该发送到 IPN,它确保了 IPN 设备的路由表非常精简,并独立于所部署的叶节点总数。

事实上,在主干与 IPN 设备之间需要 OSPF 邻接(截至本书英文版出版,OSPF 是该功能唯一支持的协议),——但这并不意味着必须在整个 IPN 基础设施上部署 OSPF。

图 11-17 突出表现了这一设计要点:当 IPN 作为一个连接 Pod 的通用 3 层基础设施时(如 MPLS 网络),该 3 层网络可以采用单独的路由协议。只需要把面向主干交换机的路由进行双向重分发。

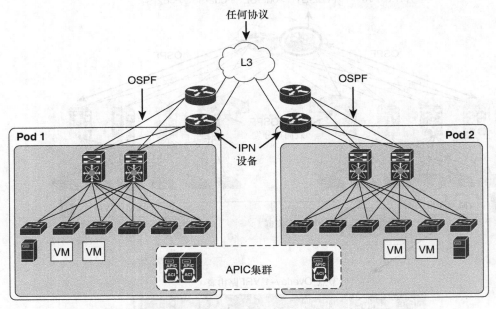

图 11-17　IPN 网络支持任何协议

11.2.5　IPN 组播支持

采用 VXLAN 作为叠加技术,可以为跨 3 层网络域的端点提供 2 层连通性服务。这些端点必须能够发送并接收 2 层多目的地帧（BUM 流量），因为在逻辑上它们是同一个 2 层域的一部分。BUM 流量可以封装在特定组播组的 VXLAN 数据包中，跨 3 层网络边界交换，以便通过网络进行流量复制。

图 11-18 显示了在 ACI 矩阵内部通过组播将多目的地帧发送到归属于同一个 BD 的端点。

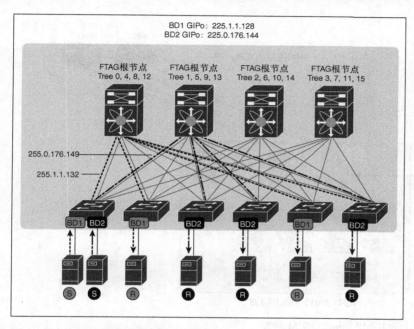

图 11-18　在 ACI 基础设施上部署组播

每个 BD 都与一个单独的组播组（名为"GIPo"）相关联，确保将多目的地帧仅发送到归属于给定 BD 的端点。

> **提示**　如图 11-18 所示，为了让多目的地流量的传输充分利用不同的等价路径，所有已定义的 BD 都会创建单独的组播树。

在不同 Pod 间扩展 BD 连通性时，也必须实现类似的行为。它意味着要通过 IPN 网络来扩展组播的连通性，也就是这些设备必须支持 PIM BiDir 的原因。

由 BD 内端点产生的多目的地帧，由该端点所连接的叶节点进行封装，然后跨 IPN 网络到达归属于同一个 BD 的远程端点。因此，主干交换机必须执行以下两项基本功能。

■ 将接收到的组播帧转发至 IPN 设备，以确保它们可以被送到远程 Pod。

■ 每当在本地 Pod 上激活新的 BD 时，发送 IGMP 加入 IPN 网络，以便能够接收到远程 Pod 端点所发起的该 BD 内 BUM 流量。

对于每个 BD，都会有一个主干节点被选举为权威性设备，以执行上述列表所描述的两项功能（主干之间的 IS-IS 控制平面用于执行该选举）。如图 11-19 所示，被选中的主干节点将挑选 1 个连通 IPN 设备的特定物理链路，用于发送 IGMP Join（由此可以接收远程叶节点所发起的组播流量），并转发源自本地 Pod 内部的组播流量。

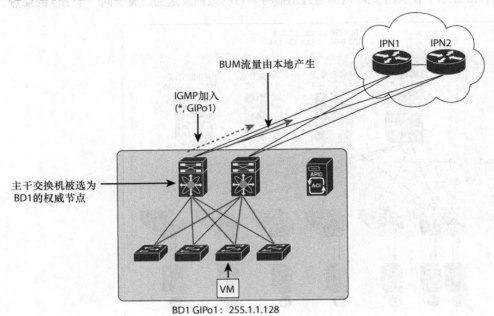

图 11-19　指定主干上的 IGMP Join 与 BUM 转发

提示　如果指定的主干节点出现故障，那么将选举新的主干节点来接管该角色。

因此，在同一个 BD 的不同 Pod 端点之间，其 BUM 流量的端到端转发过程如下（见图 11-20）。

- EP1（归属于 BD1）发起 BUM 帧。

- 帧由本地叶节点封装，并发往与 BD1 相关联的组播组 GIPo1。然后，它沿着分配给 BD1 的其中一个多目的地树发送，并到达所有实例化了 BD1 的本地主干节点及叶节点。

- 通过连通 IPN1 的特定链路，主干交换机 1 负责将 BD1 的 BUM 流量转发至 IPN 设备。

- IPN 设备接收到流量，并将组播流复制给所有曾对 GIPo1 发送过 IGMP Join 的 Pod。这确保了 BUM 流量仅发送至 BD1 处于活动状态的 Pod（该 BD 上至少存在一个活动端点）。

- 曾向 IPN 设备发送过 IGMP Join 的主干接收到组播流量，并沿着与 BD1 相关联的其中一个多目的地树，再将其转发至本地 Pod。所有已实例化了 BD1 的叶交换机都会接收到该 BUM 帧。

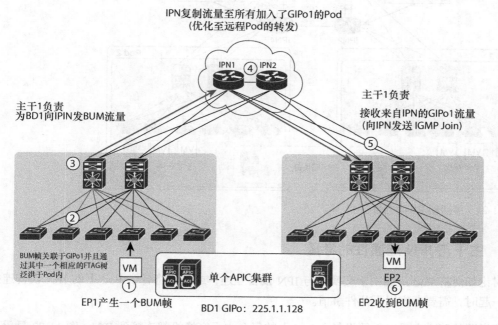

图 11-20　Pod 间 BUM 流量的传送

- EP2 所连通的叶交换机也接收到该组播流，由它来解封装数据包并将其转发至 EP2。

在 IPN 网络上部署 RP 是一个重要的设计考量。在 PIM BiDir 部署中，RP 的作用很重要，因为 BiDir 组中所有的组播流量都向 RP 传送，并在流向上游和/或下游时按需分流。这意味着在多个 Pod 将交换的所有 BUM 流量都将通过 IPN 设备——作为服务于 225.0.0.0/15 默认范围上的 RP，每个已定义 BD 的组播组都将从该范围进行分配。在不同 RP 间平衡工作负载的可能设计选择，包括在不同 IPN 设备上拆分该范围，并为每个子集配置活动 RP，如图 11-21 所示。

注意，部署 PIM BiDir 时同样重要的是，在任意给定时间，只能为给定的组播组范围设置唯一的活动 RP（如 IPN1 是 225.0.0.0/17 组播组范围的唯一活动 RP）。因此，可以通过 "Phantom RP" 配置来实现 RP 冗余，如思科官网 community 站点中的 "RP Redundancy with PIM Bidir-Phantom RP" 文档所述。

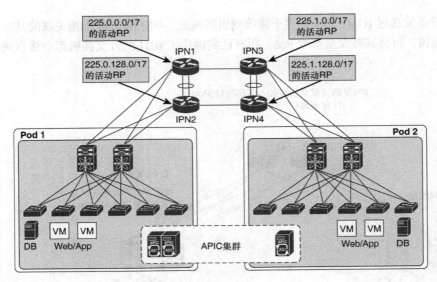

图 11-21   多活动 RP 的部署

11.2.6   主干与 IPN 连通性的考量

在讨论如何将 Pod 上的主干交换机与 IPN 设备互连，或如何将各个 Pod 上的 IPN 设备连接在一起时，需要考虑以下几件事情。

需要说明的第 1 点是，无须将各个 Pod 上的每个主干交换机都连接到 IPN。图 11-22 显示了

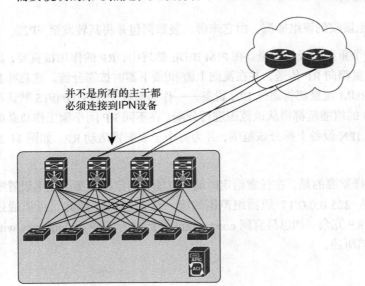

图 11-22   主干与 IPN 之间的部分网状连接

这样一个场景，在 4 个主干节点中，只有两个连接到 IPN 设备。跨站点的单播通信功能非常直接，本地的叶节点总会倾向于直连 IPN 设备的主干节点（基于 IS-IS 路由 metric），以发送去往远程 Pod 的封装流量。同时，对需要发送至远程 Pod 的 BUM 流量而言没有任何影响，因为只有连接到 IPN 设备的主干节点才被指定为负责发送/接收 GIPo 流量（通过 IS-IS 控制平面交换）。

另一个考虑因素涉及通过背靠背的方式将属于各 Pod 的主干交换机连接在一起，如图 11-23 所示。

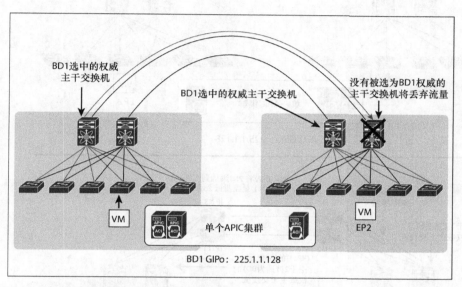

图 11-23　直接背靠背连接各 Pod 的主干节点（不支持）

如图 11-23 所示，如果不同 Pod 上直连的主干节点没有同时被选为给定 BD 的指定主干，就不可能在 Pod 间转发 BUM 流量。因此，建议在 Pod 间至少部署一台 3 层 IPN 设备（考虑冗余，则是 1 对）。

还需要指出的一个要点是，就算主干节点连通 IPN，上述类似行为还有可能出现。读者可考虑图 11-24 中的拓扑与示例。

这两种情况均突出表现了 Pod1 及 Pod2 所指定的主干（对 GIPo1 而言），分别将 BUM 流量或 IGMP Join 发送到 IPN 节点上的情况——这些节点并没有到达目的地的有效物理路径。因此，IPN 设备上缺乏正确的(*,G)状态，导致 BUM 通信失败。为避免这种情况，建议始终确保所有 IPN 设备物理上全互连，如图 11-25 所示。

提示　图 11-25 底部所示场景下的全互连可替代为在本地 IPN 设备之间增加一个 3 层端口通道，这有利于减少所需的跨地域链路，如图 11-26 所示。

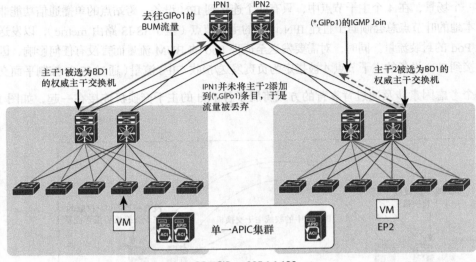

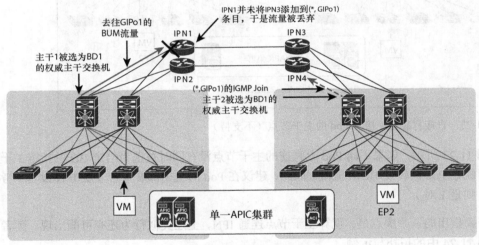

图 11-24 跨 Pod 发送 BUM 流量的问题（不支持）

如图 11-26 所示的方式来建立 IPN 设备之间的物理连接，以保证每个 IPN 路由器都有一条通往 PIM BiDir 活动 RP 的物理路径。注意，设计时要确保两个 IPN 节点之间的首选路径不通过主干设备。这一点至关重要，否则会破坏组播连接（因为主干没有运行 PIM 协议）。参考图 11-26 所示的例子，如果连接两台 IPN 设备的 3 层端口通道是基于 10G 接口捆绑的，那么按照 IPN1 与 IPN2 间路径首选的 OSPF metric 标准，流量确实会通过 Pod1 上的某个主干交换机。为解决该问题，建议用户在连通本地 IPN 设备时采用 40G 链路。或者，用户也可以增加 IPN 面向主干接口的 OSPF cost，从而对 OSPF metric 而言，不再优先选择这条路径。

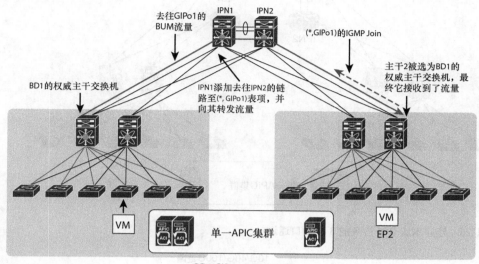

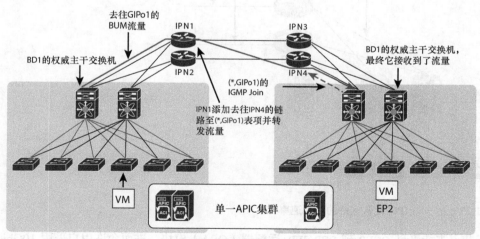

图 11-25　IPN 设备之间至少建立一条物理路径

最后要考虑的是主干与 IPN 设备之间的链路速率。截至本书英文版出版，主干交换机仅支持 40G 及 100G 接口，这意味着连通 IPN 的链路需要支持相同的速率（见图 11-27）。

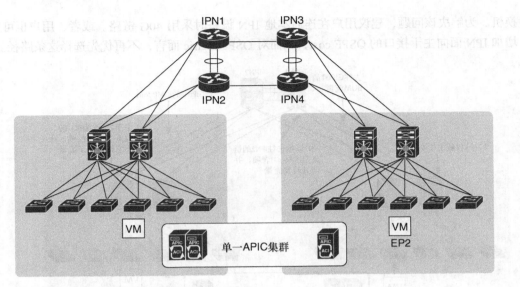

图 11-26 连通本地 IPN 设备的 3 层端口通道

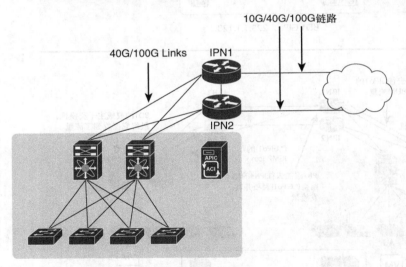

图 11-27 主干与 IPN 设备支持的接口速率

主干节点支持思科 QSFP 到 SFP/SFP+适配器（QSA）模块，进而允许用户采用 10Gbit/s 链路。用户可参阅 ACI 软件的发行说明，以验证对该连通性选项的支持。

还需要注意的是，本地 IPN 连通其他远程 IPN 设备（或通用的 3 层网络基础设施）时不需要 40Gbit/s/100Gbit/s 链路。但是，建议用户不要采用小于 10Gbit/s 的链路，以避免 Pod 之间的流量拥塞，进而影响部署在不同 Pod 上的 APIC 节点间通信。

11.2.7 自动部署 Pod

ACI 的一个重要特性是，基于自动化及动态的方式上线一个物理矩阵，与网络管理员交互的需求很小。与代表传统网络"逐个盒子"的部署方法相比，这是一个巨大的飞跃。

基于一个共用的 APIC 集群，ACI 可以为 Multi-Pod 部署提供类似的能力。最终目标是将远程 Pod 添加至 Multi-Pod 矩阵时最小化用户干预，如图 11-28 所示。

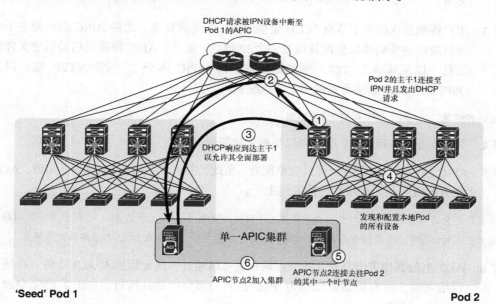

图 11-28　Pod 的自动部署过程

在逐步描述这一过程之前，下面是若干必要的初始假设，以支撑第 2 个 Pod 加入 Multi-Pod 矩阵。

第 1 个 Pod（也称为"种子"Pod）已通过传统的 ACI 矩阵发现过程设置好。

■ "种子" Pod 及第 2 个 Pod 已物理连通 IPN 设备。

■ IPN 设备在面向主干的接口上正确配置了 IP 地址，并启用 OSPF 协议（此外，还配置好必需的 MTU、DHCP-Relay 和 PIM BiDir）。这是除在 APIC 上执行的 ACI 特定配置之外，Day 0 所需的手工配置。

> 提示　有关如何从头开始配置 ACI 矩阵的更多信息，可参阅本书第 3 章。

基于以上前提，IPN 设备就能通过 OSPF 与 Pod 1 上的主干邻接，并交换 TEP 池信息。以下步骤将允许 Pod 2 加入 Multi-Pod 矩阵。

步骤 1   Pod 2 上的第 1 个主干启动,并开始向每个已开通接口发送 DHCP 请求。这意味着 DHCP 请求也会发送至 IPN 设备。

步骤 2   接收到 DHCP 请求的 IPN 设备已配置 DHCP 中继,该请求将被单播至部署在 Pod1 上的 APIC 节点。注意,主干节点的序列号已包含在上一步所发送的 DHCP 请求 TLV,因此接收方 APIC 可以将该信息添加到自己的 Fabric Membership(矩阵成员) 表中。

步骤 3   用户将被发现的主干节点手工注册至 APIC 矩阵成员表,之后 APIC 即可给主干交换机面向 IPN 的接口分配并回复一个 IP 地址。此外,APIC 将提供启动引导文件的信息(以及从哪个 TFTP 服务器获取,即 APIC 本身),包含 VTEP 接口以及 OSPF/MP-BGP 邻接所需的主干节点配置。

> **提示**   在这种情况下,APIC 也作为 TFTP 服务器。

步骤 4   主干节点连接到 TFTP 服务器以提取完整配置。

步骤 5   APIC(TFTP 服务器)回复其完整配置。至此,主干节点加入 Multi-Pod 矩阵,APIC 上所配置的全部策略都已推送到主干。

> **提示**   只有在至少有一个活动 ACI 叶节点连接到该主干节点的情况下,上述过程才能完成。这通常不是问题,因为在实际部署中,如果没有连通活动叶节点,那么远程主干节点加入 Multi-Pod 矩阵毫无用处。

步骤 6   Pod2 上的其他主干节点及叶节点现在就可以通过传统流程加入 ACI 矩阵。在该过程结束时,所有设备都已作为 Pod 2 的一部分启动并运行,Pod 2 已完全加入 Multi-Pod 矩阵。

步骤 7   现在可以将 APIC 节点连接到 Pod 2。在执行初始启动设置后,APIC 节点将能够加入 Pod 1 上已连接的节点集群。该步骤是可选的,因为就算没有本地的 APIC 节点,Pod 2 上的主干及叶节点也可以加入并成为 Multi-Pod 矩阵的一部分。值得注意的是,所有 APIC 节点都将基于"种子"Pod 的 TEP 池来获取其 IP 地址(如 10.1.0.0/16 子网)。这也就意味着这些特定主机的 IP 地址路由信息必须通过 IPN 进行交换,以保证不同 Pod 上所部署的 APIC 节点间可达性。

11.2.8   APIC 集群部署的考量

关于 APIC 集群管理解决方案的部署,ACI Multi-Pod 矩阵带来了一些有趣的思考。为更好地理解该类模型的含义,快速回顾一下单 Pod 方案时 APIC 集群的工作方式,这将对读者非常有帮助。

如图 11-29 所示,存储在 APIC 上的数据支持称为"数据分片"(Data Sharding)的功能,以提高部署的可扩展性及弹性。

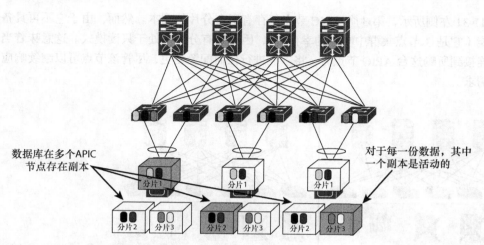

数据库在多个APIC
节点存在副本

对于每一份数据，其中
一个副本是活动的

图 11-29　跨 APIC 节点的数据分片（Data Sharding）

分片（shard）背后的基本思想是将数据仓库拆分为多个数据库单元。

将数据放置于分片，然后将该分片复制 3 次，再将每个副本分配给特定的 APIC 设备。图 11-30
显示了 3 节点及 5 节点集群间分片的分布情况。

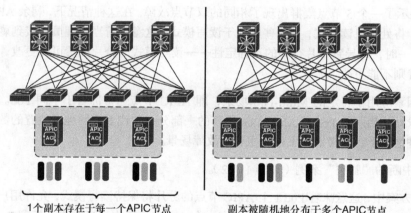

1个副本存在于每一个APIC节点　　　　　副本被随机地分布于多个APIC节点

图 11-30　副本分布于不同的 APIC 节点

提示　为简化讨论，本小节中的案例将给定租户所有的相关数据都存放于同一个"分片"。

在 3 节点 APIC 集群部署方案中，每个 APIC 节点都始终保存每个分片的一个副本；在部署
5 节点集群时，则不是这种情况。这意味着将 APIC 节点数从 3 增加到 5，并不会提高集群
的整体弹性，而只是为了支持更多数量的叶节点。为更好地理解这一点，下面将考虑如果两

个 APIC 节点同时出现故障会如何。

如图 11-31 左侧所示,第 3 个 APIC 节点仍存有所有分片的副本。然而,由于它不再具备仲裁功能(它是 3 节点集群中唯一的幸存者),因此所有分片都处于只读模式。这意味着当管理员连接到所剩这台 APIC 节点时,将不能进行任何配置变更,尽管该节点可以继续响应读取的请求。

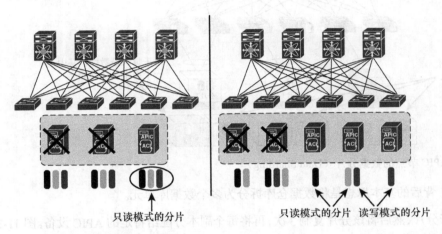

只读模式的分片   只读模式的分片   读写模式的分片

图 11-31　APIC 节点故障场景

图 11-31 右侧则展示了一个 5 节点集群出现了相同的双节点故障。在这种情况下,剩余 APIC 节点上的某些分片将处于只读模式,另一些则处于读写模式。这意味着当管理员连接到剩余 3 个 APIC 节点之一时,将导致分片行为的不确定性——读写模式的分片配置可以更改,只读模式的分片配置则不能更改。

现在将上述考虑因素应用于特定的 Multi-Pod 场景,即 APIC 节点通常部署于不同 Pod。需要特殊考虑的情景是,当两个 Pod 是 Multi-Pod 矩阵的一部分,并代表不同地理位置的数据中心站点。在这种情景下,应考虑如下两种主要的故障场景。

■ Pod 间连通性中断的"脑裂"案例(见图 11-32)。

在 3 节点集群方案中,这意味着 Pod 1 上 APIC 节点的分片将保持读写模式,允许用户进行配置变更;Pod 2 的分片则处于只读模式。在一个 5 节点集群中,当用户连接到 Pod 1 或 Pod 2 的 APIC 节点时,将体验到与上述行为相同的不一致性(某些分片处于读写模式,另一些则处于只读模式)。

然而,一旦连通性问题得到解决且两个 Pod 重获完全连接,APIC 集群将重新整合在一起;并且对多数派(读写模式)分片所做的任何变更,都会应用于重新加入的 APIC 节点。

■ 第 2 种故障情形(见图 11-33)是整个站点因自然灾害(洪水、火灾和地震等)而"死机"

的情况。在这种情况下，跨 Pod 的 3 节点 APIC 集群与 5 节点 APIC 集群之间存在着显著的行为差异。

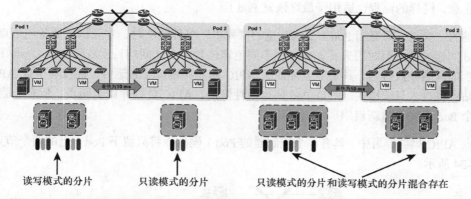

图 11-32 "脑裂"的故障场景

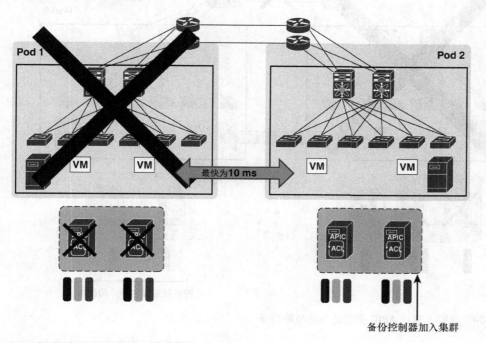

图 11-33 备用 APIC 节点加入集群

在部署了 3 节点 APIC 集群的场景下，Pod 1 发生的硬故障将导致 Pod 2 上 APIC 节点的所有分片进入只读模式，类似于图 11-31 中左边的案例。在这种情况下，用户可以（推荐）在 Pod 2 上部署备用 APIC 节点，以便在 Pod 1 发生故障时将其提升为活动状态。这将确保重建 APIC 的仲裁能力（3 节点中的两个将再次组成集群）。

启动备用节点并加入集群所需的特定流程与思科官网中的文档"Cisco ACI Stretched Fabric Design"的"Restrictions and Limitations"部分针对 ACI Stretched Fabric 设计选项所描述的相同。注意,同样的流程也适用于最终恢复 Pod 1。

其中关键的一点是,只有当 Pod 1 受到严重的"死机"事件影响时,才应该激活备用节点。对于 Pod 间连通性的暂时丢失(如由于在不同地理位置上 Pod 间的长途链路故障),最好依靠 APIC 集群的仲裁行为,具备节点仲裁的 APIC 站点将继续正常运行,而仅有少数 APIC 节点的站点将进入只读模式。一旦 Pod 间连通性恢复,APIC 数据库就会同步,所有功能都会在两个 Pod 上完全重新启用。

在 5 节点 APIC 集群部署中,具有 3 个控制器的 Pod 1 硬故障将只留下 Pod 2 上的两个节点,如图 11-34 所示。

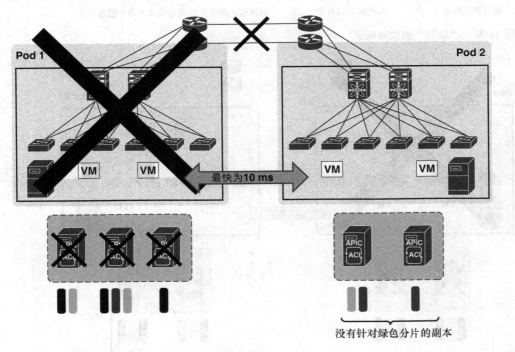

图 11-34　具有 5 节点 APIC 集群的 Pod 故障场景

此处也可以应用针对 3 节点方案的类似考量,在 Pod2 上部署备用 APIC 节点,以重建 Pod 2 上分片副本的仲裁能力。但是,与 3 节点方案的主要区别在于,该故障场景可能导致 Pod 1 上 3 个故障节点的分片副本全部丢失(如图 11-34 示例中的深色分片,只分配在 Pod 1 的 3 个 APIC 上)。

ACI 软件从 2.2 版本开始提供特定的矩阵恢复,通过先前所拍摄的快照来恢复丢失的分片信息。用户必须联系思科 TAC,以获得执行此类流程的帮助。

请务必注意，矩阵恢复流程的当前实现是"全有或全无"的，即在时间 $T1$ 基于在时间 $T0$ 所拍摄的快照信息，来恢复完整的 APIC 集群与矩阵状态，该恢复操作同样应用于分片信息仍可用的 Pod 2。因此，$[T0, T1]$ 窗口所有分片的配置变更（添加/删除）将与统计信息、历史故障记录及审计记录一起丢失。在完成矩阵恢复流程之后，一旦重新激活 APIC 集群，现有故障将被再次评估。

> **提示**　5 节点矩阵的另一种替代部署方法是，在 Pod1 上部署 4 个 APIC 节点，在 Pod2 上部署 1 个。在 Pod1 发生硬故障（以及随后执行矩阵恢复流程）时，该方法依然不能防止若干分片信息丢失；但是，当这两个 Pod 被隔离或 Pod 2 出现硬故障后，它将保证 Pod1 上的所有分片处于完全读写模式。

根据上述注意事项，部署双站点 Multi-Pod 矩阵的建议如下。

- 如果条件允许，那么可以把 3 节点 APIC 集群中的两个节点部署在 Pod 1，另一个部署在 Pod 2。在 Pod 2 上添加一个备用 APIC 节点，以应对"全站故障"场景。

- 如果可扩展性要求部署 5 节点集群，那么只要条件允许，就需要遵循图 11-35 描述的指导原则。

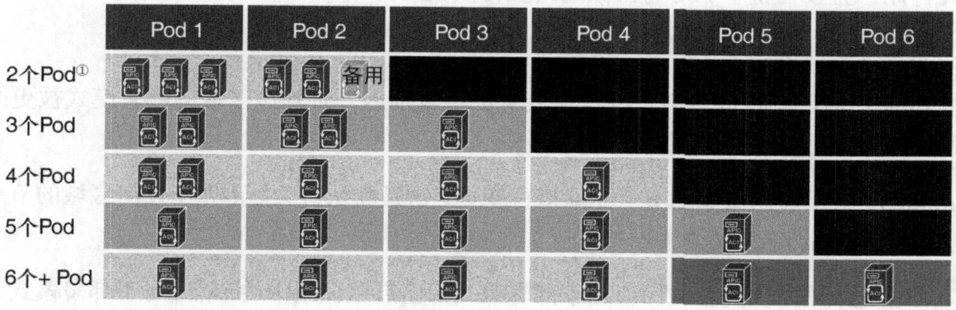

	Pod 1	Pod 2	Pod 3	Pod 4	Pod 5	Pod 6
2个Pod①		备用				
3个Pod						
4个Pod						
5个Pod						
6个+ Pod						

①采用ID-recovery流程恢复丢失的信息

图 11-35　一个 5 节点 APIC 集群的部署指南

在查看图 11-35 所示的图表时，读者可能会立即注意到两件事情。首先，基本的经验法则是避免在同一 Pod 上部署 3 个 APIC 节点，以防止先前讨论过的分片信息潜在丢失问题。在部署 3 个或更多个 Pod 时，可以遵循该建议。其次，即使没有本地连接的 APIC 集群，一个 Pod 也可以是 Multi-Pod 矩阵的一部分。当采用 5 节点 APIC 集群部署 6 个（或更多个）Pod，或采用 3 节点集群部署 4 个（或更多个）Pod 时，就会出现该情况。

11.2.9　通过配置区域减少配置失误的影响

通过单个 APIC 集群部署来管理 Multi-Pod ACI 矩阵上的所有 Pod，可以极大简化 ACI 矩阵的运营（通过单点管理与策略定义）。因此，类似于单 Pod 的 ACI 部署，用户可以同时对大量叶交换机及其端口进行统一配置变更，即使这些叶交换机位于不同的 Pod。虽然这是选择 ACI 的最大优势之一，因为它以最小化的配置负担管理了非常大的基础设施——但是对涉及诸多端口的特定配置，它也可能引入对所有 Pod 产生影响的错误。

第 1 种系统内置的、有助于减少这类错误的解决办法，就是在每个策略旁边都带有一个"显示使用情况"（Show Usage）的按钮。这为系统与基础设施管理员提供了哪些元素将受该配置变更影响的信息。

除此之外，APIC 还引入了一项新功能，以限制配置的传播——仅限于整个矩阵上的一部分叶节点。该功能要求创建"配置区域"（Configuration Zone），其中每个区域都包括 ACI 矩阵上叶节点的一个特定子集。

通过配置区域，可以在配置变更应用于整个矩阵之前，在特定叶交换机与服务器的子集上进行配置测试。配置区域仅适用于基础设施级别的变更（即应用于"Infra"租户的策略），其原因是，此类配置的错误可能会影响到在矩阵上部署的其他所有租户。

配置区域的概念非常适用于 ACI Multi-Pod 部署，其中每个 Pod 可以部署为单独的区域（APIC GUI 允许用户直接在整个 Pod 与区域之间执行该映射）。

每个区域都可以处于以下"部署"模式之一。

■ **Disabled**：对已禁用区域节点的任何变更都将被推迟，直到该区域的部署模式被更改，或目标节点已从该区域中删除。

■ **Enabled**：对已启用区域的节点立即执行变更，这是默认行为。不属于任何区域的节点等同于作为"Enabled"区域的一部分。

针对基础设施策略的变更会立即应用于部署模式为已启用区域中的节点。对于部署模式为禁用区域中的节点，这些变更将被放入等待队列。

此后，用户可以在部署模式为已启用区域的节点上，验证配置是否正常运行；然后，将禁用区域的部署模式更改为"triggered"——等待队列里的配置变更将被发送至相应节点。

11.2.10 迁移策略

Multi-Pod 及其提供的功能，为大多数客户提供了一个令人兴奋的目标。因此，许多客户对于其支持架构及迁移策略提出了各种问题。截至本书英文版出版，本章所讨论的架构并不是互斥的，这意味着只要企业采用所支持的配置、满足所要求的软硬件，就可以在整个数据中心环境下部署多种架构。例如，一个站点可以从单矩阵开始；稍后，企业可以选择将其扩展为 Multi-Pod 架构，如图 11-36 所示。在另一种情况下，企业可能已实施了 Stretched Fabric。实质上，Stretched Fabric 也被视为单一矩阵，可以作为种子矩阵来构建 Multi-Pod 解决方案，如图 11-36 所示。

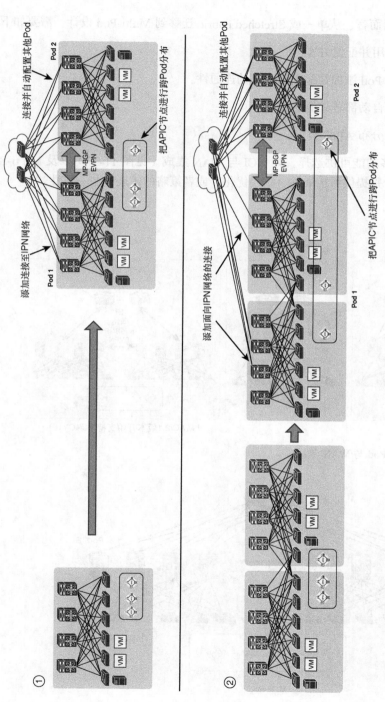

图11-36 迁移方案：将Pod添加至现有ACI

从高阶层面概括而言，从单一或 Stretched Fabric 迁移到 Multi-Pod 设计，需要如下步骤。

步骤 1　按需启用并配置 IPN。

步骤 2　为初始 Pod 添加并配置到 IPN 的连通性。

步骤 3　连接并自动部署其他 Pod。

步骤 4　跨 Pod 分布 APIC 节点。

最后，还有更多功能可供选择，如 ACI 与 WAN 集成（见图 11-37）以及 Multi-Site（见图 11-38），能够分别提供可扩展性、路径优化，或者策略的扩展性与一致性。

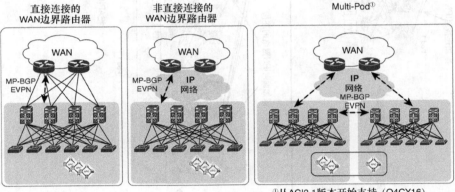

图 11-37　Multi-Pod 与 WAN 集成

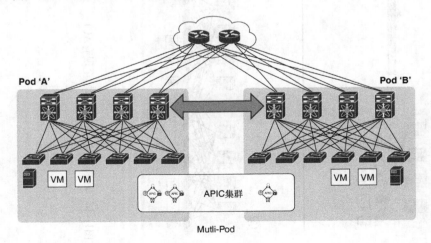

图 11-38　Multi-Pod+Multi-Site

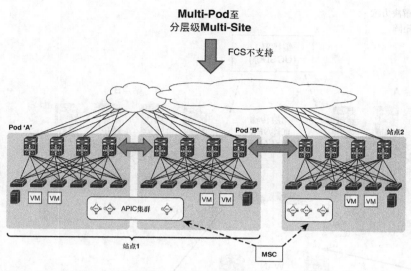

图 11-38　Multi-Pod+Multi-Site（续）

11.3　Multi−Site 架构

ACI Multi-Site 是目前业界较简单的 DCI 解决方案之一，只需要在 EPG 之间创建并推送一条合约，即可启用分割站点（2 层和/或 3 层）之间的通信功能。ACI Multi-Site 是从双矩阵演化而来，并为应对双矩阵设计的若干挑战而开发的（见图 11-39）；这些挑战的例子包括如何实现跨站点策略的可扩展性与一致性，以及缺乏用于操作及排除多矩阵故障的集中式工具。

通过 ACI Multi-Site，企业可以将多个矩阵作为地域（Region）或可用区域（Availability Zone）管理。通过添加许可及 ACI Multi-Site 控制器，企业可以完全操控如下内容。

■ 跨站点定义并配置策略。

■ 提供初始配置以建立站点间的 EVPN 控制平面。

■ 跨站点的数据平面 VXLAN 封装。

■ 端到端策略执行。

■ Multi-Site 控制器将跨矩阵配置分发至多个 APIC 集群。

■ 监控不同 ACI 站点的健康状况。

■ 站点间排障（ACI 3.0 后发布）。

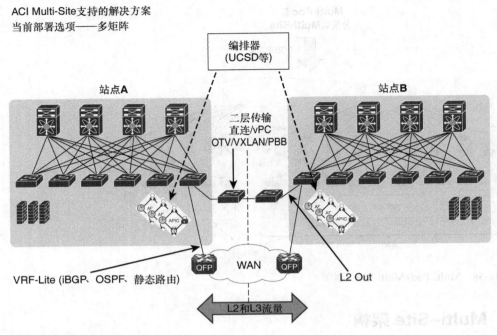

图 11-39 传统的双矩阵设计

注意 所有 ACI 交换机（NS、-E、-EX、-FX）均支持 Multi-Site 功能。然而，主干交换机必须带有 FM-E 矩阵卡及 EX 板卡（第 2 代或更新）。第 1 代主干交换机（包括 9336PQ）不支持 Multi-Site。

Multi-Site 架构的关键组件是 ACI Multi-Site 策略管理器。它提供单一管理界面，使用户可以监控所有互连站点的健康指数。它还允许用户集中定义所有的站点间策略，然后将其推送至不同的 APIC 域进行呈现。因此，它提供了对推送这些策略的时间与位置的高度控制，从而允许租户变更隔离——思科 ACI Multi-Site 架构的独门秘籍。图 11-40 显示了具有 Multi-Site 策略管理器的 Multi-Site 架构。

ACI Multi-Site 设计采用带外（OOB）管理网络，连通部署在不同站点上的 APIC 集群。Multi-Site 之间的网络连接允许 500ms ~ 1s 的 RTT。它还通过 REST API 或 GUI（HTTPS）提供北向访问，允许用户管理需要跨站点扩展的网络，以及租户策略的整个生命周期。

ACI Multi-Site 策略管理器不负责配置思科 ACI 站点的本地策略，这些仍然是每个站点上 APIC 集群的责任。策略管理器可以导入相关 APIC 集群的本地策略，并将它们与延伸对象相关联。例如，它可以导入站点本地定义的 VMM 域，并将其与延伸的 EPG 相关联。

ACI Multi-Site 设计基于微服务架构，其 3 台虚拟机以多活方式组成集群。在 Multi-Site 特性版本中，Multi-Site 集群打包成 VMware vSphere 的虚拟装置，如图 11-41 所示。

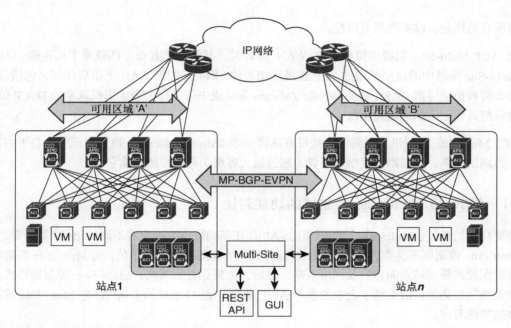

图 11-40　Multi-Site 架构

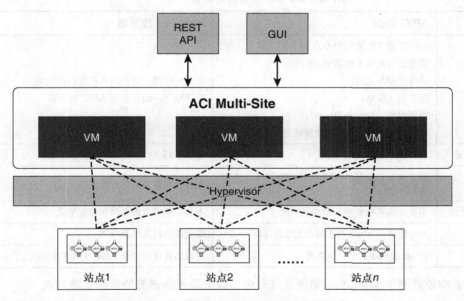

图 11-41　面向 VMware vSphere 装置的思科 ACI Multi-Site 集群

在内部，每个虚拟机都有一个安装了 Multi-Site 应用服务的 Docker 守护程序。这些服务由 Docker swarm 管理与编排。Docker swarm 以并发多活的方式，让所有 Multi-Site 容器负载均衡所有的作业，以实现高可用性。

当 ACI Multi-Site 集群虚拟机通过 WAN 部署时，其间必须有稳定的数据平面连接。ACI Multi-Site 集群中的虚拟机通过 TCP 连接互相通信，因此，如果 WAN 上出现任何丢包情况，那么将被重新传输。此外，需要确保在 VMware 端口组中适当标记该虚拟机流量的 DSCP 值，建议将其标记为加速转发（EF）。

ACI Multi-Site 虚拟机集群间的连接带宽建议为 300Mbit/s~1Gbit/s。该数字范围来自于内部压力测试结果，包括添加大型的配置（超过最大容量）并高频地删除它们。

11.3.1 APIC 与 Multi-Site 控制器的功能对比

需要注意的是，与 Multi-Site 控制器相比，APIC 在基础设施上扮演着不同的角色。简而言之，Multi-Site 控制器不会取代 APIC。APIC 保持其作为矩阵控制器的角色，而 Multi-Site 控制器负责配置并管理站点间租户及网络策略。然后，依据企业级策略，Multi-Site 控制器再将这些策略精细化地扩散至整个企业的多个 APIC 集群。表 11-1 展示了 APIC 与 Multi-Site 控制器的功能对比。

表 11-1   APIC 与 Multi-Site 控制器的功能对比

	APIC 表头	Multi-Site 控制器
角色/功能	矩阵管理及配置的中心点 负责所有矩阵本地功能，例如： 矩阵发现与上线； 矩阵接入策略； 服务视图（Service Graph）； 域的创建（VMM 域和物理域等）	开通并管理"站点间租户及网络策略" 并非取代，而是补充 APIC 的功能
与其他设备的集成	与第三方服务集成	可从不同 APIC 集群导入及合并配置
运行时数据	维护运行时数据（VTEP 地址、VNID、Class_ID 和 GIPo 等）	无运行时数据，只有配置库
数据平面/控制平面	不参与矩阵数据平面和控制平面	不参与矩阵数据平面和控制平面
排障/可见性	单一矩阵或 Multi-Pod 的可见性及排障	端到端的可见性及排障
变更范围	在 Multi-Pod 或单一矩阵内	将策略传播至多个 APIC 集群的颗粒度

现在，读者应该熟悉了 Multi-Site 集群及其角色，以下是集群部署的最佳实践列表。

■ 采用带外管理网络，将 Multi-Site 控制器集群连接到 APIC。

■ 绝对不能在 Multi-Site 控制器集群所管理的 ACI 矩阵内部署该集群。它始终应该部署在 ACI 矩阵之外（如连接到 OOB 网络）。否则，当 Multi-Site 控制器集群或 ACI 矩阵出现故障时，将会产生双重故障。

■ 每台 Multi-Site 控制器虚拟机都应具有可路由的 IP 地址，而且全部 3 个虚拟机必须能够互相 ping 通，这样才能形成一个 Docker swarm 集群。

提示　若想查看更多关于 Docker 的信息，可参考 Docker 官网。

■ 在每台 ESXi 主机上部署一台 Multi-Site 控制器虚拟机，以实现高可用性。这些虚拟机将通过 Docker swarm 形成一个集群。

■ 集群中虚拟机间的最大 RTT 应该小于 150ms。

■ 从 Multi-Site 集群到 ACI 矩阵站点的最远距离（编者注：以时间为测量单位）可以上至 1s RTT。

■ Multi-Site 集群内部的控制平面和数据平面使用以下端口。因此，承载网络应始终确保这些端口是开放的（如在网络防火墙部署了 ACL 的情况下）。

　● TCP 端口 2377，用于集群管理通信。

　● TCP 及 UDP 端口 7946，用于节点间通信。

　● UDP 端口 4789，用于叠加网络流量。

　● TCP 端口 443，用于 Multi-Site 控制器用户界面（UI）。

　● IP 类型 50 的 ESP，用于加密。

■ IPSec 用于加密所有 Multi-Site 集群间控制平面及数据平面的流量，以提供安全性，因为虚拟机之间最远可以距离 150ms RTT。

■ Multi-Site 虚拟机的最低需求包括 ESXi 5.5 或更高版本、4 个 vCPU、8GB RAM 以及一个 5GB 容量的磁盘。

提示　截至本书英文版出版，Multi-Site 的可扩展性数字为：8 个站点、每站点最多 100 个叶节点；2000 个 BD、2000 个 EPG 以及 2000 份合约。这些数字未来将随软件版本的更新而增加。

11.3.2　Multi-Site 的概要（Schema）与模板

从 Multi-Site 环境下策略管理的角度而言，Multi-Site 控制器本质上是控制器的控制器。它以分级的方式管理这些策略，一种称为概要（Schema）的新策略类型被添加至对象模型。概要是用于定义策略的单个或多个模板容器。在 Multi-Site 配置中，模板是为站点定义并部署策略的框架。图 11-42 描述了这一新的策略模型。

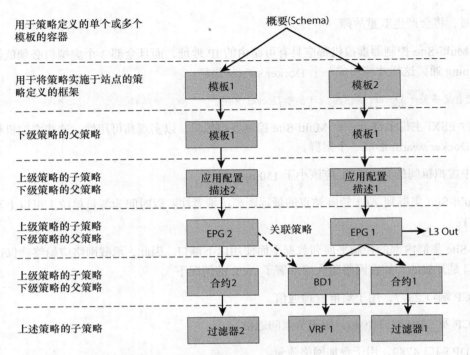

图 11-42 思科 ACI Multi-Site 概要与模板框架

假设 Multi-Site 设计已上线并运行,企业需要开始创建策略并将它们与站点相关联。有关如何逐步执行这些操作的信息,可参阅思科官网文档 "Modeling an Application with Cisco ACI Multi-Site Policy Manager"。

下面提供通过 Multi-Site 控制器逐步配置 Multi-Site 策略的一个高阶概述,以帮助读者了解其工作流程。具体步骤如下。

步骤 1 创建租户。

步骤 2 将租户与一个或多个站点相关联,并指定安全域(控制用户可以访问或与其交互的对象)。

图 11-43 显示了前两个步骤。

步骤 3 添加概要。

步骤 4 创建模板或重命名默认模板。

步骤 5 将模板与租户相关联。

图 11-44 显示了步骤 4 ~ 步骤 5。

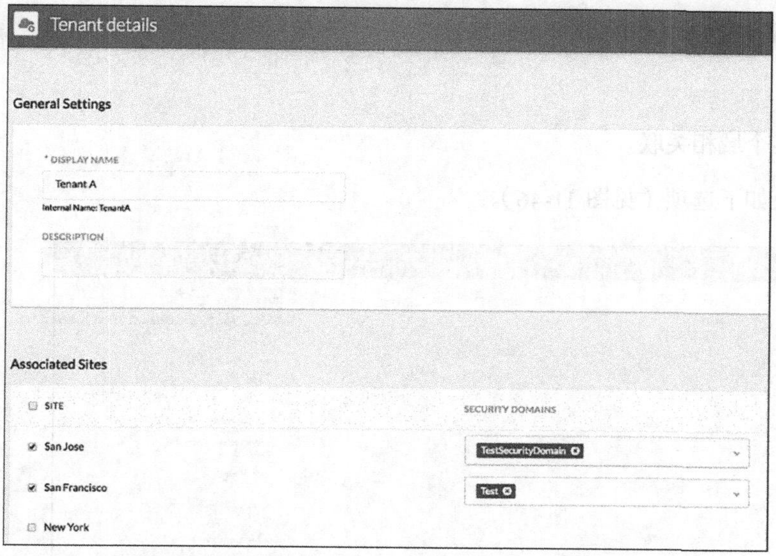

图 11-43 添加租户、关联站点及安全域

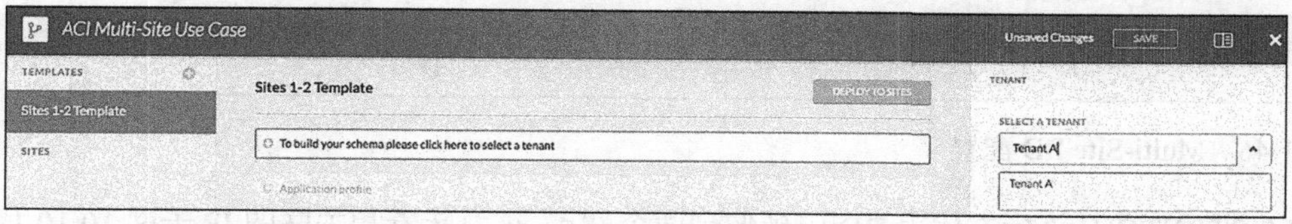

图 11-44 将模板与租户相关联

步骤 6 将模板关联到其部署站点（见图 11-45）。

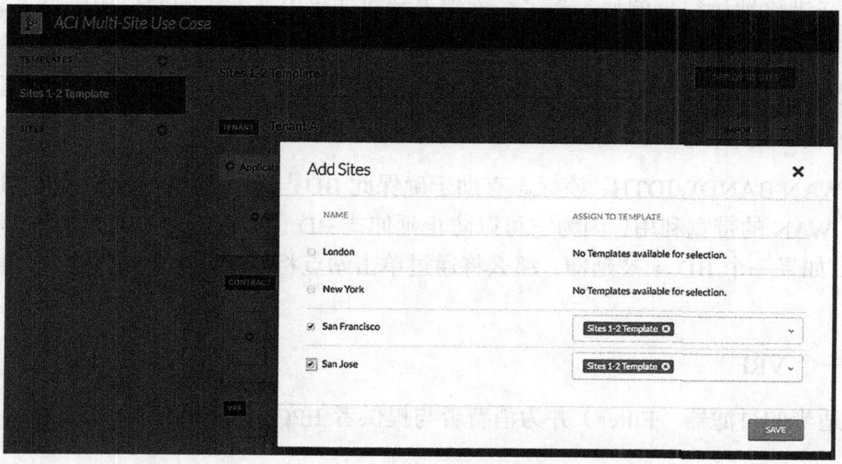

图 11-45 将模板与站点相关联

步骤 7 创建应用配置描述（Application Profile）。

步骤 8 创建 EPG。

步骤 9 将 EPG 与某个域相关联。

步骤 10 定义 BD 及如下选项（见图 11-46）。

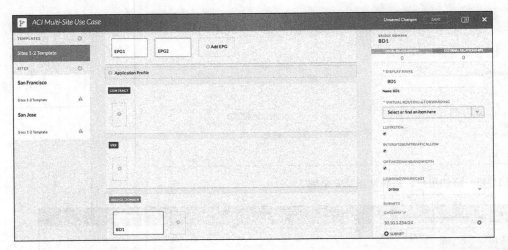

图 11-46　Multi-Site BD 配置

- L2 STRETCH：该标志代表 BD 应延伸到两个站点，这意味着相关联的 IP 子网 10.10.1.0/24 也将在两个站点上提供。

- INTERSITE BUM TRAFFIC ALLOW：该标志代表 2 层广播、未知单播及组播（BUM）帧的跨站点泛洪将被放行。例如，为了允许端点的热迁移以及站点间的应用集群部署，该功能是必需的。如果没有设置此标志，即使同一 BD 与其关联 IP 子网仍然会部署于两个站点（因为 BD 是延伸的），那么该部署将只能处理站点间 IP "冷"迁移的场景（如灾难恢复案例）。

- OPTIMIZE WAN BANDWIDTH：该标志有助于确保此 BD 与唯一的组播组相关联。这一特性优化了 WAN 的带宽利用，因为它可以防止延伸式 BD（已定义子网的）内的跨站点 BUM 泛洪。如果一个 BD 未被延伸，那么将通过单击站点将其配置为 "site local"，再配置该 BD。

步骤 11 定义一个 VRF。

步骤 12 采用适当的过滤器（Filter）并为消费者与提供者 EPG 创建一条合约，如图 11-47 所示。

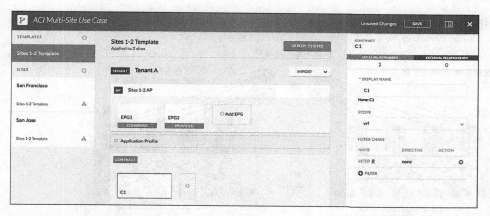

图 11-47 Multi-Site 的合约配置

步骤 13 将模板部署到站点，如图 11-48 所示。

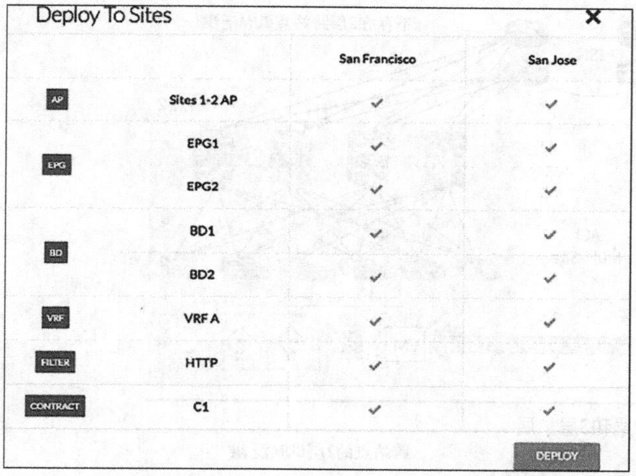

图 11-48 将模板部署至站点

至此，本节已阐述了 Multi-Site 的概要与模板，下一小节将讨论其各应用案例。

11.3.3 Multi-Site 应用案例

Multi-Site 将具备满足以下 3 个主要应用场景的能力，如图 11-49 所示。

- 站点间 3 层连通性及策略的集中管理。

- 用于灾难恢复的 IP 移动性（如 VM "冷" 迁移）。

- 高度可扩展的双活数据中心（如 VM "热" 迁移）。

本节接下来将探讨每个 Multi-Site 场景及其支持的应用案例。

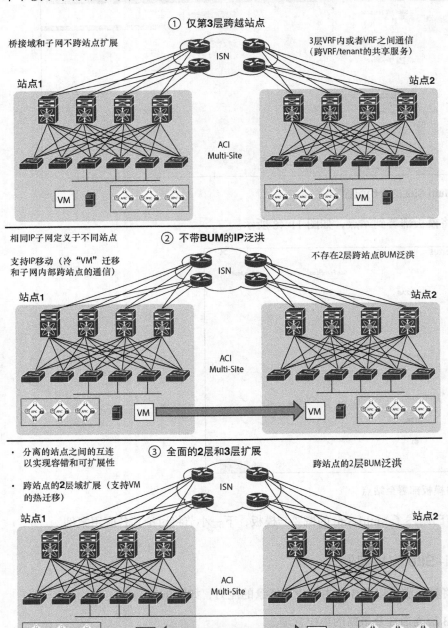

① 仅第3层跨越站点

桥接域和子网不跨站点扩展

3层VRF内或者VRF之间通信
（跨VRF/tenant的共享服务）

② 不带BUM的IP泛洪

相同IP子网定义于不同站点

支持IP移动（冷"VM"迁移
和子网内部跨站点的通信）

不存在2层跨站点BUM泛洪

③ 全面的2层和3层扩展

· 分离的站点之间的互连
  以实现容错和可扩展性

· 跨站点的2层域扩展（支持VM
  的热迁移）

跨站点的2层BUM泛洪

图 11-49   Multi-Site 的各应用案例

1．具有 2 层广播扩展的延伸式 BD（场景 3）

　　这是思科 ACI Multi-Site 较受欢迎的数据中心案例（双活数据中心）之一，其租户与 VRF 可在站点间延伸。VRF 上的 EPG（包括 BD 与子网）及其提供者和消费者合约也会在站点间延伸。

　　该案例启用了跨矩阵的 2 层广播泛洪以及未知单播流量的跨站点转发，利用主干节点的头端复制（HER）能力，复制并将帧发送至每个远程矩阵上已延伸的 2 层 BD，如图 11-50 所示。

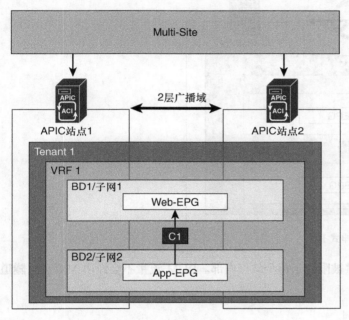

图 11-50　具有 2 层广播扩展的延伸式 BD

该设计支持的具体案例如下。

■　基于公共策略在所有站点上部署相同的应用。这允许在不同矩阵上无缝地部署归属于各 EPG 的工作负载，并通过一致的策略来管理其通信。

■　2 层集群。

■　VM 热迁移。

■　双活站点间的高可用性。

■　不支持通过服务视图推送站点间的共享应用。

2．无 2 层广播扩展的延伸式 BD（场景 2）

　　该 ACI Multi-Site 应用案例（主备/灾难恢复）类似于第 1 个，其中租户、VRF 及其 EPG（连同 BD 和子网）均在站点间延伸，如图 11-51 所示。

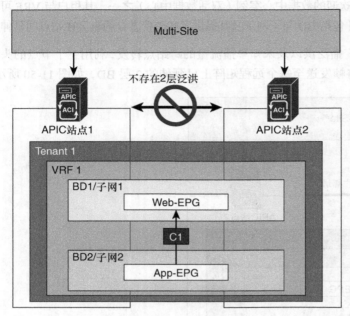

图 11-51 无 2 层广播扩展的延伸式 BD

但在该案例中，2 层广播泛洪被限制于每个站点内部。BUM 流量不会经由 VXLAN 隧道跨站点转发。

以下是该设计的具体应用案例。

- 控制平面开销因 2 层泛洪本地化而降低。
- 用于灾难恢复的站点间 IP 迁移。
- VM "冷" 迁移。
- 不支持通过服务视图推送站点间的共享应用。

3. 跨站点的延伸式 EPG（场景 1.1）

该 ACI Multi-Site 应用案例提供跨多个站点的 EPG（EPG）。延伸式 EPG 定义为可扩展到多个站点的 EPG，其承载网络、本地站点及 BD 可以是不同的，如图 11-52 所示。

该案例允许在所有站点之间进行 3 层转发。

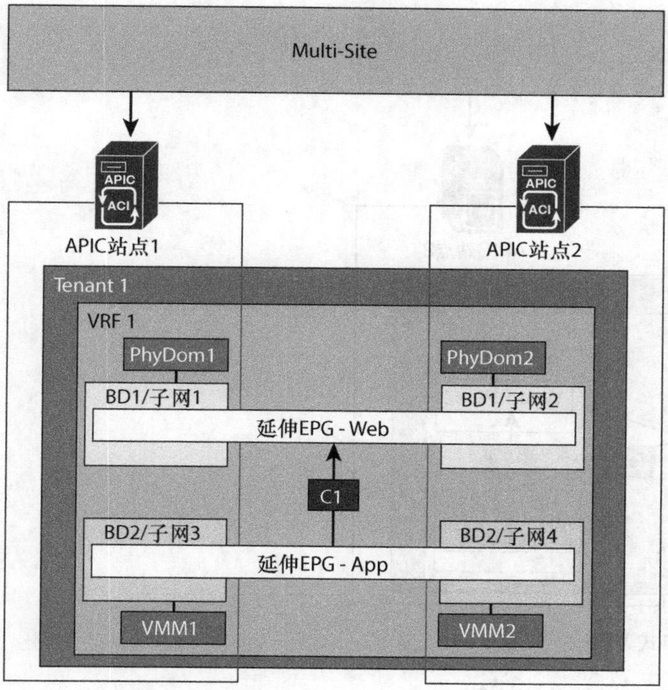

图 11-52 跨站点的延伸式 EPG

4. 基于站点间合约的延伸式 VRF（选项 1.2）

该 Multi-Site 案例提供跨站点通信，用于连通不同 BD（BD）之间的端点。这些 BD 是同一延伸式 VRF 的一部分，如图 11-53 所示。VRF 延伸是跨站点管理 EPG（及其之间的合约）的一种便捷方式。

在该示例中，App-EPG 提供跨站点的 C1 与 C2 合约，并由 Web-EPG 跨站点消费。它具备如下优势。

- 租户与 VRF 跨站点延伸，而 EPG 及其策略（包括子网）是本地定义的。

- 由于 VRF 在站点间延伸，因此合约用于管理 EPG 之间的跨站点通信。于是，同一个合约可以在站点内或跨站点被提供/消费。

- 流量在站点内部及站点之间（基于本地子网）进行路由。支持站点间的静态路由。

- 通过独立的配置描述（Profile）来定义并推送本地对象与延伸式对象。

- 无 2 层扩展，仅本地 2 层广播域。

- VM "冷" 迁移，不保留迁移端点的 IP 地址。

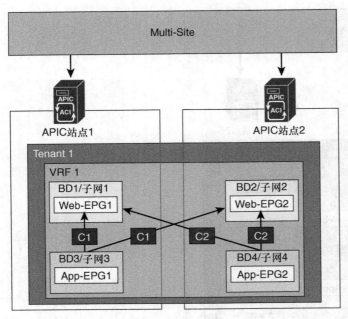

图 11-53 基于站点间合约的延伸式 VRF

■ 不支持通过服务视图推送站点间的共享应用。

5. 基于延伸式 EPG 提供共享服务

在本案例中，一组站点上的 EPG 提供共享服务，而另一组站点上的 EPG 消费该服务。每个站点都有本地 EPG 及 BD，如图 11-54 所示。

在图 11-54 中，站点 4 ~ 5（BigData-EPG、Tenant BigData/VRF BigData）提供共享的数据服务，位于站点 1 ~ 站点 3 上的 EPG（位于 Tenant 1/VRF 1）则消费这些服务。

在 Multi-Site 共享服务的应用场景中，通过跨站点导入合约，在 VRF 边界上完成 VRF 间的路由泄露以实现路由连通性。本案例具备如下优势。

■ 能够在保留租户隔离与安全策略的同时，共享服务实现跨 VRF 及租户通信。

■ 共享服务仅支持非重叠及非重复子网。

■ 每组站点上都有不同的租户、VRF，以及一至多个 EPG 被跨站点延伸。

■ 站点组可配置 2 层广播的跨站点扩展，或本地化 2 层泛洪。

■ 延伸式 EPG 共享相同的 BD，但 EPG 的子网配置于 EPG 下，而不是 BD 下。

■ 提供者合约的有效范围必须设置为全局。

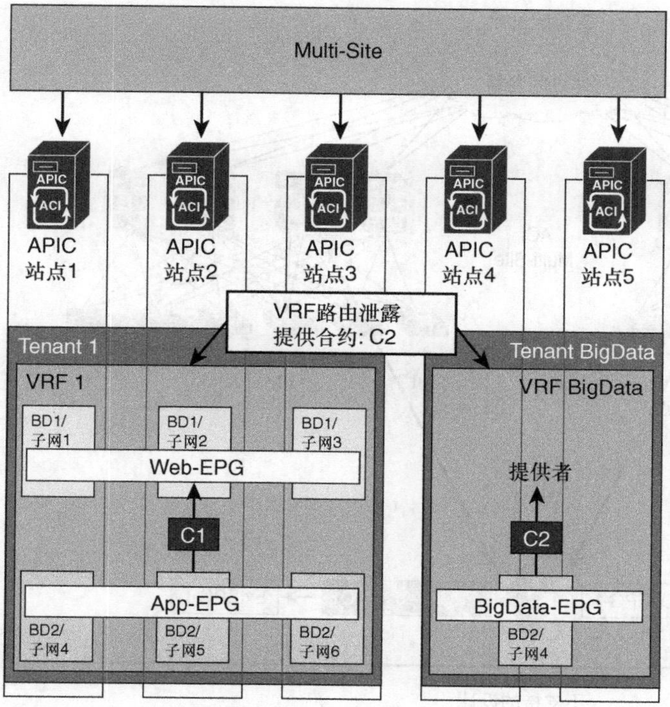

图 11-54 基于延伸式 EPG 提供共享服务

- VRF 路由泄露可实现跨 VRF 通信。

- 不支持通过服务视图推送站点间的共享应用。

11.3.4 Multi-Site 与 L3 Out 的考量

与单矩阵部署类似，ACI Multi-Site 可以连通外部 3 层域，并在边界叶节点上定义传统的 L3 Out 以及 EVPN WAN 集成。截至本书英文版出版，端点通过 3 层对外域进行外部网络通信的唯一途径是通过端点所在的本地矩阵 L3 Out，如图 11-55 所示。

> **提示** 该要求适用于传统的 L3 Out 配置以及 WAN 集成。

在该设计中，流量有机会进入站点 1 的矩阵并被发送到站点 2 的 L3 Out，其原本需要在本地出站。如果该流量要通过防火墙，那么通常会因其状态而被丢弃。当网络上部署了状态防火墙时，企业需要注意非对称路径流量。最后，正如读者或许还记得的前面章节的内容，有些设备只通过 L3 Out 与矩阵连通并共享信息。企业需要考量，通过 L3 Out 实例连接到 ACI 矩阵的网络设备（大型机、语音网关等）是否必须被跨站点访问。这些设备可能需要分布式部署，以便流量能够通过本地 L3 Out 与其通信。

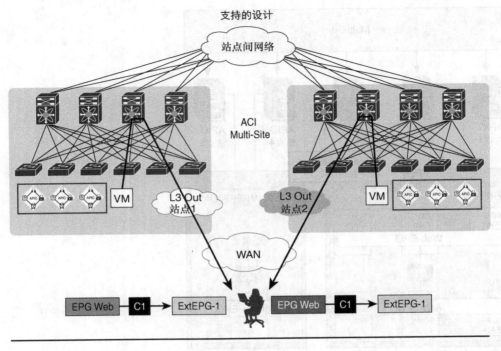

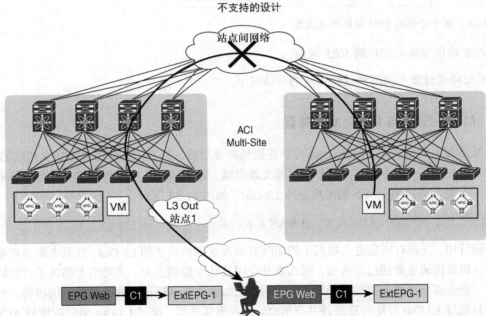

图 11-55　Multi-Site 部署中支持与不支持 L3 Out 应用场景

11.3.5　3 层组播部署选项

上文讨论过非 Multi-Site 设计所支持的组播选项。截至本书英文版出版，ACI Multi-Site 不支持原生的 3 层组播。

■　目前支持的选项如图 11-56 所示，具体如下。

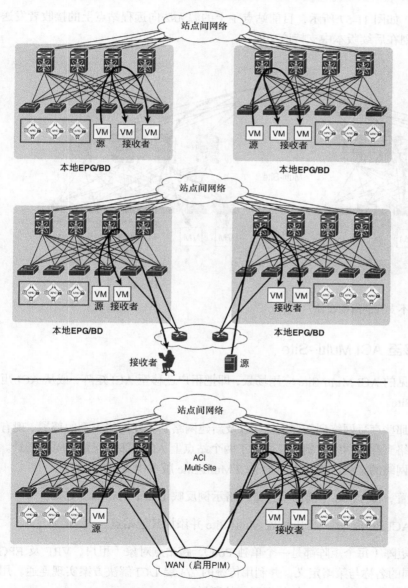

图 11-56　Multi-Site 支持的组播设计

- 组播源与接收者连接到非延伸式 BD 并归属于同一站点（上）。

- 组播源位于非延伸式 BD，而接收者位于矩阵外（左中）。

- 组播源位于矩阵外，而接收者位于非延伸式 BD（右中）。

> **注意** 3 层组播配置在本地 APIC 上进行，而不是在 ACI Multi-Site 策略管理器。

另外值得一提的是，如图 11-57 所示，目前站点 1 上的源无法向远程站点上的接收者发送 3 层组播流。思科计划在后续版本中支持该功能。

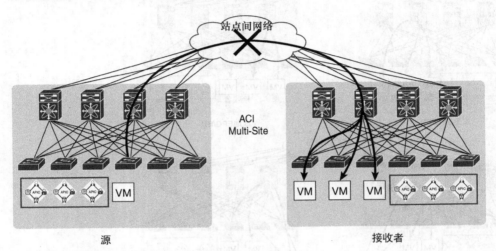

图 11-57　Multi-Site 不支持的组播设计

11.3.6　将矩阵迁移至 ACI Multi-Site

本节将介绍一个常见的 ACI Multi-Site 应用场景，即把租户迁移至 ACI 矩阵，或从 ACI 矩阵导入至 ACI Multi-Site。

该应用场景是针对那些存量网络到新建网络，以及新建网络到新建网络类型的部署。现有版本所支持的存量网络到存量网络案例，只适用于两个站点上 APIC 部署配置相同的场景。其他存量网络到存量网络的案例，将在未来的 ACI Multi-Site 版本中支持。

对于存量网络的配置，图 11-58 中前两个存量网络示例反映了如下两种部署方案。

- 已有单 Pod 的 ACI 矩阵，用户可以配置 Multi-Site 并添加其他站点。

- 已有两个 ACI 矩阵（每个矩阵都是一个单独 Pod），跨站点对象（租户、VRF 及 EPG）最初采用了相同的名称与策略定义，并利用传统的 2/3 层 DCI 解决方案实现连通。用户可以将此配置转换为 Multi-Site，如其配置拓扑所示。

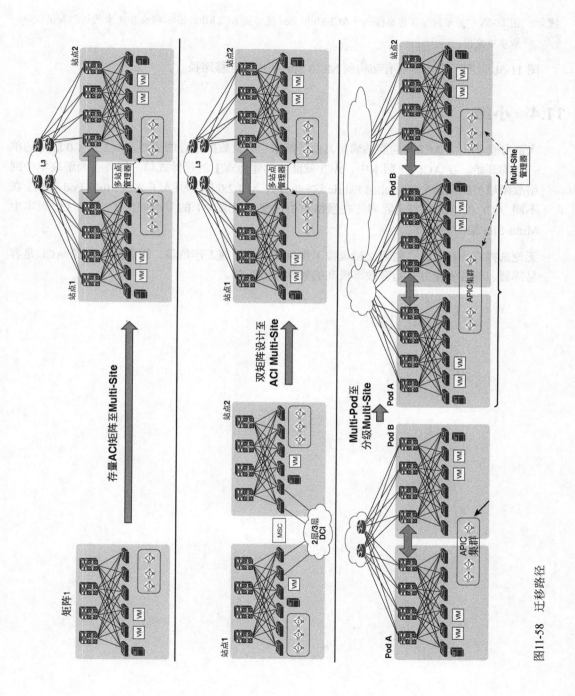

图11-58　迁移路径

提示 图 11-58 中显示的第 3 种选择——ACI Multi-Pod 迁移到 ACI Multi-Site，将会在未来的 ACI Multi-Site 版本中支持。

图 11-58 说明了企业从现有架构到 Multi-Site 架构的迁移路径。

11.4 小结

大部分企业相信 ACI 架构能够满足其业务需求，以及数据中心的需要。ACI 从 1.0 版本的单一矩阵开始。在 ACI 1.1 版本中，ACI 就能够创建地理上的延伸式单一矩阵。为解决单个网络故障域扩展至整个 Stretched Fabric 这一问题，ACI 2.0 版本引入了 ACI Multi-Pod 架构。在不同 ACI 网络之间完全隔离（在网络及租户变更域层次）的需求催生了 ACI 3.0 版本中 Multi-Site 架构的面世。

无论选择哪一种设计，需要支持虚拟工作负载还是物理工作负载，用户都会发现 ACI 是容易部署、非常安全并且运营效率极高的数据中心矩阵。

第 12 章

排障与监控

在本章中，读者将学习以下内容。

- 使用 ACI 图形用户界面（GUI）和命令行界面（CLI）解决常见问题，比如连接问题和 ACL 问题。

- ACI 提供全新的排障工具，比如 Atomic Counter（原子计数器）、Endpoint Tracker（端点追踪器）和 Traffic Map（流量图）。

- 改进 SPAN 和流量计数器等现有技术的方法。

- 如何在 ACI 中使用 Troubleshooting Wizard（排障向导）。

- 使用 SNMP 和 REST API 来实现 ACI 与网络监控工具之间的集成。

设计和实施一个可靠的网络是网络管理员工作的重要组成部分；尽管如此，在网络构建后，管理员仍需要对其进行监控，且最终目标是能尽快解决问题。网络越健壮，以后出现的问题就越少。ACI 通过采用先进的设计和技术来减少并最小化问题，从而帮助完成部分工作。以下是一些相关例子。

- 基于 IP 的矩阵比依赖生成树的网络更加健壮和灵活。

- ACI 默认会利用现有网络资源，仅在必要时才部署网络构件。

- 当发现瓶颈时，可以轻松扩展主干—叶架构。

然而，无论网络设计得多健壮，问题还是迟早会出现。本书在前面的章节中描述了如何使用 ACI 集成的健康指数和其他方法在 GUI 中轻松识别这些问题，以及它们对租户和应用的影响。本章重点介绍如何监控网络，以及如何在发现问题后进行排障。

12.1　如何应对低健康指数

第 7 章描述了快速浏览 ACI 网络状态的两种不同选择——逻辑对象（通过仪表板查看）或物理对象（显示在 GUI 的 Fabric 选项卡上）。一切都达到完全"健康"固然是管理员所期盼的，但问题终将出现并令一些健康指数下降。

用户观察到网络行为异常的标准方式是意识到（或收到告警）某个健康指数降至 100% 以下。正如前面章节所述，这种方法比传统的网络监控更有效，因为它通过告知哪些租户和应用受到影响，并立即提供了关于网络问题严重程度的信息。

显然，如第 9 章所述，租户和应用结构越精细，健康指数就更准确地描述特定故障的影响。假设，如果读者的所有网络对象和 EPG（EPG）都在公共租户（Common Tenant）下，那么该租户健康状况下降这一事实并不能提供太多关于受影响对象的信息。但是，如果读者已在多个租户和应用中构建了网络对象（如第 9 章中提到的把 vSphere 基础设施归为一个租户的示例），那么 ACI 仪表板将在网络中断时准确显示受影响的租户。当读者需要确定排障活动的优先级时，这将非常有帮助，因为网络管理员将拥有所需的信息，以专注于影响到关键应用的问题。

管理员要定期检查的另一个 GUI 区域是整体故障面板。如第 7 章所述，在故障面板上，管理员可以看到网络存在问题的完整列表，因此，在解决问题时，这是一个非常好的起点。如果查阅该面板，如图 12-1 所示，管理员就可以快速确认网络的整体状态，以及是否存在任

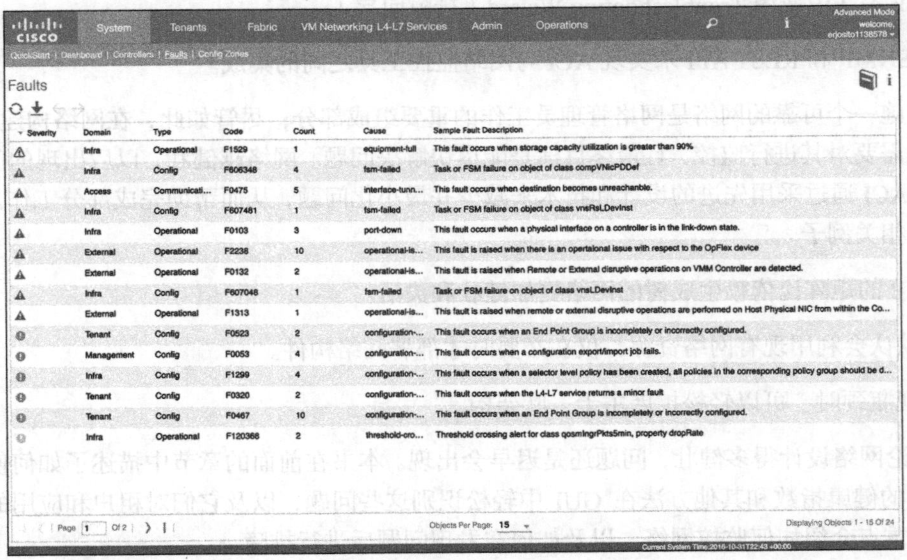

图 12-1　ACI 故障面板显示矩阵上的现有故障

何可能影响矩阵正常运行的严重故障。实际上，最好时常检查故障面板，尤其是在配置变更之后。

12.2 NX–OS 命令行界面

在传统网络中，管理员严重依赖网络设备的命令行界面（CLI）进行排障。虽然大多数信息也会包含于 GUI 之中，但 ACI 也给喜欢命令行方式的用户提供了 CLI。到底是使用基于文本的 CLI 还是 GUI，这将取决于个人偏好，因为大多数信息从两种方式均可获得。

ACI 的命令行与其他思科网络产品类似，包括整体外观和大多数命令。然而，在某些方面，CLI 是不同的，主要区别在于 ACI 的 CLI 是集中式的，用户不再需要连接每台设备以提取网络上的信息。

CLI 通过应用策略基础设施控制器（APIC）接入——与 APIC 的 IP 地址建立 SSH 会话，随即出现熟悉的思科 CLI 提示符。一旦连接到 APIC，管理员就可以从中央 CLI 收集感兴趣的信息，而无须打开多个 SSH 窗口（传统以设备为中心网络上的情况）。

比如，管理员可能想要查找有关某个端点的信息，这是 show endpoints 命令的功能，管理员可以在其中查看详细信息，比如 IP 地址、MAC 地址，以及所连接的交换机和端口及其所属的租户、应用和 EPG，如示例 12-1 所示（注意，读者看到的输出可能不同，因为它已被修改以便适合页面的宽度）。

网络管理员不再需要打开多个窗口来查找某服务器的位置或解决网络问题。

管理员可以查看不同对象的对象模型或健康指数，如示例 12-2 所示，其中显示了如何获得租户的健康状况，即使该租户物理部署于多个交换机之上。

示例 12-1　找出特定主机附着于矩阵的位置

```
apic# show endpoints ip 192.168.20.11
Dynamic Endpoints:
Tenant      : Pod2
Application : Pod2
AEPg        : EPG1

 End Point MAC      IP Address                       Node    Interface        Encap
 ----------------   -------------------------------  ------  ---------------  -----------
 00:50:56:AC:D1:71  192.168.20.11                    202     eth102/1/1       vlan-12
Total Dynamic Endpoints: 1
Total Static Endpoints: 0
apic#
```

示例 12-2 查看租户的健康指数

```
apic# show health tenant
 Score  Change(%)  UpdateTS              Dn
 -----  -----      ------------------    ------------------------------
 100    0          2016-09-19T15:09:29   uni/tn-common/health
                   .324+02:00
 100    0          2016-09-19T15:09:29   uni/tn-SiriusCyber/health
                   .328+02:00
 100    0          2016-09-19T15:09:29   uni/tn-VMware/health
                   .319+02:00
 100    0          2016-09-19T15:01:39   uni/tn-CONTIV-default/health
                   .210+02:00
 99     0          2016-09-19T15:09:29   uni/tn-infra/health
                   .324+02:00
 100    0          2016-09-19T15:10:05   uni/tn-Docker/health
                   .365+02:00
 100    0          2016-09-19T15:09:29   uni/tn-LeisureMech3/health
                   .327+02:00
 100    0          2016-09-19T15:09:29   uni/tn-Pod1/health
                   .326+02:00
 100    0          2016-09-19T15:10:05   uni/tn-ASA_admin/health
                   .366+02:00
```

第 13 章会更详细地解释 ACI 内部对象的结构和命名约定。为理解上面这个例子，读者需要知道 ACI 对象拥有一个内部名称，该名称以字符串为前缀，表示这些对象所属的类。比如，租户 "common" 在内部实际上称为 "tn-common"，因其前缀 "tn-" 表示该对象是租户。第 13 章将会介绍如何找出标识每个对象类的字符串前缀。对于本章的其余部分，读者可以放心地忽略这些前缀。

管理员甚至可以如操作任何 NX-OS 交换机一样，使用 show running-config 命令查看完整配置。与在 NX-OS 中相同，管理员可以查看完整的运行配置，或仅仅其中一部分，比如特定租户所对应的配置，如示例 12-3 所示。

示例 12-3 显示某个租户的配置

```
apic# show running-config tenant Pod1
# Command: show running-config tenant Pod1
# Time: Mon Sep 19 15:13:12 2016
  tenant Pod1
    access-list Telnet
      match raw telnet dFromPort 23 dToPort 23 etherT ip prot 6 stateful yes
```

```
    exit
  contract EPG1-services
    scope exportable
    export to tenant Pod2 as Pod1-EPG1
    subject EPG1-services
      access-group default both
      exit
    exit
  contract EPG2-services
    subject EPG2-services
      access-group Telnet both
      access-group icmp both log
      exit
    exit
  vrf context Pod1-PN
    exit
  l3out ACI-ISR
    vrf member Pod1-PN
    exit
  bridge-domain Pod1-BD
    vrf member Pod1-PN
    exit
  application Pod1
    epg EPG1
      bridge-domain member Pod1-BD
      contract consumer EPG2-services
      contract provider EPG1-services
      vmware-domain member ACI-vCenter-VDS deploy immediate
      exit
    exit
    epg EPG2
      bridge-domain member Pod1-BD
      contract provider EPG2-services
      exit
    exit
  external-l3 epg Pod1-L3-NW l3out ACI-ISR
    vrf member Pod1-PN
    match ip 0.0.0.0/0
    contract consumer EPG1-services
```

ACI CLI 提供了一些有趣的 ACI 专用工具，其中一个是 acidiag 命令，如示例 12-4 所示。该工具用于某些特定的排障场景，但不在本书的讨论范围之内。其中一个有趣的地方是它可以生成一个令牌，思科技术支持中心（TAC）使用该令牌生成 root 密码、通过 root 用户登录 APIC。无须多言，这不是经常要执行的操作；但当客户的 ACI 环境出现某些问题时，思科专家可以使用 root 用户登录以提供帮助。

示例 12-4　acidiag 的命令输出

```
apic# acidiag
usage: acidiag [-h] [-v]
{preservelogs,bootother,rvreadle,avread,touch,installer,start,crashsuspecttracker,
 reboot,dmestack,platform,version,verifyapic,run,stop,dmecore,fnvread,restart,
 bootcurr,bond0test,rvread,fnvreadex,validateimage,validatenginxconf,linkflap,
 dbgtoken}
        ...
apic# acidiag dbgtoken
0WDHFZPPDSQZ
```

关于 ACI 中好用的 CLI 命令，还有许多其他例子，但这里仅列举 acidiag，因为本节的主要目的不是罗列 ACI 命令，而是描述 ACI 与传统网络相比，存在的主要的体系结构性差异。

12.2.1　连接到叶交换机

如果要在一个或多个叶交换机上运行某些命令，那么管理员可以从 ACI 的 CLI 执行该操作，而不是连接到每台叶交换机。可以通过在命令前添加关键字 fabric 并紧接叶节点或叶交换机以执行该操作。

比如，管理员想查看前面示例中提到的服务器所连接端口的流量计数器，就可以使用命令 show interface，并以 fabric 202 作为前缀（因为服务器连接到叶交换机 202），如示例 12-5 所示。

或者，管理员还可以使用命令 show ip interface brief 查看叶节点上有哪些接口，如示例 12-6 所示。注意，由于 ACI 是一个多 VRF 网络，因此管理员需要指定其感兴趣的 VRF（或所有 VRF）。

示例 12-5　从 ACI 集中式 CLI 显示特定端口上的流量计数器

```
apic# fabric 202 show interface ethernet 102/1/1
----------------------------------------------------------------
 Node 202 (Leaf202)
----------------------------------------------------------------
Ethernet102/1/1 is up
admin state is up, Dedicated Interface
```

```
Port description is ESX-01
Hardware: 100/1000/auto Ethernet, address: f029.296a.5682 (bia f029.296a.5682)
MTU 9000 bytes, BW 1000000 Kbit, DLY 1 usec
reliability 255/255, txload 1/255, rxload 1/255
Encapsulation ARPA, medium is broadcast
Port mode is trunk
full-duplex, 1000 Mb/s
FEC (forward-error-correction) : disable-fec
Beacon is turned off
Auto-Negotiation is turned off
Input flow-control is off, output flow-control is off
Auto-mdix is turned off
Switchport monitor is off
EtherType is 0x8100
EEE (efficient-ethernet) : n/a
Last link flapped 10w75d
Last clearing of "show interface" counters 10w75d
1 interface resets
30 seconds input rate 3792 bits/sec, 6 packets/sec
30 seconds output rate 6800 bits/sec, 11 packets/sec
Load-Interval #2: 5 minute (300 seconds)
  input rate 3792 bps, 5 pps; output rate 7160 bps, 12 pps
RX
  4360376993 unicast packets  108340 multicast packets  13000840 broadcast packets
  4373486173 input packets  10439463704 bytes
  2084 jumbo packets  0 storm suppression bytes
  0 runts  2084 giants  0 CRC  0 no buffer
  0 input error  0 short frame  0 overrun  0 underrun  0 ignored
  0 watchdog  0 bad etype drop  0 bad proto drop  0 if down drop
  0 input with dribble  0 input discard
  0 Rx pause
TX
  4328569988 unicast packets  4505014 multicast packets  75985490 broadcast packets
  4409060492 output packets  13099256068 bytes
  507 jumbo packets
  0 output error  0 collision  0 deferred  0 late collision
  0 lost carrier  0 no carrier  0 babble  0 output discard
  0 Tx pause
```

示例 12-6　通过 ACI 集中式 CLI 查看叶交换机上配置的 IP 接口地址

```
apic# fabric 203 show ip int brief vrf all
---------------------------------------------------------------------
 Node 203 (Leaf203)
---------------------------------------------------------------------
IP Interface Status for VRF "overlay-1"(12)
Interface            Address              Interface Status
eth1/49              unassigned           protocol-up/link-up/admin-up
eth1/49.1            unnumbered           protocol-up/link-up/admin-up
                     (lo0)
eth1/50              unassigned           protocol-down/link-down/admin-up
eth1/51              unassigned           protocol-down/link-down/admin-up
eth1/52              unassigned           protocol-down/link-down/admin-up
eth1/53              unassigned           protocol-down/link-down/admin-up
eth1/54              unassigned           protocol-down/link-down/admin-up
vlan11               10.0.0.30/27         protocol-up/link-up/admin-up
lo0                  10.0.96.64/32        protocol-up/link-up/admin-up
lo1023               10.0.0.32/32         protocol-up/link-up/admin-up
IP Interface Status for VRF "black-hole"(3)
Interface            Address              Interface Status
IP Interface Status for VRF "management"(2)
Interface            Address              Interface Status
mgmt0                192.168.0.53/24      protocol-up/link-up/admin-up
IP Interface Status for VRF "SiriusCyber:Sirius-external"(4)
Interface            Address              Interface Status
vlan6                192.168.7.25/29      protocol-up/link-up/admin-up
lo3                  192.168.7.204/32     protocol-up/link-up/admin-up
```

每个叶节点的本地 CLI 与标准的 NX-OS 非常相似。如前面的示例，管理员可以使用 fabric 前缀直接从 APIC 运行叶节点的本地命令，也可通过 APIC CLI 连接到单个叶节点——ssh 命令后加上想要连接的叶节点名称或编号，密码与 APIC 相同。如果管理员不记得某个叶节点的名称，那么可以通过 show version 命令查看，如示例 12-7 所示。

示例 12-7　显示所有 ACI 组件的版本信息

```
apic# show version
Role         Id         Name                 Version
----------   ----------   ------------------   -------------------
controller   1          apic                 2.0(1m)
leaf         201        Leaf201              n9000-12.0(1m)
leaf         202        Leaf202              n9000-12.0(1m)
leaf         203        Leaf203              n9000-12.0(1m)
spine        301        Spine301             n9000-12.0(1m)
```

```
apic# ssh Leaf201
Password:
Last login: Tue Sep 13 14:50:24 2016 from 192.168.0.50
Cisco Nexus Operating System (NX-OS) Software
TAC support: http://www.cisco.com/tac
Copyright (c) 2002-2016, Cisco Systems, Inc. All rights reserved.
The copyrights to certain works contained in this software are
owned by other third parties and used and distributed under
license. Certain components of this software are licensed under
the GNU General Public License (GPL) version 2.0 or the GNU
Lesser General Public License (LGPL) Version 2.1. A copy of each
such license is available at
http://www.opensource.org/licenses/gpl-2.0.php and
http://www.opensource.org/licenses/lgpl-2.1.php
Leaf201#
```

再次重申，本小节的重点不是要创建 ACI 的 CLI 命令参考，而是为了帮助读者理解：如何使用与各种排障活动相关联的不同命令，并演示 CLI 如何从一个集中控制点（APIC）来提供关于整个网络的信息。

12.2.2 Linux 命令

读者或许已经知道，大多数网络操作系统将 Linux 作为底层操作系统，ACI 也不例外。控制器和交换机上的映像都基于 Linux，思科已经为网络管理员提供了这一操作系统。当管理员连接到 APIC 或交换机时，只需要从标准 CLI 输入这些命令，如示例 12-8 所示。

示例 12-8　ACI CLI 中的 Linux 命令

```
apic# uname -a
Linux apic 3.4.49.0.1insieme-20 #1 SMP Thu Jun 2 21:39:24 PDT 2016 x86_64 x86_64
  x86_64 GNU/Linux
```

当所需提取的信息无法从集中式的 ACI CLI 获取时，管理员可以使用 SSH 连接到 ACI 的其他组件，比如叶与主干交换机，如示例 12-9 所示。

示例 12-9　连接到叶节点以便在交换机上运行命令

```
apic# ssh Leaf201
[...]
Leaf201# uname -a
Linux Leaf201 3.4.10.0.0insieme-0 #1 SMP Mon Aug 1 16:18:10 PDT 2016 x86_64 GNU/
  Linux
```

回到 APIC，如果知道 Linux 命令的使用方式，那么执行这些命令即可进行一些有趣的操作。比如，查看一下控制器的存储利用率，如示例 12-10 所示。

示例 12-10 显示控制器存储利用率

```
apic# df -h
Filesystem              Size  Used Avail Use% Mounted on
/dev/dm-1               36G   14G   21G  40% /
tmpfs                   4.0G  203M  3.9G  5% /dev/shm
tmpfs                   32G   4.0K  32G   1% /tmp
/dev/mapper/vg_ifc0_ssd-data
                        36G   14G   21G  40% /data
/dev/mapper/vg_ifc0-firmware
                        36G   13G   21G  38% /firmware
/dev/mapper/vg_ifc0-data2
                        180G  2.3G  168G  2% /data2
apic#
```

或者，利用诸如 ifconfig 和 ip addr 之类的众所周知的 Linux 命令，管理员可以查看控制器的各个 IP 地址（带外、带内和 infra 等）。示例 12-11 显示了 ifconfig 命令的过滤输出。

示例 12-11 显示控制器 IP 地址

```
apic# ifconfig -a | grep addr
bond0     Link encap:Ethernet  HWaddr F4:4E:05:C0:15:4B
          inet6 addr: fe80::f64e:5ff:fec0:154b/64 Scope:Link
bond0.1019 Link encap:Ethernet  HWaddr F4:4E:05:C0:15:4B
          inet addr:10.13.76.12  Bcast:10.13.76.255  Mask:255.255.255.0
          inet6 addr: fe80::f64e:5ff:fec0:154b/64 Scope:Link
bond0.4093 Link encap:Ethernet  HWaddr F4:4E:05:C0:15:4B
          inet addr:10.0.0.1  Bcast:10.0.0.1  Mask:255.255.255.255
          inet6 addr: fe80::f64e:5ff:fec0:154b/64 Scope:Link
[...]
oobmgmt   Link encap:Ethernet   HWaddr F0:7F:06:45:5A:94
          inet addr:192.168.0.50  Bcast:192.168.0.255  Mask:255.255.255.0
          inet6 addr: fe80::f27f:6ff:fe45:5a94/64 Scope:Link
[...]
```

读者可能已经注意到，管理员以 admin 身份登录，而不是 root（root 权限在 ACI 中受到保护，通常不使用）。但在某些特殊情况下，可能需要 root 的访问权限。这时，思科技术支持中心可以为 APIC 生成 root 密码。

12.2.3　将本地对象映射至全局对象

ACI 是一个基于策略的系统：APIC 告诉交换机它们应执行某个操作，但未告知其如何操作。读者可以将其与机场的控制塔台进行比较：塔台只通知飞机驾驶员所需采取的下一步任务（接近跑道、保持等待模式直至有空位可用、在某个高度飞行等）。然而，塔台永远不会告诉飞行员如何执行这些任务，因为这是飞行员的工作。飞行员知道如何操作飞机，他们也并不期望塔台告诉他们如何完成工作。

类似地，APIC 指示交换机执行某些任务，比如创建 BD（BD）或 EPG，但不会告诉它们如何执行该操作。因此，每台交换机决定实施操作的方式可能存在一些差异。因此，在对特定对象进行排障时应采取的第 1 个步骤就是在单个交换机上确定 APIC 指示它所创建的对象在本地分配的 ID。

ACI 矩阵上的交换机不但决定如何创建对象，而且决定它们是否应该被创建。正如第 7 章曾深入解释的那样，主干—叶矩阵设计的整体可扩展性取决于叶节点的资源及其使用效率，因为大多数功能在这里实现。如其所述，在 ACI 中，每个叶节点可以决定是否为特定配置分配专用的硬件资源。如果对于某一个租户，没有端点附着到特定的交换机，那么在此交换机上为该租户分配硬件资源将是一种浪费。在这个动态环境中，网络结构是根据需要动态创建和清除的，对这些对象的命名空间使用间接寻址将非常有用。间接寻址是计算机系统中常用的：当引用某些内容时，不是通过其真实名称，而是用别名来增加整体上的灵活性。

如果前面的段落还没有阐述清楚，那么也不必担心，以下部分会通过两个示例来说明间接寻址的概念：VLAN ID 与端口通道（Port Channel）。

1. VLAN ID

为创建 BD 或 EPG，交换机需要定义 VLAN ID 并在硬件中实现，因为负责交换的 ASIC 所处理的仍是 VLAN，而不是 BD 或 EPG。叶交换机负责决定哪个 BD 和 EPG 分配哪个 VLAN ID。因此，分配给 BD 和 EPG 的 VLAN ID 在不同叶交换机上很可能是不同的。

此时会遇到一个有趣的问题：假设 APIC 已指示叶交换机创建一个名为"Web"的特定 BD 和 EPG，并且交换机在内部选择了 VLAN5 表示该 EPG。之后在名为"Database"的 BD 中，网络管理员又为另一个 EPG 创建了静态绑定，该 EPG 期望来自某个特定接口且标记为 VLAN 5 的数据包。

这会导致错误的行为，因为交换机会将所有的数据包放入 BD "Web"而不是 BD "Database"。通过使用两个不同的 VLAN 命名空间：内部命名空间和外部命名空间，ACI 非常优雅地解决了这个问题。

可大致类比的是手机通讯录。当想打电话给某人时，首先需要找到他们的名字，然后拨号。显然，手机会在内部将名称翻译成号码，然后拨打电话。这里有趣的是存在两个命名空间：一个是与用户交互的命名空间，包含用户的联系人姓名；另一个是电话内部的命名空间，包含电话号码以建立通话连接。在 ACI 中，用户已配置的 VLAN 使用外部 VLAN 命名空间（类似于手机中的联系人姓名）；同时，交换机内部的 VLAN 编号使用内部 VLAN 命名空间（用户联系人的电话号码）。

现在回到之前的例子。如读者所见，Web BD 已映射到内部 VLAN 5，而在另一个 EPG（Database）上使用 VLAN 5 配置了静态绑定。后者是外部 VLAN。两个都是 VLAN 5，但在不同的命名空间之中。显而易见的结论是，为防止冲突，在这种情况下，ACI 叶交换机将把外部 VLAN 5 与一个 ID 不是 5 的内部 VLAN 相关联（否则，内部 VLAN 命名空间将发生冲突）。

存在两个 VLAN 命名空间的一个推论：内部 VLAN ID 对每个叶交换机而言都是本地有效的。因此，引用内部 VLAN 命名空间的命令，仅适用于单个叶交换机。

相关理论部分介绍结束，下面来看一些输出示例。首先要看的是哪些 VLAN ID 已被分配给 EPG 和 BD。注意，EPG 和 BD 之间通常没有一对一的关系，因此这些对象中的每一个都将得到专用且唯一的 VLAN ID。上述就是叶交换机默认的可扩展性是 EPG 与 BD 的总和（截至本书英文版出版，总和是 3500）的原因。

下面将从 APIC 的角度查看 BD 和 EPG，如示例 12-12 所示。读者会注意到本例没有 VLAN ID 的显示，因为分配给每个 BD 和 EPG 的 VLAN ID 对每台叶交换机而言都是本地有效的（换句话说，它属于内部 VLAN 命名空间）。

但是，在特定叶交换机运行本地命令时，管理员实际上可以检查它是否已部署了 BD 或 EPG，以及选择了哪些内部 VLAN，如示例 12-13 所示。请记住，只有当交换机有端点存在时，才会在其上部署 EPG 和 BD，而不是在此之前。

如果在另一台叶交换机上输入 fabric 201 show vlan extended 命令，VLAN ID 通常是不同的，因为这些 VLAN 属于每台叶交换机的内部 VLAN 命名空间。

示例 12-12 显示与 BD 相关的信息（无 VLAN 信息显示）

```
apic# show bridge-domain Web
Tenant       Interface    MAC Address          MTU       VRF          Options
----------   ----------   ------------------   -------   ----------   -----------------
------
MyTenant     Web          00:22:BD:F8:19:FF    inherit   default      Multi
Destination: bd-flood
```

```
    Unicast: proxy                                    L2 Unknown

    Multicast: flood                                  L3 Unknown

    yes                                               Unicast Routing:

    no                                                ARP Flooding:

    no                                                PIM Enabled:

    regular                                           BD Type:
apic# show epg Web
Tenant       Application    AEPg      Consumed Contracts    Provided Contracts
----------   ----------     -------   ------------------    --------------------
MyTenant     MyApp          Web       DB-Services           Web-Services
```

示例 12-13　显示特定叶交换机的内部 VLAN

```
apic# fabric 201 show vlan extended
------------------------------------------------------------------------
Node 201 (Leaf201)
------------------------------------------------------------------------
VLAN Name                          Status      Ports
----  ----------                   ---------   --------------------------------
[...]
 5    MyTenant:Web-BD              active      Eth1/3, Eth1/4, Eth1/5,
                                               Eth101/1/1, Eth101/1/4, Po2
[...]
 74   MyTenant:MyApp:Web          active      Eth101/1/1, Eth101/1/4
```

2. 传统模式

如果主要目标是节省叶节点上的 VLAN 资源，那么可定义 EPG 以"传统模式"（Legacy Mode）运行，正如第 8 章所解释的那样。在这种情况下，强制 ACI 为 EPG 和 BD 使用相同的 VLAN ID（显然，该模式下每 BD 仅支持一个 EPG）。因此，从 BD 与 EPG 的角度而言，它提高了叶节点的可扩展性。

图 12-2 显示了如何在传统模式下配置 BD。图 12-3 显示了对于 BD 与相关联的 EPG，用户需要告诉 ACI 采用哪个 VLAN 封装。这对于简化排障很有帮助，因为在整个矩阵上，BD 及其 EPG 将使用相同的 VLAN ID。

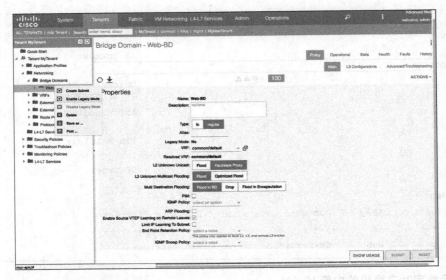

图 12-2　在传统模式下配置 BD

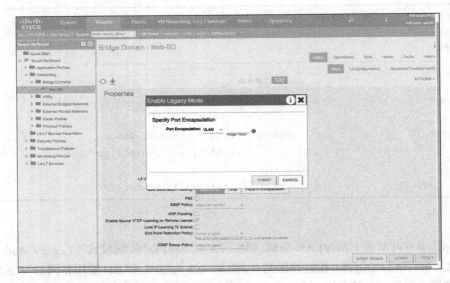

图 12-3　为传统模式配置引入 VLAN ID

3. 端口通道

在 ACI 对象模型中，端口通道和虚拟端口通道（vPC）是由端口通道接口策略组标识的。在整个 GUI 中，使用接口策略组的名称来标识端口通道。比如，当定义 EPG 静态端口绑定到某个 VLAN 时，将使用该名称来创建绑定。这意味着用户可以使用描述性名称，比如 "UCS FI A" 或者 "N7K Production"，而不是诸如 "Port Channel 5" 这样相对来说无意义的数字。

然而，当交换机部署这些接口策略组（端口通道或虚拟端口通道）时，它实际上创建了带编号的端口通道接口。如果需要通过叶交换机 CLI 获取特定端口通道的信息，那么首先需要知道的是所要查找的端口通道编号。

与 VLAN 类似，端口通道也存在两个命名空间，但在这里它更容易理解。在示例 12-14 中，读者将看到 UCS-FI-A 和 iSCSI-b 是 GUI 中用于配置端口通道的名称。如果再次用地址簿进行类比，那么它们将与手机里的联系人姓名类似。每个交换机都会将这些名称映射到端口通道的内部编号（在此示例中为 3 和 7），与手机通讯录里实际的电话号码相当。

在 CLI 中，需要使用关键字 extended 来查看两个命名空间之间的映射。show port-channel extended 命令将显示接口策略组的名称，以及由它所创建的相关端口通道接口。

示例 12-14　显示端口通道映射

```
apic# fabric 201 show port-channel extended
--------------------------------------------------------------------
 Node 201 (Leaf201)
--------------------------------------------------------------------

Flags:  D - Down         P - Up in port-channel (members)
        I - Individual   H - Hot-standby (LACP only)
        s - Suspended    r - Module-removed
        S - Switched     R - Routed
        U - Up (port-channel)
        M - Not in use. Min-links not met
        F - Configuration failed
--------------------------------------------------------------------
Group Port-         BundleGrp            Protocol  Member Ports
      Channel
--------------------------------------------------------------------
1     Po1(SU)       FEX101               NONE      Eth1/47(P)    Eth1/48(P)
2     Po2(SU)       UCS-FI-B             LACP      Eth1/4(P)
3     Po3(SU)       UCS-FI-A             LACP      Eth1/3(P)
4     Po4(SU)       L2-Cat3560           LACP      Eth1/46(P)
5     Po5(SU)       iSCSI-mgmt           LACP      Eth101/1/9(P)
6     Po6(SU)       iSCSI-a              LACP      Eth101/1/7(P)
7     Po7(SU)       iSCSI-b              LACP      Eth101/1/8(P)
```

12.2.4　若干好用的叶交换机命令

每名网络管理员都有一个常用的命令列表，可以在叶节点 CLI 上使用其中的大部分。以下是一些可帮助用户查找有用信息的 NX-OS 命令列表。如果管理员熟悉思科 IOS 或 NX-OS，那么肯定会认识所有这些命令。注意，本小节绝不是一个详尽的排障命令列表，因为这不在本书的讨论范围之内。相反，这里的目标是提供一些示例，以说明 NX-OS 与 ACI 的命令有多么相似。

■ **show interface** *interface-name*：该命令为管理员提供接口有关的总体信息，如示例 12-15 所示。与 NX-OS 一样，管理员可以将该命令应用于物理及逻辑接口。

示例 12-15　显示特定叶交换机的接口信息

```
apic# fabric 201 show interface port-channel 2
----------------------------------------------------------------
 Node 201 (Leaf201)
----------------------------------------------------------------
port-channel2 is up
admin state is up
 Hardware: Port-Channel, address: f40f.1bc2.3e8a (bia f40f.1bc2.3e8a)
 MTU 9000 bytes, BW 10000000 Kbit, DLY 1 usec
 reliability 255/255, txload 1/255, rxload 1/255
 Encapsulation ARPA, medium is broadcast
 Port mode is trunk
 full-duplex, 10 Gb/s
 Input flow-control is off, output flow-control is off
 Auto-mdix is turned on
 EtherType is 0x8100
 Members in this channel: eth1/4
 Last clearing of "show interface" counters never
 1 interface resets
 30 seconds input rate 992 bits/sec, 0 packets/sec
 30 seconds output rate 3032 bits/sec, 3 packets/sec
 Load-Interval #2: 5 minute (300 seconds)
   input rate 1840 bps, 0 pps; output rate 4672 bps, 4 pps
 RX
   27275512 unicast packets  508574 multicast packets  5094 broadcast packets
   27789180 input packets  10291351853 bytes
   0 jumbo packets  0 storm suppression bytes
   0 runts  0 giants  0 CRC  0 no buffer
   0 input error  0 short frame  0 overrun   0 underrun  0 ignored
   0 watchdog  0 bad etype drop  0 bad proto drop  0 if down drop
   0 input with dribble  0 input discard
   0 Rx pause
 TX
   7010317 unicast packets  9625817 multicast packets  2330117 broadcast packets
```

```
    18966251 output packets  3109169535 bytes
    0 jumbo packets
    0 output error  0 collision  0 deferred  0 late collision
    0 lost carrier  0 no carrier  0 babble  0 output discard
    0 Tx pause
```

- **show interface** *interface-name* **trunk**：该命令显示在接口上已配置的 VLAN，如示例 12-16 所示。另外，不要忘记使用 show vlan extended 命令，以将该命令所显示的 VLAN ID 映射为内部 VLAN ID。

示例 12-16　显示特定叶交换机接口上所配置的 VLAN

```
apic# fabric 201 show interface port-channel 2 trunk
----------------------------------------------------------------
 Node 201 (Leaf201)
----------------------------------------------------------------
----------------------------------------------------------------
Port            Native    Status      Port
                Vlan                  Channel
----------------------------------------------------------------
Po2             vlan-50   trunking    --
----------------------------------------------------------------
Port            Vlans Allowed on Trunk
----------------------------------------------------------------
Po2             2,5-6,8,10,13-17,19-21,23-24,27,30-32,38,41-42,47-50,56-57,60,63-6
                5,107
[...]
```

- **show vrf**：显示在交换机上配置的 VRF，如示例 12-17 所示。

示例 12-17　显示特定叶交换机上所部署的 VRF

```
apic# fabric 201 show vrf
----------------------------------------------------------------
 Node 201 (Leaf201)
----------------------------------------------------------------
VRF-Name                    VRF-ID State   Reason
black-hole                       3 Up      --
common:default                   8 Up      --
management                       2 Up      --
mgmt:inb                        10 Up      --
MyTenant:MyVRF                   7 Up      --
overlay-1                        4 Up      --
```

- **show ip interface brief** *vrf vrf-name*：使用该命令，可以快速查看现有的 3 层接口，如示例 12-18 所示。注意，管理员应该始终使用 vrf 选项（或指定选项 vrf all）。该命令可用于显示 VRF overlay-1 上的 infra IP 地址、VRF management 上的带外管理 IP 地址，以及 VRF mgmt:inb 上的带内管理 IP 地址。

- **show ip route** *vrf vrf-name*：这是管理员在处理 ACI 上的路由邻接时可能会使用的另一个命令，如示例 12-19 所示。同样，它的工作方式与其他任何基于 NX-OS 的交换机相同——不但可用于租户 VRF，而且能用于交换机上的任何 VRF。

示例 12-18　显示在特定叶交换机上所部署的 IP 接口

```
apic# fabric 201 show ip interface brief vrf common:default
----------------------------------------------------------------
 Node 201 (Leaf201)
----------------------------------------------------------------
IP Interface Status for VRF "common:default"(8)
Interface            Address              Interface Status
vlan6                172.16.1.1/24        protocol-up/link-up/admin-up
vlan7                172.16.101.254/24    protocol-up/link-up/admin-up
vlan9                172.16.102.254/24    protocol-up/link-up/admin-up
vlan13               192.168.3.65/27      protocol-up/link-up/admin-up
vlan26               10.13.76.254/24      protocol-up/link-up/admin-up
vlan29               192.168.3.9/29       protocol-up/link-up/admin-up
vlan30               192.168.3.129/28     protocol-up/link-up/admin-up
vlan39               172.16.103.1/24      protocol-up/link-up/admin-up
vlan40               192.168.100.1/24     protocol-up/link-up/admin-up
vlan43               172.18.40.1/24       protocol-up/link-up/admin-up
lo4                  192.168.3.3/32       protocol-up/link-up/admin-up
lo10                 192.168.3.1/32       protocol-up/link-up/admin-up
```

示例 12-19　显示特定叶交换机上某一个 VRF 的路由表

```
apic# fabric 201 show ip route vrf mgmt:inb
----------------------------------------------------------------
 Node 201 (Leaf201)
----------------------------------------------------------------
IP Route Table for VRF "mgmt:inb"
'*' denotes best ucast next-hop
'**' denotes best mcast next-hop
'[x/y]' denotes [preference/metric]
'%<string>' in via output denotes VRF <string>
192.168.0.0/16, ubest/mbest: 1/0
    *via 192.168.4.11, vlan18, [1/0], 03w27d, static
192.168.4.1/32, ubest/mbest: 2/0, attached, direct
```

```
    *via 192.168.4.1, lo6, [1/0], 03w27d, local, local
    *via 192.168.4.1, lo6, [1/0], 03w27d, direct
192.168.4.2/32, ubest/mbest: 1/0
    *via 10.0.96.93%overlay-1, [1/0], 03w27d, bgp-65100, internal, tag 65100
192.168.4.8/29, ubest/mbest: 1/0, attached, direct
    *via 192.168.4.9, vlan18, [1/0], 03w27d, direct
192.168.4.9/32, ubest/mbest: 1/0, attached
    *via 192.168.4.9, vlan18, [1/0], 03w27d, local, local
apic#
```

- 最后，如果要检查 APIC 上的路由表，那么可以使用 Linux 命令。注意，如果同时配置了带外与带内管理的 IP 地址，那么管理员将看到两条默认路由（带内管理所对应的默认路由优先，其 metric 值低），如示例 12-20 所示。

示例 12-20　在 APIC 上显示路由表

```
apic# netstat -rnve
Kernel IP routing table
Destination      Gateway          Genmask          Flags Metric Ref    Use Iface
0.0.0.0          10.13.76.254     0.0.0.0          UG    0      0        0
bond0.1019
0.0.0.0          192.168.0.1      0.0.0.0          UG    16     0        0 oobmgmt
10.0.0.0         10.0.0.30        255.255.0.0      UG    0      0        0
bond0.4093
10.0.0.30        0.0.0.0          255.255.255.255 UH    0      0        0
bond0.4093
10.0.0.65        10.0.0.30        255.255.255.255 UGH   0      0        0
bond0.4093
10.0.0.66        10.0.0.30        255.255.255.255 UGH   0      0        0
bond0.4093
10.13.76.0       0.0.0.0          255.255.255.0    U     0      0        0
bond0.1019
10.13.76.254     0.0.0.0          255.255.255.255 UH    0      0        0
bond0.1019
169.254.1.0      0.0.0.0          255.255.255.0    U     0      0        0 teplo-1
169.254.254.0    0.0.0.0          255.255.255.0    U     0      0        0 lxcbr0
192.168.0.0      0.0.0.0          255.255.255.0    U     0      0        0 oobmgmt
apic#
```

ping

ping 命令是常用的命令之一，管理员当然可以在 ACI 的 CLI 中使用它。由于在 APIC 上没有任何 VRF，因此无须指定。管理员可以像在任何标准的 Linux 主机上一样使用 ping 命令。

但是，在叶交换机上必定存在 VRF。iping 工具所提供的功能增强之一就是 VRF 感知，该工具可以在任何 ACI 叶交换机上使用，如示例 12-21 所示。

示例 12-21 在叶交换机上使用 iping 工具

```
apic# ssh Leaf201
Password:
[...]
Leaf201# iping
Vrf context to use [management] : management
Target IP address or Hostname : 192.168.0.1
Repeat count [5] :
Datagram size [56] :
Timeout in seconds [2] :
Sending interval in seconds [2] :
Extended commands [no] :
Sweep range of sizes [no] :
Sending 5, 56-bytes ICMP Echos to 192.168.0.1 from 192.168.0.51
Timeout is 2 seconds, data pattern is 0xABCD
64 bytes from 192.168.0.1: icmp_seq=0 ttl=255 time=1.044 ms
64 bytes from 192.168.0.1: icmp_seq=1 ttl=255 time=1.149 ms
64 bytes from 192.168.0.1: icmp_seq=2 ttl=255 time=0.955 ms
64 bytes from 192.168.0.1: icmp_seq=3 ttl=255 time=1.029 ms
64 bytes from 192.168.0.1: icmp_seq=4 ttl=255 time=1.029 ms
--- 192.168.0.1 ping statistics ---
5 packets transmitted, 5 packets received, 0.00% packet loss
round-trip min/avg/max = 0.955/1.041/1.149 ms
Leaf201#
```

如果管理员希望在一行中提供完整的 ping 命令，那么也可以。用户可以通过-h 选项查看如何输入不同的属性，如示例 12-22 所示。

示例 12-22 在叶交换机上使用 iping 工具的命令选项

```
Leaf201# iping -h
usage: iping [-dDFLnqRrv] [-V vrf] [-c count] [-i wait] [-p pattern] [-s packetsize]
  [-t timeout] [-S source ip/interface] host
Leaf201# iping -V management 192.168.0.1
PING 192.168.0.1 (192.168.0.1) from 192.168.0.51: 56 data bytes
64 bytes from 192.168.0.1: icmp_seq=0 ttl=255 time=1.083 ms
64 bytes from 192.168.0.1: icmp_seq=1 ttl=255 time=0.975 ms
64 bytes from 192.168.0.1: icmp_seq=2 ttl=255 time=1.026 ms
64 bytes from 192.168.0.1: icmp_seq=3 ttl=255 time=0.985 ms
64 bytes from 192.168.0.1: icmp_seq=4 ttl=255 time=1.015 ms
```

```
--- 192.168.0.1 ping statistics ---
5 packets transmitted, 5 packets received, 0.00% packet loss
round-trip min/avg/max = 0.975/1.016/1.083 ms
Leaf201#
```

最后需要说明的是，针对 IPv6 的 iping 工具特殊版本称为 iping6，它与前面所描述的 iping 类似，如示例 12-23 所示。

示例 12-23   在叶交换机上使用 iping6 进行 IPv6 连通性检查

```
Leaf201# iping6 -h
iping6_initialize: Entry
iping6_initialize: tsp process lock acquired
iping6_fu_add_icmp_q: Entry
iping6_get_my_tep_ip: tep_ip a00605f
UDP Socket is 41993
iping6_initialize: Done (SUCCESS)
iping6: option requires an argument -- 'h'
usage: iping6 [-dDnqRrv] [-V vrf] [-c count] [-i wait] [-p pattern] [-s packetsize]
  [-t timeout] [-S source interface/IPv6 address] host
Leaf201#
```

12.2.5 解决物理问题

在任何矩阵上，管理员都可能遇到物理问题，从电缆故障到电网停电。ACI 提供了多种解决及修复网络物理问题的可能性，包括使网络拓扑恢复正常的传统方法与新方法。

1．布线排障

解决物理问题的第一步是在 APIC 的 Fabric 选项卡上查看矩阵拓扑，如图 12-4 所示。

注意，拓扑视图仅显示活动拓扑，这意味着，假如这个网络上原有两个主干交换机，但其中一个已"死机"，那么只有活动的那个会被显示，对此下文将详细解释。布线问题将会产生告警信息，包括涉及该问题的端口及其详细信息，如图 12-5 所示。

如果管理员更喜欢利用 CLI 进行布线排障，那么可以利用 2 层邻接协议，如 LLDP 和 CDP，与在非 ACI 网络中的使用方式相同。注意，矩阵元素（控制器、主干交换机和叶交换机）默认使用 LLDP，但管理员需要配置其他元素（如思科 UCS 服务器和 Hypervisor 宿主机）令其使用 LLDP、CDP 或两者同时使用，如示例 12-24 所示。

最后，ACI 交换机软件中有一个改进的 traceroute 工具，可以让管理员检查连通两台叶交换机的所有路径，它被称为 itraceroute。示例 12-25 显示了从一个叶节点到另一个叶节点，

itraceroute 的命令输出，其中存在 4 个不同的路径。注意，需要提供给 itraceroute 命令的 IP
地址是目标叶交换机的 Infra 地址（在 VRF overlay-1 上）。

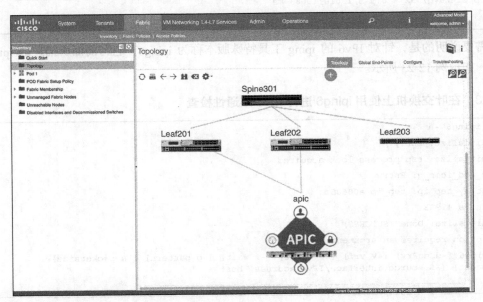

图 12-4　APIC 上的拓扑视图

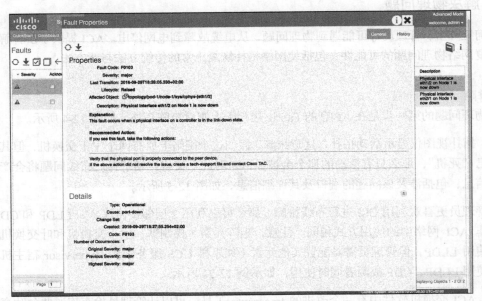

图 12-5　APIC 端口连接故障

示例 12-24　使用集中式 CLI 显示所有叶交换机的邻接信息

```
apic# fabric 201-203 show lldp neighbors
----------------------------------------------------------------
 Node 201 (Leaf201)
----------------------------------------------------------------
Capability codes:
  (R) Router, (B) Bridge, (T) Telephone, (C) DOCSIS Cable Device
  (W) WLAN Access Point, (P) Repeater, (S) Station, (O) Other
Device ID            Local Intf     Hold-time  Capability  Port ID
apic                 Eth1/1         120                    eth2-1
UCS-FI-A             Eth1/3         120        B           Eth1/20
UCS-FI-B             Eth1/4         120        B           Eth1/20
Spine301             Eth1/49        120        BR          Eth1/2
ESX-01               Eth101/1/1     180        B           0050.5653.e331
ESX-02               Eth101/1/4     180        B           0050.565a.480a
Total entries displayed: 6
...
```

示例 12-25　使用叶交换机上的 itraceroute 命令

```
Leaf201# itraceroute 10.0.71.61
Node traceroute to 10.0.71.61, infra VRF overlay-1, from [10.0.71.63], payload 56
  bytes
Path 1
  1: TEP      10.0.71.62  intf  eth1/35  0.016 ms
  2: TEP      10.0.71.61  intf  eth1/98  0.018 ms
Path 2
  1: TEP      10.0.71.62  intf  eth1/33  0.012 ms
  2: TEP      10.0.71.61  intf  eth1/97  0.019 ms
Path 3
  1: TEP      10.0.71.62  intf  eth1/35  0.013 ms
  2: TEP      10.0.71.61  intf  eth1/97  0.014 ms
Path 4
  1: TEP      10.0.71.62  intf  eth1/33  0.014 ms
  2: TEP      10.0.71.61  intf  eth1/98  0.014 ms
```

itraceroute 命令极具价值，因为它允许管理员轻松检查任意两台给定叶交换机之间的矩阵连通性问题。

traceroute 的这一功能称为"叶节点 traceroute 策略"，可以从 GUI 中 Fabric 选项卡的排障策略下选择。另一种 traceroute 不是在交换机之间，而是用于不同端点之间——将在 12.3.5 节介绍。

2．交换机"死机"的排障

解决交换机"死机"的起点还是 ACI GUI 中 Fabric 选项卡上的网络拓扑。该拓扑是动态的，将显示在任意给定时间点存在的设备及其连接。这意味着，如果由于布线问题或软件升级而无法访问某台交换机，那么会发生如下情况。

■ 该交换机将从拓扑中消失。读者可能希望它以某种方式被突出显示，但请记住：该拓扑仅显示当前连接，并没有此前状态的历史记录。

■ 如果无法访问该交换机，那么它将不但从拓扑中消失，而且会从现有节点列表中消失。因此，它不会出现在所有的图形界面上，甚至不会显示为零健康指数。

读者可能想知道如何可以找到以前位于拓扑中但又无法访问的交换机。在 Fabric 选项卡中，有一个"Unreachable Nodes"（无法访问节点）栏目，用于显示曾被确认为矩阵的一部分，但在给定时间点无法访问的交换机列表。图 12-6 显示了"Unreachable Nodes"（无法访问节点）面板的示例，其中一个叶节点已停止运行。

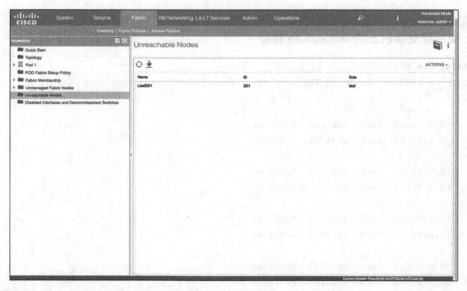

图 12-6　APIC 上无法访问节点的视图

此外，当矩阵上某个网络节点无法访问时，一个严重故障告警将生成并用于通知网络运维人员，如图 12-7 所示。

3．更换矩阵交换机

当客户必须更换主干或叶交换机时，ACI 部署配置及策略非常便捷的优势将得以体现。如本书前面所述，策略（即配置）存储在 APIC 上。但更重要的是，它仅引用交换机 ID。

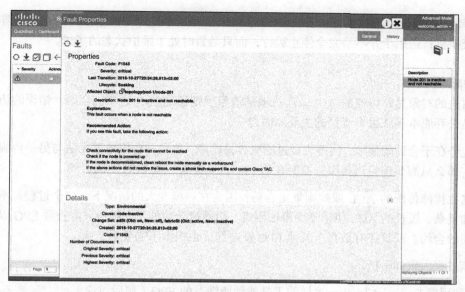

图 12-7　无法访问节点时所产生的严重故障告警

这样的直接后果是在更换硬件时，客户只需要为新交换机分配一个相同的 ID，然后所有策略将被自动应用，就如同从未发生过任何变更。

在此之前，必须下线故障交换机（将其从矩阵上删除）。由于无法访问该交换机，因此需要从 GUI 的"无法访问节点"部分将其移除，如图 12-8 所示。

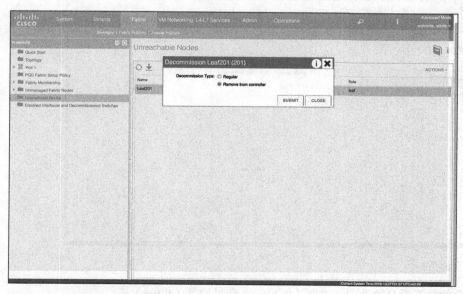

图 12-8　下线故障交换机

需要选择的第 2 个选项是 "Remove from controller"。第一个选择 "Regular" 只能从矩阵暂时下线交换机：适用于并不是完全停止运行，而只是暂时处于维护状态的场景。

4. 合约的排障

无论所讨论的对象是路由器的 ACL、防火墙的流量规则还是 ACI 之中的合约，错误的访问列表都是丢弃原本不该丢弃流量的主要原因之一。

ACI 的优势在于合约的抽象，使得流量过滤更容易排障。如果一台服务器无法与另一台服务器通信，那么只需要确定这些服务器所在的 EPG，并检查这些 EPG 上的合约。

为什么这比排障传统的 ACL 或规则集更容易？因为在规模变大的情况下，这个过程并不会变得更加复杂。极长的 ACL 使排障变得很困难。而通过合约抽象，用户只需查看 EPG 以及它们之间的合约。就算还有数百个其他 EPG 及合约，也根本不需要看。

因此，该过程大致如下所示。

- 最终利用像 Endpoint Tracker 这样的工具找到所涉及的 EPG（稍后讨论）。

- 转到 EPG 并比较提供及消费的合约。如果 EPG 在同一租户内，那么应用配置描述（Application Profile）上的图形能帮助快速确定所涉及的合约。合约的图形化也能做到这一点，如图 12-9 所示。

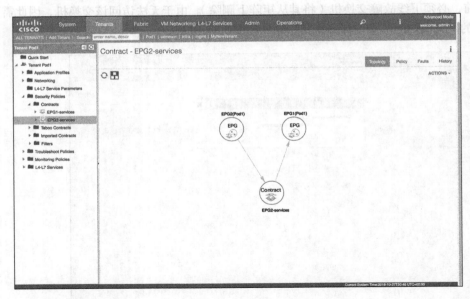

图 12-9 合约拓扑

- 转到合约并查看合约选项、主题（Subject）和过滤器（Filter）。

读者可能还记得，ACI 为网络流量提供安全功能，而不会损失性能，并且具有非常高的处理速率。可以想象，只有在转发 ASIC 上执行这些安全功能时，才能实现这一点。因此，安全功能取决于用户所拥有的硬件。当前的 ACI 基础设施（在其名称中带有"EX"或"FX"或更新型号的交换机）支持针对合约中拒绝和允许规则的记录日志。但是，早期的交换机仅支持有关拒绝规则的记录日志。在阅读下面的段落时需要考虑这一事实，因为如果读者拥有的是第 1 代 ACI 硬件，那么只能生成合约中拒绝规则的日志信息。

合约日志是排障时一个非常重要的组成部分，用于确定安全策略是否正在执行。比如，安全策略看起来正确，但由于某些原因应用仍无法正常工作。事实上，也许应用工程师忘记了提供应用组件正常运行所需的若干协议。而查看合约日志可以为管理员提供该信息，因为可以确切地看到被访问列表所丢弃的数据包。

第 7 章介绍了查看 ACL 计数器及 ACL 日志的一些方法。总体而言，排障过程包括如下步骤。

步骤 1 数据包是否被全部丢弃？管理员可以查看命中合约的计数器，比如通过 Troubleshooting Wizard。

步骤 2 如果数据包被丢弃，那么被丢弃的是哪些数据包？管理员可以参考租户日志，以获取关于被允许和拒绝流量的详细信息。这极有帮助，因为管理员只会看到该特定租户的 EPG 日志——这使得排障过程变得更加容易，而不是让管理员"大海捞针"般地搜索全局日志（如果偶尔为之，那么也可以，正如第 7 章所解释的那样）。

图 12-10 显示了这些日志所包含信息的示例，管理员可以修改合约策略，以允许这些数据包。

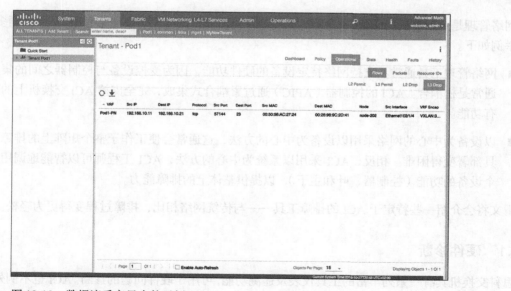

图 12-10 数据流丢弃日志的示例

此外，用户还可以查看被丢弃的数据包，它将提供时间戳及数据包长度等信息，如图 12-11 所示。

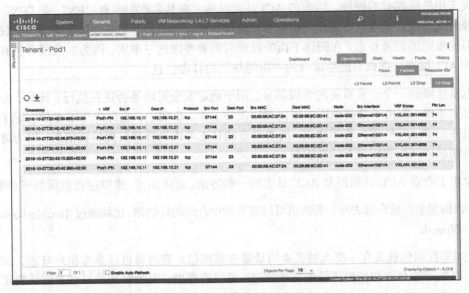

图 12-11　丢包日志的示例

12.3　ACI 排障工具

网络管理是一项艰巨的任务，部分原因是传统网络所提供的排障工具非常有限。其原因颇多，举例如下。

- 网络管理工具通常不支持网络特定设备的硬件功能，因为受控设备与控制器之间的集成通常是松耦合。ACI 的控制器（APIC）通过紧耦合式集成，完全支持 ACI 交换机上的所有功能。
- 以设备为中心的网络采用以设备为中心的方法，这通常会使工作于整个矩阵上的排障工具部署变得困难。相反，ACI 采用以系统为中心的方法，ACI 工程师可以智能地调用各个设备的功能（控制器、叶和主干），以提供整体上的排障能力。

下文将会介绍一些特定于 ACI 的排障工具——与传统网络相比，排障过程变得更为轻松。

12.3.1　硬件诊断

思科交换机具有一系列丰富的工具仪表及遥测功能，可用于硬件问题的诊断。ACI 也不例外，用户可以随时查看这些检测的结果，或触发更详尽的测试，这将有助于执行附加验证。

如图 12-12 所示，GUI 的一部分正在展示检测的结果（这里是一台架顶式交换机）。

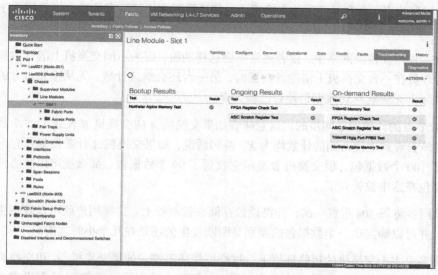

图 12-12　诊断结果

注意，按需诊断的结果仅当管理员配置了额外需要执行的诊断后才可见。可以使用排障策略来执行该操作，如图 12-13 所示（本例是对一个 ACI 节点进行了全面测试）。

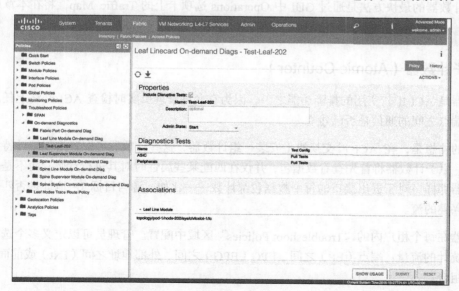

图 12-13　配置按需的排障诊断

12.3.2　丢包：计数器同步

读者是否曾试图弄清楚两台交换机之间是否正在丢包？当查看连接的一侧时，它显示接口将 X 个数据包发送到线上。而在另一边的交换机上，其计数器往往显示它从线上接收到了 Y 个数据包。

是否想看到 $X = Y$？在传统网络中，读者通常不会这样期盼，因为不同交换机上的计数器并不同步。当管理员在一台交换机上清除计数器时，另一台还会继续计数，无从感知对方的动作。因此，实际上无法观察到数据包是否已被丢弃。

在 ACI 上，叶节点的计数器是同步的。这意味着如果交换机 A 向交换机 B 发送了 X 个数据包，管理员应该会看到连接两侧的计数均为 X。换句话说，如果交换机 A 计数器显示它向交换机 B 发送了 100 个数据包，但交换机 B 显示它收到了 99 个数据包，那么就可以放心地假设：一个数据包在途中被丢弃了。

不仅如此，该同步将每 30s 重置一次，并将读数存储在控制器上。这样用户就可以获得丢包的历史记录，并可以确定这一个数据包的差别是刚刚发生的还是在几个小时之前。

但是，在具有多个主干交换机的矩阵环境下，这样可能还不够。如果交换机 A 和交换机 B 都是叶交换机，那么它们具有多种互连方式（至少与矩阵上的主干一样多）。为帮助完成排障过程，ACI 叶节点会记录通过每个主干节点发送到其他每个叶节点的流量计数，以便管理员可以快速查找丢包路径。

查看这些计数器的最快方法是通过 GUI 中 Operations 选项卡上的 Traffic Map，将在本章后面介绍。

12.3.3　原子计数器（Atomic Counter）

原子计数器是 ACI 中较实用的排障功能之一，因为它允许管理员实时检查 ACI 网络上任意两个给定端点之间的通信是否已建立。

这项功能的构想是，在 ACI 叶交换机上安装一组计数器，这些计数器可配置为仅统计特定的数据包。原子计数器将首先查看数据包，并仅在匹配某些属性时对其进行计数；而不是像通用计数器那样，对于进出接口的每个数据包都计数——比如，源与目标 IP 地址是否匹配用户所感兴趣的流。

原子计数器在每个租户内的 "Troubleshoot Policies" 区域中配置。管理员可以定义多个选项来指定要统计的流量：端点（EP）之间、EPG（EPG）之间、外部地址之间（Ext）或前面 3 种的任意组合。

比如，图 12-14 显示了如何配置一个原子计数器策略，以测量两个端点之间的所有流量。注意，还有许多其他策略类型，仅列举一二，如 EPG 之间、端点与 EPG 之间或者与外部地址之间。

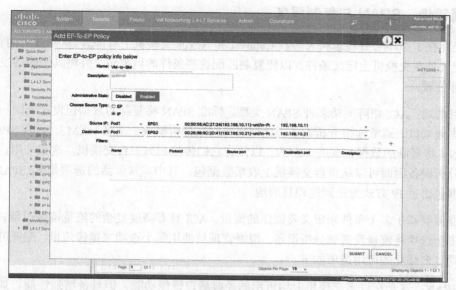

图 12-14　端点间（EP-to-EP）原子计数器的策略定义

图 12-15 的例子展示了可以从原子计数器策略中检索出来的统计信息。本例启动了每秒一个的 ping 包，这就解释了为什么在每 30s 的时间段内，每个方向上都有 30 个数据包。

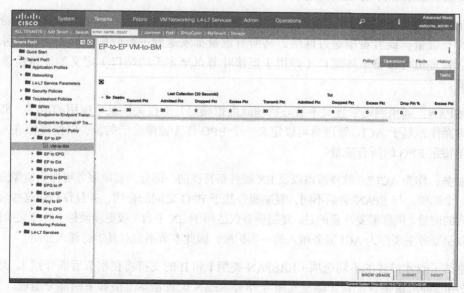

图 12-15　原子计数器的运行统计

注意，对于网络并未导致应用性能问题的证明，原子计数器将极具价值。

12.3.4 流量镜像：SPAN 与复制服务

SPAN 已经存在了 20 年，并在思科大多数 Catalyst 和 Nexus 交换机上有部署。从本质上而言，SPAN 的配置是在交换机上定义条件，以便复制匹配这些条件的数据包，并将其镜像转发到另一个目标位置。

根据不同目的地，ACI 矩阵支持多种 SPAN 类型。标准 SPAN 将复制的数据包发送到同一交换机上的本地端口，通常连接分析设备（比如思科网络分析模块，又名 NAM）。远程 SPAN（或 RSPAN）将复制的数据包放进 VLAN，以便将它们传输到另一台交换机。这很好用，集中部署的分析设备因而可以从每台交换机上收集数据包。其中非常灵活的选项是 ERSPAN，复制的数据包通过 IP 方式发送到远程目的地。

管理员可能需要基于多个条件来定义要镜像的流量。ACI 具有高度复杂的流量镜像引擎，并允许定义多个选项将流量发送到分析设备。根据管理员使用哪个选项来镜像流量，配置可能会略有不同。多样化的可用选项如下。

- **接入 SPAN**：这是在许多交换机上均可用的经典端口镜像功能，但具备增强性能，如能够过滤镜像的数据包。

- **虚拟 SPAN**：在调查涉及虚拟机的网络问题时，管理员通常希望能够仅镜像进出这些端点的流量。如果思科应用虚拟交换机（AVS）位于 ACI 之中，那么可以做到这一点。

- **矩阵 SPAN**：由于某些网络问题可能不容易精确定位到单个端点，因此管理员可能希望镜像所有流量；或者希望通过网络，将所有流量都发送到进行分析的设备。在这种情况下，管理员可以将矩阵端口（即用于连接叶节点至主干的端口）定义为流量镜像会话的源。

- **租户 SPAN**：如果网络管理员不关心物理或虚拟端口，而仅关注某个应用的情况，那么该如何操作？基于 ACI，管理员可以定义一个 EPG 作为镜像会话的源，以便镜像进入或离开该特定 EPG 的所有流量。

- **复制服务**：作为 ACI 2.0 软件版本以及 EX 硬件新特性的一部分，复制服务可作为镜像流量的另一个选项。与 SPAN 会话不同，复制服务基于 EPG 之间的合约，并且仅镜像这些合约所允许的流量。同样需要注意的是，复制服务仅适用于 EX 平台（或更新硬件）的叶交换机。由于复制服务主要作为 ACI 服务植入的一项扩展，因此本节不会对其进行深入介绍。

表 12-1 总结了刚才描述的不同选项（ERSPAN 类型 I 和 II 的支持将在本节后面介绍）。无论管理员采用哪种流量镜像配置（除复制服务外），SPAN 配置基本上由如下两部分组成。

- **SPAN 源组**：应捕获哪些流量。

- **SPAN 目的地组**：应将被捕获的流量发送到哪里。

表 12-1   ACI 上的流量镜像选项

	源	目的地	过滤器	图形化界面的位置
接入 SPAN	接入端口	ERSPAN 本地	租户、应用、EPG	Fabric/Access
虚拟 SPAN	虚拟机 vNIC	ERSPAN 虚拟机 vNIC		Fabric/Access
矩阵 SPAN	矩阵端口	ERSPAN	BD、 VRF	Fabric/fabric
租户 SPAN	EPG	ERSPAN		Tenant
复制服务	EPG	4～7 层复制设备	合约过滤器	合约，4～7 层

1. SPAN 目的地组

首先配置目的地组，因为在定义源组时将需要它（即使源组窗口允许管理员从中创建目的地组）。

目的地组可以由一个或多个目的地组成。如果定义了不止一个目的地，捕获的流量将被发送到所有目的地。目的地通常是可以接收数据包并对其进行分析的系统，比如思科网络接入模块（NAM）设备，或者只是安装了 Wireshark 等流量分析应用的笔记本电脑。这些设备可以直连 ACI 矩阵，或通过 IP 地址访问。

根据所配置的 SPAN 会话类型，管理员将能够定义不同类型目的地。比如，对于租户 SPAN 的远程目的地，管理员需要定义如下属性，如图 12-16 所示。

- **目的地 EPG**（租户、应用配置描述及 EPG）：这是分析设备所连接的位置。

- **目的地 IP**：这是分析设备的 IP 地址，捕获的数据包将被发送到这里。

- **源 IP**：IP 数据包需要具有源 IP 地址。该 IP 地址通常无关紧要（除非 ACI 网络与分析设备之间有网络过滤器），因此，如果管理员愿意，那么可以在此处放置一个虚假 IP 地址。注意，即使在多台叶交换机上抓包，所有数据包也都将以相同的源 IP 地址送达分析设备。

管理员可以选择性地定义用来传输捕获流量的 IP 数据包其他参数，比如 TTL、DSCP，MTU 及流 ID（这是一个 ERSPAN 的字段，在分析设备上可用于区分捕获的数据流）。

2. ERSPAN 类型

在图 12-16 中，读者可能已经注意到 ERSPAN 可以是版本 1 或版本 2。这两个 ERSPAN 版本之间的区别非常重要；否则，如果使用错误的 ERSPAN 版本发送数据包，就可能会发现对于从 ACI 镜像会话所收到的数据包，流量分析设备无法解码。

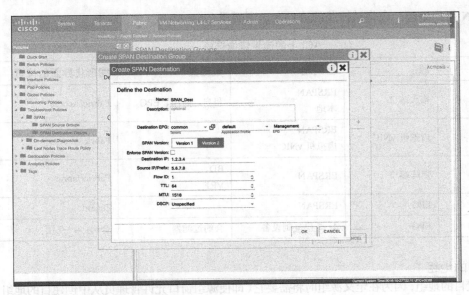

图 12-16　租户 SPAN：目的地策略

ERSPAN 实质上是在 IP 包中封装了镜像数据包，以便将它们传输到远程目的地。用于该封装的包头是 GRE（IETF RFC 1701）。

从 ERSPAN 版本 2 开始，在应用 GRE 封装之前引入了一个额外的头：ERSPAN 头。该段数据头包含若干元数据，比如会话 ID 或所镜像的 VLAN。图 12-17 和图 12-18 分别显示了基于 ERSPAN 版本 1 和版本 2 所封装的不同包头。注意，ERSPAN 版本 1 和版本 2 有时被分别称为类型 Ⅰ 和类型 Ⅱ。

如读者所见，版本 2 的 ERSPAN 头（在封装进 GRE 之前已被添加到原始数据包中）包含诸如 CoS 之类的信息。另外，已经有了 ERSPAN 版本 3（或类型 Ⅲ），它满足更灵活的包头，

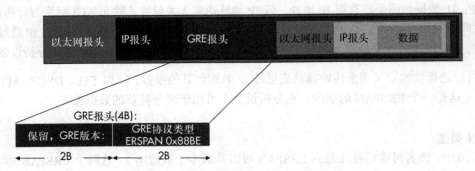

图 12-17　基于 ERSPAN 版本 1 的数据包封装，没有 ERSPAN 头

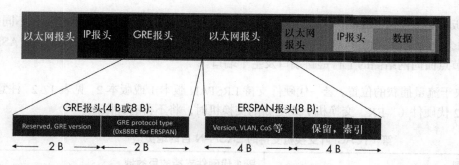

图 12-18　基于 ERSPAN 版本 2、包含 ERSPAN 头的数据包封装

以传递可能与监控和排障有关的其他类型元数据。截至本书英文版出版，ACI 尚不支持 ERSPAN 版本 3。

用于解码镜像流量的应用要能够理解用户正在使用的格式。如果分析工具所需要的 ERSPAN 包头未被用户使用（期望 ERSPAN 版本 2 但却发送了版本 1），那么它将声称捕获的数据包无效。

比如，流行的数据包捕获工具 Wireshark 就是这种情况。在默认情况下，Wireshark 不会分析 ERSPAN 版本 1 的数据包。但是，用户可以配置它去尝试解码貌似无效的 ERSPAN 数据包（如 ERSPAN 版本 1 的数据包），如图 12-19 所示（屏幕截图显示了 macOS 版本的 Wireshark）。

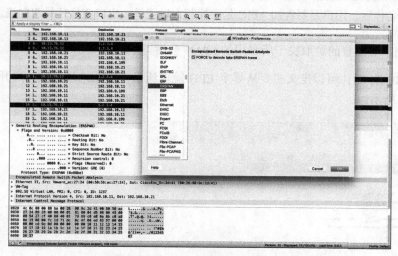

图 12-19　强制解码 ERSPAN 版本 1 数据包的 Wireshark 配置

用户应该参考所使用的分析工具，以了解其支持的 ERSPAN 类型。

为什么某些流量镜像会话只支持版本 1 或版本 2？其原因是，当涉及大的流量带宽以及某些 ASIC 的有限能力时，需要在硬件中进行流量镜像。在第 1 代 ACI 硬件中，采用了 Broadcom 与思科 ASIC 的组合。这些 ASIC 在 ERSPAN 版本方面具备不同的能力；思科 ASIC 已经支持更新的版本 2，但 Broadcom ASIC 仍然只支持版本 1。根据所需镜像流量的位置，不同的 ASIC 可能会进行流量封装：比如，Broadcom ASIC 控制面向服务器的叶节点端口；思科 ASIC 则控制叶节点面向网络侧的上行链路端口及主干端口。

因此，取决于流量捕获的位置，老一代硬件支持 ERSPAN 版本 1 或版本 2，见表 12-2。注意，当使用第 2 代硬件（"-EX" 交换机）或更新的交换机时，将不再有此限制。

表 12-2 第 1 代 ACI 叶交换机支持的 ERSPAN 目的地类型

流量镜像的类型	第 1 代硬件支持的目的地
接入 SPAN	ERSPAN 版本 1 本地
虚拟 SPAN	ERSPAN 版本 1 虚拟机 vNIC
矩阵 SPAN	ERSPAN 版本 2
租户 SPAN	ERSPAN 版本 1

3．SPAN 源组

现在已经定义了捕获流量发往哪里，如前所述，需要捕获哪些流量？这是需要在本节中配置的内容。在输入源组的名称后，用户需要告知 APIC 是要捕获入口流量、出口流量还是双向流量。

与目的地组类似，用户可配置的源取决于所采用的 SPAN 会话类型。

比如，在配置租户 SPAN 时，可以定义想要从哪个 EPG 镜像流量——无论是进入、离开还是双向，如图 12-20 所示。

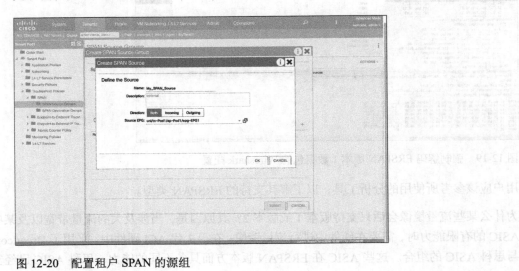

图 12-20 配置租户 SPAN 的源组

4. ACI 中 SPAN 会话的可扩展性

经验丰富的网络管理员会知道，流量镜像将可能占用交换机上的许多硬件资源，因此，所支持的 SPAN 会话数量是有限的。

ACI 也不例外，并且在思科官网的 "Verified Scalability Guide for Cisco APIC" 文档中可以查看每个 ACI 软件版本所支持的最大 SPAN 会话数。比如，在本书英文版撰写时的最新可扩展性指南中（针对 ACI 3.0 版本），显示了其验证过的限制，见表 12-3。

表 12-3 　　　　　　　　　　　　SPAN 配置的可扩展性限制

	每叶交换机支持的最大数量	每矩阵支持的最大数量
SPAN 会话	8 个单向或 4 个双向（EX 和 FX 交换机）	不适用
每个 SPAN 会话的端口	无限制	不适用
每个 SPAN 会话的 EPG	230 个单向或 460 个双向（EX 和 FX 交换机）	不适用

5. Nexus 数据代理（Data Broker）

如果想持续向分析设备发送流量，那么该怎么办？用户可能有多种理由这样做。

- 分析设备检查接收流量并生成 NetFlow 数据（如思科 NetFlow Generation Appliance）。

- 分析设备需要连续的数据流，以便检查数据包并生成一些数据。所生成的数据可能包括从谁在使用网络的统计信息，到复杂的、基于异常的安全事件检测。

更可能的情况是，用户拥有多台分析设备，每台都只对部分流量感兴趣。比如，也许入侵检测系统（IDS）只对去往 Web 服务器的流量感兴趣；思科 NetFlow Generation Appliance 仅对某租户的特定流量感兴趣；而基于 Wireshark 的笔记本电脑，则只对碰巧正在排障的特定问题感兴趣。用户可以在 ACI 上定义多个 SPAN 会话，但如前所述，这是有限制的。

实现该目标的另一种方法是将全部流量发送到一个 "SPAN 聚合系统"，然后将数据包分发到所有的流量分析设备。但是，任何特定的分析设备，应该仅接收其感兴趣的流量。

这个 "系统" 必须真正可扩展，因为这里谈论的流量速率可能是几 Tbit/s。某些专用交换机（有时称作 "矩阵交换机"）已被设想用于应对这一挑战。这些交换机接收流量，并不是查看数据包里面的目标 MAC 地址以进行转发（任何以太网交换机都是如此），而是会查看其他数据并将其与用户所定义的过滤器相比较。这些过滤器会告诉交换机，每个数据包需要发往哪一个（或多个）分析设备。

通常，用户无法基于商用以太网交换机完成该任务，但思科 Nexus Data Broker 通过 OpenFlow 技术，将标准以太网交换机（如 Nexus 3000 或 Nexus 9300）转换为一种 SPAN 聚合设备，实现了本节所述的目标。

在思科官网的 go/nexusdatabroker 项下，读者可以找到关于该技术的更多详细信息。

12.3.5 Troubleshooting Wizard（排障向导）

ACI 提供了先前描述的机制及其他机制，以便网络管理员解决连通性问题，可以从单个屏幕上轻松访问与特定问题相关的所有信息。

在非 ACI 网络中，网络管理员首先需要收集问题所涉及的服务器信息，比如服务器的 IP 地址、MAC 地址、所连接的交换机端口、网络的设计，以及是否涉及防火墙或其他任何 4 ~ 7 层设备。

网络管理员在收集完初始信息之后，即真正的排障开始之时：查看接口计数器、网络或防火墙上的 ACL 等。根据这些行动的结果，排障可能会在多个方向上继续。

以下部分提供了有关网络排障技术的一些内容，并说明它有多复杂。通过集中式的管理概念，ACI 可以帮助用户缓解网络排障相关的困难。这就是 Troubleshooting Wizard 的目标。该功能称为 Visibility & Troubleshooting，可以在 Operations 选项卡上找到。

1. 定义排障会话

当访问 GUI 的"Visibility & Troubleshooting"部分时，首先可以做的是检索以前所保存的排障会话，或者定义一个新的。若要创建新排障会话，用户需要熟悉如下参数（见图 12-21）。

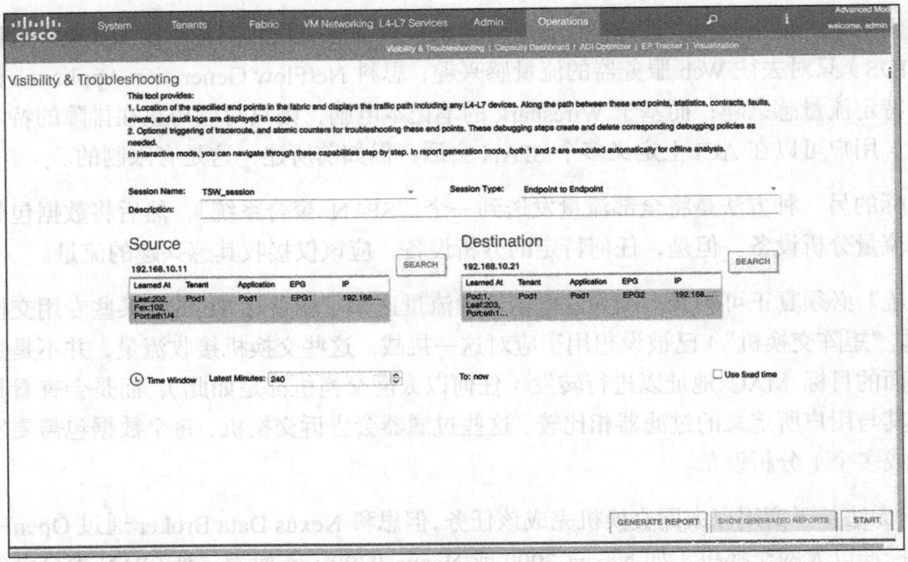

图 12-21 Troubleshooting Wizard 的会话定义

- 会话名称，以便之后检索。

- 会话类型，这意味着要解决的是 ACI 端点间的连通性问题，抑或其中一个端点是外部的源或目标。

- 源和目的地 MAC 或 IP 地址。有了这些地址之后，需要选择其所属的 EPG。注意，这是因为 ACI 支持多 VRF 下的 IP 地址重叠，所以可能会有多个 EPG 与该 IP 地址匹配。

- 如果 IP 地址位于矩阵外部（如无法访问某个应用的客户端 IP 地址），那么无须指定该 IP 地址所属的外部 EPG。Troubleshooting Wizard 将通过用户所选择的另一端 EPG 来找到它。

- 排障要追溯到与所涉及端点相关的、多久之前的统计信息和日志。默认值为 240min；最长为 1440min（1 天）。

一旦定义了这些参数（或者从先前保存的会话中加载了它们），就可以单击 "START" 按钮。这将带用户进入主排障窗口，可以从中选择不同的面板来考察通信的方方面面，以及端点之间互相连接的拓扑。该拓扑可以包括 ACI 的叶交换机、主干交换机、叶节点扩展交换机（FEX）、Hypervisor，甚至是通信所涉及的 4～7 层设备植入。

2. Troubleshooting Wizard 中的告警

顶部面板及会话开始后即可看到的面板，都将显示通信中涉及的叶节点与主干节点是否有任何告警，如图 12-22 所示。用户可以快速识别这些设备上是否存在告警（交换机旁将显示一个表示告警严重性的图标）。如果有，那么可查看并验证它们是否与正在排障的问题相关。

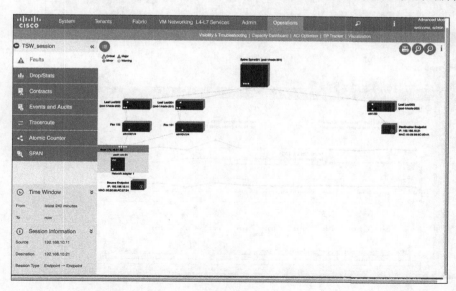

图 12-22　Troubleshooting Wizard 的告警部分

单击图中的对象（交换机、端口甚至虚拟机）可以查看此前告警的历史记录。这是一个很好的帮助方式，以便观察与当前正在研究问题相关的网络状态。

注意两侧端点内部的信息标志。单击它以查看这些端点在网络中何时出现，以及出现在哪些端口上的历史记录。在对某些网络问题进行排障时，这很有帮助：它可以为用户提供极具参考价值的信息，尤其是关于虚拟机在整个数据中心内如何移动。

3. Troubleshooting Wizard 中的统计信息

在确认系统故障后，下一步通常是检查接口的统计信息，比如已发送、已接收或已丢弃的数据包。用户通常希望检查某些方向上流量的异常峰值或大量的丢包情况。

可以用表格方式查看统计信息，将其配置为显示所有或仅非零的数值。可以查看在排障会话中定义的所有 30s 间隔的信息。这极有帮助，因为与传统交换机不同，它就好像用户可以回到过去，并在问题实际发生时查看接口计数器。

此外，还能够以 30s 为间隔准确查看发送、接收的包数量等。与传统交换机相比较，后者要不时地发出 show 命令并检查计数器的增量。

在网络拓扑图中，用户可以看到通信涉及的交换机端口。单击其中一个端口，将显示其图形统计信息，如图 12-23 所示。在这里，用户可以实时监控计数器的变化，也能定义需要在图表中显示的计数器，以及这些计数器的监控间隔。

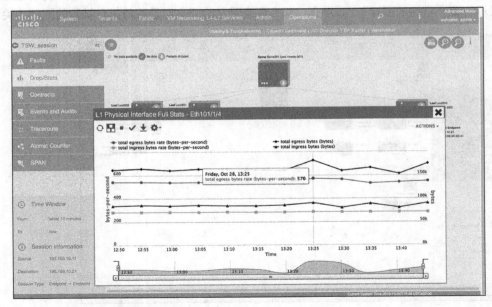

图 12-23　端口统计信息的图形表示

如图 12-23 所示，可以在图中表示两个维度，比如每秒字节数与每秒包数。这两个维度将分别在图的右侧和左侧竖轴上表示。一旦用户选择了两个不同的维度来显示计数器，新加到图中的其他计数器就必须能被其中一个维度量度。

4. Troubleshooting Wizard 中的合约信息

出现连通性问题的常见原因之一是安全策略可能被配置为丢弃某些数据包。因此，能否快速确认这种情况至关重要。

"Troubleshooting Wizard" 的 "Contracts" 面板显示在矩阵上所配置的 ACL。注意，管理员只定义 EPG 之间的合约，ACI 将自动找到需要部署 ACL 的交换机端口，如图 12-24 所示。

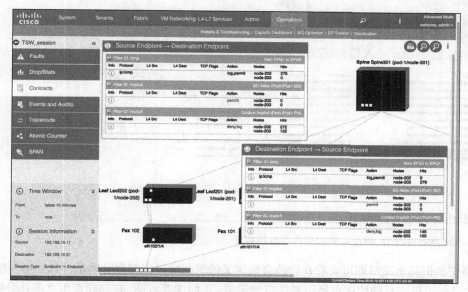

图 12-24   Troubleshooting Wizard 的合约视图

为了更细致地排障，该向导显示双向通信（源到目的及目的到源），用户可以实时查看这些 ACL 中每个条目所放行或丢弃的包数。放行和丢弃计数器每 30s 刷新一次，以便确认丢包是否持续。

请注意隐含的双向 BD Allow 过滤器；这是一个特殊的隐含规则，以允许某些广播、未知单播和组播数据包通过网络的 BD。但是，对于正常的应用流量，用户不应该看到其命中计数器的增加。

如前所述，用户可以在 APIC 的租户视图上看到丢包日志（如果硬件支持，那么还能看到放行日志）。

5. Troubleshooting Wizard 中的事件和审核

在排障会话中，用户还可以查看在调查时间窗口期间所执行的变更。经验表明，许多网络问题的根本原因是在系统中手工或自动引入的变更。通常，这些变更和事件记录在外部应用中，比如 Syslog 服务器和命令记账程序。

但是，ACI 能够让用户无须离开 APIC 控制台，只需要一次单击即可在 Troubleshooting Wizard 的"Events and Audits"部分中找到这些信息，如图 12-25 所示。

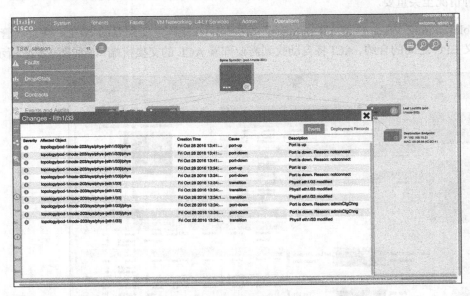

图 12-25　Troubleshooting Wizard 中的事件和审核视图

单击网络交换机甚至端口即可查看在排障会话定义的时间窗口内都有哪些事件和变更发生。图 12-25 显示了单击目的地端点所附着端口的示例。正如读者所见，在问题发生之前几分钟，似乎有一些活动正在进行。

6. Troubleshooting Wizard 中的 traceroute

traceroute 是网络管理员利用 ICMP 和 IP 数据包中的 TTL（Time-to-Live）字段来追踪数据包所经过 IP 网络路径的一种工具。但是，标准 IP traceroute 的可用性在数据中心矩阵上受到限制。下面考虑如下事实。

■ 首先，以太网中没有用于 2 层通信的 TTL 字段。

■ 在 ACI 路由的 IP 流中，由于 ACI 对流量做路由，因此大多数端点距离另一个端点只有一跳。

- 在主干/叶矩阵上，给定的任意两个端点之间都存在多条路径（至少与主干一样多），用户需要确保自己探测了所有这些路径。

- 最后，ICMP 包无法测试可能在端点之间所配置的 UDP/TCP 包过滤器。

为突破这些限制，ACI 采用了一种新的改进版工具 traceroute，专门用于排障叶/主干矩阵。产生合成流量以验证矩阵正常运行。流量在叶交换机上生成：源叶节点（源端点所连接的叶交换机）生成寻址到目的地端点的流量；目的地叶节点生成寻址到源叶节点的流量。

该合成流量可以是特定目的地端口号上的 TCP 或 UDP（随机选择源 TCP/UDP 端口号）。这样，用户就可以验证端口是否在源或目的地端点上打开，还是由于 ACL 而导致其间的某一交换机丢弃了流量。请记住，如果源端口号与已建立的 TCP/UDP 流匹配，那么该合成流量可能会中断现有通信。但是，鉴于可能的源端口数量非常多（大约 64 000），这个概率相当低。

此外，合成流量检查源（源叶/目的地叶）与 traceroute 目的地（目的地端点/源端点）之间的所有路径，当两个端点之间的连通性仅部分受损时，这将极具价值。与传统的 traceroute 工具相比较——通常在 2 层网络上只会产生单一路径的结果，对于解决复杂问题场景所提供的可见性很小。

几秒钟后，合成流量探测的结果将以图形方式显示，并带有绿色（成功）或红色（失败）箭头。绿色箭头用于代表路径上响应 traceroute 探测的每个节点。红色箭头的开头表示路径的终结位置，因为这是响应 traceroute 探测的最后一个节点。

失败的 traceroute 可能代表 ACL 丢弃了流量（用户可以在 Troubleshooting Wizard 的 "Contracts" 面板上验证），或者可能是端点本身的 TCP / UDP 端口未打开。

请记住，端点 traceroute 测试也可以从 ACI 的租户视图上配置，而不仅仅是 Troubleshooting Wizard。

7. Troubleshooting Wizard 中的原子计数器

如前所述，原子计数器可在排障策略中使用，也可在 Troubleshooting Wizard 中使用。在显示 "Atomic Counter" 面板时，向导将动态配置原子计数器，以捕获排障会话中所定义的端点间通信。如果计数器不能立即工作，请保持镇定；APIC 需要大约 60s 来程式化计数器，外加 30s 来显示第 1 个计数间隔。每隔 30s，计数器都会被刷新。

读者需要注意图 12-26 所示的网络如何统计从源发往目的地，以及从目的地到源方向的每个数据包。这是一种非常快速的用来证明网络没有丢弃任意给定服务器对之间的流量的方法。

注意，只有当源端点与目的地端点位于不同的叶交换机上时，原子计数器才可用。其原因是，在第 1 代思科 Nexus 9000 硬件上，如果两个端点位于同一个叶节点，交换机将使用硬件上的快速路径连接它们，无须通过思科 ASIC，而原子计数器功能是在思科 ASIC 上实现的。

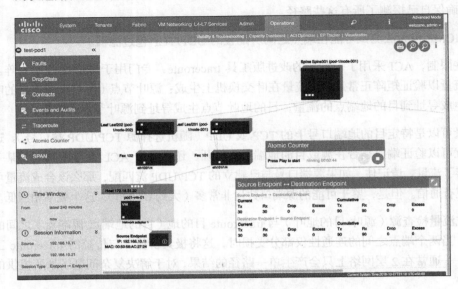

图 12-26　Troubleshooting Wizard 中的原子计数器

8. 从 Troubleshooting Wizard 配置 SPAN

如果用户还没有找到问题的原因，那么下一步通常是抓包并使用某种数据包分析工具来查看，同时关注任何异常情况。用户可以直接从 Troubleshooting Wizard 来触发流量捕获，在这种情况下，无须定义任何其他参数，因为在会话信息（源地址与目标地址）中已经输入了全部必要信息。唯一遗漏的数据是被捕获数据包要发送到哪里。Troubleshooting Wizard 提供了如下 4 个选项。

- **EPG**：如果将流量分析仪连接到 ACI 矩阵，那么可使用该选项。

- **APIC**：如果流量分析器未连接到网络，那么可使用该选项。捕获到的流量将存储在 APIC 上，用户可以在停止后进行下载。为此，需要配置好带内管理。

- **Host via APIC**：如果流量分析仪未直连 ACI 矩阵，但可以通过 APIC 到达，那么可使用该选项。

- **Predefined Destination Group**：如果在排障策略中已经定义了 SPAN 目的地组，那么可使用该选项。

12.3.6　Endpoint Tracker（端点追踪器）

读者可曾想过某台设备连接在哪里？即使找到了它当下连接的位置，那么过去在哪儿？这些问题可以由 Endpoint Tracker 应用 "回答"。

ACI GUI 上的该功能有一个有趣的故事，可作为 ACI 演化的一个例子。在第 1 个 ACI 软件版本中，并没有追踪终端设备的功能。然而，根据客户需求，一位非常有才华的思科工程师 Michael Smith，使用 ACI 工具包开发了这样一个功能。如第 13 章所述，ACI Toolkit 是一个 Python SDK，允许用户基于 ACI 所提供的 REST API 轻松创建自动化解决方案。

用户反响非常强烈，以至于思科决定将这一工具加入 APIC 的功能之中，以获得更好的支持体验。现在用户可以从 "Operations" 面板访问 "Endpoint Tracker"。

需要输入特定端点的 MAC、IPv4 或 IPv6 地址。如果多个端点与用户的查询匹配（比如，在多个 VRF 上使用了相同的 IP 地址），那么可以选择感兴趣的地址所在的 EPG。在执行该操作后，将看到该 IP 地址的所有历史转换记录：何时附着到网络或脱离网络，以及连接在哪个端口上。

比如，图 12-27 显示了某 IP 地址现在可以在 FEX 102 的端口 eth1/4 上看到，但是几天前它却在 FEX 101 的端口 1/4 上。这是正确的吗？

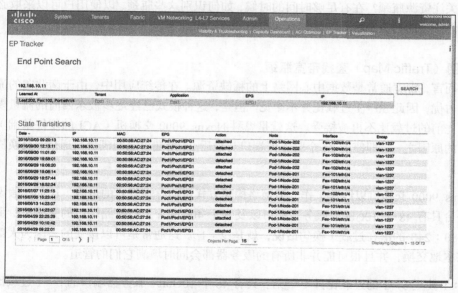

图 12-27　ACI 上基于 IP 地址的端点追踪

图 12-27 展示的是裸机服务器的 IP 地址，但也可以是虚拟机。想象一下，如果用户有 DMZ 与 Intranet 的专用叶交换机，并且想要检查某个关键虚拟机是否从未连接到其中一台 DMZ 叶交换机。对于传统网络而言，这会非常困难，但在 ACI 上使用 Endpoint Tracker 则将此事变得十分简单。

如果用户要对重复 IP 地址进行排障，那么这是快速查看网络上所有共享相同 IP 地址端点的一种方法。否则，就需要检查路由器的 ARP 表，等待"坏"IP 地址出现；在"好"IP 接管之前捕获其 MAC 地址，并在矩阵上追踪该 MAC，以找到并关闭相应端口。Endpoint Tracker 为用户节省了大量的排障时间。

12.3.7 有效利用矩阵资源

主干/叶网络具有极高的可扩展性。用户可以通过添加主干交换机来扩展带宽，添加更多叶交换机来扩展端口。

此外，在一些主干/叶网络（如 ACI）中，大多数功能是在叶节点上执行的。为使叶交换机不成为可扩展性瓶颈，网络被设计为只在叶交换机需要时才调用所需的资源。比如，假设任意给定的叶交换机上没有直连归属于某个 EPG 或 BD 的端点，就不需要部署相关的策略。这也就意味着，跨多台叶交换机扩展端点将增加网络的整体可扩展性，因为它将降低每台叶交换机所承受的可扩展性压力。

何时开始关注资源瓶颈？在有足够时间的时候，如何识别这些瓶颈、以便用户可以采取必要的行动来消除它们？下文将介绍如何在 ACI 矩阵上查找并解决带宽与资源问题。

1. 使用流量图（Traffic Map）查找带宽瓶颈

从传统上而言，带宽通常是数据中心网络上的稀缺资源。在传统应用中，由于南北向的流量通信模式占优，因此 50：1 过载比并不罕见。但是，这种模式已经逐步被东西向的流量模型所取代，先前的过载比不再被接受。这就是思科 Nexus 9000 交换机（ACI 的硬件基础）以线速工作的原因之一。即使前 24 个服务器端口与最后 24 个端口之间满负荷通信，交换机也不会丢包。

尽管 Nexus 9000 交换机以线速工作，但网络构建方式可能存在隐式的过载。比如，假设用户部署一台具有 48 个 10Gbit/s 服务器端口以及 6 个 40Gbit/s 上行链路端口的交换机，那么会产生 480：240 的潜在过载（换句话说，就是 2：1）。这通常是可以接受的，因为大部分流量将在本地交换，并且很可能并非所有的服务器都会同时填满它们的管道。

因此，3：1 甚至 6：1 的过载比并不罕见。具有 48 个 10Gbit/s 服务器端口的 6：1 过载比意味着仅需要两个 40Gbit/s 上行链路。实际上，这是 ACI 客户非常普遍的初始配置。

但是一旦网络投入生产，用户如何确保自己所选择的过载比还足够好？当然，可以通过 SNMP 或 REST API 监控链路利用率，以确定它没有超过某些阈值。一旦确定某个链路存在带宽问题，在传统网络里，下一步操作很可能就是升级带宽。

在 ACI 上执行该操作之前，用户可以采取几个简单的步骤，这就是 ACI 流量图发挥作用的地方。通过这个图形工具，用户可以查看网络上的流量模式是否正在制造瓶颈。用户可以自定义流量图中所显示的信息，如下是若干例子。

■ 是否显示通过所有主干，还是仅显示穿越特定主干的数据包。

■ 是否显示已发送、接收、丢弃或超量的数据包计数。（超量数据包通常代表某些网络的不一致性。）

■ 是否显示累积的数据包计数（到目前为止看到的所有数据包），或仅显示在过去 30s 期间看到的。

如何更好地平衡新主机在网络上的放置，流量图对于这一决策非常有帮助。比如，从图 12-28 所示的简单例子中可以看出，流量最高的叶交换机是 201 和 202。很明显，如果有新主机附着到矩阵，那么对用户而言，理想的情况是希望将它们放置于叶节点 203。

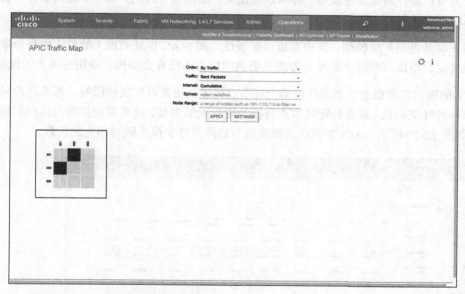

图 12-28　矩阵上 3 台叶交换机的流量图

虽然可以通过单独监控叶节点的上行链路得出相同结论，但对于可能多达 200 台叶交换机（截至本书英文版出版，所支持的最大叶节点数）的大型网络，这种图形可视化在很大程度上简化了定位带宽瓶颈的过程。

2. 利用容量仪表板（Capacity Dashboard）检测资源瓶颈

带宽是在网络上应该密切监控的有限资源之一，但到目前为止它并不是唯一的。每个系统都含有用于其功能的有限数量资源，ACI 也不例外。

思科已彻底测试并记录于 ACI 可扩展性指南的多种场景，其中指定了最大可支持的配置限制。正如用户在这些文档中所看到的那样，端点、EPG、VRF 及其他对象的数量存在最大支持限制。网络管理员应密切关注这些参数，以验证它们有没有超过思科所支持的最大值。

为简化这一任务，ACI 在 APIC 控制器上原生包含该容量查验。网络管理员不再需要写下网络上已配置对象的数量，再将其与思科官网的静态文档进行比较；相反，系统会在 ACI 容量仪表板上提供该信息——始终准确且最新。

ACI 容量仪表板报告如下两类限制。

■ **Fabric Limits**：有一些系统级别的限制，决定了所支持的网络对象总数。

■ **Leaf Limits**：与实际配置的资源相比较，每个叶节点都有特定的限制。

现代系统的可扩展性跨越多个设备，即所谓的横向扩展模型，因此，每个单独的组件不会决定整个系统的可扩展性。思科 ACI 也不例外，矩阵规模远远高于每叶节点的单台规模。

传统网络主要是纵向扩展模型，其中系统可扩展性（如 MAC 地址的最大数量）由每台单独的交换机决定，增加这些数字的唯一方法是更换网络上的所有交换机，采用更强大的设备。

基于 ACI 的横向扩展概念，如果任何单个叶节点将要超出其可扩展性限制，那么用户只需要安装额外的叶交换机（或将特定叶节点替换为更强大的类型，这是横向扩展与纵向扩展的组合）。如图 12-29 所示，ACI 容量仪表板提供与矩阵及叶交换机限制相关的信息。

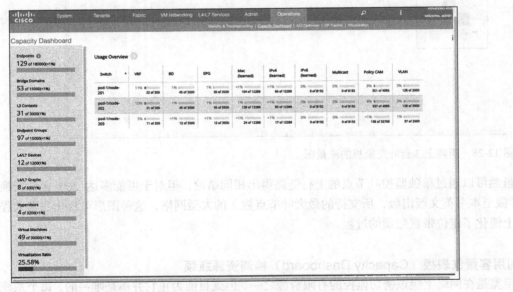

图 12-29　显示系统级别和叶交换机级别限制的 ACI 容量仪表板

3. 利用 ACI Optimizer（优化器）来规划变更

查看 ACI 容量仪表板上当前硬件资源的利用率对用户来说非常有帮助，但用户可能希望更进一步。网络应该可以回答硬件资源是否足够的问题，不仅是为了满足今天的业务，也是应对未来的需求。

这就是 ACI 优化器的目标，可以使用该工具来设计假想场景。用户可以模拟具有特定大小与特征的配置，比如租户、VRF、BD 或 EPG 数量，并预估某个硬件是否有足够的资源来支撑该配置。

模拟场景的创建包括如下 4 个步骤。

步骤 1　创建配置模板。

步骤 2　创建模拟场景下的配置对象（租户、BD、EPG 和合约等）。

步骤 3　创建物理网络拓扑（主干、叶交换机和 FEX 设备）。

步骤 4　检查模拟输出。

步骤 1 很简单，除要给模板分配名称之外，没有其他选项。现在，用户可以在配置选项卡上创建配置对象了，如图 12-30 和图 12-31 所示。

比如，在 GUI 的 "Operations" 菜单上创建新的配置模板后，就可以在画布中添加对象，以模拟矩阵的未来状态。图 12-30 演示了如何添加 500 个 BD、每 BD 200 个端点，并在 20 台叶交换机上部署了 IPv4 和 IPv6 双栈。

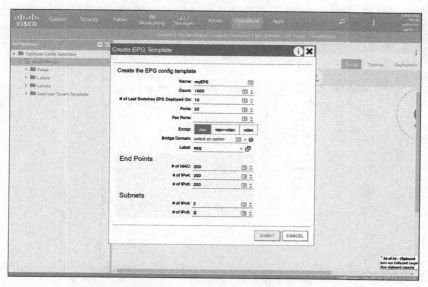

图 12-30　ACI 优化器：创建 EPG

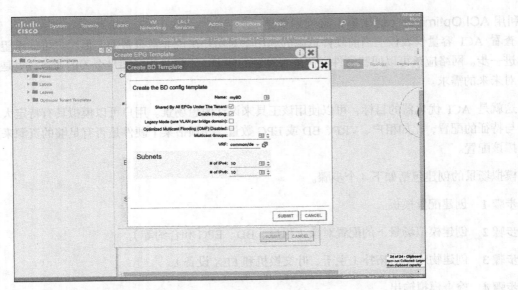

图 12-31　ACI 优化器：创建 BD

从前面的图中可以看出，用户可以在一个步骤中模拟数百个相同对象的创建（在本例中为 1000 个 EPG）。继续创建所需对象以使模拟更准确。满意后，可继续执行下一步以定义拓扑。

在 "Topology" 选项卡上，用户可以指定所模拟的 ACI 网络由多少个主干、叶交换机及可选的 FEX 设备组成。与以前一样，可以一次性创建任意给定类型的全部设备，如图 12-32 所示。

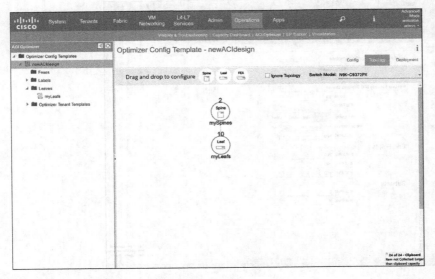

图 12-32　ACI 优化器：创建物理拓扑

最后，用户可以通过"Deployment"选项卡以模拟结果。这些信息可能极具价值，无论是第1次设计矩阵，还是根据新的可扩展性要求来决定如何最好地演进矩阵。比如，图 12-33 显示了具有一定数量的 VRF、BD 和 EPG 的 10 台叶交换机上的模拟设置。用户可以在前景中看到"Issues"窗口，其中包含该设置将遇到的两个可扩展性挑战，在后台，用户可以看到模拟方案与每叶节点及每矩阵的最大可扩展性限制相比较的详细分析。

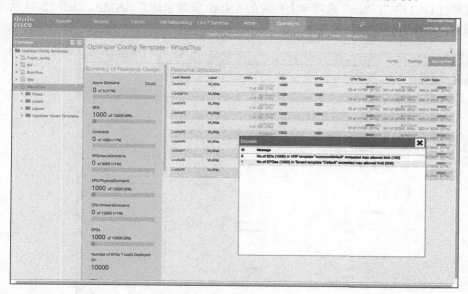

图 12-33　ACI Optimizer：检查模拟输出

12.4　监控策略与统计

在传统网络中，需要逐交换机地配置其组件的监控属性。正如用户已经看到的，这种类型的配置在 ACI 上是集中部署的，并通过位于"Fabric Policies"选项卡上的监控策略来定义。本节将介绍一些可以配置的、最为有效的策略，以便能够更好地监控 ACI 矩阵。

12.4.1　SNMP 策略

传统上通过 SNMP 监控数据网络。从本质上而言，SNMP 协议允许双向通信。

■ 监控工作站可以轮询受监控对象上某些变量的状态（称为对象 ID 或 OID）。

■ 受监控对象通过发送 Trap 或 Inform 来异步通告异常情况给监控工作站。

用户可以使用 SNMP 来监控 ACI 交换机和控制器，尽管如第 13 章将阐释的，这可能不是最好的方法。其原因是 ACI 的 REST API 通过统一接口提供了更多信息，而不用一个接一个地轮询各交换机以获取所需的信息。

截至本书英文版出版，ACI 支持的 SNMP MIB 组件详见思科官网文档"MIBs Supported by APIC"。

用户可以通过 GUI 中"Fabric"选项卡上相应的 SNMP 策略来配置 SNMP，如图 12-34 所示。如读者所见，与该策略相关的元素如下。

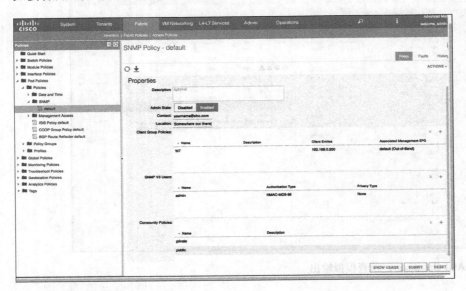

图 12-34　ACI SNMP 策略示例

- **通用 SNMP 设置**：SNMP 管理状态、联系人和位置信息。

- **客户端组策略**：允许 SNMP 通过哪些 IP 地址访问系统（可选）。

- **SNMP v3 用户**：强烈建议采用 SNMPv3，因为它提供了比 SNMPv2 更强大的身份验证及加密功能。在这里，可以定义 SNMPv3 用户及其身份验证。

- **Community Policies**：如果采用 SNMP 的版本 1 或版本 2（同样不建议，但在某些情况下可能会用到，比如实验室环境），就可以在这里配置用于 SNMP 认证的团体字符串。

SNMP 配置的第二部分是将 SNMP Traps 发送到何处。图 12-35 说明了在"Admin"选项卡上的远程 SNMP 目的地配置。

接下来，需要配置 ACI 的监控策略，以将 SNMP Traps 发往上述目的地。

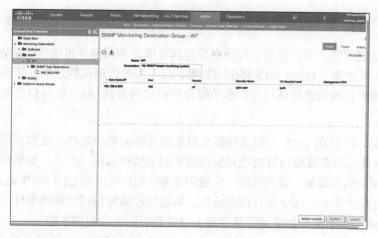

图 12-35 SNMP 目的地

12.4.2 系统日志策略

系统日志（Syslog）的配置类似于 SNMP，但它可以更好地控制发送哪些消息、这些消息的严重性以及出现在何处。以下是相关配置步骤。

步骤 1 在"Admin"选项卡上定义系统日志目的地。在这里，用户可以定义是否希望将系统日志发往 APIC 上的文件（/var/log/external/messages）、控制台和/或外部目的地。在后一种情况下，可以选择性地定义要使用的设备、端口号以及触发的最低严重性。

步骤 2 在"Fabric"选项卡的"Monitoring Policies"下定义系统日志源，如图 12-36 所示。用户可以指定要转发到目的地事件的类别及最低严重性。

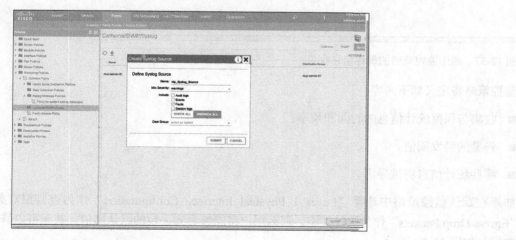

图 12-36 Syslog 源配置

12.4.3　统计

统计监控是传统网络中已实现的方式。注意，ACI 本身也具有统计和阈值警报的默认配置。仅举一个例子，当接口上有太多丢包时，ACI 将生成告警，而不需要管理员特意配置任何内容。但是，某些用户可能希望覆盖此默认行为，本节将介绍在如何查找 ACI 统计信息处理方式的主要控件。

统计信息由监控策略控制，可以在 ACI 上定义与多个对象相关联的监控策略。比如，用户可以为某些 BD、EPG 等逻辑对象或端口等物理对象设置不同的监控策略。但是，如果没有为任意给定对象定义特定的监控策略，就会采用一个通用策略。用户可以在 GUI 的 "Fabric" 选项卡上找到它，如图 12-37 所示，用于统计信息收集。其他监控策略包括为哪些事件生成日志信息、SNMP 和 Syslog 目的地（如前面所描述的）以及告警的生命周期策略。

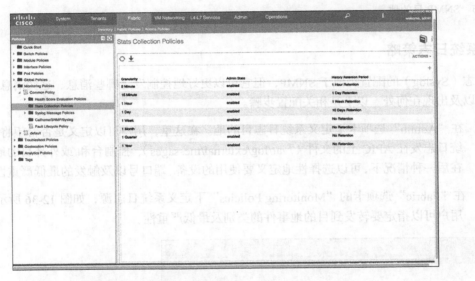

图 12-37　通用监控策略的统计信息收集

监控策略将定义如下内容。

■　收集与保留统计信息的时间和频率。

■　告警的触发阈值。

■　哪些统计信息将被导出。

如果在默认监控策略中选择 "Layer 1 Physical Interface Configuration" 作为被监控对象，"Egress Drop Packets" 作为统计类型，那么用户将能够看到丢包的默认阈值，甚至可以修改它们，如图 12-38 所示。

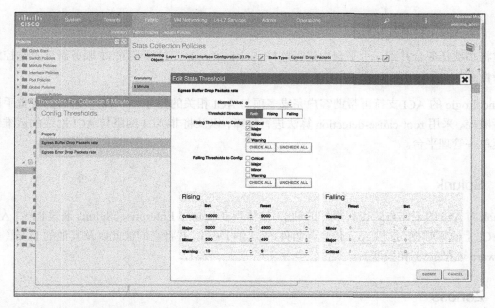

图 12-38　修改告警生成的统计阈值

12.5　ACI 支持的第三方监控工具

多种监控工具提供对 ACI 的支持，这里介绍其中几个。注意，该列表并不全面；相反，它只包含了截至本书英文版出版的现有监控集成。

12.5.1　IBM Tivoli Netcool

Netcool 是 IBM Tivoli 软件系列中的网络监控组件。它通过所谓的"探针"与被管理对象进行通信，这些"探针"实现了这些被管理对象的访问机制。

思科 APIC 提供北向 REST API，利用该 API，IBM Tivoli Netcool 面向 ACI 的 OMNIbus 探针可以与其监控的系统进行通信。探针可以通过 WebSocket 从 REST API 获取 JSON 事件。然后，将它们转换为 Netcool/OMNIbus 事件，并发送到 ObjectServer。

12.5.2　SevOne

SevOne 拥有多种用于传统及高级 IP 网络监控的产品和解决方案，以及 4G LTE 网络与混合云部署。SevOne 的监控解决方案支持思科产品和技术，比如 IP SLA、NetFlow、用于 4G LTE 网络的 StarOS、思科 UCS 以及 ACI。

12.5.3　ScienceLogic

通过将多项任务合并到一个平台中进行监控，ScienceLogic 专注于消除 IT 服务管理及监控的复杂性。

ScienceLogic 的 ACI 支持可帮助客户完成多项与 ACI 相关的任务：采用易于理解的视觉手段进行监控、采用 root-cause-detection 算法进行排障，以及将非 ACI 网络与 ACI 网络的运维组合至单一管理平台。

12.5.4　Splunk

Splunk 对 ACI 的工作方式也有很好的理解，这体现在 Splunk Enterprise。Splunk 通过 REST API 从 ACI 上收集数据，提供 ACI 信息与事件的实时可见性，并将它们彼此以及其他的 IT 域（如 VMware vSphere）相关联。

12.5.5　Zenoss

面向 ACI 的 Zenoss 为软件定义数据中心提供以应用为中心的 IT 运营监控。ACI 定义了租户及应用需求，Zenoss 软件可以在基础设施上的网络、计算、虚拟化与存储资源之间，实现统一的服务影响和根本原因分析。面向 ACI 的 Zenoss 基于租户、应用、EPG 及合约的业务定义来构建数据中心端到端的实时模型。Zenoss 实时模型识别每个应用所部署的特定基础设施组件，并关联每个 ACI 租户与应用的网络运行状况、关键性能指标（KPI）、告警和事件，以确定性能问题及可用性问题的根本原因。

12.6　小结

ACI 作为网络架构的主要优势之一是其集中的管理平面。基于单个 GUI 与单个 API 来监控并排障网络是对传统网络概念的决定性改进。网络管理员不再需要登录到各台设备才能查看其网络状态或信息。

这一单点管理非常有帮助。比如在通过 Splunk、Zenoss 或 SevOne 等外部工具（仅列举一二）来监控 ACI 时，只需要一个 API 调用即可获知整个网络的状态。

此外，ACI 构建于这一集中管理平面的工具使监控及排障比以往更容易。这些工具的示例包括改进版的 ping 和 traceroute、用于轻松识别热点的流量图、用于轻松访问与问题相关所有信息的 Troubleshooting Wizard，以及能够快速确认整个矩阵或单台叶交换机资源消耗的容量仪表板。

总而言之，ACI 提供了即买即用、大多数客户所必需的网络监控功能，又不必因这些额外工具的引入而产生额外成本。

第 13 章

ACI 可编程性

在本章中，读者将学习到以下内容。

- 为什么网络可编程性很重要。

- 如何通过 REST 应用程序编程接口（API）对 ACI 进行程式化。

- 多种工具可帮助开发 ACI 的网络自动化解决方案，比如 Visore、API Inspector（检查器）以及 Arya。

- 用于 ACI 程式化的软件开发工具包（SDK）。

- ACI 与 IaaS（Cisco Enterprise Cloud Suite、Microsoft Azure Pack 和 VMware vRealize）及 PaaS（Apprenda）等自动化工具的集成。

13.1 为什么需要网络可编程性

现在去无论去哪里，参加 IT 活动，都充满了关于自动化和程式化的议题。为什么？这种自动化狂热的起因与任何 IT 组织的目标完全重合——坦率地说就是省钱、赚钱。

在"省钱"阵营中，自动化已成为大多数组织的主要目标，其原因很简单：IT 预算必须维持在最低水平；与此同时，IT 的复杂性及规模预计都将只增不降。如何基于同样数量的 IT 人员管理更多的设备、更复杂的配置以及更强的依赖关系？要么让他们加班，要么给他们提供自动化工具，以便可以在更短的时间内完成工作。

但节省时间并不是 IT 组织寻求自动化流程的唯一原因。特别是当处理复杂的 IT 技术时，手工操作很容易出错。在敲命令时，出现一个小错误都可能会导致整个系统崩溃。读者是否曾忘记过粘贴在第 2 页 Word 文档上的 ACL？或者在路由器上粘贴过错误的配置，抑或把正确的配置贴错了地方？如果有，那么就会充分理解这里在说什么。

关于自动化与可编程性还有第 2 个方面："赚钱"的部分。如果 IT 组织仅限于简化现有流程，那么它对整个组织的附加价值就没法增长。更多的 CIO 愿意将 IT 作为新业务的赋能者，因此，自动化是刚需。

其中一个首要的原因是通过简化现有流程，IT 管理人员将有更多时间投入创新，而不仅仅专注于"让灯亮着"；其次，只有通过自动化与程式化，IT 才能开始为整个组织提供附加价值，无论是基于 DevOps 举措、持续集成与持续开发，还是通过实施公有/私有/混合云项目。

在本章中，读者将了解到如何从这两个角度（省钱、赚钱）实现自动化，并且会看到 ACI 如何帮助达成这些目标的多项用例。

13.1.1　传统网络自动化的问题

自动化对网络领域而言是全新的吗？绝对不是。自互联网诞生以来，网络就自动化了，否则大型网络环境下的运营将不可能实现。然而，通用的应用程序编程接口（API）缺失，从一开始就困扰着网络行业。

大多数传统网络工具都专注于命令行界面（CLI），将其作为自动化的一种手段。这意味着网络自动化工具（或脚本）将连接到一系列设备，并在每台设备上运行一些命令。这些命令产生的输出基于文本，而脚本将分析该输出并从中提取信息，或仅仅用于断定之前的 CLI 命令已成功执行。

这种方式的问题在于，网络 CLI 的创建是供人类阅读的。因此，通常没有特别关注其机器的可读性。假设某个命令产生输出 ok，而另一个命令输出 OK。毫无疑问，操作者会将这两种输出看作一致的，表明之前的任何操作都已成功执行。

然而，对机器（如网络自动化工具或脚本）而言，这两个字符串完全不同，因而现在需要编写代码来正确处理表达式的大小写。随着时间的推移，还要添加跨软件版本的不同表单格式，以及跨网络平台处理相同命令的不同输出结果。读者很快就会意识到，这些自动化工具或脚本越来越不可维护并终将导致崩溃——因为它必须面对原本只打算给人看的、字符串中每一个细微变化所导致的复杂性。

这就是创建网络 API 的原因，但正如读者将看到的，它们通常会受到这样或者那样的限制。

13.1.2　SNMP

SNMP 是专为更有效管理网络而创建的第 1 种 API。它由一个或多个 MIB 变量或 OID 构成。这些变量可以被读取（通过"get"操作）或写入（通过"set"操作）。此外，SNMP 还利用所谓的"Trap"或"Inform",在设备上某些事件发生时,实现了异步通知的可能性。

SNMP 的主要缺点在于,它跟设备的操作系统(OS)完全分离,仅作为一个额外的应用在上层运行。因此,并非所有的设备信息都可以通过 SNMP 获得。然而,因为 MIB 需要在事后实现,这通常会导致诸如"监视这个或那个信息的 OID 是什么?"之类的问题产生。供应商可以自行决定其 SNMP 实现程度的深浅。

ACI 当然支持 SNMP。但由于其固有的低效率(如第 12 章所述),思科建议通过 REST API 来查询矩阵的信息。

13.1.3　NETCONF 与 YANG

由 IETF 开发的 NETCONF 是一种更新潮的尝试,它提供了用于管理网络设备的 API。与其他 IETF 项目一样,NETCONF 由 RFC 公开记录。对 NETCONF 而言,它最初由 RFC 4741 描述,现已被 RFC 6241(参见 IETF 官网)所取代。

NETCONF 的核心是 RPC 层,它基于 XML 来编码网络配置及协议消息。

YANG 是一种数据模型,NETCONF 可以利用它来描述网络状态与操作。IETF 在 RFC 6020(参见 IETF 官网)中记录了 YANG。

YANG 依赖于 XML 构造(如 XPath),可将其作为指定依赖关系的一种标记。然而,YANG 比 XML 更具"人类可读性"(实际上 YANG 文件的语法接近于 JSON),这也是它广受欢迎的原因之一。

YANG 层次化地组织网络数据以便其更易于处理,并能够跨多个供应商提供大体一致的网络模型。因此,作为一种自动化、多供应商网络环境管理的供应商中立方式,NETCONF 与 YANG 的结合引发了业界极大的关注。

正如其名字所暗示的,NETCONF 以网络为中心。因此,即便网络服务供应商等组织已经利用它成功实现了网络自动化,然而 NETCONF 尚不为网络行业以外的开发者社区所熟知。因此,其生态系统也并不像其他非网络 API(如 REST)那样宽泛。

13.1.4　编程接口和 SDK

正如读者已经看到的,ACI 提供了多个用于管理和配置的接口:不是一个而是两个图形用户界面(基本与高级)、一个命令行接口,以及 RESTful API(这也正是本章的主要议题)。

1. 什么是 REST

REST API(有时称为 RESTful)已成为编程接口的事实标准。RESTful API 有时被认为是

SOAP（旨在实现 Web 服务的互操作性）的简化，实质上它分别基于 HTTP 的方法（如 GET、POST 及 DELETE）用来传输、接收及删除信息。这些信息通常采用一些结构化的描述语言（如 JSON 或 XML）进行编码。

纯粹主义者会争辩说，虽然前面的描述可以很好地概括 REST 到底是什么，但仍不够全面。其官方记录如下（读者可以保留任意一种自己认为更好的解释）。

REST 是一种架构风格，由分布式超媒体系统中应用于组件、连接器和数据元素等一组协调的体系架构约束组成。REST 忽略了组件实现和协议语法的细节，以便专注于组件角色、与其他组件交互的约束，以及对重要数据元素的解释。

对于遵循它的所有体系结构，REST 都施加了如下架构约束。

- 客户端/服务器、无状态、可缓存、分层、按需代码（可选）或统一接口。

- 识别资源、控制资源、自描述，或作为应用状态引擎的超媒体。

在 RESTful 实现中，以下是其重用的 HTTP 方法。

- GET、POST、PUT 及 DELETE。

- PUT 与 DELETE 是幂等方法。GET 是一种安全的方法（或恒等），这意味着其调用不会产生副作用。POST 是一种创建方法。

2. 什么是软件开发套件

软件开发工具包（SDK）是一些"模块"，它允许编程语言在本地调用某些对象。取决于特定编程语言，这些模块可能被称为库、插件或其他名字——但概念不变。

请注意，大多数编程语言都支持发送 REST API 调用。在执行该操作时，代码并不真正理解正在发送或接收的内容。相反，如果基于 SDK，就可以在代码中直接调用 ACI 的原生构造。

比如，部署 ACI 的 Python SDK（称为 Cobra）时，读者可以在 Python 代码中调用 ACI 的原生概念，如"租户""EPG"以及"应用配置描述（Application Profile）"；而在发送 REST API 调用时，代码只是在发送并接收文本，并不需要了解其确切含义。

13.2 ACI 编程接口

对于前面所讨论过的这些概念，本节将研究如何在 ACI 上实现。

13.2.1 ACI REST API

ACI 的 REST API 实现非常丰富，它允许访问 GUI 上每一条可用的信息——实际上甚至更多，因为某些 ACI 对象并没有在 GUI 上完全开放，但可以通过 REST API 访问。

过去用户总是询问网络供应商 SNMP 是否支持这个或那个计数器（以及应查询的 OID）。

同大多数 RESTful API 一样，ACI 基于 HTTP 或 HTTPS 传输。在有效负荷的选择中，它提供了 JSON 或 XML。ACI 利用 HTTP 的 GET 来检索信息，并由 POST 来执行操作。无论何时发送 POST，都需要在 HTTP 请求中指定 JSON 或 XML 主体，它将描述需要执行的操作。

13.2.2 REST API 的身份验证

ACI 的 REST API 并不是利用 HTTP 的身份验证机制，它的实现就如同其他任何 POST 调用一样。在主体（以 XML 或 JSON 格式）中指定用户名与密码，如果成功了，它就会返回一个身份验证令牌。

在后续的 REST API 调用中，该身份验证令牌将作为一个 Cookie 或 HTTP 头部；在过期之前，用户不需要再次发送身份验证凭据。

13.2.3 API Inspector（检查器）

文档对每种 API 而言都很关键，读者可以在思科官网或直接在 APIC GUI 上找到大量文档。然而，还有更好的方式，甚至无须查看文档，原因如下。

如果想了解某一 REST API 调用具体实现什么功能，通常的做法是在 API 参考指南中查找。ACI 当然也可以这么做，但有更好的方式——通过 API Inspector。可以从 GUI 启动该工具，它将在一个新窗口中打开。如果读者曾经用过 Microsoft Office 的宏录制功能，那么就会确切理解其作用。打开 API Inspector 窗口后，就可以在 GUI 上执行任何操作，同时 Inspector 窗口将反映：基于 REST 完成相同任务时所对应的 API 调用。

API Inspector 窗口提供了若干控件，用于定义所要记录的颗粒度级别，以及对日志记录的其他可用操作（诸如启动、停止及清除等），如图 13-1 所示。

13.2.4 REST API 客户端

有众多客户端可将 REST API 调用付诸实践，以下是其中 3 个广受欢迎的。

- **Postman**：可能是使用最广泛的 REST 客户端。作为流行的网络浏览器 Chrome 上的一个插件而创建，Postman 已发展成为一个独立应用。它包含对可变环境及其他功能的支持，其付费版本甚至更强。

- **Paw**：在 Mac 上流行的一个独立客户端。其中一个功能是将 REST 调用转换为其他格式，如 JavaScript 和 Python（请参考以下部分，以更好地了解该功能）。

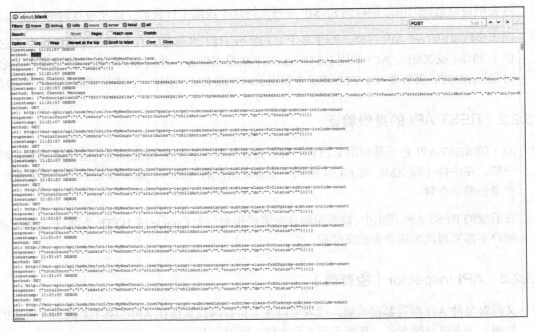

图 13-1　API Inspector

■ **Poster**：作为 Firefox 的一个扩展，在功能方面 Poster 并没有跟上其同行 Postman。

13.2.5　编程语言调用 REST API

正如读者在前面所看到的，找出需要执行哪些 API 调用才能进行特定操作是很容易的。通过 API Inspector，只需在 GUI 上运行该任务，然后再查看 Inspector 窗口即可。但是，如果想基于这些 REST 调用创建脚本或程序，该怎么办？大多数编程语言都支持 REST 调用，从 Perl 到 PHP 再到 Python（仅列举其一二）。

然而，读者需要小心 Cookie。正如在 REST API 身份验证部分看到的，首先需要对 API 进行验证以获取令牌，然后在每个后续 REST 请求中传递该令牌。

有些语言会为用户处理 Cookie（如 JavaScript 的 "http-Client" 模块）：如果发出 HTTP 请求且服务器返回 Cookie（对 ACI 而言是身份验证令牌），那么在对同一服务器的后续请求中，该 Cookie 将自动被植入。这也是大多数 REST 客户端的处理模式，比如 Postman、Paw 及 Poster。

然而，其他语言如 Python（基于 "requests" 模块）则不会为用户执行该操作。这时需要从身份验证尝试的成功响应中提取令牌，然后在每个后续 REST 请求中，再将其作为 HTTP 头部植入。

13.2.6 ACI 对象模型

ACI 成功的秘诀无疑是其对象模型。在结构化、层次化以及面向对象的数据模型中，通过对完整的网络配置进行建模，读者会发现，当实现其他诸如 REST API 等附加功能时，事情变得相对容易起来。

对象在所谓的管理信息树（MIT）中构造，并以类的方式形成层次化结构。对象包含属性与子对象。这种层次化结构，使得调用 API 的应用可以更容易地了解网络状态，而不必同时处理所有的网络信息；并且能够在给定的任意时间内从网络上动态地提取所需信息。

类描述了对象所具备的属性。关于类中包含的有用信息，第 9 章提供了一个示例，诸如允许对归属于某个类的对象进行读写的角色。

比如，图 13-2 展示了 ACI 矩阵上一个非常小的子树，其中描绘了若干对象。这种层次结构可被视为目录——比如，包含"公共"租户配置的对象实际上称为"tn-公共租户"，其全称（在 ACI 语境里，称为专有名称或 DN）是"uni/tn-公共租户"。在这里，"uni"是包含矩阵完整策略的一个大型对象。正如读者将发现的那样，大多数可配置的对象都位于"uni"层次结构下。

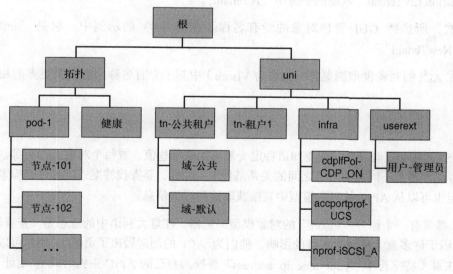

图 13-2　子树与对象

接下来的部分将介绍，如何查找不同 ACI 对象的专有名称及其所属类的信息。

13.2.7　GUI 调试信息

读者可能想知道，如何以程式化方式与 ACI 的特定对象交互。第 1 步是查找其专有名称来作为参考。可以激活 GUI 上的 "Debug" 选项，以便能够在任意给定时间查看正在访问 ACI MIT 中的哪一个对象；也可以在 GUI 右上角的菜单中，通过命令 Show Debug Info 来执行该操作。

一个状态栏（ACI 1.x 或 2.x 版本为蓝色，3.x 版本为灰色）将出现在 GUI 最底部，在这里能够查看与屏幕上对象有关的若干详细信息（如其专有名称），如图 13-3 所示。

| Current Screen:insieme.stromboli.layout.Tab [fv:infoTenant:center:a] I Current Mo:insieme.stromboli.model.def.fvTenant [uni/tn-MyNewTenant] | Current System Time:2016-10-25T11:25 UTC |

图 13-3　启用调试信息后的 APIC 状态栏

如图 13-3 所示，调试状态栏将显示相关信息的字段，具体如下。

- **Current Screen**：关于当前 GUI 所显示屏幕的图形界面信息。在图 13-3 的示例中，屏幕名称为 "insieme.stromboli.layoutTab[fv:infoTenant:center:a]"。读者可以放心地忽略状态栏的这一部分，它主要是面向 ACI GUI 的开发人员。

- **Current Mo**："Mo" 代表 "管理对象"。对读者而言，这将是最有用的信息，分为两个部分。

  - 首先，所选择 GUI 管理对象的类名。在图 13-3 的示例中，类名是 "insieme.stromboli. model.def.fvTenant" 末尾的字符串 "fvTenant"。

  - 其次，所选择 GUI 管理对象的专有名称。在图 13-3 的示例中，它是 "uni/tn-MyNewTenant"。

下一步是在 ACI 的对象模型浏览器（也称为 Visore）中基于专有名称来查找其更多的相关细节。

1. Visore

在进行 REST API 交互时，经常需要知道特定变量可能取哪些值，或每个对象上都有哪些变量，再或者说归属于不同类的对象之间的关系是什么。同样，要查找答案，读者可以检索在线文档，但也可以从 APIC 的对象模型中直接获取这些详细信息。

每台 APIC 都带有一个称为 "Visore" 的对象模型浏览器，在意大利语中的意思是 "查看器"（可能要归因于许多意大利开发人员的影响，他们为 ACI 的创建做出了贡献）。用户可以访问 Visore 主页（将字符串 "your_apic_ip_address" 替换为自己的 APIC 主机名或 IP 地址），它会提供若干搜索字段以便初始化浏览。请注意，URL 区分大小写。

通过调试状态栏（参阅 13.2.6 节）找到某个对象的专有名称后，就可以在 Visore 主页所显示的筛选器上进行查找了。如果想知道 ACI 上某项 QoS 策略的相关信息，首先应该通过调试任务栏找到其专有名称（比如，级别 1 的 QoS 策略是 uni/infra/qosinst-default/class-level1），然后再进入 Visore 查找，如图 13-4 所示。

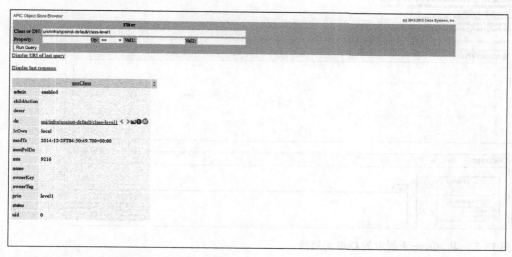

图 13-4　在 Visore 上查找特定对象

找到对象后（比如，输入通过 GUI 调试功能获得的专有名称），就可以浏览下列选项（请注意，并非所有选项都可以应用于每个对象）。

- **显示父对象**：单击对象专有名称旁边的绿色 "<" 符号。
- **显示子对象**：单击对象专有名称旁边的绿色 ">" 符号。
- **显示与对象相关的统计信息**：单击对象专有名称旁边的黑色条块。
- **显示与对象相关的故障**：单击对象专有名称旁边的红色感叹号。
- **显示对象所属类的信息**：单击对象专有名称旁边的问号（本例中位于上边的 qosClass 旁边）。

最后一个链接非常有帮助，它将显示用于对象模型交互的重要信息，诸如与类相关的（见图 13-5）。

以下是在图 13-5 中，读者可以看到且极具价值的若干类属性。

- **类前缀**（本例为 **"class-"**）：在 ACI 上，所有对象都以字符串为前缀。因此，看到名称就可以知道它们属于哪个类。比如，级别 1 的 QoS 类实际上称为 class-级别 1。这就是公共租户被称为 "tn-公共" 的原因：租户对象的前缀即 "tn-"。

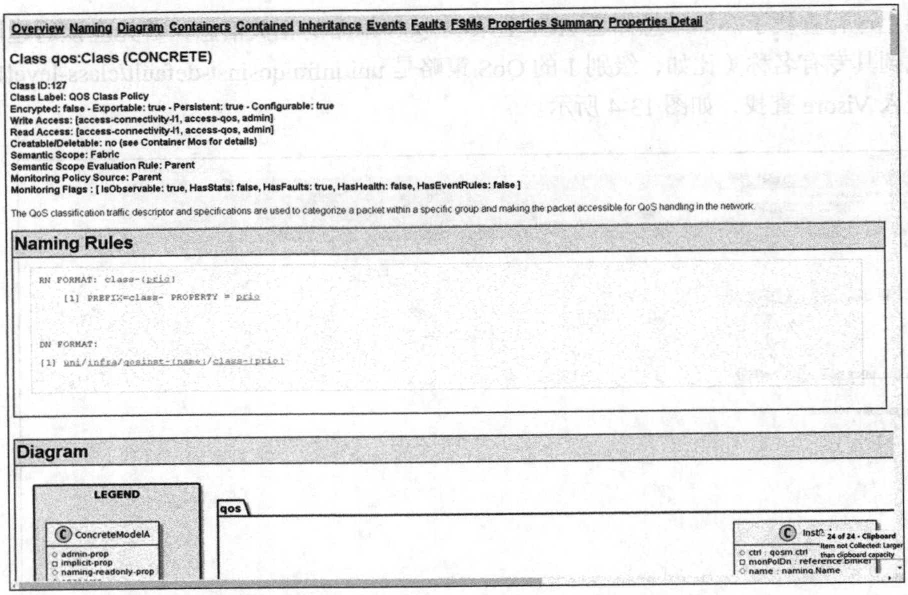

图 13-5　从 Visore 上提取的 QoS 类属性

■ **专有名称格式（本例为"uni/infra/qosinst-{name}/class-{prio}"）**：该字段显示，对象在管理信息树之中的层次结构。

■ **读取与写入访问**：正如读者在第 9 章所学到的，这些属性将展示哪些 ACI 角色对归属于该类的对象具有读取或写入权限。

Visore 的另一个用途是找出对象中特定属性可输入的值。如果读者想知道静态绑定描述的最大长度（顺便提一下，这是存在于数据模型里的一个对象示例，且无法通过 GUI 设置），就可以前往归属于 fvRsPathAtt 的任何对象，然后单击类名旁边的问号。

这将展示某特定类的详尽文档，包括其所有属性。单击 Description 属性，会跳转到描述该特定属性的语法及最大长度的页面位置（如读者所见，最多可以包含 32 个字符），如本节稍后的图 13-8 所示。现在就可以明白，如果尝试定义超过 32 个字符的描述，GUI 将抛出错误的原因。

如果向下滚动网页，就可以在与该类相关的信息中找到更多有价值的信息——诸如展示其关系（归属于它的对象与其他类之间）的图谱，如图 13-6 所示。

■ 最终，在该图之后可以查看对象的不同属性，其中的链接将带读者进入更详细的部分，其中会包含这些属性的语法规则等信息。在图 13-7 所示的例子中，还可以看到描述字段的规则，诸如最大与最小长度以及所允许的字符。

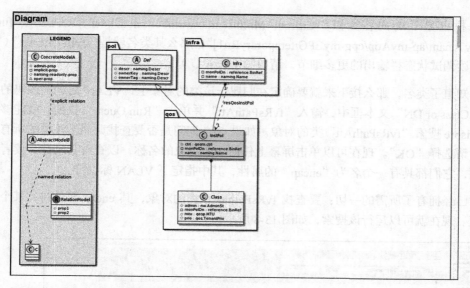

图 13-6　从 Visore 上提取的 QoS 类关系图谱

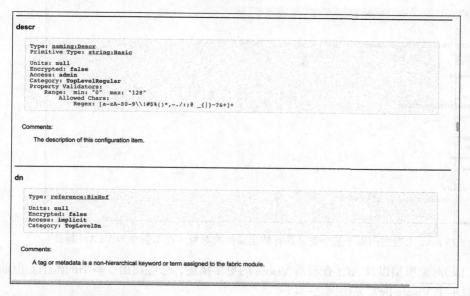

图 13-7　对象属性的详细描述

来看一个实际的例子。想象一下，现在要找出配置了某 VLAN 封装（通过 EPG 静态绑定）的交换机端口。为此，可以按照如下步骤操作。

- 首先，要找到 EPG 静态绑定的类名（或在较新的 ACI 版本上，被称为 EPG 静态端口）。可以转到 APIC GUI 中何静态绑定的 EPG，并在调试状态栏中找到其类名。比如，假设状态栏上显示的内容类似 "Current Mo:insieme.stromboli.model.def.fvRsPathAtt [uni/
tn-myTenant/ap-myApp/epg-myEPG/temporaryRn1]",那么其类名就是 "fvRsPathAtt"(如
何解读调试状态栏输出的更多细节,请参阅 13.2.6 节)。

- 既然知道了类名,那么接下来就要确定在归属于该类的对象上,VLAN 是如何编码的。
在 "Class or DN" 文本框中,输入 "fvRsPathAtt" 并单击 "Run Query" 按钮,就能够通
过 Visore 搜索 "fvRsPathAtt" 类的对象。如果 GUI 询问是否要查找归属于该类的所有对
象,请选择 "OK"。现在可以单击屏幕上任何一个对象的名称,以查看其属性。读者将
看到,它们都具有一个名为 "encap" 的属性,其中指定了 VLAN 标识符。

- 此时已经拥有了所需的一切:要查找 fvRsPathhAtt 类的对象,其 encap 属性具有某个特
定值。现在就可以运行该搜索,如图 13-8 所示。

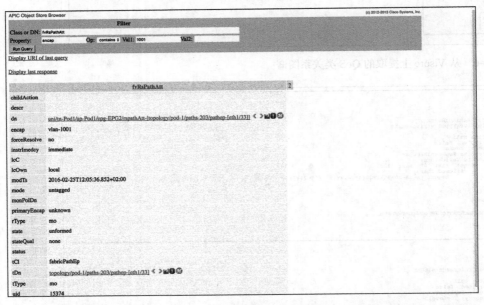

图 13-8 在 Visore 上搜索归属于某个类并具有特定属性的对象(在本例中为 VLAN 封装)

关于 ACI 的对象模型以及 ACI 查看器 Visore 的更多描述,已经超出了本书的范围。但前面
的例子展示了 Visore 的常见用例之一。

2. moquery

有一个名为 moquery 的命令行版本 Visore,它是管理对象查询的缩写。moquery 可接受多个
参数,以便基于不同的条件来搜索对象模型。示例 13-1 展示了该命令的选项。

比如,读者可以进行类似于 Visore 示例中的查询,以找出哪些端口带有特定的 VLAN 封装。

最常运行的 moquery 之一就是 VLAN 搜索。如果要在整个网络上查找某 VLAN 的配置，示例 13-2 所展示的单个命令将提供答案。

实质上，这里指示 moquery 查找类 fvRsPathAtt 的所有对象，但只显示其 encap 属性等于 "vlan-1001" 的对象。最后，读者可能仅对包含专有名称的输出行感兴趣。运行单个命令就可以发现：该 VLAN 已配置在叶节点 203 的端口 1/33 上。

读者可能正在思考，这并不是最轻松的命令；然而通过若干练习，就能够利用对象模型进行一些非常灵活的查询了。与 Visore 的情况类似，对 moquery 的进一步挖掘也超出了本书范畴。

示例 13-1　moquery 的命令选项

```
apic# moquery -h
usage: Command line cousin to visore [-h] [-i HOST] [-p PORT] [-d DN]
                                      [-c KLASS] [-f FILTER] [-a ATTRS]
                                      [-o OUTPUT] [-u USER]
                                      [-x [OPTIONS [OPTIONS ...]]]
optional arguments:
  -h, --help              show this help message and exit
  -i HOST, --host HOST  Hostname or ip of apic
  -p PORT, --port PORT  REST server port
  -d DN, --dn DN          dn of the mo
  -c KLASS, --klass KLASS
                          comma separated class names to query
  -f FILTER, --filter FILTER
                          property filter to accept/reject mos
  -a ATTRS, --attrs ATTRS
                          type of attributes to display (config, all)
  -o OUTPUT, --output OUTPUT
                          Display format (block, table, xml, json)
  -u USER, --user USER  User name
  -x [OPTIONS [OPTIONS ...]], --options [OPTIONS [OPTIONS ...]]
                          Extra options to the query
apic#
```

示例 13-2　确定 VLAN 配置的路径

```
apic# moquery -c fvRsPathAtt -f 'fv.RsPathAtt.encap == "vlan-1001"' | grep tDn
dn              : topology/pod-1/paths-203/pathep-[eth1/33]
apic#
```

13.2.8　ACI 软件开发套件

众所周知，软件开发工具包（SDK）提供了一种在自己喜欢的编程语言内部与 ACI 对象模型进行交互的原生方式。在 Internet 上可以找到这些 SDK，以及与 ACI 和更多思科数据中心产品相关的其他工具。具体而言，思科使用 GitHub 作为一个开放的开发及版本控制平台，每个人都可以查看源代码，甚至为其做出贡献。在 GitHub 的 datacenter 仓库中，读者可以找到本章所引用的大多数开源组件。

现在来看一看，ACI 在这个领域所提供的多种选择。

1. Python SDK：Cobra

在过去的数年里，因易用性及模块化等因素，Python 成为一种广受欢迎的语言。它面向对象，并提供了非常灵活且易于使用的数据结构（如字典）。

面向 ACI 的 Python SDK 称为 "Cobra"。这是本书介绍的第 1 个 SDK，因为它是思科正式维护的唯一 SDK。换句话说，每当 ACI 版本升级时，思科都将发布该 SDK 的一个版本更新，以便支持新的功能。读者可以直接从 ACI 控制器下载，无须 Internet 连接。

该 SDK 最有趣的一个地方是其代码动态生成工具。它称为 Arya（APIC REST 接口的 Python 适配器），可以从 GitHub 的 datacenter 仓库直接下载。该工具所提供的 Python 代码，以 JSON 格式的目标配置作为输入，通过 ACI 的 Python SDK 来实现某一特定配置。

单击对象名称，通过其 "Save as" 功能，读者可以直接从 GUI 上获取大多数 ACI 对象的 JSON 格式配置，如图 13-9 所示。

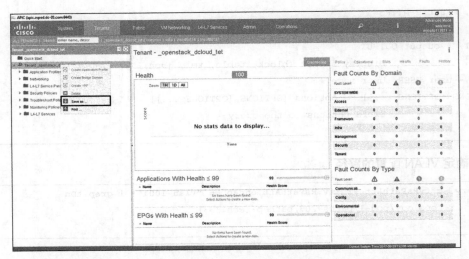

图 13-9　右键单击 ACI GUI 上的 "Save as" 功能，可以保存租户的 JSON 格式配置

在选择 "Save as" 时存在若干选项，读者应有所了解，以明确其保存的配置包含所需的全部条目。图 13-10 总结了 JSON 文件的生成建议，以便提供给 Arya。

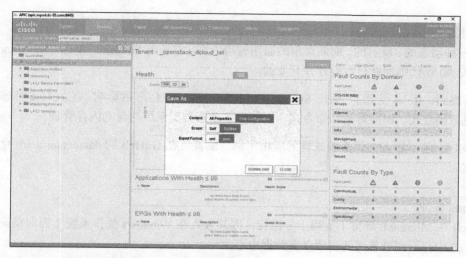

图 13-10 可保存完整配置（树）的正确选项

- **Content**：选 All Properties 的话，JSON 将包含任意文件的瞬态信息（与配置无关），如计数器或操作状态。建议选择 Only Configuration，因其仅包含与配置相关的属性。

- **Scope**：读者可以选择是仅保存与被单击对象（Self）相关的配置，还是包含其所有子项（Subtree）。建议选 Subtree，否则该配置将不够完整。

- **Export format**：这里不需要额外的解释。需要了解的是，Arya 只接受 JSON 而非 XML 格式。因此，如果读者计划将该配置推送给 Arya，那么应该选 JSON。

将上述 JSON 格式的配置信息输入 Arya，它会生成可立即执行的 Python 代码，以便读者能非常快速地构建自己的网络自动化解决方案。

2. 简化的 Python SDK：ACI 工具包

在阅读前面的章节时，读者可能已经注意到，一些网络配置需要非常丰富的数据结构，这通过 ACI 的对象模型即可反映出来。然而，许多日常任务可以采用更为简单的模型，这正是 ACI 工具包试图完成的任务。它涵盖如下 3 个要素。

- ACI 对象模型的简化版本。

- 用于同该简化模型交互的 Python SDK。

- 基于简化 Python SDK 的多个应用示例。

基于简化的 Python SDK 工具包，读者可以快速开发自动化脚本，以部署常用的 ACI 网络配置。请注意，更复杂的设计将不得不回归到标准版的 Python SDK。

3. Ruby SDK

Ruby 是一种动态的、反射的、面向对象的通用编程语言。它是由 Yukihiro "Matz" Matsumoto 于 20 世纪 90 年代中期在日本设计并开发的。

其创作者提到，Ruby 受到了 Perl、Smalltalk、Eiffel、Ada 及 Lisp 的影响。它支持多种编程范式，包括函数式、面向对象和命令式。它还具备动态类型系统与自动内存管理。

Ruby SDK 带有一个 ACI 仪表板式样的应用示例。读者可在 GitHub 的 datacenter/acirb 仓库中找到它。

4. PowerShell SDK

PowerShell 在 Microsoft 环境下变得十分流行，因其嵌入在 Windows 操作系统（面向桌面及服务器）之中，因而被普遍部署于众多数据中心。

虽然 PowerShell 也有一个 ACI 管理模块，但截至本书英文版出版，它已相当陈旧并在最新的 ACI 版本上表现欠佳，因此并不建议读者使用。如果仍希望通过 Powershell 与 ACI 交互，最好的办法是通过命令（或 Powershell 语境下的 "Cmdlet"）（如 "Invoke-WebRequest"）来调用原生的 REST API。

13.2.9　搜寻自动化与程式化示例

编写代码的第 1 条规则是不重复他人已创造过的任何内容。作者称之为"自豪地偷窃"，比重新发明轮子更好。基于此，在如下站点，读者可以找到基于各种编程语言的众多代码示例。

- 面向 ACI 的思科开发者网络：请前往思科官网 acidev 站点。

- GitHub：位于 datacenter 仓库。

13.2.10　没有矩阵也能开发并测试代码

理想情况下，读者会希望面向真正的 ACI 矩阵来测试其自动化解决方案。这样就可以确保测试与生产部署尽可能地接近。对于可能还没有 ACI 矩阵的开发人员，也有若干替代性方案。

1. 思科 DevNet

思科 DevNet（思科开发者网络）是可编程性任务的绝佳资源，不仅是 ACI，也适用于其他任何思科技术。读者可以通过具备 Internet 连接的任意浏览器来访问 DevNet 门户——思科官网 Developer 站点。从这里出发，可以导航到包含 ACI 在内不同产品的专用页面，它们将提供多种资源。对于直接进入 ACI DevNet 页面的相应 URL，可以考虑将其收藏为书签。图 13-11 显示了该 DevNet 门户。

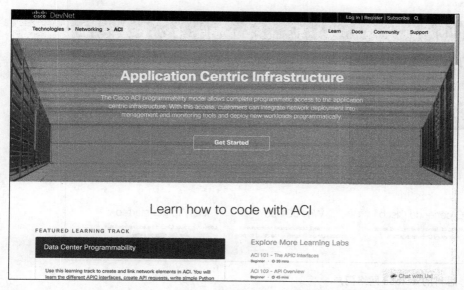

图 13-11　ACI 的 DevNet 门户网站（相对于该屏幕截图，网站的当前外观可能已有所变化）

图 13-11 只展示了它的第 1 部分——"学习如何编码 ACI"。如果进一步浏览该门户，读者还将找到以下内容。

- 查找示例代码及脚本。

- 了解他人利用 ACI 创建的内容。

- 听一听其他人都在讨论什么。

- 在 ACI 沙箱中测试自己的代码。

最后一个选项非常有帮助，因为它提供了一个永远在线的 APIC 模拟器，读者可以连接到该模拟器来验证自己的代码。

2. dCloud

dCloud 是一个虚拟实验室环境，思科的合作伙伴及客户能够在这里得到多个思科解决方案的培训。dCloud 可以通过思科官网 dCloud 站点公开获取。

如图 13-12 所示，dCloud 是一个流行的简约 Web 门户。在目录部分，读者可以轻松地浏览不同类别的实验及演示，或者搜索自己感兴趣的任何内容（比如，搜索字符串 "aci"，将提供所有与 ACI 相关的实验及演示）。一旦发现所需的实验室，可立即预约或稍后使用。

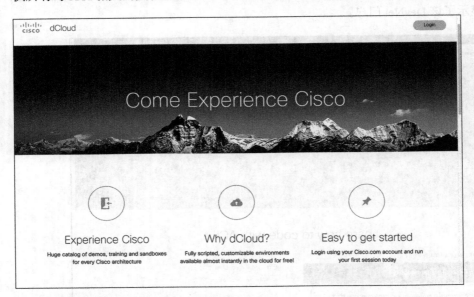

图 13-12　思科的 dCloud 网络门户

为特定用途预留某个实验室环境后，可以通过以下两种方式访问。

■ 通过 Web 浏览器所内嵌的远程桌面客户端。

■ 通过思科 AnyConnect VPN 客户端的 SSL 隧道。

第 2 个 SSL 隧道选项具备将笔记本电脑放置于实验室网络环境的优势，因而能够在 dCloud 上针对 APIC 测试自己的脚本或自动化解决方案。

3．ACI 模拟器

在某些情况下，读者会发现 dCloud 并不能满足要求。比如，要进行集成测试的设备不支持思科 AnyConnect 客户端。

这时，相对于拥有自己的 ACI 矩阵，基于 ACI 模拟器的测试可能会是一个较好的替代方法。ACI 模拟器是一个物理设备，它可以模拟完整的 ACI 矩阵（包括 APIC 以及 ACI 的叶交换机与主干交换机）。

请注意，该模拟器不支持数据包转发，因此它无法测试与数据平面相关的内容。

13.3　通过网络自动化提高运营效率

有了理论基础，就可以准备行动了。像往常一样，进入新领域时最好稳扎稳打。在网络自动化方面，第 1 步可能就是重复任务的自动化，这可以帮网络管理员腾出更多时间（换句话说就是"省钱"）。

13.3.1　提供网络可见性

ACI 的重要目标之一是网络大众化（为非网络人员提供与之交互的方式）。换句话说，ACI 的目标是改变数据中心网络的提供及消费方式。

假设与存储管理员进行换位思考，他们负责的系统严重依赖于网络，但传统上其可见性非常有限。如第 9 章所述，ACI 可以采取易于理解的方式来发布与存储应用相关的网络状态，如图 13-13 所示。

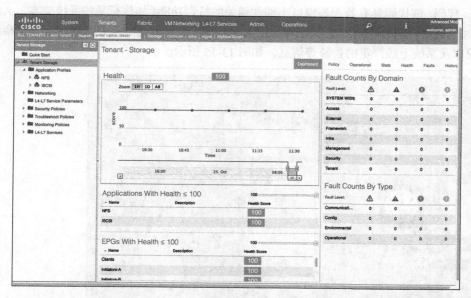

图 13-13　一个针对存储管理员的 ACI 仪表板示例——展示 NFS 及 iSCSI 协议的网络健康状态

除 APIC 所包含的仪表板之外，没有什么能够阻挡读者利用其 API 开发新的仪表板。归根结底，这就是 ACI GUI 正在做的事情！

这也是在 GitHub 的 datacenter/acirb 仓库中，基于 Ruby 的仪表板所做的事情。该仪表板包含一个 Ruby SDK，通过 dashing.io 框架轮询 ACI 以获取特定信息，并基于一个类似马赛克的布局显示结果。在其中添加或删除单个小部件非常容易，如图 13-14 所示。

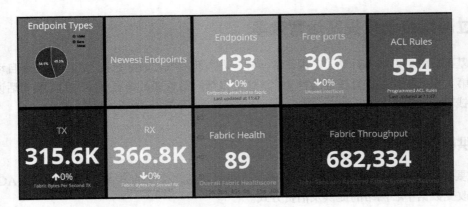

图 13-14　基于 Ruby 的 ACI 仪表板

另一个展现 ACI 灵活性的例子是 macOS 桌面，读者可以在 GitHub 官网上找到它，位于 erjosito 仓库下的 ACIHealth.wdgt。macOS 桌面小部件实质上是 HTML 页面，其中包含 CSS 格式及 JavaScript 代码。该代码具有若干与窗口小部件相关的特定功能（如执行某些系统脚本）。ACI 的 macOS 小部件利用这一功能在后台调用 Python 脚本，以获取诸如租户健康状况、交换机健康状况以及系统上最严重的告警等信息，如图 13-15 所示。

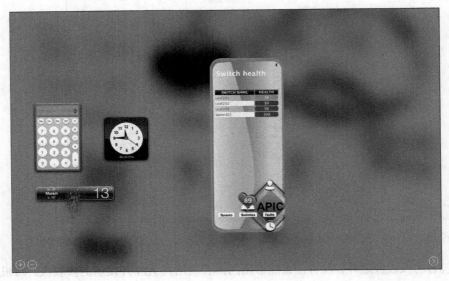

图 13-15　ACI 的 macOS 桌面小部件

13.3.2　网络配置外部化

刚刚，读者看到了向非网络管理员赋予矩阵可见性的好处，那为何不更进一步呢？

思考一下这个问题：当涉及例行变更时，网络管理员本身不会提供任何附加价值。如果其唯一能做的就是将人类语言翻译成网络配置，那么可能会有更好的解决方案。

分享一个作者参与的案例。在这个特定的组织里，网络管理员 Jane 负责用户与校园网络的连通性，而 Windows 管理员 Dave 负责用户计算机上安装的操作系统。每当用户遇到连通性问题时，Dave 会先尝试确定操作系统配置是否存在问题：错误的代理设置、IP 地址或默认网关。如果一切正常，他会打电话给 Jane，以验证交换机的端口设置。

这就是问题之所在。用户的连通性并不是 Jane 的唯一工作，她有更具价值的事情要做，比如设计新的 MPLS 园区网络。然而，每当 Dave 打电话过来时，她就不得不放下手头的一切去解决问题。至于网络交换机上的配置是否与 Windows 系统相匹配（VLAN 及速率/双工设置），他们需要一起来判断。当 Jane 不在工位时情况更糟，Dave 无法继续排障，那些因网络中断而心生不满的用户则会抱怨 Jane 与 Dave 的老板。

那么如何解决呢？Jane 实现了一个数据库（当时采用的是 Microsoft Access，但这并不要紧）。它不仅能向 Dave 显示特定端口如何配置，还可以将该信息与电缆标签及房间号相关联，以便 Dave 可以轻松地找到他需要检查的端口。此外，数据库还允许 Dave 执行一些基本的交换机端口配置（启用、禁用、变更 VLAN 和设置速率/双工等），以便他能够更快地解决问题，而无须每次都给 Jane 打电话。

结果是 Jane 有更多时间去参与她的 MPLS 项目；Dave 能更快地解决问题，所以他也有更多时间来处理其他事情。更重要的是，用户满意度提升了，因为他们的问题被更快地解决。

每当发现任何流程的效率低下，自动化（以及一定的协作）都可能会帮助读者解决问题。

13.3.3　交换机端口配置外部化

对网络管理员而言，几乎不带来任何增值的另一个领域是端口的物理配置。基本上，服务器由硬件或服务器团队中的人员负责布线。他们通常知道哪个服务器连接到哪个端口，以及如何在服务器端进行配置——包括端口速率、双工、是否双上连、主/主还是主/备，以及是否采用诸如 LACP 之类的通道协议，或者是 CDP 与 LLDP 之类的邻居探测协议。

负责服务器配置的人员可能会将所有信息放进一个文档，然后提交变更请求，以便网络管理员相应地配置交换机端口。可以想象，这一手工过程非常容易出错，并在服务器投产流程上引入了不必要的延迟。

那为什么不让服务器管理员自行配置交换机端口呢？这样，他们就不再需要把参数发给网络人员。更重要的是，为了使该流程尽可能无缝衔接，如何在服务器管理员所使用的文档工具中直接启用端口配置？再进一步，甚至可以在其中添加网络自动化功能。

这就是面向应用的 VB 语言（VBA）模块以及在 GitHub 官网 erjosito/VBA-ACI 仓库的电子表格示例背后的概念。如果服务器管理员在 Excel 中记录了服务器连通性，那为什么不能在同一个电子表格中再添加一个按钮？

基于面向 Mac 的 Microsoft Excel 2011/2015，该模块已进行了开发及测试，它需要导入两个附加的库。

- **VBA-Web**：发送 HTTP 请求（以及 REST 调用）。

- **VBA-JSON**：程式化地解释从 APIC 返回的数据（比如，从登录响应中提取身份验证 Cookie）。

除此之外，ACI 上的功能性开发完全通过 REST 调用以及 API Inspector（如本章前面所述）实现。

13.3.4　安全配置外部化

许多组织头疼的另一个领域是防火墙规则集的管理。它已变得过于复杂，其部分原因是前面几节所讨论的次优过程。比如，应用的所有者需要告知安全管理员，防火墙应允许哪些端口或哪些应用协议。

如前所述，ACI 可以基于合约的形式，为矩阵配置 2～4 层数据包筛选器。显然，读者可以利用 API 来修改这些合约。由此设想，可以为应用的所有者提供一个自助服务门户，并通过它进行配置（可能会依据安全管理员所指定的基准规则，且不能被推翻）。

此外，如果利用 ACI 的 4～7 层服务视图（Service Graph）植入防火墙，那么可以通过 API 来进行配置，如 13.3.5 节所示。这样就能够借助于 ACI 的 API 及其工具（如 API Inspector）。

然而，在这个特殊的案例中，通过 API Inspector 来捕获原生的 REST 调用（如 Paw 客户端）并移植到 Python，并不是解决问题的最佳方式。当然也可以这样做，但作为 REST 请求的有效载荷，需要动态地构建一个非常长的字符串。

这其实是一个 SDK 更适合解决问题的绝佳示范，其中包含 Cobra 应用的完美案例。

- 读者可以下载提供者 EPG 的 JSON 配置（已植入服务视图），因为这是 4～7 层属性的储存位置。右键单击 EPG，利用 GUI 的 “Save as” 功能即可。

- 编辑该 JSON 文件并删除所有不感兴趣的内容，比如其他方面的 EPG 配置（物理/虚拟域、静态绑定等），并保留 4～7 层参数。

- 将修改后的 JSON 文件输入 Arya，后者将生成所需的 Python 代码，用来创建所有属性。

- 修改动态生成的代码以符合最终目标。

13.3.5　自动化水平集成

在现代数据中心，通常都会部署某种编排器。顾名思义，它可以跨多个设备自动执行操作，以实现某一特定的共同目标。它可以与网络、物理计算、虚拟计算、存储、4～7 层或其他任何服务所需的设备进行对话，如图 13-16 所示。

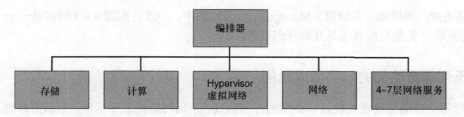

图 13-16　以编排器为中心的通用自动化实现

正如读者在图 13-16 中看到的，被编排的元素并不需要彼此感知。因为编排器将确保部署到这些设备上的离散配置具有一致性。

然而，水平集成有时可以减轻中央编排器上的功能性压力。换句话说，如果编排好的设备彼此感知，那么编排器的工作就会变得更加轻松，如图 13-17 所示。

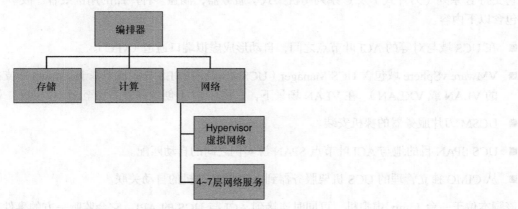

图 13-17　ACI 集成大大简化了编排器的工作

这正是 13.3.4 节所描述的情况，其中 ACI 负责防火墙配置，因而编排器（在这里是 Python 脚本）甚至无须关心防火墙。ACI 完成所有的繁重工作，从而精简了所需加载的 API（或在这里是 Python 模块）数量。

13.3.6　产品内置水平集成示例

已有多个水平集成示例嵌入 ACI 之中。读者需要确定的是，在 IT 自动化层面，这些 ACI 的附加功能是否可以降低其复杂性。

以下是此类集成的若干示例。

- **VMM 集成**：通过在 vSphere、Hyper-V 或 OpenStack 上配置虚拟交换机，ACI 无须编排器即可进行集成。

- **4 ~ 7 层集成**：同样地，在纳管（Managed）服务视图中，ACI 将配置 4 ~ 7 层设备——无论是防火墙、负载均衡器还是其他任何设备。

13.3.7 基于外部自动化的水平集成示例

还可以通过网络自动化实现某些这一类型的外部集成，下面将提供若干示例。但该清单绝不是面面俱到的——如果读者还有其他任何想法，请利用本章所介绍的工具继续自由发挥。

1. UCS-ACI 集成（也称为 B2G）

该集成也称为 Better Together 脚本，其目标是简化包含 ACI 与 UCS（思科的物理计算平台）的部署。

它支持 B 系列（刀片式）及 C 系列（机架式）服务器，涵盖多种产品的用例或者"故事"，包含以下内容。

- 在 UCS 域与对等的 ACI 叶节点之间，自动形成虚拟端口通道（vPC）。

- VMware vSphere 域包含 UCS Manager（UCSM）域内的 ESXi 主机（基于 vShield 所支持的 VLAN 或 VXLAN）。在 VLAN 场景下，它将在 FI 上创建并被添加至 vNIC 模板。

- UCSM 刀片服务器的裸机安装。

- UCS SPAN 目的地与 ACI 叶节点 SPAN 源实例之间的自动匹配。

- 从 CIMC 独立管理的 UCS 机架服务器到 ACI 叶交换机的自动关联。

该脚本位于一台 Linux 虚拟机，可同时连接到 ACI 与 UCS 的 API。它会监听一方的事件，当其发生时在另一方执行若干操作。这是利用产品自身的丰富 API 实现自动化的一个极好范例。

对用户而言，其优势在于 ACI 与 UCS 在同一个方向上协同步调，无须编排器。当然，在编排器上也可以实现这些功能，但它通常比直接下载 ACI-UCS 的集成脚本麻烦得多。

2. 其他想法

前面解释了 ACI-UCS 集成的概念：代码位于 APIC 之外，并在特定事件发生时读取或写入配置信息到 ACI。这里的想法是在事件发生时，从信息源直接传播到可能对它感兴趣的任何地方。以下是利用该端点智能的其他若干示例。

- **防火墙对象组的自动配置**：如果用户团队已经花了一些时间来定义应用及 EPG，并且 ACI 具有每个 EPG 所包含的 MAC 和 IP 地址信息，那么就可以在其他地方（如防火墙上）应用这些信息。一些防火墙供应商正在考虑，从 ACI 提取 EPG 及相关端点来创建对象组（可用于随后设立的防火墙规则集）。请注意，纳管服务视图的一些设备包里也提供了类似功能。但在某些情况下，可能会需要这种更简单的集成（比如，设备包不支持该功能，或者服务视图不支持防火墙的拓扑）。

- **ADC 服务器池的自动配置**：这是一个类似的用例，但针对用户所喜欢的负载均衡器（"应用交付控制器"是业界常用"负载均衡器"一词的另类说法）。如果网络已经知道服务器何时上下线，那为什么不能基于该信息来自动调整 ADC 服务器池（用于负载均衡流量）？请再次注意，像 F5 BigIP / BigIQ 及 Citrix NetScaler 的设备包，都支持动态端点附着功能；但在另外一些场景下，这种集成可能会更有利。

- **验证 IP/MAC 地址**：在新近的 ACI 版本中，EPG 可以基于 IP 与 MAC，但在端点附着到网络时或许会执行额外的安全检查。比如，ACI 可能需要检查，该 IP 地址是否已注册到公司的活动目录服务器或登录用户是否归属于某个组。

如果读者想知道如何实现这些功能，可以试一试 ACI 工具包中的一个应用——Endpoint Tracker（端点追踪器）。该 Python 脚本订阅 ACI 矩阵的端点事件，并在端点附着或脱离矩阵时执行特定操作。

Endpoint Tracker 所执行的操作是更新 MySQL 数据库，但读者也能够用其他操作轻松替换它（如更新防火墙上的对象组、更新负载均衡器服务器池，或者对一个外部信息源执行某些验证）。

读者可以在 GitHub 官网的 erjosito/aci_mac_auth 仓库中找到一个遵循此原理的应用，以实现某种程度上的 MAC 身份验证（在一个外部 JSON 文件中指定被授权的 MAC 及其 EPG）。该应用显然不能很好地扩展（因 MAC 地址至少应存储在数据库而不是文本文件中），但它演示了这一概念。

注意，针对基于 MAC 的 EPG 功能，ACI 添加了原生支持。这是另一个特定功能由 ACI 用户社区引入，而后又整合进产品的示例。

利用 GitHub 以及思科官网 acidev 站点上的编码范本，这也是一大案例。然而，思科并不是从头开始实现该目标的——实际上采用了大体类似的方法，并根据自身用途进行了定制。

13.3.8　自动生成网络文档

有谁喜欢记录网络的设计与实施？然而，众所周知，这是网络环境正常运营的一个关键任务。尽管如此，涉及创建详尽的 Visio 图表以及冗长的设计文档时，大多数网络管理员对此并不热衷，并且每次都要跟随网络的变化而更新。

当然，从网络配置中动态生成文档的想法也不新鲜；然而在 ACI 出现之前，它一直很难实现，主要有如下两个原因。

■　必须同时分析多个配置文档，因为对每台设备而言，配置都是本地的。

■　配置采用的是人类可读的、非结构化的文本格式，机器难以解析。

众所周知，ACI 现在已解决了上述问题，因而这些自然是完全可行的——查看整个矩阵或某租户的网络配置，提取与特定受众相关的信息并将其置于特定的格式。

这些任务可以包括：基于网络连通性的详细信息更新网络运营团队的 Wiki 页面、针对某租户的合约及其安全性细节为安全部门创建 Word 文档，或者从配置管理数据库（CMDB）及配置管理系统（CMS）之中为所在组织提取信息。

有多种方式可以实现这些任务。基于 GitHub 官网所提供的示例，读者可以看到：如何利用两个 Python 库（Pydot 用于图像生成、Pydoc 用于 Word 文档生成）来创建一个人类可读的文档，其中包含由租户配置得到的文本及图片。

这里的重点不是 Python 模块，而是代码如何轻松地将整个配置加载到 Python 字典，然后解析该字典以查找特定结构：提供及消费的合约、VRF 的归属等。

13.4　通过网络自动化实现更多业务模式

正如本章开头所讨论的，自动化通常具有节省成本以及为新业务模式赋能的双重目标——以"省钱、赚钱"这一说法作为概括。本章之前的部分专注于节省运营成本；从现在开始将转向第 2 部分：赚钱。

事实上，自动化概念与"省钱"所讨论的相同，但除了赋能 IT 及业务举措以提供所需的竞争优势之外，还可以用来为自己的组织提供额外的商业价值。

读者可能想知道这是否可行。IT 可以从成本中心发展成为创造价值的组织吗？这当然不是一件小事，但今天许多行业的 CIO 都在竞相追求。在 2014 年 12 月的 Docker 会议上，ING 的首席架构师 Henk Kolk 发表了演说。

■　速度就是市场份额。

■ 银行是 IT，IT 是银行。

这两个声明需要进行解释，因为它们并不直观。第 1 个声明意味着，为了获取市场份额，仅有良好的产品或服务是不够的——要成为第 1 个进入市场的人。否则就会被超越；当产品就绪时，市场已经消失了。

第 2 个声明也极其有趣。虽然传统上金融机构严重依赖于 IT，但很少有人会将 IT 视为其核心业务（"银行是 IT，IT 是银行"）。也就是说，如果 IT 运营高效，业务就好；但如果公司的 IT 运营不佳，其业务必将受到影响。这一声明的含义是深远的——从永远需要决策的外包与否，到应授予 IT 的组织资源。

Kolk 先生走得太远了吗？在业界他并不孤单。有许多领导者认为，在讨论哪些企业会活下来而哪些不会时，IT 将发挥决定性作用。有些人甚至想创建投资基金，来覆盖拥有健康 IT 实践的企业，并坚信这些企业终将超越其竞争对手。

无论如何，对 IT 组织的期望都在呈指数级增长，并且需要新的工具来满足它们。

13.4.1　敏捷应用部署与 DevOps

让 IT 部门倍感压力的敏捷化，并不是基础设施部分所独有的。实际上，可以说基础设施团队是最后一个被触及的：对开发部门而言，这一运动在多年以前就已经开始了。

有许多名称可用于描述：敏捷、精益 IT、快速 IT，可能还有更多——但基本上都是在标明，应用必须被更快速地开发，并从一开始就考虑用户反馈，运营团队也必须支持这种加速的迭代。

正是最后这句话激发了 DevOps 运动的兴盛。如果质量保证（QA）人员与运营人员，需要花费很长的时间来测试并部署这些闪闪发光的新代码，那么应用的更快开发并不会带来太多价值。

因此，它的目标是改进开发与 QA 之间，以及 QA 与运营之间的往复流程。较小规模的团队将拥有应用组件（在数量上已被缩减）的所有权，他们能控制从初始代码到生产安装的整个流程。这样就可以避免摩擦——因为编写代码的人，将主动让测试更轻松（甚至编写自动化测试）且部署更容易。

13.4.2　持续部署与持续集成

到这里，持续部署（CD）与持续集成（CI）两个术语就出现了。植根于 20 世纪丰田为汽车制造所引入的流程优化技术，如今这些流程和技术也适用于 IT。

其想法很简单：代码开发后的整个流程都应该是自动化的。在开发人员将新版本的代码提交至软件仓库（如 GitHub）之后，针对新版本的测试将自动化执行（如通过 Jenkins）。这些测试将验证（包括但不限于）：新代码在语法上是正确的，执行了该做的事情，并且不会破坏之前的功能。这些测试如果成功，那么在没有任何人为干预的情况下，新版本就可能自动投入生产。

虽然大多数组织对这种实施速度犹豫不决，但另外一些组织已将其牢记于心并能够每天部署多个版本。将其与 3 ~ 6 个月才进行版本更新的组织相比较，然后反思在竞争力方面这意味着什么——回顾一下前面所提到的说法："速度就是市场份额。"

从基础设施运营的角度来说，这是它关注的最后一步。虽然开发人员可能已经在自己的笔记本或云端进行了测试，但 IT 组织或许仍希望将应用部署至自有设施。如需变更网络配置（创建新分段或打开新的 TCP 端口），那么必须采取与开发链条上其他环节相同的方式，以实现网络自动化。这就是与传统网络架构相比，ACI 散发独特价值的地方。

13.4.3　Linux 容器与微服务架构

在前面的章节中已经看到，ACI 不仅可以集成 VMware、Microsoft、OpenStack 等 Hypervisor，还可以与 Docker、Kubernetes 以及 Red Hat Openshift 等 Linux 容器框架进行集成。在本节中，读者将很容易理解，用户为什么需要这种集成。

开发周期的加速演进，推动了应用内部体系结构的变革。快速部署新代码的需求，促使应用尽可能模块化，这样每个单独的模块都可以被安全"升级"，同时不影响其余模块。

此外，还需要一种新的应用打包方法，以便开发人员可以在 MacBook 上开发、在云端测试，并在自有设施上面部署应用。

在这场完美风暴中，容器技术开始兴起；伴随着容器的出现，微服务架构应运而生。应用被分解成数十个（如果不是数百个的话）组件，并且所有的组件都可以彼此独立地进行缩放。

在这些组件之间，网络承担了消息总线的角色。未来，跨微服务保护及监控通信的能力将至关重要。

13.4.4　配置管理工具

CD/CI 与 DevOps 带来了崭新的下一代 IT 工具及理念，以帮助应用开发变得更加敏捷。另一个非常有趣的概念是"基础设施即代码"。这个想法是说，基础设施可以用一个文本文件（如源代码）来描述，而该文本文件能够同应用一起被版本化及储存。这样，无论何时测试应用，其基础设施要求都会得到同等验证，因而生产部署的实施方式将与开发测试的执行方式完全相同。

这些基础设施即代码的工具，经常由业界通用配置管理工具调用。实际上，它们允许用户在一个文本文件中定义 IT 组件应如何配置；而若干核心功能将确保 IT 组件按照既定方式配置。

在过去的很多年里，这些配置管理工具一直专注于 Linux 操作系统。但这一重心正在慢慢扩大，以覆盖基础设施中的其他元素，比如网络。因此许多用户都希望，他们的网络能够使用与 Linux 服务器相同的配置管理工具。比如，以下是两个为 ACI 矩阵提供支持的配置管理工具。

- **Ansible**：无代理配置工具，它可以很好地映射到那些无法安装第三方软件代理的设备。ACI 就是这种情况，其 REST API 与 Python SDK 为 Ansible 模块的开发提供了理想基础（如 GitHub 官网 jedelman8/aci-ansible 仓库的一个例子）。

- **Puppet**：虽然在基于代理的配置管理工具中 Puppet 是一个突出代表，但它还是提供了一种与无法安装代理实体（如 ACI）的交互方法。在思科 acidev 站点 public/codeshop/puppet-for-aci/ 中读者可以找到一个这样的 Puppet 模块，它通过 Ruby SDK 与 ACI 交互。

13.4.5　私有云与 IaaS

传统上，大多数组织将其应用部署在自己的数据中心。公有云正变得越来越流行，许多 IT 部门都已经成功实施了混合云战略：其中一些应用运行在本地（私有云），而另一些则运行在云端。因此，私有云与公有云不断被比较，以便为应用选择一个最佳平台。

当考虑是在本地还是云端部署某个应用时，IT 运营团队经常会忽略一个问题——开发部门的需求。应用开发人员特别在意的并不是经济性或安全性（这些因素通常代表本地部署），而是速度与易用性（公有云的特征优势）。如果私有云太慢或太难用，他们将很快转向 AWS、GCP 或 Azure 等公有云供应商。

对私有云与基础设施即服务（IaaS）而言，关于它们是什么以及不是什么的定义很多。但无论读者的定义是哪一种，它们都会有若干共同点。

- 需要自动化的基础设施。

- 负责执行自动化的编排器。

- 一个使流程更易用的自助服务门户。

不同的供应商有不同的套件，功能通常包含编排及自助服务门户。ACI 并不打算将客户锁定在特定的编排器上，而是基于其 API 的灵活性，旨在与用户所拥有的任何云堆栈（显然包括思科自己的）无缝集成。

13.4.6   与思科企业云套件集成

思科为私有云 IaaS 提供了企业云套件（Enterprise Cloud Suite）。它基本上是包含多种产品的一个捆绑，其以下功能表现突出。

- **UCS Director**：支持包括思科与其他基础设施供应商如 HP、IBM 和 Brocade 在内的虚拟计算与物理计算、存储以及网络元素的一种 IT 编排工具。它包含一个基本的自助服务门户，通常应用于以 IT 为中心的内部流程。

- **Cloud Center**：一种多云编排工具，支持跨多种私有云及公有云的应用部署。更多细节可以在 13.4.10 节中找到。

- **Prime Services Catalog**：一个更全面的自助服务门户及流程编排器，用于支持包含 IT 元素（由 UCS Director 提供）或非 IT 元素（由组织内其他系统交付）的流程。

显然，该架构的主要集成点是在 ACI 与 UCS Director 之间。UCS Director 应该知道如何配置 ACI 以部署所需要的工作流。为此，管理员可以在 UCS Director 的图形画布（包含预定义任务的一个完整列表）上进行组合，并通过拖放来编排工作流，如图 13-18 所示。截至本书英文版出版，UCS Director 提供了 203 项预定义任务，可在 ACI 上自动执行众多网络操作而无须编写任何编码。

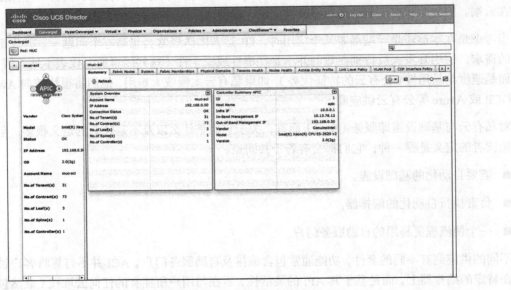

图 13-18   面向 ACI Pod 的 UCS Director 仪表板

尽管可能性不大，读者或许还是希望 UCS Director 能配置尚未包含在这些预定义任务之中的 ACI 特性。为此，在 UCS Director 上创建附加任务非常容易，这可以弥补该差距。这些任务的定义方式是由 JavaScript 代码向 ACI 发送两次 REST API 调用——第 1 次携带身份验证，第 2 次携带任务应该执行的实际操作。

不难想见，在创建附加任务时，像 API Inspector 这样的 ACI 工具非常好用。这样就能够针对所要尝试的自动化操作去识别其 REST API 参数。获得配置所需的 JSON 代码后，即可自动生成包含 UCS Director 自定义任务（包括相关联的回滚任务）的文件，并直接嵌入工具中。比如，在 GitHub 官网的 erjosito/request 仓库能找到一个脚本，该脚本利用 ACI 的 JSON 或 XML 配置，就能生成 UCS Director 的自定义任务。

UCS Director 的工作流还可以通过其自助服务门户进行访问，也能够导出至 Prime Services Catalog，以便集成到更高阶的服务编排流程之中。这种两阶段的实现方式，让 IT 组织可以非常轻松地从私有云项目上获得快速、切实的结果与好处。

13.4.7 与 VMware vRealize 套件集成

VMware 的数据中心自动化方案是 vRealize 套件。该套件中有多种产品，但在私有云及 IaaS 上，vRealize 自动化与 vRealize 编排器非常重要。

ACI 可以与 vRealize 套件无缝集成。vRealize 自动化（vRA）模板可以通过 vRealize 编排器（vRO）的工作流来实现所需的 ACI 集成。以下是这些模板与工作流所提供的若干功能。

- EPG 的创建。
- 在 vSphere vCenter 上创建 VM 及端口组（Port Group）。
- 将 VM 放置于之前创建的 EPG。
- 以 ACI 合约的形式创建安全策略。
- 在数据流之中植入防火墙或负载均衡器等 4~7 层服务，包括这些设备的配置。
- 通过 ACI 的外部 3 层网络连接，为已部署的工作流提供外部连通性。

图 13-19 描绘了 VMware vRealize 及 vSphere 套件中的不同组件如何与 ACI 体系结构集成。

为实现该目标，ACI 与 VMware vRealize 之间的集成支持两种主流网络连接模式，如图 13-20 所示。

- **虚拟私有云（vPC）**：在该模式下，通过为每个租户分配专用 VRF 来实现数据平面多租户，从而在租户之间支持重叠 IP 地址范围。共享的外部 3 层网络连接用于提供对外通信。
- **共享基础设施**：当不需要数据平面多租户时（更多详情请参阅第 9 章），所有工作负载都部署在 ACI 的单个 VRF 上，并通过基于合约的 EPG 隔离来提供安全性。由于 EPG 被放置在专用租户上，因此仍存在管理平面多租户。该模式的主要优点是简便与可扩展。

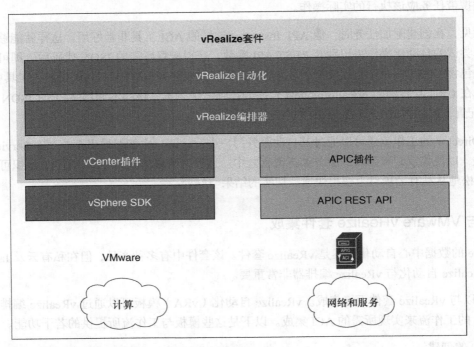

图 13-19 ACI 与 VMware vRealize 之间的集成架构

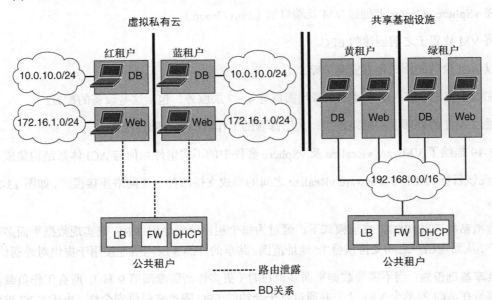

图 13-20 两种操作模式：虚拟私有云与共享基础设施

正如书中若干章节所展示的，ACI 在多个级别上集成了 VMware 的软件堆栈，对于部署了 VMware 的 IT 组织而言，这使得 ACI 成为其理想的物理及叠加网络。

■ ACI 与 vSphere 的 VMM 集成可以在 vCenter 上自动创建网络构件，基于原生的 vSphere VDS 或者思科 AVS 来实现附加功能，从而在涉及服务器虚拟化的网络组件管理时，解脱 VMware 管理员的负担。

■ 这些虚拟网络能力包括新式安全功能（如微分段）以及与外部 4～7 层网络服务设备（如防火墙及负载均衡器的集成）。

■ 对于在网络管理任务上应付自如的 VMware 专家，面向 vSphere vCenter 的 ACI 插件能让他们从 vCenter 直接管理所有的物理及虚拟网络属性，而无须再了解如何操作一个新的用户界面（UI）。

■ 如本节所示，面向 vRealize 的 ACI 插件能为其客户提供与 VMware 自动化堆栈的无缝集成。

13.4.8 与 Microsoft Azure Pack 和 Azure Stack 的集成

如第 4 章所述，Microsoft Hyper-V 已是 ACI 所集成的 Hypervisor 之一。Microsoft 与思科之间的这一合作意义深远，不仅涵盖了逻辑网络的创建，还包括与 Microsoft Azure Pack 的集成。另请注意，Microsoft 已经引入了称为 Azure Stack 的体系结构，以作为 Azure Pack 的后续产品。

13.4.9 与 OpenStack 集成

本书已经讨论了 ACI 与 OpenStack 的全面集成。该集成不仅涵盖了 Neutron 插件以及基于组的策略（GBP），还包括了其编排模块——OpenStack Heat 如何自动操作 ACI。有关该集成的更多信息，请参阅第 4 章。

13.4.10 混合云

如前所述，公有云产品不断增加并变得越来越流行。虽然大多数组织都决定在自有设施上部署大部分的生产应用；但对于某些场景而言，比如现有应用的开发与测试环境或者客户需求仍不明确的新型应用，公有云的经济性还是极具吸引力的。

ACI 极具决定性的优势可能就是对象模型及策略特征。这使得可以相对简单地描述特定工作负载的安全性与网络需求，并且如果决定在 ACI 上部署，也能够将这些需求转换为 ACI 策略。

思科 Cloud Center（以前称为 CliQr Cloud Center）是企业云套件的一部分，它允许对应用进行建模，以便将它们部署至多个基础设施环境，并与 UCS Director 集成以实现私有云部署。

一旦定义了应用由哪些层级构成、每级必须具备哪些软件组件，以及这些层级之间如何相互关联，Cloud Center 就能够将该模型转换为 ACI 上的逻辑对象——以便在私有云，或者是 AWS、Google、Azure 等公有云环境下的其他任何云模型之中部署。

请注意，Cloud Center 并不是在私有云与公有云之间迁移虚拟机，而是将新工作负载直接部署至目标云平台，从而使该过程非常高效。

通过这一集成，还可以简化现有应用及新应用的部署，因为只需单击按钮，即可开通、下线或缩放新的应用实例。

Cloud Center 将底层基础设施的复杂性，从应用的所有者身上抽离出来——以便应用架构师只需定义其应用的网络及安全需求，而 Cloud Center 将把这些需求转换为 ACI 策略。

"一次建模、多次部署"的概念扩展到了包含网络在内的应用，因为 ACI 与 Cloud Center 各自都严重依赖于策略来描述其网络基础设施及应用堆栈。在 Cloud Center 上，这些策略可以通过 GUI 轻松访问并表示，因而基础设施的操作员与应用的所有者都能够轻松地可视化应用组件与基础设施之间的依赖关系。

虽然 Cloud Center 支持将应用部署至多个云端，但只有借助 ACI 丰富的安全策略，IT 组织才能提供最安全的环境，以便以一种可扩展、灵活且安全的方式运行应用。

13.4.11　平台即服务

数据中心的最终目标是提供应用。因此，除了单击按钮就提供基础设施之外，一些组织还在其平台产品上添加了若干元素，使得开发人员可以更轻松地构建应用。

基础设施即服务（IaaS）与平台即服务（PaaS）存在多种定义，但多数都能在如下关键方面达成一致。

- IaaS 类似于虚拟化。从某种意义上说，IaaS 用户并没有摆脱与基础设施相关的任务，比如计算与内存大小的调整、操作系统维护、应用安装以及硬件生命周期管理等。

- PaaS 尝试将用户从与基础设施相关的任务中解脱出来，以此提供一定程度的抽象。

- 业界许多 PaaS 平台用于实现这一目标的技术是 Linux/Windows 容器（如 Docker），从容器上所运行的应用抽象出基础设施。容器编排框架（如 Docker Swarm、Mesosphere DC/OS 及 Kubernetes）能够提供额外的抽象级别，用于处理高可用性与应用扩展。

13.4.12　ACI 与 Apprenda 集成

Apprenda 是一种主要面向企业的平台即服务产品，最重要的一点是它所带来的可能性：将现有应用迁移到面向云的架构，即便当初这些应用并未设计成以类似云的方式运行。

Apprenda 为开发人员及操作人员提供了诸多帮助，包括这两个用户群体的单独门户。开发人员可以得到流行的平台即服务的所有好处，这样他们就不再需要为基础设施烦恼，并能够将应用部署到可以在各种环境下实例化的容器。

与此同时，操作人员也可以定义这些应用部署方式的控制属性——比如，一组策略用于规定：将测试环境部署至云端；安全关键型应用部署在具备严格安全规则的自有数据中心。

这就是 Apprenda 与 ACI 集成发挥优势的地方：Apprenda 可以利用 ACI 所提供的丰富安全措施，在私有云上部署容器。应用组件可以被高度精细化地保护，ACI 还将为 IT 运营团队提供各种监控及遥测数据，以便能够更有效地管理应用的生命周期。

13.4.13　Mantl 和 Shipped

PaaS 的主要目标之一是将开发人员从基础实施管理的负担中解脱出来，同时提供一个能够以容器形式部署应用的微服务环境。较流行的容器之一即 Linux 容器，因为它可以在任何基于 Linux 的操作系统上实例化。虽然目前远不止一种 Linux 容器引擎，但 Docker 公司被许多人认为是这项技术的领导者。

然而为了拥有一个灵活的基础设施来部署 Linux 容器，开发人员需要的其实不仅仅是一个容器引擎。

- 首先，将多个 OS 实例（物理服务器或虚拟机）组合成单一资源集群的方式至关重要。
- 其次，需要若干逻辑来管理这些资源，并决定在哪里部署新的 Linux 容器。
- 再次，一旦部署了这些容器，就需要发现它们并将其添加至负载均衡的体系之中。
- 最后，需要监控所有容器以确保应用正常运行，并可以在任意的给定时间点，根据应用的负载进行按比例缩放。

正如前面段落所展示的那样，任何真正想要远离基础设施管理的开发人员，都不愿意开始这样的项目：仅仅是创建环境，用于部署一个尚未开发的应用。这正是 Mantl（任何人都可以从 GitHub 官网下载的开源项目，位于 ciscocloud/mantl 仓库）入局的地方：对于一个基于容器的 IaaS 环境而言，它是所需全部元素的一个"集合"。截至本书英文版出版，Mantl 包含如下元素。

- Calico。
- Chronos。
- Collectd。

- Consul。
- Distributive。
- DNSmasq。
- Docker。
- ELK。
- etcd。
- GlusterFS。
- Haproxy。
- Kubernetes。
- Logstash。
- Marathon。
- Mesos。
- Traefik。
- ZooKeeper。
- Logrotate。
- Nginx。
- Vault。

展开其中每个元素都超出了本章范畴，但对网络管理员而言，有一项比其余更加重要：Calico。Calico 项目（参见其官网）是现有利用 BGP 互连容器的方式之一，它能够将一台宿主机的容器网络可达性通告给网络上的其他宿主机，因而避免了像 VXLAN 这样的叠加网络部署。

未来，Mantl 将为 Contiv 等容器提供额外的网络堆栈，其与 ACI 基础设施的集成将是无缝的。

一旦开发团队将 Mantl 实现为 IaaS，就可以开始真正的应用开发了。为支持他们完成这项任务，思科创建了一个名为 Shipped（参见其官网）的 CI/CD 框架。该框架支持在基于容器的基础设施（如 Mantl）上进行应用开发（值得注意的是，Shipped 也支持其他 IaaS 平台）。

13.5　ACI 应用中心

这是本章的最后一节，将简要介绍 ACI 可编程特性的一项成果：ACI 应用中心。它实际上为 ACI 管理员提供了一个"应用商店",用于下载预打包的自动化解决方案(基于 ACI 丰富的 API 及其生态系统集成)。这些应用将安装在 APIC 上,因此用户无须其他基础设施即可托管。ACI 应用中心已集成到 ACI GUI,可以通过 Apps 面板访问,如图 13-21 所示。

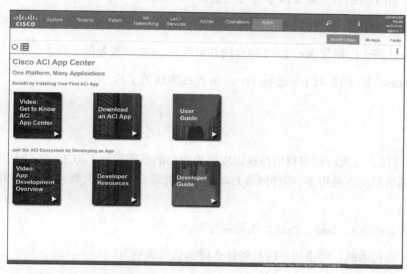

图 13-21 访问 ACI 应用中心

如果要下载其中某个预打包的应用,只需单击"Download an ACI App",一个新的浏览器选项卡将打开并把读者引入 ACI 应用中心,如图 13-22 所示。

图 13-22 ACI 应用中心仓库

在这里可以浏览多种自动化解决方案，从而大大增强 ACI 矩阵的功能及可管理性。下面是若干例子。

- **FaultAnalytics**：用于分析并关联故障事件与配置变更的工具。

- **Cisco SplunkConnector**：用于将日志信息从 ACI 发送到 Splunk Indexer 的工具。

- **Contract Viewer**：用于图形化表示 EPG 间合约并可视化 EPG 间流量的工具。

- **Tetration Analytics**：用于将 ACI 与思科 Tetration 无缝集成的工具。

13.6　小结

本章描述了不同的途径，以展示如何利用思科以应用为中心的基础设施（ACI）来引入网络自动化，这比传统网络架构容易得多。哪种网络自动化方案更适合一个组织取决于多种因素，比如以下几点。

- 要实现的目标是 DevOps、IaaS、PaaS，还是混合云。

- 如何使用网络（换句话说，网络用户应具备什么样的访问级别）。

- 编程语言的专业能力。

- 已部署了哪些自动化工具。

本章演示了 ACI 的多种自动化方案——从以网络为中心的用例，诸如通过外部应用（如 Microsoft Excel）来配置交换机端口，到更多以开发为中心的模式（如 PaaS 的部署）。

无论一个组织选择哪种自动化策略，ACI 都提供了一个平台，从而借助 ACI 的体系结构能够将自动化有效地融入网络的整体概念之中。

- 集中式网络自动化（一个适用于整网的 API）。

- 流行的 RESTful API。

- 面向 Python 及 Ruby 等语言的软件开发工具包。

- 包含自动代码生成及 API 调用发现的开发工具。

- 与诸多编排平台的开箱即用式集成。